ROBOTICS
机器人学

（第四版）

蔡自兴 谢斌 编著

清華大学出版社
北京

内容简介

本书介绍了机器人学的基本原理及其应用，反映了国内外机器人学研究和应用的最新进展，是一部系统和全面的机器人学著作。本书共 10 章，内容涉及机器人学的概况、数理基础、运动学、动力学、位置和力控制、高级控制、传感器、机器人规划、程序设计和展望等。

本书对《机器人学（第三版）》进行了全面的修订与补充，在保持其丰富内容和明显特色的基础上，特别引入国内外机器人学新的发展情况，补充了机器人逆运动学的数值解法和基于深度学习的机器人控制，增加了基于机器学习的机器人规划、机器人操作系统和解释型脚本语言 Python 等内容。

本书特别适合作为高年级本科生和研究生的机器人学教材，也可供从事机器人学研究、开发和应用的科技人员学习参考。

图书在版编目(CIP)数据

机器人学：第 4 版/蔡自兴，谢斌编著．—北京：清华大学出版社，2022.3
ISBN 978-7-302-59822-0

Ⅰ.①机…　Ⅱ.①蔡…　②谢…　Ⅲ.①机器人学－教材　Ⅳ.①TP24

中国版本图书馆 CIP 数据核字(2021)第 280250 号

责任编辑：戚　亚
封面设计：常雪影
责任校对：王淑云
责任印制：宋　林

出版发行：清华大学出版社
网　　址：http://www.tup.com.cn，http://www.wqbook.com
地　　址：北京清华大学学研大厦 A 座　　**邮　　编**：100084
社 总 机：010-83470000　　**邮　　购**：010-62786544
投稿与读者服务：010-62776969，c-service@tup.tsinghua.edu.cn
质量反馈：010-62772015，zhiliang@tup.tsinghua.edu.cn
印 装 者：北京同文印刷有限责任公司
经　　销：全国新华书店
开　　本：185mm×260mm　　**印　　张**：23.25　　**插　　页**：1　　**字　　数**：562 千字
版　　次：2022 年 3 月第 1 版　　**印　　次**：2022 年 3 月第1次印刷
定　　价：79.00 元

产品编号：090429-01

机器人学——自动化的辉煌篇章

代　　序

现代自动控制技术的进步，为科学研究和探测工作开辟了新的可能性，开拓了靠人力所不能胜任的新科学事业。20 世纪 90 年代实现了 6000～10 000m 深海探测，实现了对太阳系的金星、火星、木星及一些卫星和彗星的探测。哈勃空间望远镜的轨道运行给天文学家研究宇宙提供了前所未有的工具和机会。1997 年美国科学家们研制的“火星探路者号”(Mars Pathfinder)小车顺利地完成了火星表面的实地探测，是 20 世纪自动化技术的最高成就之一。

机器人学的进步和应用是 20 世纪自动控制最有说服力的成就，是当代最高意义上的自动化。仅仅花了 20 年，机器人就从爬行发展为用两腿走路，成为直立机器人，而人类从爬行到直立花了上百万年。机器人已能用手使用工具，能看、听、用多种语言。它安心可靠地干最脏最累的活。据估计，现在全世界已有近 100 万个机器人在生产线上工作。有近万家工厂在生产机器人，销售额每年增长 20%以上。机器人正雄心勃勃，准备在 21 世纪进入服务业，当出租车司机，到医院当护士，到家庭照顾老人，到银行当出纳。

如果微电子学的发展再进一步，就可以把 IBM/6000SP 挤进机器人的脑袋里，运行 Deep Blue 软件，像 1997 年 5 月击败世界冠军 Gary Kasparov 那样，使世界象棋大师们望而生畏。Isaac Asimov 曾设想，“机器人有数学天才，能心算三重积分，做张量分析题目如同吃点心一样”，如今已不难做到。

20 世纪 60 年代出现过的恐惧、反对自动化和机器人的社会心态已被证明是没有根据的。今天，一些应用机器人最多的国家失业率并没有明显升高，即使有，也没有人指责控制科学家和工程师，那是金融家和政治家的过错。相反，智能技术广泛进入社会，有利于提高人民的生活质量，提高劳动生产率，提高全社会的文化素质，创造更多的就业机会。

站在进入 21 世纪的门槛，回顾人类文明进步的近代史，如果说 19 世纪实现了社会体力劳动机械化，延伸了人的体力，那么 20 世纪的主要特征是实现了劳动生产自动化，极大地提高了社会劳动生产率，创造了比过去任何时期都多得多的社会财富，彻底改变了人类的生产和生活方式，提高了人们的生活质量，延长了人类的平均寿命。这完全是现代科学技术的功劳。我们可以感到骄傲的是，控制论科学家和工程师们为此做出了重要贡献。预计在 21 世纪，自动化技术仍将是高技术前沿，是推进新技术革命的核心力量。制造业和服务业仍然是它取得辉煌成就的主要领域。

在生命科学和人工智能的推动下，控制理论和自动化领域出现了提高控制系统智能的强大趋势。对这门新学科今后的发展方向和道路已经取得了一些共识，可以列举以下诸点：

第一，研究和模仿人类智能是智能控制的最高目标。所以，人们把能自动识别和记忆信号(图像、语言、文字)、会学习、能推理、有自动决策能力的自动控制系统称为“智能控制系统”。

本文是国际自动控制联合会第十四届世界大会主席、全国政协副主席、中国工程院院长宋健院士在大会开幕式上所作学术报告《智能控制——超越世纪的目标》(1999 年 7 月 5 日，北京)的摘录，文字略有改动。

第二，智能控制必须靠多学科联合才能取得新的突破。生命科学和脑科学关于人体和脑功能机制的更深入的知识是必不可少的。揭开生物界的进化机制，生命系统中自组织能力，免疫能力和遗传能力的精确结构对建造智能控制系统极为重要。这主要是生物化学家和遗传学家的任务，但控制论科学家和工程师们也能够为此做出贡献。

第三，智能化程度的提高，不能全靠子系统的堆积。要做到“整体大于组分之和”，只靠非线性效应是不够的。智能化程度越高，系统越复杂。复杂巨系统的行为和结构必定是分层次的。子系统和整体利益的和谐统一是有机体得以生存发展的基本原则。每一个层次都有新的特征和状态描述。要建立每个层次能上下相容的结构和与周边友好的界面。统计力学中从分子热运动到气体宏观状态参数抽取是层次划分的范例，这就是被物理学家们称为“粗粒化抽取”(coarse-graining extraction)的最好说明。

第四，世界上一切生物的进化都是逐步的，人类从新石器时代到机器人经历了1万多年。从机械自动化到电子自动化仅花了100多年。要做到智能自动化，把机器人的智商提高到智人水平，还需要数十年。这是科学技术进步不可逾越的过程。20世纪后半叶，微电子学、生命科学、自动化技术突飞猛进，为21世纪实现智能控制和智能自动化创造了很好的起始条件。为达到此目标，不仅需要技术的进步，更需要科学思想和理论的突破。很多科学家坚持认为，只有发现新的原理，或者改造已知的物理学基本定理，才能彻底懂得和仿造人类的智能，才能设计和制造出具有高级智能的自动控制系统。无论如何，这个进程已经开始。可以设想，再过50年，在第31届IFAC大会时，人类的生产效率比现在要提高10倍，不再有人挨饿。全世界的老人都可以有一个机器人服务员，在身边帮助料理生活。每一个参加会议的人都可能在文件箱中带一个机器人秘书，就像现在的电子笔记本一样。

21世纪对人类是一个特别重要的历史时期。世界人口将稳定在一个较高的水平上，例如120亿，比现在再翻一番。科学界要为保障人类和我们的家园——地球的生存和可持续发展做出必须的贡献，而控制论科学家和工程师应当承担主要任务。进一步发展和大力推广应用控制论和自动化技术，保证未来的后代在一个没有短缺、饥饿和污染的世界上生活得更幸福，是天赋我责。正如物理学家Murroy Gell-Mann所说，在可见的未来，包括人类在内的自然进化将让位于人类科学技术和文化的进步。Cybernetics一词来自希腊语，原意为舵手，我们至少有资格成为舵手们的科学顾问和助手，对推动社会进步发挥更大作用，这是我们的光荣。

宋健

第一版序

机器人的诞生和机器人学的建立，无疑是20世纪人类科学技术的重大成就。不到40年时间，机器人从无到有，现在已拥有"百万大军"，在国民经济各条战线和人民生活的各个领域忠诚地为人类服务，做出不可磨灭的贡献。展望21世纪，人类更需要机器人的和谐共处，更离不开机器人这位得力助手和可靠朋友。

早在机器人学孕育于它的社会和经济母胎时，人类在期待机器人诞生的同时就存有几分不安。随着机器人技术的巨大进步，人们已适应了与机器人的共处。然而，仍然有些人对智能机器人的发展表示担忧。实践将再次证明，这种担忧是不必要的。无论机器人的智能如何发展，它都是人类创造出来的成果，人类才是这些智能机器人的真正主人。我们一定有办法让机器人继续为人类造福，而不是反抗人类、统治人类。这就是我们进入21世纪时对待机器人应有的心态。

我国机器人学的研究开发工作虽然起步较晚，但在国家有关部门的支持和全体机器人学科技和教育工作者的努力下进步较快，已在工业机器人、特种机器人和智能机器人各个方面取得明显成绩，为我国机器人学的进一步发展打下良好的基础。其中，国家高技术发展计划智能机器人主题的研究更是令人瞩目，成果层出不穷。国内已在一些学会内成立了机器人或智能机器人的二级学会，经常召开全国性的机器人学研讨会或学术会议，而且出版了一批机器人学的专著和教材。尤其值得一提的是，由中国自动化学会、中国机械工程学会、中国汽车工程学会、中国电子学会、中国宇航学会、中国人工智能学会、国家"863"计划智能机器人主题专家组、国家"863"计划空间机器人主题专家组以及中国机器人工程协会9个一级学会主办的中国机器人学术大会，自1987年以来，每2～3年召开一次，已举办了5次，并即将在今年10月举办第六届大会——中国2000年机器人学大会。这是我国机器人学领域层次最高和规模最大的一次盛会。我衷心地预祝大会圆满成功，为推动我国机器人学的发展做出新的贡献。

在21世纪，中国的机器人学必将有更大的发展和更广泛的应用。中国的机器人市场必将走向世界，与国际市场实现一体化，在国际上占有一席之地。

随着国内外机器人学的快速发展，国内许多大学开设了机器人学的课程，一些关于机器人学的教材和专著也应运而生。12年前，在国内急需机器人学教材的时候，一本名为《机器人原理及其应用》的大作出版了，它全面介绍了机器人学的基本原理及其应用，是国内第一部智能机器人基础的系统专著与教材。此书后被选入《中国优秀科技图书要览》。这本书曾被国内广泛采用，成为许多从事机器人学研究、教学和应用的科教工作者的教材或必读著作，为推动我国机器人学的发展做出了重要贡献。此书给我留下深刻而良好的印象，读后受益匪浅。十分巧合的是，12年前出版的该书作者和中国2000年机器人学大会的主席正好是一个人，而且也是《机器人学》这部新著的作者、中国智能机器人学会理事长、中南工业大学教授、我校兼职教授蔡自兴先生。他的勤奋、敬业、开拓和奉献精神令人钦佩。我感到，他那颗火热的心，近20年来一直热恋着他钟爱的中国机器人事业，并为之做出公认的卓越贡献。

《机器人学》包括机器人学的概况、数学基础、运动学、动力学、控制、规划、编程、应用和展望等，内容非常丰富，系统安排确当，理论联系实际，反映出国内外机器人学研究和应用的最新进展，可读性好，是一部不可多得的高水平机器人学著作。书中有不少内容是作者自己的研究成果和他对机器人学发展的创见。例如，机器人控制、机器人规划、机器人应用和机器人展望等章的内容都颇有新意。我相信，本书的出版必将为我国机器人学的教育和发展、机器人技术的推广和应用发挥重要的促进作用。

张启先

北京航空航天大学教授、中国工程院院士

2000年5月16日于北京

前　言

作为一门高度交叉的前沿学科，机器人学激发了越来越多的具有不同背景的人们的广泛兴趣，已被深入研究，并获得快速发展，取得了令人瞩目的成就。进入 21 世纪以来，工业机器人产业发展速度加快，年增长率达到 30%左右。其中，亚洲工业机器人的增长速度最为突出，工业机器人市场前景向好。其中，中国从 2014 年起成为世界最大的机器人市场。近年来，随着人工智能进入一个新的发展时期，促进国际机器人的研究与应用也进入一个新的时期，推动机器人技术达到更高的水平。

本书主要介绍机器人学的基本原理和应用，是一部系统和全面的机器人学著作。全书共 10 章，涉及机器人学的概况、数理基础、运动学、动力学、控制、规划、编程和展望等内容。第 1 章简述机器人学的起源与发展，讨论机器人学的定义，分析机器人的特点、结构与分类，探讨机器人学的研究和应用领域。第 2 章讨论机器人学的数理基础，包括空间质点的位置和姿态变换、坐标变换、齐次坐标变换、物体的变换和逆变换，以及通用旋转变换等。第 3 章阐述机器人运动方程的表示与求解，即机器人正向运动学和逆向运动学问题，包括机械手运动姿态、方向角、运动位置和坐标的运动方程以及连杆变换短阵的表示，解释解法、数值解法等求解方法和机器人微分运动及其雅可比矩阵等。第 4 章涉及机器人动力学方程、动态特性和静态特性；着重分析机械手动力学方程的两种求法，即拉格朗日功能平衡法和牛顿－欧拉动态平衡法，总结建立拉格朗日方程的步骤，并以二连杆和三连杆机械手为例推导机械手的动力学方程；探讨机器人的动态特性和静态特性。第 5 章研究机器人的位置和力控制，包括机器人的控制原则和控制方法、传动系统结构、位置伺服控制、位置和力混合控制、柔顺控制和分解运动控制等。第 6 章探讨机器人控制问题，涉及机器人的变结构控制、自适应控制和智能控制等。第 7 章介绍机器人传感器的特点与分类、各种典型的机器人内传感器和外传感器的工作原理。第 8 章讨论机器人规划问题。在说明机器人规划的作用和任务之后，从积木世界的机器人规划入手，逐步深入开展对机器人规划的讨论，包括规则演绎法、逻辑演算和通用搜索法及基于专家系统的规划等。在机器人路径规划方面，第 8 章在阐明机器人路径规划的主要方法和发展趋势之后，着重介绍了作者科研团队的一些研究新成果，如基于近似维诺图的机器人路径规划、基于免疫进化和示例学习的机器人路径规划和基于蚁群算法的机器人路径规划等。第 9 章概括论述机器人的程序设计，研究对机器人编程的要求和分类、机器人语言系统的结构和基本功能、机器人操作系统、几种重要的专用机器人语言、Python 语言和 MATLAB 机器人学仿真工具，以及机器人的离线编程等。第 10 章分析机器人学的现状，展望机器人学的未来，包括国内外机器人技术和市场的最新发展状态和预测、机器人技术的发展趋势、各国雄心勃勃的机器人发展计划和应用机器人引起的社会问题等，并提出克隆技术对智能机器人的挑战问题。每章最后均附有习题，供教师选用和学生练习。书末附有参考文献和英汉术语对照表，有助于学生深入研究和阅读机器人学的英文文献。

本书特别适合作为教材。当作为本科生教材时，可以跳过一些内容偏难的章节；当作为研究生教材时，教师可补充一些反映最新研究进展的学术论文和专题研究资料。本书也适合从事机器人学研究、开发和应用的科技人员学习参考。

本书第一版由蔡自兴编著。第二版、第三版和第四版由蔡自兴全面负责编写、修订和统稿；谢斌参加了第三版和第四版修订大纲的讨论，并修订了 3.1 节和 3.2 节及 7.2 节和 9.3 节等。

在本书的编写和出版过程中，得到众多领导、专家、教授、朋友和学生的热情鼓励和帮助。宋健院士的代序和张启先院士的序，一直是对本书作者和广大读者的极大支持和厚爱。包括中南大学、湖南自兴人工智能科技集团和清华大学及其出版社在内的许多机器人专家、高校师生、编辑和读者一直关心本书的编著和使用，并提出了一些十分中肯的建议。这些都是对作者的很大帮助，使我们深受鼓舞。在此特向有关领导、专家、编辑、合作者、师生和广大读者致以衷心的感谢。我还要特别感谢部分国内外机器人学专著、教材和有关论文的作者们。

本书在《机器人学(第三版)》的基础上全面修订而成。本次修订特别对第 1 章(绪论)、第 3 章(机器人运动学)、第 6 章(机器人高级控制)、第 8 章(机器人规划)和第 9 章(机器人程序设计)进行了重点修订，并对全书进行了勘误，使质量进一步提高。欢迎各位专家和广大读者在阅读后批评指正。

2022 年春节

于长沙鹅羊山德怡园

目　　录

CONTENTS

第1章　绪　　论

进入21世纪以来，人类除了致力于自身的发展外，还需要关注机器人、外星人和克隆人等问题。本书将不探讨外星人和克隆人问题，而着重讨论机器人问题。

当今社会的人们，对“机器人”这个名称并不陌生。从古代的神话传说，到现代的科学幻想小说、戏剧、电影和电视，都有许多关于机器人的精彩描绘。尽管在机器人学和机器人技术的研究领域已取得许多重要成果，但现实世界中的绝大多数机器人，既不像神话和文艺作品描写的那样智勇双全，也没有如某些企业家和媒体宣扬的那样多才多艺。现在，机器人的本领还是比较有限的。不过，机器人技术正在迅速发展，称得上日新月异，并开始对整个经济、工农业和服务业生产、太空和海洋探索，以及人类生活的各方面产生越来越大的影响。

1.1　机器人学的起源与发展

1.1.1　机器人学的起源

机器人的起源要追溯到3000多年前。“机器人”是20世纪20年代出现的存在于多种语言和文字中的新造词，它体现了人类长期以来的一种梦想，即创造出一种像人一样的机器或人造人，以便能够代替人从事各种工作。

直到60多年前，“机器人”才作为专业术语加以引用，然而机器人的概念在人类的想象中却已存在3000多年了。早在我国西周时代(前1046—前771年)，就流传着有关巧匠偃师献给周穆王一个艺伎(歌舞机器人)的故事。作为第一批自动化动物之一的能够飞翔的木鸟是在公元前400年至公元前350年间制成的。在希腊神话中，公元前3世纪，古希腊发明家戴达罗斯用青铜为克里特岛国王迈诺斯建造了一个守卫宝岛的青铜卫士塔罗斯。在公元前2世纪出现的书籍中，描写过一个具有类似机器人角色的机械化剧院，这些角色能够在宫廷仪式上进行舞蹈和列队表演。我国东汉时期(25—220年)的张衡发明的指南车是世界上最早的机器人雏形。

进入近代之后，人类期望发明各种机械工具和动力机器，用以协助甚至代替人们从事各种体力劳动的梦想更加强烈。18世纪发明的蒸汽机开辟了利用机器动力代替人力的新纪元。随着动力机器的发明，人类社会出现了第一次工业和科学革命。各种自动机器、动力机和动力系统的问世，使机器人开始由幻想时期转入自动机械时期，许多机械式控制的机器人，主要是各种精巧的机器人玩具和工艺品，应运而生。

瑞士钟表名匠德罗斯父子三人于1768—1774年间，设计制造出3个像真人一样大小的机器人——写字偶人、绘图偶人和弹风琴偶人。它们是由凸轮控制和弹簧驱动的自动机器，至今还作为国宝保存在瑞士纳沙泰尔市艺术和历史博物馆内。同时，还有德国梅林制造的巨型泥塑偶人“巨龙哥雷姆”，日本物理学家细川半藏设计的各种自动机械图形，法国杰夸特设计的机械式可编程序织造机等。1893年，加拿大摩尔设计的能行走的机器人“安德罗丁”

(Android)，是以蒸汽为动力的。这些机器人工艺珍品，标志着人类在机器人从梦想到现实这一漫长道路上前进了一大步。

20世纪初期，机器人已躁动于人类社会和经济的母胎，人们含有几分不安地期待着它的诞生。他们不知道即将问世的机器人将是个宠儿，还是个怪物。1920年，捷克剧作家卡雷尔·恰佩克在他的科幻情节剧《罗萨姆的万能机器人》(Rossum's Universal Robots)中，第一次提出了"机器人"这个词语，被认为是机器人一词的起源。在该剧中，恰佩克把斯洛伐克语"Robota"理解为奴隶或劳役的意思。该剧忧心忡忡地预告了机器人的发展将对人类社会产生的悲剧性影响，引起人们的广泛关注。该剧的大致情节如下：罗萨姆公司设计制造的机器人按照其主人的命令默默地、没有感觉和感情地、呆板地从事繁重的劳动。后来，该公司的机器人技术取得了突破性进展，使机器人具有了智能和感情，导致机器人被广泛应用；在工厂和家务劳动中，机器人成了必不可少的成员。这些智能机器人逐渐发觉人类十分自私和不公正，终于有一天开始反抗人类了。机器人的体能和智能都非常优异，它们消灭了人类主人。但是机器人不知道如何制造它们自己，每台机器人的寿命不超过20年。它们认识到自己很快就会灭绝，所以它们保留了罗萨姆公司技术部主任的生命，让他传授使机器人世代繁殖的技术。但是，当它们掌握了这个技术后，技术部主任也难逃一死。

恰佩克提出的是机器人的安全、智能和自繁殖问题。机器人技术的进步很可能引发人类不希望出现的问题和结果。虽然科幻世界只是一种想象，但人类担心社会将可能出现这种现实。

各国对机器人的译法，几乎都从斯洛伐克语"robota"音译为"罗伯特"(如英语robot，日语ロボット，俄语работа，德语robot等)，只有中文译为"机器人"。

针对人类社会对即将问世的机器人的不安，美国著名科学幻想小说家阿西摩夫于1950年在他的小说《我是机器人》中，提出了有名的"机器人三守则"：

(1) 机器人必须不危害人类，也不允许它眼看人将受害而袖手旁观；

(2) 机器人必须绝对服从于人类，除非这种服从有害于人类；

(3) 机器人必须保护自身不受伤害，除非为了保护人类或者是人类命令它做出牺牲。

这三条守则，给机器人社会赋以新的伦理性，并使机器人的概念通俗化，更易于为人类社会接受。至今，它仍为机器人研究人员、设计制造厂家和用户，提供了十分有意义的指导方针。

美国人乔治·德沃尔在1954年设计了第一台电子程序可编的工业机器人，并于1961年申请了该项机器人专利。1962年，美国万能自动化(Unimation)公司的第一台机器人Unimate在美国通用汽车公司投入使用，标志着第一代机器人的诞生。从此，机器人开始成为人类生活中的现实。此后，人类继续以自己的智慧和劳动，谱写机器人历史的新篇章。

1.1.2 国际机器人学的发展

工业机器人问世后的10年，从20世纪60年代初期到70年代初期，机器人技术的发展较为缓慢，许多研究单位和公司所做的努力均未获得成功。这一阶段的主要成果有美国斯坦福国际研究院(SRI International)于1968年研制的移动式智能机器人夏凯(Shakey)和辛辛那提·米拉克龙(Cincinnati Milacron)公司于1973年制成的第一台适于投放市场的机器人T3等。

20世纪70年代,人工智能学界开始对机器人产生浓厚兴趣。他们发现,机器人的出现与发展为人工智能的发展带来了新的生机,提供了一个很好的试验平台和应用场所,是人工智能可能取得重大进展的潜在领域。这一认识很快为许多国家的科技界、产业界和政府有关部门所赞同。随着自动控制理论、电子计算机和航天技术的迅速发展,到了20世纪70年代中期,机器人技术进入了一个新的发展阶段。到20世纪70年代末期,工业机器人有了更大的发展。进入20世纪80年代后,机器人生产继续保持20世纪70年代后期的发展势头。到20世纪80年代中期,机器人制造业已成为发展得最快和最好的经济部门之一。

到20世纪80年代后期,由于传统机器人用户应用工业机器人已趋饱和,从而造成工业机器人产品的积压,不少机器人厂家倒闭或被兼并,国际机器人学研究和机器人产业不景气。到20世纪90年代初,机器人产业出现复苏和继续发展的迹象。但是好景不长,1993—1994年又出现了低谷。全世界工业机器人的数目每年在递增,但市场是波浪式向前发展的,1980年至20世纪末,出现过三次马鞍形曲线。1995年后,世界机器人数量逐年增加,增长率也较高,机器人学以较好的发展势头进入21世纪。

进入21世纪,工业机器人产业发展速度加快,年增长率达到30%左右。其中,亚洲工业机器人增长速度高达43%,最为突出。

据联合国欧洲经济委员会(the United Nations Economic Commission for Europe, UNECE)和国际机器人联合会(International Federation of Robotics, IFR)统计,全球工业机器人在1960—2006年底累计安装175万多台;1960—2011年累计安装超过230万台。工业机器人市场前景向好。

近年来,全球机器人行业发展迅速,2007年全球机器人行业总销售量比2006年增长10%。人性化、重型化、智能化已经成为未来机器人产业的主要发展趋势。现在全世界正在服役的工业机器人总数在100万台以上。此外,还有数千万服务机器人在运行。

据国际机器人联合会统计,2019年全球机器人市场规模预计将达到294.1亿美元,其中,工业机器人159.2亿美元,服务机器人94.6亿美元,特种机器人40.3亿美元。2014—2019年的平均增长率约为12.3%。现在全世界运行的工业机器人总数在200万台以上。

在过去50年间,机器人学和机器人技术获得了引人瞩目的发展,具体体现在:①机器人产业在全世界迅速发展;②机器人的应用范围遍及工业、科技和国防的各个领域;③形成了新的学科——机器人学;④机器人向智能化方向发展;⑤服务机器人成为新秀并迅猛发展。

现在工业上运行的多数机器人,都不具有智能。随着工业机器人数量的快速增长和工业生产的发展,对机器人的工作能力也提出更高的要求,特别是需要各种具有不同程度智能的机器人和特种机器人。这些智能机器人有的能够模拟人类用两条腿走路,可在凹凸不平的地面上行走移动;有的具有视觉和触觉功能,能够进行独立操作、自动装配和产品检验;有的具有自主控制和决策能力。这些智能机器人不仅能应用各种反馈传感器,而且能运用人工智能中的各种学习、推理和决策技术。智能机器人还能应用许多最新的智能技术,如临场感技术、虚拟现实技术、多智能体技术、人工神经网络技术、遗传算法、仿生技术、多传感器集成和融合技术及纳米技术等。

机器人学与人工智能有十分密切的关系。智能机器人的发展是建立在人工智能的基础上的，并与人工智能相辅相成。一方面，机器人学的进一步发展需要人工智能基本原理的指导，并采用各种人工智能技术；另一方面，机器人学的出现与发展又为人工智能的发展带来了新的生机，产生了新的推动力，并提供了一个很好的试验与应用场所。也就是说，人工智能想在机器人学上找到实际应用，并使知识表示、问题求解、搜索规划、机器学习、环境感知和智能系统等基本理论得到进一步发展。粗略地说，由机器来模仿人类的智能行为，就是人工智能，或称为“机器智能”。而应用各种人工智能技术的新型机器人，就是智能机器人。

移动机器人是一类具有较高智能的机器人，也是智能机器人研究的一类前沿和重点领域。智能移动机器人是一类能够通过传感器感知环境和自身状态，实现在有障碍物的环境中面向目标的自主运动，从而完成一定作业功能的机器人系统。移动机器人与其他机器人的不同之处就在于强调了“移动”的特性。移动机器人不仅能够在生产、生活中起到越来越大的作用，而且是研究复杂智能行为的产生、探索人类思维模式的有效工具与实验平台。21世纪机器人的智能水平已经发展到一个新的高度，并将持续发展到令人赞叹的更高水平。

1.1.3 中国机器人学的发展

自20世纪70年代以来，中国的机器人学经历了一场从无到有、从小变大、从弱渐强的发展过程。如今，中国已经成为国际最大的机器人市场，一股前所未有的机器人学热潮汹涌澎湃，席卷神州大地，正在为中国经济的快速持续发展和人民福祉的不断改善做出新的贡献。

下文概括了中国机器人学的发展过程，着重归纳了中国机器人学的基本成就，并阐述了中国机器人学的发展战略。

1. 基本成就

中国于1972年开始研制工业机器人，虽起步较晚但进步较快，已在工业机器人、特种机器人和智能机器人各方面取得明显成绩，为我国机器人技术的发展打下初步基础。

(1) 工业机器人

中国工业机器人的发展大致可分为4个阶段：20世纪70年代的萌芽期；20世纪80年代的开发期；20世纪90年代—21世纪初(2010年)的初步应用期，21世纪初(2010年)以来的井喷式发展与应用期。

“七五”期间进行了工业机器人基础技术、基础元器件、几类工业机器人整机及应用工程的开发研究；完成了示教再现式工业机器人成套技术的开发；研制出喷涂、弧焊、点焊和搬运等作业机器人整机，以及几类专用和通用控制系统及关键零部件等，且形成了小批量生产能力。

在20世纪90年代中期，以焊接机器人的工程应用作为重点进行了开发研究，迅速掌握了焊接机器人的应用工程技术。20世纪90年代后半期至21世纪初，实现了国产机器人的商品化和工业机器人的推广应用，为产业化奠定基础。

中国工业机器人产量和装机台数占世界的比重在1972—2000年期间微不足道，进入21世纪以来，工业机器人市场迅速增长，经过一段产业化过程后，其市场已呈井喷之势。2014年全球新安装工业机器人达到16.67万台，其中中国的工业机器人年装机量超过日本，达到 5.6 万台，约占世界总量的 1/3，成为全球最大的机器人市场。2019 年，中国新增工业机器人装机量为 14.05 万台，累计装机 78.3 万台，总量居亚洲第一，年增长率为 12%。不过，中国的机器人密度仍然较低。

（2）智能机器人计划

1986 年 3 月，中国启动实施了“国家高技术研究发展计划”（简称“863”计划）。按照“863”计划智能机器人主题的总体战略目标，智能机器人研究开发工作的实施分为型号和应用工程、基础技术开发、实用技术开发、成果推广 4 个层次，通过各层次的工作体现和实现战略目标。中国的服务机器人项目涉及除尘机器人、玩具机器人、保安机器人、教育机器人、智能轮椅机器人、智能穿戴机器人等。

此外，国家自然科学基金也资助智能机器人领域的重大课题研究，包括智能机器人仿生技术、移动机器人的视觉与听觉计算、深海自主机器人、智能服务机器人、微创医疗机器人等。

（3）特种机器人

到 20 世纪 90 年代，在“863”计划的支持下，中国在发展工业机器人的同时，也对非制造环境下的应用机器人问题进行了研究，并取得了一批成果。特种机器人的开发包括管道机器人、爬壁机器人、水下机器人、自动导引车和排险机器人等。例如，2012 年 6 月 27 日，我国深海载人潜水器“蛟龙号”，成功下潜至 7062m；2020 年，我国最新型的深水潜航器“奋斗者号”已完成载人深海下潜万米级深度，标志着中国水下潜航器的发展进入到了新的阶段，达到国际先进水平。

又如，月球车“玉兔号”顺利驶抵月球表面，围绕“嫦娥三号”旋转拍照，并传回照片，标志着我国探月工程获得阶段性的重大成果。2021 年 5 月 15 日，我国首个火星探测器“天问一号”已顺利着陆火星，中国已成为世界上首次探索火星即完成软着陆任务的国家。

2. 发展战略

新一轮工业革命呼唤发展智能制造。在“十二五”规划中，高端制造业（机器人+智能制造）已被列入战略性新兴产业。国家科技部 2012 年 4 月发布《智能制造科技发展“十二五”专项规划》和《服务机器人科技发展“十二五”专项规划》。在“十二五”期间，重点培育发展服务机器人新兴产业，重点发展公共安全机器人、医疗康复机器人、仿生机器人平台和模块化核心部件。

国务院于 2015 年 5 月 8 日公布《中国制造 2025》，明确提出实现中国制造强国的路线图，提出的大力推动重点领域突出了机器人制造，要“围绕汽车、机械、电子、危险品制造、国防军工、化工、轻工等工业机器人、特种机器人，以及医疗健康、家庭服务、教育娱乐等服务机器人应用需求，积极研发新产品，促进机器人标准化、模块化发展，扩大市场应用。突破机器人本体、减速器、伺服电机、控制器、传感器与驱动器等关键零部件及系统集成设计制造等技术瓶颈”。

国务院又于 2015 年 7 月 8 日公布《新一代人工智能发展规划》，其重点任务中涉及发展机器人科技的内容有：

（1）建立自主协同控制与优化决策理论。研究面向自主无人系统的协同感知与交互，面向自主无人系统的协同控制与优化决策，知识驱动的人机物三元协同与互操作等理论。

（2）发展自主无人系统的智能技术。研究无人机自主控制和汽车、船舶、轨道交通自动驾驶等智能技术，服务机器人、空间机器人、海洋机器人、极地机器人技术，无人车间/智能工厂智能技术，高端智能控制技术和自主无人操作系统。研究复杂环境下基于计算机视觉的定位、导航、识别等机器人及机械手臂自主控制技术。

(3) 创建自主无人系统支撑平台。建立自主无人系统共性核心技术支撑平台，无人机自主控制以及汽车、船舶和轨道交通自动驾驶支撑平台，服务机器人、空间机器人、海洋机器人、极地机器人支撑平台，智能工厂与智能控制装备技术支撑平台等。

(4) 发展智能机器人新兴产业。攻克智能机器人核心零部件、专用传感器，完善智能机器人硬件接口标准、软件接口协议标准以及安全使用标准。研制智能工业机器人、智能服务机器人，实现大规模应用并进入国际市场。研制和推广空间机器人、海洋机器人、极地机器人等特种智能机器人。建立智能机器人标准体系和安全规则。

2016 年 4 月 28 日，工业和信息化部、国家发展和改革委员会与财政部共同发布《机器人产业发展规划(2016—2020)》，明确要在工业机器人领域，聚焦智能生产、智能物流，攻克工业机器人关键技术，提升可操作性和可维护性，重点发展弧焊机器人、真空(洁净)机器人、全自主编程智能工业机器人、人机协作机器人、双臂机器人、重载无人搬运车(automated guided vehicles，AGV)6 种标志性工业机器人产品，引导我国工业机器人向中高端发展。在服务机器人领域，重点发展消防救援机器人、手术机器人、智能型公共服务机器人、智能护理机器人 4 种标志性产品，推进专业服务机器人实现系列化，个人/家庭服务机器人实现商品化。

由此可见，发展智能机器人已上升为我国国家战略，必将对我国机器人产业乃至国民经济的发展产生巨大推动作用和深远影响。

1.2 机器人的定义和特征

1.2.1 机器人的定义

至今还没有对机器人的统一定义。要给机器人下个合适的和为人们普遍接受的定义是很难的，还因公众对机器人的想象以及科学幻想小说、电影和电视中对机器人形状的描绘而变得更为困难。为了规定技术、开发机器人新的工作能力和比较不同国家和公司的成果，需要对机器人这一术语有某些共同的理解。现在，世界上对机器人还没有统一的定义，各国有自己的定义，专家们也采用不同的方法来定义这个术语，这些定义之间差别较大。产生这种差别的部分原因是很难区别简单的机器人与其密切相关的运送材料的“刚性自动化”技术装置。

关于机器人的定义，国际上主要有如下几种：

(1) 英国《牛津简明英语词典》的定义。机器人是“貌似人的自动机，是具有智力的、顺从于人的但不具有人格的机器”。

这一定义并不完全正确，因为还不存在与人类相似的机器人在运行。这是一种理想的机器人。

(2) 美国机器人协会(Robotics Industries Association，RIA)的定义。机器人是“一种用于移动各种材料、零件、工具或专用装置的，通过可编程序动作来执行种种任务的，并具有编程能力的多功能机械手”(manipulator)。

尽管这一定义较为实用，但并不全面。这里指的是工业机器人。

(3) 日本工业机器人协会(Japan Robot Association，JRA)的定义。工业机器人是“一种装备有记忆装置和末端执行器(end effecter)的、能够转动并通过自动完成各种移动来代替人类劳动的通用机器”。

或者分为两种情况来定义：

① 工业机器人是“一种能够执行与人的上肢类似动作的多功能机器”。

② 智能机器人是“一种具有感觉和识别能力，并能够控制自身行为的机器”。

前一定义是工业机器人的一个较为广义的定义。后一种则分别对工业机器人和智能机器人进行了定义。

(4) 美国国家标准和技术研究所(National Institute of Standards and Technology，NIST)的定义。机器人是“一种能够进行编程并在自动控制下执行某些操作和移动作业任务的机械装置”。

这也是一种比较广义的工业机器人定义。

(5) 国际标准化组织(International Organization for Standardization，ISO)的定义。机器人是“一种自动的、位置可控的、具有编程能力的多功能机械手，这种机械手具有几个轴，能够借助于可编程序操作来处理各种材料、零件、工具和专用装置，以执行种种任务”。

显然，这一定义与美国机器人协会的定义相似。

(6) 我国机器人的定义。随着机器人技术的发展，我国也面临讨论和制定关于机器人技术的各项标准问题，其中包括对机器人的定义。我们可以参考各国的定义，结合我国情况，对机器人做出统一的定义。

《中国大百科全书》对机器人的定义为：能灵活地完成特定的操作和运动任务，并可再编程序的多功能操作器。而对机械手的定义为：一种模拟人手操作的自动机械，它可按固定程序抓取、搬运物件或操持工具完成某些特定操作。

我国科学家对机器人的定义是：机器人是一种自动化的机器，具备一些与人或生物相似的智能能力，如感知能力、规划能力、动作能力和协同能力，是一种具有高度灵活性的自动化机器。

上述各种定义有共同之处，即认为机器人①像人或人的上肢，并能模仿人的动作；②具有智力或感觉与识别能力；③是人造的机器或机械电子装置。

随着机器人的进化和机器人智能的发展，这些定义都有修改的必要，甚至需要重新定义。

机器人的范畴不但要包括“由人类制造的像人一样的机器”，还应包括“由人类制造的生物”，甚至包括“人造人”，尽管我们不赞成制造这种人。由此看来，现在就很难统一定义的机器人，今后更难为它下个确切的和公认的定义了！

1.2.2 机器人的主要特征

机器人具有许多特征，而通用性和适应性是机器人的两个最主要的特征。

1. 通用性(versatility)

通用性指的是某种执行不同功能和完成多样简单任务的实际能力。机器人的通用性取决于其几何特性和机械能力。通用性也意味着，机器人具有可变的几何结构，即根据生产工作需要进行变更的几何结构；或者说，在机械结构上允许机器人执行不同的任务或以不同的方式完成同一工作。现有的大多数机器人都具有不同程度的通用性，包括机械手的机动性和控制系统的灵活性。

必须指出的是，通用性不是由自由度单独决定的。增加自由度一般能提高通用性。不过，还必须考虑其他因素，特别是末端装置的结构和能力，如它们能否适用不同的工具等。

2. 适应性(adaptability)

机器人的适应性是指其对环境的自适应能力，即所设计的机器人能够自我执行未经完全指定的任务，而不管任务执行过程中所发生的没有预计到的环境变化。这一能力要求机器人认识其环境，即具有人工知觉。在这方面，机器人将使用下述能力：

(1) 运用传感器感测环境的能力；

(2) 分析任务空间和执行操作规划的能力；

(3) 自动指令模式能力。

迄今为止，所开发的机器人知觉与人类对环境的解释能力相比仍然比较有限。这个领域内的某些重要研究工作已取得重大突破。

对于工业机器人来说，适应性指的是编好的程序模式和运动速度能够适应工件尺寸、位置和工作场地的变化的能力。其中，主要考虑两种适应性：

(1) 点适应性，涉及机器人如何找到点的位置。例如，找到开始程序操作点的位置。

点适应性具有4种搜索(允许对程序进行自动反馈调节)模式，即近似搜索、延时近似搜索、精确搜索和自由搜索。近似搜索允许传感器在程序控制下沿着程序方向中断机器人运动。延时近似搜索能够在编程传感器被激发一定时间之后中断机器人的运动。精确搜索能够使机器人停止在传感器信号出现变化的精确位置上。自由搜索能够使机器人找到满足所有编程传感器信号显示的位置。

(2) 曲线适应性，涉及机器人如何利用由传感器得到的信息沿着曲线工作。曲线适应性包括速度适应性和形状适应性两种。

速度适应性涉及选择最佳运动速度的问题。即使有了完全确定的运动曲线，选择最佳运动速度仍然困难。在具有速度适应性之后，就能够根据传感器提供的信息，调整机器人的运动速度。

形状适应性涉及要求工具跟踪某条形状未知的曲线问题。

综合运用点适应性和曲线适应性，能够对程序进行自动调整。初始编制的仅仅是个粗略的程序，然后由系统自行适应实际位置和形状。

1.3 机器人的构成与分类

1.3.1 机器人系统的构成

1886年，法国作家利尔亚当在他的小说《未来的夏娃》中将外表上像人的机器起名为“安德罗丁”(Android)，它由4部分组成：

(1) 生命系统：具有平衡、步行、发声、身体摆动、感觉、表情、调节运动等功能。

(2) 造型解质：关节能自由运动的金属覆盖体，一种盔甲。

(3) 人造肌肉：在上述盔甲上有肌肉、静脉、性别特征等人体的基本形态。

(4) 人造皮肤：含有肤色、机理、轮廓、头发、视觉、牙齿、手爪等。

现在的一个机器人系统，一般由下列 4 个互相作用的部分组成：机械手、环境、任务和控制器，如图 1.1(a)所示，图 1.1(b)为其简化形式。

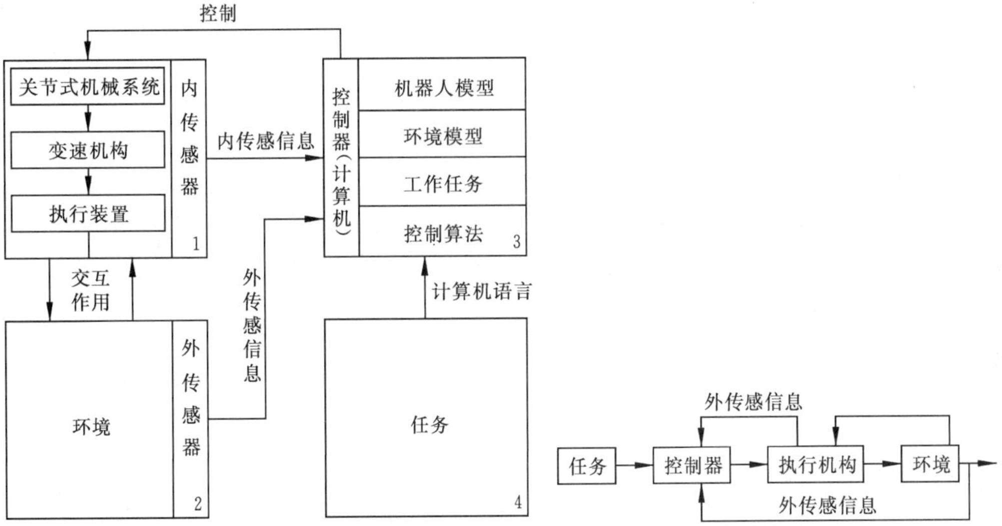

(a)　　(b)

图 1.1　机器人系统的基本结构

机械手是具有传动执行装置的机械，它由臂、关节和末端执行装置(工具等)构成，组合为一个互相连接和互相依赖的运动机构。机械手用于执行指定的作业任务。不同的机械手具有不同的结构类型。图 1.2 给出了机械手的几何结构简图。

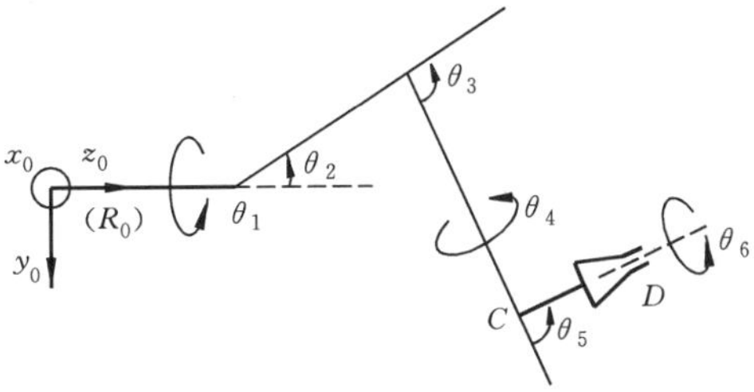

图 1.2　机械手的几何结构简图

在一些文献中，称机械手为“操作机”、“机械臂”或“操作手”。大多数机械手是具有几个自由度的关节式机械结构，一般具有 6 个自由度。其中，前 3 个自由度引导夹手装置至所需位置，而后 3 个自由度用来决定末端执行装置的方向，见图 1.2。机械手的结构将在下文进一步讨论。

环境即机器人所处的周围环境。环境不仅由几何条件(可达空间)决定，而且由环境和它所包含的每个事物的全部自然特性决定。机器人的固有特性由这些自然特性及其环境间的互相作用决定。

在环境中，机器人会遇到一些障碍物和其他物体，它必须避免与这些障碍物发生碰撞，并对这些物体发生作用。

机器人系统中的一些传感器设置在环境中的某处而不在机械手上。这些传感器是环境的组成部分，称为“外传感器”。

环境信息一般是确定的和已知的,但在许多情况下环境是未知的和不确定的。

任务被定义为环境的两种状态(初始状态和目标状态)间的差别。必须用适当的程序设计语言来描述这些任务,并把它们存入机器人系统的控制计算机。这种描述必须能为计算机所理解。随着所用系统的不同,语言的描述方式可为图形的、口语的(语音的)或书面文字的。

计算机是机器人的控制器或脑子。机器人接收来自传感器的信号,对之进行数据处理,并按照预存信息、机器人的状态及其环境情况等,产生控制信号驱动机器人的各个关节。

对于技术比较简单的机器人,计算机只含有固定程序;对于技术比较先进的机器人,可采用程序完全可编的小型计算机、微型计算机或微处理机作为其计算机。具体来说,在计算机内存储有下列信息:

(1) 机器人动作模型,表示执行装置在激发信号与随之发生的机器人运动之间的关系。

(2) 环境模型,描述机器人在可达空间内的每一事物。例如,说明由于哪些区域存在障碍物而不能对其起作用。

(3) 任务程序,使计算机能够理解其所要执行的作业任务。

(4) 控制算法,是计算机指令的序列,提供对机器人的控制,以便执行需要做的工作。

1.3.2 机器人的自由度

自由度是机器人的一个重要技术指标,它是由机器人的结构决定的,并直接影响机器人的机动性。

(1) 刚体的自由度

物体上任何一点都与坐标轴的正交集合有关。物体能够对坐标系进行独立运动的数目称为“自由度”(degree of freedom,DOF)。物体所能进行的运动(见图 1.3)有:

沿着坐标轴 Ox,Oy 和 Oz 的 3 个平移运动 T_1,T_2 和 T_3;

绕着坐标轴 Ox,Oy 和 Oz 的 3 个旋转运动 R_1,R_2 和 R_3。

这意味着物体能够运用 3 个平移和 3 个旋转、相对于坐标系进行定向和运动。

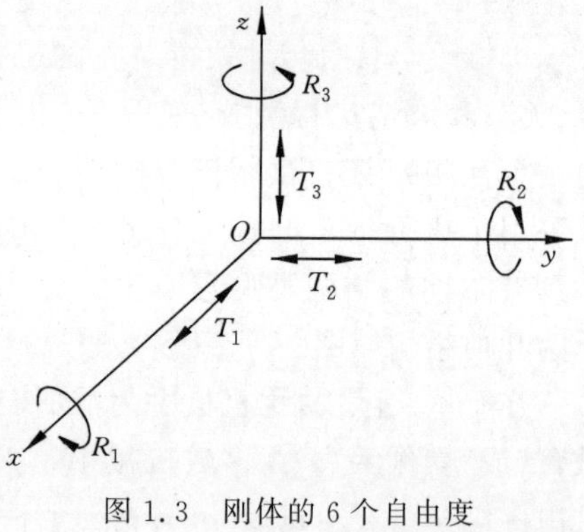

图 1.3　刚体的 6 个自由度

一个简单物体有 6 个自由度。当两个物体间确立起某种关系时,一个物体就对另一个物体失去一些自由度。这种关系也可以用两物体间由于建立连接关系而不能进行的移动或转动来表示。

(2) 机器人的自由度

人们期望机器人能够以准确的方位把它的端部执行装置(end effector)或与它连接的工具移动到给定点。如果机器人的用途预先是未知的,那么它应当具有 6 个自由度。不过,如果工具本身具有某种特别结构,那么就可能不需要 6 个自由度。例如,要把一个球放到空间某个给定位置有 3 个自由度就足够了(见图 1.4(a))。又如,要对某个旋转钻头进行定位

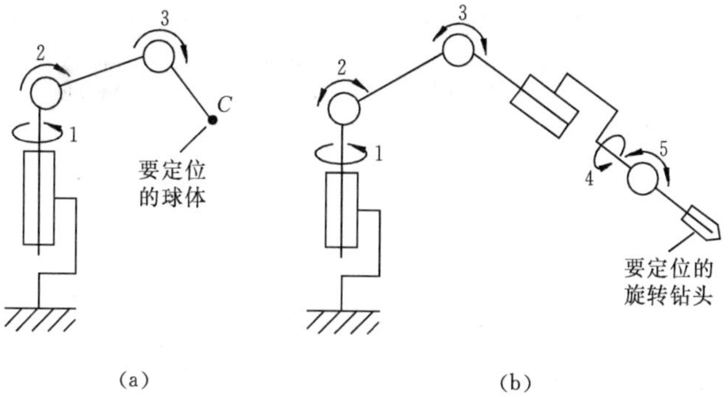

图 1.4 机器人自由度举例

与定向就需要 5 个自由度；该钻头可表示为某个绕着其主轴旋转的圆柱体（见图 1.4(b)）。

一般地，机器人的手臂具有 3 个自由度，其他的自由度为末端执行装置所有。当要求某一机器人钻孔时，其钻头必须转动。不过，这一转动总是由外部的电动机带动的。因此，不把它看作机器人的一个自由度。这同样适用于机械手。机械手的夹手应能开闭。不过，也不能把夹手的这个开闭所用的自由度当作机器人的自由度之一，因为这个自由度只对夹手的操作起作用。这一点是很重要的，必须记住。

3. 自由度与机动性

不能把自由度描述为一个事物对另一个事物的属性。图 1.5(a)就是一例。图中，对于固定底座来说，点 A 没有自由度，点 B 有两个自由度，而点 C 有 3 个自由度。如果点 D 的位置被确定，那么用于移动 D 的关节 C 在理论上将是冗余的，尽管在实际上并没有这种需要。这时，可以认为关节 C 不再有自由度了，但具有机动度(degree of mobility)。不过，如果 CD 是由定位点 C 来定向的，那么关节 C 就成为一个自由度，它能够使 CD 在一定范围内定向。如果要使 CD 指向任何方向，那么就需要另外两个自由度。

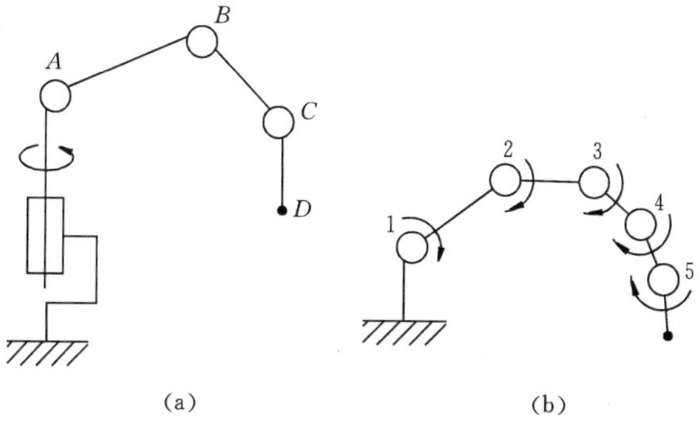

图 1.5 自由度与机动度

有两点值得记住：

(1) 并非所有的机动性都构成 1 个自由度。从所执行的作用考虑，一个关节可能成为 1 个自由度，但是并非一成不变。例如，在图 1.5(b)中，尽管有很多关节数(5 个)，但是在任何情况下这台机器人的独立自由度不多于 2 个。

(2) 一般不要求机器人具有 6 个以上的独立自由度，但是可以采用比此多得多的机动度。弄清这一点对于建立机器人的控制是十分重要的。过多的自由度可能产生冗余自由度。尽管如此，仍然有人在研究具有 9 个自由度的机器人，以求得到更大的机动性。

1.3.3 机器人的分类

机器人的分类方法很多。这里首先介绍 3 种分类法，即按机械手的几何结构、机器人的控制方式和机器人的信息输入方式分类。

1. 按机械手的几何结构分类

机械手的机械配置形式多种多样。最常见的结构形式是用其坐标特性来描述的。这些坐标结构包括笛卡儿坐标结构、柱面坐标结构、极坐标结构、球面坐标结构和关节式球面坐标结构等。这里简单介绍柱面、球面和关节式球面坐标结构 3 种最常见的机器人。

(1) 柱面坐标机器人。柱面坐标机器人主要由垂直柱子、水平手臂(或机械手)和底座构成。水平机械手装在垂直柱子上，能自由伸缩，并可沿垂直柱子上下运动。垂直柱子安装在底座上，并与水平机械手一起(作为一个部件)能在底座上移动。这样，这种机器人的工作包迹(区间)就形成了一段圆柱面，如图 1.6 所示。因此，把这种机器人称为“柱面坐标机器人”。

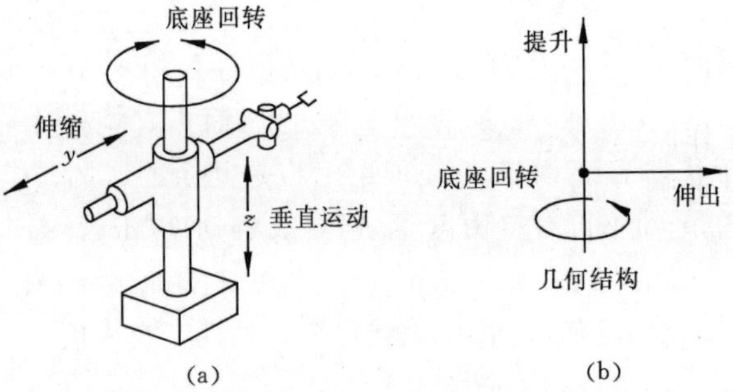

图 1.6 柱面坐标机器人

(2) 球面坐标机器人。如图 1.7 所示，它像坦克的炮塔一样，机械手能够做里外伸缩移动、在垂直平面上摆动以及绕底座在水平面上转动。因此，这种机器人的工作包迹形成了球面的一部分，并被称为“球面坐标机器人”。

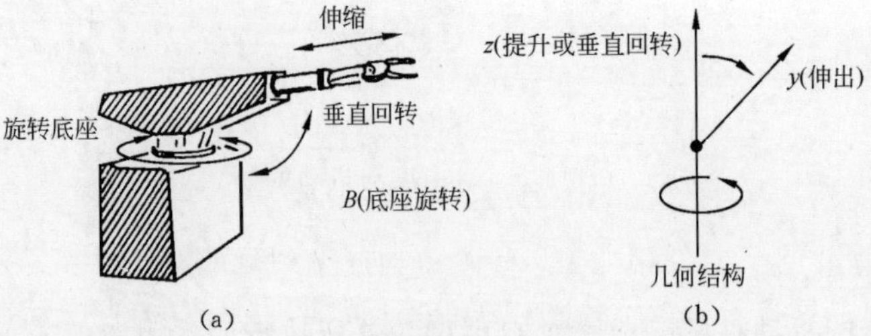

图 1.7 球面坐标机器人

(3) 关节式球面坐标机器人。主要由底座(或躯干)、上臂和前臂构成。上臂和前臂可在通过底座的垂直平面上运动，如图 1.8 所示。在前臂和上臂间，机械手有个肘关节；而在上臂和底座间，机械手有个肩关节。在水平平面上的旋转运动，既可由肩关节进行，也可以通过绕底座旋转来实现。这种机器人的工作包迹形成了球面的大部分，称为“关节式球面机器人”。

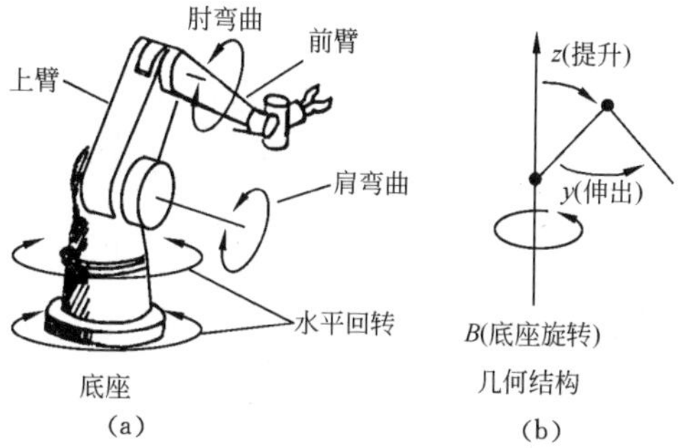

图 1.8　关节式球面机器人

2. 按机器人的控制方式分类

按照控制方式可把机器人分为非伺服机器人和伺服控制机器人两种。

(1) 非伺服机器人(non-servo robots)。非伺服机器人的工作能力比较有限，它们往往指那些叫作“终点”、“抓放”或“开关”式的机器人，尤其是“有限顺序”机器人。这种机器人按照预先编好的程序顺序进行工作，使用终端限位开关、制动器、插销板和定序器来控制机器人机械手的运动，其工作原理方块如图 1.9 所示。在图 1.9 中，插销板用来预先规定机器人的工作顺序，其往往是可调的。定序器是一种定序开关或步进装置，能够按照预定的正确顺序接通驱动装置的能源。驱动装置在接通能源后，就带动机器人的手臂、腕部和抓手等装置运动。当它们移动到由终端限位开关所规定的位置时，限位开关切换工作状态，向定序器送去一个“工作任务(或规定运动)业已完成”的信号，并使终端制动器动作，切断驱动能源，使机械手停止运动。

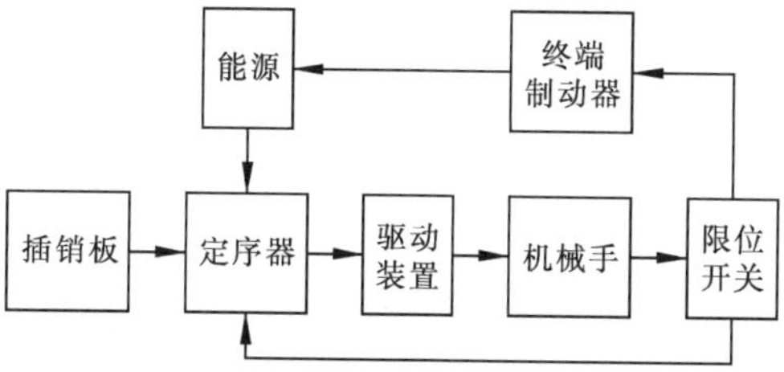

图 1.9　有限顺序机器人方块图

(2) 伺服控制机器人(servo-controlled robots)。伺服控制机器人比非伺服机器人的工作能力更强，因而价格较贵，而且在某些情况下不如简单的机器人可靠。图 1.10 为伺服控制机器人的方块图。伺服系统的被控制量(输出)可为机器人端部执行装置(或工具)的位置、速度、加速度和力等。通过反馈传感器取得的反馈信号与来自给定装置(如给定电位器)的综合信号，在用比较器进行比较后，得到误差信号，经过放大后用以激发机器人的驱动装置，进而带动末端执行装置进行具有一定规律的运动、到达规定的位置或速度等。显然，这

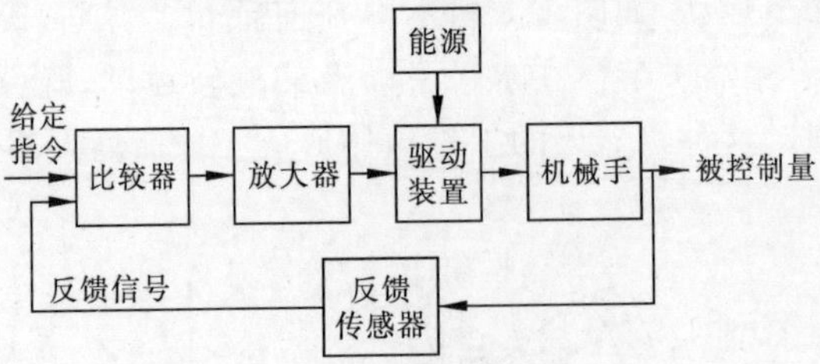

图 1.10　伺服控制机器人方块图

就是一个反馈控制系统。

伺服控制机器人又可分为点位伺服控制和连续路径(轨迹)伺服控制两种。

点位伺服控制机器人能够在其工作包迹内精确执行三维编程点之间的运动。一般只对其一段路径的端点进行示教,而且机器人以最快的和最直接的路径从一个端点移到另一端点。可把这些端点设置在已知移动轴的任何位置上。点与点之间的操作总是有点不平稳,即使同时控制两根轴,它们的运动轨迹也很难完全一样。因此,点位伺服控制机器人用于只有终端位置是重要的而对编程点之间的路径和速度不做主要考虑的场合。

点位伺服控制机器人的初始程序比较容易设计,但不易在运行期间对编程点进行修正。由于没有行程控制,实际工作路径可能与示教路径不同。这种机器人具有很大的操作灵活性,因而其负载能力和工作范围均名列前茅。液压装置是这种机器人系统最常用的驱动装置。

连续路径(轨迹)伺服控制机器人能够平滑地跟随某个预先规定的路径,其轨迹往往是某条不在预编程端点停留的曲线路径。因此,这种机器人特别适用于喷漆作业。

连续路径伺服控制机器人具有良好的控制和运行特性;其数据是依时间采样的,而不是依预先规定的空间点采样。这样,就能够把大量的空间信息存储在磁盘或光盘上。这种机器人的运行速度较快,功率较小,负载能力也较小。喷漆、弧焊、抛光和磨削等加工是这种机器人的典型应用场合。

3. 按机器人控制器的信息输入方式分类

在采用这种分类法进行分类时,不同国家略有不同,但有统一的标准。这里主要介绍日本工业机器人协会(JRA)、美国机器人协会(RIA)和法国工业机器人协会(Association Francaise de Robotique Industrielle, AFRI)所采用的分类法。

(1) JRA 分类法

日本工业机器人协会把机器人分为 6 类。

第 1 类: 手动操作手,是一种由操作人员直接进行操作的具有几个自由度的加工装置。

第 2 类: 定序机器人,是按照预定的顺序、条件和位置,逐步地重复执行给定的作业任务的机械手,其预定信息(如工作步骤等)难以修改。

第 3 类: 变序机器人,它与第 2 类一样,但其工作次序等信息易于修改。

第 4 类: 复演式机器人,这种机器人能够按照记忆装置存储的信息复现原先由人示教的动作。这些示教动作能够被自动地重复执行。

第 5 类: 程控机器人,操作人员并不是对这种机器人进行手动示教,而是向机器人提供运动程序，使它执行给定的任务。其控制方式与数控机床一样。

第 6 类：智能机器人，它能够采用传感信息来独立检测其工作环境或工作条件的变化，并借助其自我决策能力，成功地进行相应的工作，而不管其执行任务的环境条件发生了什么变化。

(2) RIA 分类法：

美国机器人协会把 JRA 分类法中的后 4 类机器当作机器人。

(3) AFRI 分类法

法国工业机器人协会把机器人分为 4 种型号。

A 型：JRA 分类法中的第 1 类，手控或遥控加工设备。

B 型：包括 JRA 分类法中的第 2 类和第 3 类，具有预编工作周期的自动加工设备。

C 型：包括 JRA 分类法中的第 4 类和第 5 类，程序可编和伺服机器人，具有点位或连续路径轨迹，称为“第一代机器人”。

D 型：JRA 分类法中的第 6 类，能获取一定的环境数据，称为“第二代机器人”。

4. 按机器人的智能程度分类

(1) 一般机器人，不具有智能，只具有一般编程能力和操作功能。

(2) 智能机器人，具有不同程度的智能，又可分为：

① 传感型机器人，利用传感信息（包括视觉、听觉、触觉、接近觉、力觉和红外、超声及激光等）进行信息处理，实现控制与操作。

② 交互型机器人，机器人通过计算机系统与操作员或程序员进行人-机对话，实现对机器人的控制与操作。

③ 自主型机器人，在设计制作之后，机器人无需人的干预，能够在各种环境下自动完成各项拟人任务。

5. 按机器人的用途分类

(1) 工业机器人或产业机器人，应用在工农业生产中，主要应用在制造业部门，进行焊接、喷漆、装配、搬运、检验、农产品加工等作业。

(2) 探索机器人，用于进行太空和海洋探索，也可用于地面和地下探索。

(3) 服务机器人，一种半自主或全自主工作的机器人，其所从事的服务工作可使人类生存得更好，使制造业以外的设备工作得更好。

(4) 军用机器人，用于军事目的，或为进攻性的、或为防御性的机器人。又可分为空中军用机器人、海洋军用机器人和地面军用机器人。可简称为“空军机器人”、“海军机器人”和“陆军机器人”。

6. 按机器人移动性分类

(1) 固定式机器人，固定在某个底座上，整台机器人（或机械手）不能移动，只能移动各个关节。

(2) 移动机器人，整个机器人可沿某个方向或任意方向移动。这种机器人又可分为轮式机器人、履带式机器人和步行机器人，其中后者又有单足、双足、四足、六足和八足行走机器人之分。

此外，也可以把机器人分为下列几种：

(1) 机械手或操作机，模仿人的上肢运动；

(2) 轮式移动机器人，模仿车辆移动；

(3) 步行机器人，模仿人的下肢运动；

(4) 水下机器人，工作在水下；

(5) 飞行机器人，飞行在空中；

(6) 传感型机器人，特别是视觉机器人，具有传感器；

(7) 智能型机器人，应用人工智能技术的机器人，具有人工智能技术；

(8) 机器人化工业自动线，在生产线上成批应用机器人。

1.4 机器人学的研究领域

机器人学有着极其广泛的研究和应用领域。这些领域体现出广泛的学科交叉特点，涉及众多的课题，如机器人体系结构、机构、控制、智能、传感、机器人装配、恶劣环境下的机器人以及机器人语言等。机器人已在工业、农业、商业、旅游业、空中和海洋以及国防等领域获得越来越普遍的应用。下面是一些比较重要的研究领域。

1. 机器人视觉

机器视觉或计算机视觉是给计算机系统装上视频输入装置以便能够“看见”周围的物体。机器视觉主要用计算机来模拟人的视觉功能，从客观事物的图像中提取信息，进行处理并加以理解，最终用于实际检测、测量和控制。

计算机视觉通常可分为低层视觉与高层视觉两类。低层视觉主要执行预处理功能，如边缘检测、动目标检测、纹理分析，通过阴影获得形状、立体造型、曲面色彩等。高层视觉则主要是理解所观察的形象。

机器人视觉是指使机器人具有视觉感知功能的系统，是传感型智能机器人系统的重要领域之一。机器人视觉可以通过视觉传感器获取环境的二维图像，并通过视觉处理器进行分析和解释，进而转换为符号，让机器人能够辨识物体，并确定其位置。机器人视觉已在智能制造、智能驾驶导航、智能交通、智慧农业以及机器人竞赛中获得广泛应用。

2. 语音识别技术

语音识别(speech recognition)也称为“自动语音识别”(automatic speech recognition, ASR)，是自然语言处理的重要内容之一。语音识别就是利用机器将语音信号转换成文本信息，其最终目的是让机器能够听懂人的语言。语音识别技术是指让机器通过识别和理解把语音信号转变为计算机可读的文本或命令的技术。语音识别的本质是一种基于语音特征参数的模式识别，即通过学习，系统能够把输入的语音按一定模式进行分类，进而根据判定准则找出最佳匹配结果。

语音识别技术已在机器人中获得广泛应用，世界各国著名的人工智能和机器人公司争先恐后地开发语音识别产品，投放市场。其中比较有影响的公司和产品有苹果的智能语音助理 Siri、微软的社交对话机器人小娜(Cortana)、阿里巴巴的私人语音助理小蜜、科大讯飞的语音识别咪咕灵犀和 SR301、百度的 Raven H、腾讯的叮当智能屏、思必驰的 AISpeech 以及丰富多彩、五花八门的语音识别装置和聊天机器人产品等。

3. 传感器与感知系统

- 各种新型传感器的开发,包括视觉、触觉、听觉、接近觉、力觉、临场感等
- 多传感系统与传感器融合
- 传感数据集成
- 主动视觉与高速运动视觉
- 传感器硬件模块化
- 恶劣工况下的传感技术
- 连续语言理解与处理
- 传感系统软件
- 虚拟现实技术

4. 驱动、建模与运动控制

- 超低惯性驱动电机
- 直接驱动与交流驱动
- 离散事件驱动系统的建模、控制与性能评价
- 控制机理(理论),包括经典控制、现代控制和智能控制
- 控制系统结构
- 控制算法
- 多机器人分组协调控制与群控
- 控制系统动力学分析
- 控制器接口
- 在线控制和实时控制
- 自主操作和自主控制
- 声音控制和语音控制

5. 自动规划与调度

- 环境模型的描述
- 控制知识的表示
- 路径规划
- 任务规划
- 非结构环境下的规划
- 含有不确定性时的规划
- 未知环境中移动机器人规划与导航
- 智能算法
- 协调操作(运动)规划

- 装配规划
- 基于传感信息的规划
- 任务协商与调度
- 制造(加工)系统中机器人的调度

6. 计算机系统

- 智能机器人控制计算机系统的体系结构
- 通用与专用计算机语言
- 标准化接口
- 神经计算机与并行处理
- 人机通信
- 多智能体系统(multi-agent system, MAS)

7. 应用领域

- 机器人在工业、农业、建筑业中的应用
- 机器人在服务业的应用
- 机器人在核能、高空和太空、水下和其他危险环境中的应用
- 采矿机器人
- 军用机器人
- 灾难救援机器人
- 康复机器人
- 排险机器人和防爆机器人
- 机器人在计算机集成制造系统(computer integrated manufacturing systems, CIMS)和柔性制造系统(flexible manufacturing systems, FMS)中的应用

8. 其他

- 微电子-机械系统的设计与超微型机器人
- 产品及其自动加工的协同设计

1.5 机器人学的应用领域

机器人已在工业生产、海空探索、康复和军事等领域获得广泛应用。此外,机器人已逐渐在医院、家庭和一些服务行业获得推广应用,发展十分迅速。

1.5.1 工业机器人

机器人无论是否与其他机器一起运用,与传统的机器相比,它具有两个主要优点:

(1) 生产过程的几乎完全自动化带来了较高质量的成品和更好的质量控制,并提高了对不断变化的用户需求的适应能力,从而提高产品在市场上的竞争能力。

(2) 生产设备的高度适应能力允许生产线从一种产品快速转换为另一种产品。例如，从生产一种型号的汽车转换为生产另一型号的汽车。当某个故障使生产设备上的一个零件不能运动时，该设备也具有适应故障的能力。

上述各种自适应生产设备叫作"柔性制造(加工)系统"。一个柔性生产单元是由为数不多的机器人和一些配套运行的机器组成的。例如，一台设计用于与车床配套的机器人，与自动车床一起组成了一个柔性单元。许多柔性单元一起运行就构成了柔性车间。

现在工业机器人主要用于汽车工业、机电工业(包括电信工业)、通用机械和工程机械工业、建筑业、金属加工、铸造以及其他重型工业和轻工业部门。

机器人的工业应用分为 4 个方面，即材料加工、零件制造、产品检验和装配。其中，材料加工往往是最简单的。零件制造包括锻造、点焊、捣碎和铸造等。检验包括显式检验(在加工过程中或加工后检验产品表面的图像和几何形状、零件和尺寸的完整性)和隐式检验(在加工中检验零件质量上或表面上的完整性)两种。装配是最复杂的应用领域，因为它可能包含材料加工、在线检验、零件供给、配套、挤压和紧固等工序。

在农业方面，机器人已用于水果和蔬菜的嫁接、收获、检验与分类，剪羊毛和挤牛奶等。把自主(无人驾驶)移动机器人应用于农田耕种，包括播种、田间管理和收割等，是一个有潜在发展前景的产业机器人应用领域。

在众多制造业领域中，应用工业机器人最广泛的领域是汽车及汽车零部件制造业。

随着科学与技术的发展，工业机器人的应用领域不断扩大。目前，工业机器人不仅应用于传统制造业如机械制造、采矿、冶金、石油、化学、船舶等领域，同时也已开始扩大到核能、航空、航天、医药、生化等高科技领域。

1.5.2 探索机器人

除了在工农业广泛应用外，机器人还用于探索，即在恶劣或不适于人类工作的环境中执行任务。例如，在水下(海洋)、太空以及在放射性、有毒或高温等环境中进行作业。在这种环境下，可以使用自主机器人、半自主机器人或遥控机器人。

(1) 自主机器人。自主机器人能在恶劣环境中执行编程任务而无需人的干预。

(2) 遥控机器人。遥控机器人是把机器人(称为"从动装置")放置在某个危险、有害或恶劣环境中，由操作人员在远处控制主动装置，使从动装置跟随主动装置的操作动作，实现遥控。

下面讨论两种主要的探索机器人——水下机器人和空间机器人的概况及其应用。

1. 水下机器人

随着海洋开发事业的发展，一般的潜水技术已无法适应高深度的综合考察和研究且完成多种作业的需要了。因此许多国家都对水下机器人给予了极大的关注。

水下机器人依据不同特征可有不同的分类，按其在水中运动的方式可分为：

(1) 浮游式水下机器人；

(2) 步行式水下机器人；

(3) 移动式水下机器人。

近年来对海洋考察和开发的需要，使水下机器人的应用在世界范围内日益广泛，发展速度之快出乎人们的意料，其应用领域包括水下工程、打捞救生、海洋工程和海洋科学考察等方面。

2011 年 7 月 26 日，中国研制的深海载人潜水器“蛟龙号”成功潜至海面以下 5188 米，这标志着中国已经进入载人深潜技术的全球先进国家之列。2012 年 6 月 24 日，“蛟龙号”成功下潜至 7062 米，这也意味着我国的深海载人潜水器成为世界上第 2 个下潜到 7000 米以下的国家，达到国际先进水平。

2020 年 10 月，我国最新型的深水潜航器“奋斗者号”已成功下沉到海平面以下 10 058 米的深度，标志着中国水下潜航器的发展进入到了新的阶段，跻身国际海洋强国。

2. 空间机器人

近年来随着各种智能机器人的研究与发展，能在宇宙空间作业的空间机器人成为了新的研究目标，并已成为空间开发的重要组成部分。

目前，空间机器人的主要任务可分为两大方面：

(1) 在月球、火星及其他星球等非人居住条件下完成先驱勘探。

(2) 在宇宙空间代替宇航员实现卫星服务(主要是捕捉、修理和补给能量)、空间站上的服务(主要是安装和组装空间站的基本部件，确保各种有效载荷正常运转，EVA 支援等)和空间环境的应用实验。

我国研发的月球车“玉兔号”是一种典型的空间机器人。2013 年 12 月 2 日 1 时 30 分，我国成功地将由着陆器和“玉兔号”月球车组成的“嫦娥三号”探测器送入轨道。12 月 15 日 4 时 35 分，“嫦娥三号”着陆器与巡视器分离，“玉兔号”巡视器顺利驶抵月球表面。12 月 15 日 23 时 45 分“玉兔号”完成围绕“嫦娥三号”的旋转拍照，并传回照片。这标志着我国探月工程取得了阶段性的重大成果。

2021 年 5 月 15 日，“天问一号”着陆巡视器成功着陆于火星乌托邦平原南部预选着陆区，中国首次火星探测任务取得圆满成功。

2021 年 6 月 27 日，国家航天局发布了“天问一号”火星探测任务和巡视探测系列实拍影像，包括着陆巡视器开伞和下降过程、火星全局环境感知图像等。

1.5.3 服务机器人

随着网络技术、传感技术、仿生技术、智能控制等技术的发展以及机电工程与生物医学工程等的交叉融合，服务机器人技术发展呈现三大态势：一是服务机器人由简单机电一体化装备向以生机电一体化和智能化等方向发展；二是服务机器人由单一作业向群体协同、远程学习和网络服务等方面发展；三是服务机器人由研制单一复杂系统向将其核心技术、核心模块嵌入先进制造相关系统中发展。虽然服务机器人分类较广，包含清洁机器人、医用服务机器人、护理和康复机器人、家用机器人、消防机器人、监测和勘探机器人等，但完整的服务机器人系统通常都由 3 个基本部分组成——移动机构、感知系统和控制系统。因此，各类服务机器人的关键技术就包括自主移动技术(包括地图创建、路径规划、自主导航)、感知技术和人机交互技术等。

现实生活中能够看到的最接近于人类的机器人可能要算家用机器人了。家用机器人能够清扫地板而不碰坏家具，已开始进入家庭和办公室，代替人从事清扫、洗刷、守卫、煮饭、照料小孩、接待、接电话、打印文件等工作。酒店售货和餐厅服务机器人、炊事机器人和家政机器人已不再是一种幻想。随着家用机器人质量的提高和造价的大幅降低，其将获得日益广泛的应用。

研制用来为病人看病、护理病人和协助病残人员康复的机器人能够极大地改善病人的状态，以及改善瘫痪者(包括下肢和四肢瘫痪者)和被截肢者的生活条件。

服务机器人还有送信机器人、导游机器人、加油机器人、建筑机器人、农业及林业机器人等。其中，爬壁机器人既可用于清洁，又可用于建造；娱乐机器人包括文娱歌舞机器人和体育机器人。

根据《2014—2018 年中国服务机器人行业发展前景与投资战略规划分析报告》的前瞻数据统计，全球专业服务机器人的销量从 2011 年的 15 776 台增加至 2012 年的 16 067 台，比 2011 年增长 1.8%，销售额约为 230 亿元。2012 年全球个人/家用服务机器人的销量约为 300 万台，比 2011 年增长 20%，销售额约为 450 亿元。随着个人机器人进入各行各业，进入千家万户，服务机器人的总产值可望达到万亿元。由此，服务机器人的快速增长和巨大市场可见一斑。

2019 年全球服务机器人市场规模预计将达到 94.6 亿美元，2021 年将快速增长突破 130 亿美元。2019 年，全球家用服务机器人、医疗服务机器人和公共服务机器人市场规模预计分别为 42 亿美元、25.8 亿美元和 26.8 亿美元，其中家用服务机器人市场规模占比最高达 44%。

1.5.4 军用机器人

同任何其他先进技术一样，机器人技术也可用于军事目的。这种用于军事目的的机器人，即为军用机器人。按工作环境分，其可以分为地面、水下(海洋)和空间军用机器人。其中，以地面军用机器人的开发最为成熟，应用也较为普遍。

1. 地面军用机器人

地面军用机器人分为两类：一类是智能机器人，包括自主和半自主车辆；另一类是遥控机器人，即各种用途的遥控无人驾驶车辆。智能机器人依靠车辆本身的机器智能，在无人干预的情况下自主行驶或作战。遥控机器人由人进行遥控，以完成各种任务。遥控车辆已经在一些国家列装部队，而自主地面战车也开始走向战场。

2. 海洋军用机器人

各国的海军也不甘落后，在开发和应用海洋(水下)军用机器人方面取得了成功。

美国海军有一个独立的水下机器人分队，这支由精锐人员和水下机器人组成的分队，可以在全世界海域进行搜索、定位、援救和回收工作。

水下机器人在海军中的另一个主要用途是扫雷，如 MINS 水下机器人系统，可以发现、分类、排除水下残物和系留的水雷。

法国在军用扫雷机器人方面一直处于世界领先地位。ECA 公司自 20 世纪 70 年代中期以来已向 15 个国家的海军销售了数百艘 PAP-104 排雷用遥控无人潜水器(remote operated vehicle,ROV)。最新的 V 型 ROV 装有新的电子仪器和遥测传送装置,能扫除人工或其他扫雷工具不能扫除的水雷。

3. 空间军用机器人

严格地说,上文讨论过的空间机器人都可被用于军事目的。此外,可以把无人机看作空间机器人。也就是说,无人机和其他空间机器人,都可能成为空间军用机器人。

微型飞机用于填补军用卫星和侦察机无法达到的盲区,为前线指挥员提供小范围内的具体敌情。这种飞机既小又轻,可由士兵的背包携带,可装备固体摄像机、红外传感器或雷达,能够飞行数公里。

要研制出适用的微型无人机具有很高的难度,需解决一系列技术难题。这种飞机不是玩具,它既要满足军事上的要求,又要做到低成本、低价格。目前,这种微型军用无人机已经飞向战场,走上实用之路。

1.6 本书概要

本书介绍了机器人学的基本原理及应用,是一部机器人学的专著和通用教材。除了讨论一般的原理外,还特别阐述了一些新的方法与技术,并用一定篇幅叙述了机器人学的应用和发展趋势。本书包含下列具体内容:

(1) 简述机器人学的起源及国内外机器人学的研究与发展,讨论机器人学的定义,分析机器人的特点、结构与分类,探讨机器人学的研究领域,分析机器人的应用领域,涉及工业机器人、探索机器人、服务机器人和军用机器人。这些内容可使读者对机器人学有初步认识。

(2) 讨论机器人学的数学基础,包括空间任意点的位置和姿态变换、坐标变换、齐次坐标变换、物体的变换和逆变换,以及通用旋转变换等。这些数学基础知识为后面有关各章研究机器人运动学、动力学和控制建模提供了有力的数学工具。

(3) 阐述机器人运动方程的表示与求解。这些表示包括机械手的运动姿态、方向角、运动位置和坐标的运动方程,以及连杆变换矩阵。对于运动方程的求解则讨论了欧拉变换解、滚-仰-偏变换解和球面变换解等方法。此外,还讨论了机器人的微分运动及其雅可比矩阵。这些内容是研究机器人动力学和控制必不可少的基础。

(4) 涉及机器人动力学方程、动态特性和静态特性,着重分析机械手动力学方程的两种求法,即拉格朗日功能平衡法和牛顿-欧拉动态平衡法,然后在分析二连杆机械手的基础上,总结出建立拉格朗日方程的步骤,并计算机械手连杆上一点的速度、动能和位能,进而推导出四连杆机械手的动力学方程。在此基础上,举例推导了二连杆机械手的动力学方程及三连杆机械手的速度和加速度方程。机器人动力学问题的研究,对于快速运动的机器人及其控制具有特别重要的意义。

(5) 研究了机器人的控制原则和控制方法。这些方法包括机器人的位置伺服控制、柔顺控制、分解运动控制、变结构控制、自适应控制和智能控制等。作为机器人智能控制的应用实例,介绍了智能机器人递阶装配系统、机器人自适应模糊控制、多指灵巧手的神经控制、移动机器人自主导航的进化控制以及基于深度学习的机器人控制等。这些例子提供了实际研究结果，说明了各种相关智能控制方法的有效性和适用性。

（6）阐述机器人传感器的特点与分类。涉及机器人的感觉顺序与策略、机器人传感器的分类以及应用传感器时应考虑的问题。分别讨论了机器人的内传感器和外传感器。在内传感器部分，研究了位移/位置传感器、速度和加速度传感器和力觉传感器等。在外传感器部分，研究了触觉传感器、应力觉传感器、接近度传感器和其他外传感器。举例介绍了一些有代表性的机器人视觉装置，包括机器人眼、视频信号数字变换器和固态视觉装置等。着重讨论了各种传感器的工作原理，并说明了其应该注意的问题。

（7）讨论机器人规划问题。在说明机器人规划的作用和任务之后，从积木世界的机器人规划入手，逐步深入地开展对机器人规划的讨论。这些规划方法有规则演绎法、逻辑演算和通用搜索法，以及具有学习能力的规划和基于专家系统的规划等。机器人规划是人工智能与机器人学的一个令人感兴趣的结合点，也是智能机器人的一个重要研究领域。

（8）比较概括地论述机器人的程序设计。机器人的程序设计——编程，是机器人运动和控制的结合点，也是实现人与机器人通信的主要方法。研究了对机器人编程的要求和分类；讨论了机器人语言系统的结构和基本功能；介绍了几种重要的专用机器人编程语言，如机器人操作系统 ROS，机器人研发语言 Python、MATLAB，工业机器人常用语言 VAL、SIGLA、IML 和 AL 语言等；讨论了机器人离线编程的特点、主要内容和系统结构，并列举了一个机器人离线编程仿真系统 HOLPSS。

（9）分析机器人学的现状，展望机器人学的未来，包括国际机器人技术和市场的发展现状及预测、国内机器人的发展现状、21 世纪机器人技术的发展趋势、我国新时代机器人学的发展战略等。探讨了应用机器人将引起的一些社会问题，并提出克隆技术对智能机器人的挑战问题。这部分内容连贯过去、现在与未来，具有一定的探索性和前瞻性，值得讨论。

（10）各章均附有习题，可供教师选用作为学生的课内作业或课外练习思考题，以检验学生对各章内容的掌握程度，并加深对所学概念、技术和方法的理解。书末附有大量的国内外参考文献和英汉术语对照表，有助于学生阅读机器人学的英文文献。

本书可作为本科生和研究生的教材。当用作本科生教材时，建议删去部分章节，如机器人的动态和静态特性、机器人的高级控制和智能控制以及机器人高层规划等。当用作研究生教材时，教师可以补充一些反映最新研究进展的学术论文和专题研究资料，以培养研究生的独立工作能力和创新能力，并对专题内容有更深入的了解。

本书也可供从事机器人学研究、开发和应用的科技人员学习参考。

1.7 本章小结

作为本书的开篇，本章首先讨论了机器人的由来、定义和国内外机器人技术的发展；介绍了国际上关于机器人的几种主要定义，并归纳出这些定义的共同点。

机器人具有通用性和适应性的特点，这是它获得广泛应用的重要基础。可以把一个机器人系统看作由执行机构、环境、任务和控制器 4 个部分组成。

机器人的分类方法很多，分别按照机械手的几何结构、机器人的控制方式、机器人的信息输入方式、机器人的智能程度、机器人的用途以及机器人的移动性来讨论机器人的分类问题。

机器人学有着十分广阔的研究领域，涉及机器人视觉、机器人语音识别、传感器与感知系统、驱动与控制、自动规划、计算机系统以及应用研究等。本章一一列出了这些研究和应用领域。

机器人已在工业生产、海空探索、服务和军事等领域获得广泛应用。1.5节逐一介绍了工业机器人、探索机器人、服务机器人和军用机器人的应用情况。

工业机器人正在汽车工业、机电工业和其他工业部门工作，为人类的物质生产建功立业。其中，以焊接机器人和装配机器人为两个最主要的应用领域。

探索机器人除了在恶劣工况下执行任务的特种机器人外，主要为太空探索机器人和海洋(水下)探索机器人。随着空间科学和海洋工程的发展，需要越来越多的各式各样的空间机器人和海洋机器人参与探索太空和开发海洋的工作。

服务机器人的发展前景也被十分看好。服务机器人近年来发展很快，其数量已大大超过工业机器人，并呈逐年上升之势。

军用机器人是把机器人技术用于战争的产物，是国力、经济实力、技术实力和军事实力竞争的聚焦点之一。军用机器人以地面军用机器人为多，技术已比较成熟；海洋军用机器人和空间军用机器人很难与民用海洋机器人和空间机器人分开；它们的技术既可用于承担和平建设使命，也可用于军事活动。

习 题 1

1.1 国内外机器人技术的发展有何特点？

1.2 请为工业机器人和智能机器人下个定义。

1.3 什么是机器人的自由度？试举出1～2种你知道的机器人的自由度数，并说明为什么需要这个数目。

1.4 机器人的分类方法有哪几种？是否还有其他的分类方法？

1.5 试编写一个工业机器人大事年表(从1954年起，必要时可查阅有关文献)。

1.6 机器人学与哪些学科有密切关系？机器人学的发展将对这些学科产生什么影响？

1.7 试编写一个图表，说明现有工业机器人的主要应用领域(如点焊、装配等)及其所占百分比。

1.8 用1～2句话定义下列术语：适应性、伺服控制、偿还期、智能机器人、人工智能。

1.9 “机器人三守则”是什么？它的重要意义是什么？

1.10 人工智能与机器人学的关系如何？有哪些人工智能技术已在机器人学上得到应用？哪些人工智能技术将在机器人学上获得应用？

1.11 服务机器人已经得到日益广泛的应用。你对服务机器人的发展与应用有何建议？

1.12 随着“智能制造”的逐步升级，工业机器人特别是智能机器人的应用将受到高度重视。你认为在制造业大量应用机器人应考虑和注意哪些问题？

1.13 工业机器人能够应用在什么领域？各举一例说明它的必要性与合理性。

1.14 你认为我国机器人的应用范围和发展前景如何？

1.15 试举出1～2个例子，说明应用工业机器人带来的好处。

1.16 服务机器人有哪些用武之地？试列举实例加以说明。

1.17 探索机器人有哪几种？它们有何用途？

1.18 你对机器人用于军事目的有何看法？试述各种军用机器人的现状。

1.19 你认为有哪些人工智能技术在机器人上得到了广泛应用？

1.20 建议举行一个课程讨论会，介绍和分析国内外机器人学的研究与发展情况。

第2章 数学基础

第1章讨论机器人系统的构成时曾经指出，机械手是机器人系统的机械运动部分。作为自动化工具的机械手具有如下特点：机械手的执行机构是用来保证复杂空间运动的综合刚体，而且其自身也往往需要在机械加工或装配等过程中作为统一体进行运动。因此，需要一种可以描述单一刚体位移、速度和加速度以及动力学问题的有效而又方便的数学方法。这种数学描述方法不是唯一的，不同的人可能采用不同的方法。本章将采用矩阵法来描述机器人机械手的运动学和动力学问题。这种数学描述是以四阶方阵变换三维空间点的齐次坐标为基础的，能够将运动、变换和映射与矩阵运算联系起来。

研究操作机器人的运动不仅涉及机械手本身，而且涉及各物体间以及物体与机械手的关系。本章将要讨论的齐次坐标及其变换，就是用来表达这些关系的。齐次坐标变换不仅能够表示动力学问题，而且能够表达机器人控制算法、计算机视觉和计算机图形学等问题。因此，该方法受到了特别重视。

2.1 位姿和坐标系描述

在描述物体（如零件、工具或机械手）间的关系时，要用到位置矢量、平面和坐标系等概念。首先，建立这些概念及其表示法。

1. 位置描述

一旦建立了一个坐标系，就能够用某个 3×1 位置矢量来确定该空间内任一点的位置。对于直角坐标系$\{A\}$，空间任一点 p 的位置可用 3×1 的列矢量${}^{A}\boldsymbol{p}$

$$ {}^{A}\boldsymbol{p}=\begin{bmatrix} p_x \\ p_y \\ p_z \end{bmatrix} \tag{2.1} $$

表示。式中，p_x, p_y, p_z 是点 p 在坐标系$\{A\}$中 x, y, z 三个轴方向的坐标分量。${}^{A}\boldsymbol{p}$ 的上标 A 代表参考坐标系$\{A\}$。称${}^{A}\boldsymbol{p}$ 为位置矢量，如图 2.1 所示。

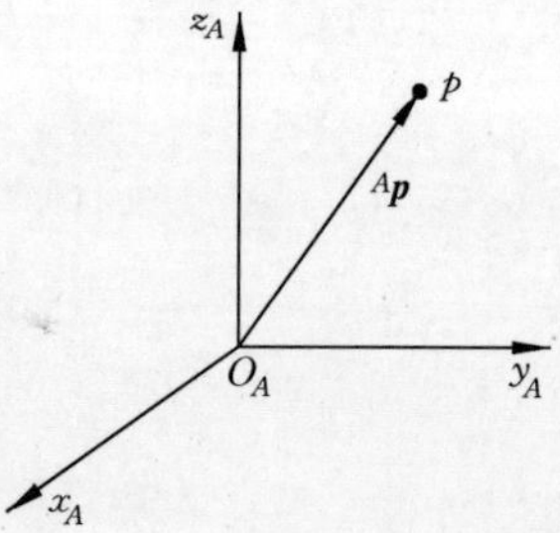

图 2.1 位置表示

2. 方位描述

为了研究机器人的运动与操作，往往不仅要表示空间某个点的位置，而且需要表示物体的方位（orientation）。物体的方位可由某个固接于此物体的坐标系描述。为了规定空间某刚体 B 的方位，设置一直角坐标系$\{B\}$与此刚体固接。用坐标系$\{B\}$的三个单位主矢量 $\boldsymbol{x}_B, \boldsymbol{y}_B, \boldsymbol{z}_B$ 相对于参考坐标系$\{A\}$的方向余弦组成的 3×3 矩阵

$$
{}^A_B\boldsymbol{R}=\begin{bmatrix}{}^A\boldsymbol{x}_B & {}^A\boldsymbol{y}_B & {}^A\boldsymbol{z}_B\end{bmatrix}=\begin{bmatrix}r_{11} & r_{12} & r_{13}\\ r_{21} & r_{22} & r_{23}\\ r_{31} & r_{32} & r_{33}\end{bmatrix} \tag{2.2}
$$

表示刚体 B 相对于坐标系$\{A\}$的方位。${}^A_B\boldsymbol{R}$ 被称为“旋转矩阵”。其中,上标 A 代表参考坐标系$\{A\}$,下标 B 代表被描述的坐标系$\{B\}$。${}^A_B\boldsymbol{R}$ 共有 9 个元素,但只有 3 个是独立的。由于${}^A_B\boldsymbol{R}$ 的 3 个列矢量${}^A\boldsymbol{x}_B$,${}^A\boldsymbol{y}_B$ 和${}^A\boldsymbol{z}_B$ 都是单位矢量,且双双相互垂直,所以它的 9 个元素满足如下 6 个约束条件(正交条件):

$$
{}^A\boldsymbol{x}_B\cdot{}^A\boldsymbol{x}_B={}^A\boldsymbol{y}_B\cdot{}^A\boldsymbol{y}_B={}^A\boldsymbol{z}_B\cdot{}^A\boldsymbol{z}_B=1 \tag{2.3}
$$

$$
{}^A\boldsymbol{x}_B\cdot{}^A\boldsymbol{y}_B={}^A\boldsymbol{y}_B\cdot{}^A\boldsymbol{z}_B={}^A\boldsymbol{z}_B\cdot{}^A\boldsymbol{x}_B=0 \tag{2.4}
$$

可见,旋转矩阵${}^A_B\boldsymbol{R}$ 是正交的,并且满足条件

$$
{}^A_B\boldsymbol{R}^{-1}={}^A_B\boldsymbol{R}^{\mathrm{T}};\quad |{}^A_B\boldsymbol{R}|=1 \tag{2.5}
$$

式中,上标 T 表示转置;$|\quad|$为行列式符号。

对应于轴 x,y 或 z 作转角为 θ 的旋转变换,其旋转矩阵分别为

$$
\boldsymbol{R}(x,\theta)=\begin{bmatrix}1 & 0 & 0\\ 0 & c\theta & -s\theta\\ 0 & s\theta & c\theta\end{bmatrix} \tag{2.6}
$$

$$
\boldsymbol{R}(y,\theta)=\begin{bmatrix}c\theta & 0 & s\theta\\ 0 & 1 & 0\\ -s\theta & 0 & c\theta\end{bmatrix} \tag{2.7}
$$

$$
\boldsymbol{R}(z,\theta)=\begin{bmatrix}c\theta & -s\theta & 0\\ s\theta & c\theta & 0\\ 0 & 0 & 1\end{bmatrix} \tag{2.8}
$$

式中,s 表示 sin,c 表示 cos,本书一律采用此约定。

图 2.2 表示某物体(这里为抓手)的方位。此物体与坐标系$\{B\}$固接,并相对于参考坐标系$\{A\}$运动。

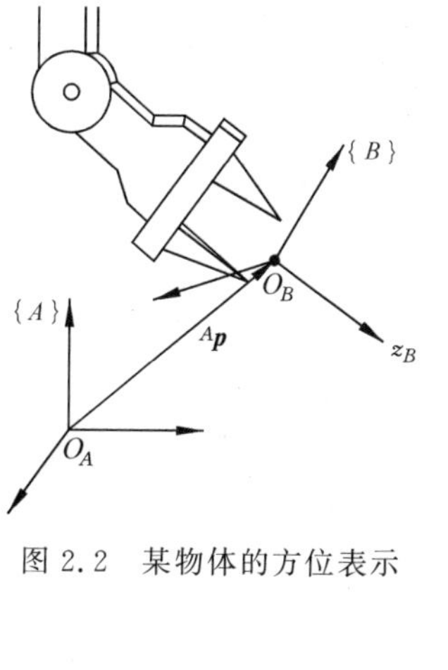

图 2.2 某物体的方位表示

3. 位姿描述

上文已经讨论了如何采用位置矢量描述点的位置,如何用旋转矩阵描述物体的方位。要完全描述刚体 B 在空间的位姿(位置和姿态),通常将物体 B 与某一坐标系$\{B\}$相固接。$\{B\}$的坐标原点一般选在物体 B 的特征点上,如质心等。相对参考系$\{A\}$,坐标系$\{B\}$的原点位置和坐标轴的方位,分别由位置矢量${}^A\boldsymbol{p}_{Bo}$ 和旋转矩阵${}^A_B\boldsymbol{R}$ 描述。这样,刚体 B 的位姿可由坐标系$\{B\}$来描述,即有

$$
\{B\}=\{{}^A_B\boldsymbol{R}\quad {}^A\boldsymbol{p}_{Bo}\} \tag{2.9}
$$

当表示位置时,式(2.9)中的旋转矩阵${}^A_B\boldsymbol{R}=\boldsymbol{I}$(单位矩阵);当表示方位时,式(2.9)中的位置矢量${}^A\boldsymbol{p}_{Bo}=\boldsymbol{0}$。

2.2 平移和旋转坐标系映射

空间中任意点 p 在不同坐标系中的描述是不同的。为了阐明从一个坐标系描述到另一个坐标系描述的关系，需要讨论这种变换的数学问题。

1. 平移坐标变换

设坐标系 $\{B\}$ 与 $\{A\}$ 具有相同的方位，但 $\{B\}$ 坐标系的原点与 $\{A\}$ 的原点不重合。用位置矢量 ${}^{A}\boldsymbol{p}_{Bo}$ 描述它相对于 $\{A\}$ 的位置，如图 2.3 所示。称 ${}^{A}\boldsymbol{p}_{Bo}$ 为 $\{B\}$ 相对于 $\{A\}$ 的"平移矢量"。如果点 p 在坐标系 $\{B\}$ 中的位置为 ${}^{B}\boldsymbol{p}$，那么它相对于坐标系 $\{A\}$ 的位置矢量 ${}^{A}\boldsymbol{p}$ 可由矢量相加得出，即

$$ {}^{A}\boldsymbol{p} = {}^{B}\boldsymbol{p} + {}^{A}\boldsymbol{p}_{Bo} \tag{2.10} $$

式(2.10)即被称为"坐标平移方程"。

2. 旋转坐标变换

设坐标系 $\{B\}$ 与 $\{A\}$ 有共同的坐标原点，但两者的方位不同，如图 2.4 所示。用旋转矩阵 ${}^{A}_{B}\boldsymbol{R}$ 描述 $\{B\}$ 相对于 $\{A\}$ 的方位。同一点 p 在两个坐标系 $\{A\}$ 和 $\{B\}$ 中的描述 ${}^{A}\boldsymbol{p}$ 和 ${}^{B}\boldsymbol{p}$ 具有如下变换关系：

$$ {}^{A}\boldsymbol{p} = {}^{A}_{B}\boldsymbol{R}\,{}^{B}\boldsymbol{p} \tag{2.11} $$

式(2.11)即被称为"坐标旋转方程"。

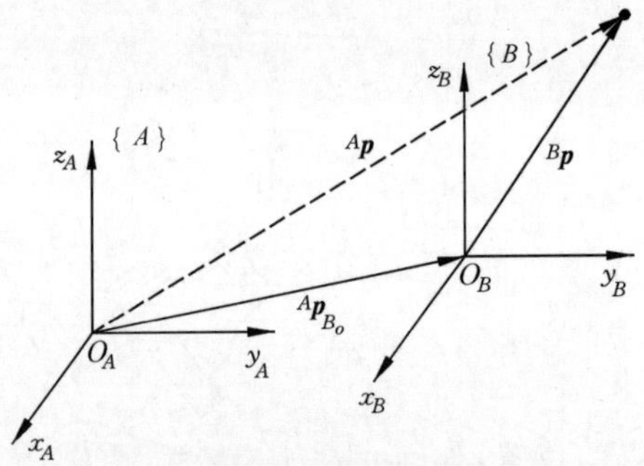

图 2.3 平移变换

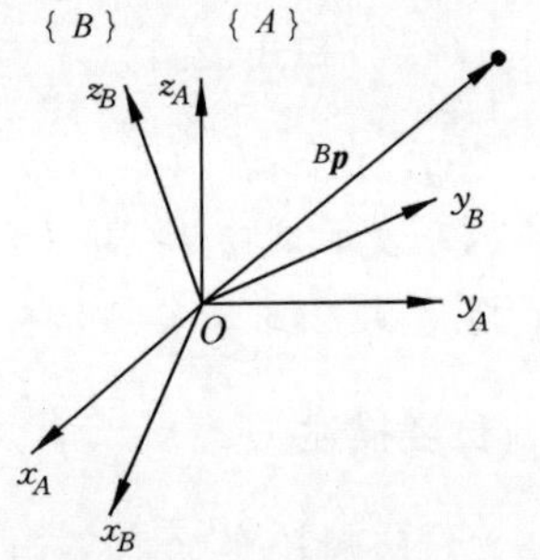

图 2.4 旋转变换

类似地，可以用 ${}^{B}_{A}\boldsymbol{R}$ 描述坐标系 $\{A\}$ 相对于 $\{B\}$ 的方位。${}^{A}_{B}\boldsymbol{R}$ 和 ${}^{B}_{A}\boldsymbol{R}$ 都是正交矩阵，两者互逆。根据正交矩阵的性质式(2.5)可得

$$ {}^{B}_{A}\boldsymbol{R} = {}^{A}_{B}\boldsymbol{R}^{-1} = {}^{A}_{B}\boldsymbol{R}^{\mathrm{T}} \tag{2.12} $$

对于最一般的情形：坐标系 $\{B\}$ 的原点与 $\{A\}$ 的原点并不重合，$\{B\}$ 的方位与 $\{A\}$ 的方位也不相同。用位置矢量 ${}^{A}\boldsymbol{p}_{Bo}$ 描述 $\{B\}$ 的坐标原点相对于 $\{A\}$ 的位置；用旋转矩阵 ${}^{A}_{B}\boldsymbol{R}$ 描述 $\{B\}$ 相对于 $\{A\}$ 的方位，如图 2.5 所示。对于任一点 p 在两坐标系 $\{A\}$ 和 $\{B\}$ 中的描述 ${}^{A}\boldsymbol{p}$ 和 ${}^{B}\boldsymbol{p}$ 具有以下变换关系：

$$ {}^{A}\boldsymbol{p} = {}^{A}_{B}\boldsymbol{R}\,{}^{B}\boldsymbol{p} + {}^{A}\boldsymbol{p}_{Bo} \tag{2.13} $$

可把式(2.13)看作坐标旋转和坐标平移的复合变换。实际上，规定一个过渡坐标系

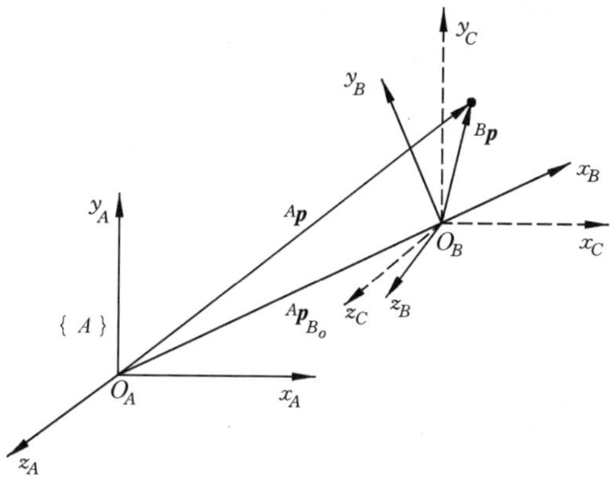

图 2.5　复合变换

$\{C\}$,使$\{C\}$的坐标原点与$\{B\}$的原点重合,而$\{C\}$的方位与$\{A\}$的相同。据式(2.11)可得向过渡坐标系的变换：

$$^C\boldsymbol{p}={}_B^C\boldsymbol{R}\,^B\boldsymbol{p}={}_B^A\boldsymbol{R}\,^B\boldsymbol{p}$$

再由式(2.10),可得复合变换：

$$^A\boldsymbol{p}={}^C\boldsymbol{p}+{}^A\boldsymbol{p}_{Co}={}_B^A\boldsymbol{R}\,^B\boldsymbol{p}+{}^A\boldsymbol{p}_{Bo}$$

例 2.1　已知坐标系$\{B\}$的初始位姿与$\{A\}$重合,首先$\{B\}$相对于坐标系$\{A\}$的z_A轴转 30°,再沿$\{A\}$的x_A轴移动 12 个单位,并沿$\{A\}$的y_A轴移动 6 个单位。求位置矢量$^A\boldsymbol{p}_{Bo}$和旋转矩阵$_B^A\boldsymbol{R}$。假设点p在坐标系$\{B\}$的描述为$^B\boldsymbol{p}=[3,7,0]^{\mathrm{T}}$,求其在坐标系$\{A\}$中的描述$^A\boldsymbol{p}$。

据式(2.8)和式(2.1),可得$_B^A\boldsymbol{R}$和$^A\boldsymbol{p}_{Bo}$分别为

$$_B^A\boldsymbol{R}=\boldsymbol{R}(z,30^\circ)=\begin{bmatrix}c30^\circ & -s30^\circ & 0\\ s30^\circ & c30^\circ & 0\\ 0 & 0 & 1\end{bmatrix}=\begin{bmatrix}0.866 & -0.5 & 0\\ 0.5 & 0.866 & 0\\ 0 & 0 & 1\end{bmatrix};\quad {}^A\boldsymbol{p}_{Bo}=\begin{bmatrix}12\\6\\0\end{bmatrix}$$

由式(2.14),得

$$^A\boldsymbol{p}={}_B^A\boldsymbol{R}\,^Bp+{}^A\boldsymbol{p}_{Bo}=\begin{bmatrix}-0.902\\7.562\\0\end{bmatrix}+\begin{bmatrix}12\\6\\0\end{bmatrix}=\begin{bmatrix}11.098\\13.562\\0\end{bmatrix}$$

2.3　平移和旋转齐次坐标变换

已知某个直角坐标系中的某点坐标,那么该点在另一直角坐标系中的坐标可通过齐次坐标变换求得。

1. 齐次变换

变换式(2.13)对于点$^B\boldsymbol{p}$是非齐次的,但是可以将其表示成等价的齐次变换形式：

$$\begin{bmatrix}^A\boldsymbol{p}\\1\end{bmatrix}=\begin{bmatrix}_B^A\boldsymbol{R} & ^A\boldsymbol{p}_{Bo}\\ 0 & 1\end{bmatrix}\begin{bmatrix}^B\boldsymbol{p}\\1\end{bmatrix}\tag{2.14}$$

式中，4×1 的列向量表示三维空间的点，称为点的“齐次坐标”，仍然记为${}^{A}\boldsymbol{p}$ 或${}^{B}\boldsymbol{p}$。可把式(2.14)写成矩阵形式：

$$ {}^{A}\boldsymbol{p} = {}^{A}_{B}\boldsymbol{T}\,{}^{B}\boldsymbol{p} \tag{2.15} $$

式中，齐次坐标${}^{A}\boldsymbol{p}$ 和${}^{B}\boldsymbol{p}$ 是 4×1 的列向量，与式(2.13)中的维数不同，加入了第 4 个元素 **1**。齐次变换矩阵${}^{A}_{B}\boldsymbol{T}$ 是 4×4 的方阵，具有如下形式：

$$ {}^{A}_{B}\boldsymbol{T} = \begin{bmatrix} {}^{A}_{B}\boldsymbol{R} & {}^{A}\boldsymbol{p}_{Bo} \\ \boldsymbol{0} & \boldsymbol{1} \end{bmatrix} \tag{2.16} $$

${}^{A}_{B}\boldsymbol{T}$ 综合地表示了平移变换和旋转变换。变换式(2.14)和式(2.13)是等价的，式(2.14)实质上可写为

$$ {}^{A}\boldsymbol{p} = {}^{A}_{B}\boldsymbol{R}\,{}^{B}\boldsymbol{p} + {}^{A}\boldsymbol{p}_{Bo};\quad \boldsymbol{1} = \boldsymbol{1} $$

位置矢量${}^{A}\boldsymbol{p}$ 和${}^{B}\boldsymbol{p}$ 到底是 3×1 的直角坐标还是 4×1 的齐次坐标，要根据上、下文中的关系而定。

例 2.2 试用齐次变换方法求解例 2.1 中的${}^{A}\boldsymbol{p}$。

由例 2.1 求得的旋转矩阵${}^{A}_{B}\boldsymbol{R}$ 和位置矢量${}^{A}\boldsymbol{p}_{Bo}$，可以得到齐次变换矩阵

$$ {}^{A}_{B}\boldsymbol{T} = \begin{bmatrix} {}^{A}_{B}\boldsymbol{R} & {}^{A}\boldsymbol{p}_{Bo} \\ \boldsymbol{0} & \boldsymbol{1} \end{bmatrix} = \begin{bmatrix} 0.866 & -0.5 & 0 & 12 \\ 0.5 & 0.866 & 0 & 6 \\ 0 & 0 & 1 & 0 \\ 0 & 0 & 0 & 1 \end{bmatrix} $$

代入齐次变换式(2.15)得

$$ {}^{A}\boldsymbol{p} = \begin{bmatrix} 0.866 & -0.5 & 0 & 12 \\ 0.5 & 0.866 & 0 & 6 \\ 0 & 0 & 1 & 0 \\ 0 & 0 & 0 & 1 \end{bmatrix} \begin{bmatrix} 3 \\ 7 \\ 0 \\ 1 \end{bmatrix} = \begin{bmatrix} 11.098 \\ 13.562 \\ 0 \\ 1 \end{bmatrix} $$

即用齐次坐标描述的点 p 的位置。

至此，可得空间某点 p 的直角坐标描述和齐次坐标描述分别为

$$ \boldsymbol{p} = \begin{bmatrix} x \\ y \\ z \end{bmatrix}, $$

$$ \boldsymbol{p} = \begin{bmatrix} x \\ y \\ z \\ 1 \end{bmatrix} = \begin{bmatrix} wx \\ wy \\ wz \\ w \end{bmatrix} $$

式中，w 为非零常数，是坐标比例系数。

坐标原点的矢量，即零矢量表示为$[0,0,0,1]^{\mathrm{T}}$，是没有定义的。具有形如$[\mathrm{a},\mathrm{b},\mathrm{c},0]^{\mathrm{T}}$的矢量表示无限远矢量，用来表示方向，即用[1,0,0,0]，[0,1,0,0]，[0,0,1,0]分别表示 x，y 和 z 轴的方向。

规定两矢量 $\boldsymbol{a}$ 和 $\boldsymbol{b}$ 的点积

$$ \boldsymbol{a}\cdot\boldsymbol{b} = a_x b_x + a_y b_y + a_z b_z \tag{2.17} $$

为一标量，而两矢量的叉积(向量积)为与此两相乘矢量所决定的平面垂直的矢量：

$$\boldsymbol{a}\times\boldsymbol{b}=(a_yb_z-a_zb_y)\boldsymbol{i}+(a_zb_x-a_xb_z)\boldsymbol{j}+(a_xb_y-a_yb_x)\boldsymbol{k} \tag{2.18}$$

或者用下列行列式来表示：

$$\boldsymbol{a}\times\boldsymbol{b}=\begin{vmatrix}\boldsymbol{i} & \boldsymbol{j} & \boldsymbol{k}\\ a_x & a_y & a_z\\ b_x & b_y & b_z\end{vmatrix} \tag{2.19}$$

2. 平移齐次坐标变换

空间某点由矢量 $a\boldsymbol{i}+b\boldsymbol{j}+c\boldsymbol{k}$ 描述。其中，$\boldsymbol{i},\boldsymbol{j},\boldsymbol{k}$ 为轴 x,y,z 上的单位矢量。此点可用平移齐次变换表示为

$$\mathrm{Trans}(a,b,c)=\begin{bmatrix}1 & 0 & 0 & a\\ 0 & 1 & 0 & b\\ 0 & 0 & 1 & c\\ 0 & 0 & 0 & 1\end{bmatrix} \tag{2.20}$$

式中，Trans 表示平移变换。

对已知矢量 $\boldsymbol{u}=[x,y,z,w]^{\mathrm{T}}$ 进行平移变换所得的矢量 $\boldsymbol{v}$ 为

$$\boldsymbol{v}=\begin{bmatrix}1 & 0 & 0 & a\\ 0 & 1 & 0 & b\\ 0 & 0 & 1 & c\\ 0 & 0 & 0 & 1\end{bmatrix}\begin{bmatrix}x\\ y\\ z\\ w\end{bmatrix}=\begin{bmatrix}x+aw\\ y+bw\\ z+cw\\ w\end{bmatrix}=\begin{bmatrix}x/w+a\\ y/w+b\\ z/w+c\\ 1\end{bmatrix} \tag{2.21}$$

即可把此变换看作矢量 $(x/w)\boldsymbol{i}+(y/w)\boldsymbol{j}+(z/w)\boldsymbol{k}$ 与矢量 $a\boldsymbol{i}+b\boldsymbol{j}+c\boldsymbol{k}$ 之和。

用非零常数乘以变换矩阵的每个元素，不改变该变换矩阵的特性。

例 2.3 考虑矢量 $2\boldsymbol{i}+3\boldsymbol{j}+2\boldsymbol{k}$ 被矢量 $4\boldsymbol{i}-3\boldsymbol{j}+7\boldsymbol{k}$ 平移变换得到的新的点矢量：

$$\begin{bmatrix}1 & 0 & 0 & 4\\ 0 & 1 & 0 & -3\\ 0 & 0 & 1 & 7\\ 0 & 0 & 0 & 1\end{bmatrix}\begin{bmatrix}2\\ 3\\ 2\\ 1\end{bmatrix}=\begin{bmatrix}6\\ 0\\ 9\\ 1\end{bmatrix}$$

如果用 -5 乘以此变换矩阵，用 2 乘以被平移变换的矢量，则得到：

$$\begin{bmatrix}-5 & 0 & 0 & -20\\ 0 & -5 & 0 & 15\\ 0 & 0 & -5 & -35\\ 0 & 0 & 0 & -5\end{bmatrix}\begin{bmatrix}4\\ 6\\ 4\\ 2\end{bmatrix}=\begin{bmatrix}-60\\ 0\\ -90\\ -10\end{bmatrix}$$

它与矢量 $[6,0,9,1]^{\mathrm{T}}$ 相对应，与乘以常数前的点矢量一样。

3. 旋转齐次坐标变换

对应于轴 x,y 或 z 作转角为 θ 的旋转变换，分别可得

$$\mathrm{Rot}(x,\theta)=\begin{bmatrix}1 & 0 & 0 & 0\\ 0 & c\theta & -s\theta & 0\\ 0 & s\theta & c\theta & 0\\ 0 & 0 & 0 & 1\end{bmatrix} \tag{2.22}$$

$$\mathrm{Rot}(y,\theta)=\begin{bmatrix} c\theta & 0 & s\theta & 0 \\ 0 & 1 & 0 & 0 \\ -s\theta & 0 & c\theta & 0 \\ 0 & 0 & 0 & 1 \end{bmatrix} \tag{2.23}$$

$$\mathrm{Rot}(z,\theta)=\begin{bmatrix} c\theta & -s\theta & 0 & 0 \\ s\theta & c\theta & 0 & 0 \\ 0 & 0 & 1 & 0 \\ 0 & 0 & 0 & 1 \end{bmatrix} \tag{2.24}$$

式中，Rot 表示旋转变换。下面举例说明这种旋转变换。

例 2.4 已知点 $\boldsymbol{u}=7\boldsymbol{i}+3\boldsymbol{j}+2\boldsymbol{k}$，对它进行绕轴 z 旋转 90°的变换后可得

$$\boldsymbol{v}=\begin{bmatrix} 0 & -1 & 0 & 0 \\ 1 & 0 & 0 & 0 \\ 0 & 0 & 1 & 0 \\ 0 & 0 & 0 & 1 \end{bmatrix}\begin{bmatrix} 7 \\ 3 \\ 2 \\ 1 \end{bmatrix}=\begin{bmatrix} -3 \\ 7 \\ 2 \\ 1 \end{bmatrix}$$

图 2.6(a)表示旋转变换前后点矢量处在坐标系中的位置。从图可见，点 $\boldsymbol{u}$ 绕 z 轴旋转 90°至点 $\boldsymbol{v}$。如果点 $\boldsymbol{v}$ 绕 y 轴旋转 90°，即得点 $\boldsymbol{w}$，这一变换也可从图 2.6(a)看出，并可由式(2.23)求出：

$$\boldsymbol{w}=\begin{bmatrix} 0 & 0 & 1 & 0 \\ 0 & 1 & 0 & 0 \\ -1 & 0 & 0 & 0 \\ 0 & 0 & 0 & 1 \end{bmatrix}\begin{bmatrix} -3 \\ 7 \\ 2 \\ 1 \end{bmatrix}=\begin{bmatrix} 2 \\ 7 \\ 3 \\ 1 \end{bmatrix}$$

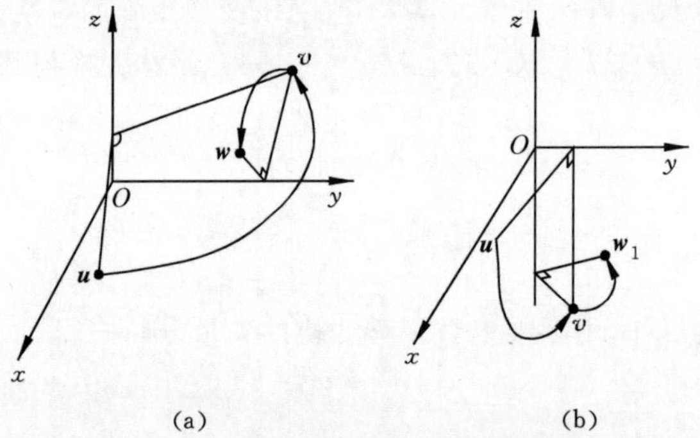

图 2.6 旋转次序对变换结果的影响

(a) Rot(y,90) Rot(z,90)；(b) Rot(z,90) Rot(y,90)

如果把上述两旋转变换 $\boldsymbol{v}=\mathrm{Rot}(z,90)\boldsymbol{u}$ 与 $\boldsymbol{w}=\mathrm{Rot}(y,90)\boldsymbol{v}$ 组合在一起，那么可以得到

$$\boldsymbol{w}=\mathrm{Rot}(y,90)\mathrm{Rot}(z,90)\boldsymbol{u} \tag{2.25}$$

因为

$$\mathrm{Rot}(y,90)\mathrm{Rot}(z,90)=\begin{bmatrix} 0 & 0 & 1 & 0 \\ 1 & 0 & 0 & 0 \\ 0 & 1 & 0 & 0 \\ 0 & 0 & 0 & 1 \end{bmatrix} \tag{2.26}$$

所以可得

$$w=\begin{bmatrix}0&0&1&0\\1&0&0&0\\0&1&0&0\\0&0&0&1\end{bmatrix}\begin{bmatrix}7\\3\\2\\1\end{bmatrix}=\begin{bmatrix}2\\7\\3\\1\end{bmatrix}$$

所得结果与前述一致。

如果改变旋转次序，首先使 $\boldsymbol{u}$ 绕 y 轴旋转 90°，那么就会使 $\boldsymbol{u}$ 变换至与 $\boldsymbol{w}$ 不同的位置 $\boldsymbol{w}_1$，见图 2.6(b)。从计算也可得出 $\boldsymbol{w}_1 \neq \boldsymbol{w}$ 的结果。这个结果是必然的，因为矩阵的乘法不具有交换性质，即 $\boldsymbol{AB} \neq \boldsymbol{BA}$。变换矩阵的左乘和右乘的运动解释是不同的：变换顺序“从右向左”，说明运动是相对固定坐标系而言的；变换顺序“从左向右”，说明运动是相对运动坐标系而言的。

例 2.5 考虑把旋转变换与平移变换结合起来的情况。如果在图 2.6(a)旋转变换的基础上，再进行平移变换 $4\boldsymbol{i}-3\boldsymbol{j}+7\boldsymbol{k}$，那么据式(2.20)和式(2.26)可求得

$$\mathrm{Trans}(4,-3,7)\mathrm{Rot}(y,90)\mathrm{Rot}(z,90)=\begin{bmatrix}0&0&1&4\\1&0&0&-3\\0&1&0&7\\0&0&0&1\end{bmatrix}$$

于是有

$$\boldsymbol{t}=\mathrm{Trans}(4,-3,7)\mathrm{Rot}(y,90)\mathrm{Rot}(z,90)\boldsymbol{u}=[6,4,10,1]^{\mathrm{T}}$$

这一变换结果如图 2.7 所示。

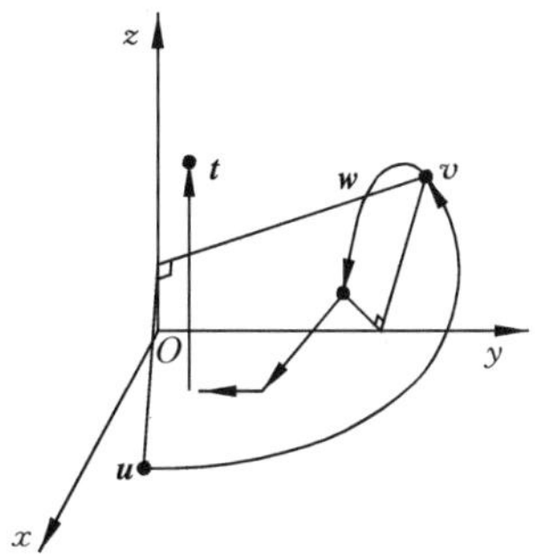

图 2.7 平移变换与旋转变换的组合

2.4 物体的变换和变换方程

1. 物体位置描述

可以用描述空间一点的变换方法来描述物体在空间的位置和方向。例如，图 2.8(a)所示的楔形物体可由固定该物体的坐标系内的 6 个点来表示。

如果首先让物体绕 z 轴旋转 90°，接着绕 y 轴旋转 90°，再沿 x 轴方向平移 4 个单位，那么，可用下式描述这一变换：

$$T=\mathrm{Trans}(4,0,0)\mathrm{Rot}(y,90)\mathrm{Rot}(z,90)=\begin{bmatrix}0&0&1&4\\1&0&0&0\\0&1&0&0\\0&0&0&1\end{bmatrix}$$

这个变换矩阵表示对原参考坐标系重合的坐标系进行旋转和平移操作。

可对上述楔形物体的 6 个点变换如下：

$$\begin{bmatrix}0&0&1&4\\1&0&0&0\\0&1&0&0\\0&0&0&1\end{bmatrix}\begin{bmatrix}1&-1&-1&1&1&-1\\0&0&0&0&4&4\\0&0&2&2&0&0\\1&1&1&1&1&1\end{bmatrix}=\begin{bmatrix}4&4&6&6&4&4\\1&-1&-1&1&1&-1\\0&0&0&0&4&4\\1&1&1&1&1&1\end{bmatrix}$$

变换结果见图 2.8(b)。由此图可见，这个用数字描述的物体与描述其位置和方向的坐标系具有确定的关系。

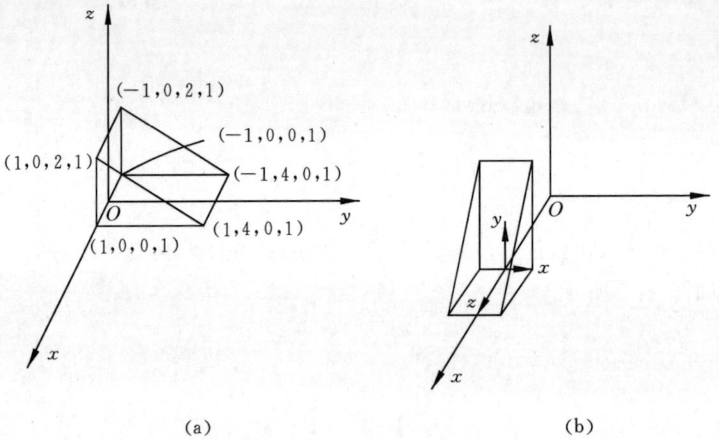

图 2.8　对楔形物体的变换

2. 齐次变换的逆变换

给定坐标系$\{A\}$，$\{B\}$和$\{C\}$，若已知$\{B\}$相对$\{A\}$的描述为${}_B^A\boldsymbol{T}$，$\{C\}$相对$\{B\}$的描述为${}_C^B\boldsymbol{T}$，则

$${}^B\boldsymbol{p}={}_C^B\boldsymbol{T}{}^C\boldsymbol{p} \tag{2.27}$$

$${}^A\boldsymbol{p}={}_B^A\boldsymbol{T}{}^B\boldsymbol{p}={}_B^A\boldsymbol{T}{}_C^B\boldsymbol{T}{}^C\boldsymbol{p} \tag{2.28}$$

定义复合变换

$${}_C^A\boldsymbol{T}={}_B^A\boldsymbol{T}{}_C^B\boldsymbol{T} \tag{2.29}$$

表示$\{C\}$相对于$\{A\}$的描述。据式(2.6)可得

$${}_C^A\boldsymbol{T}={}_B^A\boldsymbol{T}{}_C^B\boldsymbol{T}=\begin{bmatrix}{}_B^A\boldsymbol{R}&{}^A\boldsymbol{p}_{Bo}\\\boldsymbol{0}&\boldsymbol{1}\end{bmatrix}\begin{bmatrix}{}_C^B\boldsymbol{R}&{}^B\boldsymbol{p}_{Co}\\\boldsymbol{0}&\boldsymbol{1}\end{bmatrix}=\begin{bmatrix}{}_B^A\boldsymbol{R}{}_C^B\boldsymbol{R}&{}_B^A\boldsymbol{R}{}^B\boldsymbol{p}_{Co}+{}^A\boldsymbol{p}_{Bo}\\\boldsymbol{0}&\boldsymbol{1}\end{bmatrix} \tag{2.30}$$

从坐标系$\{B\}$相对坐标系$\{A\}$的描述${}_B^A\boldsymbol{T}$，求得$\{A\}$相对于$\{B\}$的描述${}_A^B\boldsymbol{T}$，是齐次变换求逆问题。一种求解方法是直接对 4×4 的齐次变换矩阵${}_B^A\boldsymbol{T}$求逆；另一种是利用齐次变换矩阵的特点，简化矩阵求逆运算。下面首先讨论变换矩阵求逆方法。

对于给定的${}_{B}^{A}\boldsymbol{T}$，求${}_{A}^{B}\boldsymbol{T}$，等价于给定${}_{B}^{A}\boldsymbol{R}$和${}^{A}\boldsymbol{p}_{Bo}$，计算${}_{A}^{B}\boldsymbol{R}$和${}^{B}\boldsymbol{p}_{A_0}$。利用旋转矩阵的正交性，可得

$$ {}_{A}^{B}\boldsymbol{R} = {}_{B}^{A}\boldsymbol{R}^{-1} = {}_{B}^{A}\boldsymbol{R}^{\mathrm{T}} \tag{2.31} $$

再据式(2.13)，求原点${}^{A}\boldsymbol{p}_{Bo}$在坐标系$\{B\}$中的描述

$$ {}^{B}({}^{A}\boldsymbol{p}_{Bo}) = {}_{A}^{B}\boldsymbol{R}\,{}^{A}\boldsymbol{p}_{Bo} + {}^{B}\boldsymbol{p}_{Ao} \tag{2.32} $$

${}^{B}({}^{A}\boldsymbol{p}_{Bo})$表示$\{B\}$的原点相对于$\{B\}$的描述，为矢量$\boldsymbol{O}$，因而式(2.32)为0，可得

$$ {}^{B}\boldsymbol{p}_{Ao} = -{}_{A}^{B}\boldsymbol{R}\,{}^{A}\boldsymbol{p}_{Bo} = -{}_{B}^{A}\boldsymbol{R}^{\mathrm{T}A}\boldsymbol{p}_{Bo} \tag{2.33} $$

综上分析，并据式(2.31)和式(2.33)推算可得：

$$ {}_{A}^{B}\boldsymbol{T} = \left[\begin{array}{c:c} {}_{B}^{A}\boldsymbol{R}^{\mathrm{T}} & -{}_{B}^{A}\boldsymbol{R}^{\mathrm{T}A}\boldsymbol{p}_{Bo} \\ \hdashline \boldsymbol{0} & \boldsymbol{1} \end{array}\right] \tag{2.34} $$

式中，${}_{A}^{B}\boldsymbol{T} = {}_{B}^{A}\boldsymbol{T}^{-1}$。式(2.34)提供了一种求解齐次变换逆矩阵的简便方法。

下面讨论直接对4×4齐次变换矩阵的求逆方法。

实际上，逆变换是由被变换了的坐标系变回为原坐标系的一种变换，也就是参考坐标系对于被变换了的坐标系的描述。图2.8(b)所示物体的参考坐标系相对于被变换了的坐标系来说，坐标轴x，y和z分别为$[0,0,1,0]^{\mathrm{T}}$，$[1,0,0,0]^{\mathrm{T}}$和$[0,1,0,0]^{\mathrm{T}}$，而其原点为$[0,0,-4,1]^{\mathrm{T}}$。于是，可得逆变换为

$$ \boldsymbol{T}^{-1} = \begin{bmatrix} 0 & 1 & 0 & 0 \\ 0 & 0 & 1 & 0 \\ 1 & 0 & 0 & -4 \\ 0 & 0 & 0 & 1 \end{bmatrix} $$

用变换$\boldsymbol{T}$乘此逆变换而得到单位变换，就能够证明此逆变换的确是变换$\boldsymbol{T}$的逆：

$$ \boldsymbol{T}^{-1}\boldsymbol{T} = \begin{bmatrix} 0 & 1 & 0 & 0 \\ 0 & 0 & 1 & 0 \\ 1 & 0 & 0 & -4 \\ 0 & 0 & 0 & 1 \end{bmatrix} \begin{bmatrix} 0 & 0 & 1 & 4 \\ 1 & 0 & 0 & 0 \\ 0 & 1 & 0 & 0 \\ 0 & 0 & 0 & 1 \end{bmatrix} = \begin{bmatrix} 1 & 0 & 0 & 0 \\ 0 & 1 & 0 & 0 \\ 0 & 0 & 1 & 0 \\ 0 & 0 & 0 & 1 \end{bmatrix} $$

一般情况下，已知变换$\boldsymbol{T}$的各元

$$ \boldsymbol{T} = \begin{bmatrix} n_x & o_x & a_x & p_x \\ n_y & o_y & a_y & p_y \\ n_z & o_z & a_z & p_z \\ 0 & 0 & 0 & 1 \end{bmatrix} \tag{2.35} $$

则其逆变换为

$$ \boldsymbol{T}^{-1} = \begin{bmatrix} n_x & n_y & n_z & -\boldsymbol{p}\cdot\boldsymbol{n} \\ o_x & o_y & o_z & -\boldsymbol{p}\cdot\boldsymbol{o} \\ a_x & a_y & a_z & -\boldsymbol{p}\cdot\boldsymbol{a} \\ 0 & 0 & 0 & 1 \end{bmatrix} \tag{2.36} $$

式中，·表示矢量的点乘，$\boldsymbol{p}$，$\boldsymbol{n}$，$\boldsymbol{o}$和$\boldsymbol{a}$是4个列矢量，分别称为“原点矢量”、“法线矢量”、“方向矢量”和“接近矢量”。在第3章中将结合机器人的夹手进一步说明这些矢量。由式(2.36)右乘式(2.35)即易证明这一结果的正确性。

3. 变换方程初步

为了描述机器人的操作，必须建立起机器人各连杆之间，以及机器人与周围环境之间的运动关系，即要构建各种坐标系之间的坐标变换关系，从而描述机器人与环境之间的相对位姿关系。如图 2.9(a)所示为一个夹持螺丝机器人的工作场景。其中，$\{B\}$代表基坐标系，$\{T\}$代表工具系，$\{S\}$代表工作站系，$\{G\}$代表目标系，可用相应的齐次变换来描述它们之间的位姿关系：

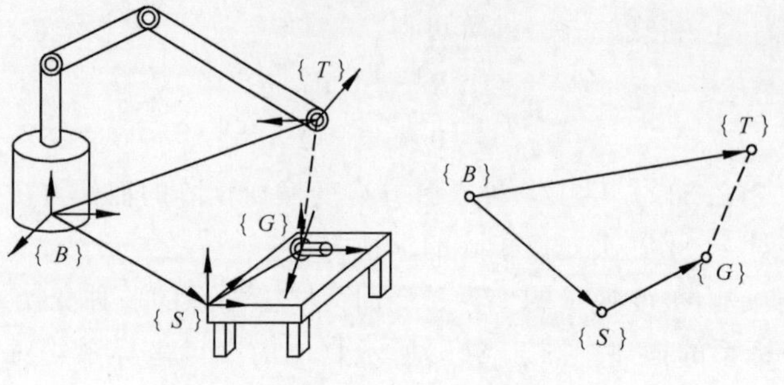

图 2.9　变换方程及其有向变换图

${}^{B}_{S}\boldsymbol{T}$ 表示工作站系$\{S\}$相对于基坐标系$\{B\}$的位姿；${}^{S}_{G}\boldsymbol{T}$ 表示目标系$\{G\}$相对于$\{S\}$的位姿；${}^{B}_{T}\boldsymbol{T}$ 表示工具系$\{W\}$相对于基坐标系$\{B\}$的位姿。

对物体进行操作时，工具系$\{T\}$相对目标系$\{G\}$的位姿${}^{G}_{T}\boldsymbol{T}$ 直接影响操作效果。它是机器人控制和规划的目标，与其他变换之间的关系可用一有向变换图表示，如图 2.9(b)所示。其中，实线链条代表已知的或可以通过简单测量得到的变换，而虚线链条则代表未知的变换。工具系$\{T\}$相对于基坐标系$\{B\}$的描述可用下列变换矩阵的乘积来表示：

$$
{}^{B}_{T}\boldsymbol{T}={}^{B}_{S}\boldsymbol{T}{}^{S}_{G}\boldsymbol{T}{}^{G}_{T}\boldsymbol{T} \tag{2.37}
$$

建立起这样的矩阵变换方程后，当上述矩阵变换中只有一个变换未知时，就可以将这一未知的变换表示为其他已知变换的乘积的形式。对于图 2.9 所示的场景，如要求目标系$\{G\}$相对于工具系$\{T\}$的位姿${}^{T}_{G}\boldsymbol{T}$，则可在式(2.37)两边同时左乘${}^{B}_{T}\boldsymbol{T}$ 的逆变换${}^{B}_{T}\boldsymbol{T}^{-1}$，以及同时右乘${}^{T}_{G}\boldsymbol{T}$，得到：

$$
{}^{T}_{G}\boldsymbol{T}={}^{B}_{T}\boldsymbol{T}^{-1}\,{}^{B}_{S}\boldsymbol{T}{}^{S}_{G}\boldsymbol{T} \tag{2.38}
$$

这样就通过 3 个已知的变换求出了原本未知的变换${}^{T}_{G}\boldsymbol{T}$。

2.5　通用旋转变换

上文已研究了绕轴 x，y 和 z 旋转的旋转变换矩阵。现在来研究最一般的情况，即研究某个绕着从原点出发的任一矢量(轴)$\boldsymbol{f}$ 旋转 θ 角时的旋转矩阵。

1. 通用旋转变换公式

设 $\boldsymbol{f}$ 为坐标系$\{C\}$的 z 轴上的单位矢量，即

$$
\boldsymbol{C} = \begin{bmatrix} n_x & o_x & a_x & 0 \\ n_y & o_y & a_y & 0 \\ n_z & o_z & a_z & 0 \\ 0 & 0 & 0 & 1 \end{bmatrix} \tag{2.39}
$$

$$
\boldsymbol{f} = a_x \boldsymbol{i} + a_y \boldsymbol{j} + a_z \boldsymbol{k} \tag{2.40}
$$

于是，绕矢量 $\boldsymbol{f}$ 旋转等价于绕坐标系 $\{C\}$ 的 z 轴旋转，即有

$$
\mathrm{Rot}(\boldsymbol{f}, \theta) = \mathrm{Rot}(c_z, \theta) \tag{2.41}
$$

如果已知以参考坐标描述的坐标系 $\{T\}$，就能够求得以坐标系 $\{C\}$ 描述的另一坐标系 $\{S\}$，因为

$$
\boldsymbol{T} = \boldsymbol{C}\boldsymbol{S} \tag{2.42}
$$

式中，$\boldsymbol{S}$ 表示 $\boldsymbol{T}$ 相对于坐标系 $\{C\}$ 的位置。对 $\boldsymbol{S}$ 求解得

$$
\boldsymbol{S} = \boldsymbol{C}^{-1}\boldsymbol{T} \tag{2.43}
$$

$\boldsymbol{T}$ 绕 $\boldsymbol{f}$ 旋转等价于 $\boldsymbol{S}$ 绕坐标系 $\{C\}$ 的 z 轴旋转：

$$
\mathrm{Rot}(\boldsymbol{f}, \theta)\boldsymbol{T} = \boldsymbol{C}\mathrm{Rot}(z, \theta)\boldsymbol{S}
$$

$$
\mathrm{Rot}(\boldsymbol{f}, \theta)\boldsymbol{T} = \boldsymbol{C}\mathrm{Rot}(z, \theta)\boldsymbol{C}^{-1}\boldsymbol{T}
$$

于是可得

$$
\mathrm{Rot}(\boldsymbol{f}, \theta) = \boldsymbol{C}\mathrm{Rot}(z, \theta)\boldsymbol{C}^{-1} \tag{2.44}
$$

因为 $\boldsymbol{f}$ 为坐标系 $\{\boldsymbol{C}\}$ 的 z 轴，所以对式(2.44)加以扩展可以发现 $\mathrm{Rot}(z, \theta)\boldsymbol{C}^{-1}$ 仅仅是 $\boldsymbol{f}$ 的函数，因为

$$
\begin{aligned}
\boldsymbol{C}\mathrm{Rot}(z, \theta)\boldsymbol{C}^{-1} &= \begin{bmatrix} n_x & o_x & a_x & 0 \\ n_y & o_y & a_y & 0 \\ n_z & o_z & a_z & 0 \\ 0 & 0 & 0 & 1 \end{bmatrix} \begin{bmatrix} c\theta & -s\theta & 0 & 0 \\ s\theta & c\theta & 0 & 0 \\ 0 & 0 & 1 & 0 \\ 0 & 0 & 0 & 1 \end{bmatrix} \begin{bmatrix} n_x & n_y & n_z & 0 \\ o_x & o_y & o_z & 0 \\ a_x & a_y & a_z & 0 \\ 0 & 0 & 0 & 1 \end{bmatrix} \\
&= \begin{bmatrix} n_x & o_x & a_x & 0 \\ n_y & o_y & a_y & 0 \\ n_z & o_z & a_z & 0 \\ 0 & 0 & 0 & 1 \end{bmatrix} \begin{bmatrix} n_x c\theta - o_x c\theta & n_y c\theta - o_y s\theta & n_z c\theta - o_z s\theta & 0 \\ n_x s\theta + o_x c\theta & n_y s\theta + o_y c\theta & n_z s\theta + o_z c\theta & 0 \\ a_x & a_y & a_z & 0 \\ 0 & 0 & 0 & 1 \end{bmatrix} \\
&= \begin{bmatrix} n_x n_x c\theta - n_x o_x s\theta + n_x o_x s\theta + o_x o_x c\theta + a_x a_x & n_x n_y c\theta - n_x o_y s\theta + n_y o_x s\theta + o_y o_x c\theta + a_x a_y & n_x n_z c\theta - n_x o_z s\theta + n_z o_x s\theta + o_z o_x c\theta + a_x a_z & 0 \\ n_y n_x c\theta - n_y o_x s\theta + n_x o_y s\theta + o_y o_x c\theta + a_y a_x & n_y n_y c\theta - n_y o_y s\theta + n_y o_y s\theta + o_y o_y c\theta + a_y a_y & n_y n_z c\theta - n_y o_z s\theta + n_z o_y s\theta + o_z o_y c\theta + a_y a_z & 0 \\ n_z n_x c\theta - n_z o_x s\theta + n_x o_z s\theta + o_z o_x c\theta + a_z a_x & n_z n_y c\theta - n_z o_y s\theta + n_y o_z s\theta + o_y o_z c\theta + a_z a_y & n_z n_z c\theta - n_z o_z s\theta + n_z o_z s\theta + o_z o_z c\theta + a_z a_z & 0 \\ 0 & 0 & 0 & 1 \end{bmatrix}
\end{aligned} \tag{2.45}
$$

根据正交矢量点积、矢量自乘、单位矢量和相似矩阵特征值等性质，并令 $z=a$，$\text{vers}\theta=1-c\theta$，$\boldsymbol{f}=z$，对式(2.45)进行化简(请读者自行推算)可得

$$\text{Rot}(\boldsymbol{f},\theta)=\begin{bmatrix} f_xf_x\text{vers}\theta+c\theta & f_yf_x\text{vers}\theta-f_zs\theta & f_zf_x\text{vers}\theta+f_ys\theta & 0\\ f_xf_y\text{vers}\theta+f_zs\theta & f_yf_y\text{vers}\theta+c\theta & f_zf_y\text{vers}\theta-f_xs\theta & 0\\ f_xf_z\text{vers}\theta-f_ys\theta & f_yf_z\text{vers}\theta+f_xs\theta & f_zf_z\text{vers}\theta+c\theta & 0\\ 0 & 0 & 0 & 1\end{bmatrix}\tag{2.46}$$

这是一个重要的结果。

从上述通用旋转变换公式能够求得各个基本旋转变换。例如，当 $f_x=1$，$f_y=0$ 和 $f_z=0$ 时，$\text{Rot}(\boldsymbol{f},\theta)$ 即 $\text{Rot}(x,\theta)$。若把这些数值代入式(2.46)，即可得

$$\text{Rot}(x,\theta)=\begin{bmatrix}1 & 0 & 0 & 0\\ 0 & c\theta & -s\theta & 0\\ 0 & s\theta & c\theta & 0\\ 0 & 0 & 0 & 1\end{bmatrix}$$

与式(2.22)一致。

2. 等效转角与转轴

给出任一旋转变换，能够由式(2.46)求得进行等效旋转 θ 角的转轴。已知旋转变换

$$\boldsymbol{R}=\begin{bmatrix}n_x & o_x & a_x & 0\\ n_y & o_y & a_y & 0\\ n_z & o_z & a_z & 0\\ 0 & 0 & 0 & 1\end{bmatrix}\tag{2.47}$$

令 $\boldsymbol{R}=\text{Rot}(\boldsymbol{f},\theta)$，即

$$\begin{bmatrix}n_x & o_x & a_x & 0\\ n_y & o_y & a_y & 0\\ n_z & o_z & a_z & 0\\ 0 & 0 & 0 & 1\end{bmatrix}=\begin{bmatrix} f_xf_x\text{vers}\theta+c\theta & f_yf_x\text{vers}\theta-f_zs\theta & f_zf_x\text{vers}\theta+f_ys\theta & 0\\ f_xf_y\text{vers}\theta+f_zs\theta & f_yf_y\text{vers}\theta+c\theta & f_zf_y\text{vers}\theta-f_xs\theta & 0\\ f_xf_z\text{vers}\theta-f_ys\theta & f_yf_z\text{vers}\theta+f_xs\theta & f_zf_z\text{vers}\theta+c\theta & 0\\ 0 & 0 & 0 & 1\end{bmatrix}\tag{2.48}$$

把式(2.48)两边的对角线项分别相加，并化简可得

$$n_x+o_y+a_z=(f_x^2+f_y^2+f_z^2)\text{vers}\theta+3c\theta=1+2c\theta$$

以及

$$c\theta=\frac{1}{2}(n_x+o_y+a_z-1)\tag{2.49}$$

把式(2.48)中的非对角线项成对相减可得

$$\begin{cases}o_z-a_y=2f_xs\theta\\ a_x-n_z=2f_ys\theta\\ n_y-o_x=2f_zs\theta\end{cases}\tag{2.50}$$

对式(2.49)各行平方后相加得

$$(o_z-a_y)^2+(a_x-n_y)^2+(n_y-o_x)^2=4s^2\theta$$

以及

$$s\theta=\pm\frac{1}{2}\sqrt{(o_z-a_y)^2+(a_x-n_z)^2+(n_y-o_x)^2} \tag{2.51}$$

把旋转规定为绕矢量 $\boldsymbol{f}$ 的正向旋转,使 $0\leqslant\theta\leqslant180°$。这时,式(2.51)中的符号取正。于是,转角 θ 被唯一地确定为

$$\tan\theta=\frac{\sqrt{(o_z-a_y)^2+(a_x-n_z)^2+(n_y-o_x)^2}}{n_x+o_y+a_z-1} \tag{2.52}$$

而矢量 $\boldsymbol{f}$ 的各分量可由式(2.50)求得:

$$\begin{cases} f_x=(o_z-a_y)/2s\theta \\ f_y=(a_x-n_z)/2s\theta \\ f_z=(n_y-n_x)/2s\theta \end{cases} \tag{2.53}$$

2.6 本章小结

本章介绍了机器人的数学基础,包括空间任意点的位置和姿态的表示、坐标和齐次坐标变换、物体的变换与逆变换以及通用旋转变换等。

对于位置描述,首先需要建立一个坐标系,然后用某个 3×1 位置矢量来确定该坐标空间内任一点的位置,并用一个 3×1 列矢量表示,称为"位置矢量"。对于物体的方位,也用固接于该物体的坐标系描述,并用一个 3×3 矩阵表示。还给出了对应于 x 轴,y 轴和 z 轴作转角为 θ 旋转的旋转变换矩阵。在采用位置矢量描述点的位置、用旋转矩阵描述物体方位的基础上,物体在空间的位姿就由位置矢量和旋转矩阵共同表示。

在讨论了平移和旋转坐标变换之后,进一步研究齐次坐标变换,包括平移齐次坐标变换和旋转齐次坐标变换。这些有关空间点的变换方法为空间物体的变换和逆变换建立了基础。为了描述机器人的操作,必须建立机器人各连杆间以及机器人与周围环境间的运动关系。为此,建立了机器人操作变换方程的初步概念,并给出了通用旋转变换的一般矩阵表达式以及等效转角与转轴矩阵表达式。

上述结论为研究机器人运动学、动力学、控制建模提供了数学工具。近年来,在研究空间刚体旋转运动时,还采用了一种新的数学方法,即用指数坐标及其指数映射和指数积公式描述运动学问题。有兴趣的读者可参阅有关文献。

习 题 2

2.1 用一个描述旋转与/或平移的变换左乘或者右乘一个表示坐标系的变换,所得到的结果是否相同?为什么?试举例作图说明。

2.2 矢量 ${}^A\boldsymbol{p}$ 绕 Z_A 旋转 θ,然后绕 X_A 旋转 ϕ。试给出依次按上述次序完成旋转的旋转矩阵。

2.3 坐标系 $\{B\}$ 的位置变化如下:初始时,坐标系 $\{A\}$ 与 $\{B\}$ 重合,使坐标系 $\{B\}$ 绕 Z_B

轴旋转 θ；然后再绕 X_B 轴旋转 ϕ。给出把对矢量 ${}^B\boldsymbol{p}$ 的描述变为对 ${}^A\boldsymbol{p}$ 描述的旋转矩阵。

2.4　当 $\theta=30°$，$\phi=45°$时，求习题 2.2 和习题 2.3 中的旋转矩阵。

2.5　已知矢量 $\boldsymbol{u}=3\boldsymbol{i}+2\boldsymbol{j}+2\boldsymbol{k}$ 和坐标系

$$\boldsymbol{F}=\begin{bmatrix}0 & -1 & 0 & 10\\ 1 & 0 & 0 & 20\\ 0 & 0 & 1 & 1\\ 0 & 0 & 0 & 1\end{bmatrix}$$

$\boldsymbol{u}$ 为由 $\boldsymbol{F}$ 所描述的一点。

(1) 确定表示同一点但由基坐标系描述的矢量 $\boldsymbol{u}$。

(2) 首先让 $\boldsymbol{F}$ 绕基坐标系的 y 轴旋转 90°，然后沿基系 x 轴方向平移 20 个单位。求变换所得新坐标系 $\boldsymbol{F}'$。

(3) 确定表示同一点但由坐标系 $\boldsymbol{F}'$所描述的矢量 $\boldsymbol{v}'$。

(4) 作图表示 $\boldsymbol{u}$，$\boldsymbol{v}$，$\boldsymbol{v}'$，$\boldsymbol{F}$ 和 $\boldsymbol{F}'$之间的关系。

2.6　已知齐次变换矩阵

$$\boldsymbol{H}=\begin{bmatrix}0 & 1 & 0 & 0\\ 0 & 0 & -1 & 0\\ -1 & 0 & 0 & 0\\ 0 & 0 & 0 & 1\end{bmatrix}$$

要求 $\mathrm{Rot}(\boldsymbol{f},\theta)=\boldsymbol{H}$，确定 $\boldsymbol{f}$ 和 θ 值。

2.7　编写一个求某个旋转矩阵的等效转角和转轴的算法，要求此算法能够处理 $\theta=0°$ 和 $\theta=180°$两种特殊情况。

2.8　定义

$$\mathrm{wedge}_0=\begin{bmatrix}1 & -1 & -1 & 1 & 1 & -1\\ 0 & 0 & 0 & 0 & 4 & 4\\ 0 & 0 & 2 & 2 & 0 & 0\\ 1 & 1 & 1 & 1 & 1 & 1\end{bmatrix}$$

表示图 2.8 中楔形物体的方位。试计算下列楔形及其变换矩阵，并画出每次变换后楔形处在坐标系中的位置和方向：

(1) $\mathrm{Wedge}_1=\mathrm{Rot}(\mathrm{Base}_x,-45°)\mathrm{Wedge}_0$

(2) $\mathrm{Wedge}_2=\mathrm{Trans}(\mathrm{Base}_x,5)\mathrm{Wedge}_1$

(3) $\mathrm{Wedge}_3=\mathrm{Trans}(\mathrm{Base}_z,-2)\mathrm{Wedge}_2$

(4) $\mathrm{Wedge}_4=\mathrm{Rot}(\mathrm{Base}_z,30°)\mathrm{Wedge}_3$

(5) $\mathrm{Wedge}_4=\boldsymbol{A}_n\mathrm{Wedge}_0$

求 $\boldsymbol{A}_n$。

2.9　图 2.10(a)示出了摆放在坐标系中的两个相同的楔形物体。要求把它们重新摆放在图 2.10(b)所示位置。

(1) 用数字值给出两个描述重新摆置的变换序列，每个变换表示沿某个轴平移或绕该轴旋转。在重置过程中，必须避免两楔形物体的碰撞。

(2) 作图说明每个从右至左的变换序列。

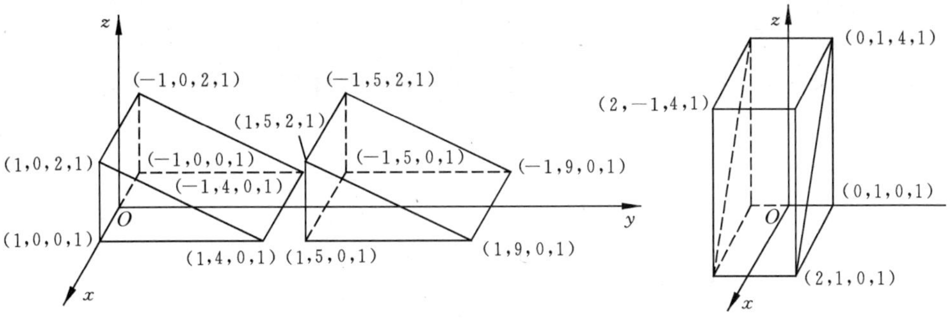

(a)　　　　　　　　　　(b)

图 2.10　两个楔形物体的重置

(3) 作图说明每个从左至右的变换序列。

2.10　$\{A\}$和$\{B\}$两坐标系仅仅方向不同。坐标系$\{B\}$是这样得到的：首先与坐标系$\{A\}$重合，然后围绕单位矢量 $\boldsymbol{f}$ 旋转 θ，即

$$^{A}\boldsymbol{R}_{B}=\boldsymbol{R}_{B}(^{A}\boldsymbol{f},\theta)$$

求证：$^{A}\boldsymbol{R}_{B}=\mathrm{e}^{f\theta}$，式中

$$\boldsymbol{f}=\begin{bmatrix}0 & -f_z & f_y\\ f_z & 0 & -f_x\\ -f_y & f_x & 0\end{bmatrix}$$

2.11　设想让矢量 $\boldsymbol{Q}$ 绕矢量 $\boldsymbol{f}$ 旋转 θ，以产生新矢量 $\boldsymbol{Q}'$，即

$$\boldsymbol{Q}'=\mathrm{Rot}(\boldsymbol{f},\theta)\boldsymbol{Q}$$

应用式(2.46)，求 $\boldsymbol{Q}'$，即求证

$$\boldsymbol{Q}'=\boldsymbol{Q}c\theta+s\theta(\boldsymbol{f}\times\boldsymbol{Q})+(1-c\theta)(\boldsymbol{f}\cdot\boldsymbol{Q})\boldsymbol{f}$$

第3章　机器人运动学

机器人的工作是由控制器指挥的，对应驱动末端位姿运动的各关节参数是需要实时计算的。当机器人执行工作任务时，其控制器根据加工轨迹指令规划好位姿序列数据，实时运用逆向运动学算法计算出关节参数序列，并依此驱动机器人关节，使末端执行器按照预定的位姿序列运动。

机器人运动学或机构学从几何或机构的角度描述和研究机器人的运动特性，而不考虑引起这些运动的力或力矩的作用。机器人运动学中有以下两类基本问题。

(1) 机器人运动方程的表示问题，即正向运动学：对一给定的机器人，已知连杆几何参数和关节变量，欲求机器人末端执行器相对于参考坐标系的位置和姿态。机器人程序设计语言具有按照笛卡儿坐标规定工作任务的能力。物体在工作空间内的位置和机器人手臂的位置，都是以某个确定的坐标系的位置和姿态来描述的；这就需要建立机器人运动方程。运动方程的表示问题，即正向运动学，属于问题分析。因此，也可以把机器人运动方程的表示问题称为“机器人运动分析”。

(2) 机器人运动方程的求解问题，即逆向运动学：已知机器人连杆的几何参数，给定机器人末端执行器相对于参考坐标系的期望位置和姿态(位姿)，求机器人能够达到预期位姿的关节变量。当工作任务由笛卡儿坐标系描述时，必须把上述这些规定变换为一系列能够由手臂驱动的关节变量。确定手臂位置和姿态的各关节变量的解答，这就是运动方程的求解。机器人运动方程的求解问题，即逆向运动学，属于问题综合。因此，也可以把机器人运动方程的求解问题称为“机器人运动综合”。

目前，工业机器人的轮廓运动主要作匀速控制，采用计算机加运动控制卡的两级控制解决运动学位姿、关节变量间映射问题就够了。如果要求拓展到推算和控制轮廓速度变化，可进一步通过雅可比矩阵实现各单个关节速度对笛卡儿坐标系中的最后一个连杆速度进行线性变换。大多数工业机器人具有6个关节，这意味着雅可比矩阵是一个6阶方阵。

1955年德纳维特(Denavit)和哈滕伯格(Hartenberg)提出了一种机器人的通用描述方法，用连杆的参数描述机构的运动关系。这种方法使用4×4的齐次变换矩阵来描述两个相邻连杆之间的空间关系，把正向运动学计算问题化简为齐次变换矩阵的运算问题，以此描述机器人末端执行器相对于参考坐标系的变换关系。而逆向运动学问题可采用多种方法进行求解，最常用的是代数法、几何法和迭代法等。

在机器人机构中，主要有4种不同的参考坐标系配置约定，直观上每一种均有其优势。除了德纳维特和哈滕伯格的原始约定外，此后做过修正约定的有沃尔德隆(Waldron)和保罗(Paul)版本、克雷格(Craig)版本、哈利勒(Khalil)和邓伯尔(Dombre)版本。目前，国内科技文献以沃尔德隆和保罗、克雷格这两种版本较为普遍，本教材的运动学部分采用以德纳维特-哈滕伯格原始约定为基础的克雷格版本。

本章的前两节将依次研究机器人运动方程的表示与求解方法，接着以PUMA 560机器人为例分析总结机器人的运动方程的表示与求解，最后讨论机器人的微分运动和雅可比公式。

3.1 机器人运动方程的表示

机械手是由一系列关节连接起来的连杆构成的一个运动链。将关节链上的一系列刚体称为“连杆”(link),通过转动关节或平动关节将相邻的两个连杆连接起来。要为机械手的每一连杆建立一个坐标系,并用齐次变换来描述这些坐标系间的相对位置和姿态。

六连杆机械手可具有6个自由度,每个连杆含有1个自由度,并能在其运动范围内任意定位与定向。按机器人的惯常设计,3个自由度用于规定位置,而另3个自由度用来规定姿态。$\boldsymbol{T}_6$ 表示机械手的位置和姿态。

3.1.1 机械手运动姿态和方向角的表示

1. 机械手的运动方向

机械手的一个夹手可由图3.1表示。把所描述坐标系的原点置于夹手指尖的中心,此原点由矢量 $\boldsymbol{p}$ 表示。描述夹手方向的3个单位矢量的指向如下:z 向矢量处于夹手进入物体的方向上,称为“接近矢量 $\boldsymbol{a}$”;y 向矢量的方向从一个指尖指向另一个指尖,处于规定夹手方向上,称为“方向矢量 $\boldsymbol{o}$”;最后一个矢量叫作“法线矢量 $\boldsymbol{n}$”,它与矢量 $\boldsymbol{o}$ 和 $\boldsymbol{a}$ 一起构成一个右手矢量集合,并由矢量的交乘所规定:$\boldsymbol{n}=\boldsymbol{o}\times\boldsymbol{a}$。因此,变换 $\boldsymbol{T}_6$ 具有下列元素。

$$\boldsymbol{T}_6=\begin{bmatrix} n_x & o_x & a_x & p_x \\ n_y & o_y & a_y & p_y \\ n_z & o_z & a_z & p_z \\ 0 & 0 & 0 & 1 \end{bmatrix} \tag{3.1}$$

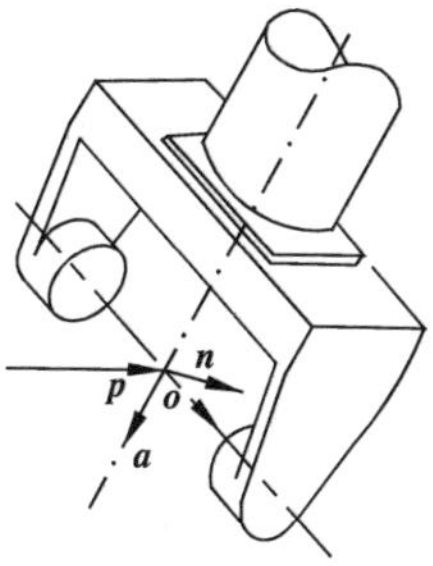

图3.1 矢量 $\boldsymbol{o}$,$\boldsymbol{a}$ 和 $\boldsymbol{p}$

六连杆机械手的 $\boldsymbol{T}$ 矩阵($\boldsymbol{T}_6$)可由其指定的16个元素的数值决定。在这16个元素中,只有12个元素具有实际含义。底行由三个0和一个1组成。左列矢量 $\boldsymbol{n}$ 是第二列矢量 $\boldsymbol{o}$ 和第三列矢量 $\boldsymbol{a}$ 的叉乘。当对 $\boldsymbol{p}$ 值不存在任何约束时,只要机械手能够到达期望位置,那么矢量 $\boldsymbol{o}$ 和 $\boldsymbol{a}$ 两者都是正交单位矢量,并且互相垂直,即有:$\boldsymbol{o}\cdot\boldsymbol{o}=1$,$\boldsymbol{a}\cdot\boldsymbol{a}=1$,$\boldsymbol{o}\cdot\boldsymbol{a}=0$。这些对矢量 $\boldsymbol{o}$ 和 $\boldsymbol{a}$ 的约束,使对其分量的指定较为困难,除非是末端执行装置与坐标系处于平行这种简单情况。

除了上述 $\boldsymbol{T}$ 矩阵的表示外,也可以应用第2章讨论过的通用旋转矩阵,把机械手端部的方向规定为绕某轴 $\boldsymbol{f}$ 旋转 θ 角，即 $\mathrm{Rot}(\boldsymbol{f},\theta)$。遗憾的是，要达到某些期望方向，这一转轴没有明显的直观感觉。

2. 用欧拉变换表示运动姿态

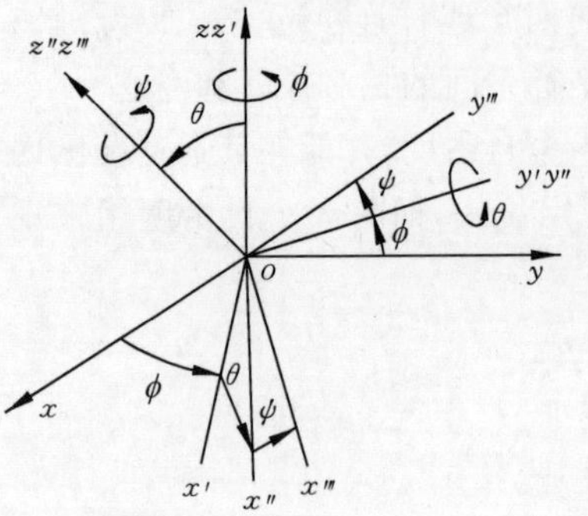

图 3.2　欧拉角的定义

机械手的运动姿态往往由一个绕轴 x，y 和 z 的旋转序列来规定。这种转角的序列称为"欧拉角"(Euler angle)。欧拉角以绕 z 轴旋转 ϕ，再绕新的 y 轴(y')旋转 θ，最后绕新的 z 轴(z'')旋转 ψ 的形式来描述任何可能的姿态，如图 3.2 所示。

在任何旋转序列下，旋转次序都是十分重要的。这一旋转序列可由基系中相反的旋转次序来解释：先绕 z 轴旋转 ψ，再绕 y 轴旋转 θ，最后绕 z 轴旋转 ϕ。

欧拉变换 $\mathrm{Euler}(\phi,\theta,\psi)$ 可由连乘 3 个旋转矩阵求得，即

$$\mathrm{Euler}(\phi,\theta,\psi)=\mathrm{Rot}(z,\phi)\mathrm{Rot}(y,\theta)\mathrm{Rot}(z,\psi)$$

$$\mathrm{Euler}(\phi,\theta,\psi)=\begin{bmatrix} c\phi & -s\phi & 0 & 0\\ s\phi & c\phi & 0 & 0\\ 0 & 0 & 1 & 0\\ 0 & 0 & 0 & 1\end{bmatrix}\begin{bmatrix} c\theta & 0 & s\theta & 0\\ 0 & 1 & 0 & 0\\ -s\theta & 0 & c\theta & 0\\ 0 & 0 & 0 & 1\end{bmatrix}\begin{bmatrix} c\psi & -s\psi & 0 & 0\\ s\psi & c\psi & 0 & 0\\ 0 & 0 & 1 & 0\\ 0 & 0 & 0 & 1\end{bmatrix}$$

$$=\begin{bmatrix} c\phi c\theta c\psi-s\phi s\psi & -c\phi c\theta s\psi-s\phi c\psi & c\phi s\theta & 0\\ s\phi c\theta c\psi+c\phi s\psi & -s\phi c\theta s\psi+c\phi c\psi & s\phi s\theta & 0\\ -s\theta c\psi & s\theta s\psi & c\theta & 0\\ 0 & 0 & 0 & 1\end{bmatrix} \tag{3.2}$$

3. 用 RPY 组合变换表示运动姿态

另一种常用的旋转集合是横滚(roll)、俯仰(pitch)和偏转(yaw)。

如果想象有只船沿着 z 轴方向航行，见图 3.3(a)，那么这时，横滚对应于绕 z 轴旋转 ϕ，俯仰对应于绕 y 轴旋转 θ，而偏转则对应于绕 x 轴旋转 ψ。适用于机械手端部执行装置的这些旋转，示于图 3.3(b)。

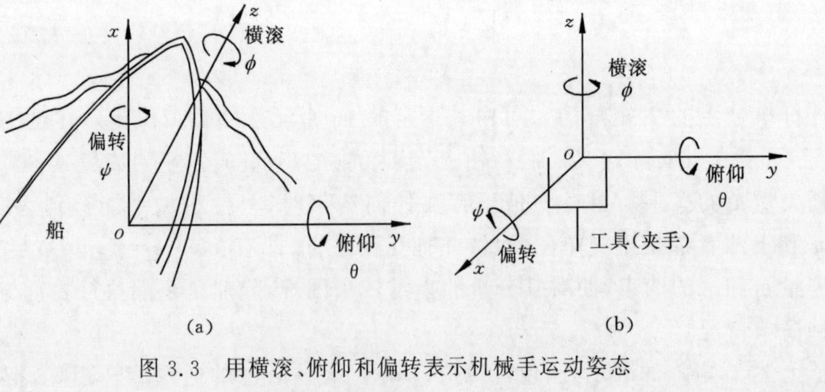

图 3.3　用横滚、俯仰和偏转表示机械手运动姿态

对于旋转次序，可作如下规定：

$$\mathrm{RPY}(\phi,\theta,\psi)=\mathrm{Rot}(z,\phi)\mathrm{Rot}(y,\theta)\mathrm{Rot}(x,\psi) \tag{3.3}$$

式中，RPY 表示横滚、俯仰和偏转三旋转的组合变换。也就是说，式(3.3)表示先绕 x 轴旋转 ψ，再绕 y 轴旋转 θ，最后绕 z 轴旋 ϕ。此旋转变换计算如下：

$$\mathrm{RPY}(\phi,\theta,\psi)=\begin{bmatrix} c\phi & -s\phi & 0 & 0 \\ s\phi & c\phi & 0 & 0 \\ 0 & 0 & 1 & 0 \\ 0 & 0 & 0 & 1 \end{bmatrix}\begin{bmatrix} c\theta & 0 & s\theta & 0 \\ 0 & 1 & 0 & 0 \\ -s\theta & 0 & c\theta & 0 \\ 0 & 0 & 0 & 1 \end{bmatrix}\begin{bmatrix} 1 & 0 & 0 & 0 \\ 0 & c\psi & -s\psi & 0 \\ 0 & s\psi & c\psi & 0 \\ 0 & 0 & 0 & 1 \end{bmatrix}$$

$$=\begin{bmatrix} c\phi c\theta & c\phi s\theta s\psi - s\phi c\psi & c\phi s\theta c\psi + s\phi s\psi & 0 \\ s\phi c\theta & s\phi s\theta s\psi + c\phi c\psi & s\phi s\theta c\psi - c\phi s\psi & 0 \\ -s\theta & c\theta s\psi & c\theta c\psi & 0 \\ 0 & 0 & 0 & 1 \end{bmatrix} \tag{3.4}$$

3.1.2 平移变换的不同坐标系表示

一旦机械手的运动姿态由某个姿态变换规定之后，它在基系中的位置就能够由左乘一个对应于矢量 $\boldsymbol{p}$ 的平移变换来确定：

$$\boldsymbol{T}_6=\begin{bmatrix} 1 & 0 & 0 & p_x \\ 0 & 1 & 0 & p_y \\ 0 & 0 & 1 & p_z \\ 0 & 0 & 0 & 1 \end{bmatrix}\quad[\text{某姿态变换}] \tag{3.5}$$

这一平移变换可用不同的坐标来表示。

除了应用已经讨论过的笛卡儿坐标外，还可以采用柱面坐标和球面坐标来表示这一平移。

1. 用柱面坐标表示运动位置

首先用柱面坐标来表示机械手手臂的位置，即表示其平移变换。这对应于沿 x 轴平移 r，再绕 z 轴旋转 α，最后沿 z 轴平移 z，如图 3.4(a)所示。

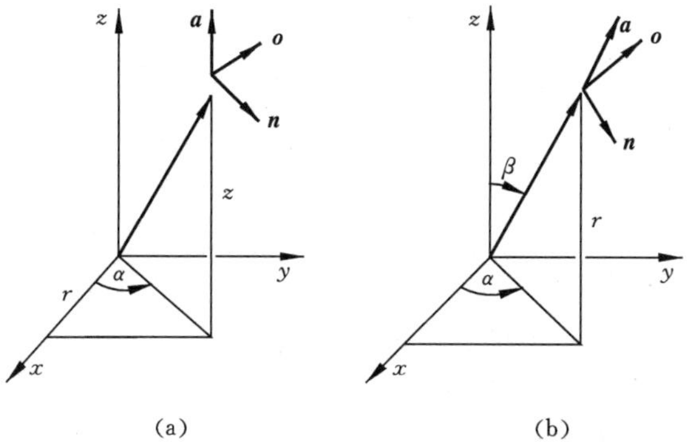

图 3.4 用柱面坐标和球面坐标表示位置

即有

$$\mathrm{Cyl}(z,\alpha,r)=\mathrm{Trans}(0,0,z)\mathrm{Rot}(z,\alpha)\mathrm{Trans}(r,0,0) \tag{3.6}$$

式中,Cyl 表示柱面坐标组合变换。计算上式并化简得

$$\mathrm{Cyl}(z,\alpha,r)=\begin{bmatrix}1&0&0&0\\0&1&0&0\\0&0&1&z\\0&0&0&1\end{bmatrix}\begin{bmatrix}c\alpha&-s\alpha&0&0\\s\alpha&c\alpha&0&0\\0&0&1&0\\0&0&0&1\end{bmatrix}\begin{bmatrix}1&0&0&r\\0&1&0&0\\0&0&1&0\\0&0&0&1\end{bmatrix}$$

$$=\begin{bmatrix}c\alpha&-s\alpha&0&rc\alpha\\s\alpha&c\alpha&0&rs\alpha\\0&0&1&z\\0&0&0&1\end{bmatrix} \tag{3.7}$$

若用某个如式(3.5)所示的姿态变换右乘上述变换式,则手臂将相对于基系绕 z 轴旋转 α。要是需要变换后机器人末端相对基系的姿态不变,就应对式(3.6)绕 z 轴旋转 $-\alpha$。实际可理解为圆柱坐标机器人末端坐标系是这样从基坐标系变换来的:开始末端系与基系重合,然后末端系相对基系的 x,z 和 z 各轴,依次平移 r、旋转 α 与平移 z,最后再绕变换后的末端坐标系 z 轴自转 $-\alpha$,即有

$$\mathrm{Cyl}(z,\alpha,r)=\begin{bmatrix}c\alpha&-s\alpha&0&rc\alpha\\s\alpha&c\alpha&0&rs\alpha\\0&0&1&z\\0&0&0&1\end{bmatrix}\begin{bmatrix}c(-\alpha)&-s(-\alpha)&0&0\\s(-\alpha)&c(-\alpha)&0&0\\0&0&1&0\\0&0&0&1\end{bmatrix}$$

$$=\begin{bmatrix}1&0&0&rc\alpha\\0&1&0&rs\alpha\\0&0&1&z\\0&0&0&1\end{bmatrix} \tag{3.8}$$

这就是用以解释柱面坐标 $\mathrm{Cyl}(z,\alpha,r)$的形式。

2. 用球面坐标表示运动位置

现在讨论用球面坐标表示手臂运动位置矢量的方法。这个方法对应于沿 z 轴平移 r,再绕 y 轴旋转 β,最后绕 z 轴旋转 α,如图 3.4(b)所示,即

$$\mathrm{Sph}(\alpha,\beta,r)=\mathrm{Rot}(z,\alpha)\mathrm{Rot}(y,\beta)\mathrm{Trans}(0,0,r) \tag{3.9}$$

式中,Sph 表示球面坐标组合变换。对式(3.9)进行计算:

$$\mathrm{Sph}(\alpha,\beta,r)=\begin{bmatrix}c\alpha&-s\alpha&0&0\\s\alpha&c\alpha&0&0\\0&0&1&0\\0&0&0&1\end{bmatrix}\begin{bmatrix}c\beta&0&s\beta&0\\0&1&0&0\\-s\beta&0&c\beta&0\\0&0&0&1\end{bmatrix}\begin{bmatrix}1&0&0&0\\0&1&0&0\\0&0&1&r\\0&0&0&1\end{bmatrix}$$

$$=\begin{bmatrix}c\alpha c\beta&-s\alpha&c\alpha s\beta&rc\alpha s\beta\\s\alpha c\beta&c\alpha&s\alpha s\beta&rs\alpha s\beta\\-s\beta&0&c\beta&rc\beta\\0&0&0&1\end{bmatrix} \tag{3.10}$$

如果希望变换后的机器人末端坐标系相对于基系的姿态不变，就必须用 $\mathrm{Rot}(y,-\beta)$ 和 $\mathrm{Rot}(z,-\alpha)$ 右乘式(3.10)。实际可理解为球坐标机器人末端坐标系是这样从基坐标系变换来的：开始末端系与基系重合，然后末端系相对基系的 z，y 和 z 各轴，依次平移 r、旋转 β 与平移 α，最后再绕变换后的末端坐标系的 y 轴和 z 轴自转 $-\beta$，$-\alpha$，即

$$
\begin{aligned}
\mathrm{Sph}(\alpha,\beta,r) &= \mathrm{Rot}(z,\alpha)\mathrm{Rot}(y,\beta)\mathrm{Trans}(0,0,r)\mathrm{Rot}(y,-\beta)\mathrm{Rot}(z,-\alpha) \\
&= \begin{bmatrix} 1 & 0 & 0 & rc\alpha s\beta \\ 0 & 1 & 0 & rs\alpha s\beta \\ 0 & 0 & 1 & rc\beta \\ 0 & 0 & 0 & 1 \end{bmatrix}
\end{aligned} \tag{3.11}
$$

这就是用于解释球面坐标的形式。

3.1.3 广义连杆和广义变换矩阵

本节将为机器人的每一连杆建立一个坐标系，并用齐次变换来描述这些坐标系间的相对位置和姿态。可以通过递归方式获得末端执行器相对于基坐标系的齐次变换矩阵，即求得了机器人的运动方程。

1. 广义连杆

相邻坐标系间及其相应连杆可以用齐次变换矩阵来表示。求解操作手(机械手)所需要的变换矩阵，需要对每个连杆进行广义连杆描述。在求得相应的广义变换矩阵之后，可对其加以修正，以适合每个具体的连杆。

从机器人的固定基座开始为连杆进行编号，一般称固定基座为“连杆 0”，称第一个可动连杆为“连杆 1”，依此类推，机器人最末端的连杆为“连杆 n”。为了使末端执行器能够在三维空间中达到任意的位置和姿态，机器人至少需要 6 个关节(对应 6 个自由度，3 个位置和 3 个方位)。

机械手是由一系列连接在一起的连杆(杆件)构成的。可以将连杆各种机械结构抽象成两个几何要素及其参数，即公共法线及距离 a_i 和垂直于 a_i 所在平面内两轴的夹角 α_i；另外相邻杆件之间的连接关系也被抽象成两个量，即二连杆的相对位置 d_i 和二连杆公垂线的夹角 θ_i，如图 3.5 所示。

克雷格参考坐标系建立约定也如图 3.5 所示，其特点是每一杆件的坐标系 z 轴和原点固连在该杆件的前一个轴线上。除第一个和最后一个连杆外，每个连杆两端的轴线各有一条法线，分别为前、后相邻连杆的公共法线。两法线间的距离即 d_i。我们称 a_i 为“连杆长度”，α_i 为“连杆扭角”，d_i 为“二连杆距离”，θ_i 为“二连杆夹角”。

机器人机械手连杆连接关节的类型有两种——转动关节和棱柱联轴节。对于转动关节，θ_i 为关节变量；对于移动关节，距离 d_i 为联轴节(关节)变量。连杆 i 的坐标系原点位于轴 $i-1$ 和 i 的公共法线与关节 i 轴线的交点上。如果两相邻连杆的轴线相交于一点，那么原点就在这一交点上。如果两轴线互相平行，那么就选择原点使对下一连杆(其坐标原点已确定)的距离 d_{i+1} 为 0。连杆 i 的 z_i 与 i 的轴线在一直线上，而 x_i 则在轴 i 和 $i+1$ 的公共法线上，其方向从 i 指向 $i+1$。当两关节轴线相交时，x_{i-1} 的方向与两矢量的叉积 $z_{i-1}\times z_i$ 同轴、同向或反向，x_{i-1} 的方向总是沿着公共法线从轴 $i-1$ 指向 i。当两轴 x_{i-1} 和 x_i 平行

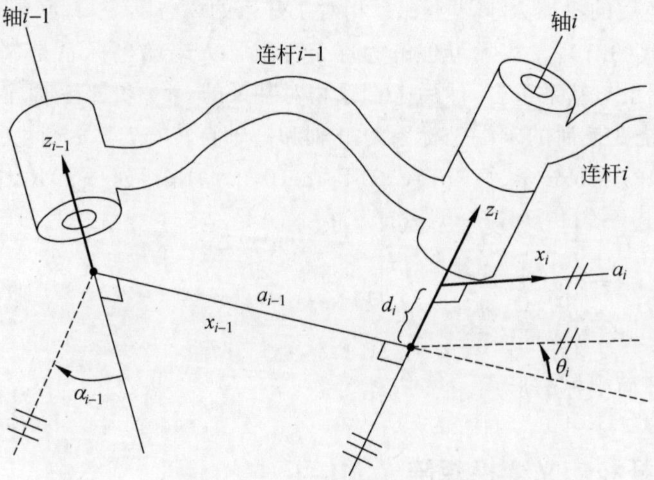

图 3.5　克雷格约定的连杆四参数和坐标系建立示意图

[资料来源：Craig J J 2018]

且同向时，第 i 个转动关节的 θ_i 为 0。

在建立机器人杆件坐标系时，首先在每一杆件 i 的关节轴 i 上建立坐标轴 z_i，z_i 正向在 2 个方向中选一个方向即可，但所有 z 轴应尽量一致。a_i，α_i，θ_i 和 d_i 4 个参数，除了 $a_i \geqslant 0$ 外，其他 3 个值皆有正负，因为 α_i，θ_i 分别是围绕 x_i，z_i 轴旋转定义的，它们的正负就根据判定旋转矢量方向的右手法则来确定。d_i 为沿 z_i 轴，由 x_{i-1} 垂足到 x_i 垂足的距离，当该距离的移动方向与 z_i 正向一致时，其符号取为正。

2. 广义变换矩阵

在对全部连杆规定坐标系之后，就能够按照下列顺序由两个旋转和两个平移来建立相邻二连杆坐标系 $i-1$ 与 i 之间的相对关系，如图 3.6 所示。

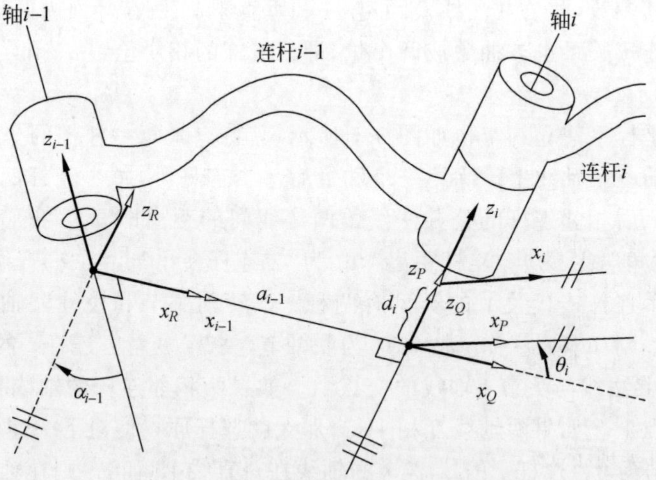

图 3.6　连杆两端相邻坐标系变换示意图

[资料来源：Craig J J 2018]

(1) 绕 x_{i-1} 轴旋转 α_{i-1}，使 z_{i-1} 转到 z_R，同 z_i 方向一致，使坐标系$\{i-1\}$过渡到$\{R\}$。

(2) 坐标系$\{R\}$沿 x_{i-1} 或 x_R 轴平移一距离 a_{i-1}，把坐标系移到 i 轴上，使坐标系$\{R\}$过渡到$\{Q\}$。

(3) 坐标系$\{Q\}$绕 z_Q 或 z_i 轴转动 θ_i，使$\{Q\}$过渡到$\{P\}$。

(4) 坐标系$\{P\}$再沿 z_i 轴平移一距离 d_i，使$\{P\}$过渡到和 i 杆的坐标系$\{i\}$重合。

这种关系可由表示连杆 i 对连杆 $i-1$ 相对位置的 4 个齐次变换描述。根据坐标系变换的链式法则，坐标系$\{i-1\}$到坐标系$\{i\}$的变换矩阵可以写成

$$ {}^{i-1}_{i}\boldsymbol{T} = {}^{i-1}_{R}\boldsymbol{T}{}^{R}_{Q}\boldsymbol{T}{}^{Q}_{P}\boldsymbol{T}{}^{P}_{i}\boldsymbol{T} \tag{3.12} $$

式(3.12)中的每一个变换都仅有一个连杆参数的基础变换(旋转或平移变换)，根据各中间坐标系的设置，式(3.12)可以写成

$$ {}^{i-1}_{i}\boldsymbol{T} = \mathrm{Rot}(x,\alpha_{i-1})\,\mathrm{Trans}(a_{i-1},0,0)\,\mathrm{Rot}(z,\theta_i)\,\mathrm{Trans}(0,0,d_i) \tag{3.13} $$

由 4 矩阵连乘可以计算出式(3.13)，即${}^{i-1}_{i}\boldsymbol{T}$ 的变换通式为

$$ {}^{i-1}_{i}\boldsymbol{T} = \begin{bmatrix} c\theta_i & -s\theta_i & 0 & a_{i-1} \\ s\theta_i c\alpha_{i-1} & c\theta_i c\alpha_{i-1} & -s\alpha_{i-1} & -d_i s\alpha_{i-1} \\ s\theta_i s\alpha_{i-1} & c\theta_i s\alpha_{i-1} & c\alpha_{i-1} & d_i c\alpha_{i-1} \\ 0 & 0 & 0 & 1 \end{bmatrix} \tag{3.14} $$

机械手端部对基座的关系${}^{0}_{6}\boldsymbol{T}$ 为

$$ {}^{0}_{6}\boldsymbol{T} = {}^{0}_{1}\boldsymbol{T}{}^{1}_{2}\boldsymbol{T}{}^{2}_{3}\boldsymbol{T}{}^{3}_{4}\boldsymbol{T}{}^{4}_{5}\boldsymbol{T}{}^{5}_{6}\boldsymbol{T} $$

如果机器人 6 个关节中的变量分别是：$\theta_1,\theta_2,d_3,\theta_4,\theta_5,\theta_6$，则末端相对基座的齐次矩阵也应该是包含这 6 个变量的 4×4 矩阵，即

$$ {}^{0}_{6}\boldsymbol{T}(\theta_1,\theta_2,d_3,\theta_4,\theta_5,\theta_6) = {}^{0}_{1}\boldsymbol{T}(\theta_1){}^{1}_{2}\boldsymbol{T}(\theta_2){}^{2}_{3}\boldsymbol{T}(d_3){}^{3}_{4}\boldsymbol{T}(\theta_4){}^{4}_{5}\boldsymbol{T}(\theta_5){}^{5}_{6}\boldsymbol{T}(\theta_6) \tag{3.15} $$

式(3.15)就是机器人正向运动学表达式，即已知机器人各关节值，计算出末端相对于基座的位姿。

若机器人基座相对工件参照系有一个固定变换 $\boldsymbol{Z}$，则机器人工具末端相对手腕端部坐标系$\{6\}$也有一个固定变换 $\boldsymbol{E}$，则机器人工具末端相对工件参照系的变换 $\boldsymbol{X}$ 为

$$ \boldsymbol{X} = \boldsymbol{Z}{}^{0}_{6}\boldsymbol{T}\boldsymbol{E} $$

3.1.4 建立连杆坐标系的步骤和举例

1. 建立连杆坐标系的步骤归纳

在按照上述规定对每根连杆建立坐标系时，相应的连杆参数可以归纳如下：

a_i＝沿 x_i 轴，从 z_i 移动到 z_{i+1} 的距离；

α_i＝绕 x_i 轴，从 z_i 旋转到 z_{i+1} 的角度；

d_i＝沿 z_i 轴，从 x_{i-1} 移动到 x_i 的距离；

θ_i＝绕 z_i 轴，从 x_{i-1} 旋转到 x_i 的角度。

克雷格法则实现了关节参数的下标与关节轴的对应，唯一不完美处是在计算相邻两坐标系间的齐次变换矩阵${}^{i-1}_{i}\boldsymbol{T}$ 时，参数由下标为 $i-1$ 的连杆参数 a_{i-1}，α_{i-1} 和下标为 i 的关节参数 d_i，θ_i 构成，没有完全统一。

对于一个机器人，可以按照如下步骤依次建立所有连杆的坐标系：

(1) 找出各关节轴，并画出这些轴线的延长线。在步骤(2)至步骤(5)中，仅考虑两条相邻的轴线(关节轴 i 和关节轴 $i+1$)。

(2) 找出关节轴 i 和关节轴 $i+1$ 之间的公垂线，以该公垂线与关节轴 i 的交点作为连杆坐标系$\{i\}$的原点(当关节轴 i 和关节轴 $i+1$ 相交时，以该交点作为坐标系$\{i\}$的原点)。

(3) 规定 z_i 轴沿关节轴 i 的方向。

(4) 规定 x_i 轴沿公垂线 a_i 的方向，由关节轴 i 指向关节轴 $i+1$。如果关节轴 i 和关节轴 $i+1$ 相交，则规定 x_i 轴垂直于这两条关节轴所在的平面。

(5) 按照右手法则确定 y_i 轴。

(6) 当第一个关节的变量为 0 时，规定坐标系$\{0\}$与坐标系$\{1\}$重合。对于坐标系$\{n\}$，其原点和 x_n 轴的方向可以任意选取。但在选取时，通常尽量使连杆参数为 0。

值得说明的是，按照上述方法建立的连杆坐标系并不是唯一的。首先，当选取 z_i 轴与关节轴 i 重合时，z_i 轴的指向可以有两种选择。此外，在关节轴相交的情况下(此时 $a_i=0$)，由于 x_i 轴垂直于 z_i 轴与 z_{i+1} 轴所在的平面，x_i 轴的指向也有两种选择。当关节轴 i 与关节轴 $i+1$ 平行时，坐标系$\{i\}$的原点位置可以任意选取(通常选取该原点使之满足 $d_i=0$)。另外，当关节为平动关节时，坐标系的选取也有一定的任意性。

基座为 0 系，末端为 n 系，按照前述坐标系的建立规则，0 系、n 系的 x 轴确定方案有无数种，一般的选择原则是让更多系数为 0 和方便观察。中间坐标系的 z 轴确定一般有 2 种，且 z 轴相交时，x 轴也有 2 种。但只要 0 系、n 系的定义是固定的，不论中间定义如何多样，机器人最终的运动方程也应是一样的。

2. 建立连杆坐标系举例

例 3.1 如图 3.7 所示为一个平面三连杆机器人。因为三个关节均为转动关节，故有时称该机器人为“RRR(或 3R)”机构。为此机器人建立连杆坐标系并写出其德纳维特-哈滕伯格参数。

解：首先定义参考坐标系$\{0\}$，该坐标系固定在基座上。当第一个关节的变量值(θ_1)为 0 时，坐标系$\{0\}$与坐标系$\{1\}$重合。

由于该机器人位于一个平面上，其所有关节轴线都与其所在的平面垂直(图中所有的 z 轴均垂直纸面向外，简便起见，均未画出)。

根据之前的规定，x_i 轴沿公垂线方向，由 z_i 轴指向 z_{i+1} 轴。

根据右手法则可以确定所有的 y 轴。各坐标系如图 3.8 所示。

下面求取相应的连杆参数。

因为所有关节都是旋转关节，所以关节变量分别为 θ_1，θ_2 和 θ_3。图 3.5 中所有的 z 轴均垂直纸面向外，相互平行，按之前的归纳，连杆扭角 α_i 代表相邻 z 轴之间的角度，因此所有的 α_i 均为 0。

由于所有的 x 轴均在一个平面内，而连杆偏距 d_i 代表相邻公垂线之间的距离，故所有的 d_i 均为 0。

按照规定，a_i 代表沿 x_i 轴，从 z_i 移动到 z_{i+1} 的距离。由于 z_0 轴和 z_1 轴重合，因此 $a_0=0$。a_1 代表 z_1 轴和 z_2 轴之间的距离，由图 3.4 可知，$a_1=L_1$。同理可得 $a_2=L_2$。

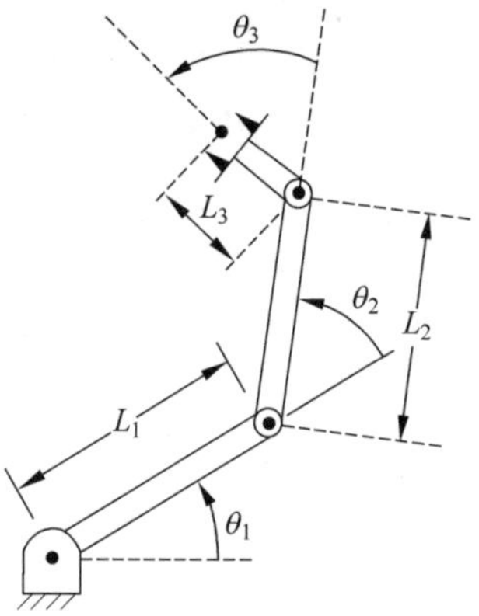

图 3.7　一个三连杆平面机器人

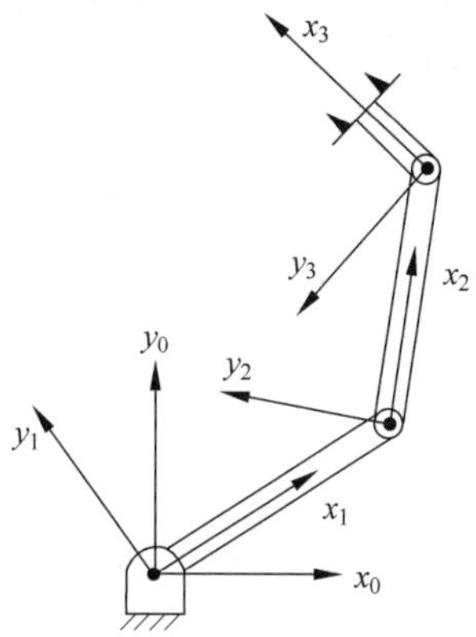

图 3.8　三连杆机器人连杆坐标系的设置

因此，该平面三连杆机器人对应的德纳维特-哈滕伯格参数如表 3.1 所示。

表 3.1　三连杆机器人对应的德纳维特-哈滕伯格参数表

i	α_{i-1}	a_{i-1}	d_i	θ_i
1	0	0	0	θ_1
2	0	L_1	0	θ_2
3	0	L_2	0	θ_3

3.2　机器人运动方程的求解

3.1 节讨论了机器人的正向运动学问题，本节将研究难度更大的逆向运动学问题，即机器人运动方程的求解问题：已知工具坐标系相对于工作台坐标系的期望位置和姿态，求机器人能够达到预期位姿的关节变量。

大多数机械手的程序设计语言是用某个笛卡儿坐标系来指定机械手末端位置的。这一指定可用于求解机械手最后一个连杆的姿态 $\boldsymbol{T}_6$。不过，在机械手能够被驱动至这个姿态之前，必须知道与这个位置有关的所有关节的位置。

3.2.1　逆运动学求解的一般问题

1. 解的存在性

逆运动学的解是否存在取决于期望位姿是否在机器人的工作空间内。简单地说，工作空间是机器人末端执行器能够达到的范围。若解存在，则被指定的目标点必须在工作空间内。如果末端执行器的期望位姿在机器人的工作空间内，那么至少存在一组逆运动学的解。

现在讨论如图 3.9 所示的二连杆机器人的工作空间。如果 $L_1=L_2$，则可达工作空间是一个半径为 $2L_1$ 的圆。如果 $L_1\neq L_2$，则可达工作空间是一个外径为 L_1+L_2、内径为 $|L_1-L_2|$ 的圆环。在可达工作空间的内部，达到目标点的机器人关节有两组可能的解；在

工作空间的边界上则只有一种可能的解。

这里讨论的工作空间是假设所有关节能够旋转 360°,但这在实际机构中是很少见的。当关节旋转不能达到 360°时,工作空间的范围或可能的姿态的数目会相应减少。

当一台机器人少于 6 个自由度时,它在三维空间内不能达到全部位姿。显然,如图 3.9 所示的平面机器人不能伸出平面,因此凡是 z 坐标不为 0 的目标点均不可达。在很多实际情况中,具有 4 个或 5 个自由度的机器人能够超出平面操作,但显然这样的机器人是不能达到三维空间内的全部位姿的。

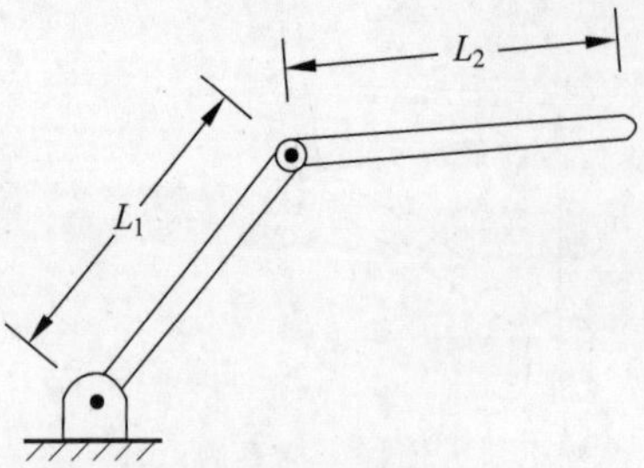

图 3.9 连杆长度为 L_1 和 L_2 的二连杆机器人

2. 多解性问题

在求解逆运动学方程时可能遇到的另一个问题就是多解性问题。图 3.10 为一个带有末端执行器的三连杆平面机器人。如果机器人的末端执行器需达到图 3.10 的位姿,则图中的连杆位形为一组可能的逆运动学解。注意,当机器人的前 2 节连杆处于图中的虚线位形时,末端执行器的位姿与第一个位形完全相同。即对该平面三连杆机器人而言,其逆运动学存在两组不同的解。

机器人系统在执行操控时只能选择一组解,对于不同的应用,其解的选择标准是不同的,其中一种比较合理的选择方法是"最短行程解",就是使机器人的移动距离最短。例如在图 3.11 中,如果一开始机器人的末端执行器处于点 A,希望它移动到点 B,此时有上下虚线所示的两组可能的位形。在没有障碍物的情况下,按照最短行程解的选择标准,即选择使每一个运动关节的移动量最小的位形,可以选择图 3.11 中上部虚线所示的位形;但当环境中存在障碍物时,"最短行程解"可能存在冲突,这时可能需要选择"较长行程解",即需要按照图 3.11 中下部虚线所示的位形才能到达 B 点。因此,为了使机器人能够顺利地到达指定位姿,在求解逆运动学时通常希望能够计算全部可能的解。

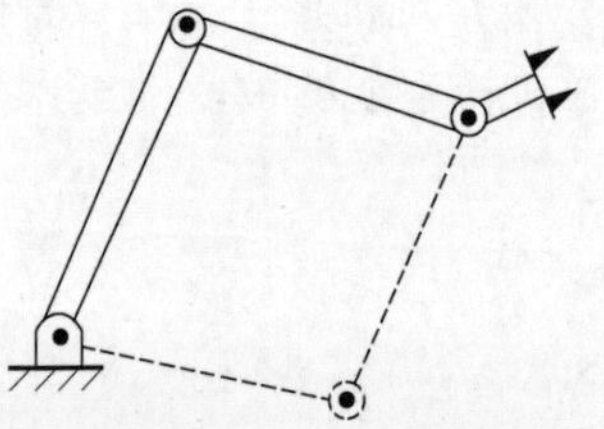

图 3.10 三连杆机器人,虚线代表第二个解

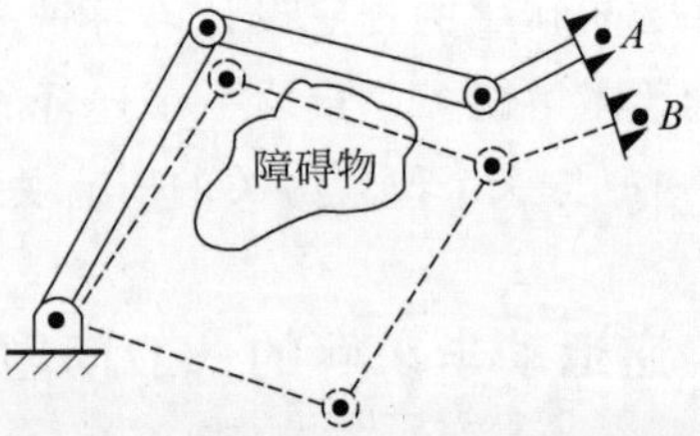

图 3.11 环境中有障碍物时的多解选择

逆运动学解的个数取决于机器人的关节数量,也与连杆参数和关节运动范围有关。一般来说,机器人的关节数量越多,连杆的非零参数越多,达到某一特定位姿的方式也越多,即逆运动学的解的数量越多。

3. 逆运动学的求解方法

上文已经介绍过,机器人的逆运动学求解通常是非线性方程组的求解。与线性方程组的求解不同，非线性方程组没有通用的求解算法。

把逆运动学的全部求解方法分成两大类：封闭解法和数值解法。由于数值解法的迭代性质，其求解速度一般比相应的封闭解法慢很多。对逆运动学方程的数值迭代解法本身已构成一个完整的研究领域，感兴趣的读者可以参阅相关参考文献。

下面主要讨论封闭解法。在本书中，“封闭解法”指基于解析形式的解法。封闭解的求解方法又可分为两类：代数法和几何法。有时它们的区别并不明显：任何几何方法中都引入了代数描述。因此这两种方法是相似的，它们的区别仅是求解过程的不同。

如果一种算法可以求出达到所需位姿的全部关节变量，则该机器人是可解的。在逆运动学方面的一项新的研究成果是，所有包含转动关节和平动关节的串联型 6 自由度机器人均是可解的。但是这种解一般都是数值解，对于 6 自由度机器人来说，只有在特殊情况下才有解析解。这种存在解析解（封闭解）的机器人具有如下特性：存在几个正交关节轴或有多个 α_i 为 0°或±90°。研究表明，具有 6 个旋转关节的机器人存在封闭解的充分条件是相邻的三个关节轴线相交于一点。当今设计的 6 自由度机器人几乎都满足这个条件，例如 PUMA 560 机器人的第 4、5、6 轴相交，因此大多是可以求解的。

3.2.2 逆运动学的解析解法

为了介绍机器人逆运动学方程的求解方法，本节首先通过两种不同的方法对一个简单的平面三连杆机器人进行求解。然后采用欧拉变换解法、RPY 变换解法和球面变换解法等变换解法进行求解。

1. 代数解法

以 3.1.4 节介绍的平面三连杆机器人（如图 3.7）为例，它的坐标系设定如图 3.8 所示，连杆参数如表 3.1 所示。

按照 3.1 节介绍的方法，应用这些连杆参数很容易求得这个机器人的正向运动学方程为

$$
{}_W^B\boldsymbol{T} = {}_3^0\boldsymbol{T} = \begin{bmatrix} c_{123} & -s_{123} & 0 & L_1c_1 + L_2c_{12} \\ s_{123} & c_{123} & 0 & L_1s_1 + L_2s_{12} \\ 0 & 0 & 1 & 0 \\ 0 & 0 & 0 & 1 \end{bmatrix} \tag{3.16}
$$

式中，c_{123} 是 $\cos(\theta_1+\theta_2+\theta_3)$ 的简写，s_{123} 是 $\sin(\theta_1+\theta_2+\theta_3)$ 的简写，下文同此用法①。

为了集中讨论逆运动学问题，假设目标点的位姿已经确定，即已知腕部坐标系相对于基坐标系的变换 ${}_W^B\boldsymbol{T}$。可以通过 3 个变量 x，y 和 ϕ 来确定目标点的位姿，其中 x，y 是目标点在基坐标系下的笛卡儿坐标，ϕ 是连杆 3 在平面内的方位角（相对于基坐标系 x 轴正方向），则目标点关于基坐标系的变换矩阵如下：

---

① 机器人运动学中会出现大量三角函数的表达形式，根据表达式占用空间的大小，下列 3 种表示：$\sin\theta_1$，$s\theta_1$，s_1 都是可以的。

$$
{}^{B}_{W}\boldsymbol{T}=\begin{bmatrix} c_{\phi} & -s_{\phi} & 0 & x \\ s_{\phi} & c_{\phi} & 0 & y \\ 0 & 0 & 1 & 0 \\ 0 & 0 & 0 & 1 \end{bmatrix} \tag{3.17}
$$

式中，c_{ϕ} 是 $\cos\phi$ 的简写，s_{ϕ} 是 $\sin\phi$ 的简写。令式(3.16)和式(3.17)相等，即对应位置的元素相等，可以得到 4 个非线性方程，进而求出 θ_1、θ_2 和 θ_3：

$$c_{\phi}=c_{123} \tag{3.18}$$

$$s_{\phi}=s_{123} \tag{3.19}$$

$$x=L_1c_1+L_2c_{12} \tag{3.20}$$

$$y=L_1s_1+L_2s_{12} \tag{3.21}$$

现在用代数方法求解式(3.18)～式(3.21)。将式(3.20)和式(3.21)同时平方，然后相加，得到

$$x^2+y^2=L_1^2+L_2^2+2L_1L_2c_2 \tag{3.22}$$

由式(3.22)可以求解 c_2：

$$c_2=\frac{x^2+y^2-L_1^2-L_2^2}{2L_1L_2} \tag{3.23}$$

式(3.23)有解的条件是其右边的值必须在 −1 和 1 之间。在本解法中，该约束条件可用来检查解是否存在。如果不满足约束条件，则表明目标点超出了机器人的可达工作空间，机器人无法达到该目标点，其逆运动学无解。

假设目标点在机器人的工作空间内，则 s_2 的表达式为

$$s_2=\pm\sqrt{1-c_2^2} \tag{3.24}$$

根据式(3.23)和式(3.24)，应用双变量反正切函数计算 θ_2，可得

$$\theta_2=\operatorname{arctan2}(s_2,c_2) \tag{3.25}$$

式(3.25)有“正”、“负”两组解，对应了该例中逆运动学的两组不同的解。

求出了 θ_2 后，可以根据式(3.20)和式(3.21)求出 θ_1。将式(3.20)和式(3.21)写成如下形式：

$$x=k_1c_1-k_2s_1 \tag{3.26}$$

$$y=k_1s_1+k_2c_1 \tag{3.27}$$

式中，

$$
\begin{cases} k_1=L_1+L_2c_2 \\ k_2=L_2s_2 \end{cases} \tag{3.28}
$$

为了求解这种形式的方程，可进行如下的变量代换，令

$$r=\sqrt{k_1^2+k_2^2} \tag{3.29}$$

并且

$$\gamma=\operatorname{arctan2}(k_2,k_1) \tag{3.30}$$

则

$$
\begin{cases} k_1=r\cos\gamma \\ k_2=r\sin\gamma \end{cases} \tag{3.31}
$$

式(3.26)和式(3.27)可以写成

$$\frac{x}{r}=\cos\gamma\cos\theta_1-\sin\gamma\sin\theta_1 \tag{3.32}$$

$$\frac{y}{r}=\cos\gamma\sin\theta_1+\sin\gamma\cos\theta_1 \tag{3.33}$$

即有

$$\cos(\gamma+\theta_1)=\frac{x}{r} \tag{3.34}$$

$$\sin(\gamma+\theta_1)=\frac{y}{r} \tag{3.35}$$

利用双变量反正切函数,可得

$$\gamma+\theta_1=\arctan2\left(\frac{y}{r},\frac{x}{r}\right)=\arctan2(y,x) \tag{3.36}$$

从而

$$\theta_1=\arctan2(y,x)-\arctan2(k_2,k_1) \tag{3.37}$$

注意,θ_2 符号的选取将导致 k_2 符号的变化,因此会影响 θ_1 的结果。应用式(3.29)~式(3.31)进行变换求解的方法经常出现在求解逆运动学的问题中,即式(3.26)或式(3.27)类型方程的求解方法。如果这里 $x=y=0$,则式(3.37)的值不能确定,此时 θ_1 可取任何值。

最后,根据式(3.18)和式(3.19)能够求出 θ_1,θ_2 以及 θ_3 的和:

$$\theta_1+\theta_2+\theta_3=\arctan2(s_\phi,c_\phi)=\phi \tag{3.38}$$

由于已经求得 θ_1 和 θ_2,从而可以解出 θ_3:

$$\theta_3=\phi-\theta_1-\theta_2 \tag{3.39}$$

至此,通过代数方法完成了平面三连杆机器人的逆运动学求解。对平面三连杆机器人,共有两组可能的逆运动学的解,分别对应于式(3.30)的两种取值。

代数方法是求解逆运动学的基本方法之一,在求解方程时,解的形式已经确定。可以看出,对于许多常见的代数问题,经常会出现几种固定形式的超越方程,在之前的章节里已经遇到其中的两种。

2. 几何解法

在几何方法中,为求出机器人的解,需将机器人的空间几何参数分解成平面几何参数。几何方法对于少自由度机器人,或当连杆参数满足一些特定取值时(如当 $\alpha_1=0$ 或 $\pm90°$ 时),求解其逆运动学是相当容易的。对于如图 3.7 所示的平面三连杆机器人,如不考虑最后一根连杆代表的末端执行器,则机器人可以简化为如图 3.12 所示的平面二连杆机器人。只要前两根连杆能够到达指定的位置 P,末端执行器即能达到所需的位姿。可以通过平面几何关系来直接求解 θ_1 和 θ_2。

在图 3.10 中,L_1、L_2 以及连接坐标系{0}原点和坐标系{3}原点的连线,组成了一个三角形。图中连线 OP 与 L_1、L_2 位置对称的一组点画线表示该三角形的另一种可能的位形,该组位形同样可以达到坐标系{3}的位置。

对于实线表示的三角形(图 3.12 中下部的机器人位形),根据余弦定理可以得到

$$x^2+y^2=L_1^2+L_2^2-2L_1L_2\cos\alpha \tag{3.40}$$

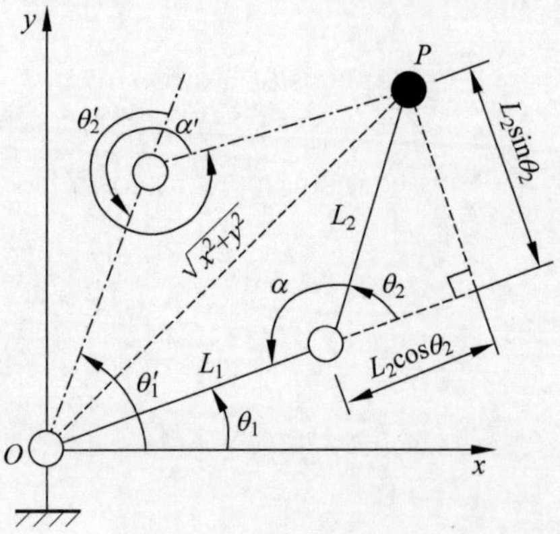

图 3.12　平面二连杆机器人的逆运动学求解

即有

$$\alpha=\arccos\left(\frac{L_1^2+L_2^2-x^2-y^2}{2L_1L_2}\right) \tag{3.41}$$

为使该三角形成立，到目标点的距离$\sqrt{x^2+y^2}$必须小于或等于二连杆的长度之和L_1+L_2。可对上述条件进行计算以校核该解是否存在。当目标点超出机器人的工作空间时，不满足该条件，此时逆运动学无解。

求得连杆L_1和L_2之间的夹角α后，即可通过平面几何关系求出θ_1和θ_2：

$$\theta_2=\pi-\alpha \tag{3.42}$$

$$\theta_1=\arctan\left(\frac{y}{x}\right)-\arctan\left(\frac{L_2\sin\theta_2}{L_1+L_2\cos\theta_2}\right) \tag{3.43}$$

如图 3.12 所示，当$\alpha'=-\alpha$时，机器人有另外一组对称的解：

$$\theta'_2=\pi+\alpha \tag{3.44}$$

$$\theta'_1=\arctan\left(\frac{y}{x}\right)+\arctan\left(\frac{L_2\sin\theta_2}{L_1+L_2\cos\theta_2}\right) \tag{3.45}$$

平面内的角度可以直接相加，因此三根连杆的角度之和即为最后一根连杆的方位角：

$$\theta_1+\theta_2+\theta_3=\phi \tag{3.46}$$

由式(3.46)可以解出θ_3：

$$\theta_3=\phi-\theta_1-\theta_2 \tag{3.47}$$

至此，用几何解法得到了这个机器人逆运动学的全部解。

3. 欧拉变换解法

(1) 基本隐式方程的解

首先令

$$\text{Euler}(\phi,\theta,\psi)=\boldsymbol{T} \tag{3.48}$$

式中，

$$\text{Euler}(\phi,\theta,\psi)=\text{Rot}(z,\phi)\text{Rot}(y,\theta)\text{Rot}(z,\psi)$$

已知任一变换$\boldsymbol{T}$，求解ϕ,θ和ψ。也就是说，如果已知$\boldsymbol{T}$矩阵各元的数值，那么其所对应的

ϕ,θ 和 ψ 值是什么？

由式(3.2)和式(3.48)，可有下式

$$\begin{bmatrix} n_x & o_x & a_x & p_x \\ n_y & o_y & a_y & p_y \\ n_z & o_z & a_z & p_z \\ 0 & 0 & 0 & 1 \end{bmatrix} = \begin{bmatrix} c\phi c\theta c\psi - s\phi s\psi & -c\phi c\theta s\psi - s\phi c\psi & c\phi s\theta & 0 \\ s\phi c\theta c\psi + c\phi s\psi & -s\phi c\theta s\psi + c\phi c\psi & s\phi s\theta & 0 \\ -s\theta c\psi & s\theta s\psi & c\theta & 0 \\ 0 & 0 & 0 & 1 \end{bmatrix} \tag{3.49}$$

令矩阵方程两边各对应元素一一相等，可得 16 个方程式，其中有 12 个为隐式方程。我们将从这些隐式方程求得所需解答。在式(3.49)中，只有 9 个隐式方程，因为其平移坐标也是明显解。这些隐式方程如下：

$$n_x = c\phi c\theta c\psi - s\phi s\psi \tag{3.50}$$

$$n_y = s\phi c\theta c\psi + c\phi s\psi \tag{3.51}$$

$$n_z = -s\theta c\psi \tag{3.52}$$

$$o_x = -c\phi c\theta s\psi - s\phi c\psi \tag{3.53}$$

$$o_y = -s\phi c\theta s\psi + c\phi c\psi \tag{3.54}$$

$$o_z = s\theta s\psi \tag{3.55}$$

$$a_x = c\phi s\theta \tag{3.56}$$

$$a_y = s\phi s\theta \tag{3.57}$$

$$a_z = c\theta \tag{3.58}$$

(2) 用双变量反正切函数确定角度

可以试探地对 ϕ,θ 和 ψ 进行如下求解。据式(3.58)得

$$\theta = \arccos(a_z) \tag{3.59}$$

据式(3.56)和式(3.59)有：

$$\phi = \arccos(a_x / s\theta) \tag{3.60}$$

又据式(3.52)和式(3.59)有：

$$\psi = \arccos(-n_z / s\theta) \tag{3.61}$$

但是，这些解答是无用的，因为：

① 当由余弦函数求角度时，不仅此角度的符号是不确定的，而且所求角度的准确程度也与该角度本身有关，即 $\cos(\theta)=\cos(-\theta)$ 以及 $\mathrm{d}\cos(\theta)/\mathrm{d}\theta|_{0,180^\circ}=0$。

② 在求解 ϕ 和 ψ 时，见式(3.50)和式(3.51)，会再次用到反余弦函数，而且除式的分母为 $\sin\theta$。这样，当 $\sin\theta$ 接近 0 时，总会产生不准确。

③ 当 $\theta=0$ 或 $\theta=\pm180^\circ$ 时，式(3.60)和式(3.61)没有定义。

因此，在求解时，总是采用双变量反正切函数 arctan2 来确定角度。arctan2 提供两个自变量，即纵坐标 y 和横坐标 x，见图 3.13。当 $-\pi\leqslant\theta\leqslant\pi$，由 arctan2 反求角度时，同时检查 y 和 x 的符号来确定其所在象限。这一函数也能检验什么时候 x 或 y 为 0，并反求出正确的角度。arctan2 的精确程度对其整个定义域都是一样的。

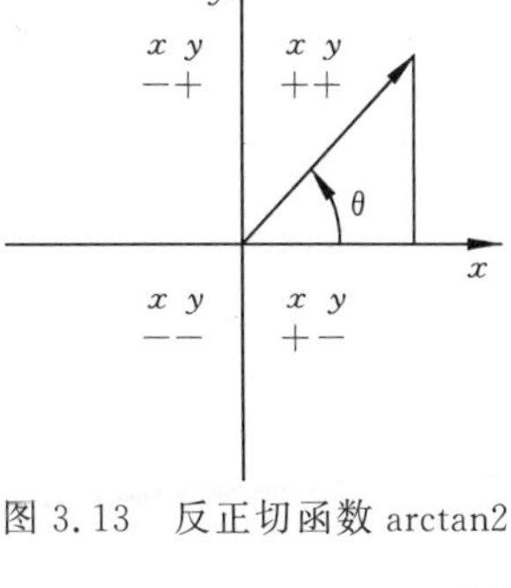

图 3.13 反正切函数 arctan2

(3) 用显式方程求各角度

要求得方程式的解,采用另一种通常能够导致显式解答的方法。用未知逆变换依次左乘已知方程,对于欧拉变换有

$$\mathrm{Rot}(z,\phi)^{-1}\boldsymbol{T}=\mathrm{Rot}(y,\theta)\mathrm{Rot}(z,\psi) \tag{3.62}$$

$$\mathrm{Rot}(y,\theta)^{-1}\mathrm{Rot}(z,\phi)^{-1}\boldsymbol{T}=\mathrm{Rot}(z,\psi) \tag{3.63}$$

式(3.62)的左式为已知变换 $\boldsymbol{T}$ 和 ϕ 的函数,而右式各元素或者为 0,或者为常数。令方程式的两边对应元素相等,对于式(3.62)即有

$$\begin{bmatrix} c\phi & s\phi & 0 & 0 \\ -s\phi & c\phi & 0 & 0 \\ 0 & 0 & 1 & 0 \\ 0 & 0 & 0 & 1 \end{bmatrix}\begin{bmatrix} n_x & o_x & a_x & p_x \\ n_y & o_y & a_y & p_y \\ n_z & o_z & a_z & p_z \\ 0 & 0 & 0 & 1 \end{bmatrix}=\begin{bmatrix} c\theta c\psi & -c\theta s\psi & s\theta & 0 \\ s\psi & c\psi & 0 & 0 \\ -s\theta c\psi & s\theta s\psi & c\theta & 0 \\ 0 & 0 & 0 & 1 \end{bmatrix} \tag{3.64}$$

在计算此方程左式之前,用下列形式来表示乘积:

$$\begin{bmatrix} \mathrm{f}_{11}(\boldsymbol{n}) & f_{11}(\boldsymbol{o}) & f_{11}(\boldsymbol{a}) & f_{11}(\boldsymbol{p}) \\ f_{12}(\boldsymbol{n}) & f_{12}(\boldsymbol{o}) & f_{12}(\boldsymbol{a}) & f_{12}(\boldsymbol{p}) \\ f_{13}(\boldsymbol{n}) & f_{13}(\boldsymbol{o}) & f_{13}(\boldsymbol{a}) & f_{13}(\boldsymbol{p}) \\ 0 & 0 & 0 & 1 \end{bmatrix}$$

式中,$f_{11}=c\phi x+s\phi y$,$f_{12}=-s\phi x+c\phi y$,$f_{13}=z$,而 x,y 和 z 为 f_{11},f_{12} 和 f_{13} 的各相应分量,例如:

$$\begin{cases} f_{12}(\boldsymbol{a})=-s\phi a_x+c\phi a_y \\ f_{11}(\boldsymbol{p})=c\phi p_x+s\phi p_y \end{cases}$$

于是,可把式(3.64)重写为

$$\begin{bmatrix} f_{11}(\boldsymbol{n}) & f_{11}(\boldsymbol{o}) & f_{11}(\boldsymbol{a}) & f_{11}(\boldsymbol{p}) \\ f_{12}(\boldsymbol{n}) & f_{12}(\boldsymbol{o}) & f_{12}(\boldsymbol{a}) & f_{12}(\boldsymbol{p}) \\ f_{13}(\boldsymbol{n}) & f_{13}(\boldsymbol{o}) & f_{13}(\boldsymbol{a}) & f_{13}(\boldsymbol{p}) \\ 0 & 0 & 0 & 1 \end{bmatrix}=\begin{bmatrix} c\theta c\psi & -c\theta s\psi & s\theta & 0 \\ s\psi & c\psi & 0 & 0 \\ -s\theta c\psi & s\theta s\psi & c\theta & 0 \\ 0 & 0 & 0 & 1 \end{bmatrix} \tag{3.65}$$

检查式(3.65)的右式可见,p_x,p_y 和 p_z 均为 0。这是我们所期望的,因为欧拉变换不产生任何平移。此外,位于第二行第三列的元素也为 0。所以可得 $f_{12}(\boldsymbol{a})=0$,即

$$-s\phi a_x+c\phi a_y=0 \tag{3.66}$$

式(3.66)两边分别加上 $s\phi a_x$,再除以 $c\phi a_x$ 可得

$$\tan\phi=\frac{s\phi}{c\phi}=\frac{a_y}{a_x}$$

这样,即可以从反正切函数 arctan2 得到

$$\phi=\arctan 2(a_y,a_x) \tag{3.67}$$

对式(3.66)两边分别加上$-c\phi a_y$,然后除以$-c\phi a_x$,可得

$$\tan\phi=\frac{s\phi}{c\phi}=\frac{-a_y}{-a_x}$$

这时可得式(3.66)的另一个解为

$$\phi=\arctan 2(-a_y,-a_x) \tag{3.68}$$

式(3.68)与式(3.67)两解相差 180°。

除非出现 a_y 和 a_x 同时为 0 的情况，总能得到式(3.66)的两个相差 180°的解。当 a_y 和 a_x 均为 0 时，角度 ϕ 没有定义。这种情况是在机械手臂垂直向上或向下，且 ϕ 和 ψ 两角又对应于同一旋转时出现的，参阅图 3.3(b)。这种情况称为"退化"(degeneracy)。这时，我们任取 $\phi=0$。

在求得 ϕ 值之后，式(3.65)左式的所有元素也随之确定。令左式元素与右式对应元素相等，可得：$s\theta=f_{11}(\boldsymbol{a}), c\theta=f_{13}(\boldsymbol{a})$，或 $s\theta=c\phi a_x+s\phi a_y, c\theta=a_z$。于是有

$$\theta=\arctan2(c\phi a_x+s\phi a_y, a_z) \tag{3.69}$$

当正弦和余弦都确定时，角度 θ 总是唯一确定的，而且不会出现前述角度 ϕ 那种退化问题。

最后求解角度 ψ。由式(3.65)有

$$s\psi=f_{12}(\boldsymbol{n}), c\psi=f_{12}(\boldsymbol{o}), \quad \text{或} \quad s\psi=-s\phi n_x+c\phi n_y, c\psi=-s\phi o_x+c\phi o_y$$

从而得到

$$\psi=\arctan2(-s\phi n_x+c\phi n_y, -s\phi o_x+c\phi o_y) \tag{3.70}$$

概括地说，如果已知一个表示任意旋转的齐次变换，那么就能够确定其等价欧拉角

$$\begin{cases}\phi=\arctan2(a_y, a_x), \quad \phi=\phi+180^\circ \\ \theta=\arctan2(c\phi a_x+s\phi a_y, a_z) \\ \psi=\arctan2(-s\phi n_x+c\phi n_y, -s\phi o_x+c\phi o_y)\end{cases} \tag{3.71}$$

4. RPY 变换解法

在分析欧拉变换时，已知只有用显式方程才能求得确定的解。所以在这里直接从显式方程来求解用滚动、俯仰和偏转表示的变换方程。从式(3.4)得

$$\mathrm{Rot}(z,\phi)^{-1}\boldsymbol{T}=\mathrm{Rot}(y,\theta)\mathrm{Rot}(x,\psi)$$

$$\begin{bmatrix} f_{11}(\boldsymbol{n}) & f_{11}(\boldsymbol{o}) & f_{11}(\boldsymbol{a}) & f_{11}(\boldsymbol{p}) \\ f_{12}(\boldsymbol{n}) & f_{12}(\boldsymbol{o}) & f_{12}(\boldsymbol{a}) & f_{12}(\boldsymbol{p}) \\ f_{13}(\boldsymbol{n}) & f_{13}(\boldsymbol{o}) & f_{13}(\boldsymbol{a}) & f_{13}(\boldsymbol{p}) \\ 0 & 0 & 0 & 1 \end{bmatrix} = \begin{bmatrix} c\theta & s\theta s\psi & s\theta c\psi & 0 \\ 0 & c\psi & -s\psi & 0 \\ -s\theta & c\theta s\psi & c\theta c\psi & 0 \\ 0 & 0 & 0 & 1 \end{bmatrix} \tag{3.72}$$

式中，f_{11}，f_{12} 和 f_{13} 的定义同前。令 $f_{12}(\boldsymbol{n})$ 与式(3.72)右式的对应元素相等，可得

$$-s\phi n_x+c\phi n_y=0$$

从而得

$$\phi=\arctan2(n_y, n_x) \tag{3.73}$$

$$\phi=\phi+180^\circ \tag{3.74}$$

又令式(3.72)左右式中的(3,1)及(1,1)元素分别相等，有：$-s\theta=n_z, c\theta=c\phi n_x+s\phi n_y$，于是得

$$\theta=\arctan2(-n_z, c\phi n_x+s\phi n_y) \tag{3.75}$$

最后令第(2,3)和(2,2)对应元素分别相等，有 $-s\psi=-s\phi a_x+c\phi a_y, c\psi=-s\phi o_x+c\phi o_y$，据此可得

$$\psi=\arctan2(s\phi a_x-c\phi a_y, -s\phi o_x+c\phi o_y) \tag{3.76}$$

综合上述分析可得 RPY 变换各角如下：

$$\begin{cases}\phi = \arctan2(n_y, n_x) \\ \phi = \phi + 180^\circ \\ \theta = \arctan2(-n_z, c\phi n_x + s\phi n_y) \\ \psi = \arctan2(s\phi a_x - c\phi a_y, -s\phi o_x + c\phi o_y)\end{cases} \tag{3.77}$$

5. 球面变换解法

也可以把上述求解技术用于球面坐标表示的运动方程，这些方程如式(3.10)和式(3.11)所示。由式(3.10)可得：

$$\mathrm{Rot}(z,\alpha)^{-1}\boldsymbol{T} = \mathrm{Rot}(y,\beta)\mathrm{Trans}(0,0,r) \tag{3.78}$$

$$\begin{bmatrix} c\alpha & s\alpha & 0 & 0 \\ -s\alpha & c\alpha & 0 & 0 \\ 0 & 0 & 1 & 0 \\ 0 & 0 & 0 & 1 \end{bmatrix}\begin{bmatrix} n_x & o_x & a_x & p_x \\ n_y & o_y & a_y & p_y \\ n_z & o_z & a_z & p_z \\ 0 & 0 & 0 & 1 \end{bmatrix} = \begin{bmatrix} c\beta & 0 & s\beta & rs\beta \\ 0 & 1 & 0 & 0 \\ -s\beta & 0 & c\beta & rc\beta \\ 0 & 0 & 0 & 1 \end{bmatrix}$$

$$\begin{bmatrix} f_{11}(\boldsymbol{n}) & f_{11}(\boldsymbol{o}) & f_{11}(\boldsymbol{a}) & f_{11}(\boldsymbol{p}) \\ f_{12}(\boldsymbol{n}) & f_{12}(\boldsymbol{o}) & f_{12}(\boldsymbol{a}) & f_{12}(\boldsymbol{p}) \\ f_{13}(\boldsymbol{n}) & f_{13}(\boldsymbol{o}) & f_{13}(\boldsymbol{a}) & f_{13}(\boldsymbol{p}) \\ 0 & 0 & 0 & 1 \end{bmatrix} = \begin{bmatrix} c\beta & 0 & s\beta & rs\beta \\ 0 & 1 & 0 & 0 \\ -s\beta & 0 & c\beta & rc\beta \\ 0 & 0 & 0 & 1 \end{bmatrix}$$

令式(3.78)两边的右列相等，即有

$$\begin{bmatrix} c\alpha p_x + s\alpha p_y \\ -s\alpha p_x + c\alpha p_y \\ p_z \\ 1 \end{bmatrix} = \begin{bmatrix} rs\beta \\ 0 \\ rc\beta \\ 1 \end{bmatrix}$$

由此可得：$-s\alpha p_x + c\alpha p_y$，即

$$\alpha = \arctan2(p_y, p_x) \tag{3.79}$$

$$\alpha = \alpha + 180^\circ \tag{3.80}$$

以及 $c\alpha p_x + s\alpha p_y = rs\beta, p_z = rc\beta$。当 $r > 0$ 时，

$$\beta = \arctan2(c\alpha p_x + s\alpha p_y, p_z) \tag{3.81}$$

要求解 r，必须用 $\mathrm{Rot}(y,\beta)^{-1}$ 左乘式(3.78)的两边，

$$\mathrm{Rot}(y,\beta)^{-1}\mathrm{Rot}(z,\alpha)^{-1}\boldsymbol{T} = \mathrm{Trans}(0,0,r)$$

计算上式(请读者自己推算)后，让其右列相等

$$\begin{bmatrix} c\beta(c\alpha p_x + s\alpha p_y) - s\beta p_z \\ -s\alpha p_x + c\alpha p_y \\ s\beta(c\alpha p_x + s\alpha p_y) + c\beta p_z \\ 1 \end{bmatrix} = \begin{bmatrix} 0 \\ 0 \\ r \\ 1 \end{bmatrix}$$

从而可得

$$r = s\beta(c\alpha p_x + s\alpha p_y) + c\beta p_z \tag{3.82}$$

综合上述讨论可得球面变换的解为

$$\begin{cases}\alpha = \arctan2(p_y, p_x), \quad \alpha = \alpha + 180^\circ \\ \beta = \arctan2(c\alpha p_x + s\alpha p_y, p_z) \\ r = s\beta(c\alpha p_x + s\alpha p_y) + c\beta p_z\end{cases} \tag{3.83}$$

3.2.3 逆运动学的数值解法

机器人逆向运动学解与机器人结构有很大关系，需要根据不同的机器人结构选择合适的逆运动学算法。根据 Pieper 准则，如果机器人的 3 个相邻关节轴交于一点或三轴线平行，便可以使用代数法求解。但是如果机器人的结构不满足这一准则，则无法求得解析解，此时只能使用数值解法来获取逆运动学解。此外，冗余机器人(关节空间自由度大于任务空间需要的自由度)的逆运动学存在无穷多解，通常也只能通过数值解法求解其逆运动学问题。

逆运动学的数值解法种类较多，本节主要介绍 3 种应用较多的数值解法，其他解法可以参阅相关参考文献。

1. 循环坐标下降解法

循环坐标下降法(cyclic-coordinate descent，CCD)是一种启发式的直接搜索算法。这种方法每一次迭代包含 n 个步骤，分别对应着第 n 个关节到第 1 个关节。在第 i 个步骤中，只有第 i 个关节可以改变，其他关节都固定不动。通过最小化目标函数，在每一个步骤中，计算出最佳的关节变动数值，从而使整个机器人从末端执行器到第 1 个关节逐渐地迭代优化，直至末端执行器的位姿到达期望位姿或者小于一定的误差。

设机器人末端执行器的目标位置和姿态分别是 $\boldsymbol{P}_{\mathrm{d}}$ 和 $\boldsymbol{R}_{\mathrm{d}}=[\boldsymbol{f}_1|\boldsymbol{f}_2|\boldsymbol{f}_3]$，其中 $\boldsymbol{f}_j(j=1,2,3)$ 分别是 x,y,z 坐标轴的单位轴向矢量。机器人末端执行器当前位置和姿态分别为 $\boldsymbol{P}_{\mathrm{h}}(\boldsymbol{q})$ 和 $\boldsymbol{R}_{\mathrm{h}}=[\boldsymbol{h}_1(\boldsymbol{q})|\boldsymbol{h}_2(\boldsymbol{q})|\boldsymbol{h}_3(\boldsymbol{q})]$，其中，$\boldsymbol{q}=[q_1,q_2,\cdots,q_n]^{\mathrm{T}}$ 是 $n\times 1$ 维的关节变量。系统相关误差定义如下：

位置误差定义为

$$\delta\boldsymbol{P}(\boldsymbol{q}) = (\boldsymbol{P}_{\mathrm{d}} - \boldsymbol{P}_{\mathrm{h}}(\boldsymbol{q})) \cdot (\boldsymbol{P}_{\mathrm{d}} - \boldsymbol{P}_{\mathrm{h}}(\boldsymbol{q})) \tag{3.84}$$

即当前机器人末端执行器位置与目标位置之间的欧氏距离。

姿态误差定义为

$$\delta\boldsymbol{O}(\boldsymbol{q}) = \sum_{j=1}^{3} \boldsymbol{w}_j (\boldsymbol{f}_j \cdot \boldsymbol{h}_j(\boldsymbol{q}) - 1)^2 \tag{3.85}$$

其中，$\boldsymbol{w}_j$ 是 x,y,z 坐标轴的姿态误差的权重。由旋转矩阵的正交条件可知，当机器人末端执行器的当前姿态与目标姿态一致时，$\boldsymbol{f}_j \cdot \boldsymbol{h}_j(\boldsymbol{q})=1$，即对应方向的姿态误差为 0。

因此，总的误差定义为

$$e(\boldsymbol{q}) = \boldsymbol{w}_{\mathrm{p}} \cdot \delta\boldsymbol{P}(\boldsymbol{q}) + \boldsymbol{w}_{\mathrm{o}} \cdot \delta\boldsymbol{O}(\boldsymbol{q}) \tag{3.86}$$

其中，$\boldsymbol{w}_{\mathrm{p}}$ 和 $\boldsymbol{w}_{\mathrm{o}}$ 分别是位置误差和朝向误差的权重，取值为任意的正实数。通过对机器人末端执行器位姿误差定义，逆运动学问题转化为找到一组解：$\boldsymbol{q}^*=[q_1,q_2,\cdots,q_n]^{\mathrm{T}}$，使系统总误差：$e(\boldsymbol{q})<\varepsilon$，$(\varepsilon\rightarrow 0)$。将上述末端执行器的位姿误差定义和罗德里格旋转方程(Rodrigues'rotation formula)结合，第 i 个旋转关节的优化目标函数可以写为

$$g(\varphi_i)=k_1(1-\cos\varphi_i)+k_2\cos\varphi_i+k_3\sin\varphi_i \tag{3.87}$$

式中，φ_i 为关节参数变化量，其取值应使上式取得最大值时，总误差最小。其中，

$$\begin{cases} k_1=\boldsymbol{w}_{\mathrm{p}}(\boldsymbol{P}_{i\mathrm{d}}(\boldsymbol{q})\cdot\boldsymbol{z}_i)(\boldsymbol{P}_{i\mathrm{h}}(\boldsymbol{q})\cdot\boldsymbol{z}_i)+\boldsymbol{w}_{\mathrm{o}}\sum_{j=1}^{3}(\boldsymbol{f}_j\cdot\boldsymbol{z}_i)(\boldsymbol{h}_j(\boldsymbol{q})\cdot\boldsymbol{z}_i) \\ k_2=\boldsymbol{w}_{\mathrm{p}}(\boldsymbol{P}_{i\mathrm{d}}(\boldsymbol{q})\cdot\boldsymbol{P}_{i\mathrm{h}}(\boldsymbol{q}))+\boldsymbol{w}_{\mathrm{o}}\sum_{j=1}^{3}(\boldsymbol{f}_j\cdot\boldsymbol{h}_j(\boldsymbol{q})) \\ k_3=\boldsymbol{z}_i\cdot[\boldsymbol{w}_{\mathrm{p}}(\boldsymbol{P}_{i\mathrm{d}}(\boldsymbol{q})\times\boldsymbol{P}_{i\mathrm{h}}(\boldsymbol{q}))]+\boldsymbol{w}_{\mathrm{o}}\sum_{j=1}^{3}(\boldsymbol{h}_j(\boldsymbol{q})\times\boldsymbol{f}_j) \end{cases}$$

式中，$\boldsymbol{z}_i$ 为第 i 个关节旋转轴的单位轴向矢量；$\boldsymbol{P}_{i\mathrm{d}}(\boldsymbol{q})=\boldsymbol{P}_{\mathrm{d}}-\boldsymbol{P}_i(\boldsymbol{q})$，$\boldsymbol{P}_{i\mathrm{h}}(\boldsymbol{q})=\boldsymbol{P}_{\mathrm{h}}-\boldsymbol{P}_i(\boldsymbol{q})$，$\boldsymbol{P}_i(\boldsymbol{q})$为第 i 个坐标系原点的位置矢量。式(3.87)是关于第 i 个关节旋转量的一元一次函数，显然，该式取极大值的条件是：

$$\begin{cases} \dfrac{\mathrm{d}g(\varphi_i)}{\mathrm{d}\varphi_i}=(k_1-k_2)\sin\varphi_i+k_3\cos\varphi_i=0 \\ \dfrac{\mathrm{d}^2g(\varphi_i)}{\mathrm{d}\varphi_i^{\ 2}}=(k_1-k_2)\cos\varphi_i-k_3\sin\varphi_i<0 \end{cases}$$

求解可得

$$\begin{cases} \tan\varphi_i>\dfrac{k_1-k_2}{k_3} \\ \varphi_i=\arctan\left(\dfrac{k_3}{k_1-k_2}\right) \end{cases} \tag{3.88}$$

对于平移关节，有

$$\varphi_i=(\boldsymbol{P}_{i\mathrm{d}}(\boldsymbol{q})-\boldsymbol{P}_{i\mathrm{h}}(\boldsymbol{q}))\cdot\boldsymbol{z}_i \tag{3.89}$$

根据关节的具体类型，在每次迭代过程中由公式(3.88)或式(3.89)计算出迭代过程中第 i 个关节变量的最优调整值。

使用循环坐标下降法来迭代求解逆运动学问题的过程总结如下：

(1) 输入机器人正向运动学模型、关节限制、末端执行器的期望位姿和末端最大误差 ε，并给机器人关节初始值；

(2) 使用正向运动学模型计算各个关节的位置和朝向，并基于公式(3.86)计算当前末端执行器位姿的总误差，如果总误差数值小于 ε 则停止迭代，否则进入下一步；

(3) 从机器人最后一个关节至第 1 个关节，根据关节的具体类型，如果当前关节为旋转关节则根据式(3.88)旋转对应大小，若为平移关节，则根据式(3.89)平移对应大小转入(2)。

2. 前向后向到达解法

前向后向到达逆运动学算法(forward and backward reaching inverse kinematics, FABRIK)也是一种启发式的逆运动学算法。与循环坐标下降法仅仅从末端执行器往基坐标迭代不同，FABRIK 将从末端执行器至基坐标迭代一次，此后再从基坐标向末端执行器迭代。因此，FABRIK 克服了循环坐标下降法靠近末端执行器的关节权重偏大的问题。

与上文一致，用 $\boldsymbol{P}_i(i=1,2,\cdots,n)$表示第 i 个关节的位置，$\boldsymbol{P}_1$ 为第 1 个关节的位置，$\boldsymbol{P}_n$ 为第 n 个关节的位置，同时也认为是末端执行器的位置。考虑机器人是具有单一末端执行

器的串联机器人，P_d 为目标位置，FABRIK 算法的具体执行过程如下：

首先计算当前机器人各个关节之间的欧氏距离，$d_i=|P_{i+1}-P_i|(i=1,2,\cdots,n)$。此后，计算关节 1 的位置 P_1 与目标位置 P_d 之间的距离 dist。若 $\text{dist}<\sum_{1}^{n-1}d_i$，则目标点是处于可达范围内的；否则，目标点是不可达的。图 3.14 是一个 4 自由度机器人使用 FABRIK 算法进行逆运动学迭代求解的过程，下面结合此图来讲解算法的运行过程。

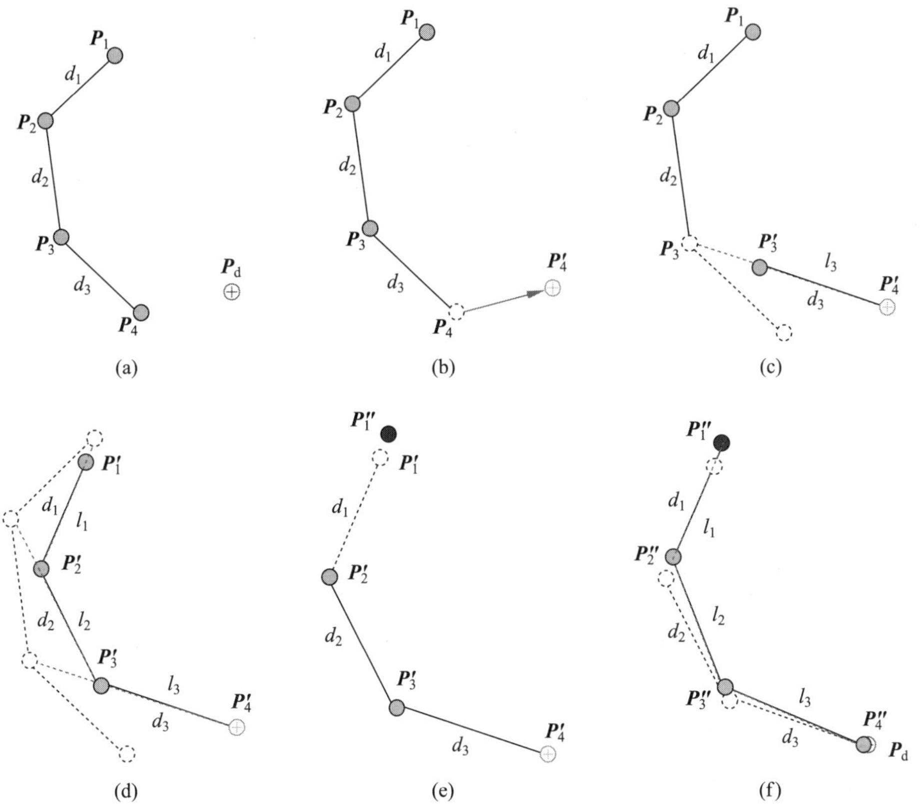

图 3.14　FABRIK 算法迭代示例

对于目标点是可达的情况，一次迭代过程包含两个阶段。机器人的初始状态如图 3.14(a)所示。在第一个阶段，算法从末端执行器往前的逐步估计各个关节的位置。首先，令末端执行器 P_n 的新位置为目标位置，并标记为 P'_n，如图 3.14(b)所示。此后，如图 3.14(c)所示，令 l_{n-1} 为 P'_n 和 P_{n-1} 的连线，连线上距离 P'_n 的距离为 d_{n-1} 的位置是新的第 $n-1$ 个关节的位置，记为 P'_{n-1}。此后，按照同样的方法，依次确定新的关节的位置，直至设置关节 1 的位置 P'_1。由图 3.14(d)可以看出，迭代后的关节 1 的位置已经发生了变更，不在原始的位置。因为关节 1 通常也是基坐标系的位置，其位置不会改变，因此在第二个阶段，如图 3.14(e)所示，设置关节 1 的新位置 P''_1 与 P_1 重合，此后依次按照同样的方法设置关节之间的连线并根据关节之间的距离设置新的关节位置，直到计算出新的末端执行器的位置 P''_n，完成了一次迭代计算过程。

对于目标不可达的情况，同样采用目标可达的迭代流程，但是由于末端执行器无法到达目标位置，需要设置一定的误差范围作为停止迭代的条件或者设置最大迭代次数保证算法中止。

上文讨论的是 FABRIK 算法应用的单一末端执行器并且无约束的情形，通常机器人的末端执行器还需要满足目标朝向。FABRIK 算法中将目标朝向看作一个姿态约束，并将其增加到迭代的过程中，使机器人的每一个关节都可以满足关节限制和朝向的要求。此外，FABRIK 算法还可以应用于多末端执行器机器人的情况，具体的内容可以查阅相关参考文献。

3. 遗传算法优化解法

在代数解不存在或机器人为冗余机器人的情况下，可以基于优化的方法求解机器人的逆向运动学问题，将机器人的正向运动学模型与遗传算法、粒子群算法、萤火虫算法等优化算法结合，通过逐次的迭代优化逼近最优解。

下面基于遗传算法给出基于优化的方法求解逆运动学问题的基本思路：

(1) 以机器人各个关节为变量，进行编码；

(2) 在整个机器人关节空间中初始化种群；

(3) 将个体解码，计算关节变量并代入机器人正向运动学模型，计算个体末端矩阵；

(4) 将个体的解和个体末端矩阵代入适应度函数中进行计算，获得个体的适应度函数值；

(5) 检查是否满足停止进化的条件，满足停止条件则停止运行；

(6) 依据个体的适应度函数值进行选择、变异、交叉操作，生成下一代种群，转到(3)；

通过使用遗传算法，将逆向运动学问题转化为优化机器人关节配置求最佳位姿的优化问题，这种方法具有一定的通用性，简单易用，通过设置合适的适应度函数可以引导机器人结构的优化方向。

接下来主要讨论将遗传算法应用到逆向运动学问题时需要注意的具体细节：

(1) 编码方式。遗传算法的编码方式包括二进制编码、格雷码编码、实数编码方式等，在使用遗传算法求解机器人的逆向运动学问题时通常采用二进制编码，因为二进制编码更容易更改参数空间的大小。具体地，对机器人的第 j 个关节变量 q_j 可以使用一个 m 位的二进制数串进行编码，m 值越大即二进制数长度越长，该关节参数的分辨率越高。将所有关节变量的编码串联起来便构成了基因码链，表示一个染色体；对于具有 n 个自由度的机器人，一个染色体的编码长度为：$L=m\times n$。每个染色体仅是关节变量的参数串，因此需要使用解码算子将二进制的关节变量转换为实数，具体公式为

$$q_j=\frac{\sum_{i=1}^{m}2^{q_{ji}}}{2^m-1}(q_{j\mathrm{h}}-q_{j\mathrm{l}})+q_{j\mathrm{l}} \tag{3.90}$$

其中，$q_j\in[q_{j\mathrm{l}},q_{j\mathrm{h}}]$是第 j 个关节解码后的数值，$q_{j\mathrm{l}}$ 和 $q_{j\mathrm{h}}$ 分别是关节的上下限，通过更改关节上下限可以更改算法的搜索范围。

(2) 适应度函数。由于逆向运动学的多解性，同一末端矩阵可能存在多个姿态的解。通过设置合理的适应度函数便可以调整算法的选解规则或偏好。使用遗传算法求机器人逆向运动学时通常要考虑末端执行器的位置和朝向误差、运动连续性、避免达到关节极限和避开障碍物等，末端执行器的位置和姿态误差可以设置为式(3.86)的形式，其他适应度函数可以设置为

$$\mathrm{disC}=\frac{1}{1-\mathrm{e}^{-\left(\frac{q_j-q_{jc}}{\mathrm{fiaC}}\right)^2}} \tag{3.91}$$

$$\mathrm{dis}L=\frac{1}{1+\mathrm{e}^{\frac{q_j-q_{j1}}{\mathrm{fia}L}}}+\frac{1}{1+\mathrm{e}^{-\frac{q_j-q_{jh}}{\mathrm{fia}L}}} \tag{3.92}$$

$$\mathrm{dis}D=\begin{cases}0, & \text{当 } d-d_{\min}>0\\ \dfrac{1}{d_{\min}-d}, & \text{其他}\end{cases} \tag{3.93}$$

式中，disC 函数用于计算当前解的连续性。q_{jc} 是上一个目标点的解中第 j 个关节的数值，fia$C$ 是常数，用于控制曲线的变化速率，dis$C$ 数值越小代表当前解与上一个解的关节姿态越接近，运动连续性越好。dis$L$ 函数用于计算当前解距离关节极限的程度，式中，fia$L$ 同样是常数，用于控制曲线的变化速率。在机器人的真实应用中，通常让机器人姿态尽量远离关节极限，避免出现运动姿态的突然改变。dis$D$ 函数使算法尽量选择远离障碍物的解。$d_{\min}$ 是距离障碍物的最小距离，d 是机器人末端执行器或者机身某一位置距离障碍物的距离。这里使用的适应度函数数值越小代表当前解越好。

分别令 q_{jc}，fia$C$，q_{j1}，q_{jh}，fia$L$ 和 $d_{\min}$ 为 0，2，−8，8，0.05，5，可得 dis$C$，dis$L$ 和 dis$D$ 函数的曲线如图 3.15 所示，dis$C$ 函数在 0 附近的数值最小，远离 0 以后逐渐增大，最大值为 1。dis$L$ 函数在 −8 和 8 附近开始增加，最大值为 2。dis$D$ 则在距离小于 5 时迅速增大。在使用这些适应度函数时，应当根据具体的需要选择不同的适应度函数，合理设置参数和权重，并进行归一化处理。

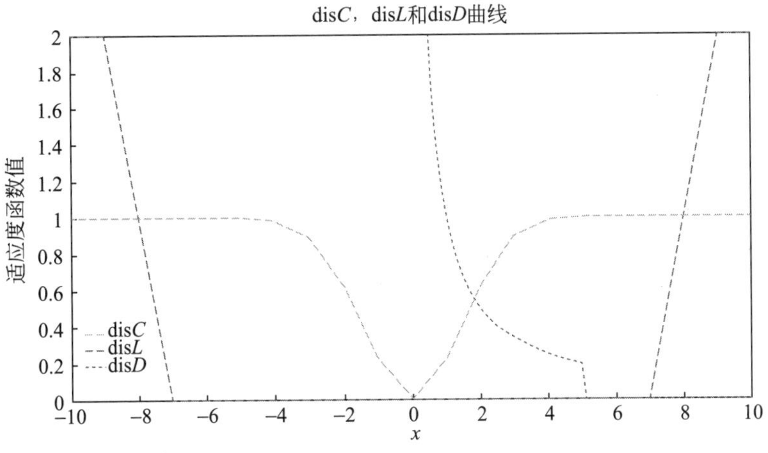

图 3.15　dis$C$，dis$L$ 和 dis$D$ 曲线图

(3) 终止条件。通常，终止条件可以设置为迭代到一定的代数或者适应度函数值小于一定的数值。在逆向运动学算法需要满足多个约束时，也可以设置多个适应度函数，当最优解满足多个条件时再退出迭代。

(4) 选择，变异与交叉。选择、变异与交叉操作在算法中用于生成下一代种群。通常使用精英策略与轮盘赌相结合的方法进行选择操作，即将上一代种群中的最优个体留下，直接进入下一种群，其他个体按照其适应度函数的大小转化为对应的选择概率。通常，适应度函数值小的有更大概率被选择进入下一种群。进行变异与交叉操作前先设置变异与交叉算子，即单个个体的变异与交叉概率。对每一个个体生成随机数，小于变异或交叉算子的，则进行单点交叉或变异操作。单点交叉是指随机选择当前个体的染色体的某一位基因，以此为分界线，将下一个个体以后的基因与当前个体该位以后的基因进行互换。而单点变异则是随机选择当前个体的染色体的某一位基因，若该基因为1，则设置为0；若为0，则设置为1。

目前，遗传算法在机器人逆向运动学问题的应用上已经有了许多改进，主要是在编码、适应度函数以及下一代种群的产生方式上。可以使用多次编码的方式，在算法的不同收敛阶段设置不同的搜索范围，从而加速算法的收敛。此外，还可以通过预采样的方法，先在搜索空间中进行解的姿态的搜索，锁定搜索范围后再进行迭代。

至此，已介绍了3种机器人逆运动学的数值解法。这3种数值解法各有优劣，循环坐标下降算法和FABRIK算法的计算复杂度较低，运行速度快，但是添加约束较为复杂；优化求解法则便于对机器人加入新的硬约束和软约束，使机器人可以执行多任务，但是其搜索空间较大。后续也出现了许多对这3种算法的改进，比如将遗传算法求解法和参数化关节法相结合，从而降低搜索空间等，都进一步提升了算法的性能。除上述方法外，基于雅可比矩阵求解逆运动学算法也是数值求解逆运动学的一大类方法，涉及该方面讲解的书籍较多，感兴趣的读者可以查阅相关文献。总的来说，逆运动学算法多种多样，在具体使用时，要结合具体机型和任务要求，合理地选择适合的求解算法。

3.3 机器人运动的分析与综合举例

我们能够由式(3.14)等来求解用笛卡儿坐标表示的运动方程。这些矩阵右式的元素，或者为零，或者为常数，或者为第n个～第6个关节变量的函数。矩阵相等表明其对应元素分别相等，并可从每一矩阵方程得到12个方程式，每个方程式对应于4个矢量($\boldsymbol{n}$,$\boldsymbol{o}$,$\boldsymbol{a}$和$\boldsymbol{p}$)的每一个分量。下面将以PUMA 560机器人为例来求解以关节角度为变量的运动学方程。

3.3.1 机器人正向运动学举例

PUMA 560是一个关节式机器人，其6个关节都是转动关节。前3个关节确定手腕参考点的位置，后3个关节确定手腕的方位。和大多数工业机器人一样，后3个关节轴线交于一点。该点被选为手腕的参考点，也被选为连杆坐标系{4}，{5}和{6}的原点。关节1的轴线为铅直方向，关节2和关节3的轴线为水平方向，且平行，距离为a_2。关节1和关节2的轴线垂直相交，关节3和关节4的轴线垂直交错，距离为a_3。各连杆坐标系如图3.16所示，相应的连杆参数列于表3.2。其中，$a_2=431.8\text{mm}$，$a_3=20.32\text{mm}$，$d_2=149.09\text{mm}$，$d_4=433.07\text{mm}$。

表3.2 PUMA 560机器人的连杆参数

连杆 i	变量 θ_i	α_{i-1}	a_{i-1}	d_i	变量范围
1	$\theta_1(90°)$	0°	0	0	−160°～160°
2	$\theta_2(0°)$	−90°	0	d_2	−225°～45°
3	$\theta_3(-90°)$	0°	a_2	0	−45°～225°
4	$\theta_4(0°)$	−90°	a_3	d_4	−110°～170°
5	$\theta_5(0°)$	90°	0	0	−100°～100°
6	$\theta_6(0°)$	−90°	0	0	−266°～266°

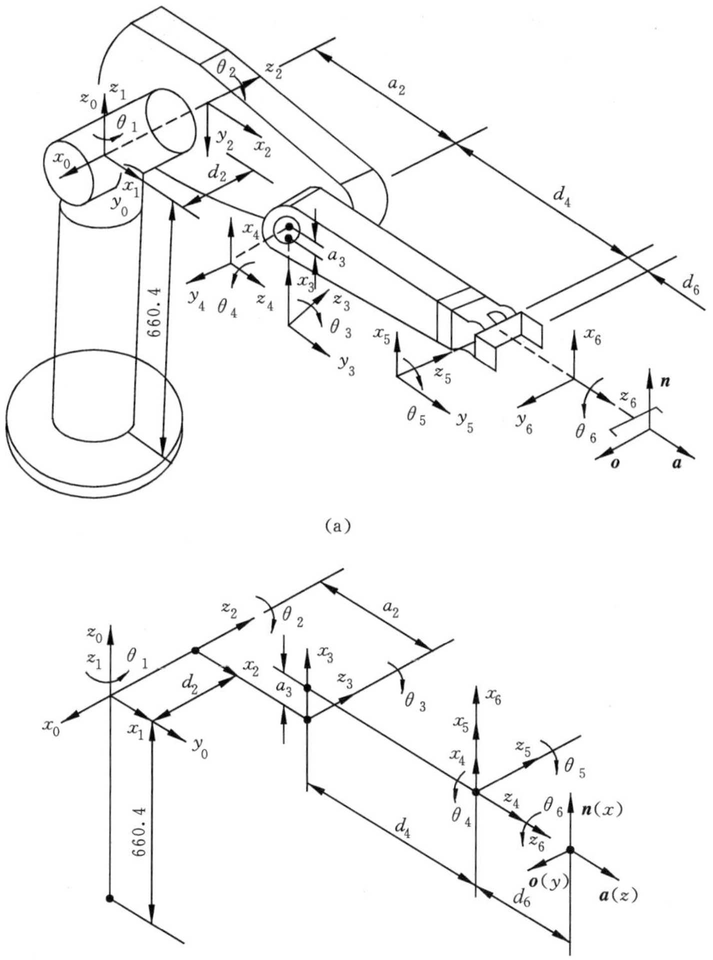

图 3.16　PUMA 560 机器人的连杆坐标系

根据式(3.14)和表 3.2 所示的连杆参数,可求得各连杆变换矩阵如下:

$$
{}^{0}\boldsymbol{T}_1=\begin{bmatrix} c\theta_1 & -s\theta_1 & 0 & 0 \\ s\theta_1 & c\theta_1 & 0 & 0 \\ 0 & 0 & 1 & 0 \\ 0 & 0 & 0 & 1 \end{bmatrix},\quad
{}^{1}\boldsymbol{T}_2=\begin{bmatrix} c\theta_2 & -s\theta_2 & 0 & 0 \\ 0 & 0 & 1 & d_2 \\ -s\theta_2 & -c\theta_2 & 0 & 0 \\ 0 & 0 & 0 & 1 \end{bmatrix}
$$

$$
{}^{2}\boldsymbol{T}_3=\begin{bmatrix} c\theta_3 & -s\theta_3 & 0 & a_2 \\ s\theta_3 & c\theta_3 & 0 & 0 \\ 0 & 0 & 1 & 0 \\ 0 & 0 & 0 & 1 \end{bmatrix},\quad
{}^{3}\boldsymbol{T}_4=\begin{bmatrix} c\theta_4 & -s\theta_4 & 0 & a_3 \\ 0 & 0 & 1 & d_4 \\ -s\theta_4 & -c\theta_4 & 0 & 0 \\ 0 & 0 & 0 & 1 \end{bmatrix}
$$

$$
{}^{4}\boldsymbol{T}_5=\begin{bmatrix} c\theta_5 & -s\theta_5 & 0 & 0 \\ 0 & 0 & -1 & 0 \\ s\theta_5 & c\theta_5 & 0 & 0 \\ 0 & 0 & 0 & 1 \end{bmatrix},\quad
{}^{5}\boldsymbol{T}_6=\begin{bmatrix} c\theta_6 & -s\theta_6 & 0 & 0 \\ 0 & 0 & 1 & 0 \\ -s\theta_6 & -c\theta_6 & 0 & 0 \\ 0 & 0 & 0 & 1 \end{bmatrix}
$$

将各连杆变换矩阵相乘，可以得到 PUMA 560 的运动学方程：

$$ {}_{6}^{0}\boldsymbol{T} = {}_{1}^{0}\boldsymbol{T}(\theta_1){}_{2}^{1}\boldsymbol{T}(\theta_2){}_{3}^{2}\boldsymbol{T}(\theta_3){}_{4}^{3}\boldsymbol{T}(\theta_4){}_{5}^{4}\boldsymbol{T}(\theta_5){}_{6}^{5}\boldsymbol{T}(\theta_6) \tag{3.94} $$

该方程即关节变量 $\theta_1,\theta_2,\cdots,\theta_6$ 的函数。要求解此运动方程，需先计算某些中间结果(这些中间结果有助于求解 3.3.2 节中的逆向运动学问题)：

$$ {}_{6}^{4}\boldsymbol{T} = {}_{5}^{4}\boldsymbol{T}{}_{6}^{5}\boldsymbol{T} = \begin{bmatrix} c_5c_6 & -c_5s_6 & -s_5 & 0 \\ s_6 & c_6 & 0 & 0 \\ s_5c_6 & -s_5s_6 & c_5 & 0 \\ 0 & 0 & 0 & 1 \end{bmatrix} \tag{3.95} $$

$$ {}_{6}^{3}\boldsymbol{T} = {}_{4}^{3}\boldsymbol{T}{}_{6}^{4}\boldsymbol{T} = \begin{bmatrix} c_4c_5c_6 - s_4s_6 & -c_4c_5s_6 - s_4c_6 & -c_4s_5 & a_3 \\ s_5c_6 & -s_5s_6 & c_5 & d_4 \\ -s_4c_5c_6 - c_4s_6 & s_4c_5s_6 - c_4c_6 & s_4s_5 & 0 \\ 0 & 0 & 0 & 1 \end{bmatrix} \tag{3.96} $$

由于 PUMA 560 的关节 2 和关节 3 相互平行，把${}_{2}^{1}\boldsymbol{T}(\theta_2)$和${}_{3}^{2}\boldsymbol{T}(\theta_3)$相乘可得

$$ {}_{3}^{1}\boldsymbol{T} = {}_{2}^{1}\boldsymbol{T}{}_{3}^{2}\boldsymbol{T} = \begin{bmatrix} c_{23} & -s_{23} & 0 & a_2c_2 \\ 0 & 0 & 1 & d_2 \\ -s_{23} & -c_{23} & 0 & -a_2s_2 \\ 0 & 0 & 0 & 1 \end{bmatrix} \tag{3.97} $$

式中，$c_{23}=\cos(\theta_2+\theta_3)=c_2c_3-s_2s_3$；$s_{23}=\sin(\theta_2+\theta_3)=c_2s_3+s_2c_3$。可见，当两旋转关节平行时，利用角度之和的公式，可以得到比较简单的表达式。

再将式(3.97)与式(3.96)相乘，可得

$$ {}_{6}^{1}\boldsymbol{T} = {}_{3}^{1}\boldsymbol{T}{}_{6}^{3}\boldsymbol{T} = \begin{bmatrix} {}^1n_x & {}^1o_x & {}^1a_x & {}^1p_x \\ {}^1n_y & {}^1o_y & {}^1a_y & {}^1p_y \\ {}^1n_z & {}^1o_z & {}^1a_z & {}^1p_z \\ 0 & 0 & 0 & 1 \end{bmatrix} $$

其中，

$$ \begin{cases} {}^1n_x = c_{23}(c_4c_5c_6 - s_4s_6) - s_{23}s_5c_6 \\ {}^1n_y = -s_4c_5c_6 - c_4s_6 \\ {}^1n_z = -s_{23}(c_4c_5c_6 - s_4s_6) - c_{23}s_5c_6 \\ {}^1o_x = -c_{23}(c_4c_5s_6 + s_4c_6) + s_{23}s_5s_6 \\ {}^1o_y = s_4c_5s_6 - c_4c_6 \\ {}^1o_z = s_{23}(c_4c_5s_6 + s_4c_6) + c_{23}s_5s_6 \\ {}^1a_x = -c_{23}c_4s_5 - s_{23}c_5 \\ {}^1a_y = s_4s_5 \\ {}^1a_z = s_{23}c_4s_5 - c_{23}c_5 \\ {}^1p_x = a_2c_2 + a_3c_{23} - d_4s_{23} \\ {}^1p_y = d_2 \\ {}^1p_z = -a_3s_{23} - a_2s_2 - d_4c_{23} \end{cases} \tag{3.98} $$

最后,可求得 6 个连杆坐标变换矩阵的乘积,即 PUMA 560 型机器人的正向运动学方程为

$$
{}_{6}^{0}\boldsymbol{T} = {}_{1}^{0}\boldsymbol{T}{}_{6}^{1}\boldsymbol{T} = \begin{bmatrix} n_x & o_x & a_x & p_x \\ n_y & o_y & a_y & p_y \\ n_z & o_z & a_z & p_z \\ 0 & 0 & 0 & 1 \end{bmatrix}
$$

其中,

$$
\begin{cases}
n_x = c_1[c_{23}(c_4c_5c_6 - s_4s_6) - s_{23}s_5c_6] + s_1(s_4c_5c_6 + c_4s_6) \\
n_y = s_1[c_{23}(c_4c_5c_6 - s_4s_6) - s_{23}s_5c_6] - c_1(s_4c_5c_6 + c_4s_6) \\
n_z = -s_{23}(c_4c_5c_6 - s_4s_6) - c_{23}s_5c_6 \\
o_x = c_1[c_{23}(-c_4c_5s_6 - s_4c_6) + s_{23}s_5s_6] + s_1(c_4c_6 - s_4c_5s_6) \\
o_y = s_1[c_{23}(-c_4c_5s_6 - s_4c_6) + s_{23}s_5s_6] - c_1(c_4c_6 - s_4c_5c_6) \\
o_z = -s_{23}(-c_4c_5s_6 - s_4c_6) + c_{23}s_5s_6 \\
a_x = -c_1(c_{23}c_4s_5 + s_{23}c_5) - s_1s_4s_5 \\
a_y = -s_1(c_{23}c_4s_5 + s_{23}c_5) + c_1s_4s_5 \\
a_z = s_{23}c_4s_5 - c_{23}c_5 \\
p_x = c_1[a_2c_2 + a_3c_{23} - d_4s_{23}] - d_2s_1 \\
p_y = s_1[a_2c_2 + a_3c_{23} - d_4s_{23}] + d_2c_1 \\
p_z = -a_3s_{23} - a_2s_2 - d_4c_{23}
\end{cases} \tag{3.99}
$$

式(3.99)表示的 PUMA 560 机器人的手臂变换矩阵${}_{6}^{0}\boldsymbol{T}$,描述了末端连杆坐标系{6}相对于基坐标系{0}的位姿,是 PUMA 560 全部运动学分析的基本方程。

为校核所得${}_{6}^{0}\boldsymbol{T}$ 的正确性,计算 $\theta_1 = 90°, \theta_2 = 0°, \theta_3 = -90°, \theta_4 = \theta_5 = \theta_6 = 0°$时手臂变换矩阵${}_{6}^{0}\boldsymbol{T}$ 的值。计算结果为

$$
{}_{6}^{0}\boldsymbol{T} = \begin{bmatrix} 0 & 1 & 0 & -d_2 \\ 0 & 0 & 1 & a_2 + d_4 \\ 1 & 0 & 0 & a_3 \\ 0 & 0 & 0 & 1 \end{bmatrix}
$$

与图 3.14 所示的情况完全一致。

3.3.2 机器人逆向运动学举例

机器人运动方程的求解方法很多,3.2 节已介绍了几种,能够求解由笛卡儿坐标表示的运动方程,其矩阵右式的元素,或者为零,或者为常数,或者为第 i 个至第 6 个关节变量的函数。矩阵相等表明其对应元素分别相等,并可从每一矩阵方程得到 12 个方程式,每个方程式对应于 4 个矢量($\boldsymbol{n}, \boldsymbol{o}, \boldsymbol{a}$ 和 $\boldsymbol{p}$)的每一分量。

机器人逆向运动学求解可描述为:已知${}_{n}^{0}\boldsymbol{T}$ 的数值,求出 $\theta_1, \theta_2, \cdots, \theta_n$ 的所有可能解。这通常是一个非线性问题。对 PUMA 560 机器人来说,考虑式(3.99)给出的方程,其逆向运动学求解的确切描述如下:已知${}_{6}^{0}\boldsymbol{T}$ 的 16 个数值(其中 4 个无意义),求解式(3.99)中的 6

个关节角 $\theta_1 \sim \theta_6$。

作为一个适用于6自由度机器人的代数解法的例子，对上面推导过的PUMA 560型机器人的运动学方程进行求解。值得注意的是，下面的解法并非适用于所有机器人的逆向运动学求解，但是对于大多数通用机器人来说，这样的解法是最常用的。

将PUMA 560的运动方程(3.99)写为

$$ {}_6^0\boldsymbol{T}=\begin{bmatrix} n_x & o_x & a_x & p_x \\ n_y & o_y & a_y & p_y \\ n_z & o_z & a_z & p_z \\ 0 & 0 & 0 & 1 \end{bmatrix}={}_1^0\boldsymbol{T}(\theta_1){}_2^1\boldsymbol{T}(\theta_2){}_3^2\boldsymbol{T}(\theta_3){}_4^3\boldsymbol{T}(\theta_4){}_5^4\boldsymbol{T}(\theta_5){}_6^5\boldsymbol{T}(\theta_6) \tag{3.100} $$

若末端连杆的位姿已经给定，即 $\boldsymbol{n},\boldsymbol{o},\boldsymbol{a}$ 和 $\boldsymbol{p}$ 为已知，则求关节变量 $\theta_1,\theta_2,\cdots,\theta_6$ 的值被称为"运动反解"。用未知的连杆逆变换同时左乘方程(3.100)的两边，可以把关节变量分离出来，从而进行求解。具体步骤如下：

1. 求 $\boldsymbol{\theta}_1$

用逆变换 ${}_1^0\boldsymbol{T}^{-1}(\theta_1)$ 左乘方程(3.100)两边，

$$ {}_1^0\boldsymbol{T}^{-1}(\theta_1){}_6^0\boldsymbol{T}={}_2^1\boldsymbol{T}(\theta_2){}_3^2\boldsymbol{T}(\theta_3){}_4^3\boldsymbol{T}(\theta_4){}_5^4\boldsymbol{T}(\theta_5){}_6^5\boldsymbol{T}(\theta_6) \tag{3.101} $$

即有

$$ \begin{bmatrix} c_1 & s_1 & 0 & 0 \\ -s_1 & c_1 & 0 & 0 \\ 0 & 0 & 1 & 0 \\ 0 & 0 & 0 & 1 \end{bmatrix}\begin{bmatrix} n_x & o_x & a_x & p_x \\ n_y & o_y & a_y & p_y \\ n_z & o_z & a_z & p_z \\ 0 & 0 & 0 & 1 \end{bmatrix}={}_6^1\boldsymbol{T} \tag{3.102} $$

令矩阵方程(3.102)两端的元素(2,4)对应相等，可得

$$ -s_1p_x+c_1p_y=d_2 \tag{3.103} $$

利用三角代换：

$$ p_x=\rho\cos\phi;\quad p_y=\rho\sin\phi \tag{3.104} $$

式中，$\rho=\sqrt{p_x^2+p_y^2}$；$\phi=\arctan2(p_y,p_x)$。把代换式(3.104)代入式(3.103)，得到 θ_1 的解：

$$ \begin{cases} \sin(\phi-\theta_1)=d_2/\rho;\quad \cos(\phi-\theta_1)=\pm\sqrt{1-(d_2/\rho)^2} \\ \phi-\theta_1=\arctan2\left[\dfrac{d_2}{\rho},\pm\sqrt{1-\left(\dfrac{d_2}{\rho}\right)^2}\right] \\ \theta_1=\arctan2(p_y,p_x)-\arctan2(d_2,\pm\sqrt{p_x^2+p_y^2-d_2^2}) \end{cases} \tag{3.105} $$

式中，"±"对应于 θ_1 的两个可能解。

2. 求 $\boldsymbol{\theta}_3$

在选定 θ_1 的一个解之后，再令矩阵方程(3.102)两端的元素(1,4)和(3,4)分别对应相等，即得

$$ \begin{cases} c_1p_x+s_1p_y=a_3c_{23}-d_4s_{23}+a_2c_2 \\ -p_z=a_3s_{23}+d_4c_{23}+a_2s_2 \end{cases} \tag{3.106} $$

式(3.103)与式(3.106)的平方和为

$$a_3c_3 - d_4s_3 = k \tag{3.107}$$

式中，$k = \dfrac{p_x^2 + p_y^2 + p_z^2 - a_2^2 - a_3^2 - d_2^2 - d_4^2}{2a_2}$

方程(3.97)中已经消去 θ_2，且方程(3.107)与方程(3.103)具有相同形式，因而可由三角代换求解 θ_3：

$$\theta_3 = \arctan2(a_3, d_4) - \arctan2(k, \pm\sqrt{a_3^2 + d_4^2 - k^2}) \tag{3.108}$$

式中，"±"对应 θ_3 的两种可能解。

3. 求 $\boldsymbol{\theta_2}$

为求解 θ_2，在矩阵方程(3.100)两边左乘逆变换${}_3^0\boldsymbol{T}^{-1}$，

$${}_3^0\boldsymbol{T}^{-1}(\theta_1, \theta_2, \theta_3)\,{}_6^0\boldsymbol{T} = {}_4^3\boldsymbol{T}(\theta_4)\,{}_5^4\boldsymbol{T}(\theta_5)\,{}_6^5\boldsymbol{T}(\theta_6) \tag{3.109}$$

即有

$$\begin{bmatrix} c_1c_{23} & s_1c_{23} & -s_{23} & -a_2c_3 \\ -c_1s_{23} & -s_1s_{23} & -c_{23} & a_2s_3 \\ -s_1 & c_1 & 0 & -d_2 \\ 0 & 0 & 0 & 1 \end{bmatrix} \begin{bmatrix} n_x & o_x & a_x & p_x \\ n_y & o_y & a_y & p_y \\ n_z & o_z & a_z & p_z \\ 0 & 0 & 0 & 1 \end{bmatrix} = {}_6^3\boldsymbol{T} \tag{3.110}$$

式中，变换${}_6^3\boldsymbol{T}$ 由式(3.96)给出。令矩阵方程(3.110)两边的元素(1,4)和(2,4)分别对应相等，可得

$$\begin{cases} c_1c_{23}p_x + s_1c_{23}p_y - s_{23}p_z - a_2c_3 = a_3 \\ -c_1s_{23}p_x - s_1s_{23}p_y - c_{23}p_z + a_2s_3 = d_4 \end{cases} \tag{3.111}$$

联立求解得 s_{23} 和 c_{23}：

$$\begin{cases} s_{23} = \dfrac{(-a_3 - a_2c_3)p_z + (c_1p_x + s_1p_y)(a_2s_3 - d_4)}{p_z^2 + (c_1p_x + s_1p_y)^2} \\ c_{23} = \dfrac{(-d_4 + a_2s_3)p_z - (c_1p_x + s_1p_y)(-a_2c_3 - a_3)}{p_z^2 + (c_1p_x + s_1p_y)^2} \end{cases} \tag{3.112}$$

s_{23} 和 c_{23} 表达式的分母相等，且为正。于是

$$\begin{aligned} \theta_{23} = \theta_2 + \theta_3 = \arctan2[&-(a_3 + a_2c_3)p_z + (c_1p_x + s_1p_y)(a_2s_3 - d_4), \\ &(-d_4 + a_2s_3)p_z + (c_1p_x + s_1p_y)(a_2c_3 + a_3)] \end{aligned} \tag{3.113}$$

根据 θ_1 和 θ_3 解的 4 种可能组合，由式(3.113)可以得到相应的 4 种可能值 θ_{23}，于是可以得到 θ_2 的 4 种可能解：

$$\theta_2 = \theta_{23} - \theta_3 \tag{3.114}$$

4. 求 $\boldsymbol{\theta_4}$

因为式(3.110)的左边均为已知，令两边元素(1,3)和(3,3)分别对应相等，则可得

$$\begin{cases} a_xc_1c_{23} + a_ys_1c_{23} - a_zs_{23} = -c_4s_5 \\ -a_xs_1 + a_yc_1 = s_4s_5 \end{cases} \tag{3.115}$$

只要 $s_5 \neq 0$，便可求出 θ_4：

$$\theta_4 = \arctan2(-a_xs_1 + a_yc_1, -a_xc_1c_{23} - a_ys_1c_{23} + a_zs_{23}) \tag{3.116}$$

当 $s_5=0$ 时，机器人处于奇异位形。此时，关节轴 4 和 6 重合，只能解出 θ_4 与 θ_6 的和或差。奇异位形可以由式(3.116)中 arctan2 的两个变量是否都接近 0 来判别。若都接近 0，则为奇异位形。在奇异位形时，可任意选取 θ_4 的值，再计算相应的 θ_6 值。

5. 求 $\boldsymbol{\theta_5}$

根据 θ_4 进而解出 θ_5，将式(3.100)两端同时左乘逆变换 ${}^0_4\boldsymbol{T}^{-1}(\theta_1,\theta_2,\theta_3,\theta_4)$，有

$$ {}^0_4\boldsymbol{T}^{-1}(\theta_1,\theta_2,\theta_3,\theta_4){}^0_6\boldsymbol{T}={}^4_5\boldsymbol{T}(\theta_5){}^5_6\boldsymbol{T}(\theta_6) \tag{3.117}$$

因式(3.117)的左边 $\theta_1,\theta_2,\theta_3$ 和 θ_4 均已解出，逆变换 ${}^0_4\boldsymbol{T}^{-1}(\theta_1,\theta_2,\theta_3,\theta_4)$ 为

$$\begin{bmatrix} c_1c_{23}c_4+s_1s_4 & s_1c_{23}c_4-c_1s_4 & -s_{23}c_4 & -a_2c_3c_4+d_2s_4-a_3c_4 \\ -c_1c_{23}s_4+s_1c_4 & -s_1c_{23}s_4-c_1c_4 & s_{23}s_4 & a_2c_3s_4+d_2c_4+a_3s_4 \\ -c_1s_{23} & -s_1s_{23} & -c_{23} & a_2s_3-d_4 \\ 0 & 0 & 0 & 1 \end{bmatrix}$$

方程式(3.117)的右边 ${}^4_6\boldsymbol{T}(\theta_5,\theta_6)={}^4_5\boldsymbol{T}(\theta_5){}^5_6\boldsymbol{T}(\theta_6)$，由式(3.85)给出。令式(3.117)两边元素(1,3)和(3,3)分别对应相等，可得

$$\begin{cases} a_x(c_1c_{23}c_4+s_1s_4)+a_y(s_1c_{23}c_4-c_1s_4)-a_z(s_{23}c_4)=-s_5 \\ a_x(-c_1s_{23})+a_y(-s_1s_{23})+a_z(-c_{23})=c_5 \end{cases} \tag{3.118}$$

由此得到 θ_5 的封闭解：

$$\theta_5=\arctan2(s_5,c_5) \tag{3.119}$$

6. 求 $\boldsymbol{\theta_6}$

将式(3.100)两端同时左乘逆变换 ${}^0_5\boldsymbol{T}^{-1}(\theta_1,\theta_2,\theta_3,\theta_4,\theta_5)$，可得

$$ {}^0_5\boldsymbol{T}^{-1}(\theta_1,\theta_2,\cdots,\theta_5){}^0_6\boldsymbol{T}={}^5_6\boldsymbol{T}(\theta_6) \tag{3.120}$$

让矩阵方程(3.120)两边元素(1,1)和(3,1)分别对应相等可得

$$\begin{cases} -n_x(c_1c_{23}s_4-s_1c_4)-n_y(s_1c_{23}s_4+c_1c_4)+n_z(s_{23}s_4)=s_6 \\ n_x[(c_1c_{23}c_4+s_1s_4)c_5-c_1s_{23}s_5]+n_y[(s_1c_{23}c_4-c_1s_4)c_5-s_1s_{23}s_5] \\ \quad -n_z(s_{23}c_4c_5+c_{23}s_5)=c_6 \end{cases} \tag{3.121}$$

从而可以求出 θ_6 的封闭解：

$$\theta_6=\arctan2(s_6,c_6) \tag{3.122}$$

由于在式(3.105)和式(3.108)中出现了"±"，因此这些方程可能有 4 组解。图 3.17，给出了 PUMA 560 型机器人达到同一目标点位姿的 4 组可能解，它们对于手部来说具有完全相同的位姿。对于图 3.17 中所示的每一组解，通过机器人臂腕关节"翻转"可以得到对称的另外 4 组解，这 4 组解可由下面的翻转公式求得

$$\begin{cases} \theta'_4=\theta_4+180^\circ \\ \theta'_5=-\theta_5 \\ \theta'_6=\theta_6+180^\circ \end{cases} \tag{3.123}$$

PUMA 560 型机器人的逆向运动解可能存在 8 种。所以，PUMA 560 型机器人到达一个确定的目标位姿共有 8 组不同的解。但是，由于结构的限制，例如各关节变量不能在全部 360°范围内运动，有些解不能实现。在机器人存在多种解的情况下，应选取其中最满意的一组解，以满足机器人的工作要求。

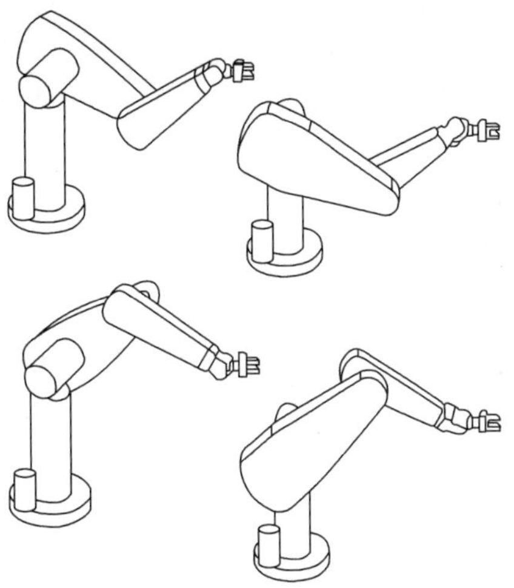

图 3.17 PUMA 560 的 4 组解

3.4 机器人的雅可比公式

在对机器人进行操作与控制时，常常涉及机器人位置和姿态的微小变化。这些变化可由描述机器人位置的齐次变换矩阵的微小变化来表示。在数学上，这种微小变化可用微分变化来表达。机器人运动过程中的微分关系是很重要的。例如，当用摄像机来观察机器人的末端执行装置时，需要把对于一个坐标系的微分变化变换为对于另一坐标系的微分变化。比如说，把摄像机的坐标系建立在 $\boldsymbol{T}_6$ 上。应用微分变化的另一情况是当已知对 $\boldsymbol{T}_6$ 的微分变化时，要求出各关节坐标的相应变化。微分变化对于研究机器人的动力学问题也是十分重要的。

3.4.1 机器人的微分运动

已知一个变换，其元素为某个变量的函数，那么对这个变量的微分变换就是这样的变换，使其元素为原变换元素的导数。研究出一种方法，使对坐标系$\{\boldsymbol{T}\}$的微分变换等价于对基系的变换。这种方法可推广至任何两个坐标系，使它们的微分运动相等。

机器人的变换包括平移变换、旋转变换、比例变换和投影变换等。在此，把讨论限于平移变换和旋转变换。这样，就可以将导数项表示为微分平移和微分旋转。

1. 微分平移和微分旋转

既可以用给定坐标系也可用基坐标系来表示微分平移和旋转。

已知坐标系$\{\boldsymbol{T}\}$，可表示 $\boldsymbol{T}+\mathrm{d}\boldsymbol{T}$ 为

$$\boldsymbol{T}+\mathrm{d}\boldsymbol{T}=\mathrm{Trans}(d_x,d_y,d_z)\mathrm{Rot}(\boldsymbol{f},\mathrm{d}\theta)\boldsymbol{T} \tag{3.124}$$

式中，$\mathrm{Trans}(d_x,d_y,d_z)$表示基系中微分平移 d_x,d_y,d_z 的变换；$\mathrm{Rot}(\boldsymbol{f},\mathrm{d}\theta)$表示基系中绕矢量 $\boldsymbol{f}$ 的微分旋转 $\mathrm{d}\theta$ 的变换。由式(3.124)可得 $\mathrm{d}\boldsymbol{T}$ 的表达式：

$$\mathrm{d}\boldsymbol{T}=(\mathrm{Trans}(d_x,d_y,d_z)\mathrm{Rot}(\boldsymbol{f},\mathrm{d}\theta)-\boldsymbol{I})\boldsymbol{T} \tag{3.125}$$

同样地，也可用对于给定坐标系 $\boldsymbol{T}$ 的微分平移和旋转来表示微分变化：

$$\boldsymbol{T}+\mathrm{d}\boldsymbol{T}=\boldsymbol{T}\mathrm{Trans}(d_x,d_y,d_z)\mathrm{Rot}(\boldsymbol{f},\mathrm{d}\theta)$$

式中，$\mathrm{Trans}(d_x,d_y,d_z)$表示对于坐标系 $\boldsymbol{T}$ 的微分平移变换；$\mathrm{Rot}(\boldsymbol{f},\mathrm{d}\theta)$表示对坐标系 $\boldsymbol{T}$ 中绕矢量 $\boldsymbol{f}$ 的微分旋转 $\mathrm{d}\theta$。这时有

$$\mathrm{d}\boldsymbol{T}=\boldsymbol{T}(\mathrm{Trans}(d_x,d_y,d_z)\mathrm{Rot}(\boldsymbol{f},\mathrm{d}\theta)-\boldsymbol{I}) \tag{3.126}$$

式(3.125)和式(3.126)中有一共同的项 $\mathrm{Trans}(d_x,d_y,d_z)\mathrm{Rot}(\boldsymbol{f},\mathrm{d}\theta)-\boldsymbol{I}$。当微分运动对基系进行时，我们规定它为 $\boldsymbol{\Delta}$；而当运动对坐标系$\{\boldsymbol{T}\}$进行时，记为${}^T\boldsymbol{\Delta}$。于是，当对基系进行微分变化时：$\mathrm{d}\boldsymbol{T}=\boldsymbol{\Delta}\boldsymbol{T}$；而当对坐标系$\{\boldsymbol{T}\}$进行微分变化时，$\mathrm{d}\boldsymbol{T}=\boldsymbol{T}\,{}^T\boldsymbol{\Delta}$。

表示微分平移的齐次变换为

$$\mathrm{Trans}(d_x,d_y,d_z)=\begin{bmatrix}1&0&0&d_x\\0&1&0&d_y\\0&0&1&d_z\\0&0&0&1\end{bmatrix}$$

这时，Trans 的变量是由微分变化 $d_x\boldsymbol{i}+d_y\boldsymbol{j}+d_z\boldsymbol{k}$ 表示的微分矢量 $\boldsymbol{d}$。在第 2 章讨论通用旋转变换时，有下式：

$$\mathrm{Rot}(\boldsymbol{f},\theta)=\begin{bmatrix}f_xf_x\mathrm{vers}\theta+c\theta & f_yf_x\mathrm{vers}\theta-f_zs\theta & f_zf_x\mathrm{vers}\theta+f_ys\theta & 0\\ f_xf_y\mathrm{vers}\theta+f_zs\theta & f_yf_y\mathrm{vers}\theta+c\theta & f_zf_y\mathrm{vers}\theta-f_xs\theta & 0\\ f_xf_z\mathrm{vers}\theta-f_ys\theta & f_yf_z\mathrm{vers}\theta+f_xs\theta & f_zf_z\mathrm{vers}\theta+c\theta & 0\\ 0&0&0&1\end{bmatrix}$$

见式(2.46)。对于微分变化 $\mathrm{d}\theta$，其相应的正弦函数、余弦函数和正交函数为

$$\lim_{\theta\to0}\sin\theta=\mathrm{d}\theta,\quad \lim_{\theta\to0}\cos\theta=1,\quad \lim_{\theta\to0}\mathrm{vers}\theta=0$$

把它们代入式(2.46)，可把微分旋转齐次变换表示为

$$\mathrm{Rot}(\boldsymbol{f},\mathrm{d}\theta)=\begin{bmatrix}1&-f_z\mathrm{d}\theta&f_y\mathrm{d}\theta&0\\f_z\mathrm{d}\theta&1&-f_x\mathrm{d}\theta&0\\-f_y\mathrm{d}\theta&f_x\mathrm{d}\theta&1&0\\0&0&0&1\end{bmatrix}$$

代入 $\boldsymbol{\Delta}=\mathrm{Trans}(d_x,d_y,d_z)\mathrm{Rot}(\boldsymbol{f},\mathrm{d}\theta)-\boldsymbol{I}$，可得

$$\boldsymbol{\Delta}=\begin{bmatrix}1&0&0&d_x\\0&1&0&d_y\\0&0&1&d_z\\0&0&0&1\end{bmatrix}\begin{bmatrix}1&-f_z\mathrm{d}\theta&f_y\mathrm{d}\theta&0\\f_z\mathrm{d}\theta&1&-f_x\mathrm{d}\theta&0\\-f_y\mathrm{d}\theta&f_x\mathrm{d}\theta&1&0\\0&0&0&1\end{bmatrix}-\begin{bmatrix}1&0&0&0\\0&1&0&0\\0&0&1&0\\0&0&0&1\end{bmatrix}$$

化简得

$$\boldsymbol{\Delta}=\begin{bmatrix}0&-f_z\mathrm{d}\theta&f_y\mathrm{d}\theta&d_x\\f_z\mathrm{d}\theta&0&-f_x\mathrm{d}\theta&d_y\\-f_y\mathrm{d}\theta&f_x\mathrm{d}\theta&0&d_z\\0&0&0&0\end{bmatrix} \tag{3.127}$$

绕矢量 f 的微分旋转 $\mathrm{d}\theta$ 等价于分别绕三个轴 x，y 和 z 的微分旋转 δ_x，δ_y 和 δ_z，即

$f_x \mathrm{d}\theta=\delta_x, f_y \mathrm{d}\theta=\delta_y, f_z \mathrm{d}\theta=\delta_z$。代入式(3.80)可得

$$\boldsymbol{\Delta}=\begin{bmatrix}0 & -\delta_z & \delta_y & d_x \\ \delta_z & 0 & -\delta_x & d_y \\ -\delta_y & \delta_x & 0 & d_z \\ 0 & 0 & 0 & 0\end{bmatrix} \tag{3.128}$$

类似地可得${}^T\boldsymbol{\Delta}$ 的表达式为

$${}^T\boldsymbol{\Delta}=\begin{bmatrix}0 & -{}^T\delta_z & {}^T\delta_y & {}^Td_x \\ {}^T\delta_z & 0 & -{}^T\delta_x & {}^Td_y \\ -{}^T\delta_y & {}^T\delta_x & 0 & {}^Td_z \\ 0 & 0 & 0 & 0\end{bmatrix} \tag{3.129}$$

于是,可把微分平移和旋转变换 $\boldsymbol{\Delta}$ 看作由微分平移矢量 $\boldsymbol{d}$ 和微分旋转矢量 $\boldsymbol{\delta}$ 构成,分别为:$\boldsymbol{d}=d_x\boldsymbol{i}+d_y\boldsymbol{j}+d_z\boldsymbol{k}$,$\boldsymbol{\delta}=\delta_x\boldsymbol{i}+\delta_y\boldsymbol{j}+\delta_z\boldsymbol{k}$。我们用列矢量 $\boldsymbol{D}$ 来包含上述两矢量,并将其称为刚体或坐标系的"微分运动矢量":

$$\boldsymbol{D}=\begin{bmatrix}d_x \\ d_y \\ d_z \\ \delta_x \\ \delta_y \\ \delta_z\end{bmatrix}, \quad 或 \quad \boldsymbol{D}=\begin{bmatrix}\boldsymbol{d} \\ \boldsymbol{\delta}\end{bmatrix} \tag{3.130}$$

同理,有下列各式:

$${}^T\boldsymbol{d}={}^Td_x\boldsymbol{i}+{}^Td_y\boldsymbol{j}+{}^Td_z\boldsymbol{k}$$
$${}^T\boldsymbol{\delta}={}^T\delta_x\boldsymbol{i}+{}^T\delta_y\boldsymbol{j}+{}^T\delta_z\boldsymbol{k}$$

$${}^T\boldsymbol{D}=\begin{bmatrix}{}^T\boldsymbol{d}_x \\ {}^T\boldsymbol{d}_y \\ {}^T\boldsymbol{d}_z \\ {}^T\delta_x \\ {}^T\delta_y \\ {}^T\delta_z\end{bmatrix}, \quad 或 \quad {}^T\boldsymbol{D}=\begin{bmatrix}{}^T\boldsymbol{d} \\ {}^T\boldsymbol{\delta}\end{bmatrix} \tag{3.131}$$

例 3.2 已知坐标系{$\boldsymbol{A}$}及其对基系的微分平移与微分旋转为

$$\boldsymbol{A}=\begin{bmatrix}0 & 0 & 1 & 10 \\ 1 & 0 & 0 & 5 \\ 0 & 1 & 0 & 0 \\ 0 & 0 & 0 & 1\end{bmatrix}$$
$$\boldsymbol{d}=1\boldsymbol{i}+0\boldsymbol{j}+0.5\boldsymbol{k}$$
$$\boldsymbol{\delta}=0\boldsymbol{i}+0.1\boldsymbol{j}+0\boldsymbol{k}$$

试求微分变换 $\mathrm{d}\boldsymbol{A}$。

解：首先据式(3.128)可得

$$\boldsymbol{\Delta}=\begin{bmatrix}0 & 0 & 0.1 & 1\\ 0 & 0 & 0 & 0\\ -0.1 & 0 & 0 & 0.5\\ 0 & 0 & 0 & 0\end{bmatrix}$$

再按照 $\mathrm{d}\boldsymbol{T}=\boldsymbol{\Delta T}$，有：$\mathrm{d}\boldsymbol{A}=\boldsymbol{\Delta A}$，即

$$\mathrm{d}\boldsymbol{A}=\begin{bmatrix}0 & 0 & 0.1 & 1\\ 0 & 0 & 0 & 0\\ -0.1 & 0 & 0 & 0.5\\ 0 & 0 & 0 & 0\end{bmatrix}\begin{bmatrix}0 & 0 & 1 & 10\\ 1 & 0 & 0 & 5\\ 0 & 1 & 0 & 0\\ 0 & 0 & 0 & 1\end{bmatrix}=\begin{bmatrix}0 & 0.1 & 0 & 1\\ 0 & 0 & 0 & 0\\ 0 & 0 & -0.1 & -0.5\\ 0 & 0 & 0 & 0\end{bmatrix}$$

坐标系$\{\boldsymbol{A}\}$的这一微分变化如图 3.18 所示。

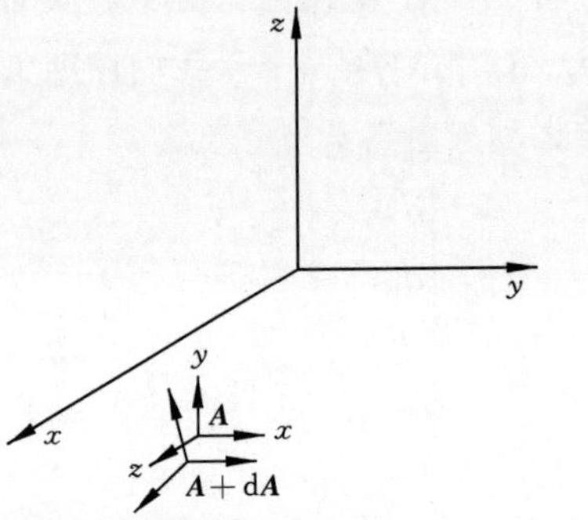

图 3.18　坐标系$\{\boldsymbol{A}\}$的微分变化

2. 微分运动的等价变换

要求得机器人的雅可比矩阵(Jacobian matrix)，就需要把一个坐标系内的位置和姿态的小变化变换为另一坐标系内的等效表达式。

据 $\mathrm{d}\boldsymbol{T}=\boldsymbol{\Delta T}$ 和 $\mathrm{d}\boldsymbol{T}=\boldsymbol{T}^{T}\boldsymbol{\Delta}$，当两坐标系等价时，$\boldsymbol{\Delta T}=\boldsymbol{T}^{T}\boldsymbol{\Delta}$，变换后得

$$\boldsymbol{T}^{-1}\boldsymbol{\Delta T}={}^{T}\boldsymbol{\Delta} \tag{3.132}$$

由式 (3.128)有：

$$\boldsymbol{\Delta T}=\begin{bmatrix}0 & -\delta_z & \delta_y & d_x\\ \delta_z & 0 & -\delta_x & d_y\\ -\delta_y & \delta_x & 0 & d_z\\ 0 & 0 & 0 & 0\end{bmatrix}\begin{bmatrix}n_x & o_x & a_x & p_x\\ n_y & o_y & a_y & p_y\\ n_z & o_z & a_z & p_z\\ 0 & 0 & 0 & 1\end{bmatrix}$$

$$\boldsymbol{\Delta T}=\begin{bmatrix}-\delta_z n_y+\delta_y n_z & -\delta_z o_y+\delta_y o_z & -\delta_z a_y+\delta_y a_z & -\delta_z p_y+\delta_y p_z+d_x\\ \delta_z n_x+\delta_x n_z & \delta_z o_x-\delta_x o_z & \delta_z a_x-\delta_x a_z & \delta_z p_x-\delta_x p_z+d_y\\ -\delta_y n_x+\delta_x n_y & -\delta_y o_x+\delta_x o_y & -\delta_y a_x+\delta_x a_y & -\delta_y p_x+\delta_x p_y+d_z\\ 0 & 0 & 0 & 0\end{bmatrix} \tag{3.133}$$

它与下式等价：

$$\boldsymbol{\Delta T}=\begin{bmatrix}(\boldsymbol{\delta}\times\boldsymbol{n})_x & (\boldsymbol{\delta}\times\boldsymbol{o})_x & (\boldsymbol{\delta}\times\boldsymbol{a})_x & (\boldsymbol{\delta}\times\boldsymbol{p}+\boldsymbol{d})_x\\(\boldsymbol{\delta}\times\boldsymbol{n})_y & (\boldsymbol{\delta}\times\boldsymbol{o})_y & (\boldsymbol{\delta}\times\boldsymbol{a})_y & (\boldsymbol{\delta}\times\boldsymbol{p}+\boldsymbol{d})_y\\(\boldsymbol{\delta}\times\boldsymbol{n})_z & (\boldsymbol{\delta}\times\boldsymbol{o})_z & (\boldsymbol{\delta}\times\boldsymbol{a})_z & (\boldsymbol{\delta}\times\boldsymbol{p}+\boldsymbol{d})_z\\0&0&0&0\end{bmatrix}$$

用 $\boldsymbol{T}^{-1}$ 左乘上式得

$$\boldsymbol{T}^{-1}\boldsymbol{\Delta T}=\begin{bmatrix}n_x & n_y & n_z & -\boldsymbol{p}\cdot\boldsymbol{n}\\o_x & o_y & o_z & -\boldsymbol{p}\cdot\boldsymbol{o}\\a_x & a_y & a_z & -\boldsymbol{p}\cdot\boldsymbol{a}\\0&0&0&1\end{bmatrix}\begin{bmatrix}(\boldsymbol{\delta}\times\boldsymbol{n})_x & (\boldsymbol{\delta}\times\boldsymbol{o})_x & (\boldsymbol{\delta}\times\boldsymbol{a})_x & (\boldsymbol{\delta}\times\boldsymbol{p}+\boldsymbol{d})_x\\(\boldsymbol{\delta}\times\boldsymbol{n})_y & (\boldsymbol{\delta}\times\boldsymbol{o})_y & (\boldsymbol{\delta}\times\boldsymbol{a})_y & (\boldsymbol{\delta}\times\boldsymbol{p}+\boldsymbol{d})_y\\(\boldsymbol{\delta}\times\boldsymbol{n})_z & (\boldsymbol{\delta}\times\boldsymbol{o})_z & (\boldsymbol{\delta}\times\boldsymbol{a})_z & (\boldsymbol{\delta}\times\boldsymbol{p}+\boldsymbol{d})_z\\0&0&0&0\end{bmatrix}$$

$$\boldsymbol{T}^{-1}\boldsymbol{\Delta T}=\begin{bmatrix}\boldsymbol{n}\cdot(\boldsymbol{\delta}\times\boldsymbol{n}) & \boldsymbol{n}\cdot(\boldsymbol{\delta}\times\boldsymbol{o}) & \boldsymbol{n}\cdot(\boldsymbol{\delta}\times\boldsymbol{a}) & \boldsymbol{n}\cdot(\boldsymbol{\delta}\times\boldsymbol{p}+\boldsymbol{d})\\\boldsymbol{o}\cdot(\boldsymbol{\delta}\times\boldsymbol{n}) & \boldsymbol{o}\cdot(\boldsymbol{\delta}\times\boldsymbol{o}) & \boldsymbol{o}\cdot(\boldsymbol{\delta}\times\boldsymbol{a}) & \boldsymbol{o}\cdot(\boldsymbol{\delta}\times\boldsymbol{p}+\boldsymbol{d})\\\boldsymbol{a}\cdot(\boldsymbol{\delta}\times\boldsymbol{n}) & \boldsymbol{a}\cdot(\boldsymbol{\delta}\times\boldsymbol{o}) & \boldsymbol{a}\cdot(\boldsymbol{\delta}\times\boldsymbol{a}) & \boldsymbol{a}\cdot(\boldsymbol{\delta}\times\boldsymbol{p}+\boldsymbol{d})\\0&0&0&0\end{bmatrix}$$

应用三矢量相乘的两个性质 $\boldsymbol{a}\cdot(\boldsymbol{b}\times\boldsymbol{c})=\boldsymbol{b}\cdot(\boldsymbol{c}\times\boldsymbol{a})$ 和 $\boldsymbol{a}\cdot(\boldsymbol{a}\times\boldsymbol{c})=0$，并据式(3.132)可把上式变换为

$${}^T\boldsymbol{\Delta}=\begin{bmatrix}0 & -\boldsymbol{\delta}\cdot(\boldsymbol{n}\times\boldsymbol{o}) & \boldsymbol{\delta}\cdot(\boldsymbol{a}\times\boldsymbol{n}) & \boldsymbol{\delta}\cdot(\boldsymbol{p}\times\boldsymbol{n})+\boldsymbol{d}\cdot\boldsymbol{n}\\\boldsymbol{\delta}\cdot(\boldsymbol{n}\times\boldsymbol{o}) & 0 & -\boldsymbol{\delta}\cdot(\boldsymbol{o}\times\boldsymbol{a}) & \boldsymbol{\delta}\cdot(\boldsymbol{p}\times\boldsymbol{o})+\boldsymbol{d}\cdot\boldsymbol{o}\\-\boldsymbol{\delta}\cdot(\boldsymbol{a}\times\boldsymbol{n}) & \boldsymbol{\delta}\cdot(\boldsymbol{o}\times\boldsymbol{a}) & 0 & \boldsymbol{\delta}\cdot(\boldsymbol{p}\times\boldsymbol{a})+\boldsymbol{d}\cdot\boldsymbol{a}\\0&0&0&0\end{bmatrix}$$

化简得

$${}^T\boldsymbol{\Delta}=\begin{bmatrix}0 & -\boldsymbol{\delta}\cdot\boldsymbol{a} & \boldsymbol{\delta}\cdot\boldsymbol{o} & \boldsymbol{\delta}\cdot(\boldsymbol{p}\times\boldsymbol{n})+\boldsymbol{d}\cdot\boldsymbol{n}\\\boldsymbol{\delta}\cdot\boldsymbol{a} & 0 & -\boldsymbol{\delta}\cdot\boldsymbol{n} & \boldsymbol{\delta}\cdot(\boldsymbol{p}\times\boldsymbol{o})+\boldsymbol{d}\cdot\boldsymbol{o}\\-\boldsymbol{\delta}\cdot\boldsymbol{o} & \boldsymbol{\delta}\cdot\boldsymbol{n} & 0 & \boldsymbol{\delta}\cdot(\boldsymbol{p}\times\boldsymbol{a})+\boldsymbol{d}\cdot\boldsymbol{a}\\0&0&0&0\end{bmatrix}\tag{3.134}$$

由于 ${}^T\boldsymbol{\Delta}$ 已被式(3.129)所定义，所以令式(3.129)与式(3.134)各元分别相等，可以求得

$$\begin{cases}{}^Td_x=\boldsymbol{\delta}\cdot(\boldsymbol{p}\times\boldsymbol{n})+\boldsymbol{d}\cdot\boldsymbol{n}\\{}^Td_y=\boldsymbol{\delta}\cdot(\boldsymbol{p}\times\boldsymbol{o})+\boldsymbol{d}\cdot\boldsymbol{o}\\{}^Td_z=\boldsymbol{\delta}\cdot(\boldsymbol{p}\times\boldsymbol{a})+\boldsymbol{d}\cdot\boldsymbol{a}\end{cases}\tag{3.135}$$

$${}^T\delta_x=\boldsymbol{\delta}\cdot\boldsymbol{n},\quad {}^T\delta_y=\boldsymbol{\delta}\cdot\boldsymbol{o},\quad {}^T\delta_z=\boldsymbol{\delta}\cdot\boldsymbol{a}\tag{3.136}$$

式中，$\boldsymbol{n}$，$\boldsymbol{o}$，$\boldsymbol{a}$ 和 $\boldsymbol{p}$ 分别为微分坐标变换$\{\boldsymbol{T}\}$的列矢量。从上列两式可得微分运动 ${}^T\boldsymbol{D}$ 和 $\boldsymbol{D}$ 的关系如下：

$$\begin{bmatrix}{}^Td_x\\{}^Td_y\\{}^Td_z\\{}^T\delta_x\\{}^T\delta_y\\{}^T\delta_z\end{bmatrix}=\left[\begin{array}{ccc:ccc}n_x & n_y & n_z & (\boldsymbol{p}\times\boldsymbol{n})_x & (\boldsymbol{p}\times\boldsymbol{n})_y & (\boldsymbol{p}\times\boldsymbol{n})_z\\o_x & o_y & o_z & (\boldsymbol{p}\times\boldsymbol{o})_x & (\boldsymbol{p}\times\boldsymbol{o})_y & (\boldsymbol{p}\times\boldsymbol{o})_z\\a_x & a_y & a_z & (\boldsymbol{p}\times\boldsymbol{a})_x & (\boldsymbol{p}\times\boldsymbol{a})_y & (\boldsymbol{p}\times\boldsymbol{a})_z\\\hdashline 0&0&0 & n_x & n_y & n_z\\0&0&0 & o_x & o_y & o_z\\0&0&0 & a_x & a_y & a_z\end{array}\right]\begin{bmatrix}d_x\\d_y\\d_z\\\delta_x\\\delta_y\\\delta_z\end{bmatrix}\tag{3.137}$$

应用三矢量相乘的性质 $\boldsymbol{a}\cdot(\boldsymbol{b}\times\boldsymbol{c})=\boldsymbol{c}\cdot(\boldsymbol{a}\times\boldsymbol{b})$，我们可进一步将式(3.135)和式(3.136)

写为

$$\begin{cases}{}^{T}d_x = \boldsymbol{n}\cdot((\boldsymbol{\delta}\times\boldsymbol{p})+\boldsymbol{d})\\ {}^{T}d_y = \boldsymbol{o}\cdot((\boldsymbol{\delta}\times\boldsymbol{p})+\boldsymbol{d})\\ {}^{T}d_z = \boldsymbol{a}\cdot((\boldsymbol{\delta}\times\boldsymbol{p})+\boldsymbol{d})\end{cases} \tag{3.138}$$

$$\begin{cases}{}^{T}\delta_x = \boldsymbol{n}\cdot\boldsymbol{\delta}\\ {}^{T}\delta_y = \boldsymbol{o}\cdot\boldsymbol{\delta}\\ {}^{T}\delta_z = \boldsymbol{a}\cdot\boldsymbol{\delta}\end{cases} \tag{3.139}$$

应用上述两式,能够十分方便地把对基坐标系的微分变化变换为对坐标系$\{\boldsymbol{T}\}$的微分变化。式(3.127)可简写为

$$\begin{bmatrix}{}^{T}\boldsymbol{d}\\ {}^{T}\boldsymbol{\delta}\end{bmatrix} = \begin{bmatrix}\boldsymbol{R}^{T} & -\boldsymbol{R}^{T}\boldsymbol{S}(\boldsymbol{p})\\ \boldsymbol{0} & \boldsymbol{R}^{T}\end{bmatrix}\begin{bmatrix}\boldsymbol{d}\\ \boldsymbol{\delta}\end{bmatrix} \tag{3.140}$$

式中,$\boldsymbol{R}$ 是旋转矩阵,

$$\boldsymbol{R} = \begin{bmatrix}n_x & o_x & a_x\\ n_y & o_y & a_y\\ n_z & o_z & a_z\end{bmatrix} \tag{3.141}$$

对于任何三维矢量 $\boldsymbol{p}=[p_x, p_y, p_z]^{\mathrm{T}}$,其反对称矩阵 $\boldsymbol{S}(\boldsymbol{p})$定义为

$$\boldsymbol{S}(\boldsymbol{p}) = \begin{bmatrix}0 & -p_x & p_y\\ p_z & 0 & -p_x\\ -p_y & p_x & 0\end{bmatrix} \tag{3.142}$$

例 3.3 已知坐标系$\{\boldsymbol{A}\}$及其对基坐标系的微分平移 $\boldsymbol{d}$ 和微分旋转 $\boldsymbol{\delta}$,同例 3.2。试求对坐标系$\{\boldsymbol{A}\}$的等价微分平移和微分旋转。

解:因为

$$\boldsymbol{n} = 0\boldsymbol{i} + 1\boldsymbol{j} + 0\boldsymbol{k}$$
$$\boldsymbol{o} = 0\boldsymbol{i} + 0\boldsymbol{j} + 1\boldsymbol{k}$$
$$\boldsymbol{a} = 1\boldsymbol{i} + 0\boldsymbol{j} + 0\boldsymbol{k}$$
$$\boldsymbol{p} = 10\boldsymbol{i} + 5\boldsymbol{j} + 0\boldsymbol{k}$$

以及

$$\boldsymbol{\delta}\times\boldsymbol{p} = \begin{bmatrix}\boldsymbol{i} & \boldsymbol{j} & \boldsymbol{k}\\ 0 & 0.1 & 0\\ 10 & 5 & 0\end{bmatrix}$$

即 $\boldsymbol{\delta}\times\boldsymbol{p}=0\boldsymbol{i}+0\boldsymbol{j}-1\boldsymbol{k}$。加上 $\boldsymbol{d}$ 后有:$\boldsymbol{\delta}\times\boldsymbol{p}+\boldsymbol{d}=1\boldsymbol{i}+0\boldsymbol{j}-0.5\boldsymbol{k}$。

又据式(3.138)和式(3.139)可求得等价微分平移和微分旋转为

$${}^{A}\boldsymbol{d} = 0\boldsymbol{i} - 0.5\boldsymbol{j} + 1\boldsymbol{k},\quad {}^{A}\boldsymbol{\delta} = 0.1\boldsymbol{i} + 0\boldsymbol{j} + 0\boldsymbol{k}$$

根据式 $\mathrm{d}\boldsymbol{T}=\boldsymbol{T}^{\mathrm{T}}\boldsymbol{\Delta}$ 计算 $\mathrm{d}\boldsymbol{A}=\boldsymbol{A}^{A}\boldsymbol{\Delta}$,以检验所得微分运动是否正确。据式(3.129)有:

$${}^{A}\boldsymbol{\Delta} = \begin{bmatrix}0 & 0 & 0 & 0\\ 0 & 0 & -0.1 & 0.5\\ 0 & 0.1 & 0 & 1\\ 0 & 0 & 0 & 0\end{bmatrix}$$

$$\mathrm{d}\boldsymbol{A} = \begin{bmatrix} 0 & 0 & 1 & 10 \\ 1 & 0 & 0 & 5 \\ 0 & 1 & 0 & 0 \\ 0 & 0 & 0 & 1 \end{bmatrix} \begin{bmatrix} 0 & 0 & 0 & 0 \\ 0 & 0 & -0.1 & -0.5 \\ 0 & 0.1 & 0 & 1 \\ 0 & 0 & 0 & 0 \end{bmatrix}$$

即

$$\mathrm{d}\boldsymbol{A} = \begin{bmatrix} 0 & 0.1 & 0 & 0 \\ 0 & 0 & 0 & 0 \\ 0 & 0 & -0.1 & -0.5 \\ 0 & 0 & 0 & 0 \end{bmatrix}$$

所得结果与例 3.2 一致。可见所求得的对$\{\boldsymbol{A}\}$的微分平移和微分旋转是正确无误的。

3. 变换式中的微分关系

式(3.137)至式(3.139)可用于变换任何两个坐标系间的微分运动。其中，由式(3.138)和式(3.139)，可根据微分坐标变换 $\boldsymbol{T}$ 和微分旋转变换 $\boldsymbol{\Delta}$ 决定${}^{T}\boldsymbol{\Delta}$ 的各元。如果要从${}^{T}\boldsymbol{\Delta}$ 的各微分矢量来求微分矢量$\boldsymbol{\Delta}$，可从式(3.132)左乘 $\boldsymbol{T}$ 和右乘 $\boldsymbol{T}^{-1}$，以求得下列变换表达式：

$$\boldsymbol{\Delta} = \boldsymbol{T}\,{}^{T}\boldsymbol{\Delta}\boldsymbol{T}^{-1}$$

或者变换为

$$\boldsymbol{\Delta} = (\boldsymbol{T}^{-1})^{-1}\,{}^{T}\boldsymbol{\Delta}(\boldsymbol{T}^{-1}) \tag{3.143}$$

设有两个坐标系$\{\boldsymbol{A}\}$和$\{\boldsymbol{B}\}$，后者相对于$\{\boldsymbol{A}\}$而定义。那么，既可以用坐标系$\{\boldsymbol{A}\}$，也可以用坐标系$\{\boldsymbol{B}\}$来表示微分运动。图 3.19 的微分变换图表示出了这一情况。

由图 3.19 可知，$\boldsymbol{\Delta AB} = \boldsymbol{AB}\,{}^{B}\boldsymbol{\Delta}$，对 $\boldsymbol{\Delta}$ 求解得

$$\boldsymbol{\Delta} = \boldsymbol{AB}\,{}^{B}\boldsymbol{\Delta}\,\boldsymbol{B}^{-1}\boldsymbol{A}^{-1}$$

或变换为

$$\boldsymbol{\Delta} = (\boldsymbol{A}^{-1}\boldsymbol{B}^{-1})^{-1}\,{}^{B}\boldsymbol{\Delta}(\boldsymbol{B}^{-1}\boldsymbol{A}^{-1}) \tag{3.144}$$

式(3.144)表示坐标系$\{\boldsymbol{B}\}$内的微分运动与基坐标系内的微分运动的关系，它具有式(3.143)的一般形式；而$(\boldsymbol{B}^{-1}\boldsymbol{A}^{-1})$则对应式(3.143)中的 $\boldsymbol{T}$。

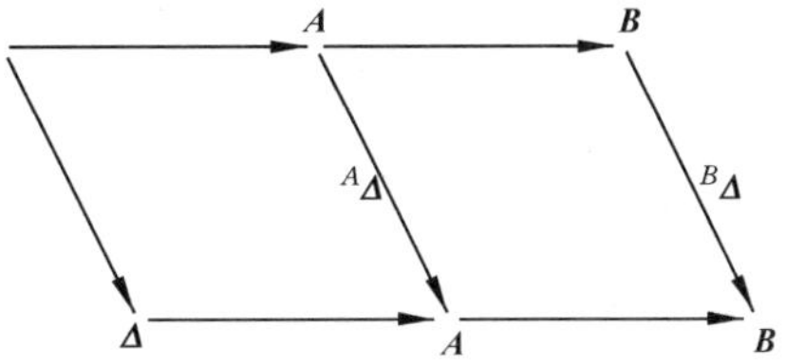

图 3.19 两坐标系间的微分变换图

同样地，据图 3.19 还可得：$\boldsymbol{A}\,{}^{A}\boldsymbol{\Delta B} = \boldsymbol{AB}\,{}^{B}\boldsymbol{\Delta}$，或${}^{A}\boldsymbol{\Delta B} = \boldsymbol{B}\,{}^{B}\boldsymbol{\Delta}$。对${}^{A}\boldsymbol{\Delta}$ 求解得${}^{A}\boldsymbol{\Delta} = \boldsymbol{B}\,{}^{B}\boldsymbol{\Delta B}^{-1}$，即

$${}^{A}\boldsymbol{\Delta} = (\boldsymbol{B}^{-1})^{-1}\,{}^{B}\boldsymbol{\Delta}(\boldsymbol{B}^{-1}) \tag{3.145}$$

式(3.145)表示坐标系$\{\boldsymbol{A}\}$内的微分运动与坐标系$\{\boldsymbol{B}\}$内微分运动的关系。其中，$\boldsymbol{B}^{-1}$ 对应式(3.138)和式(3.139)中的 $\boldsymbol{T}$。在此，$\boldsymbol{T}$ 已不是坐标系矩阵，而是微分坐标变换矩阵。它可以从图 3.19 直接求得，即从已知的微分变化变换的箭头起，回溯到待求的等价微分变化止所经过的路径。对于上述第一种情况，从${}^{B}\boldsymbol{\Delta}$ 之箭头至 $\boldsymbol{\Delta}$ 之箭头间所经路径即为 $\boldsymbol{B}^{-1}\boldsymbol{A}^{-1}$；而对于第二种情况，从${}^{B}\boldsymbol{\Delta}\sim{}^{A}\boldsymbol{\Delta}$，所经路径为 $\boldsymbol{B}^{-1}$。

例 3.4 有一摄像机，装设在机器人的连杆 5 上。这一连接由下式确定：

$${}^{T}\mathbf{CAM} = \begin{bmatrix} 0 & 0 & -1 & 5 \\ 0 & -1 & 0 & 0 \\ -1 & 0 & 0 & 10 \\ 0 & 0 & 0 & 1 \end{bmatrix}$$

机器人的最后一个连杆所处当前位置由下式描述：

$$A_6=\begin{bmatrix}0&-1&0&0\\1&0&0&0\\0&0&1&8\\0&0&0&1\end{bmatrix}$$

被观察的目标物体为$^{\mathrm{CAM}}\boldsymbol{O}$。要把机器人的末端引向目标物体，需要知道坐标系{**CAM**}内的微分变化为：$^{\mathrm{CAM}}\boldsymbol{d}=-1\boldsymbol{i}+0\boldsymbol{j}+0\boldsymbol{k}$，$^{\mathrm{CAM}}\boldsymbol{\delta}=0\boldsymbol{i}+0\boldsymbol{j}+0.1\boldsymbol{k}$，试求坐标系 $\boldsymbol{T}_6$ 内所需要的微分变化。

解：上述情况可由图 3.20(a)及下列方程描述

$$\boldsymbol{T}_5\boldsymbol{A}_6\boldsymbol{E}\boldsymbol{X}=\boldsymbol{T}_5\mathbf{CAMO}$$

式中，$\boldsymbol{T}_5$ 描述连杆 5 与基坐标系的关系；$\boldsymbol{A}_6$ 以连杆 5 的坐标系描述连杆 6；$\boldsymbol{E}$ 为一描述物体对末端的未知变换；$\boldsymbol{O}$ 用摄像机坐标系描述物体。

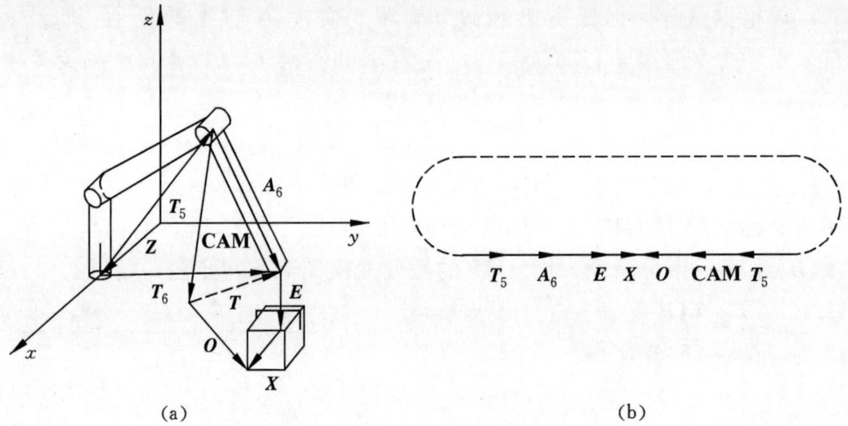

图 3.20　例 3.5 的姿态和微分变换图

变换图见图 3.20(b)。从图可得相对$^{T_6}\boldsymbol{\Delta}\sim{}^{\mathrm{CAM}}\boldsymbol{\Delta}$ 的微分坐标变换 $\boldsymbol{T}$ 为

$$\boldsymbol{T}=\mathbf{CAM}^{-1}\boldsymbol{T}^{-1}\boldsymbol{T}_5\boldsymbol{A}_6=\mathbf{CAM}^{-1}\boldsymbol{A}_6$$

因为

$$\mathbf{CAM}^{-1}=\begin{bmatrix}0&0&-1&10\\0&-1&0&0\\-1&0&0&5\\0&0&0&1\end{bmatrix}$$

于是可得此微分坐标变换：

$$\boldsymbol{T}=\begin{bmatrix}0&0&-1&10\\0&-1&0&0\\-1&0&0&5\\0&0&0&1\end{bmatrix}\begin{bmatrix}0&-1&0&0\\1&0&0&0\\0&0&1&8\\0&0&0&1\end{bmatrix}=\begin{bmatrix}0&0&-1&2\\-1&0&0&0\\0&1&0&5\\0&0&0&1\end{bmatrix}$$

又因为

$$\boldsymbol{\delta}\times\boldsymbol{p}=\begin{bmatrix}\boldsymbol{i} & \boldsymbol{j} & \boldsymbol{k}\\ 0 & 0 & 0.1\\ 2 & 0 & 5\end{bmatrix}=0\boldsymbol{i}+0.2\boldsymbol{j}+0\boldsymbol{k}$$

最后，据式(3.135)和式(3.136)可得坐标系 $\boldsymbol{T}_6$ 内的微分变化如下：

$${}^{T_6}\boldsymbol{d}=-0.2\boldsymbol{i}+0\boldsymbol{j}+1\boldsymbol{k}$$

$${}^{T_6}\boldsymbol{\delta}=0\boldsymbol{i}+0.1\boldsymbol{j}+0\boldsymbol{k}$$

3.4.2 雅可比矩阵的定义与求解

上文分析了机器人的微分运动。在此基础上，我们继续研究机器人操作空间速度与关节空间速度间的线性映射关系，即雅可比矩阵。

1. 雅可比矩阵的定义

机器人的操作速度与关节速度的线性变换定义为机器人的雅可比矩阵，可视它为从关节空间向操作空间运动速度的传动比。

令机器人的运动方程

$$\boldsymbol{x}=\boldsymbol{x}(\boldsymbol{q}) \tag{3.146}$$

代表操作空间 $\boldsymbol{x}$ 与关节空间 $\boldsymbol{q}$ 之间的位移关系。将式(3.146)两边对时间 t 求导，即得出 $\boldsymbol{q}$ 与 $\boldsymbol{x}$ 之间的微分关系

$$\dot{\boldsymbol{x}}=\boldsymbol{J}(\boldsymbol{q})\dot{\boldsymbol{q}} \tag{3.147}$$

式中，$\dot{\boldsymbol{x}}$ 称为末端在操作空间的广义速度，简称“操作速度”；$\dot{\boldsymbol{q}}$ 为关节速度；$\boldsymbol{J}(\boldsymbol{q})$是 $6\times n$ 阶的偏导数矩阵，称为“机器人的雅可比矩阵”。它的第 i 行第 j 列元素为

$$\boldsymbol{J}_{ij}(\boldsymbol{q})=\frac{\partial x_i(\boldsymbol{q})}{\partial q_j},\quad i=1,2,\cdots,6;\quad j=1,2,\cdots,n \tag{3.148}$$

从式(3.137)可以看出，对于给定的 $\boldsymbol{q}\in R^n$，雅可比 $\boldsymbol{J}(\boldsymbol{q})$是从关节空间速度$\dot{\boldsymbol{q}}$ 向操作空间速度 $\dot{\boldsymbol{x}}$ 映射的线性变换。

刚体或坐标系的广义速度 $\dot{\boldsymbol{x}}$ 是由线速度 $\mathbf{V}$ 和角速度 $\boldsymbol{\omega}$ 组成的 6 维列矢量：

$$\dot{\boldsymbol{x}}=\begin{bmatrix}\mathbf{V}\\ \boldsymbol{\omega}\end{bmatrix}=\lim_{\Delta t\to 0}\frac{1}{\Delta t}\begin{bmatrix}\boldsymbol{d}\\ \boldsymbol{\delta}\end{bmatrix} \tag{3.149}$$

据式(3.147)可得

$$\dot{\boldsymbol{x}}=\boldsymbol{J}(\boldsymbol{q})\dot{\boldsymbol{q}} \tag{3.150}$$

由式(3.149)有：

$$\boldsymbol{D}=\begin{bmatrix}\boldsymbol{d}\\ \boldsymbol{\delta}\end{bmatrix}=\lim_{\Delta t\to 0}\dot{\boldsymbol{x}}\Delta t$$

把式(3.150)代入上式可得

$$\boldsymbol{D}=\lim_{\Delta t\to 0}\boldsymbol{J}(\boldsymbol{q})\dot{\boldsymbol{q}}\Delta t$$

即

$$\boldsymbol{D}=\boldsymbol{J}(\boldsymbol{q})\mathrm{d}\boldsymbol{q} \tag{3.151}$$

含有 n 个关节的机器人，其雅可比 $\boldsymbol{J}(\boldsymbol{q})$是 $6\times n$ 阶矩阵，前 3 行代表夹手线速度 $\boldsymbol{v}$ 的

传递比，后 3 行代表夹手的角速度 $\boldsymbol{\omega}$ 的传递比，而每一列代表相应的关节速度 $\dot{\boldsymbol{q}}_i$ 对于夹手线速度和角速度的传递比。这样，可把雅可比 $\boldsymbol{J}(\boldsymbol{q})$ 分块为

$$\begin{bmatrix} \boldsymbol{v} \\ \boldsymbol{\omega} \end{bmatrix} = \begin{bmatrix} J_{l1} & J_{l2} & \cdots & J_{ln} \\ J_{a1} & J_{a2} & \cdots & J_{an} \end{bmatrix} \begin{bmatrix} \dot{q}_1 \\ \dot{q}_2 \\ \vdots \\ \dot{q}_n \end{bmatrix} \tag{3.152}$$

因此，可把夹手的线速度 $\boldsymbol{v}$ 和角速度 $\boldsymbol{\omega}$ 表示为各关节速度 $\dot{\boldsymbol{q}}$ 的线性函数：

$$\begin{cases} \boldsymbol{v} = J_{l1}\dot{q}_1 + J_{l2}\dot{q}_2 + \cdots + J_{\ln}\dot{q}_n \\ \boldsymbol{\omega} = J_{a1}\dot{q}_1 + J_{a2}\dot{q}_2 + \cdots + J_{an}\dot{q}_n \end{cases} \tag{3.153}$$

式中，J_{li} 和 J_{ai} 分别表示关节 i 的单位关节速度引起夹手的线速度和角速度。

2. 雅可比矩阵的求法

由前文讨论所得的式(3.130)、式(3.131)、式(3.137)、式(3.140)、式(3.150)和式(3.151)等，是计算雅可比矩阵的基本公式，可用这些公式进行计算。下面介绍两种直接构造雅可比矩阵的方法。

(1) 矢量积法

求解机器人雅可比矩阵的矢量积方法是建立在运动坐标系概念基础上的，由 Whitney 提出。图 3.21 表示关节速度的传递情况，末端夹手的线速度 $\boldsymbol{v}$ 和角速度 $\boldsymbol{\omega}$ 与关节速度 $\dot{\boldsymbol{q}}_i$ 有关。

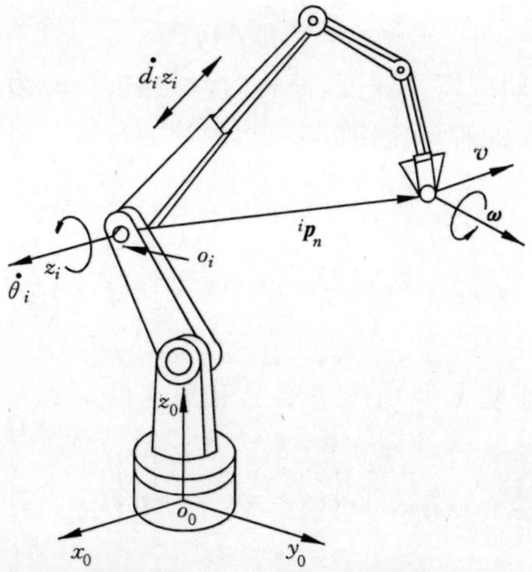

图 3.21 关节速度的传递

对于平动关节 i，有

$$\begin{bmatrix} \boldsymbol{v} \\ \boldsymbol{\omega} \end{bmatrix} = \begin{bmatrix} \boldsymbol{z}_i \\ 0 \end{bmatrix} \dot{\boldsymbol{q}}_i, \quad \boldsymbol{J}_i = \begin{bmatrix} \boldsymbol{z}_i \\ 0 \end{bmatrix} \tag{3.154}$$

对于转动关节 i，有

$$\begin{bmatrix} \boldsymbol{v} \\ \boldsymbol{\omega} \end{bmatrix} = \begin{bmatrix} \boldsymbol{z}_i \times {}^i\boldsymbol{p}_n^0 \\ \boldsymbol{z}_i \end{bmatrix} \dot{\boldsymbol{q}}_i, \quad J_i = \begin{bmatrix} \boldsymbol{z}_i \times {}^i\boldsymbol{p}_n^0 \\ \boldsymbol{z}_i \end{bmatrix} = \begin{bmatrix} \boldsymbol{z}_i \times ({}_i^0\boldsymbol{R}\,{}^i\boldsymbol{p}_n) \\ \boldsymbol{z}_i \end{bmatrix} \tag{3.155}$$

式中，${}^{i}\boldsymbol{p}_n^0$ 表示夹手坐标原点相对坐标系$\{\boldsymbol{i}\}$的位置矢量在基坐标系$\{\boldsymbol{o}\}$中的表示，即

$$ {}^{i}\boldsymbol{p}_n^0 = {}^{0}_{i}\boldsymbol{R}\,{}^{i}\boldsymbol{p}_n \tag{3.156}$$

而 $\boldsymbol{z}_i$ 是坐标系$\{\boldsymbol{i}\}$的 z 轴单位向量在基坐标系$\{\boldsymbol{o}\}$中的表示。

(2) 微分变换法

对于转动关节 i，连杆 i 相对连杆 $i-1$ 绕坐标系$\{\boldsymbol{i}\}$的 $\boldsymbol{z}_i$ 轴所作微分转动 $\mathrm{d}\theta_i$，其微分运动矢量为

$$\boldsymbol{d}=\begin{bmatrix}0\\0\\0\end{bmatrix},\qquad \boldsymbol{\delta}=\begin{bmatrix}0\\0\\1\end{bmatrix}\mathrm{d}\theta_i \tag{3.157}$$

利用式(3.138)得出夹手相应的微分运动矢量为

$$\begin{bmatrix}{}^{T}d_x\\{}^{T}d_y\\{}^{T}d_z\\{}^{T}\delta_x\\{}^{T}\delta_y\\{}^{T}\delta_y\end{bmatrix}=\begin{bmatrix}(\boldsymbol{p}\times\boldsymbol{n})_z\\(\boldsymbol{p}\times\boldsymbol{o})_z\\(\boldsymbol{p}\times\boldsymbol{a})_z\\n_z\\o_z\\a_z\end{bmatrix}\mathrm{d}\theta_i \tag{3.158}$$

对于平动关节，连杆 i 沿 $\boldsymbol{z}_i$ 轴相对于连杆 $i-1$ 作微分移动 $\mathrm{d}d_i$，其微分运动矢量为

$$\boldsymbol{d}=\begin{bmatrix}0\\0\\1\end{bmatrix}\mathrm{d}d_i,\quad \boldsymbol{\delta}=\begin{bmatrix}0\\0\\0\end{bmatrix} \tag{3.159}$$

而夹手的微分运动矢量为

$$\begin{bmatrix}{}^{T}d_x\\{}^{T}d_y\\{}^{T}d_z\\{}^{T}\delta_x\\{}^{T}\delta_y\\{}^{T}\delta_y\end{bmatrix}=\begin{bmatrix}n_z\\o_z\\a_z\\0\\0\\0\end{bmatrix}\mathrm{d}d_i \tag{3.160}$$

于是，可得雅可比矩阵 $\boldsymbol{J}(\boldsymbol{q})$的第 i 列如下：

对于转动关节 i 有

$${}^{T}\boldsymbol{J}_{li}=\begin{bmatrix}(\boldsymbol{p}\times\boldsymbol{n})_z\\(\boldsymbol{p}\times\boldsymbol{o})_z\\(\boldsymbol{p}\times\boldsymbol{a})_z\end{bmatrix},\quad {}^{T}\boldsymbol{J}_{ai}=\begin{bmatrix}n_z\\o_z\\a_z\end{bmatrix} \tag{3.161}$$

对于平动关节 i 有

$${}^{T}\boldsymbol{J}_{li}=\begin{bmatrix}n_z\\o_z\\a_z\end{bmatrix},\quad {}^{T}\boldsymbol{J}_{ai}=\begin{bmatrix}0\\0\\0\end{bmatrix} \tag{3.162}$$

式中，$\boldsymbol{n}$，$\boldsymbol{o}$，$\boldsymbol{a}$ 和 $\boldsymbol{p}$ 是${}^{i}_{n}\boldsymbol{T}$ 的 4 个列向量。

上述求雅可比矩阵${}^T\boldsymbol{J}(\boldsymbol{q})$的方法是构造性的，只要知道各连杆变换${}^{i-1}_{\ \ i}\boldsymbol{T}_i$，就可自动生成雅可比矩阵，而不需求解方程等步骤。其自动生成的步骤如下：

① 计算各连杆变换${}^0\boldsymbol{T}_1, {}^1\boldsymbol{T}_2, \cdots, {}^{n-1}\boldsymbol{T}_n$。

② 计算各连杆至末端连杆的变换（见图 3.22，参阅图 3.7）：

$$ {}^{n-1}_{\ \ n}\boldsymbol{T} = {}^{n-1}_{\ \ n}\boldsymbol{T}, {}^{n-2}_{\ \ n}\boldsymbol{T} = {}^{n-2}_{n-1}\boldsymbol{T}{}^{n-1}_{\ \ n}\boldsymbol{T}, \cdots, $$

$$ {}^{i-1}_{\ \ n}\boldsymbol{T} = {}^{i-1}_{\ \ i}\boldsymbol{T}{}^{i}_{n}\boldsymbol{T}, \cdots, {}^0_n\boldsymbol{T} = {}^0_1\boldsymbol{T}{}^1_n\boldsymbol{T} $$

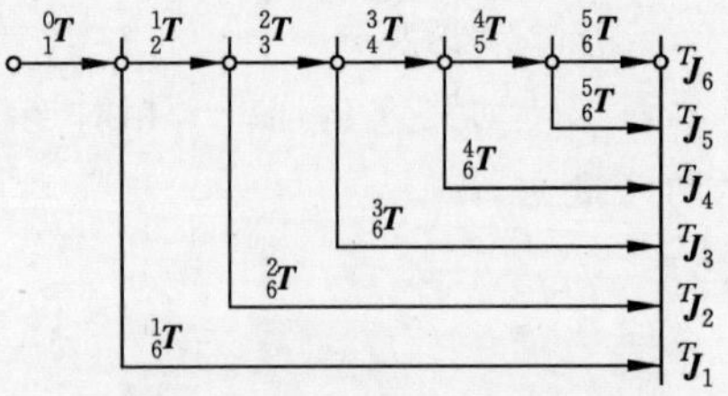

图 3.22　${}^T\boldsymbol{J}_i$ 和${}^i_n\boldsymbol{T}$之间的关系

③ 计算$\boldsymbol{J}(\boldsymbol{q})$的各列元素，第 i 列${}^T\boldsymbol{J}_i$ 由${}^i_n\boldsymbol{T}$ 决定。根据公式(3.159)和式(3.160)计算${}^T\boldsymbol{J}_{li}$ 和${}^T\boldsymbol{J}_{ai}$。${}^T\boldsymbol{J}_i$ 和${}^i_n\boldsymbol{T}$ 之间的关系如图 3.22 所示。

3.4.3　机器人雅可比矩阵计算举例

下面仍然以 PUMA 560 型机器人为例，说明计算具体机器人微分运动和雅可比矩阵的方法。

PUMA 560 的 6 个关节都是转动关节，其雅可比矩阵含有 6 列。根据式(3.161)可以计算各列元素。现分别用两种方法计算。

(1) 微分变换法求$\boldsymbol{J}(\boldsymbol{q})$

${}^T\boldsymbol{J}(\boldsymbol{q})$第 1 列${}^T\boldsymbol{J}_1(\boldsymbol{q})$对应的变换矩阵为${}^1_6\boldsymbol{T}$，式(3.98)列出了${}^1_6\boldsymbol{T}$ 的各元素，由式(3.161)得

$$ {}^T\boldsymbol{J}_1(\boldsymbol{q}) = \begin{bmatrix} {}^TJ_{1x} \\ {}^TJ_{1y} \\ {}^TJ_{1z} \\ -s_{23}(c_4c_5c_6 - s_4s_6) - c_{23}s_5c_6 \\ s_{23}(c_4c_5s_6 + s_4c_6) + c_{23}s_5s_6 \\ s_{23}c_4s_5 - c_{23}c_5 \end{bmatrix} \tag{3.163} $$

式中，

$$ {}^TJ_{1x} = -d_2[c_{23}(c_4c_5c_6 - s_4s_6) - s_{23}s_5c_6] - (a_2c_2 + a_3c_{23} - d_4s_{23})(s_4c_5c_6 + c_4s_6), $$

$$ {}^TJ_{1y} = -d_2[-c_{23}(c_4c_5s_6 + s_4c_6) + s_{23}s_5s_6] + (a_2c_2 + a_3c_{23} - d_4s_{23})(s_4c_5s_6 - c_4c_6), $$

$$ {}^TJ_{1z} = d_2(c_{23}c_4s_5 + s_{23}c_5) + (a_2c_2 + a_3c_{23} - d_4s_{23})(s_4s_5) $$

同理，利用变换矩阵${}^2_6T$ 得出${}^T\boldsymbol{J}(\boldsymbol{q})$的第 2 列：

$$ {}^T\boldsymbol{J}_2(\boldsymbol{q}) = \begin{bmatrix} {}^TJ_{2x} \\ {}^TJ_{2y} \\ {}^TJ_{2z} \\ -s_4c_5c_6 - c_4s_6 \\ s_4c_5s_6 - c_4c_6 \\ s_4s_5 \end{bmatrix} \tag{3.164} $$

式中，

$$ {}^TJ_{2x} = a_3s_5c_6 - d_4(c_4c_5c_6 - s_4s_6) + a_2[s_3(c_4c_5c_6 - s_4s_6) + c_3s_5c_6] $$

$$^{T}J_{2y}=-a_3s_5s_6-d_4(-c_4c_5s_6-s_4c_6)+a_2[s_3(-c_4c_5s_6-s_4c_6)+c_3s_5s_6]$$

$$^{T}J_{2z}=a_3c_6+d_4c_4s_5+a_2(-s_3c_4s_5+c_3c_6)$$

同样可得，

$$^{T}\boldsymbol{J}_3(\boldsymbol{q})=\begin{bmatrix}-d_4(c_4c_5c_6-s_4s_6)+a_3(s_5c_6)\\ d_4(c_4c_5s_6+s_4c_6)-a_3(s_5s_6)\\ d_4c_4s_5+a_3c_6\\ -s_4c_5c_6-c_4s_6\\ s_4c_5s_6-c_4c_6\\ s_4s_5\end{bmatrix} \tag{3.165}$$

$$^{T}\boldsymbol{J}_4(\boldsymbol{q})=\begin{bmatrix}0\\0\\0\\s_5c_6\\-s_5s_6\\c_5\end{bmatrix} \tag{3.166}$$

$$^{T}\boldsymbol{J}_5(\boldsymbol{q})=\begin{bmatrix}0\\0\\0\\-s_6\\-c_6\\0\end{bmatrix} \tag{3.167}$$

$$^{T}\boldsymbol{J}_6(\boldsymbol{q})=\begin{bmatrix}0\\0\\0\\0\\0\\1\end{bmatrix} \tag{3.168}$$

(2) 矢量积法求 $\boldsymbol{J}(\boldsymbol{q})$

PUMA 560 的 6 个关节都是转动关节，因而其雅可比矩阵具有下列形式：

$$\boldsymbol{J}(\boldsymbol{q})=\begin{bmatrix}\boldsymbol{z}_1\times{}^1\boldsymbol{p}_6^0 & \boldsymbol{z}_2\times{}^2\boldsymbol{p}_6^0 & \cdots & \boldsymbol{z}_6\times{}^6\boldsymbol{p}_6^0\\ \boldsymbol{z}_1 & \boldsymbol{z}_2 & \cdots & \boldsymbol{z}_6\end{bmatrix} \tag{3.169}$$

由图 3.14 及所列出的各连杆变换矩阵${}^0_1\boldsymbol{T}$，${}^1_2\boldsymbol{T}$，…，${}^5_6\boldsymbol{T}$(参见 3.3.1 节)，可以计算出各中间项，然后求出 $\boldsymbol{J}(\boldsymbol{q})$的各列，即 $J_1(\boldsymbol{q})$，$J_2(\boldsymbol{q})$，…，$J_6(\boldsymbol{q})$，从而求得 $\boldsymbol{J}(\boldsymbol{q})$。具体计算过程在此从略。

3.5 本章小结

本章研究的机器人的运动学涉及机器人运动方程的表示、求解与实例，以及机器人的雅可比矩阵分析和计算等。这些内容是研究机器人动力学和控制的重要基础。

3.1 节研究了机器人运动方程的表示，通过齐次变换矩阵描述机器人末端执行器所在的坐标系相对于基坐标系的位置关系。在第 2 章坐标系布局和连杆参数定义的基础上，推导出相邻连杆之间坐标系变换的一般形式，然后将这些独立的变换联系起来求出连杆 n 相对于连杆 0 的位置和姿态。用变换矩阵表示机械手的运动方向，用转角（欧拉角）变换序列表示运动姿态，或用横滚、俯仰和偏转角表示机械手的运动姿态。一旦机械手的运动姿态由某个姿态变换矩阵确定之后，它在基坐标系中的位置就能够由左乘一个对应于矢量 $\boldsymbol{p}$ 的平移变换确定。这一平移变换可由笛卡儿坐标、柱面坐标或球面坐标表示。为了进一步讨论机器人运动方程，还给出并分析了广义连杆（包括转动关节连杆和棱柱关节连杆）的变换矩阵，得到了通用连杆变换矩阵和机械手的有向变换图。

3.2 节研究了机器人运动方程的求解，首先分析了逆向运动学的可解性、多解性，继而以一个平面三连杆机器人为例，介绍了逆运动学的两种主要求解方法：解析解法和数值解法，其中解析解法包括代数解法、几何解法、欧拉变换解法、滚-仰-偏变换解法和球面变换解法，得出各关节位置的求解公式；数值解法涉及循环坐标下降解法、前向后向到达解法和遗传算法优化解法，求取各关节的方位。

3.3 节举例介绍了机器人运动方程的表示（分析）和求解（综合）。根据 3.1 节和 3.2 节得到的方程式，结合 PUMA 560 机器人的实际连杆参数，求得各连杆的变换矩阵和机械手的变换矩阵，即机器人的运动方程式。在求解机器人的运动方程时，根据机器人末端执行器的位姿和机器人的连杆参数，逐一求得其全部关节变量，完成 PUMA 560 机器人运动方程的求解。

3.4 节研究了机器人位置和姿态的微小变化问题。首先讨论了机器人的微分运动（包括微分平移运动和微分旋转运动），得到刚体（或坐标系）的微分运动矢量 $\boldsymbol{D}$ 和 ${}^{T}\boldsymbol{D}$。接着讨论了机器人微分运动的等价变换问题，为机器人雅可比矩阵 $\boldsymbol{J}(\boldsymbol{q})$ 的求导打下基础。此外，还分析了等价变换式中的微分关系。3.4 节还给出 3 个例题，有助于对微分运动及其等价变换的理解。在上述分析研究的基础上，研究了机器人操作空间速度与关节空间速度间的线性映射问题，即雅可比矩阵问题。这部分研究涉及雅可比矩阵的定义和求解方法，并以 PUMA 560 机器人为例，说明具体机器人的微分运动和雅可比矩阵的求导方法。

习 题 3

3.1 图 3.23 和表 3.3 表示 PUMA 560 的某些机构参数和指定坐标轴。今另有一台工业机器人，除关节 3 为棱柱型关节外，其他关节情况同 PUMA 560。设关节 3 沿着 x_1 的方向滑动，其位移为 d_3。可提出任何必要的附加假设。试求其运动方程式。

表 3.3 PUMA 560 的连杆参数

连杆	α	a	d	θ
1	0°	0	0	θ_1
2	−90°	0	0	θ_2
3	0°	a_2	d_3	θ_3
4	−90°	a_3	d_4	θ_4
5	90°	0	0	θ_5
6	−90°	0	0	θ_6

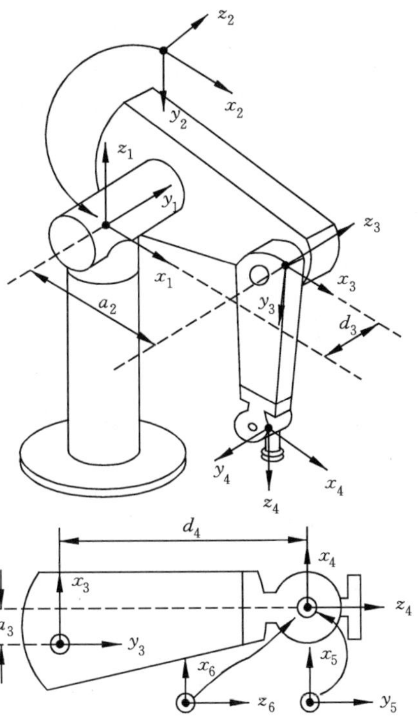

图 3.23　PUMA 560 的结构参数与坐标系配置

3.2　图 3.24 给出了 3 自由度机器人的机构。轴 1 与轴 2 垂直。试求其运动方程式。

3.3　如图 3.25 所示的 3 自由度机器人，其关节 1 与关节 2 相交，而关节 2 与关节 3 平行。图中所有关节均处于零位。各关节转角的正向均由箭头示出。指定本机器人各连杆的坐标系，然后求各变换矩阵${}^0_1\boldsymbol{T}$，${}^1_2\boldsymbol{T}$ 和${}^2_3\boldsymbol{T}$。

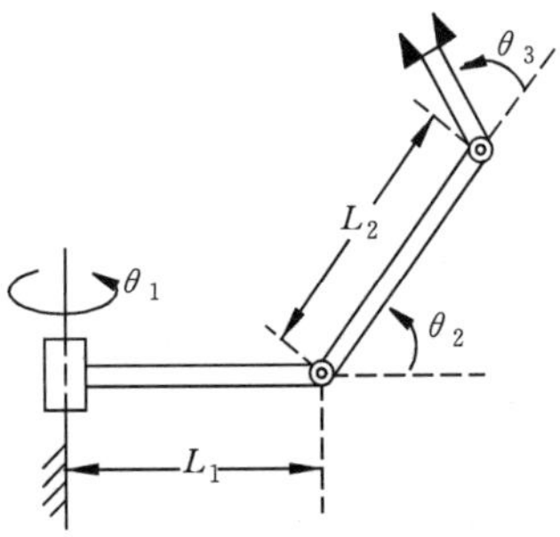

图 3.24　三连杆非平面机器人

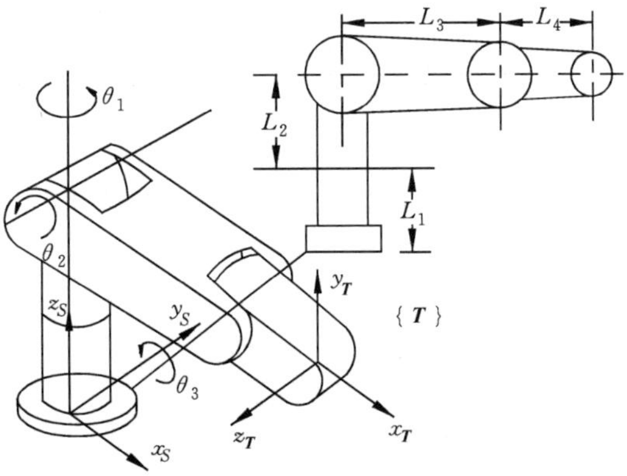

图 3.25　三连杆机器人的两个视图

3.4　图 3.26 和表 3.4 表示 PUMA 250 机器人的几何结构和连杆参数。

(1) 求各连杆的变换矩阵。

(2) 求末端执行器的变换矩阵。

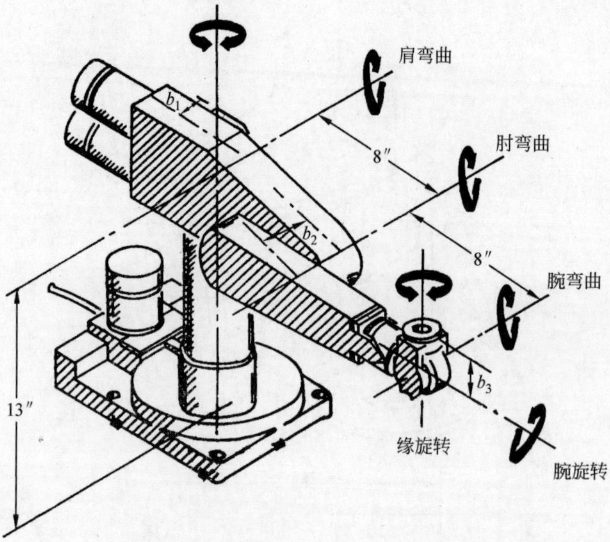

图 3.26　PUMA 250 工业机器人结构

表 3.4　PUMA 250 的连杆参数

连杆	关节变量	θ 变化范围	α	a	d
1	θ_1	315°	90°	0	0
2	θ_2	320°	0°	8	b_1+b_2
3	θ_3	285°	90°	0	0
4	θ_4	240°	−90°	0	8
5	θ_5	535°	−90°	0	0
6	θ_6	575°	0°	0	b_3

3.5　如图 3.27 所示的机器人视觉系统的坐标配置。令{**BASE**}表示机器人机座坐标系，简记为{$\boldsymbol{B}_1$}；{**BOX**}表示被移动箱子的坐标系，简记为{$\boldsymbol{B}_2$}；{**TABLE**}表示工作台的坐标系，简记为{$\boldsymbol{T}$}；{**GRIP**}表示夹手的坐标系，简记为{$\boldsymbol{G}$}；{**CAM**}表示摄像机的坐标系，简记为{$\boldsymbol{C}$}。

已知下列变换：

$$
{}_{T}^{C}\boldsymbol{T}=\begin{bmatrix}0&1&0&10\\1&0&0&20\\0&0&-1&10\\0&0&0&1\end{bmatrix},\quad {}_{C}^{B_2}\boldsymbol{T}=\begin{bmatrix}0&1&0&1\\1&0&0&3\\0&0&-1&8\\0&0&0&1\end{bmatrix}
$$

$$
{}_{C}^{G}\boldsymbol{T}=\begin{bmatrix}-1&0&0&-4\\0&-1&0&2\\0&0&1&7\\0&0&0&1\end{bmatrix},\quad {}_{T}^{B_1}\boldsymbol{T}=\begin{bmatrix}1&0&0&20\\0&1&0&0\\0&0&1&0\\0&0&0&1\end{bmatrix}
$$

(1) 画出有向变换图。

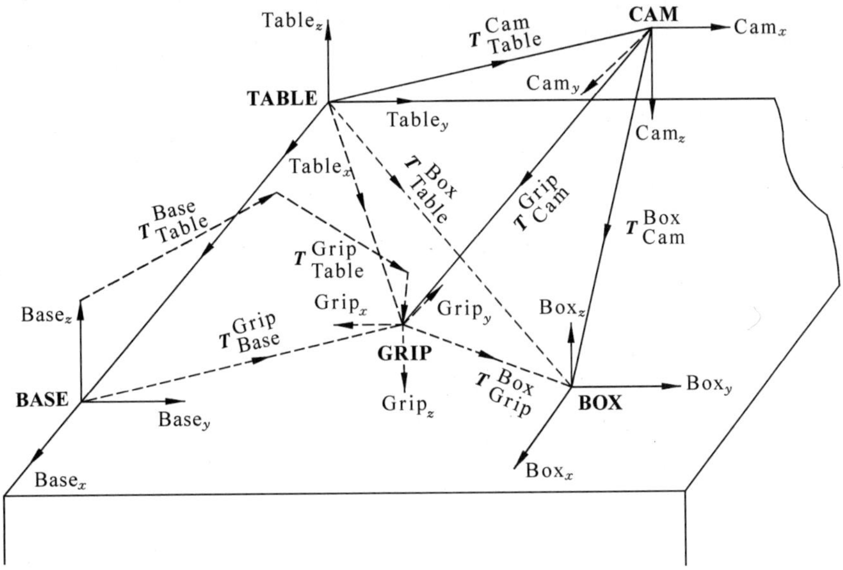

图 3.27　机器人视觉系统坐标系配置

(2) 求变换矩阵${}^{G}_{B_2}\boldsymbol{T}$，并说明其各列的含义。

(3) 求矩阵${}^{G}_{B_1}\boldsymbol{T}$。

(4) 求矩阵${}^{B_2}_{T}\boldsymbol{T}$。

(5) 求矩阵${}^{G}_{T}\boldsymbol{T}$。

(6) 如果让摄像机绕 z_C 轴旋转 90°，求${}^{C}_{T}\boldsymbol{T}$，${}^{C}_{B2}\boldsymbol{T}$ 和${}^{G}_{C}\boldsymbol{T}$ 各矩阵。

3.6　图 3.28 中，并不知道工具的准确方位${}^{W}_{T}\boldsymbol{T}$。应用力控制，当工具尖端插入座孔（或目标）位置${}^{S}_{G}\boldsymbol{T}$ 时，机器人能感觉到插入情况。一旦达到这一对准位形，即坐标系 $\{\boldsymbol{G}\}$ 与 $\{\boldsymbol{T}\}$ 重合，机器人的位置${}^{B}_{W}\boldsymbol{T}$ 就能够由关节角传感器的读数确定，并计算出其运动学特性。假设${}^{B}_{S}\boldsymbol{T}$ 和${}^{S}_{G}\boldsymbol{T}$ 为已知，试推导出计算未知工具坐标系${}^{W}_{T}\boldsymbol{T}$ 的变换方程式。

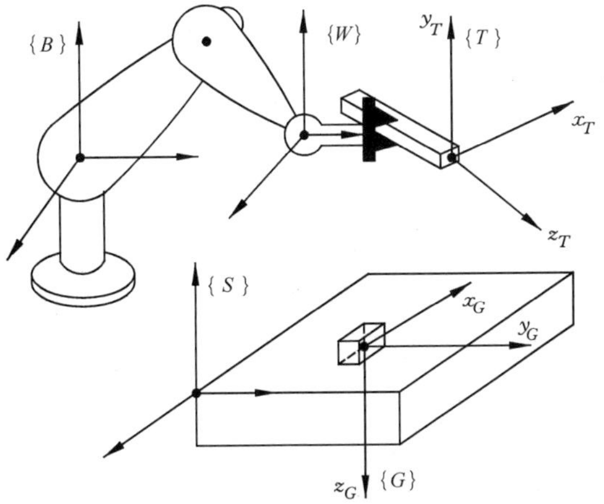

图 3.28　确定工具坐标系的变换方程

3.7　试求 PUMA 250 各关节变量的解 $\theta_i, i=1,2,\cdots,6$。

3.8　已知 $\boldsymbol{T}=\text{Trans}(5,10,0)\text{Rot}(x,-90°)\text{Rot}(z,-90°)$

$$\boldsymbol{\Delta}=\text{Trans}(0,1,0)\text{Rot}(r,0.1,\text{rad})-\boldsymbol{I}$$

式中，$\boldsymbol{r}=[1/\sqrt{3},1/\sqrt{3},1/\sqrt{3},1]^{\mathrm{T}}$

(1) 用 4×4 矩阵表示 $\boldsymbol{T}$ 和 $\boldsymbol{\Delta}$。

(2) 据下式确定 ${}^T\boldsymbol{\Delta}$。

$${}^T\boldsymbol{\Delta}=\boldsymbol{T}^{-1}\boldsymbol{\Delta}\boldsymbol{T}$$

式中，$\boldsymbol{T}^{-1}$ 可由式(2.35)和式(2.36)计算。

(3) 据方程式(3.125)计算 ${}^T\boldsymbol{d}$ 和 ${}^T\boldsymbol{\delta}$。

3.9　已知坐标系$\{\boldsymbol{C}\}$对基坐标系的变换为

$$\boldsymbol{C}=\begin{bmatrix}0&1&0&4\\0&0&1&3\\1&0&0&0\\0&0&0&1\end{bmatrix}$$

而且对于基坐标系的微分平移分量分别为沿 x 轴移动 0.5，沿 y 轴移动为 0，沿 z 轴移动 1；微分旋转分量分别为 0.1，0.2 和 0。

(1) 求相应的微分变换。

(2) 求对应于坐标系$\{\boldsymbol{C}\}$的等效微分平移与旋转。

3.10　已知关节坐标系的微分变化引起基坐标系的变化如下：

$$d_x=1.0,\quad d_y=0.5,\quad \delta_x=0.1\text{(绕 } x \text{ 轴旋转弧度数)}$$

设 $\sin\delta_x=0.1, \cos\delta_x=1.0$。如果机器人原来处于

$$\boldsymbol{T}_6=\begin{bmatrix}-0.8&0&0.6&10\\0&1&0&20\\-0.6&0&-0.8&5\\0&0&0&1\end{bmatrix}$$

那么 $\boldsymbol{T}_6$ 的新值为何？

3.11　试求如图 3.24 所示的 3 自由度机器人的雅可比矩阵，所用坐标系位于夹手末端上，其姿态与第 3 个关节的姿态一样。

3.12　已知

$${}^A\boldsymbol{T}_B=\begin{bmatrix}0.866&-0.500&0.000&10.0\\0.500&0.866&0.000&0.0\\0.000&0.000&1.000&5.0\\0&0&0&1\end{bmatrix}$$

如果在坐标系$\{\boldsymbol{A}\}$原点的速度矢量为

$${}^A\boldsymbol{u}=[0,2,-3,1.414,1.414,0]^{\mathrm{T}}$$

试求参考点在坐标系$\{\boldsymbol{B}\}$原点的 6×1 速度矢量。

第 4 章　机器人动力学

操作机器人是一种主动机械装置，原则上它的每个自由度都可以单独传动。从控制学的观点来看，机械手系统代表冗余的、多变量的和本质非线性的自动控制系统，是个复杂的动力学耦合系统。每个控制任务本身就是一个动力学任务。因此，研究机器人机械手的动力学问题，就是为了进一步讨论控制问题。

分析机器人操作的动态数学模型，主要采用下列两种理论：

(1) 动力学基本理论，包括牛顿-欧拉方程(Newton-Euler equations)。

(2) 拉格朗日力学，特别是二阶拉格朗日方程(Lagrange's equations)。

此外，还有应用高斯定理(Gauss'law)和阿佩尔方程(Appel equation)以及旋量对偶数法和凯恩法(Kane method)等来分析动力学问题的。

第一种理论即力的动态平衡法。当用此法时，需从运动学出发求得加速度，并消去各内作用力。对于较复杂的系统，此种分析方法十分麻烦。因此，本章只讨论一些比较简单的例子。第二种理论即拉格朗日功能平衡法，它只需要速度而不必求内作用力。因此，这是一种直截了当的方法。在本书中，我们主要采用这一方法来分析和求解机械手的动力学问题。我们特别感兴趣的是求得动力学问题的符号解答，因为它有助于对机器人控制问题的深入理解。

研究动力学有两个相反的问题：其一是已知机械手各关节的作用力或力矩，求各关节的位移、速度和加速度，求得运动轨迹。其二是已知机械手的运动轨迹，即各关节的位移、速度和加速度，求各关节所需要的驱动力或力矩。称前者为“动力学正问题”，称后者为“动力学逆问题”。一般的操作机器人的动态方程由 6 个非线性微分联立方程表示。实际上，除了一些比较简单的情况外，这些方程式是不可能求得一般解答的。我们将以矩阵形式求得动态方程，并简化它们，以获得控制所需要的信息。在实际控制时，往往需要对动态方程做出某些假设，进行简化处理。

机器人的动态特性是本章要讨论的另一个问题，包括精度、重复能力、稳定性和空间分辨率等。这些特性是由工具及其功能、机械手几何结构、单独点伺服传动的精度以及执行运动运算的计算机程序的质量决定的。

4.1　刚体的动力学方程

拉格朗日函数 L 被定义为系统的动能 K 和位能 P 之差，即

$$L = K - P \tag{4.1}$$

其中，K 和 P 可以用任何方便的坐标系来表示。

系统动力学方程式，即拉格朗日方程如下：

$$\boldsymbol{F}_i = \frac{\mathrm{d}}{\mathrm{d}t}\frac{\partial L}{\partial \dot{q}_i} - \frac{\partial L}{\partial q_i}, \quad i = 1, 2, \cdots, n \tag{4.2}$$

式中，q_i 为表示动能和位能的坐标，$\dot{q}_i$ 为相应的速度，而 $\boldsymbol{F}_i$ 为作用在第 i 个坐标上的力或力矩。$\boldsymbol{F}_i$ 是力或力矩，是由 q_i 为直线坐标或角坐标决定的。这些力、力矩和坐标被称为"广义力"、"广义力矩"和"广义坐标"，n 为连杆数目。

4.1.1 刚体的动能与位能

在理论力学或物理学力学部分，曾对如图 4.1 所示的一般物体平动时所具有的动能和位能进行过计算，如下：

$$K=\frac{1}{2}M_1\dot{\boldsymbol{x}}_1^2+\frac{1}{2}M_0\dot{\boldsymbol{x}}_0^2$$

$$P=\frac{1}{2}k(\boldsymbol{x}_1-\boldsymbol{x}_0)^2-M_1\boldsymbol{g}\boldsymbol{x}_1-M_0\boldsymbol{g}\boldsymbol{x}_0$$

$$D=\frac{1}{2}c(\dot{x}_1-\dot{x}_0)^2$$

$$W=\boldsymbol{F}\boldsymbol{x}_1-\boldsymbol{F}\boldsymbol{x}_0$$

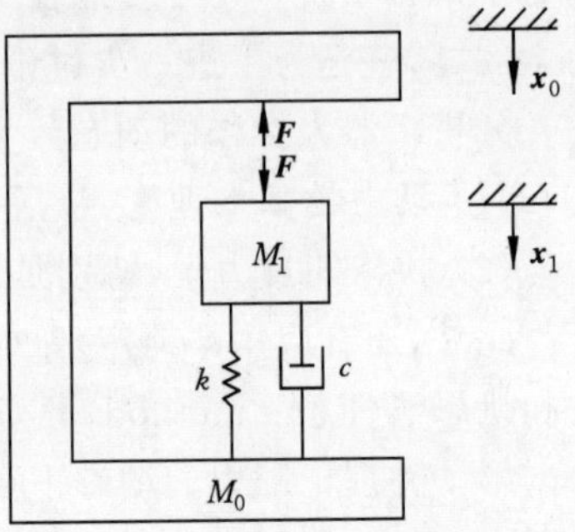

图 4.1 一般物体的动能与位能

式中，K,P,D 和 W 分别表示物体所具有的动能、位能，所消耗的能量和外力所做的功；M_0 和 M_1 为支架和运动物体的质量；$\boldsymbol{x}_0$ 和 $\boldsymbol{x}_1$ 为运动坐标；$\boldsymbol{g}$ 为重力加速度；k 为弹簧虎克系数；c 为摩擦系数；$\boldsymbol{F}$ 为外施作用力。

对于这一问题，存在两种情况：

(1) $\boldsymbol{x}=0,\boldsymbol{x}_1$ 为广义坐标

$$\frac{\mathrm{d}}{\mathrm{d}t}\left(\frac{\partial K}{\partial \dot{x}_1}\right)-\frac{\partial K}{\partial x_1}+\frac{\partial D}{\partial \dot{x}_1}+\frac{\partial P}{\partial x_1}=\frac{\partial W}{\partial x_1}$$

其中，左式第一项为动能随速度(或角速度)和时间的变化；左式第二项为动能随位置(或角度)的变化；左式第三项为能耗随速度变化；左式第四项为位能随位置的变化。右式为实际外加力或力矩。代入相应各项的表达式，并化简可得

$$\frac{\mathrm{d}}{\mathrm{d}t}(M_1\dot{\boldsymbol{x}}_1)-0+c_1\dot{\boldsymbol{x}}_1+k\boldsymbol{x}_1-M_1\boldsymbol{g}=\boldsymbol{F}$$

表示为一般形式为

$$M_1\ddot{\boldsymbol{x}}_1+c_1\dot{\boldsymbol{x}}_1+d\boldsymbol{x}_1=\boldsymbol{F}+M_1\boldsymbol{g}$$

即所求 $x_0=0$ 时的动力学方程式。其中，左式三项分别表示物体的加速度、阻力和弹力，而右式两项分别表示外加作用力和重力。

(2) $x_0=0,x_0$ 和 x_1 均为广义坐标，这时有下式：

$$\begin{cases}M_1\ddot{\boldsymbol{x}}_1+c(\dot{\boldsymbol{x}}_1-\dot{\boldsymbol{x}}_0)+k(\boldsymbol{x}_1-\boldsymbol{x}_0)-M_1\boldsymbol{g}=\boldsymbol{F}\\ M_0\ddot{\boldsymbol{x}}_0+c(\dot{\boldsymbol{x}}_1-\dot{\boldsymbol{x}}_0)-k(\boldsymbol{x}_1-\boldsymbol{x}_0)-M_0\boldsymbol{g}=-\boldsymbol{F}\end{cases}$$

或用矩阵形式表示为

$$\begin{bmatrix}M_1 & 0\\ 0 & M_0\end{bmatrix}\begin{bmatrix}\ddot{\boldsymbol{x}}_1\\ \ddot{\boldsymbol{x}}_0\end{bmatrix}+\begin{bmatrix}c & -c\\ -c & c\end{bmatrix}\begin{bmatrix}\dot{\boldsymbol{x}}_1\\ \dot{\boldsymbol{x}}_0\end{bmatrix}+\begin{bmatrix}k & -k\\ -k & k\end{bmatrix}\begin{bmatrix}\boldsymbol{x}_1\\ \boldsymbol{x}_0\end{bmatrix}=\begin{bmatrix}\boldsymbol{F}\\ -\boldsymbol{F}\end{bmatrix}$$

下面考虑二连杆机械手(图 4.2)的动能和位能。这种运动机构具有开式运动链,与复摆运动有许多相似之处。图中,m_1 和 m_2 为连杆 1 和连杆 2 的质量,且以连杆末端的点质量表示;d_1 和 d_2 分别为二连杆的长度,θ_1 和 θ_2 为广义坐标,$\boldsymbol{g}$ 为重力加速度。

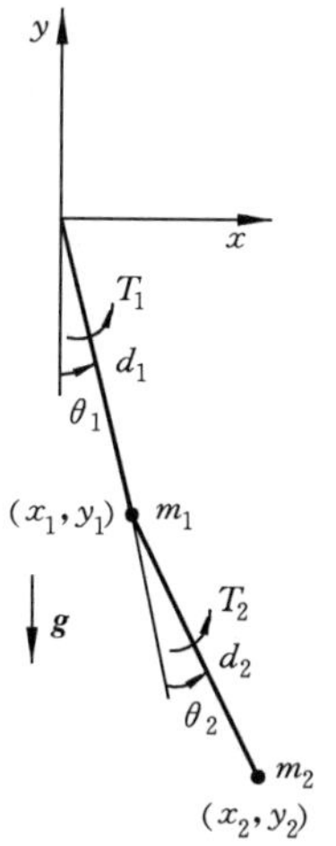

图 4.2 二连杆机器手(1)

先计算连杆 1 的动能 K_1 和位能 P_1。因为

$K_1=\frac{1}{2}m_1v_1^2, v_1=d_1\dot{\theta}_1, P_1=m_1gh_1, h_1=-d_1\cos\theta_1$,所以有

$$K_1=\frac{1}{2}m_1d_1^2\dot{\theta}_1^2$$

$$P_1=-m_1gd_1\cos\theta_1$$

再求连杆 2 的动能 K_2 和位能 P_2。

$$K_2=\frac{1}{2}m_2v_2^2,\quad P_2=mgy_2$$

式中,

$$v_2^2=\dot{x}_2^2+\dot{y}_2^2$$

$$x_2=d_1\sin\theta_1+d_2\sin(\theta_1+\theta_2)$$

$$y_2=-d_1\cos\theta_1-d_2\cos(\theta_1+\theta_2)$$

$$\dot{x}_2=d_1\cos\theta_1\dot{\theta}_1+d_2\cos(\theta_1+\theta_2)(\dot{\theta}_1+\dot{\theta}_2)$$

$$\dot{y}_2=d_1\sin\theta_1\dot{\theta}_1+d_2\sin(\theta_1+\theta_2)(\dot{\theta}_1+\dot{\theta}_2)$$

于是可求得

$$v_2^2=d_1^2\dot{\theta}_1^2+d_2^2(\dot{\theta}_1^2+2\dot{\theta}_1\dot{\theta}_2+\dot{\theta}_2^2)+2d_1d_2\cos\theta_2(\dot{\theta}_1^2+\dot{\theta}_1\dot{\theta}_2)$$

以及

$$K_2=\frac{1}{2}m_2d_1^2\dot{\theta}_1^2+\frac{1}{2}m_2d_2^2(\dot{\theta}_1+\dot{\theta}_2)^2+m_2d_1d_2\cos\theta_2(\dot{\theta}_1^2+\dot{\theta}_1\dot{\theta}_2)$$

$$P_2=-m_2gd_1\cos\theta_1-m_2gd_2\cos(\theta_1+\theta_2)$$

这样,二连杆机械手系统的总动能和总位能分别为

$$\begin{aligned}K&=K_1+K_2\\&=\frac{1}{2}(m_1+m_2)d_1^2\dot{\theta}_1^2+\frac{1}{2}m_2d_2^2(\dot{\theta}_1+\dot{\theta}_2)^2+m_2d_1d_2\cos\theta_2(\dot{\theta}_1^2+\dot{\theta}_1\dot{\theta}_2)\end{aligned}\tag{4.3}$$

$$\begin{aligned}P&=P_1+P_2\\&=-(m_1+m_2)gd_1\cos\theta_1-m_2gd_2\cos(\theta_1+\theta_2)\end{aligned}\tag{4.4}$$

4.1.2 拉格朗日方程和牛顿-欧拉方程

1. 拉格朗日功能平衡法

二连杆机械手系统的拉格朗日函数 L 可据式(4.1)、式(4.3)和式(4.4)求得

$$
\begin{aligned}
L &= K - P \\
&= \frac{1}{2}(m_1 + m_2)d_1^2\dot{\theta}_1^2 + \frac{1}{2}m_2 d_2^2(\dot{\theta}_1^2 + 2\dot{\theta}_1\dot{\theta}_2 + \dot{\theta}_2^2) + \\
&\quad m_2 d_1 d_2 \cos\theta_2(\dot{\theta}_1^2 + \dot{\theta}_1\dot{\theta}_2) + (m_1 + m_2)g d_1 \cos\theta_1 + m_2 g d_2 \cos(\theta_1 + \theta_2)
\end{aligned}
\tag{4.5}
$$

对 L 求偏导数和导数：

$$\frac{\partial L}{\partial \theta_1} = -(m_1 + m_2)g d_1 \sin\theta_1 - m_2 g d_2 \sin(\theta_1 + \theta_2)$$

$$\frac{\partial L}{\partial \theta_2} = -m_2 d_1 d_2 \sin\theta_2(\dot{\theta}_1^2 + \dot{\theta}_1\dot{\theta}_2) - m_2 g d_2 \sin(\theta_1 + \theta_2)$$

$$\frac{\partial L}{\partial \dot{\theta}_1} = (m_1 + m_2)d_1^2\dot{\theta}_1 + m_2 d_2^2\dot{\theta}_1 + m_2 d_2^2\dot{\theta}_2 + 2m_2 d_1 d_2 \cos\theta_2\dot{\theta}_1 + m_2 d_1 d_2 \cos\theta_2\dot{\theta}_2$$

$$\frac{\partial L}{\partial \dot{\theta}_2} = m_2 d_2^2\dot{\theta}_1 + m_2 d_2^2\dot{\theta}_2 + m_2 d_1 d_2 \cos\theta_2\dot{\theta}_1$$

以及

$$
\begin{aligned}
\frac{\mathrm{d}}{\mathrm{d}t}\frac{\partial L}{\partial \dot{\theta}_1} &= [(m_1 + m_2)d_1^2 + m_2 d_2^2 + 2m_2 d_1 d_2 \cos\theta_2]\ddot{\theta}_1 + \\
&\quad (m_2 d_2^2 + m_2 d_1 d_2 \cos\theta_2)\ddot{\theta}_2 - 2m_2 d_1 d_2 \sin\theta_2\dot{\theta}_1\dot{\theta}_2 - m_2 d_1 d_2 \sin\theta_2\dot{\theta}_2^2
\end{aligned}
$$

$$\frac{\mathrm{d}}{\mathrm{d}t}\frac{\partial L}{\partial \dot{\theta}_2} = m_2 d_2^2\ddot{\theta}_1 + m_2 d_2^2\ddot{\theta}_2 + m_2 d_1 d_2 \cos\theta_2\ddot{\theta}_1 - m_2 d_1 d_2 \sin\theta_2\dot{\theta}_1\dot{\theta}_2$$

把相应各导数和偏导数代入式(4.2)，即可求得力矩 T_1 和 T_2 的动力学方程式：

$$
\begin{aligned}
T_1 &= \frac{\mathrm{d}}{\mathrm{d}t}\frac{\partial L}{\partial \dot{\theta}_1} - \frac{\partial L}{\partial \theta_1} \\
&= [(m_1 + m_2)d_1^2 + m_2 d_2^2 + 2m_2 d_1 d_2 \cos\theta_2]\ddot{\theta}_1 + (m_2 d_2^2 + m_2 d_1 d_2 \cos\theta_2)\ddot{\theta}_2 - \\
&\quad 2m_2 d_1 d_2 \sin\theta_2\dot{\theta}_1\dot{\theta}_2 - m_2 d_1 d_2 \sin\theta_2\dot{\theta}_2^2 + \\
&\quad (m_1 + m_2)g d_1 \sin\theta_1 + m_2 g d_2 \sin(\theta_1 + \theta_2)
\end{aligned}
\tag{4.6}
$$

$$
\begin{aligned}
T_2 &= \frac{\mathrm{d}}{\mathrm{d}t}\frac{\partial L}{\partial \dot{\theta}_2} - \frac{\partial L}{\partial \theta_2} \\
&= (m_2 d_2^2 + m_2 d_1 d_2 \cos\theta_2)\ddot{\theta}_1 + m_2 d_2^2\ddot{\theta}_2 + \\
&\quad m_2 d_1 d_2 \sin\theta_2\dot{\theta}_1^2 + m_2 g d_2 \sin(\theta_1 + \theta_2)
\end{aligned}
\tag{4.7}
$$

式(4.6)和式(4.7)的一般形式和矩阵形式如下：

$$T_1 = D_{11}\ddot{\theta}_1 + D_{12}\ddot{\theta}_2 + D_{111}\dot{\theta}_1^2 + D_{122}\dot{\theta}_2^2 + D_{112}\dot{\theta}_1\dot{\theta}_2 + D_{121}\dot{\theta}_2\dot{\theta}_1 + D_1 \tag{4.8}$$

$$T_2 = D_{21}\ddot{\theta}_1 + D_{22}\ddot{\theta}_2 + D_{211}\dot{\theta}_1^2 + D_{222}\dot{\theta}_2^2 + D_{212}\dot{\theta}_1\dot{\theta}_2 + D_{221}\dot{\theta}_2\dot{\theta}_1 + D_2 \tag{4.9}$$

$$\begin{bmatrix} T_1 \\ T_2 \end{bmatrix} = \begin{bmatrix} D_{11} & D_{12} \\ D_{21} & D_{22} \end{bmatrix}\begin{bmatrix} \ddot{\theta}_1 \\ \ddot{\theta}_2 \end{bmatrix} + \begin{bmatrix} D_{111} & D_{122} \\ D_{211} & D_{222} \end{bmatrix}\begin{bmatrix} \dot{\theta}_1^2 \\ \dot{\theta}_2^2 \end{bmatrix} + \begin{bmatrix} D_{112} & D_{121} \\ D_{212} & D_{221} \end{bmatrix}\begin{bmatrix} \dot{\theta}_1\dot{\theta}_2 \\ \dot{\theta}_2\dot{\theta}_1 \end{bmatrix} + \begin{bmatrix} D_1 \\ D_2 \end{bmatrix} \tag{4.10}$$

式中，D_{ii} 为关节 i 的有效惯量，因为关节 i 的加速度 $\ddot{\theta}_i$ 将在关节 i 上产生一个等于 $D_{ii}\ddot{\theta}_i$ 的惯性力；D_{ij} 为关节 i 和 j 间耦合惯量，因为关节 i 和 j 的加速度 $\ddot{\theta}_i$ 和 $\ddot{\theta}_j$ 将在关节 j 或 i 上分别产生一个等于 $D_{ij}\ddot{\theta}_i$ 或 $D_{ij}\ddot{\theta}_j$ 的惯性力；$D_{ijk}\dot{\theta}_1^2$ 项为由关节 j 的速度 $\dot{\theta}_j$ 在关节 i 上产生的向心力；$(D_{ijk}\dot{\theta}_j\dot{\theta}_k+D_{ikj}\dot{\theta}_k\dot{\theta}_j)$ 项为由关节 j 和 k 的速度 $\dot{\theta}_i$ 和 $\dot{\theta}_k$ 引起的作用于关节 i 的科里奥利力（简称"科氏力"）；D_i 表示关节 i 处的重力。

比较式(4.6)、式(4.7)与式(4.8)、式(4.9)，可得本系统的各系数如下。

有效惯量：

$$D_{11}=(m_1+m_2)d_1^2+m_2d_2^2+2m_2d_1d_2\cos\theta_2$$
$$D_{22}=m_2d_2^2$$

耦合惯量：

$$D_{12}=m_2d_2^2+m_2d_1d_2\cos\theta_2=m_2(d_2^2+d_1d_2\cos\theta_2)$$

向心加速度系数：

$$D_{111}=0$$
$$D_{122}=-m_2d_1d_2\sin\theta_2$$
$$D_{211}=m_2d_1d_2\sin\theta_2$$
$$D_{222}=0$$

科氏加速度系数：

$$D_{112}=D_{121}=-m_2d_1d_2\sin\theta_2$$
$$D_{212}=D_{221}=0$$

重力项：

$$D_1=(m_1+m_2)gd_1\sin\theta_1+m_2gd_2\sin(\theta_1+\theta_2)$$
$$D_2=m_2gd_2\sin(\theta_1+\theta_2)$$

对上例指定一些数字，估计此二连杆机械手在静止和固定重力负荷下的 T_1 和 T_2 值。计算条件如下：

(1) 关节 2 锁定，维持恒速$(\ddot{\theta}_2)=0$，即 $\dot{\theta}_2$ 为恒值；

(2) 关节 2 是不受约束的，即 $T_2=0$。

在条件(1)下，式(4.8)和式(4.9)简化为：$T_1=D_{11}\ddot{\theta}_1=I_1\ddot{\theta}_1$，$T_2=D_{12}\ddot{\theta}_1$。在条件(2)下，$T_2=D_{12}\ddot{\theta}_1+D_{22}\ddot{\theta}_2=0$，$T_1=D_{11}\ddot{\theta}_1+D_{12}\ddot{\theta}_2$。解之得

$$\ddot{\theta}_2=-\frac{D_{12}}{D_{22}}\ddot{\theta}_1$$

$$T_1=(D_{11}-\frac{D_{12}^2}{D_{22}})\ddot{\theta}_1=I_i\ddot{\theta}_1$$

取 $d_1=d_2=1$，$m_1=2$，计算 $m_2=1$，4 和 100（分别表示机械手在空载、负载和在外层空间负载的 3 种不同情况；对于外层空间负载，由于失重而允许有大的负载）3 个不同数值时的各系数值。表 4.1 给出了这些系数值及其与位置 θ_2 的关系。其中，对于空载，$m_1=m_2=1$；对于地面满载，$m_1=2$，$m_2=4$；对于外空间负载，$m_1=2$，$m_2=100$。

表 4.1　二连杆机械手不同负荷下的系数值

负　载	θ_2	$\cos\theta_2$	D_{11}	D_{12}	D_{22}	I_1	I_f
地面空载	0°	1	6	2	1	6	2
	90°	0	4	1	1	4	3
	180°	−1	2	0	1	2	2
	270°	0	4	1	1	4	3
地面满载	0°	1	18	8	4	18	2
	90°	0	10	4	4	10	6
	180°	−1	2	0	4	2	2
	270°	0	10	4	4	10	6
外空间负载	0°	1	402	200	100	402	2
	90°	0	202	100	100	202	102
	180°	−1	2	0	100	2	2
	270°	0	202	100	100	202	102

表 4.1 中最右两列为关节 1 上的有效惯量。在空载下，当 θ_2 变化时，关节 1 的有效惯量值在 3∶1(关节 2 锁定时)或 3∶2(关节 2 自由时)范围内变动。由表 4.1 还可以看出，在地面负载下，关节 1 的有效惯量随 θ_2 在 9∶1 范围内变化，此有效惯量值比空载时提高了 3 倍。在外层空间负载为 100 的情况下，有效惯量变化范围更大，可达 201∶1。这些惯量的变化将对机械手的控制产生显著影响。

2. 牛顿-欧拉动态平衡法

为了与拉格朗日法进行比较，看看哪种方法比较简便，用牛顿-欧拉动态平衡法对上述同一个二连杆系统的动力学方程进行求解，其一般形式为

$$\frac{\partial W}{\partial q_i}=\frac{\mathrm{d}}{\mathrm{d}t}\frac{\partial K}{\partial \dot{q}_i}-\frac{\partial K}{\partial q_i}+\frac{\partial D}{\partial \dot{q}_i}+\frac{\partial P}{\partial q_i},\quad i=1,2,\cdots,n \tag{4.11}$$

式中，W,K,D,P 和 q_i 等的含义与拉格朗日法一样；i 为连杆代号，n 为连杆数目。

质量 m_1 和 m_2 的位置矢量 $\boldsymbol{r}_1$ 和 $\boldsymbol{r}_2$(图 4.3)为

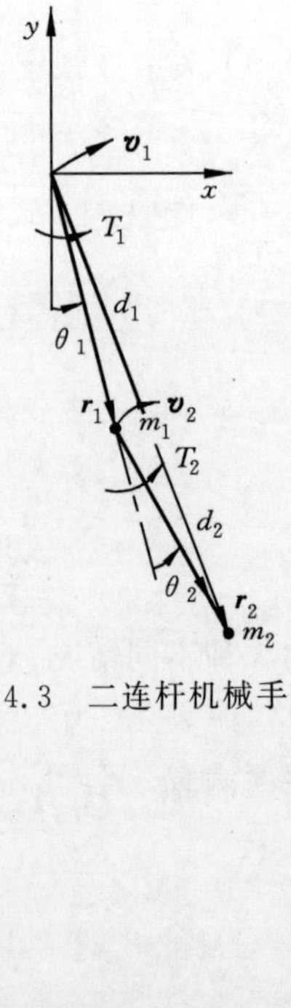

图 4.3　二连杆机械手(2)

$$\begin{aligned}\boldsymbol{r}_1&=\boldsymbol{r}_0+(d_1\cos\theta_1)\boldsymbol{i}+(d_1\sin\theta_1)\boldsymbol{j}\\&=(d_1\cos\theta_1)\boldsymbol{i}+(d_1\sin\theta_1)\boldsymbol{j}\\\boldsymbol{r}_2&=\boldsymbol{r}_1+[d_2\cos(\theta_1+\theta_2)]\boldsymbol{i}+[d_2\sin(\theta_1+\theta_2)]\boldsymbol{j}\\&=[d_1\cos\theta_1+d_2\cos(\theta_1+\theta_2)]\boldsymbol{i}+[d_1\sin\theta_1+d_2\sin(\theta_1+\theta_2)]\boldsymbol{j}\end{aligned}$$

速度矢量 $\boldsymbol{v}_1$ 和 $\boldsymbol{v}_2$：

$$\boldsymbol{v}_1=\frac{\mathrm{d}\boldsymbol{r}_1}{\mathrm{d}t}=[-\dot{\theta}_1 d_1\sin\theta_1]\boldsymbol{i}+[\dot{\theta}_1 d_1\cos\theta_1]\boldsymbol{j}$$

$$\begin{aligned}\boldsymbol{v}_2=\frac{\mathrm{d}\boldsymbol{r}_2}{\mathrm{d}t}=&[-\dot{\theta}_1 d_1\sin\theta_1-(\dot{\theta}_1+\dot{\theta}_2)d_2\sin(\theta_1+\theta_2)]\boldsymbol{i}+\\&[\dot{\theta}_1 d_1\cos\theta_1-(\dot{\theta}_1+\dot{\theta}_2)d_2\cos(\theta_1+\theta_2)]\boldsymbol{j}\end{aligned}$$

再求速度的平方，计算结果得

$$\boldsymbol{v}_1^2=d_1^2\dot{\theta}_1^2$$

$$\boldsymbol{v}_2^2 = d_1^2\dot{\theta}_1^2 + d_2^2(\dot{\theta}_1^2 + 2\dot{\theta}_1\dot{\theta}_2 + \dot{\theta}_2^2) + 2d_1d_2(\dot{\theta}_1^2 + \dot{\theta}_1\dot{\theta}_2)\cos\theta_2$$

于是可得系统动能：

$$\begin{aligned}K &= \frac{1}{2}m_1v_1^2 + \frac{1}{2}m_2v_2^2 \\ &= \frac{1}{2}(m_1+m_2)d_1^2\dot{\theta}_1^2 + \frac{1}{2}m_2d_2^2(\dot{\theta}_1^2 + 2\dot{\theta}_1\dot{\theta} + \dot{\theta}_2^2) + m_2d_1d_2(\dot{\theta}_1^2 + \dot{\theta}_1\dot{\theta}_2)\cos\theta_2\end{aligned}$$

系统的位能随 $\boldsymbol{r}$ 的增大(位置下降)而减少。以坐标原点为参考点进行计算：

$$\begin{aligned}P &= -m_1\boldsymbol{g}\boldsymbol{r}_1 - m_2\boldsymbol{g}\boldsymbol{r}_2 \\ &= -(m_1+m_2)gd_1\cos\theta_1 - m_2gd_2\cos(\theta_1+\theta_2)\end{aligned}$$

系统能耗：

$$D = \frac{1}{2}C_1\dot{\theta}_1^2 + \frac{1}{2}C_2\dot{\theta}_2^2$$

外力矩所做的功：

$$W = T_1\theta_1 + T_2\theta_2$$

至此，求得关于 K，P，D 和 W 的 4 个标量方程式。有了这 4 个方程式，就能够按式(4.11)求出系统的动力学方程式。为此，先求有关导数和偏导数。

当 $q_i = \theta_1$ 时，

$$\frac{\partial K}{\partial \dot{\theta}_1} = (m_1+m_2)d_1^2\dot{\theta}_1 + m_2d_2^2(\theta_1+\theta_2) + m_2d_1d_2(2\dot{\theta}_1 + \dot{\theta}_2)\cos\theta_2$$

$$\frac{\mathrm{d}}{\mathrm{d}t}\frac{\partial K}{\partial \dot{\theta}_1} = (m_1+m_2)d_1^2\ddot{\theta}_1 + m_2d_2^2(\ddot{\theta}_1 + \ddot{\theta}_2) + m_2d_1d_2(2\ddot{\theta}_1 + \ddot{\theta}_2)\cos\theta_2 - m_2d_1d_2(2\dot{\theta}_1 + \dot{\theta}_2)\dot{\theta}_2\sin\theta_2$$

$$\frac{\partial K}{\partial \theta_1} = 0$$

$$\frac{\partial D}{\partial \dot{\theta}_1} = C_1\dot{\theta}_1$$

$$\frac{\partial P}{\partial \theta_1}(m_1+m_2)gd_1\sin\theta_1 + m_2d_2g\sin(\theta_1+\theta_2)$$

$$\frac{\partial W}{\partial \theta_1} = T_1$$

把所求得的上列各导数代入式(4.11)，经合并整理可得

$$\begin{aligned}T_1 = {} & [(m_1+m_2)d_1^2 + m_2d_2^2 + 2m_2d_1d_2\cos\theta_2]\ddot{\theta}_1 + \\ & [m_2d_2^2 + m_2d_1d_2\cos\theta_2]\ddot{\theta}_2 + c_1\dot{\theta}_1 - (2m_2d_1d_2\sin\theta_2)\dot{\theta}_1\dot{\theta}_2 - \\ & (m_2d_1d_2\sin\theta_2)\dot{\theta}_2^2 + [(m_1+m_2)gd_1\sin\theta_1 + m_2d_2g\sin(\theta_1+\theta_2)]\end{aligned} \quad (4.12)$$

当 $q_i = \theta_2$ 时，

$$\frac{\partial K}{\partial \dot{\theta}_2} - m_2d_2^2(\dot{\theta}_1 + \dot{\theta}_2) + m_2d_1d_2\dot{\theta}_1\cos_2$$

$$\frac{\mathrm{d}}{\mathrm{d}t}\frac{\partial K}{\partial \dot{\theta}_2}=m_2d_2^2(\ddot{\theta}_1+\ddot{\theta}_2)+m_2d_1d_2\ddot{\theta}_1\cos\theta_2-m_2d_1d_2\ddot{\theta}_1\ddot{\theta}_2\sin\theta_2$$

$$\frac{\partial K}{\partial \dot{\theta}_2}=-m_2d_2^2(\dot{\theta}_1^2+\dot{\theta}_1\dot{\theta}_2)\sin\theta_2$$

$$\frac{\partial D}{\partial \dot{\theta}_2}=C_2\dot{\theta}_2$$

$$\frac{\partial P}{\partial \dot{\theta}_2}=m_2gd_2\sin(\theta_1+\theta_2)$$

$$\frac{\partial W}{\partial \theta_2}=T_2$$

把上列各式代入式(4.11)，并化简得

$$T_2=(m_2d_2^2+m_2d_1d_2\cos\theta_2)\ddot{\theta}_1+m_2d_2^2\ddot{\theta}_2+m_2d_1d_2\sin\theta_2\dot{\theta}_1^2+ c_2\dot{\theta}_2+m_2gd_2\sin(\theta_1+\theta_2) \tag{4.13}$$

也可以把式(4.12)和式(4.13)写成如式(4.8)和式(4.9)的一般形式。

比较式(4.6)、式(4.7)与式(4.12)、式(4.13)可见，如果不考虑摩擦损耗(取 $c_1=c_2=0$)，那么式(4.6)与式(4.12)完全一致，式(4.7)与式(4.13)完全一致。在式(4.6)和式(4.7)中，没有考虑摩擦所消耗的能量，而式(4.12)和式(4.13)则考虑了这一损耗。因此，所求的两种结果出现了这一差别。

4.2 机械手动力学方程的计算与简化

在分析简单的二连杆机械手系统的基础上，我们进而分析由一组 A 变换描述的任何机械手，求出其动力学方程。推导过程分 5 步进行：

(1) 计算任一连杆上任一点的速度；

(2) 计算各连杆的动能和机械手的总动能；

(3) 计算各连杆的位能和机械手的总位能；

(4) 建立机械手系统的拉格朗日函数；

(5) 对拉格朗日函数求导，以得到动力学方程式。

图 4.4 表示一个四连杆机械手的结构。我们先从这个例子出发，求得此机械手某个连

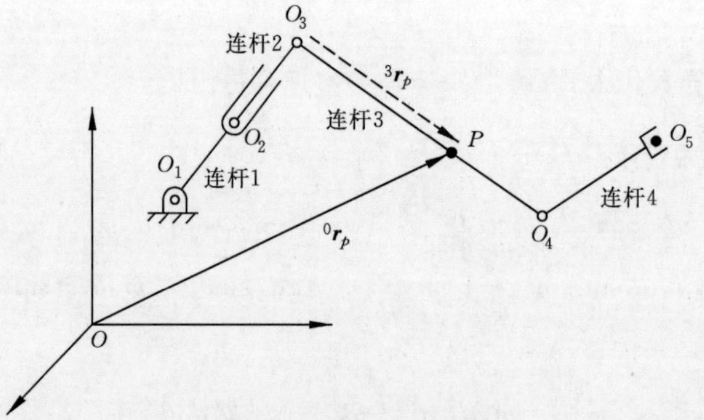

图 4.4　四连杆机械手

杆(例如连杆 3)上某一点(如点 P)的速度、质点和机械手的动能与位能、拉格朗日算子,再求系统的动力学方程式。然后,由特殊到一般,推导出适用于任何机械手的速度、动能、位能和动力学方程的一般表达式。

4.2.1 质点速度的计算

图 4.4 中连杆 3 上点 P 的位置为

$$^{0}\boldsymbol{r}_p = \boldsymbol{T}_3\,{}^{3}\boldsymbol{r}_p$$

式中,$^{0}\boldsymbol{r}_p$ 为总(基)坐标系中的位置矢量;$^{3}\boldsymbol{r}_p$ 为局部(相对关节 O_3)坐标系中的位置矢量;$\boldsymbol{T}_3$ 为变换矩阵,包括旋转变换和平移变换。

对于任一连杆 i 上的一点,其位置为

$$^{0}\boldsymbol{r} = \boldsymbol{T}_i\,{}^{i}\boldsymbol{r} \tag{4.14}$$

点 P 的速度为

$$^{0}\boldsymbol{v}_p = \frac{\mathrm{d}}{\mathrm{d}t}(^{0}\boldsymbol{r}_p) = \frac{\mathrm{d}}{\mathrm{d}t}(\boldsymbol{T}_3\,{}^{3}\boldsymbol{r}_p) = \dot{\boldsymbol{T}}_3\,{}^{3}\boldsymbol{r}_p$$

式中,$\dot{\boldsymbol{T}}_3 = \dfrac{\mathrm{d}\boldsymbol{T}_3}{\mathrm{d}t} = \sum\limits_{j-1}^{3} \dfrac{\partial \boldsymbol{T}_3}{\partial q_i}\dot{q}_j$,所以有

$$^{0}\boldsymbol{v}_p = \left(\sum_{j=1}^{3} \frac{\partial \boldsymbol{T}_3}{\partial q_j}\dot{q}_i\right)(^{3}r_p)$$

对于连杆 i 上任一点的速度为

$$\boldsymbol{v} = \frac{\mathrm{d}\boldsymbol{r}}{\mathrm{d}t} = \left(\sum_{j=1}^{i} \frac{\partial \boldsymbol{T}_i}{\partial q_j}\dot{q}_j\right)^{i}\boldsymbol{r} \tag{4.15}$$

P 点的加速度:

$$\begin{aligned}
^{0}\boldsymbol{a}_p &= \frac{\mathrm{d}}{\mathrm{d}t}(^{0}\boldsymbol{v}_p) = \frac{\mathrm{d}}{\mathrm{d}t}(\dot{\boldsymbol{T}}_3\,{}^{3}\boldsymbol{r}_p) = \ddot{\boldsymbol{T}}_3\,{}^{3}\boldsymbol{r}_p = \frac{\mathrm{d}}{\mathrm{d}t}\left(\sum_{j=1}^{3} \frac{\partial \boldsymbol{T}_3}{\partial q_i}\dot{q}_i\right)(^{3}\boldsymbol{r}_p)\\
&= \left(\sum_{j=1}^{3} \frac{\partial \boldsymbol{T}_3}{\partial q_i}\frac{\mathrm{d}}{\mathrm{d}t}\dot{q}_i\right)(^{3}\boldsymbol{r}_p) + \left(\sum_{k=1}^{3}\sum_{j=1}^{3} \frac{\partial^2 \boldsymbol{T}_3}{\partial q_j \partial q_k}\dot{q}_k\dot{q}_j\right)(^{3}\boldsymbol{r}_p)\\
&= \left(\sum_{j=1}^{3} \frac{\partial \boldsymbol{T}_3}{\partial q_i}\ddot{q}_i\right)(^{3}\boldsymbol{r}_p) + \left(\sum_{k=1}^{3}\sum_{j=1}^{3} \frac{\partial^2 \boldsymbol{T}_3}{\partial q_j \partial q_k}\dot{q}_k\dot{q}_j\right)(^{3}\boldsymbol{r}_p)
\end{aligned}$$

速度的平方:

$$\begin{aligned}
(^{0}\boldsymbol{v}_p)^2 &= (^{0}\boldsymbol{v}_p)\cdot(^{0}\boldsymbol{v}_p) = \mathrm{Trace}[(^{0}\boldsymbol{v}_p)\cdot(^{0}\boldsymbol{v}_p)^{\mathrm{T}}]\\
&= \mathrm{Trace}\left[\sum_{j=1}^{3} \frac{\partial \boldsymbol{T}_3}{\partial q_j}\dot{q}_j(^{3}\boldsymbol{r}_p)\cdot\sum_{k=1}^{3}\left(\frac{\partial \boldsymbol{T}_3}{\partial q_k}\dot{q}_k\right)(^{3}\boldsymbol{r}_p)^{\mathrm{T}}\right]\\
&= \mathrm{Trace}\left[\sum_{j=1}^{3}\sum_{k=1}^{3} \frac{\partial \boldsymbol{T}_3}{\partial q_j}(^{3}\boldsymbol{r}_p)(^{3}\boldsymbol{r}_p)^{\mathrm{T}}\frac{\partial \boldsymbol{T}_3^{\mathrm{T}}}{\partial q_k}\dot{q}_j\dot{q}_k\right]
\end{aligned}$$

对于任一机械手上一点的速度平方为

$$\begin{aligned}
\boldsymbol{v}^2 &= \left(\frac{\mathrm{d}r}{\mathrm{d}t}\right)^2 = \mathrm{Trace}\left[\sum_{j=1}^{i} \frac{\partial \boldsymbol{T}_i}{\partial q_j}\dot{q}_j\,{}^{i}\boldsymbol{r}\sum_{k=1}^{i}\left(\frac{\partial \boldsymbol{T}_i}{\partial q_k}\dot{q}_k\,{}^{i}\boldsymbol{r}\right)^{\mathrm{T}}\right]\\
&= \mathrm{Trace}\left[\sum_{j=1}^{i}\sum_{k=1}^{i} \frac{\partial \boldsymbol{T}_i}{\partial q_k}{}^{i}\boldsymbol{r}\,{}^{i}\boldsymbol{r}^{\mathrm{T}}\left(\frac{\partial \boldsymbol{T}_i}{\partial q_k}\right)^{\mathrm{T}}\dot{q}_k\dot{q}_k\right]
\end{aligned} \tag{4.16}$$

式中，Trace 表示矩阵的迹。对于 n 阶方阵来说，其迹即它的主对角线上各元素之和。

4.2.2 质点动能和位能的计算

令连杆 3 上任一质点 P 的质量为 $\mathrm{d}m$，则其动能为

$$\begin{aligned}\mathrm{d}K_3&=\frac{1}{2}\boldsymbol{v}_p^2\mathrm{d}m\\&=\frac{1}{2}\mathrm{Trace}\left[\sum_{j=1}^{3}\sum_{k=1}^{3}\frac{\partial\boldsymbol{T}_3}{\partial q_i}{}^3\boldsymbol{r}_p({}^3\boldsymbol{r}_p)^{\mathrm{T}}\left(\frac{\partial\boldsymbol{T}_3}{\partial q_k}\right)^{\mathrm{T}}\dot{q}_i\dot{q}_k\right]\mathrm{d}m\\&=\frac{1}{2}\mathrm{Trace}\left[\sum_{j=1}^{3}\sum_{k=1}^{3}\frac{\partial\boldsymbol{T}_3}{\partial q_i}({}^3\boldsymbol{r}_p\mathrm{d}m\,{}^3\boldsymbol{r}_p{}^{\mathrm{T}})^{\mathrm{T}}\left(\frac{\partial\boldsymbol{T}_3}{\partial q_k}\right)^{\mathrm{T}}\dot{q}_i\dot{q}_k\right]\end{aligned}$$

任一机械手连杆 i 上位置矢量 ${}^i\boldsymbol{r}$ 的质点，其动能为

$$\begin{aligned}\mathrm{d}K_i&=\frac{1}{2}\mathrm{Trace}\left[\sum_{j=1}^{i}\sum_{k=1}^{i}\frac{\partial\boldsymbol{T}_i}{\partial q_j}{}^i\boldsymbol{r}\,{}^i\boldsymbol{r}^{\mathrm{T}}\frac{\partial\boldsymbol{T}_i}{\partial q_k}^{\mathrm{T}}\dot{q}_j\dot{q}_k\right]\mathrm{d}m\\&=\frac{1}{2}\mathrm{Trace}\left[\sum_{j=1}^{i}\sum_{k=1}^{i}\frac{\partial\boldsymbol{T}_i}{\partial q_j}({}^i\boldsymbol{r}\mathrm{d}m\,{}^i\boldsymbol{r}^{\mathrm{T}})^{\mathrm{T}}\frac{\partial\boldsymbol{T}_i}{\partial q_k}^{\mathrm{T}}\dot{q}_j\dot{q}_k\right]\end{aligned}$$

对连杆 3 积分 $\mathrm{d}K_3$，可得连杆 3 的动能为

$$K_3=\int_{\text{连杆}3}\mathrm{d}K_3=\frac{1}{2}\mathrm{Trace}\left[\sum_{j=1}^{3}\sum_{k=1}^{3}\frac{\partial\boldsymbol{T}_3}{\partial q_j}\left(\int_{\text{连杆}3}{}^3\boldsymbol{r}_p{}^3\boldsymbol{r}_p{}^{\mathrm{T}}\mathrm{d}m\right)\left(\frac{\partial\boldsymbol{T}_3}{\partial q_k}\right)^{\mathrm{T}}\dot{q}_j\dot{q}_k\right]$$

式中，积分 $\int{}^3\boldsymbol{r}_p{}^3\boldsymbol{r}_p{}^{\mathrm{T}}\mathrm{d}m$ 被称为连杆的“伪惯量矩阵”，并记为

$$J_3=\int_{\text{连杆}3}{}^3\boldsymbol{r}_p{}^3\boldsymbol{r}_p{}^{\mathrm{T}}\mathrm{d}m$$

这样，

$$K_3=\frac{1}{2}\mathrm{Trace}\left[\sum_{j=1}^{3}\sum_{k=1}^{3}\frac{\partial\boldsymbol{T}_3}{\partial q_j}J_3\left(\frac{\partial\boldsymbol{T}_3}{\partial q_k}\right)^{\mathrm{T}}\dot{q}_j\dot{q}_k\right]$$

任何机械手上的任一连杆 i 动能为

$$\begin{aligned}K_i&=\int_{\text{连杆}i}\mathrm{d}K_i\\&=\frac{1}{2}\mathrm{Trace}\left[\sum_{j=1}^{i}\sum_{k=1}^{i}\frac{\partial\boldsymbol{T}_i}{\partial q_j}\boldsymbol{I}_i\left(\frac{\partial\boldsymbol{T}_i}{\partial q_k}\right)\dot{q}_j\dot{q}_k\right]\end{aligned}\tag{4.17}$$

式中，$\boldsymbol{I}_i$ 为伪惯量矩阵，其一般表达式为

$$\boldsymbol{I}_i=\int_{\text{连杆}i}{}^i\boldsymbol{r}\,{}^i\boldsymbol{r}^{\mathrm{T}}\mathrm{d}m=\int_i{}^i\boldsymbol{r}\,{}^i\boldsymbol{r}^{\mathrm{T}}\mathrm{d}m$$

$$=\begin{bmatrix}\int_i{}^ix^2\mathrm{d}m & \int_i{}^ix\,{}^iy\mathrm{d}m & \int_i{}^ix\,{}^iz\mathrm{d}m & \int_i{}^ix\mathrm{d}m\\ \int_i{}^ix\,{}^iy\mathrm{d}m & \int_i{}^iy^2\mathrm{d}m & \int_i{}^iy\,{}^iz\mathrm{d}m & \int_i{}^iy\mathrm{d}m\\ \int_i{}^ix\,{}^iz\mathrm{d}m & \int_i{}^iy\,{}^iz\mathrm{d}m & \int_i{}^iz^2\mathrm{d}m & \int_i{}^iz\mathrm{d}m\\ \int_i{}^ix\mathrm{d}m & \int_i{}^iy\mathrm{d}m & \int_i{}^iz\mathrm{d}m & \int_i\mathrm{d}m\end{bmatrix}$$

根据理论力学或物理学可知，物体的转动惯量、矢量积以及一阶矩量为

$$I_{xx}=\int(y^2+z^2)\mathrm{d}m,\quad I_{yy}=\int(x^2+z^2)\mathrm{d}m,\quad I_{zz}=\int(x^2+y^2)\mathrm{d}m;$$

$$I_{xy}=I_{yx}=\int xy\mathrm{d}m,\quad I_{xz}=I_{zx}=\int xz\mathrm{d}m,\quad I_{yz}=I_{zy}=\int yz\mathrm{d}m;$$

$$mx=\int x\mathrm{d}m,\quad my=\int y\mathrm{d}m,\quad mz=\int z\mathrm{d}m$$

如果令

$$\begin{aligned}\int x^2\mathrm{d}m&=-\frac{1}{2}\int(y^2+z^2)\mathrm{d}m+\frac{1}{2}\int(x^2+z^2)\mathrm{d}m+\frac{1}{2}\int(x^2+y^2)\mathrm{d}m\\&=(-I_{xx}+I_{yy}+I_{zz})/2\\\int y^2\mathrm{d}m&=+\frac{1}{2}\int(y^2+z^2)\mathrm{d}m-\frac{1}{2}\int(x^2+z^2)\mathrm{d}m+\frac{1}{2}\int(x^2+y^2)\mathrm{d}m\\&=(+I_{xx}-I_{yy}+I_{zz})/2\\\int z^2\mathrm{d}m&=+\frac{1}{2}\int(y^2+z^2)\mathrm{d}m+\frac{1}{2}\int(x^2+z^2)\mathrm{d}m-\frac{1}{2}\int(x^2+y^2)\mathrm{d}m\\&=(+I_{xx}+I_{yy}-I_{zz})/2\end{aligned}$$

则可把 $\boldsymbol{I}_i$ 表示为：

$$\boldsymbol{I}_i=\begin{bmatrix}\dfrac{-I_{ixx}+I_{iyy}+I_{izz}}{2} & I_{ixy} & I_{ixz} & m_i\bar{x}_i\\ I_{ixy} & \dfrac{I_{ixx}-I_{iyy}+I_{izz}}{2} & I_{iyz} & m_i\bar{y}_i\\ I_{ixz} & I_{iyz} & \dfrac{I_{ixx}+I_{iyy}-I_{izz}}{2} & m_i\bar{z}_i\\ m_i\bar{x}_i & m_i\bar{y}_i & m_i\bar{z}_i & m_i\end{bmatrix}\tag{4.18}$$

具有 n 个连杆的机械手总的功能为

$$K=\sum_{i=1}^{n}K_i=\frac{1}{2}\sum_{i=1}^{n}\mathrm{Trace}\left[\sum_{j=1}^{n}\sum_{k=1}^{i}\frac{\partial\boldsymbol{T}_i}{\partial q_j}\boldsymbol{I}_i\frac{\partial\boldsymbol{T}_i}{\partial q_k}^{\mathrm{T}}\dot{q}_i\dot{q}_k\right]\tag{4.19}$$

此外，连杆 i 的传动装置动能为

$$K_{ai}=\frac{1}{2}I_{ai}\dot{q}_i^2$$

式中，I_{ai} 为传动装置的等效转动惯量，对于平动关节，I_a 为等效质量；$\dot{q}_i$ 为关节 i 的速度。

所有关节的传动装置总动能为

$$K_a=\frac{1}{2}\sum_{i=1}^{n}I_{ai}\dot{q}_i^2$$

于是得到机械手系统（包括传动装置）的总动能为

$$\begin{aligned}K_t&=K+K_a\\&=\frac{1}{2}\sum_{i-1}^{6}\sum_{j=1}^{i}\sum_{k-1}^{i}\mathrm{Trace}\left(\frac{\partial\boldsymbol{T}_i}{\partial q_i}\boldsymbol{I}_i\frac{\partial\boldsymbol{T}_i}{\partial q_k}^{\mathrm{T}}\right)\dot{q}_j\dot{q}_k+\frac{1}{2}\sum_{i=1}^{6}I_{ai}\dot{q}_i^2\end{aligned}\tag{4.20}$$

下面再来计算机械手的位能。众所周知，一个在高度 h 处质量为 m 的物体，其位能为

$$P = mgh$$

连杆 i 上位置 $^i r$ 处的质点 dm，其位能为

$$\mathrm{d}P_i = -\mathrm{d}m\boldsymbol{g}^{\mathrm{T}_0}\boldsymbol{r} = -\boldsymbol{g}^{\mathrm{T}}\boldsymbol{T}_i{}^i\boldsymbol{r}\mathrm{d}m$$

式中，$\boldsymbol{g}^{\mathrm{T}} = [g_x, g_y, g_z, 1]$。

$$P_i = \int_{连杆i}\mathrm{d}P_i = -\int_{连杆i}\boldsymbol{g}^{\mathrm{T}}\boldsymbol{T}_i{}^i\boldsymbol{r}\mathrm{d}m = -\boldsymbol{g}^{\mathrm{T}}\boldsymbol{T}_i\int_{连杆i}{}^i\boldsymbol{r}\mathrm{d}m$$

$$= -\boldsymbol{g}^{\mathrm{T}}\boldsymbol{T}_i m_i{}^i\boldsymbol{r}_i = -m_i\boldsymbol{g}^{\mathrm{T}}\boldsymbol{T}_i{}^i\boldsymbol{r}_i$$

式中，m_i 为连杆 i 的质量：$^i\boldsymbol{r}_i$ 为连杆 i 相对于其前端关节坐标系的重心位置。

由于传动装置的重力作用 P_{ai} 一般是很小的，可以略之不计，所以，机械手系统的总位能为

$$P = \sum_{i=1}^{n}(P_i - P_{ai}) \approx \sum_{i=1}^{n}P_i$$

$$= -\sum_{i=1}^{n}m_i\boldsymbol{g}^{\mathrm{T}}\boldsymbol{T}_i{}^i\boldsymbol{r}_i \tag{4.21}$$

4.2.3 机械手动力学方程的推导

据式(4.1)求拉格朗日函数

$$L = K_t - P$$

$$= \frac{1}{2}\sum_{i=1}^{n}\sum_{j=1}^{i}\sum_{k=1}^{i}\mathrm{Trace}\left(\frac{\partial\boldsymbol{T}_i}{\partial q_i}I_i\frac{\partial\boldsymbol{T}_i{}^{\mathrm{T}}}{\partial q_k}\right)\dot{q}_j\dot{q}_k + \frac{1}{2}\sum_{i=1}^{n}I_{ai}\dot{q}_i^2 + \sum_{i=1}^{n}m_i\boldsymbol{g}^{\mathrm{T}}\boldsymbol{T}_i{}^i\boldsymbol{r}_i, \quad n = 1, 2, \cdots \tag{4.22}$$

再据式(4.2)求动力学方程。先求导数

$$\frac{\partial L}{\partial\dot{q}_p} = \frac{1}{2}\sum_{i=1}^{n}\sum_{k=1}^{i}\mathrm{Trace}\left(\frac{\partial\boldsymbol{T}_i}{\partial q_p}\boldsymbol{I}_i\frac{\partial\boldsymbol{T}_i{}^{\mathrm{T}}}{\partial q_k}\right)\dot{q}_k +$$

$$\frac{1}{2}\sum_{i=1}^{n}\sum_{j=1}^{i}\mathrm{Trace}\left(\frac{\partial\boldsymbol{T}_i}{\partial q_i}\boldsymbol{I}_i\frac{\partial\boldsymbol{T}_i{}^{\mathrm{T}}}{\partial q_p}\right)\dot{q}_j + I_{ap}\dot{q}_p, \quad p = 1, 2, \cdots n$$

据式(4.18)知，$\boldsymbol{I}_i$ 为对称矩阵，即 $\boldsymbol{I}_i{}^{\mathrm{T}} = \boldsymbol{I}_i$，所以下式成立：

$$\mathrm{Trace}\left(\frac{\partial\boldsymbol{T}_i}{\partial q_j}\boldsymbol{I}_i\frac{\partial\boldsymbol{T}_i{}^{\mathrm{T}}}{\partial q_k}\right) = \mathrm{Trace}\left(\frac{\partial\boldsymbol{T}_i}{\partial q_k}\boldsymbol{I}_i{}^{\mathrm{T}}\frac{\partial\boldsymbol{T}_i{}^{\mathrm{T}}}{\partial q_j}\right) = \mathrm{Trace}\left(\frac{\partial\boldsymbol{T}_i}{\partial q_k}\boldsymbol{I}_i\frac{\partial\boldsymbol{T}_i{}^{\mathrm{T}}}{\partial q_j}\right)$$

$$\frac{\partial L}{\partial\dot{q}_p} = \sum_{i=1}^{n}\sum_{k=1}^{i}\mathrm{Trace}\left(\frac{\partial\boldsymbol{T}_i}{\partial q_k}\boldsymbol{I}_i\frac{\partial\boldsymbol{T}_i{}^{\mathrm{T}}}{\partial q_p}\right)\dot{q}_k + I_{ap}\dot{q}_p$$

当 $p > i$ 时，后面连杆变量 q_p 对前面各连杆不产生影响，即$\partial T_i/\partial q_p = 0, p > i$。这样可得

$$\frac{\partial L}{\partial\dot{q}_p} = \sum_{i=p}^{n}\sum_{k=1}^{i}\mathrm{Trace}\left(\frac{\partial\boldsymbol{T}_i}{\partial q_k}\boldsymbol{I}_i\frac{\partial\boldsymbol{T}_i{}^{\mathrm{T}}}{\partial q_p}\right) + \dot{q}_k + I_{ap}\dot{q}_p$$

因为

$$\frac{\mathrm{d}}{\mathrm{d}t}\left(\frac{\partial \boldsymbol{T}_i}{\partial q_j}\right)=\sum_{k=1}^{i}\frac{\partial}{\partial q_k}\left(\frac{\partial \boldsymbol{T}_i}{\partial q_i}\right)\dot{q}_k$$

所以

$$\begin{aligned}\frac{\mathrm{d}}{\mathrm{d}t}\frac{\partial L}{\partial \dot{q}_p}=&\sum_{i=p}^{n}\sum_{k=1}^{i}\mathrm{Trace}\left(\frac{\partial \boldsymbol{T}_i}{\partial q_k}\boldsymbol{I}_i\frac{\partial \boldsymbol{T}_i}{\partial q_p}^{\mathrm{T}}\right)\ddot{q}_k+I_{ap}\ddot{q}_p+\\&\sum_{i=p}^{n}\sum_{j=1}^{i}\sum_{k=1}^{i}\mathrm{Trace}\left(\frac{\partial^2 \boldsymbol{T}_i}{\partial q_j\partial q_k}\boldsymbol{I}_i\frac{\partial \boldsymbol{T}_i}{\partial q_i}^{\mathrm{T}}\right)\dot{q}_j\dot{q}_k+\\&\sum_{i=p}^{n}\sum_{j=1}^{i}\sum_{k=1}^{i}\mathrm{Trace}\left(\frac{\partial^2 \boldsymbol{T}_i}{\partial q_p\partial q_k}\boldsymbol{I}_i\frac{\partial \boldsymbol{T}_i}{\partial q_i}^{\mathrm{T}}\right)\dot{q}_j\dot{q}_k\\=&\sum_{i=p}^{n}\sum_{k=1}^{i}\mathrm{Trace}\left(\frac{\partial \boldsymbol{T}_i}{\partial q_k}\boldsymbol{I}_i\frac{\partial \boldsymbol{T}_i}{\partial q_p}^{\mathrm{T}}\right)\ddot{q}_k+I_{ap}\ddot{q}_p+\\&2\sum_{i=p}^{n}\sum_{j=1}^{i}\sum_{k=1}^{i}\mathrm{Trace}\left(\frac{\partial^2 \boldsymbol{T}_i}{\partial q_j\partial q_k}\boldsymbol{I}_i\frac{\partial \boldsymbol{T}_i}{\partial q_k}^{\mathrm{T}}\right)\dot{q}_j\dot{q}_k\end{aligned}$$

再求$\partial L/\partial q_p$项：

$$\begin{aligned}\frac{\partial L}{\partial q_p}=&\frac{1}{2}\sum_{i=p}^{n}\sum_{j=1}^{i}\sum_{k=1}^{i}\mathrm{Trace}\left(\frac{\partial^2 \boldsymbol{T}_i}{\partial q_j\partial q_k}\boldsymbol{I}_i\frac{\partial \boldsymbol{T}_i}{\partial q_k}^{\mathrm{T}}\right)\dot{q}_j\dot{q}_k+\\&\frac{1}{2}\sum_{i=p}^{n}\sum_{i=1}^{i}\sum_{k=1}^{i}\mathrm{Trace}\left(\frac{\partial^2 \boldsymbol{T}_i}{\partial q_k\partial q_p}\boldsymbol{I}_i\frac{\partial \boldsymbol{T}_i}{\partial q_j}^{\mathrm{T}}\right)\dot{q}_j\dot{q}_k+\sum_{i=p}^{n}m_i\boldsymbol{g}^{\mathrm{T}}\frac{\partial \boldsymbol{T}_i}{\partial q_p}{}^i\boldsymbol{r}_i\\=&\sum_{i=p}^{n}\sum_{j=1}^{i}\sum_{k=1}^{i}\mathrm{Trace}\left(\frac{\partial^2 \boldsymbol{T}_i}{\partial q_p\partial q_j}\boldsymbol{I}_i\frac{\partial \boldsymbol{T}_i}{\partial q_k}^{\mathrm{T}}\right)\dot{q}_j\dot{q}_k+\sum_{i=p}^{n}m_i\boldsymbol{g}^{\mathrm{T}}\frac{\partial \boldsymbol{T}_i}{\partial q_p}{}^i\boldsymbol{r}_i\end{aligned}$$

在上列两式的运算中，交换第二项和式的哑元j和k，然后与第一项和式合并，获得化简式。把上述两式代入式(4.2)的右式得

$$\begin{aligned}\frac{\mathrm{d}}{\mathrm{d}t}\frac{\partial L}{\partial \dot{q}_p}-\frac{\partial L}{\partial q_p}=&\sum_{i=p}^{n}\sum_{k=1}^{i}\mathrm{Trace}\left(\frac{\partial \boldsymbol{T}_i}{\partial q_k}\boldsymbol{I}_i\frac{\partial \boldsymbol{T}_i}{\partial q_p}^{\mathrm{T}}\right)\ddot{q}_k+I_{ap}\ddot{q}_p+\\&\sum_{i=p}^{n}\sum_{j=1}^{i}\sum_{k=1}^{i}\mathrm{Trace}\left(\frac{\partial^2 \boldsymbol{T}_i}{\partial q_j\partial q_k}\boldsymbol{I}_i\frac{\partial \boldsymbol{T}_i}{\partial q_p}^{\mathrm{T}}\right)\dot{q}_j\dot{q}_k-\sum_{i=p}^{n}m_i\boldsymbol{g}^{\mathrm{T}}\frac{\partial \boldsymbol{T}_i}{\partial q_p}{}^i\boldsymbol{r}_i\end{aligned}$$

交换上列各和式中的哑元，以i代替p，以j代替i，以m代替j，即可得到具有n个连杆的机械手系统动力学方程如下：

$$\begin{aligned}\boldsymbol{T}_i=&\sum_{j=i}^{n}\sum_{k=1}^{j}\mathrm{Trace}\left(\frac{\partial \boldsymbol{T}_j}{\partial q_k}\boldsymbol{I}_j\frac{\partial \boldsymbol{T}_j}{\partial q_i}^{\mathrm{T}}\right)\ddot{q}_k+I_{ai}\ddot{q}_i+\\&\sum_{j=1}^{n}\sum_{k=1}^{j}\sum_{m=1}^{j}\mathrm{Trace}\left(\frac{\partial^2 \boldsymbol{T}_i}{\partial q_k\partial q_m}\boldsymbol{I}_j\frac{\partial \boldsymbol{T}_j}{\partial q_i}^{\mathrm{T}}\right)\dot{q}_k\dot{q}_m-\sum_{j=1}^{n}m_j\boldsymbol{g}^{\mathrm{T}}\frac{\partial \boldsymbol{T}_i}{\partial q_i}{}^i\boldsymbol{r}_i\end{aligned}\tag{4.23}$$

这些方程式是与求和次序无关的。将式(4.23)写成下列形式：

$$\boldsymbol{T}_i=\sum_{j=1}^{n}D_{ij}\ddot{q}_j+I_{ai}\ddot{q}_i+\sum_{j=1}^{6}\sum_{k=1}^{6}D_{ijk}\dot{q}_j\dot{q}_k+D_i\tag{4.24}$$

式中，取$n=6$，而且

$$D_{ij}=\sum_{p=\max i,j}^{6}\mathrm{Trace}\left(\frac{\partial \boldsymbol{T}_p}{\partial q_j}\boldsymbol{I}_p\frac{\partial \boldsymbol{T}_p}{\partial q_i}^{\mathrm{T}}\right)\tag{4.25}$$

$$D_{ijk} = \sum_{p=\max i,j,k}^{6} \text{Trace}\left(\frac{\partial^2 \boldsymbol{T}_p}{\partial q_j \partial q_k} \boldsymbol{I}_i \frac{\partial \boldsymbol{T}_p}{\partial q_i}^{\mathrm{T}}\right) \tag{4.26}$$

$$D_i = \sum_{p=i}^{6} - m_p \boldsymbol{g}^{\mathrm{T}} \frac{\partial \boldsymbol{T}_p}{\partial q_i} {}^p\boldsymbol{r}_p \tag{4.27}$$

上述各方程与 4.1.2 节的惯量项和重力项一样。这些项在机械手控制中特别重要，因为它们直接影响机械手系统的稳定性和定位精度。只有当机械手高速运动时，向心力和科氏力才是重要的。这时，它们所产生的误差不大。传动装置的惯量 I_{ai} 往往具有相当大的值，而且可以减少有效惯量的结构相关性和耦合惯量项的相对重要性。

4.2.4 机械手动力学方程的简化

4.2.3 节中惯量项 D_{ij} 和重力项 D_i 等的计算必须简化，才能便于实际计算。

1. 惯量项 $\boldsymbol{D}_{ij}$ 的简化

3.3.2 节中讨论雅可比矩阵时，曾得到偏导数 $\partial T_6/\partial q_i = T_6 {}^{T_6}\boldsymbol{\Delta}_i$，这实际上是 $p=6$ 时的特例。可以把它推广至一般形式：

$$\frac{\partial \boldsymbol{T}_p}{\partial q_i} = \boldsymbol{T}_p {}^{T_p}\boldsymbol{\Delta}_i \tag{4.28}$$

式中，${}^{T_p}\boldsymbol{\Delta}_i = (A_i A_{i+1} \cdots A_p)^{-1} {}^{i-1}\boldsymbol{\Delta}_i (A_i A_{i+1} \cdots A_p)$，而微分坐标变换为

$${}^{i-1}\boldsymbol{T}_p = (A_i A_{i+1} \cdots A_p)$$

对于旋转关节，据式(3.94)可得微分平移矢量和微分旋转矢量如下：

$$\begin{cases} {}^p d_{ix} = -{}^{i-1}n_{px} {}^{j-1}p_{py} + {}^{i-1}n_{py} {}^{i-1}p_{px} \\ {}^p d_{jy} = -{}^{i-1}o_{px} {}^{i-1}p_{py} + {}^{i-1}o_{py} {}^{i-1}p_{px} \\ {}^p d_{iz} = -{}^{i-1}a_{px} {}^{i-1}p_{py} + {}^{i-1}a_{py} {}^{i-1}p_{px} \end{cases} \tag{4.29}$$

$${}^p\boldsymbol{\delta}_i = {}^{i-1}n_{pz}\boldsymbol{i} + {}^{i-1}o_{pz}\boldsymbol{j} + {}^{i-1}a_{pz}\boldsymbol{k} \tag{4.30}$$

式(4.30)采用了下列缩写：把 ${}^{T_p}\boldsymbol{d}_i$ 写为 ${}^p\boldsymbol{d}_i$，把 ${}^{T_{i-1}}\boldsymbol{n}$ 写成 ${}^{i-1}\boldsymbol{n}_p$，等等。

对于棱柱(平移)关节，据式(3.94)可得各矢量为

$${}^p\boldsymbol{d}_i = {}^{i-1}n_{pz}\boldsymbol{i} + {}^{i-1}o_{pz}\boldsymbol{j} + {}^{i-1}a_{pz}\boldsymbol{k}$$

$${}^p\delta_i = 0\boldsymbol{i} + 0\boldsymbol{j} + 0\boldsymbol{k}$$

将式(4.28)代入式(4.25)得

$$D_{ij} = \sum_{p=\max i,j}^{6} \text{Trace}(\boldsymbol{T}_p {}^p\boldsymbol{\Delta}_j \boldsymbol{I}_p {}^p\boldsymbol{\Delta}_i^{\mathrm{T}} \boldsymbol{T}_p^{\mathrm{T}})$$

对上式中间 3 项展开得

$$D_{ij} = \sum_{p=\max i,j}^{6} \text{Trace}\left[\boldsymbol{T}_p \begin{bmatrix} 0 & -{}^p\delta_{jz} & {}^p\delta_{jy} & {}^p d_{jx} \\ {}^p\delta_{jz} & 0 & -{}^p\delta_{jx} & {}^p d_{jy} \\ -{}^p\delta_{jy} & {}^p\delta_{jx} & 0 & {}^p d_{jz} \\ 0 & 0 & 0 & 0 \end{bmatrix} \times\right.$$

$$\begin{bmatrix} \frac{-I_{xx}+I_{yy}+I_{zz}}{2} & I_{xy} & I_{xz} & m_i\bar{x}_i \\ I_{xy} & \frac{-I_{xx}-I_{yy}+I_{zz}}{2} & I_{yz} & m_i\bar{y}_i \\ I_{xz} & I_{yz} & \frac{I_{xx}+I_{yy}-I_{zz}}{2} & m_i\bar{z}_i \\ m_i\bar{x}_i & m_i\bar{y}_i & m_i\bar{z}_i & m_i \end{bmatrix}\times$$

$$\left.\begin{bmatrix} 0 & {}^p\delta_{ix} & -{}^p\delta_{iy} & 0 \\ -{}^p\delta_{iz} & 0 & {}^p\delta_{ix} & 0 \\ {}^p\delta_{iy} & -{}^p\delta_{ix} & 0 & 0 \\ {}^p\delta_{ix} & {}^p\delta_{iy} & {}^pd_{iz} & 0 \end{bmatrix} T_p^T \right)$$

这中间 3 项是由式(3.80)、式(4.18)和式(3.80)的转置得到的。它们相乘所得矩阵的底行和右列各元均为 0。当它们左乘 $\boldsymbol{T}_p$ 和右乘 $\boldsymbol{T}_p^{\mathrm{T}}$ 时，只用到 $\boldsymbol{T}_p$ 变换的旋转部分。在这种运算下，矩阵的迹为不变式。因此，只需要上述表达式中间 3 项的迹，它的简化矢量形式为

$$D_{ij}=\sum_{p=\max i,y}^{6} m_p[{}^p\boldsymbol{\delta}_i^{\mathrm{T}}k_p{}^p\boldsymbol{\delta}_j+{}^p\boldsymbol{d}_i{}^p\boldsymbol{d}_j+{}^p\bar{\boldsymbol{r}}_p({}^p\boldsymbol{d}_i\times{}^p\boldsymbol{\delta}_j+{}^p\boldsymbol{d}_j\times{}^p\boldsymbol{\delta}_j)] \tag{4.31}$$

式中，

$$\boldsymbol{k}_p=\begin{bmatrix} k_{pxx}^2 & -k_{pxy}^2 & -k_{pxz}^2 \\ -k_{pxy}^2 & k_{pyy}^2 & -k_{pyz}^2 \\ -k_{pxz}^2 & -k_{pyz}^2 & k_{pzz}^2 \end{bmatrix}$$

以及

$$m_pk_{pxx}^2=I_{pxx},\quad m_pk_{pyy}^2=I_{pyy},\quad m_pk_{pzz}^2=I_{pzz},$$
$$m_pk_{pxy}^2=I_{pxy},\quad m_pk_{pyz}^2=I_{pyz},\quad m_pk_{pxz}^2=I_{pxz}$$

如果设定上式中非对角线各惯量项为 0，即一个正态假设，那么式(4.29)可进一步简化为

$$\begin{aligned} D_{ij}=\sum_{p=\max i,j}^{6} m_p\{&[{}^p\delta_{ix}k_{pxx}^2{}^p\delta_{jx}+{}^p\delta_{iy}k_{pyy}^2{}^p\delta_{jy}+{}^p\delta_{iz}k_{pzz}^2{}^p\delta_{jz}]+ \\ &[{}^p\boldsymbol{d}_i\cdot{}^p\boldsymbol{d}_j]+[{}^p\bar{\boldsymbol{r}}_p\cdot(\boldsymbol{d}_i\times{}^p\boldsymbol{\delta}_j+{}^p\boldsymbol{d}_j\times{}^p\boldsymbol{\delta}_i)]\} \end{aligned} \tag{4.32}$$

由式(4.32)可见，D_{ij} 和式的每一元是由三组项组成的。其第一组项 ${}^p\delta_{ix}k_{pxx}^2\cdots$ 表示质量 m_p 在连杆 p 上的分布作用。第二组项表示连杆 p 质量的分布，记为有效力矩臂 ${}^p\boldsymbol{d}_i\cdot{}^p\boldsymbol{d}_j$。最后一组项是由于连杆 p 的质心不在连杆 p 的坐标系原点而产生的。当各连杆的质心相距较大时，上述第二部分的项将起主要作用，而且可以忽略去第一组项和第三组项的影响。

2. 惯量项 D_{ij} 的简化

在式(4.32)中，当 $i=j$ 时，D_{ij} 可进一步简化为 D_{ii}：

$$\begin{aligned} D_{ii}=\sum_{p=i}^{6} m_p\{&[{}^p\delta_{ix}^2k_{pxx}^2+{}^p\delta_{iy}^2k_{pyy}^2+{}^p\delta_{iz}^2k_{pzz}^2]+ \\ &[{}^p\boldsymbol{d}_i\cdot\boldsymbol{d}_i]+[{}^{2p}\bar{\boldsymbol{r}}_p\cdot({}^p\boldsymbol{d}_i\times{}^p\boldsymbol{\delta}_i)]\} \end{aligned} \tag{4.33}$$

如果为旋转关节，那么把式(4.29)和式(4.30)代入式(4.33)可得

$$D_{ii}=\sum_{p=i}^{6}m_p\{[n_{px}^2k_{pxx}^2+o_{py}^2k_{pyy}^2+a_{pz}^2k_{pzz}^2]+[\bar{\boldsymbol{p}}_p\cdot\bar{\boldsymbol{p}}_p]+$$
$$[2^p\bar{\boldsymbol{r}}_p\cdot[(\bar{\boldsymbol{p}}_p\cdot\boldsymbol{n}_p)\boldsymbol{i}+(\bar{\boldsymbol{p}}_p\cdot\boldsymbol{o}_p)\boldsymbol{j}+(\bar{\boldsymbol{p}}_p\cdot\boldsymbol{a}_p)\boldsymbol{k}]]\}\tag{4.34}$$

式中，$\boldsymbol{n}_p,\boldsymbol{o}_p,\boldsymbol{a}_p$ 和 $\boldsymbol{p}_p$ 为 ${}^{(i-1)}\boldsymbol{T}_p$ 的矢量，且

$$\bar{\boldsymbol{p}}=p_x\boldsymbol{i}+p_y\boldsymbol{j}+0\boldsymbol{k}$$

可使式(4.32)和式(4.33)中的有关对应项相等：

$${}^p\delta_{ix}^2k_{pxx}^2+{}^p\delta_{iy}^2k_{pyy}^2+{}^p\delta_{iz}^2k_{pzz}^2=n_{px}^2k_{pxx}^2+o_{py}^2k_{pyy}^2+a_{pz}^2k_{pzz}^2$$
$${}^p\boldsymbol{d}_i\cdot{}^p\boldsymbol{d}_i=\bar{\boldsymbol{p}}_p\cdot\bar{\boldsymbol{p}}_p$$
$${}^p\boldsymbol{d}_i\times{}^p\boldsymbol{\delta}_i=(\bar{\boldsymbol{p}}_p\cdot\boldsymbol{n}_p)\boldsymbol{i}+(\bar{\boldsymbol{p}}_p\cdot\boldsymbol{o}_p)\boldsymbol{j}+(\bar{\boldsymbol{p}}_p\cdot\boldsymbol{a}_p)\boldsymbol{k}$$

正如式(4.22)一样，D_{ii} 和式的每个元也是由三个项组成的。如果为棱柱关节，${}^p\boldsymbol{\delta}_i=0$，${}^p\boldsymbol{d}_i\cdot{}^p\boldsymbol{d}_i=1$，那么

$$D_{ii}=\sum_{p=i}^{6}m_p\tag{4.35}$$

3. 重力项 $\boldsymbol{D}_i$ 的简化

将式(4.28)代入式(4.27)得

$$D_i=\sum_{p=i}^{6}-m_p\boldsymbol{g}^{\mathrm{T}}\boldsymbol{T}_p{}^p\boldsymbol{\Delta}_i{}^p\bar{\boldsymbol{r}}_p$$

把 $\boldsymbol{T}_p$ 分离为 $\boldsymbol{T}_{i-1}{}^{i-1}\boldsymbol{T}_p$，并用 ${}^{i-1}\boldsymbol{T}_p{}^{-1\,i-1}\boldsymbol{T}_p$ 后乘 ${}^p\boldsymbol{\Delta}_i$，得

$$D_i=\sum_{p=i}^{6}-m_p\boldsymbol{g}^{\mathrm{T}}\boldsymbol{T}_{i-1}{}^{i-1}\boldsymbol{T}_p{}^p\boldsymbol{\Delta}_i{}^{i-1}\boldsymbol{T}_p{}^{-1\,i-1}\boldsymbol{T}_p{}^p\bar{\boldsymbol{r}}_p\tag{4.36}$$

当 ${}^{i-1}\boldsymbol{\Delta}_i={}^{i-1}\boldsymbol{T}_p{}^{-1}$，${}^i\boldsymbol{r}_p={}^iT_p{}^p\bar{\boldsymbol{r}}_p$ 时，可进一步化简 D_i 为

$$D_i=-\boldsymbol{g}^{\mathrm{T}}\boldsymbol{T}_{i-1}{}^{i-1}\boldsymbol{\Delta}_i\sum_{p=i}^{6}m_p{}^{i-1}\bar{\boldsymbol{r}}_p\tag{4.37}$$

定义 ${}^{i-1}\boldsymbol{g}=-\boldsymbol{g}^{\mathrm{T}}\boldsymbol{T}_{i-1}{}^{i-1}\boldsymbol{\Delta}_i$，则有

$${}^{i-1}\boldsymbol{g}=-[g_xg_yg_z0]\begin{bmatrix}n_x&o_x&a_x&p_x\\n_y&o_y&a_y&p_y\\n_z&o_z&a_z&p_z\\0&0&0&1\end{bmatrix}\begin{bmatrix}0&-\delta_x&\delta_y&d_x\\\delta_z&0&-\delta_x&d_y\\-\delta_y&\delta_x&0&d_z\\0&0&0&0\end{bmatrix}$$

对应旋转关节 i，${}^{i-1}\boldsymbol{\Delta}_i$ 对应于绕 z 轴的旋转。于是，可把上式简化为

$${}^{i-1}\boldsymbol{g}=-[g_xg_yg_z0]\begin{bmatrix}n_x&o_x&a_x&p_x\\n_y&o_y&a_y&p_y\\n_z&o_z&a_z&p_z\\0&0&0&1\end{bmatrix}\begin{bmatrix}0&-1&0&0\\1&0&0&0\\0&0&0&0\\0&0&0&0\end{bmatrix}$$
$$=[-\boldsymbol{g}\cdot\boldsymbol{o},\boldsymbol{g}\cdot\boldsymbol{n},0,0]\tag{4.38}$$

对于棱柱关节，${}^{i-1}\boldsymbol{\Delta}_i$ 对应于沿 z 轴的平移，这时有

$$
{}^{i-1}\mathbf{g} = -[g_x g_y g_z 0]\begin{bmatrix} n_x & o_x & a_x & p_x \\ n_y & o_y & a_y & p_y \\ n_z & o_z & a_z & p_z \\ 0 & 0 & 0 & 1 \end{bmatrix}\begin{bmatrix} 0 & 0 & 0 & 0 \\ 0 & 0 & 0 & 0 \\ 0 & 0 & 0 & 1 \\ 0 & 0 & 0 & 0 \end{bmatrix}
$$

$$
= [0, 0, -\mathbf{g} \cdot \mathbf{a}] \tag{4.39}
$$

于是,可把 D_i 写为

$$
D_i = {}^{i-1}\mathbf{g} \sum_{p=i}^{6} m_p \, {}^{i-1}\bar{\boldsymbol{r}}_p \tag{4.40}
$$

4.3 机械手动力学方程举例

4.3.1 二连杆机械手动力学方程

在 4.1 节讨论过二连杆机械手的动力学方程,见图 4.2 和图 4.3 及有关各方程式。在此,仅讨论二连杆机械手有效惯量项、耦合惯量项和重力项计算。

首先,规定机械手的坐标系,如图 4.5 所示,并计算 **A** 矩阵和 **T** 矩阵。表 4.2 则表示各连杆参数。

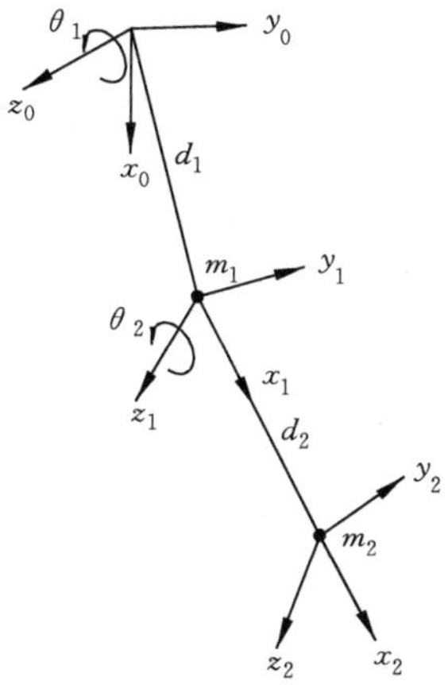

图 4.5　二连杆机械手的坐标系

表 4.2　二连杆机械手连杆参数

连杆	变量	α	a	d	$\cos\alpha$	$\sin\alpha$
1	θ_1	$0°$	d_1	0	1	0
2	θ_2	$0°$	d_2	0	1	0

A 矩阵和 **T** 矩阵如下:

$$
\boldsymbol{A}_1 = {}^0\boldsymbol{T}_1 = \begin{bmatrix} c_1 & -s_1 & 0 & d_1 c_1 \\ s_1 & c_1 & 0 & d_1 s_1 \\ 0 & 0 & 1 & 0 \\ 0 & 0 & 0 & 1 \end{bmatrix},
$$

$$\mathbf{A}_2 = {}^1\mathbf{T}_2 = \begin{bmatrix} c_2 & -s_2 & 0 & d_2c_2 \\ s_2 & c_2 & 0 & d_2s_2 \\ 0 & 0 & 1 & 0 \\ 0 & 0 & 0 & 1 \end{bmatrix},$$

$$^0\mathbf{T}_2 = \begin{bmatrix} c_{12} & -s_{12} & 0 & d_1c_1 + d_2c_{12} \\ s_{12} & c_{12} & 0 & d_1s_1 + d_2s_{12} \\ 0 & 0 & 1 & 0 \\ 0 & 0 & 0 & 1 \end{bmatrix}$$

因两关节均属旋转式，所以，可据式(4.29)和式(4.30)来计算 $\boldsymbol{d}$ 和 $\boldsymbol{\delta}$。

以$^0\boldsymbol{T}_1$ 为基础，有

$$^1\boldsymbol{d}_1 = 0\boldsymbol{i} + d_1\boldsymbol{j} + 0\boldsymbol{k}, \quad ^1\boldsymbol{\delta}_1 = 0\boldsymbol{i} + 0\boldsymbol{j} + 1\boldsymbol{k}$$

以$^1\boldsymbol{T}_2$ 为基础，有

$$^2\boldsymbol{d}_1 = 0\boldsymbol{i} + d_2\boldsymbol{j} + 0\boldsymbol{k}, \quad ^2\boldsymbol{\delta}_2 = 0\boldsymbol{i} + 0\boldsymbol{j} + 1\boldsymbol{k}$$

以$^0\boldsymbol{T}_2$ 为基础，有

$$^2\boldsymbol{d}_1 = s_2d_1\boldsymbol{i} + (c_2d_1 + d_2)\boldsymbol{j} + 0\boldsymbol{k}, \quad ^2\boldsymbol{\delta}_1 = 0\boldsymbol{i} + 0\boldsymbol{j} + 1\boldsymbol{k}$$

对于这个简单机械手，其所有惯性力矩为 0，就像$^i\boldsymbol{r}_i$ 和$^2\boldsymbol{r}_2$ 为 0 一样。因此，从式(4.34)可以立即得到

$$\begin{aligned} D_{11} &= \sum_{p=1}^{2} m_p\{[n_{px}^2 k_{pxx}^2] + [\bar{\boldsymbol{p}}_p \cdot \bar{\boldsymbol{p}}_p]\} \\ &= m_1(p_{1x}^2 + p_{1y}^2) + m_2(p_{2x}^2 + p_{2y}^2) \\ &= m_1d_1^2 + m_2(d_1^2 + d_2^2 + 2c_2d_1d_2) \\ &= (m_1 + m_2)d_1^2 + m_2d_2^2 + 2m_2d_1d_2c_2 \end{aligned}$$

$$\begin{aligned} D_{22} &= \sum_{p=2}^{2} m_p\{[n_{px}^2 k_{pxx}^2] + [\bar{\boldsymbol{p}}_p \cdot \bar{\boldsymbol{p}}_p]\} \\ &= m_2({}^1p_{2x}^2 + {}^1p_{2y}^2) = m_2d_2^2 \end{aligned}$$

再据式(4.32)求 D_{12}：

$$\begin{aligned} D_{12} &= \sum_{p=\max 1,2}^{2} m_p\{[{}^p\boldsymbol{d}_1 \cdot {}^p\boldsymbol{d}_2]\} = m_2({}^2\boldsymbol{d}_1 \cdot {}^2\boldsymbol{d}_2) \\ &= m_2(c_2d_1 + d_2)d_2 = m_2(c_2d_1d_2 + d_2^2) \end{aligned}$$

最后计算重力项 D_1 和 D_2，为此先计算$^2\boldsymbol{g}$ 和$^1\boldsymbol{g}$。

因为$^{i-1}\boldsymbol{g} = [-\boldsymbol{g} \cdot \boldsymbol{o} \quad \boldsymbol{g} \cdot \boldsymbol{n} \quad 0 \quad 0]$，所以可得下列各式：

$$\boldsymbol{g} = [g \quad 0 \quad 0 \quad 0]$$

$$^0\boldsymbol{g} = [0 \quad g \quad 0 \quad 0]$$

$$^1\boldsymbol{g} = [gs_1 \quad gc_1 \quad 0 \quad 0]$$

再求各质心矢量$^i\boldsymbol{r}_p$

$$^2\bar{\boldsymbol{r}}_2 = \begin{bmatrix} 0 \\ 0 \\ 0 \\ 1 \end{bmatrix}, \quad ^1\bar{\boldsymbol{r}}_2 = \begin{bmatrix} c_2d_2 \\ s_2d_2 \\ 0 \\ 1 \end{bmatrix}, \quad ^0\bar{\boldsymbol{r}}_2 = \begin{bmatrix} c_1d_1 + c_{12}d_2 \\ s_1d_1 + s_{12}d_2 \\ 0 \\ 1 \end{bmatrix}$$

$$
{}^{1}\bar{\boldsymbol{r}}_1=\begin{bmatrix}0\\0\\0\\1\end{bmatrix},\quad {}^{0}\bar{\boldsymbol{r}}_1=\begin{bmatrix}c_1d_1\\s_1d_1\\0\\1\end{bmatrix}
$$

于是可据式(4.37)求得 D_1 和 D_2：

$$
\begin{aligned}
D_1&=m_1{}^{0}\boldsymbol{g}{}^{0}\bar{\boldsymbol{r}}_1+m_2{}^{0}\boldsymbol{g}{}^{0}\bar{\boldsymbol{r}}_2=m_1gs_1d_1+m_2g(s_1d_1+s_{12}d_2)\\
&=(m_1+m_2)gd_1s_1+m_2gd_2s_{12}\\
D_2&=m_2{}^{1}\boldsymbol{g}{}^{1}\bar{\boldsymbol{r}}_2=m_2g(s_1c_2+c_1s_2)=m_2gd_2s_{12}
\end{aligned}
$$

以上所求各项,可与4.1.2节中的 D_{11},D_{22},D_1 和 D_2 加以比较,以检验计算结果的正确性。

五连杆和六连杆机械手的动力学方程计算例题,已在一些文献中介绍过,如斯坦福机械手的动力学方程,PUMA 560工业机器人的动力学方程等。在此不予列举。

4.3.2 三连杆机械手的速度和加速度方程

在操作机器人的控制中,往往需要知道各连杆末端的速度和加速度,或者要求控制系统提供一定的驱动力矩或力,以保证机械手各连杆以确定的速度和加速度运动。因此,有必要举例说明如何建立机械手速度和加速度方程。

图4.6为一种三连杆机械手的结构和坐标系。下面将建立其速度和加速度方程。

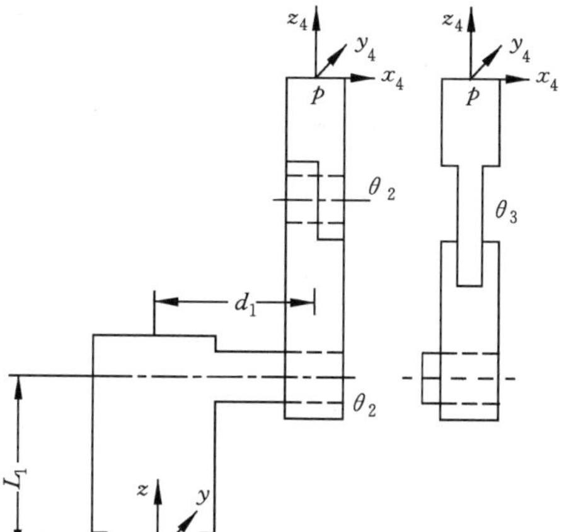

图4.6 三连杆机械手装置

1. 位置方程

机械手装置1的端部对底座坐标系原点的相对位置方程为

$$
\begin{bmatrix}x\\y\\z\\1\end{bmatrix}=\boldsymbol{\phi}_1\boldsymbol{T}_{12}\boldsymbol{\phi}_2\boldsymbol{T}_{23}\boldsymbol{\phi}_3\boldsymbol{T}_{34}\begin{bmatrix}x_4\\y_4\\z_4\\1\end{bmatrix}=\boldsymbol{T}_3\begin{bmatrix}x_4\\y_4\\z_4\\1\end{bmatrix}
$$

式中，

$$\boldsymbol{\phi}_1=\mathrm{Rot}(z_1,\theta_1)=\begin{bmatrix} c_1 & -s_1 & 0 & 0 \\ s_1 & c_1 & 0 & 0 \\ 0 & 0 & 1 & 0 \\ 0 & 0 & 0 & 1 \end{bmatrix},$$

$$\boldsymbol{T}_{12}=\mathrm{Trans}(d_1,0,L_1)\mathrm{Rot}(y,90)=\begin{bmatrix} 0 & 0 & 1 & d_1 \\ 0 & 1 & 0 & 0 \\ -1 & 0 & 0 & L_1 \\ 0 & 0 & 0 & 1 \end{bmatrix},$$

$$\boldsymbol{\phi}_2=\mathrm{Rot}(z_2,\theta_2)=\begin{bmatrix} c_2 & -s_2 & 0 & 0 \\ s_2 & c_2 & 0 & 0 \\ 0 & 0 & 1 & 0 \\ 0 & 0 & 0 & 1 \end{bmatrix},$$

$$\boldsymbol{T}_{23}=\mathrm{Trans}(-L_2,0,0)=\begin{bmatrix} 1 & 0 & 0 & -L_2 \\ 0 & 1 & 0 & 0 \\ 0 & 0 & 1 & 0 \\ 0 & 0 & 0 & 1 \end{bmatrix},$$

$$\boldsymbol{\phi}_3=\mathrm{Rot}(z_2,\theta_2)=\begin{bmatrix} c_3 & -s_3 & 0 & 0 \\ s_3 & c_3 & 0 & 0 \\ 0 & 0 & 1 & 0 \\ 0 & 0 & 0 & 1 \end{bmatrix},$$

$$\boldsymbol{T}_{34}=\mathrm{Trans}(-L_3,0,0)\mathrm{Rot}(y,90)=\begin{bmatrix} 0 & 0 & -1 & -L_3 \\ 0 & 1 & 0 & 0 \\ 1 & 0 & 0 & 0 \\ 0 & 0 & 0 & 1 \end{bmatrix}$$

于是有

$$\begin{aligned}\boldsymbol{T}_3&=\begin{bmatrix} 0 & -s_1 & c_1 & d_1c_1 \\ 0 & c_1 & s_1 & d_1s_1 \\ -1 & 0 & 0 & L_1 \\ 0 & 0 & 0 & 1 \end{bmatrix}\begin{bmatrix} c_2 & -s_2 & 0 & -L_2c_2 \\ s_2 & c_2 & 0 & -L_2s_2 \\ 0 & 0 & 1 & 0 \\ 0 & 0 & 0 & 1 \end{bmatrix}\begin{bmatrix} 0 & -s_3 & -c_3 & -L_3c_3 \\ 1 & c_3 & -s_2 & -L_3s_3 \\ 0 & 0 & 0 & 0 \\ 0 & 0 & 0 & 1 \end{bmatrix}\\
&=\begin{bmatrix} c_1 & s_1s_2s_3-s_1c_2c_3 & s_1s_2c_3+s_1c_2s_3 & L_3s_1(s_2c_3+c_2s_3)+L_2s_1s_2+d_1c_1 \\ s_1 & -c_1s_2s_3+c_1c_2c_3 & c_1s_2c_3+c_1c_2c_3 & -L_3c_1(s_2c_3+c_2s_3)-L_2c_1s_2+d_1s_1 \\ 0 & c_2s_3+s_2c_3 & c_2c_3+s_2s_3 & L_3(c_2c_3-s_2s_3)+L_2c_2+L_1 \\ 0 & 0 & 0 & 1 \end{bmatrix}\\
&=\begin{bmatrix} c_1 & -s_1c_{23} & s_1s_{23} & d_1c_1+s_1(L_2s_2+L_2s_{23}) \\ s_1 & c_1c_{23} & c_1c_{23} & d_1s_1-c_1(L_2s_2+L_2s_{23}) \\ 0 & s_{23} & -c_{23} & L_1+L_2c_2+L_3c_{23} \\ 0 & 0 & 0 & 1 \end{bmatrix}\end{aligned}$$

2. 速度方程

机械手末端(工具)对基坐标系原点的速度方程为

$$
\begin{bmatrix} \dot{x} \\ \dot{y} \\ \dot{z} \\ 0 \end{bmatrix} = \frac{\mathrm{d}}{\mathrm{d}t}\begin{bmatrix} x \\ y \\ z \\ 1 \end{bmatrix} = [\omega_1 \boldsymbol{\theta}_1 \boldsymbol{\phi}_1 \boldsymbol{T}_{12} \boldsymbol{\phi}_2 \boldsymbol{T}_{23} \boldsymbol{\phi}_{23} \boldsymbol{T}_{34} + \omega_2 \boldsymbol{\phi}_1 \boldsymbol{T}_{12} \boldsymbol{\theta}_2 \boldsymbol{\phi}_2 \boldsymbol{T}_{23} \boldsymbol{\phi}_3 \boldsymbol{T}_{34} +
$$

$$
\omega_3 \boldsymbol{\phi}_1 \boldsymbol{T}_{12} \boldsymbol{\phi}_2 \boldsymbol{T}_{23} \boldsymbol{\theta}_3 \boldsymbol{\phi}_3 \boldsymbol{T}_{34}] \begin{bmatrix} x_4 \\ y_4 \\ z_4 \\ 1 \end{bmatrix}
$$

式中,ω_1,ω_2 和 ω_3 分别为轴 z_1,z_2 和 z_3 的旋转角速度;$\boldsymbol{\theta}_1$,$\boldsymbol{\theta}_2$ 和 $\boldsymbol{\theta}_3$ 为旋转求导运算矩阵,且

$$
\boldsymbol{\theta}_1 = \boldsymbol{\theta}_2 = \boldsymbol{\theta}_3 = \begin{bmatrix} 0 & -1 & 0 & 0 \\ 1 & 0 & 0 & 0 \\ 0 & 0 & 0 & 0 \\ 0 & 0 & 0 & 0 \end{bmatrix}
$$

于是有

$$
\begin{aligned}
\dot{\boldsymbol{T}}_{31} &= \omega_1 \boldsymbol{\theta}_1 \boldsymbol{\phi}_1 \boldsymbol{T}_{12} \boldsymbol{\phi}_2 \boldsymbol{T}_{23} \boldsymbol{\phi}_3 \boldsymbol{T}_{34} \\
&= \cdots \\
&= \omega_1 \begin{bmatrix} -s_1 & -c_1 & 0 & 0 \\ c_1 & -s_1 & 0 & 0 \\ 0 & 0 & 0 & 0 \\ 0 & 0 & 0 & 0 \end{bmatrix} \begin{bmatrix} 0 & 0 & 1 & d_1 \\ 0 & 1 & 0 & 0 \\ -1 & 0 & 0 & L_1 \\ 0 & 0 & 0 & 1 \end{bmatrix} \begin{bmatrix} c_2 & -s_2 & 0 & -L_2 c_2 \\ 0 & 1 & 0 & -L_2 s_2 \\ 0 & 0 & 1 & 0 \\ 0 & 0 & 0 & 1 \end{bmatrix} \begin{bmatrix} 0 & -s_3 & -c_3 & -L_3 c_3 \\ 0 & c_3 & -s_3 & -L_3 s_3 \\ 1 & 0 & 0 & 0 \\ 0 & 0 & 0 & 1 \end{bmatrix} \\
&= \omega_1 \begin{bmatrix} -s_1 & -c_1 c_{23} & c_1 s_{23} & L_3 c_1 s_{23} + L_2 c_1 s_2 - d_1 s_1 \\ c_1 & -s_1 c_{23} & s_1 s_{23} & L_2 s_2 s_{23} + L_2 s_1 s_2 + d_1 c_1 \\ 0 & 0 & 0 & 0 \\ 0 & 0 & 0 & 0 \end{bmatrix}
\end{aligned}
$$

$$
\begin{aligned}
\dot{\boldsymbol{T}}_{32} &= \omega_2 \boldsymbol{\phi}_1 \boldsymbol{T}_{12} \boldsymbol{\theta}_2 \boldsymbol{\phi}_2 \boldsymbol{T}_{23} \boldsymbol{\phi}_3 \boldsymbol{T}_{34} \\
&= \cdots \\
&= \omega_2 \begin{bmatrix} 0 & s_1 & c_1 & d_1 c_1 \\ 0 & -c_1 & s_1 & d_2 s_1 \\ -1 & 0 & 0 & L_1 \\ 0 & 0 & 0 & 1 \end{bmatrix} \begin{bmatrix} -s_2 & -c_2 & 0 & 0 \\ c_2 & -s_2 & 0 & 0 \\ 0 & 0 & 0 & 0 \\ 0 & 0 & 0 & 0 \end{bmatrix} \begin{bmatrix} 1 & - & 0 & -L_2 \\ 0 & 1 & 0 & 0 \\ 0 & 0 & 1 & 0 \\ 0 & 0 & 0 & 1 \end{bmatrix} \begin{bmatrix} 0 & -s_3 & -c_3 & -L_3 c_3 \\ 0 & c_3 & -s_3 & -L_3 s_3 \\ 1 & 0 & 0 & 0 \\ 0 & 0 & 0 & 1 \end{bmatrix} \\
&= \omega_2 \begin{bmatrix} 0 & -s_1 c_2 s_3 - s_1 s_2 s_3 & -s_1 c_2 c_3 + s_1 s_2 s_3 & L_3(-s_1 c_2 c_3 + s_1 s_2 s_3) - L_2 s_1 c_2 \\ 0 & c_1 c_2 s_3 + c_1 s_2 c_3 & c_1 c_2 c_3 - c_1 s_2 s_3 & L_3(c_1 c_2 c_3 - c_1 c_2 s_3) + L_2 c_1 c_2 \\ 0 & -s_2 s_3 + c_2 c_3 & -s_2 c_3 - c_2 s_3 & -L_3(s_2 c_3 + c_2 s_3) - L_2 s_2 \\ 0 & 0 & 0 & 0 \end{bmatrix}
\end{aligned}
$$

$$
=\omega_2\begin{bmatrix}0 & -s_1s_{23} & -s_1c_{23} & -L_3s_1c_{23}-L_2s_1c_2\\0 & c_1s_{23} & c_1c_{23} & L_3c_1c_{23}+L_2c_1c_2\\0 & c_{23} & -s_{23} & -L_3s_{23}-L_2s_2\\0 & 0 & 0 & 0\end{bmatrix}
$$

$$
\begin{aligned}
\dot{\boldsymbol{T}}_{33} &= \omega_3\boldsymbol{\phi}_1\boldsymbol{T}_{12}\boldsymbol{\phi}_2\boldsymbol{T}_{23}\boldsymbol{\phi}_3\boldsymbol{T}_{34}\\
&= \cdots\\
&= \omega_3\begin{bmatrix}0 & s_1 & c_1 & d_1c_1\\0 & -c_1 & s_1 & d_1s_1\\-1 & 0 & 0 & L_1\\0 & 0 & 0 & 1\end{bmatrix}\begin{bmatrix}c_2 & -s_2 & 0 & -L_2c_2\\s_2 & c_2 & 0 & -L_2s_2\\0 & 0 & 1 & 0\\0 & 0 & 0 & 1\end{bmatrix}\begin{bmatrix}0 & -1 & 0 & 0\\1 & 0 & 0 & 0\\0 & 0 & 0 & 0\\0 & 0 & 0 & 0\end{bmatrix}\begin{bmatrix}0 & -s_3 & -c_3 & -L_3c_3\\0 & c_3 & -s_3 & -L_3s_3\\1 & 0 & 0 & 0\\0 & 0 & 0 & 1\end{bmatrix}\\
&= \omega_3\begin{bmatrix}0 & -s_1c_2s_3-s_1s_2c_3 & -s_1c_2c_3+s_1s_2s_3 & L_3(-s_1c_2c_3+s_1s_2s_3)\\0 & c_1c_2s_3+c_1s_2c_3 & c_1c_2c_3-c_1s_2s_3 & L_3(c_1c_2c_3-c_1s_2s_3)\\0 & -s_2s_3+c_2c_3 & -s_2c_3-c_2s_3 & -L_3(s_2c_3+c_2s_3)\\0 & 0 & 0 & 0\end{bmatrix}\\
&= \omega_3\begin{bmatrix}0 & -s_1s_{23} & -s_1c_{23} & -L_3s_1c_{23}\\0 & c_1s_{23} & c_1c_{23} & L_3c_1c_{23}\\0 & c_{23} & -s_{23} & -L_3s_{23}\\0 & 0 & 0 & 0\end{bmatrix}
\end{aligned}
$$

因而可得速度方程为

$$
\begin{aligned}
\begin{bmatrix}\dot{x}\\\dot{y}\\\dot{z}\\0\end{bmatrix} &= \omega_1\begin{bmatrix}-s_1 & -c_1c_{23} & c_1s_{23} & L_3c_1s_{23}+L_2c_1s_2-d_1s_1\\c_1 & -s_1c_{23} & s_1s_{23} & L_3s_1s_{23}+L_2s_1s_2+d_1c_1\\0 & 0 & 0 & 0\\0 & 0 & 0 & 0\end{bmatrix}\begin{bmatrix}x_4\\y_4\\z_4\\1\end{bmatrix}+\\
&\quad \omega_2\begin{bmatrix}0 & -s_1s_{23} & -s_1c_{23} & -L_3s_1c_{23}-L_2s_1c_2\\0 & c_1s_{23} & c_1c_{23} & L_3c_1c_{23}+L_2c_1c_2\\0 & c_{23} & -s_{23} & -L_3s_{23}-L_2s_2\\0 & 0 & 0 & 0\end{bmatrix}\begin{bmatrix}x_4\\y_4\\z_4\\1\end{bmatrix}+\\
&\quad \omega_3\begin{bmatrix}0 & -s_1s_{23} & -s_1c_{23} & -L_3s_1c_{23}\\0 & c_1s_{23} & c_1c_{23} & L_3c_1c_{23}\\0 & c_{23} & -s_{23} & -L_3s_{23}\\0 & 0 & 0 & 0\end{bmatrix}\begin{bmatrix}x_4\\y_4\\z_4\\1\end{bmatrix}
\end{aligned}
$$

3. 加速度方程

$$
\begin{aligned}
\begin{bmatrix}\ddot{x}\\\ddot{y}\\\ddot{z}\\0\end{bmatrix} &= \frac{\mathrm{d}}{\mathrm{d}t}\begin{bmatrix}\dot{x}\\\dot{y}\\\dot{z}\\0\end{bmatrix}\\
&= [(\omega_1^2\boldsymbol{\theta}_1\boldsymbol{\theta}_1\boldsymbol{\phi}_1\boldsymbol{T}_{12}\boldsymbol{\phi}_2\boldsymbol{T}_{23}\boldsymbol{\phi}_3\boldsymbol{T}_{34}+\omega_1\omega_2\boldsymbol{\theta}_1\boldsymbol{\phi}_1\boldsymbol{T}_{12}\boldsymbol{\phi}_2\boldsymbol{T}_{23}\boldsymbol{\phi}_3\boldsymbol{T}_{34}+
\end{aligned}
$$

$$\omega_1\omega_3\boldsymbol{\theta}_1\boldsymbol{\phi}_1\boldsymbol{T}_{12}\boldsymbol{\phi}_2\boldsymbol{T}_{23}\boldsymbol{\theta}_3\boldsymbol{\phi}_3\boldsymbol{T}_{34}+\alpha_1\theta_1\boldsymbol{T}_{12}\boldsymbol{\phi}_2\boldsymbol{T}_{23}\boldsymbol{\phi}_3\boldsymbol{T}_{34})+$$
$$(\omega_2\omega_1\boldsymbol{\theta}_1\boldsymbol{\phi}_1\boldsymbol{T}_{12}\boldsymbol{\theta}_2\boldsymbol{\phi}_2\boldsymbol{T}_{23}\boldsymbol{\phi}_3\boldsymbol{T}_{34}+\omega_2{}^2\boldsymbol{\phi}_1\boldsymbol{T}_{12}\boldsymbol{\theta}_2\boldsymbol{\theta}_2\boldsymbol{\phi}_2\boldsymbol{T}_{23}\boldsymbol{\phi}_3\boldsymbol{T}_{23}+$$
$$\omega_2\omega_3\boldsymbol{\phi}_1\boldsymbol{T}_{12}\boldsymbol{\theta}_2\boldsymbol{\phi}_2\boldsymbol{T}_{23}\boldsymbol{\theta}_3\boldsymbol{\phi}_3\boldsymbol{T}_{34}+\alpha_2\boldsymbol{\phi}_1\boldsymbol{T}_{12}\boldsymbol{\theta}_2\boldsymbol{\phi}_2\boldsymbol{T}_{12}\boldsymbol{\phi}_3\boldsymbol{T}_{34})+$$
$$(\omega_3\omega_1\boldsymbol{\theta}_1\boldsymbol{\phi}_1\boldsymbol{T}_{12}\boldsymbol{\phi}_2\boldsymbol{T}_{23}\boldsymbol{\theta}_3\boldsymbol{\phi}_3\boldsymbol{T}_{34}+\omega_3\omega_2\boldsymbol{\phi}_1\boldsymbol{T}_{12}\boldsymbol{\theta}_2\boldsymbol{\phi}_2\boldsymbol{T}_{23}\boldsymbol{\theta}_3\boldsymbol{\phi}_3\boldsymbol{T}_{34}+$$
$$\omega_3{}^2\boldsymbol{\phi}_1\boldsymbol{T}_{12}\boldsymbol{\phi}_2\boldsymbol{T}_{23}\boldsymbol{\theta}_3\boldsymbol{\theta}_3\boldsymbol{\phi}_3\boldsymbol{T}_{34}+\alpha_3\boldsymbol{\phi}_1\boldsymbol{T}_{12}\boldsymbol{\phi}_2\boldsymbol{T}_{23}\boldsymbol{\theta}_3\boldsymbol{\phi}_3\boldsymbol{T}_{34})]\boldsymbol{T}_4$$
$$=(\ddot{\boldsymbol{T}}_{31}+\ddot{\boldsymbol{T}}_{32}+\ddot{\boldsymbol{T}}_{33})\boldsymbol{T}_4=\ddot{\boldsymbol{T}}_3\boldsymbol{T}_4$$

式中，$\boldsymbol{T}_4=[x_4 \quad y_4 \quad z_4 \quad 1]^{\mathrm{T}}$，$\alpha_1$，$\alpha_2$ 和 α_3 分别为绕轴 z_1，z_2 和 z_3 旋转的角加速度。

$$\begin{aligned}\ddot{\boldsymbol{T}}_{31}&=\omega_1{}^2\boldsymbol{\theta}_1\boldsymbol{\theta}_1\boldsymbol{\phi}_1\boldsymbol{T}_{12}\boldsymbol{\phi}_2\boldsymbol{T}_{23}\boldsymbol{\phi}_3\boldsymbol{T}_{34}+\omega_1\omega_2\boldsymbol{\theta}_1\boldsymbol{\phi}_1\boldsymbol{T}_{12}\boldsymbol{\theta}_2\boldsymbol{\phi}_2\boldsymbol{T}_{23}\boldsymbol{\phi}_3\boldsymbol{T}_{34}+\\&\quad\omega_1\omega_2\boldsymbol{\theta}_1\boldsymbol{\phi}_1\boldsymbol{T}_{12}\boldsymbol{\phi}_2\boldsymbol{T}_{23}\boldsymbol{\theta}_3\boldsymbol{\phi}_3\boldsymbol{T}_{34}+\alpha_1\boldsymbol{\theta}_1\boldsymbol{T}_{12}\boldsymbol{\phi}_2\boldsymbol{T}_{23}\boldsymbol{\phi}_3\boldsymbol{T}_{34}\\&=\omega_1\theta_1\dot{\boldsymbol{T}}_{31}+\omega_1\boldsymbol{\theta}_1\dot{\boldsymbol{T}}_{32}+\omega_1\boldsymbol{\theta}_1\dot{\boldsymbol{T}}_{33}+\alpha_1/\omega_1\dot{\boldsymbol{T}}_{31}\\&=\omega_1\boldsymbol{\theta}_1(\dot{\boldsymbol{T}}_{31}+\dot{\boldsymbol{T}}_{32}+\dot{\boldsymbol{T}}_{33})+\alpha_1/\omega_1\dot{\boldsymbol{T}}_{31}\\&=\cdots\end{aligned}$$

$$=\begin{bmatrix}-\omega_1{}^2c_1-\alpha_1s_1 & \omega_1{}^2s_1c_{23}-\omega_1(\omega_2+\omega_3)c_1s_{23}-\alpha_1c_1c_{23} & -\omega_1{}^2s_1s_{23}-\omega_1(\omega_2+\omega_3)c_1c_{23}+\alpha_1c_1s_{23} & \begin{array}{c}-\omega_1{}^2L_3s_1s_{23}-\omega_1(\omega_2+\omega_3)L_3c_1c_{23}-\omega_1\omega_2L_2c_1c_2+\omega_1{}^2L_2s_1s_2+\alpha_1L_3c_1s_{23}+\\\alpha_1L_2c_1s_2-\alpha_1d_1s_1+d_1\omega_1{}^2c_1\end{array}\\-\omega_1{}^2s_1+\alpha_1c_1 & -\omega_1{}^2c_1c_{23}-\omega_1(\omega_2+\omega_3)s_1s_{23}-\alpha_1s_1c_{23} & \omega_1{}^2c_1s_{23}-\omega_1(\omega_2+\omega_3)s_1c_{23}-\alpha_1s_1s_{23} & \begin{array}{c}\omega_2{}^2L_3c_1s_{23}-\omega_1(\omega_2+\omega_3)L_3s_1c_{23}-\omega_1\omega_2L_2s_1c_2+\omega_1{}^2L_2c_1s_2+\alpha_1L_3s_1s_{23}+\\\alpha_1L_2s_1s_2+\alpha_1d_1c_1+d_2\omega_1{}^2s_1\end{array}\\0&0&0&0\\0&0&0&0\end{bmatrix}$$

$$\begin{aligned}\ddot{\boldsymbol{T}}_{32}&=\omega_2\omega_1\boldsymbol{\theta}_1\boldsymbol{\phi}_1\boldsymbol{T}_{12}\boldsymbol{\theta}_2\boldsymbol{\phi}_2\boldsymbol{T}_{23}\boldsymbol{\phi}_3\boldsymbol{T}_{34}+\omega_2^2\boldsymbol{\phi}_1\boldsymbol{T}_{12}\boldsymbol{\theta}_2\boldsymbol{\theta}_2\boldsymbol{\phi}_2\boldsymbol{T}_{23}\boldsymbol{\phi}_3\boldsymbol{T}_{34}+\\&\quad\omega_2\omega_3\boldsymbol{\phi}_1\boldsymbol{T}_{12}\boldsymbol{\theta}_2\boldsymbol{\phi}_2\boldsymbol{T}_{23}\boldsymbol{\theta}_3\boldsymbol{\phi}_3\boldsymbol{T}_{34}+\alpha_2\boldsymbol{\theta}_1\boldsymbol{T}_{12}\boldsymbol{\theta}_2\boldsymbol{\phi}_2\boldsymbol{T}_{23}\boldsymbol{\phi}_3\boldsymbol{T}_{34}\\&=\omega_1\boldsymbol{\theta}_1\dot{\boldsymbol{T}}_{32}+\alpha_2/\omega_2\dot{\boldsymbol{T}}_{32}+\omega_2^2[\boldsymbol{\phi}_1\boldsymbol{T}_{12}\boldsymbol{\theta}_2][\boldsymbol{\theta}_2][\boldsymbol{\phi}_2\boldsymbol{T}_{23}][\boldsymbol{\phi}_3\boldsymbol{T}_{34}]+\\&\quad\omega_2\omega_3[\boldsymbol{\phi}_1\boldsymbol{T}_{12}\boldsymbol{\theta}_2][\boldsymbol{\phi}_2\boldsymbol{T}_{23}][\boldsymbol{\theta}_3][\boldsymbol{\phi}_3\boldsymbol{T}_{34}]\\&=\cdots\end{aligned}$$

$$=\begin{bmatrix}0 & -\omega_1\omega_2c_1s_{23}-\alpha_2s_1s_{23}-\omega_2(\omega_2+\omega_3)s_1c_{23}\\0 & -\omega_1\omega_2s_1s_{23}+\alpha_2c_1s_{23}+\omega_2(\omega_2+\omega_3)c_1c_{23}\\0 & \alpha_2c_{23}-\omega_2(\omega_2+\omega_3)s_{23}\\0 & 0\end{bmatrix}$$

$$
\begin{array}{c}
-\omega_1\omega_2 c_1 c_{23}-\alpha_2 s_1 c_{23}+\omega_2(\omega_2+\omega_3)s_1 s_{23}\\
-\omega_1\omega_2 s_1 c_{23}+\alpha_2 c_1 c_{23}-\omega_2(\omega_2+\omega_3)c_1 s_{23}\\
-\alpha_2 s_{23}-\omega_2(\omega_2+\omega_3)c_{23}\\
0
\end{array}
$$

$$
\left.\begin{array}{c}
-\omega_1\omega_2(L_3c_1c_{23}+L_2c_1c_2)-\alpha_2(L_3s_1c_{23}+L_2s_1c_2)+\omega_2{}^2L_2s_1s_2+\omega_2(\omega_2+\omega_3)L_3s_1s_{23}\\
-\omega_1\omega_2(L_3s_1c_{23}+L_2s_1c_2)+\alpha_2(L_3c_1c_{23}+L_2c_1c_2)-\omega_2{}^2L_2c_1s_2-\omega_2(\omega_2+\omega_3)L_3c_1s_{23}\\
-\alpha_2(L_3s_{23}+L_2s_2)-\omega_2{}^2L_2c_2-\omega_2(\omega_2+\omega_3)L_3c_{23}\\
0
\end{array}\right]
$$

$$
\begin{aligned}
\ddot{\boldsymbol{T}}_{33}&=\omega_1\boldsymbol{\theta}_1\dot{\boldsymbol{T}}_{33}+\omega_3\omega_2\boldsymbol{\phi}_1\boldsymbol{T}_{12}\boldsymbol{\theta}_2\boldsymbol{\phi}_2\boldsymbol{T}_{23}\boldsymbol{\theta}_3\boldsymbol{\phi}_3\boldsymbol{T}_{34}+\\
&\quad\omega_3^2\boldsymbol{\phi}_1\boldsymbol{T}_{12}\boldsymbol{\phi}_2\boldsymbol{T}_{23}\boldsymbol{\theta}_3\boldsymbol{\theta}_3\boldsymbol{\phi}_3\boldsymbol{T}_{34}+\alpha_3/\omega_3\boldsymbol{T}_{33}\\
&=\cdots\\
&=\left[\begin{array}{ll}
0 & -(\omega_3\omega_1c_1+\alpha_3s_1)s_{23}-\omega_3(\omega_2-\omega_3)s_1c_{23}\\
0 & -(\omega_3\omega_1s_1-\alpha_3c_1)s_{23}+\omega_3(\omega_2-\omega_3)c_1c_{23}\\
0 & \qquad -\omega_3(\omega_2+\omega_3)s_{23}+\alpha_3c_{23}\\
0 & \qquad\qquad 0
\end{array}\right.
\end{aligned}
$$

$$
\begin{array}{c}
-(\omega_3\omega_1c_1+\alpha_3s_1)c_{23}+\omega_3(\omega_2-\omega_3)s_1s_{23}\\
-(\omega_3\omega_1s_1-\alpha_3c_1)c_{23}-\omega_3+\omega_3(\omega_2-\omega_3)c_1s_{23}\\
-\omega_3(\omega_2-\omega_3)c_{23}-\alpha_3s_{23}\\
0
\end{array}
$$

$$
\left.\begin{array}{c}
-L_3(\omega_3\omega_1c_1+\alpha_3s_1)c_{23}+L_3\omega_3(\omega_2-\omega_3)s_1s_{23}\\
-L_3(\omega_3\omega_1s_1-\alpha_3c_1)c_{23}-L_3\omega_3(\omega_2-\omega_3)c_1s_{23}\\
-L_3\omega_3(\omega_2+\omega_3)c_{23}-L_3\alpha_3s_{23}\\
0
\end{array}\right]
$$

于是可得加速度方程：

$$
\begin{bmatrix}\ddot{x}\\ \ddot{y}\\ \ddot{z}\\ 0\end{bmatrix}=(\ddot{\boldsymbol{T}}_{31}+\ddot{\boldsymbol{T}}_{32}+\ddot{\boldsymbol{T}}_{33})\begin{bmatrix}x_4\\ y_4\\ z_4\\ 1\end{bmatrix}=\ddot{\boldsymbol{T}}_3\begin{bmatrix}x_4\\ y_4\\ z_4\\ 1\end{bmatrix}
$$

式中，

$$
\ddot{\boldsymbol{T}}_3=\left[\begin{array}{c}
-\omega_1^2c_1-\alpha_1s_1\\
-\omega_1^2s_1+\alpha_1c_1\\
0\\
0
\end{array}\right.
$$

$$
\begin{array}{c}
(\omega_1{}^2-\omega_2{}^2+\omega_3{}^2-2\omega_2\omega_3)s_1c_{23}-2\omega_1(\omega_2+\omega_3)c_1s_{23}-\alpha_1c_1c_{23}-(\alpha_2+\alpha_3)s_1s_{23}\\
-(\omega_1{}^2-\omega_2{}^2+\omega_3{}^2-2\omega_2\omega_3)c_1c_{23}-2\omega_1(\omega_2+\omega_3)s_1s_{23}-\alpha_1s_1c_{23}+(\alpha_2+\alpha_3)c_1s_{23}\\
-(\omega_2+\omega_3)^2s_{23}+(\alpha_2+\alpha_3)c_{23}\\
0
\end{array}
$$

$$
\begin{array}{c}
-(\omega_1^2-\omega_2^2+\omega_3^2-2\omega_2\omega_3)s_1s_{23}-2\omega_1(\omega_2+\omega_3)c_1s_{23}-(\alpha_2+\alpha_3)s_1c_{23}+\alpha_1c_1s_{23} \\
(\omega_1^2-\omega_2^2+\omega_3^2-2\omega_2\omega_3)c_1s_{23}-2\omega_1(\omega_2+\omega_3)s_1c_{23}+(\alpha_2+\alpha_3)c_1c_{23}+\alpha_1s_1s_{23} \\
-(\omega_2+\omega_3)^2c_{23}-(\alpha_2+\alpha_3)s_{23} \\
0 \\
-L_3(\omega_1^2-\omega_2^2+\omega_3^2-2\omega_2\omega_3)s_1s_{23}-2\omega_1(\omega_2+\omega_3)L_3c_1c_{23}-L_3(\alpha_2+\alpha_3)s_1c_{23}+ \\
L_3\alpha_1c_1s_{23}-2L_2\omega_1\omega_2c_1c_2-L_2\alpha_1s_1c_2+L_2(\omega_1^2+\omega_2^2)s_1s_2+L_2\alpha_1c_1s_2+ \\
d_1\omega_1^2c_1-d_1\alpha_1s_1 \\
L_3(\omega_1^2-\omega_2^2+\omega_3^2-2\omega_2\omega_3)c_1s_{23}-2\omega_1(\omega_2+\omega_3)L_3s_1c_{23}+L_3(\alpha_2+\alpha_3)c_1c_{23}+ \\
L_3\alpha_1s_1s_{23}-2L_2\omega_1\omega_2s_1c_2-L_2\alpha_1c_1c_2+L_2(\omega_1^2+\omega_2^2)c_1s_2+L_2\alpha_1s_1s_2- \\
d_1\omega_1^2s_1+d_1\alpha_1c_1 \\
-L_3(\omega_1^2-\omega_2^2+\omega_3^2-2\omega_2\omega_3)c_{23}-L_3(\alpha_2+\alpha_3)s_{23}-L_2\alpha_2s_2-L_2\omega_2^2c_2 \\
0
\end{array}
\right]
$$

4.4 机器人的动态特性

一台操作机器人的动态特性包括其工作精度、重复能力、稳定度和空间分辨率等。这些特性取决于工具及其功能、手臂的几何结构、单独传动点的精度以及进行运动运算的计算机程序的质量等。

4.4.1 动态特性概述

机械手的动态特性用于描述下列能力：机械手能够移动得多快，它能以怎样的准确性快速地停在给定点，以及它对停止位置超调了多少距离等。当工具快速移向工件时，任何超调都可能造成重大的损害或事故。另一方面，如果工具移动得太慢，那么又会耗费过多的时间。

对于基底具有转动关节的机械手来说，要达到良好的动态性能通常是很困难的。从伺服控制的角度看，惯性负载不仅是由物体的惯量决定的，也取决于这些关节的瞬时位置和运动情况。在快速运动时，机械手上各刚性连杆的质量和转动惯量（惯量矩）给这些关节的伺服系统的总负载强加上了一个很大的摩擦负载。一台工业操作机器人，随着它的姿态变化，其第一个转动关节上的惯性负载在10倍范围内变化的情况并非罕见。如果单独关节伺服系统是经典的比例-积分-微分控制器（proportion integration differentiation controller，PID controller），那么这些伺服系统应以最大惯性负载来调准，以保证不会超越它们的目标。但是，这种调准方法会严重地降低它们的性能。

在机器人示教设备中，有一种用于加速运动过程的技术，即教会一个或多个附加的路径中继点，这些中继点所处的位置能够使手臂的部分运动进入低惯量姿态。一个中继点是工具触头应当经过而不必停止的点，如图 4.7 所示。

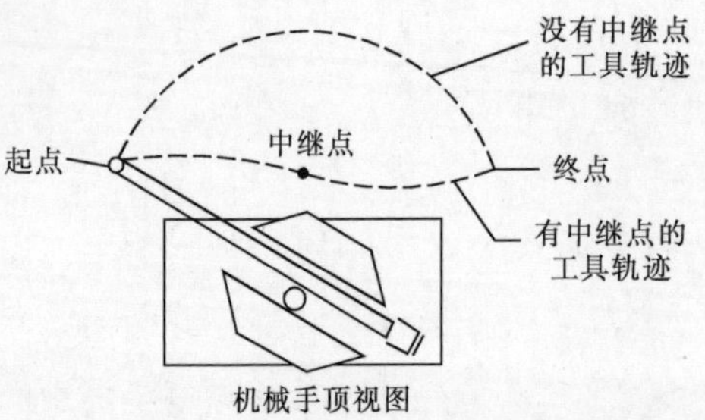

图 4.7　采用中继点加速机械手的运动

例如，可以把中继点示教为从起始位置至停止位置间直线的中点。当悬臂开始运动之后，这个过程将强制悬臂收缩进去，以减少旋转关节伺服系统所受到的转动惯量，并很可能导致较大的加速度与减速度，缩短过渡过程时间。说“很可能”，是因为大多数机械手的伺服系统具有相当明显的奇异非线性，因而要使它们的特性普遍化是很困难的。

必须谨慎地采用中继点。如果这些点设置得不适当，那么它们可能损坏某些机械臂。一般来说，不应该让主关节以全速接近其中继点，也不应在相反的方向以全速趋向中继点。

4.4.2　稳定性

稳定性(stability)涉及系统、装置或工具运动过程中的无振荡问题。振荡带来的不利影响是不言而喻的。

众所周知，振荡的类型有两种，即衰减振荡和非衰减振荡。前者随时间减弱至停止振荡(暂时振荡)。后者可能维持振荡幅值不变甚至增大(维持振荡或发散振荡)。非衰减振荡是最严重的，它们可能给周围物体和人员造成巨大的破坏或伤害。维持振荡是一种临界情况。由于把机械手作为具有严重非线性的动态系统来研究，所以有必要观察维持振荡。衰减振荡虽然不大可能造成破坏，但是它们依然是不可取的。

伺服系统的设计者确信，机械手决不会突然引起振荡。当手臂的姿态改变时，单独关节伺服装置上的惯性负载和重力负载也随之变动，这就会使振荡难以形成。此外，伺服系统必须在一个宽大的位置误差(在某些情况下还有速度误差)动态范围内运行，而且必须在所有情况下可靠地工作，不论传动装置强加的速度和加速度限制如何。

有一种机器人控制器，当它的每个关节第一次到达其设定点时，能够独立地锁定该关节。当工具进入离设定位置一定距离时，它也能使关节减速。这种锁定，可按任何次序进行。当所有关节都锁定时(称为“全体一致状态”)，机械臂处于稳态，并可开始向下一位置运动。如果维持在一个位置的时间达几秒以上，那么工具将从编程位置缓慢移开。当位置误差积累达到显著值时，关节伺服系统能够使工具返回初始位置。工具位置的这一变化，是一种技术上的不稳定形式，但不影响机器人的正常运行。

另一种控制器允许各关节伺服系统连续运行。从建造数控工具的经验中得到的复杂的伺服系统设计技术，能够防止起动时产生振荡，不论负载情况如何。

一些特殊的条件可能使关节伺服系统处于极不稳定的状态。当负载突然从工具末端滑脱出去时的情况就是一个典型的例子。这会使一个或多个关节上的重力负载产生阶跃变化，并会引起设计得不好的机械手振荡。关节的运动也能产生有效惯性力、向心力和对其他关节的耦合向心力(或力矩)的各种组合。其他关节对这些力矩的作用也会对原关节产生各种作用力。这是另一个潜在的振荡根源。最后，两台非常接近的机械手在工作时也可能互相激发振荡。这种振荡可能是由公共底座或支架等机械耦合，或者是由两者同时夹持的工件引起的。

4.4.3 空间分辨率

空间分辨率(spatial resolution)是描述机器人工具末端运动的一个重要因素。分辨率是设计机器人控制系统的特性，它指明系统能够区别工作空间所需要的最小运动增量。分辨率可以是控制系统能够控制的最小位置增量的函数，或者是控制测量系统能够辨别的最小位置增量。空间分辨率与机械偏差一起构成控制分辨率。为了确定空间分辨率，机械手上每个关节的工作范围是由控制增量数区分的。例如，图 4.8 描述了一个 1.23m 长的滑动关节，其控制系统采用 12 位存储器，因而具有 4093(或称为"4k")的指令控制增量能力。因此，这个系统的控制分辨率是 0.3mm。然后，把控制分辨率加上机械偏差，就是空间分辨率。将在 4.4.4 节讨论机械偏差问题。

当两台机械手只有一个关节的增量不同时，称为"相邻机械手"(manipular)。机械手滑动关节的每一单位位置变化，都将使工具末端移动同样的距离，而与工具所在工作空间的位置无关。因此，一台具有 *X-Y-Z* 几何结构的机械手，在它的整个工作空间内基本上具有不变的空间分辨率。当示教机械手对其工作空间内一位置执行精确操作，然后在工作空间内别的位置重复这一操作时，固定不变的空间分辨率尤其重要。

然而，旋转关节位置的一个单位变化，将使工具末端移过一个距离，这一距离与从关节轴线至工具末端的垂直距离成正比。例如，有些机械手具有一个垂直轴旋转关节，这一垂直轴承受所有其他关节与连杆。驱动这一旋转关节，能够在一定的最大误差内可靠地把机械手的悬臂定位至某个相对于此垂直轴的给定方向上。这个角度-位置误差对工具末端最后位置的影响程度，明显地取决于悬臂伸展的长度。悬臂伸出的长度越长，旋转关节移至相邻位置时工具末端所移动的距离就越大，如图 4.9 所示。

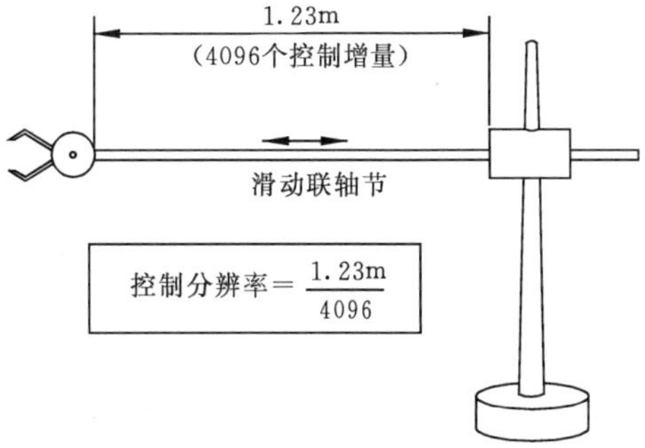

图 4.8　控制对分辨率的影响

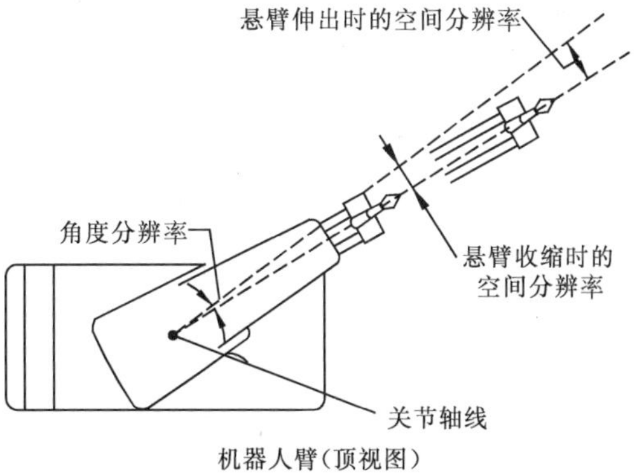

图 4.9　悬臂伸缩对空间分辨率的影响

4.4.4 精度

精度(accuracy)这一术语常常与分辨率及重复性能相混淆。用下列 3 个因素的集合来描述机器人的精度：

(1) 各控制部件的分辨率；

(2) 各机械部件的偏差；

(3) 某个任意的从未接近的固定位置(目标)。

为了进一步说明这个问题，考虑一单关节机器。此机器的机械偏差可以忽略，而其控制分辨率为 0.3mm。此机器的精度为相邻两控制位置间距离的一半，即 0.15mm。它能以这一精度接近某一任意目标。图 4.10 描述了这一例子。

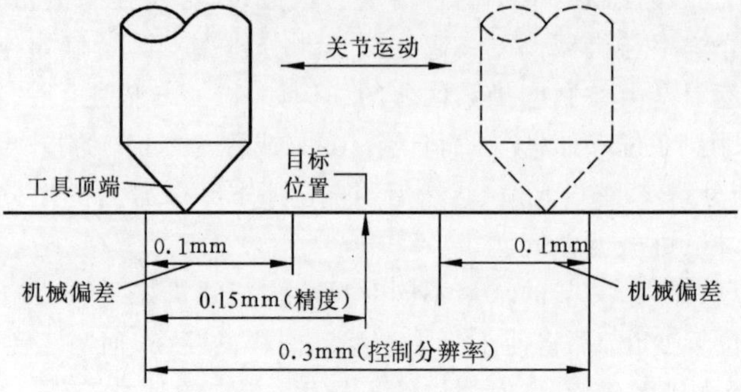

图 4.10　不考虑机械偏差时精度与空间分辨率的关系

当包括机械部件偏差时，机器的精度将变差。图 4.11 给出了考虑机械偏差时精度与空间分辨率的关系。产生最大位置偏差的机械偏差确定了最恶劣的条件，这个偏差用来决定实际的空间分辨率，并据这一分辨率来求出精度。产生这些偏差的因素有齿轮啮合间隙、连杆松动和负载影响等。在转轴情况下，反馈元件被装在旋转关节上，而且负载离轴伸出一定距离；这时，齿轮啮合间隙的影响更大。对于大负载重量，横梁偏转开始发生作用，并降低精度。在静态条件下，横梁偏转作用存在于重力作用轴(接近水平方向的轴)。在动态条件下，横梁偏转作用存在于所有轴上。如果出现驱动啮合间隙，那么横梁偏转还可能引起严重的谐振。

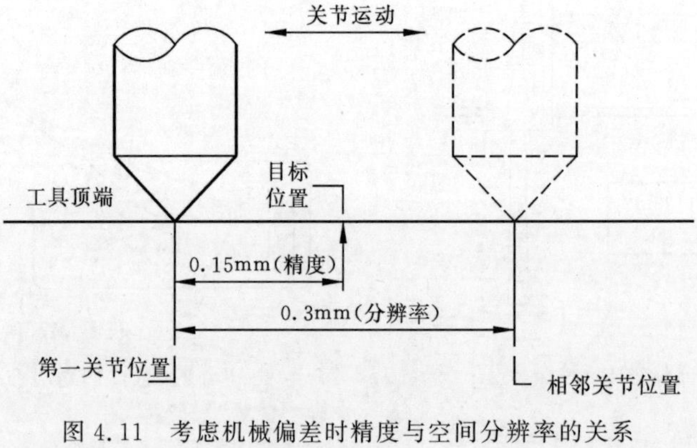

图 4.11　考虑机械偏差时精度与空间分辨率的关系

当机器人只在示教-复演模式下运行时，谈论其精度是没有意义的。在这种模式下，控制系统在机器人训练(示教)期间，只记录关节的位置，然后在作业期间复现这些位置。这时，重复性和分辨率是重要的技术性能。分辨率这一技术要求确定机械手是否能足够接近地到达训练(示教)时第一次作业的位置。重复性这一技术要求确定机械手在生产中第二次和以后各次作业时能否足够接近地到达目标位置。

当机器人控制系统中的计算机必须计算一系列关节位置,而且这些位置使工具顶端放置到以机械手独立坐标系描述的位置时,精度对于描述这样的机器人机械手才有意义。在下列加工时需要进行这种计算:

(1) 训练(示教)时所用的工具与生产时所用工具,具有不同的尺寸和形状。

(2) 操作顺序的训练不是对静止物体进行的,而是对正在移动的物体或处在不同位置的物体进行的。

(3) 机器人的运动是根据工件尺寸的几何信息进行计算的。

如果上述运动的计算是不准确的,那么高分辨率和精确的重复性就无济于事。因为每个位置的计算是变化的或在新的条件下进行的,而且完全取决于控制系统的计算。

在计算机器人的位置时,例如离线编程时,另一种精度,即实际测量与控制系统测量之间的符合程度是很重要的。例如,命令机器人移动 50 cm,而测量得到的实际移动为 49.75 cm。两者的绝对误差为 0.25 cm,其精度误差为 $0.25/50\times100\%=0.5\%$,即在实际移动范围内保持不变,那么可对所有运动乘上一个考虑该误差的系数来修正。如果误差在整个工作范围内不是线性的,那么可能需要在控制系统内采用其他调节校正方法。这种精度误差有多种原因,不过往往是由关节位置计算时出现的数字误差或者不准确的基准测量引起的。

4.4.5 重复性

重复性(repeatability)又称为"重复定位精度",指的是机器人自身重复到达原先被命令或训练位置的能力。重复性与精度有相似之处,不过它们被定义为稍微不同的性能概念。上面描述精度的 3 个因素,可被修正用来说明重复性。简单地说,这 3 个因素为分辨率、部件偏差和某个任意目标位置。重复性受分辨率和部件偏差的影响,但与目标位置无关。当谈及重复性时,只考虑机器返回预先训练位置的能力。根据精度的定义(最接近某个任意目标的两相邻位置间距离的一半),并且由于任意位置被消去而以优先示教过的最好分辨位置代替;所以,如果后面将要计算的其他影响减少至最小,那么重复性总是比精度好。

图 4.12 绘出了重复性的简单例子。开始时,机器人被定位在由控制分辨率所限制的尽

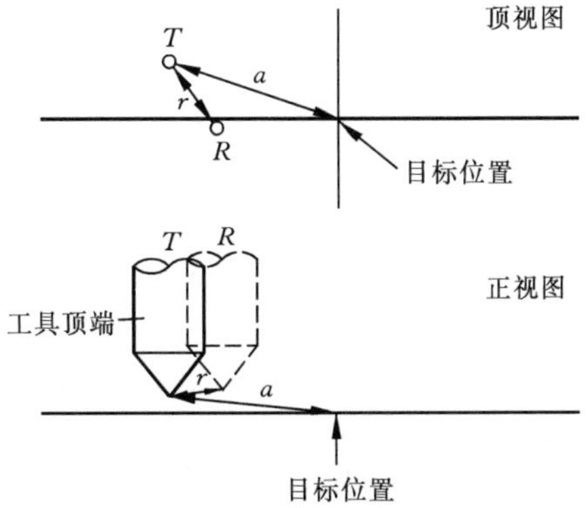

图 4.12 精度与重复性关系

a:精度;r:重复性;T:最接近的初始位置;R:重复位置

可能接近于任意目标的位置上，对应于位置 T。接着，移动机器人，并命令它返回位置 T。当它力图返回预先示教过的位置时，由于控制系统和机械部件的偏差，使此机器人停止在位置 R 处。位置 T 和 R 之间的差距就是此机器人重复性的一种量度。图 4.12 中的位置变化是被夸大了的。

重复性有两种：短期重复性和长期重复性。当要求机器人在几个月内执行同一任务时，要考察长期重复性问题。在一个长时期内，部件磨损和老化对重复性的影响必须加以考虑。在许多应用场合，机器人常常需要对新的任务重新编程。这时，只有短期重复性才是重要的。影响短时重复性的主要因素是控制系统和周围环境内的温度变化以及系统停车与起动之间的瞬态响应条件。同时影响长期重复性和短期重复性的因素通常为漂移。

图 4.13 关于空间分辨率、精度和重复性得出了下列结论：

(1) 空间分辨率描述机器人所能控制的工具末端运动的最小增量。

(2) 精度涉及一定空间分辨率下机器人对某个固定目标位置的定位能力。

(3) 重复性描述工具末端自动返回某个预先示教过的位置时所产生的定位误差。

(4) 一般来说，除了漂移外，重复性总是比精度好。

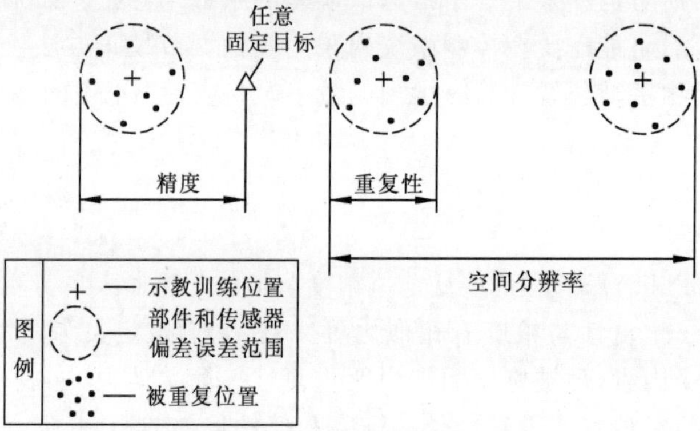

图 4.13　相邻增量工具末端示教和重复位置的二维描述

对于一台由计算机控制的机械手，当它记录工具位置时要获得良好的重复性比当它记录关节位置时困难得多。因为前者含有 3 个附加的数据处理步骤，而这 3 步计算可能导致定位误差。这 3 个处理步骤为：

(1) 把几个关节位置变换为一个工具位置，并加以存储。这叫作“返回解”(back solution)。

(2) 以某些有效方法，如平移、旋转或改变比例，对工具位置进行变换(对于简单的记录-复演式应用，这一步是不需要的)。

(3) 把所变换的工具位置变换回为一组关节位置。这叫作“手臂解”(arm solution)。

计算机执行这 3 步计算方法，可能对机械手的精度和重复性产生显著影响。这些操作运算的每一步精度取决于存储器的精度位数和算法的准确性。一般来说，位数越多，数字准确性越高。不过，对于很差的编程计算方法，有可能丢失很大一部分甚至全部准确性。有些实际系统采用浮点表示，而另一些系统则采用标量整数表示。对于所有情况，都要十分注意舍入误差；对于标量整数计算还必须防止上溢和下溢。

4.5 机械手的静态特性

稳态(或静态)问题是动态问题的特例。本节将研究机械手的稳态负荷(包括力和力矩)问题,这些问题包括:

(1) 静力和力矩表示方法;

(2) 不同坐标系间静负荷的变换;

(3) 确定机械手静态关节力矩;

(4) 确定机械手所载物体的质量。

4.5.1 静力和静力矩的表示

如同其他机械装置和运动系统一样,机器人系统中机械手上的力和力矩都是矢量,并以固定坐标系描述。用矢量 $\boldsymbol{f}$ 标记力,用 f_x,f_y 和 f_z 表示对于所定义坐标系各轴 x、y 和 z 的分力。同样地,用矢量 $\boldsymbol{m}$ 标记力矩,以 m_x,m_y 和 m_z 表示作用于任何定义的坐标系(而不是基坐标)各轴的分力矩。因为作用于物体上的力矩,其结果与作用点无关,所以,只有定义的坐标系才是有意义的。有时,还需同时考虑力和力矩两方面的作用。这时,我们用矢量 $\boldsymbol{F}$ 来标记:

$$\boldsymbol{F}=\begin{bmatrix} f_x \\ f_y \\ f_z \\ m_x \\ m_y \\ m_z \end{bmatrix} \tag{4.41}$$

例如,作用于某物体的静力和力矩为 $\boldsymbol{f}=10\boldsymbol{i}+0\boldsymbol{j}-150\boldsymbol{k}$,$\boldsymbol{m}=0\boldsymbol{i}-100\boldsymbol{j}+0\boldsymbol{k}$,那么可表示为

$$\boldsymbol{F}=[10\quad 0\quad -150\quad 0\quad -100\quad 0]^{\mathrm{T}}$$

显然,在这里把力 $\boldsymbol{F}$ 理解为广义力,即包括力和力矩在内。在下文的讨论中,如果没有特别说明,就把力理解为广义力。

4.5.2 不同坐标系间的静力变换

讨论不同坐标系间的静力和静力矩变换问题,就是已知两个与一固定物体连在一起的不同坐标系以及作用在第一个坐标系原点的力和力矩,要求出作用在另一个坐标系上的以此新坐标系描述的等效力和等效力矩。等效力和等效力矩意味着它们对物体具有与原力和原力矩同样的外部作用效果。

用虚功法来求解这个问题。

设有一个作用于某个物体的力 $\boldsymbol{F}$,它使物体发生假想的微分位移(虚拟位移)$\boldsymbol{D}$,做出虚功 δW。虚拟位移的极限趋向无穷小,所以系统的能量不变。这样,由许多作用在物体上的力所做的虚功必定为 0。

力 $\boldsymbol{F}$ 所做的虚功为

$$\delta W=\boldsymbol{F}^{\mathrm{T}}\boldsymbol{D} \tag{4.42}$$

式中,$\boldsymbol{D}$ 为表示虚拟位移的微分运动矢量:

$$\boldsymbol{D}=[d_x \quad d_y \quad d_z \quad \delta_x \quad \delta_y \quad \delta_z]^{\mathrm{T}} \tag{4.43}$$

$\boldsymbol{F}$ 为力矢量

$$\boldsymbol{F}^{\mathrm{T}}=[f_x \quad f_y \quad f_z \quad m_x \quad m_y \quad m_z] \tag{4.44}$$

用坐标系 C 来描述此物体上某个不同的点。如果作用在该点的力和力矩产生同样的虚拟位移,那么应当做同样的虚功,即

$$\delta W=\boldsymbol{F}^{\mathrm{T}}\boldsymbol{D}={}^{C}\boldsymbol{F}^{\mathrm{T}C}\boldsymbol{D} \tag{4.45}$$

从而可得:

$$\boldsymbol{F}^{\mathrm{T}}\boldsymbol{D}={}^{C}\boldsymbol{F}^{\mathrm{T}C}\boldsymbol{D} \tag{4.46}$$

式中,坐标系 C 内的虚拟位移${}^{C}\boldsymbol{D}$ 等价于参考坐标系内的虚拟位移 $\boldsymbol{D}$,因而可据式(3.137)求得

$$\begin{bmatrix} {}^{C}d_x \\ {}^{C}d_y \\ {}^{C}d_z \\ {}^{C}\delta_x \\ {}^{C}\delta_y \\ {}^{C}\delta_z \end{bmatrix}=\begin{bmatrix} n_x & n_y & n_z & (\boldsymbol{p}\times\boldsymbol{n})_x & (\boldsymbol{p}\times\boldsymbol{n})_y & (\boldsymbol{p}\times\boldsymbol{n})_z \\ o_x & o_y & o_z & (\boldsymbol{p}\times\boldsymbol{o})_x & (\boldsymbol{p}\times\boldsymbol{o})_y & (\boldsymbol{p}\times\boldsymbol{o})_z \\ a_x & a_y & a_z & (\boldsymbol{p}\times\boldsymbol{a})_x & (\boldsymbol{p}\times\boldsymbol{a})_y & (\boldsymbol{p}\times\boldsymbol{a})_z \\ 0 & 0 & 0 & n_x & n_y & n_z \\ 0 & 0 & 0 & o_x & o_y & o_z \\ 0 & 0 & 0 & a_x & a_y & a_z \end{bmatrix}\begin{bmatrix} d_x \\ d_y \\ d_z \\ \delta_x \\ \delta_y \\ \delta_z \end{bmatrix} \tag{4.47}$$

或记为

$${}^{C}\boldsymbol{D}=J\boldsymbol{D} \tag{4.48}$$

对于任何虚拟位移 $\boldsymbol{D}$,上述关系都是成立的,于是可得

$$\boldsymbol{F}^{\mathrm{T}}={}^{C}\boldsymbol{F}^{\mathrm{T}}\boldsymbol{J}$$

稍加变换即可得

$$\boldsymbol{F}=\boldsymbol{J}^{\mathrm{T}C}\boldsymbol{F} \tag{4.49}$$

把式(4.49)写成矩阵方程:

$$\begin{bmatrix} f_x \\ f_y \\ f_z \\ m_x \\ m_y \\ m_z \end{bmatrix}=\begin{bmatrix} n_x & o_x & a_x & 0 & 0 & 0 \\ n_y & o_y & a_y & 0 & 0 & 0 \\ n_z & o_z & a_z & 0 & 0 & 0 \\ (\boldsymbol{p}\times\boldsymbol{n})_x & (\boldsymbol{p}\times\boldsymbol{o})_x & (\boldsymbol{p}\times\boldsymbol{a})_x & n_x & o_x & a_x \\ (\boldsymbol{p}\times\boldsymbol{n})_y & (\boldsymbol{p}\times\boldsymbol{o})_y & (\boldsymbol{p}\times\boldsymbol{a})_y & n_y & o_y & a_y \\ (\boldsymbol{p}\times\boldsymbol{n})_y & (\boldsymbol{p}\times\boldsymbol{o})_z & (\boldsymbol{p}\times\boldsymbol{a})_z & n_z & o_z & a_z \end{bmatrix}\begin{bmatrix} {}^{C}f_x \\ {}^{C}f_y \\ {}^{C}f_z \\ {}^{C}m_x \\ {}^{C}m_y \\ {}^{C}m_z \end{bmatrix} \tag{4.50}$$

对式(4.50)求逆可得

$$\begin{bmatrix} {}^{C}f_x \\ {}^{C}f_y \\ {}^{C}f_z \\ {}^{C}m_x \\ {}^{C}m_y \\ {}^{C}m_z \end{bmatrix}=\begin{bmatrix} n_x & n_y & n_z & 0 & 0 & 0 \\ o_x & o_y & o_z & 0 & 0 & 0 \\ a_x & a_y & a_z & 0 & 0 & 0 \\ (\boldsymbol{p}\times\boldsymbol{n})_x & (\boldsymbol{p}\times\boldsymbol{n})_y & (\boldsymbol{p}\times\boldsymbol{n})_z & n_x & n_y & n_z \\ (\boldsymbol{p}\times\boldsymbol{o})_y & (\boldsymbol{p}\times\boldsymbol{o})_y & (\boldsymbol{p}\times\boldsymbol{o})_z & o_x & o_y & o_z \\ (\boldsymbol{p}\times\boldsymbol{a})_y & (\boldsymbol{p}\times\boldsymbol{a})_y & (\boldsymbol{p}\times\boldsymbol{a})_z & a_x & a_y & a_z \end{bmatrix}\begin{bmatrix} f_x \\ f_y \\ f_z \\ m_x \\ m_y \\ m_z \end{bmatrix} \tag{4.51}$$

再将式(4.51)左边和右边的前三行与后三行进行交换,有

$$\begin{bmatrix} {}^{C}m_x \\ {}^{C}m_y \\ {}^{C}m_z \\ {}^{C}f_x \\ {}^{C}f_y \\ {}^{C}f_z \end{bmatrix} = \begin{bmatrix} n_x & n_y & n_z & (\boldsymbol{p}\times\boldsymbol{n})_x & (\boldsymbol{p}\times\boldsymbol{n})_y & (\boldsymbol{p}\times\boldsymbol{n})_z \\ o_x & o_y & o_z & (\boldsymbol{p}\times\boldsymbol{o})_x & (\boldsymbol{p}\times\boldsymbol{o})_y & (\boldsymbol{p}\times\boldsymbol{o})_z \\ a_x & a_y & a_z & (\boldsymbol{p}\times\boldsymbol{a})_x & (\boldsymbol{p}\times\boldsymbol{a})_y & (\boldsymbol{p}\times\boldsymbol{a})_z \\ 0 & 0 & 0 & n_x & n_y & n_z \\ 0 & 0 & 0 & o_x & o_y & o_z \\ 0 & 0 & 0 & a_x & a_y & a_z \end{bmatrix} \begin{bmatrix} m_x \\ m_y \\ m_z \\ f_x \\ f_y \\ f_z \end{bmatrix} \tag{4.52}$$

比较式(4.52)和式(4.47)可见,两式右边的第一个矩阵,即雅可比矩阵是相同的。因此,不同坐标系间的力和力矩变换可用与微分平移变换及微分旋转变换一样的方法进行。因此,据式(3.137)至式(3.139)进行推论,能够得到

$$\begin{cases} {}^{C}m_x = \boldsymbol{n}\cdot((\boldsymbol{f}\times\boldsymbol{p})+\boldsymbol{m}) \\ {}^{C}m_y = \boldsymbol{o}\cdot((\boldsymbol{f}\times\boldsymbol{p})+\boldsymbol{m}) \\ {}^{C}m_z = \boldsymbol{a}\cdot((\boldsymbol{f}\times\boldsymbol{p})+\boldsymbol{m}) \end{cases} \tag{4.53}$$

$$\begin{cases} {}^{C}f_x = \boldsymbol{n}\cdot\boldsymbol{f} \\ {}^{C}f_y = \boldsymbol{o}\cdot\boldsymbol{f} \\ {}^{C}f_z = \boldsymbol{a}\cdot\boldsymbol{f} \end{cases} \tag{4.54}$$

式中,$\boldsymbol{n}$,$\boldsymbol{o}$,$\boldsymbol{a}$ 和 $\boldsymbol{p}$ 分别为微分坐标变换的列矢量。用与微分平移一样的方法进行力变换,而用与微分旋转一样的方法进行力矩变换。

4.5.3 关节力矩的确定

现在,已能进行不同坐标系间力和力矩的变换。下面要用这种变换来计算与坐标系 $\boldsymbol{T}_6$ 中所加的力和力矩有关的等效关节力矩和力。再次采用虚功法来计算广义关节力。

令加于坐标系 $\boldsymbol{T}_6$ 的力和力矩所做的虚功等于各关节上所做的虚功。这一关系可由式(4.55)表示(见式(4.45)):

$$\delta W = {}^{T_6}\boldsymbol{F}^{\mathrm{T}}\,{}^{T_6}\boldsymbol{D} = \boldsymbol{\tau}^{\mathrm{T}}\boldsymbol{Q} \tag{4.55}$$

式中,$\boldsymbol{\tau}$ 为广义关节的列矢量。对于旋转关节为力矩;对于平移关节为力。$\boldsymbol{Q}$ 为关节虚拟位移列矢量。对于旋转关节,为旋转 $\delta\boldsymbol{Q}$;对于棱柱式关节,为平移 $\delta\boldsymbol{d}$。

如果机械手处于平衡状态,那么式(4.55)的虚功为 0。由式(4.55)有

$${}^{T_6}\boldsymbol{F}^{\mathrm{T}}\,{}^{T_6}\boldsymbol{D} = \boldsymbol{\tau}^{\mathrm{T}}\boldsymbol{Q} \tag{4.56}$$

据式(3.135)给出的雅可比公式的一般形式,以 $\boldsymbol{JQ}$ 代替式(4.56)中的 ${}^{T_6}D$,可得

$${}^{T_6}\boldsymbol{F}^{\mathrm{T}}\boldsymbol{JQ} = \boldsymbol{\tau}^{\mathrm{T}}\boldsymbol{Q} \tag{4.57}$$

式中,$\boldsymbol{J}$ 为雅可比矩阵。由式(4.57)可见,这个方程式与虚拟位移 $\boldsymbol{Q}$ 无关,因此式(4.57)变为

$${}^{T_6}\boldsymbol{F}^{\mathrm{T}}\boldsymbol{J} = \boldsymbol{\tau}^{\mathrm{T}}$$

倒置式(4.57)两边得

$$\boldsymbol{\tau} = \boldsymbol{J}^{\mathrm{T}}\,{}^{T_6}\boldsymbol{F} \tag{4.58}$$

这一关系式是十分重要的。如果已知加于坐标系 $\boldsymbol{T}_6$ 的力和力矩，那么据式(4.58)即可求出为保持机械手平衡状态而作用于各关节的力和力矩。如果机械手还能沿着作用力和力矩的方向自由运动，那么由式(4.58)所规定的关节力和力矩将得到设定的力和力矩的作用。值得进一步指出的是，式(4.58)对于具有任何自由度数的机械手都是成立的。

4.5.4 负荷质量的确定

当机械手移动一个未知负荷时，能够由关节误差力矩来求此负荷质量，其步骤如下：

(1) 假设最严重的负荷情况，并设定速度增益高得足以防止系统产生欠阻尼响应。

(2) 命令机械手运动，以恒速提升该负荷。

(3) 一旦所有关节都进行运动，即可由

$$\boldsymbol{T}=k_e k_m \theta_e \tag{4.59}$$

计算其静态误差力矩和力。这些误差力矩和力与负荷质量有关。式(4.59)中，k_e 为关节伺服系统放大器增益，k_m 为直流伺服装置增益，θ_e 为静态位置误差。

(4) 假设机械手相对于基坐标系的位置由变换 $\boldsymbol{Z}$ 来表示，而且未知负荷被末端工具夹持在负荷质心上。这个末端位置由 ${}^{T_6}\boldsymbol{E}$ 来描述(见图 2.9 和图 4.14)。

(5) 用 $\boldsymbol{X}$ 表示负荷在基坐标系中的位置，即

$$\boldsymbol{X}=\boldsymbol{Z}\boldsymbol{T}_6\boldsymbol{E} \tag{4.60}$$

(6) 规定坐标系 $\{\boldsymbol{G}\}$ 为处于负荷质心且与基坐标系平行：

$$\boldsymbol{G}=\begin{bmatrix}1 & 0 & 0 & x_{px}\\ 0 & 1 & 0 & x_{py}\\ 0 & 0 & 1 & x_{pz}\\ 0 & 0 & 0 & 1\end{bmatrix} \tag{4.61}$$

在坐标系 $\{\boldsymbol{G}\}$ 中，末端夹手上 1kg 负荷所产生的力为

$${}^{G}\boldsymbol{F}=[0\quad 0\quad -g\quad 0\quad 0\quad 0] \tag{4.62}$$

(7) 定义一个与 $\boldsymbol{G}$ 和 $\boldsymbol{X}$ 有关的变换 $\boldsymbol{Y}$(见图 4.14)

$$\boldsymbol{G}\boldsymbol{Y}=\boldsymbol{X}$$

即有

$$\boldsymbol{Y}=\boldsymbol{G}^{-1}\boldsymbol{X}=\begin{bmatrix}1 & 0 & 0 & -x_{px}\\ 0 & 1 & 0 & -x_{py}\\ 0 & 0 & 1 & -x_{pz}\\ 0 & 0 & 0 & 1\end{bmatrix}\begin{bmatrix}x_{n_x} & x_{o_x} & x_{a_x} & x_{p_x}\\ x_{n_y} & x_{o_y} & x_{a_y} & x_{p_y}\\ x_{n_z} & x_{o_z} & x_{a_z} & x_{p_z}\\ 0 & 0 & 0 & 1\end{bmatrix}=\begin{bmatrix}x_{n_x} & x_{o_x} & x_{a_x} & 0\\ x_{n_y} & x_{o_y} & x_{a_y} & 0\\ x_{n_z} & x_{o_z} & x_{a_z} & 0\\ 0 & 0 & 0 & 1\end{bmatrix} \tag{4.63}$$

(8) 变换图 4.14，求取 ${}^{G}\boldsymbol{F}$ 对 ${}^{T_6}\boldsymbol{F}$ 关节的微分变换 $\boldsymbol{Y}\boldsymbol{F}^{-1}$；再以 $\boldsymbol{Y}\boldsymbol{F}^{-1}$ 为微分坐标变换，据式(4.53)和式(4.54)求得 $\boldsymbol{T}_6$ 上对 1kg 负荷的作用力。

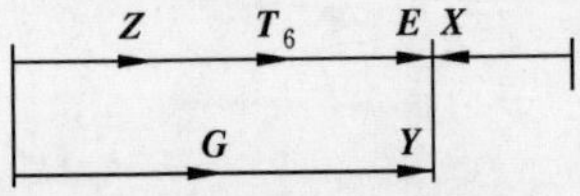

图 4.14　机械手变换图

(9) 根据式(4.58)计算等效关节力 $\boldsymbol{\tau}$ 及 $\boldsymbol{\tau}^{\mathrm{T}}$；根据式(4.59)计算机械手各关节的误差力矩 $\boldsymbol{T}$。

(10) 进行内乘计算 $\boldsymbol{\tau}^{\mathrm{T}}\boldsymbol{T}$ 和 $\boldsymbol{T}^{\mathrm{T}}\boldsymbol{\tau}$，并计算负荷质量

$$m=\frac{\boldsymbol{\tau}^{\mathrm{T}}\boldsymbol{T}}{\boldsymbol{T}^{\mathrm{T}}\boldsymbol{\tau}} \tag{4.64}$$

负荷质量一经确定，连杆 6 的质量就被修正，并重新计算动力学，以补偿此负荷质量。由于所进行的计算比较简单，所以不需要让机器人的机械手停下来。

4.6 本章小结

机器人动力学问题的研究，对于快速运动的机器人及其控制具有特别重要的意义。4.1 节研究了刚体动力学问题，着重分析了机器人机械手动力学方程的两种求法，即拉格朗日功能平衡法和牛顿-欧拉动态平衡法。4.2 节在分析二连杆机械手的基础上，总结出了建立拉格朗日方程的步骤，并据之计算出机械手连杆上一点的速度、动能和位能，进而推导出四连杆机械手的动力学方程及其简化计算公式。

在获得机器人机械手动力学方程的一般表达式之后，4.3 节举例分析计算了二连杆机械手的动力学方程和三连杆机械手的速度和加速度方程。其计算相当繁杂，必须十分细心。

机器人动力学问题的研究目的在于控制和保证机器人保持优良的动态特性和静态特性。4.4 节和 4.5 节分别讨论了该动态特性的静态特性。对于机器人动态特性，分别讨论了机器人的工作精度、稳定性、空间分辨率和重复性等。这些特性之间存在密切关系，但又是互有区别的，切不可混淆。对于静态特性，研究了机器人的力和力矩问题，包括静力和静力矩的表示、坐标系间静力的变换以及力矩和负荷质量的计算模型等。

习 题 4

4.1 建立如图 4.15 所示的二连杆机械手的动力学方程式，把每个连杆当作均匀长方形刚体，其长、宽、高分别为 l_i，W_i 和 h_i，总质量为 $m_i(i=1,2)$。

4.2 建立如图 3.16 所示的三连杆机械手的动力学方程式。每个连杆均为均匀长方形刚体，其尺寸为长×宽×高$=l_i\times W_i\times h_i$，质量为 $m_i(i=1,2,3)$。

4.3 二连杆机械手如图 4.16 所示。连杆长度为 d_i，质量为 m_i，重心位置为$(0.5d_i,0,0)$，连杆惯量为 $I_{zz_i}=\frac{1}{3}m_id_i^{\,2}$，$I_{yy}=\frac{1}{3}m_id_i^{\,2}$，$I_{xx_i}=0$，传动机构的惯量为 $I_{a_i}=0(i=1,2)$。

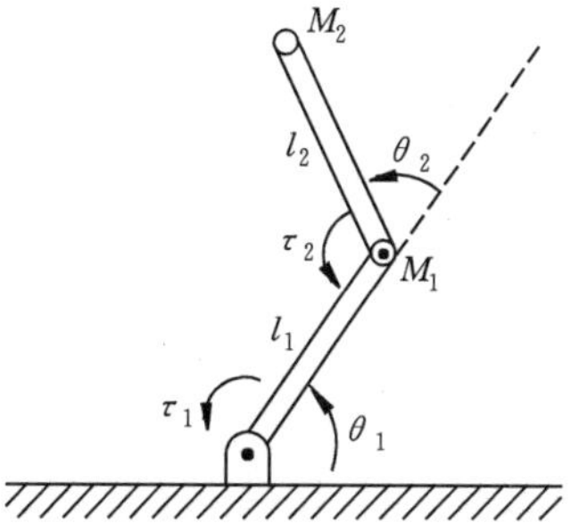

图 4.15 质量均匀分布的二连杆机械手

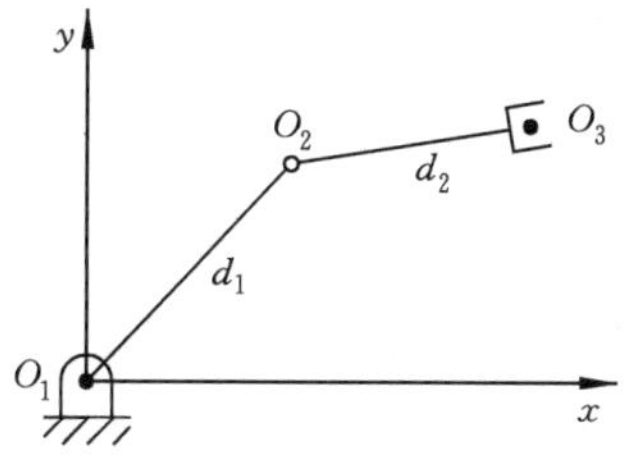

图 4.16 质量集中的二连杆机械手

(1) 用矩阵法求运动方程，即确定其参数 D_{ij}，D_{ijk} 和 D_i。

(2) 已知 $\theta_1=45°,\dot{\theta}_1=\Omega,\ddot{\theta}_1=0,\theta_2=-20°,\dot{\theta}_2=0,\ddot{\theta}_2=0$,求矩阵 $\boldsymbol{T}_1$ 和 $\boldsymbol{T}_2$。

4.4　建立如图 4.17 所示的机械手的变换矩阵和速度求解公式。假设各关节速度为已知,只要把与第一个关节速度有关的各矩阵乘在一起即可。

4.5　建立如图 4.18 所示的二连杆机械手的动力学方程式。连杆 1 的惯量矩阵为

$$
{}^{c_1}\boldsymbol{I}=\begin{bmatrix} I_{xx1} & 0 & 0 \\ 0 & I_{yy1} & 0 \\ 0 & 0 & I_{zz1} \end{bmatrix}
$$

假设连杆 2 的全部质量 m_2 集中在末端执行器一点上,而且重力方向是垂直向下的。

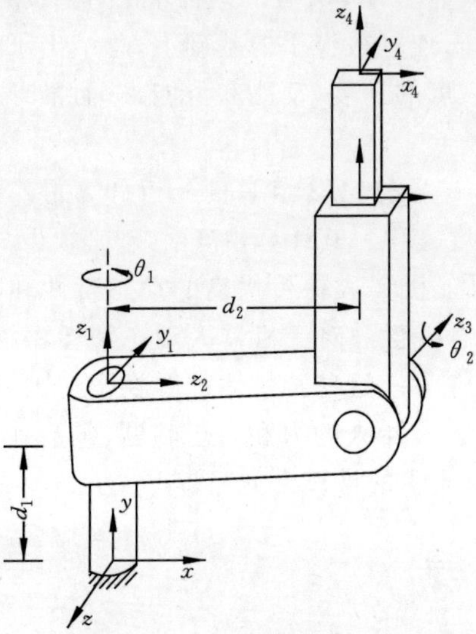

图 4.17　三连杆机械手

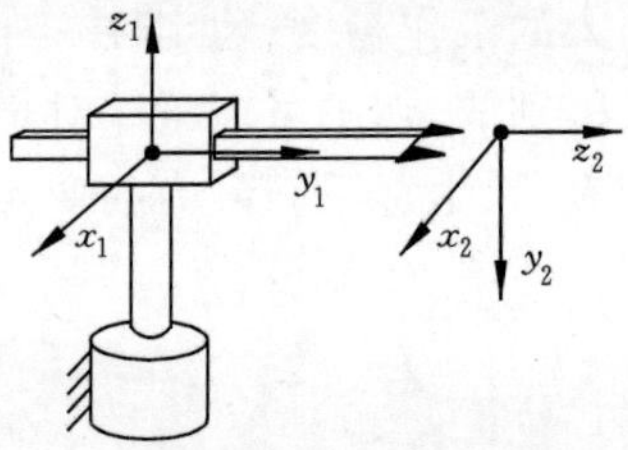

图 4.18　极坐标型二连杆机械手

4.6　求图 4.19 所示的三连杆操作手的动力学方程式。连杆 1 的惯量矩阵为

$$
{}^{c_1}\boldsymbol{I}=\begin{bmatrix} I_{xx1} & 0 & 0 \\ 0 & I_{yy1} & 0 \\ 0 & 0 & I_{zz1} \end{bmatrix}
$$

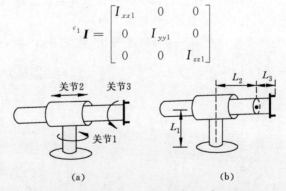

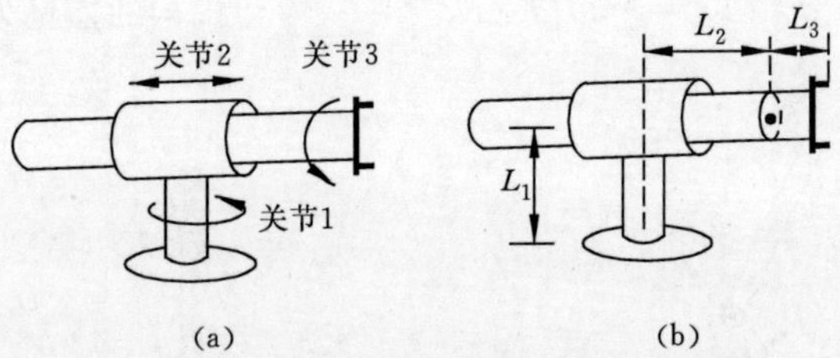

图 4.19　具有一个滑动关节的三连杆机械手

连杆 2 具有点质量 m_2,位于此连杆坐标系的原点。连杆 3 的惯量矩阵为

$$
{}^{c_3}\boldsymbol{I}=\begin{bmatrix} I_{xx3} & 0 & 0 \\ 0 & I_{yy3} & 0 \\ 0 & 0 & I_{zz3} \end{bmatrix}
$$

假设重力的作用方向垂直向下，而且各关节都存在有黏性摩擦，其摩擦系数为 v_i，$i=1,2,3$。

4.7　有个单连杆机械手，其惯量矩阵为

$$^{c_1}\boldsymbol{I}=\begin{bmatrix} I_{xx1} & 0 & 0 \\ 0 & I_{yy1} & 0 \\ 0 & 0 & I_{zz1} \end{bmatrix}$$

假设这正好是连杆本身的惯量。如果电动机电枢的转动惯量为 I_m，减速齿轮的传动比为 100，那么，从电动机轴来看，传动系统的总惯量应为多大？

4.8　试求如图 4.20 所示的三连杆机械手的动态运动方程式。已知下列机械手参数：

$$l_1=l_2=0.5\text{m},\quad m_1=4.6\text{kg},\quad m_2=2.3\text{kg},\quad m_3=1.0\text{kg},\quad g=9.8\text{m/s}^2$$

又假设连杆 1 和连杆 2 的质量都集中在各连杆的末端（远端）上，而连杆 3 的质心则位于坐标系{3}的原点，即位于连杆 3 的近端上。连杆 3 的惯量矩为

$$^{c_3}\boldsymbol{I}=\begin{bmatrix} 0.05 & 0 & 0 \\ 0 & 0.1 & 0 \\ 0 & 0 & 0.1 \end{bmatrix}\text{kg}\cdot\text{m}^2$$

决定两个质心位置与每个连杆坐标系的关系为

$$^1p_{c1}=I_1X_1$$
$$^2p_{c2}=I_2X_2$$
$$^3p_{c3}=0$$

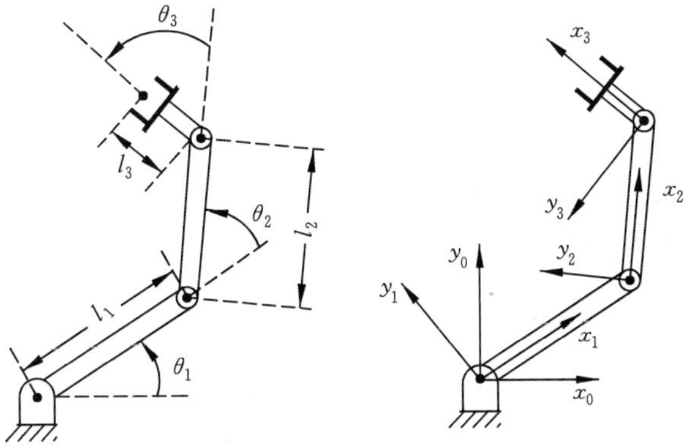

图 4.20　三连杆平面型机械手及其坐标系规定

4.9　作用于基坐标系的力和力矩等效于作用于坐标系{$\boldsymbol{T}$}的力和力矩：

$$\begin{bmatrix} ^Tf_x \\ ^Tf_y \\ ^Tf_z \\ ^Tm_x \\ ^Tm_y \\ ^Tm_z \end{bmatrix}=\begin{bmatrix} \boldsymbol{n}\cdot\boldsymbol{f} \\ \boldsymbol{o}\cdot\boldsymbol{f} \\ \boldsymbol{a}\cdot\boldsymbol{f} \\ \boldsymbol{n}\cdot((\boldsymbol{f}\times\boldsymbol{p})+\boldsymbol{m}) \\ \boldsymbol{o}\cdot((\boldsymbol{f}\times\boldsymbol{p})+\boldsymbol{m}) \\ \boldsymbol{a}\cdot((\boldsymbol{f}\times\boldsymbol{p})+\boldsymbol{m}) \end{bmatrix}$$

（见式(4.53)和式(4.54)）。式中，$^T\boldsymbol{f}$ 和 $^T\boldsymbol{m}$ 为坐标系{$\boldsymbol{T}$}中的力矩矢量，它们等效于基坐标

系中的力和力矩矢量 $\boldsymbol{f}$ 和 $\boldsymbol{m}$。

已知机械手在坐标系$\{\boldsymbol{T}_6\}$中用末端执行器 $\boldsymbol{E}$ 把物体 $\boldsymbol{Q}$ 夹持于方位 $\boldsymbol{G}$，使

$$\boldsymbol{T}_6\boldsymbol{E}=\boldsymbol{Q}\boldsymbol{G}$$

其中

$$\boldsymbol{T}_6=\begin{bmatrix}-1&0&0&10\\0&1&0&20\\0&0&-1&15\\0&0&0&1\end{bmatrix}\quad \boldsymbol{E}=\begin{bmatrix}1&0&0&0\\0&1&0&0\\0&0&1&5\\0&0&0&1\end{bmatrix}\quad \boldsymbol{G}=\begin{bmatrix}1&0&0&0\\0&-1&0&2\\0&0&-1&3\\0&0&0&1\end{bmatrix}$$

当物体坐标系$\{\boldsymbol{Q}\}$的作用力和力矩为$[0,0,10,0,0,-100]^{\mathrm{T}}$时，试求相应的作用于坐标系$\{\boldsymbol{T}_6\}$的力和力矩。

4.10　某台具有一个旋转关节的单连杆机械手停在初始位置 $\theta=-5°$处。要求在 4s 内平滑移动此关节至目标位置 $\theta=80°$。试求实现上述运动并把机械臂停到目标位置的三次方程式及其系数。

4.11　一台单连杆旋转式机械手停在初始位置 $\theta=-5°$处，要求在 4s 内平滑移动它至目标位置 $\phi=80°$，并实现平滑停车。当路径为混合抛物线的线性轨迹时，试计算此轨迹的相应参数，并画出此关节的位置、速度和加速度随时间变化曲线。

4.12　已知

$$\phi_1(t)=a_{10}+a_{11}t+a_{12}t^2+a_{13}t^3$$

和

$$\phi_2(t)=a_{20}+a_{21}t+a_{22}t^2+a_{23}t^3$$

为两个描述某个经过中间点的两段连续加速度仿样函数的三次方程式。令初始角度为 θ_0，中间点位置 θ_{v}，目标点为 θ_{g}。每个三次方程式将在 $t=0$(开始时间)至 $t=t_{\mathrm{fi}}$(结束时间，$i=1,2$)时间隔内进行计算。强加约束如下：

$$\begin{aligned}
&\theta_0=a_{10}\\
&\theta_{\mathrm{v}}=a_{10}+a_{11}t_{f1}+a_{12}t_{f1}{}^2+a_{13}t_{f1}{}^3\\
&\theta_{\mathrm{v}}=a_{20}\\
&\theta_2=a_{20}+2a_{21}t_{f2}+a_{22}t_{f2}^2+a_{23}t_{f2}^3\\
&0=a_{11}\\
&0=a_{21}+2a_{22}t_{f2}+3a_{23}t_{f2}^2\\
&a_{11}+2a_{12}t_{f1}+3a_{13}t_{f1}{}^2=a_{21}\\
&2a_{12}+6a_{13}t_{f1}=2a_{22}
\end{aligned}$$

当 $\theta_0=5°,\theta_{\mathrm{v}}=15°,\theta_{\mathrm{g}}=40°$以及每段持续时间为 1s 时，画出这两段连续轨迹的关节位置、速度和加速度图。

第5章　机器人位置和力控制

第3章和第4章主要研究了下列两个问题：

（1）物体（包括机械手）位置和姿态的齐次变换描述方法，建立了机械手的运动学方程，并讨论了运动方程的求解问题。

（2）机械手的动力学问题，包括机械手的关节坐标和对末端执行装置笛卡儿坐标的速度。此外，还建立了动力学方程，并对它的一些项进行了简化。

从本章起，我们将用两章的篇幅讨论机器人机械手的控制问题，以便设计与选择可靠的机器人机械手控制器，并使机械手按规定的轨迹进行运动，以满足控制要求。

本章将从机器人控制与传动的基本知识开始讨论，分别介绍与分析机器人的位置控制、轨迹控制、力控制、力矩控制、柔顺控制、力/位置混合控制、分解运动控制、变结构控制、自适应控制以及递阶控制、模糊控制、学习控制、神经控制、进化控制和基于深度学习的机器人控制等。其中，有些控制方法比较传统，另一些控制方法则较为新颖，并有待进一步开发与完善。

5.1　机器人控制与传动概述

第3章和第4章讨论的机器人运动学和动力学问题为研究机器人的控制问题打下了基础。如前所述，从控制学的观点看，机器人系统代表冗余的、多变量的和本质上非线性的控制系统，同时又是复杂的耦合动态系统。每个控制任务本身就是一个动力学任务。在实际研究中，往往把机器人控制系统简化为若干个低阶子系统来描述。

5.1.1　机器人控制的分类、变量与层次

1. 控制器分类

机器人控制器是具有多种结构形式，包括非伺服控制、伺服控制、位置和速度反馈控制、力（力矩）控制、基于传感器的控制、非线性控制、分解加速度控制、滑模控制、最优控制、自适应控制、递阶控制以及各种智能控制等。

机器人控制器的选择是由机器人所执行的任务决定的。中级技术水平以上的机器人绝大多数采用计算机控制，要求控制器有效而且灵活，能够处理工作任务指令和传感信息这两种输入。用户与系统间的接口，要求能够迅速地指明工作任务。技术水平更高的机器人，具有不同程度的“智能”，其控制系统能够借助于传感信息与周围环境交互作用，并根据获取的信息修正系统的状态，甚至能够自主地控制机器人实现控制任务。

本节将讨论工业机器人控制器的控制和传动问题。从关节（或连杆）角度看，可把工业机器人的控制器分为单关节（单连杆）控制器和多关节（多连杆）控制器两种。对于前者，设

计时应考虑稳态误差的补偿问题;对于后者,则应首先考虑耦合惯量的补偿问题。

机器人的控制取决于其“大脑”,即处理器。随着实际工作情况的不同,可以采用各种不同的控制方式,从简单的编程自动化、小型计算机控制到微处理机控制和专用控制器或控制系统等。机器人控制系统的结构也大为不同,从单处理机控制到多处理机分级分布式控制。对于多处理机,每台处理机执行一个指定的任务,或者与机器人某个部分(如某个自由度或轴)直接联系。图 5.1 给出了机器人控制系统分类和分析的主要方法。

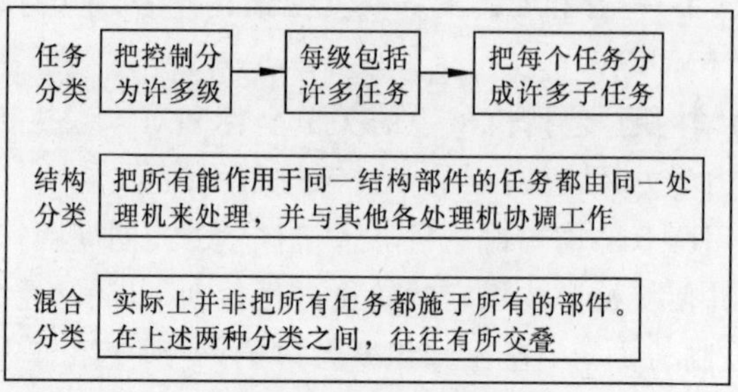

图 5.1　机器人控制的分类及其分析方法

下面的讨论不涉及结构细节,而与控制原理有关。

2. 主要控制变量

机械手各关节的控制变量如图 5.2 所示。如果要教机器人去抓起工件 A,那么就必须知道末端执行装置(如夹手)在任何时刻相对于工件 A 的状态,包括位置、姿态和开闭状态等。工件 A 的位置由它所在工作台的一组坐标轴给出。这组坐标轴叫作“任务轴”(R_0)。末端执行装置的状态由这组坐标轴的许多数值或参数表示,而这些参数是矢量 $\boldsymbol{X}$ 的分量。任务就是求出控制矢量 $\boldsymbol{X}$ 随时间变化的情况,即 $\boldsymbol{X}(t)$,它表示末端执行装置在空间的实时

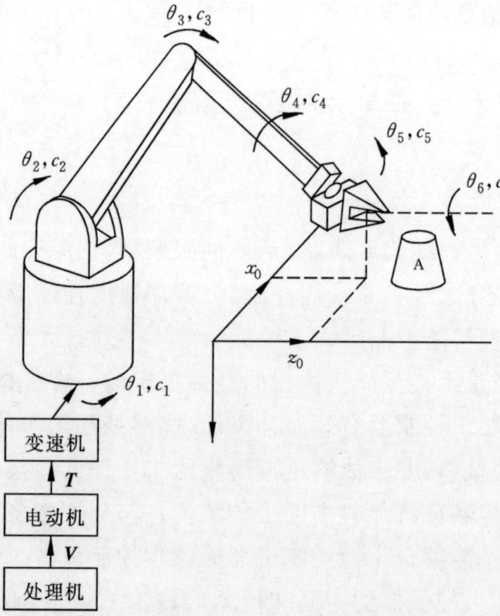

图 5.2　机械手各关节的控制变量

位置。只有当关节 $\theta_1 \sim \theta_6$ 移动时，$\boldsymbol{X}$ 才变化。用矢量 $\boldsymbol{\theta}(t)$ 来表示关节变量 $\theta_1 \sim \theta_6$。

各关节在力矩 $\boldsymbol{C}_1 \sim \boldsymbol{C}_6$ 的作用下运动，这些力矩构成矢量 $\boldsymbol{C}(t)$。矢量 $\boldsymbol{C}(t)$ 由各传动电动机的力矩矢量 $\boldsymbol{T}(t)$ 经过变速机送到各个关节。这些电动机在电流或电压矢量 $\boldsymbol{V}(t)$ 所提供的动力作用下，在一台或多台微处理机的控制下，产生力矩 $\boldsymbol{T}(t)$。

对一台机器人的控制，本质上就是对下列双向方程式的控制：

$$\boldsymbol{V}(t) \leftrightarrow \boldsymbol{T}(t) \leftrightarrow \boldsymbol{C}(t) \leftrightarrow \boldsymbol{\Theta}(t) \leftrightarrow \boldsymbol{X}(t) \tag{5.1}$$

3. 主要控制层次

机器人的主要控制层次如图 5.3 所示。从图可见，它主要分为 3 个控制级，即人工智能级、控制模式级和伺服系统级。现进一步讨论如下。

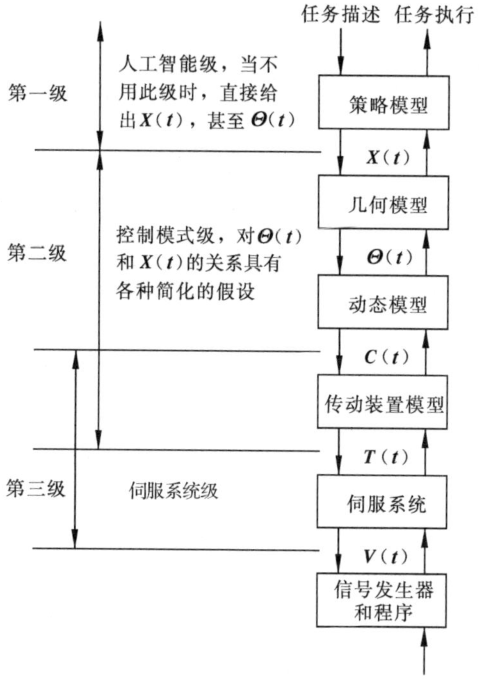

图 5.3 机器人的主要控制层次

(1) 第一级：人工智能级

如果命令一台机器人“把工件 A 取过来!”那么如何执行这个任务呢？首先必须确定，该命令的成功执行至少是由于机器人能为该指令产生矢量 $\boldsymbol{X}(t)$。$\boldsymbol{X}(t)$ 表示末端执行装置相对工件 A 的运动。

表示机器人所具有的指令和产生矢量 $\boldsymbol{X}(t)$ 以及这两者间的关系，是建立第一级(最高级)控制的工作。它包括与人工智能有关的所有可能的问题：如词汇和自然语言理解、规划的产生以及任务描述等。

近年来，对人工智能级的研究取得很大进展，我们将在后面进一步研究与智能控制级有关的问题。

人工智能级目前在工业机器人上的应用逐渐增多，但还有许多实际问题有待解决。

(2) 第二级：控制模式级

控制模式级能够建立起 $\boldsymbol{X}(t)$ 和 $\boldsymbol{T}(t)$ 之间的双向关系。必须注意到，有多种可供采用的控制模式。这是因为存在下列关系：

$$\boldsymbol{X}(t)\leftrightarrow\boldsymbol{\Theta}(t)\leftrightarrow\boldsymbol{C}(t)\leftrightarrow\boldsymbol{T}(t) \tag{5.2}$$

在实际上提出了各种不同的问题。因此，要得到一个满意的方法，所提出的假设可能是极不相同的。这些假设取决于操作人员所具有的有关课题的知识深度和机器人的应用场合。

考虑式(5.2)中 4 个矢量之间的关系可建立 4 种模型：

$\boldsymbol{T}(t)$	$\boldsymbol{C}(t)$	$\boldsymbol{\Theta}(t)$	$\boldsymbol{X}(t)$
传动装置模型	关节式机械系统的机器人模型	任务空间内的关节变量与被控制值间的关系模型	实际空间内的机器人模型

第一个问题是系统动力学问题。这方面存在的困难包括：

① 无法知道如何正确地建立各连接部分的机械误差，如干摩擦和关节的挠性等。

② 即使能够考虑这些误差，因其模型将包含数以千计的参数，处理机也将无法以适当的速度执行所有必需的在线操作。

③ 控制对模型变换的响应。毫无疑问，模型越复杂，对模型的变换就越困难，尤其是当模型具有非线性时，困难将更大。

因此，在工业上一般不采用复杂的模型，而采用两种控制(又有很多变种)模型。这些控制模型是以稳态理论为基础的，即认为机器人在运动过程中依次通过一些平衡状态。这两种模型分别称为“几何模型”和“运动模型”。前者利用 $\boldsymbol{X}$ 和 $\boldsymbol{\Theta}$ 间的坐标变换，后者则对几何模型进行线性处理，并假设 $\boldsymbol{X}$ 和 $\boldsymbol{\Theta}$ 变化很小。属于几何模型的控制有位置控制和速度控制等；属于运动模型的控制有变分控制和动态控制等。

(3) 第三级：伺服系统级

伺服系统级关心的是机器人的一般实际问题。我们将在本节的稍后部分举例介绍机器人伺服控制系统。在此，必须指出下列两点：

① 控制第一级和第二级并非总是截然分开的。是否把传动机构和减速齿轮包括在第二级更是一个问题。这个问题涉及解决下列问题：

$$\boldsymbol{V}\leftrightarrow\boldsymbol{T} \tag{5.3}$$

或

$$\boldsymbol{V}\leftrightarrow\boldsymbol{T}\leftrightarrow\boldsymbol{C} \tag{5.4}$$

当前的趋势是研究具有组合减速齿轮的电动机，它能直接安装在机器人的关节上。不过，这样做又产生了惯性力矩和减速比的问题，这些都是需要进一步研究解决的。

② 一般的伺服系统是模拟系统，但已越来越普遍地为数字控制伺服系统代替。

5.1.2 机器人传动系统

下面分析液压伺服控制系统，而直流电动机的伺服控制将在位置控制中仔细讨论。

液压传动机器人具有机构简单、机械强度高和速度快等优点。这种机器人一般采用液压伺服控制阀和模拟分解器实现控制和反馈。许多新的液压伺服控制系统还应用了数字译码器和感觉反馈控制装置，因而其精度和重复性通常与电气传动机器人相似。

当在伺服阀门内采用伺服电动机时，就构成了电-液伺服控制系统。

下面对3个伺服控制液压系统的数学模型进行简要分析。

1. 液压缸伺服传动系统

采用液压缸作为液压传动系统的动力元件，能够省去中间动力减速器，从而消除齿隙和磨损问题。液压缸的结构简单、价格相对较低，在工业机器人机械手的往复运动装置和旋转运动装置上都获得了广泛应用。

为了控制液压缸或液压马达，在机器人传动系统中使用惯量小的液压滑阀。应用在电-液压随动系统中的滑阀装有正比于电信号的位移电-机变换器。图5.4就是这种系统的一个方案。其中，机器人的执行机构由带滑阀的液压缸带动，并用放大器控制滑阀。放大器输入端的控制信号由三个信号叠加而成。主反馈回路（外环）由位移传感器把位移反馈信号送至比较元件，与给定位置信号比较后得到误差信号 e，经校正后，再与另两个反馈信号比较。第二个反馈信号是由速度反馈回路（速度环）取得的，它包括速度传感器和校正元件。第三个反馈信号是加速度反馈，它是由液压缸中的压力传感器和校正元件实现的。

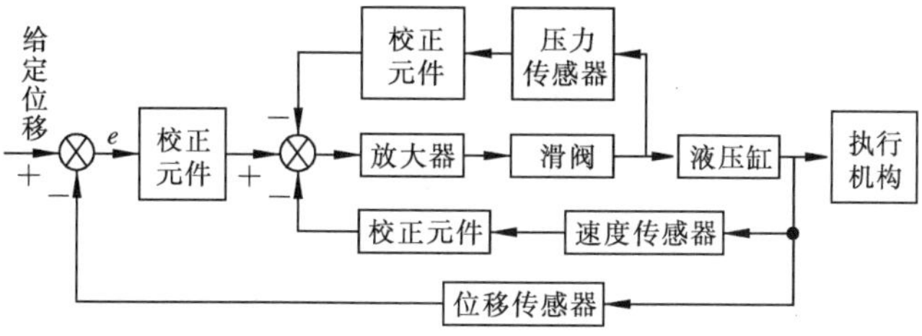

图5.4　液压缸伺服传动系统结构图

2. 电-液压伺服控制系统

当采用力矩伺服电动机作为位移给定元件时，液压系统的框图如图5.5所示。

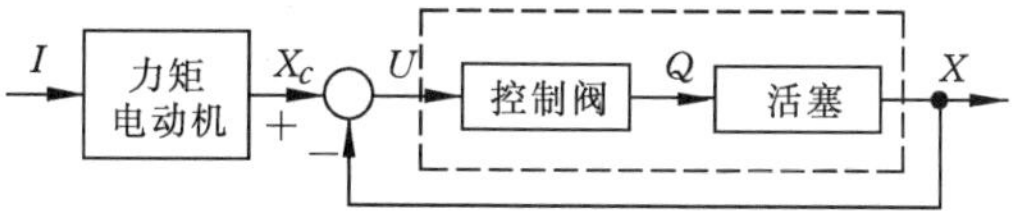

图5.5　电-液压伺服控制系统

图5.5中，控制电流 I 与配油器输入信号的关系可由下列传递函数表示：

$$T_1(S)=\frac{U(S)}{I(S)}=\frac{k_1}{1+2\xi_1\frac{S}{\omega_1}+\frac{S^2}{\omega_1}} \tag{5.5}$$

式中，k_1 为增益；ξ_1 为阻尼系数，$\xi_1\to 1$；ω_1 为自然振荡角频率。

同样可得活塞位移 x 与配油器输入信号（位移误差信号）间的关系为

$$T_2(S)=\frac{X(S)}{U(S)}=\frac{k_2}{S\left(1+2\xi_2\frac{S}{\omega_2}+\frac{S^2}{\omega_2}\right)} \tag{5.6}$$

据式(5.5)、式(5.6)和图5.5可得系统的传递函数：

$$T(S)=\frac{X(S)}{I(S)}=\frac{T_2(S)}{1+T_1(S)T_2(S)}=\frac{k_1k_2}{S\left(1+2\xi_1\dfrac{S}{\omega_1}+\dfrac{S^2}{\omega_1{}^2}\right)\left(1+2\xi_2\dfrac{S}{\omega_2}+\dfrac{S^2}{\omega_2{}^2}\right)+1} \tag{5.7}$$

当采用力矩电动机作为位移给定元件时：

$$T_1'(S)=\frac{X_C(S)}{I(S)}=\frac{k_1'}{\tau_1S+1} \tag{5.8}$$

式中，k_1'为增益，τ_1为时间常数。当τ_1很小且可以忽略时，式(5.8)简化为$T_1'(S)\approx k_1'$；这样，式(5.7)也被化简为

$$T'(S)=\frac{k_1'k_2}{S\left(1+2\xi_2\dfrac{S}{\omega_2}+\dfrac{S^2}{\omega_2{}^2}\right)+1} \tag{5.9}$$

3. 滑阀控制液压传动系统

图5.6为一个简单的滑阀控制液压传动系统的结构框图。其中所用的控制阀为四通滑阀。

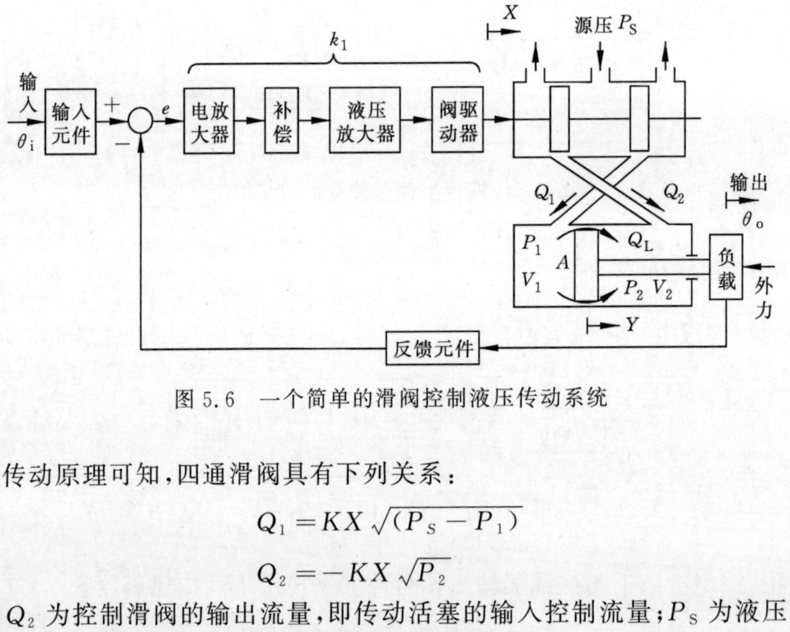

图5.6　一个简单的滑阀控制液压传动系统

据液压传动原理可知，四通滑阀具有下列关系：

$$Q_1=KX\sqrt{(P_S-P_1)} \tag{5.10}$$

$$Q_2=-KX\sqrt{P_2} \tag{5.11}$$

式中，Q_1和Q_2为控制滑阀的输出流量，即传动活塞的输入控制流量；P_S为液压源压力；P_1和P_2为油缸内两部分的液压；X为滑阀的输入位移。

令q_1，q_2，p_1，p_2和x表示在Q_1，Q_2，P_1，P_2和X条件下某一稳态位置变量，则可得滑阀液流方程：

$$\begin{cases} q_1=\left.\dfrac{\partial Q_1}{\partial X}\right|_{p_1}x+\left.\dfrac{\partial Q_1}{\partial P_1}\right|_{X}p_1=c_1x-c_2p_1 \\ q_2=\left.\dfrac{\partial Q_2}{\partial X}\right|_{p_2}x+\left.\dfrac{\partial Q_2}{\partial P_2}\right|_{X}p_2=-c_1x-c_2p_2 \end{cases} \tag{5.12}$$

式中，c_1 为液流增益或灵敏度，c_2 为液流压力系数。它们可由稳态工作点求得。c_1/c_2 为压力灵敏度。

从图 5.6 可知，P_1 和 V_1 分别表示油缸左部的压力和体积，P_2 和 V_2 则表示油缸右部的压力和体积。据图 5.6 可列出油缸左部的功能守恒表达式：

$$P_1Q_1 = P_2Q_L + \frac{\mathrm{d}M_1}{\mathrm{d}t} \tag{5.13}$$

式中，M_1 为油缸左部所贮存的功能，而 $\mathrm{d}M_1/\mathrm{d}t$ 则为功率变化。因为 $M_1 = P_1V_1$，所以有

$$\frac{\mathrm{d}M_1}{\mathrm{d}t} = V_1\frac{\mathrm{d}P_1}{\mathrm{d}t} + P_1\frac{\mathrm{d}V_1}{\mathrm{d}t} \tag{5.14}$$

令 B 表示流体的容体弹性模数，则

$$Q_1 = Q_L + \frac{V_1}{B}\frac{\mathrm{d}P_1}{\mathrm{d}t} + \frac{\mathrm{d}V_1}{\mathrm{d}t} \tag{5.15}$$

因为 $\mathrm{d}V_1/\mathrm{d}t = A\mathrm{d}Y/\mathrm{d}t$，其中，$Y$ 为活塞的位移，A 为活塞左侧面积。代入式(5.15)得

$$Q_1 = Q_L + \frac{V_1}{B}\frac{\mathrm{d}P_1}{\mathrm{d}t} + A\frac{\mathrm{d}Y}{\mathrm{d}t} \tag{5.16}$$

同理，可求得

$$Q_2 = -Q_L + \frac{V_2}{B}\frac{\mathrm{d}P_2}{\mathrm{d}t} - A\frac{\mathrm{d}Y}{\mathrm{d}t} \tag{5.17}$$

油缸的扰动方程如下：

$$q_1 = q_L + \frac{V_1}{B}\dot{p}_1 + A\dot{y} \tag{5.18}$$

$$q_2 = -q_L + \frac{V_2}{B}\dot{p}_2 - A\dot{y}$$

式中，q_L 为漏损流量，$\dot{y} = \mathrm{d}Y/\mathrm{d}t$，

$$q_L = -L_m(p_1 - p_2) \tag{5.19}$$

在活塞推力作用下，负载的运动方程式为

$$(p_1 - p_2)A = (m + m_p)\ddot{y} + b\dot{y} \tag{5.20}$$

式中，m 和 m_p 分别为负载质量和活塞质量，$\dot{y}$ 为活塞速度，$\ddot{y}$ 为其加速度，b 为黏性摩擦系数。令 $\theta_0 = y$，$\dot{\theta}_0 = \dot{y}$，$\ddot{\theta}_0 = \ddot{y}$，则式(5.20)变为

$$(p_1 - p_2)A = (m + m_p)\ddot{\theta}_0 + b\dot{\theta}_0 \tag{5.21}$$

综上讨论，联合求解上述各方程，可得四通阀控制的油缸传动系统开环传递函数为

$$\begin{aligned} G_1(S) &= \frac{\Theta_o(S)}{X(S)} \\ &= \{ABK\sqrt{2P_S}/V(m + m_p)\}/S\{S^2 + [(c_2 + 2L_m)B/V + b/(m + m_p)]S + \\ &\quad [B/V(m + m_p)][b(c_2 + 2L_m) + 2A^2]\} \\ &= \frac{\omega_n^2}{\tau_1 S(S^2 + 2\xi\omega_n S + \omega_n^2)} \end{aligned} \tag{5.22}$$

式中，ω_n 为自然振荡角频率，τ_1 为时间常数，ξ 为阻尼系数，且

$$\omega_n^2=\frac{2B[A^2+b(c_2+2L_m)]}{V(m+m_p)}$$

$$\tau_1=\frac{2A}{K\sqrt{2}P_S}$$

$$\xi=\frac{B(c_2+2L_m)(m+m_p)+bV}{A\sqrt{8}B(m+m_p)V}$$

从式(5.22)可知,此系统的开环传递函数等价于一个积分环节与一个二阶环节的串联。再求整个传动系统的闭环函数 $G(S)$。

当反馈系数为1时,系统的简化结构图如图5.7所示。

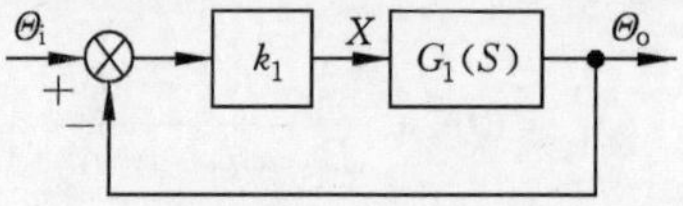

图5.7　液压传动系统闭环简化结构图

因为

$$x=k_1(\Theta_i-\Theta_o) \tag{5.23}$$

$$G_1(S)=\frac{\Theta_o}{x} \tag{5.24}$$

联立求解得:

$$G(S)=\frac{\Theta_o}{\Theta_i}=\frac{k_1G_1(S)}{1+k_1G_1(S)}=\frac{1}{1+\dfrac{1}{k_1G_1(S)}}$$

$$=\frac{k_1\omega_n^2}{k_1\omega_n^2+\tau_1S(S^2+2\xi\omega_nS+\omega_n^2)}$$

$$=\frac{\omega_c^2}{\tau_1S^3+2\xi_c\tau_2\omega_cS^2+\tau_2\omega_c^2S+\omega_c^2} \tag{5.25}$$

式中,$\omega_c=k_1\omega_n$ 为闭环系统的自然角振荡频率;$\xi_c=\xi\sqrt{k_1}$ 为闭环系统的阻尼系数;$\tau_2=\tau_1/k_1$ 为闭环系统的第二时间常数;另一时间常数为 τ_1。

式(5.25)即所求闭环系统的传递函数。从此式可见,此闭环系统为一个等价三阶系统。我们往往把它简化为一个一阶环节与一个二阶环节串联的系统。这样更便于对系统进行分析与研究。

5.2　机器人的位置控制

作为串级连杆式机械手,机器人的动态特性一般具有高度的非线性。要控制这种由马达驱动的操作机器人,用适当的数学方程式来表示其运动是十分重要的。这种数学表达式就是数学模型,或简称“模型”。控制机器人运动的计算机运用这种数学模型来预测和控制将要进行的运动过程。

机器人的机械零部件比较复杂,例如,机械部件可能因承受负载而弯曲,关节可能具有弹性和机械摩擦(它是很难计算的)等,因而在实际上不可能建立准确的数学模型。一般采用近似模型。尽管这些模型比较简单,却十分有用。

在设计模型时,提出下列两个假设:

(1) 机器人的各段是理想刚体,因而所有关节都是理想的,不存在摩擦和间隙。

(2) 相邻二连杆间只有一个自由度,要么是完全旋转的,要么是完全平移的。

5.2.1 直流控制系统原理与数学模型

首先讨论直流电动机伺服控制系统的数学模型,为研究机械手的位置控制器做好必要的知识准备。

1. 传递函数与等效方框图

图 5.8 表示具有减速齿轮和旋转负载的直流电动机伺服传动工作原理图。图中,伺服电动机的参数规定如下:

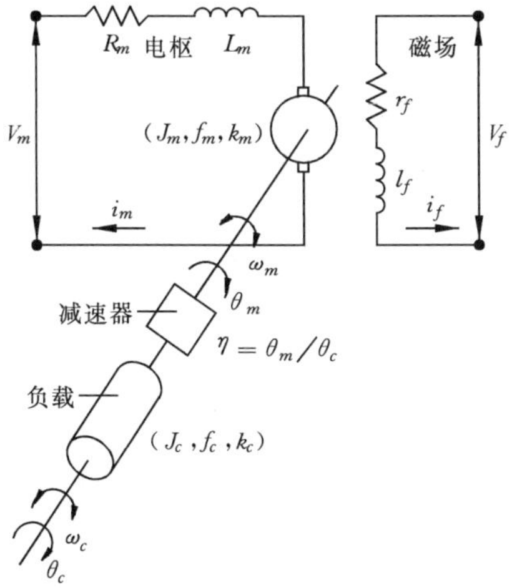

图 5.8 直流电动机伺服传动原理

r_f, l_f——励磁回路电阻与电感;

i_f, V_f——励磁回路电流与电压;

R_m, L_m——电枢回路电阻与电感;

i_m, V_m——电枢回路电流与电压;

θ_m, ω_m——电枢(转子)角位移与转速;

J_m, f_m——电动机转子转动惯量与黏滞摩擦系数;

T_m, k_m——电动机转矩与转矩常数;

k_e——电动机电势常数;

θ_c, ω_c——负载角位移与转速;

$\eta=\theta_m/\theta_c$——减速比;

J_c, f_c——负载转动惯量与负载黏滞摩擦系数;

k_c——负载返回系数。

这些参数用来计算伺服电动机的传递函数。

首先,求算磁场控制电动机的传递函数。我们能够建立下列方程式:

$$V_f = r_f i_f + l_f \frac{di_f}{dt} \tag{5.26}$$

$$T_m = k_m i_f \tag{5.27}$$

$$T_m = J\frac{d^2\theta_m}{dt^2} + F\frac{d\theta_m}{dt} + K\theta_m \tag{5.28}$$

式中,$J=J_m+J_c/\eta^2$,$F=f_m+f_c/\eta^2$,$K=k_c/\eta^2$,分别表示传动系统对传动轴的总转动惯量、总黏滞摩擦系数和总反馈系数。引用拉普拉斯变换,式(5.26)~式(5.28)变为

$$V_f(S)=(r_f+l_fS)I_f(S) \tag{5.29}$$

$$T_m(S)=k_mI_f(S) \tag{5.30}$$

$$T_m(S)=(JS^2+FS+K)\Theta_m(S) \tag{5.31}$$

其等效方框图如图 5.9 所示。

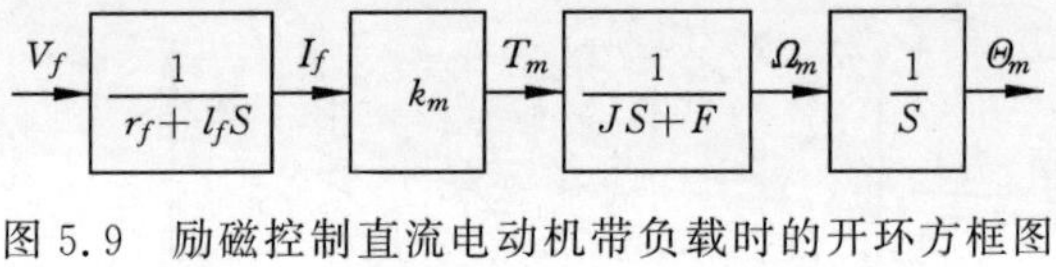

图 5.9 励磁控制直流电动机带负载时的开环方框图

据式(5.29)~式(5.31)可得电动机的开环传递函数:

$$\frac{\Theta_m(S)}{V_f(S)}=\frac{k_m}{(r_f+l_fS)(JS^2+FS+K)} \tag{5.32}$$

实际上,往往假设 $K=0$,因而有

$$\begin{aligned}\frac{\Theta_m(S)}{V_f(S)}&=\frac{k_m}{S(r_f+l_fS)(JS+F)}\\&=\frac{k_m}{r_fF}\cdot\frac{1}{S\left(1+\frac{l_f}{r_f}S\right)\left(1+\frac{J}{F}S\right)}\\&=\frac{k_0}{S(1+\tau_eS)(1+\tau_mS)}\end{aligned} \tag{5.33}$$

式中,τ_e 为电气时间常数,τ_m 为机械时间常数。与 τ_m 相比,τ_e 可以略之不计,于是

$$\frac{\Theta_m(S)}{V_f(S)}=\frac{k_0}{S(1+\tau_mS)} \tag{5.34}$$

因为 $\omega_m=d\theta_m/dt$,所以式(5.34)变为

$$\frac{\Omega_m(S)}{V_f(S)}=\frac{k_0}{1+\tau_mS} \tag{5.35}$$

再来计算电枢控制直流电动机的传递函数。这时,式(5.28)不变,式(5.26)~式(5.27)变为

$$V_m=R_mi_m+L_m\frac{di_m}{dt}+k_e\omega_m \tag{5.36}$$

$$T_m=k'_mi_m \tag{5.37}$$

式中，k_e 是考虑电动机转动时产生反电势的系数，此电势与电动机角速度成正比。

运用前述同样方法，能够求得：

$$\frac{\Theta_m(S)}{V_m(S)}=\frac{k'_m}{JL_mS^3+(JR_m+FL_m)S^2+(L_mK+R_mF+k'_mk_e)S+kR_m} \tag{5.38}$$

考虑到实际上 $K\approx 0$，所以式(5.38)变为

$$\frac{\Theta_m(S)}{V_m(S)}=\frac{k'_m}{S[(R_m+L_mS)(F+JS)+k_ek'_m]} \tag{5.39}$$

即所求的电枢控制直流电动机的传递函数。图 5.10 就是它的方框图。

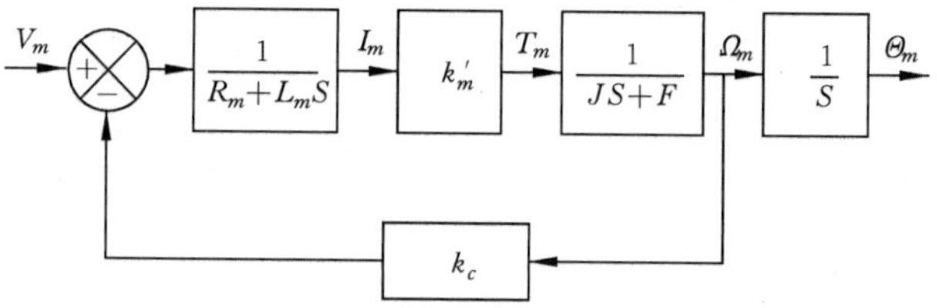

图 5.10　电枢控制直流电动机传动装置方框图

2. 直流电动机的转速调整

图 5.11 为一个励磁控制直流电动机的闭环位置控制结构图。要求图中所需输出位置 Θ_o 等于系统的输入 Θ_i。为此，Θ_i 由输入电位器给定，而 Θ_o 则由反馈电位器测量，并对两者进行比较，把其差值放大后，送入励磁绕组。

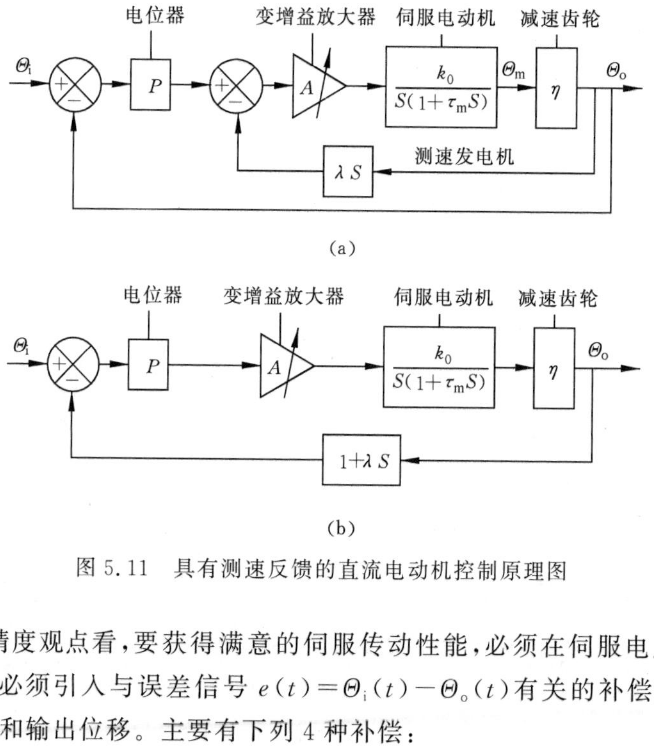

图 5.11　具有测速反馈的直流电动机控制原理图

从稳定性和精度观点看，要获得满意的伺服传动性能，必须在伺服电路内引入补偿网络。更确切地说，必须引入与误差信号 $e(t)=\Theta_i(t)-\Theta_o(t)$ 有关的补偿。其中，$\Theta_i(t)$ 和 $\Theta_o(t)$ 分别为输入和输出位移。主要有下列 4 种补偿：

比例补偿：与 $e(t)$成比例。

微分补偿：与 $e(t)$的微分 $\mathrm{d}e(t)/\mathrm{d}t$ 成比例。

积分补偿：与 $e(t)$的积分 $\int_0^t e(t)\mathrm{d}t$ 成比例。

测速补偿：与输出位置的微分成比例。

上述前 3 种补偿属于前馈控制，而测速补偿则属于反馈控制。在实际系统中，至少要组合采用两种补偿，如比例-微分补偿（PD）、比例-积分补偿（PI）和比例-积分-微分补偿（PID）等。

当采用比例-微分补偿时，补偿环节的输出信号为

$$e'(S)=(k+\lambda_{\mathrm{d}}S)e(S) \tag{5.40}$$

当采用比例-积分补偿时，补偿环节的输出信号为

$$e'(S)=\left(k+\frac{\lambda_{\mathrm{i}}}{S}\right)e(S) \tag{5.41}$$

当采用比例-微分-积分补偿时，补偿环节的输出信号为

$$e'(S)=\left(k+\lambda_{\mathrm{d}}S+\frac{\lambda_{\mathrm{i}}}{S}\right)e(S) \tag{5.42}$$

当采用测速发电机实现速度反馈时，补偿信号为

$$e'(S)=e(S)-\lambda_{\mathrm{t}}S\Theta_{\mathrm{o}}(S)=\Theta_{\mathrm{i}}(S)-(1+\lambda_{\mathrm{t}}S)\Theta_{\mathrm{o}}(S) \tag{5.43}$$

上述四式中的 $k,\lambda_{\mathrm{d}},\lambda_{\mathrm{i}}$ 和 λ_{t} 分别为比例补偿系数、微分补偿系数、积分补偿系数和速度反馈系数。图 5.11 为具有测速反馈的直流电动机控制原理结构图，(a)和(b)两图是等效的。

5.2.2 机器人位置控制的一般结构

1. 机器人基本控制结构

机械手的作业往往是控制机械手末端工具的位置和姿态，以实现点到点的控制（PTP 控制，如搬运、点焊机器人）或连续路径的控制（CP 控制，如弧焊、喷漆机器人）。因此实现机器人的位置控制是机器人的最基本的控制任务。机器人位置控制有时也称“位姿控制”或“轨迹控制”。对于有些作业，如装配、研磨等，只有位置控制是不够的，还需要力控制。

机器人的位置控制结构主要有两种形式，即关节空间控制结构和直角坐标空间控制结构，分别如图 5.12(a)和(b)所示。

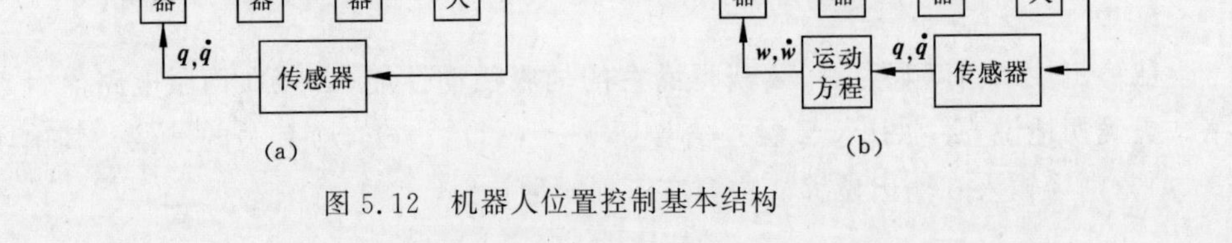

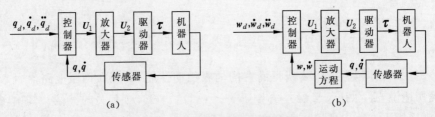

图 5.12 机器人位置控制基本结构

在图 5.12(b)中，$\boldsymbol{q}_{\mathrm{d}}=[q_{\mathrm{d}_1},q_{\mathrm{d}_2},\cdots,q_{\mathrm{d}_n}]^{\mathrm{T}}$ 是期望的关节位置矢量，$\dot{\boldsymbol{q}}_{\mathrm{d}}$ 和 $\ddot{\boldsymbol{q}}_{\mathrm{d}}$ 是期望的关节速度矢量和加速度矢量，$\boldsymbol{q}$ 和 $\dot{\boldsymbol{q}}$ 是实际的关节位置矢量和速度矢量。$\boldsymbol{\tau}=[\tau_1,\tau_2,\cdots,\tau_n]^{\mathrm{T}}$ 是关节驱动力矩矢量，$\boldsymbol{U}_1$ 和 $\boldsymbol{U}_2$ 是相应的控制矢量。

在图 5.12(b)中，$w_{\mathrm{d}}=[\boldsymbol{p}_{\mathrm{d}}^{\mathrm{T}},\boldsymbol{\varphi}_{\mathrm{d}}^{\mathrm{T}}]^{\mathrm{T}}$ 是期望的工具位姿，其中 $\boldsymbol{p}_{\mathrm{d}}=[x_{\mathrm{d}},y_{\mathrm{d}},z_{\mathrm{d}}]$ 表示期望的工具位置，$\boldsymbol{\varphi}_{\mathrm{d}}$ 表示期望的工具姿态。$\dot{\boldsymbol{w}}_{\mathrm{d}}=[\boldsymbol{v}_{\mathrm{d}}^{\mathrm{T}},\boldsymbol{\omega}_{\mathrm{d}}^{\mathrm{T}}]^{\mathrm{T}}$，其中 $\boldsymbol{v}_{\mathrm{d}}=[v_{\mathrm{d}_x},v_{\mathrm{d}_y},v_{\mathrm{d}_z}]^{\mathrm{T}}$ 是期望的工具线速度，$\boldsymbol{w}_{\mathrm{d}}=[\omega_{\mathrm{d}_x},\omega_{\mathrm{d}_y},\omega_{\mathrm{d}_z}]^{\mathrm{T}}$ 是期望的工具角速度，$\ddot{\boldsymbol{w}}_{\mathrm{d}}$ 是期望的工具加速度，$\boldsymbol{w}$ 和 $\dot{\boldsymbol{w}}$ 表示实际的工具位姿和工具速度。运行中的工业机器人一般采用如图 5.11(a)所示的控制结构。该控制结构的期望轨迹是关节的位置、速度和加速度，因而易于实现关节的伺服控制。这种控制结构的主要问题是：由于往往要求的是在直角坐标空间的机械手末端运动轨迹，因而为了实现轨迹跟踪，需要将机械手末端的期望轨迹经逆运动学计算变换为在关节空间表示的期望轨迹。

2. PUMA 机器人的伺服控制结构

机器人控制器一般均由计算机来实现。计算机的控制结构具有多种形式，常见的有集中控制、分散控制和递阶控制等。图 5.13 为 PUMA 机器人两级递阶控制的结构图。

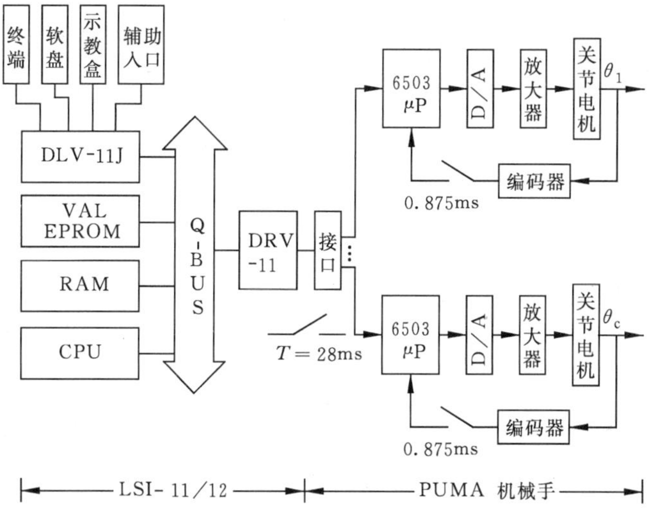

图 5.13　PUMA 机器人的伺服控制结构

机器人控制系统是以机器人作为控制对象的，它的设计方法和参数选择，仍可参照一般的计算机控制系统。不过，用得较多的仍是连续系统的设计方法，即首先把机器人控制系统当作连续系统进行设计，然后将设计好的控制规律离散化，最后由计算机实现。对于有些控制系统(如采用自校正控制的控制系统)，则采用直接离散化的设计方法，即首先将机器人控制对象模型离散化，然后直接设计出离散的控制器，再由计算机实现。

现有的工业机器人大多采用独立关节的 PID 控制。如图 5.13 所示的 PUMA 机器人的控制结构即一典型。然而，由于独立关节 PID 控制未考虑被控对象(机器人)的非线性和关节间的耦合作用，限制了控制精度和速度的提高。除了本节介绍的独立关节 PID 控制外，我们还将在后续各节讨论一些新的控制方法。

5.2.3 单关节位置控制器的结构与模型

采用常规技术，通过独立控制每个连杆或关节来设计机器人的线性反馈控制器是可能的。重力以及各关节间的互相作用力的影响可由预先计算好的前馈来消除。为了减少计算工作量，补偿信号往往是近似的，或者采用简化计算公式。

1. 机器人位置控制系统结构

市场上供应的工业机器人，其关节数为3～7个。最典型的工业机器人具有6个关节，存在6个自由度，带有夹手(通常称为"手"或"末端执行装置")。辛辛那提-米拉克龙T3、尤尼梅逊的PUMA 650和斯坦福机械手都是具有6个关节的工业机器人，并分别由液压、气压或电气传动装置驱动。其中，斯坦福机械手具有反馈控制，它的一个关节控制方框图如图5.14所示。从图可见，它有一个光学编码器，以便与测速发电机一起组成位置和速度反馈。这种工业机器人是一种定位装置，它的每个关节都有一个位置控制系统。

如果不存在路径约束，那么控制器只要知道夹手要经过路径上所有指定的转弯点就够了。控制系统的输入是路径上需要转弯点的笛卡儿坐标，这些坐标点可能通过两种方法输入，即

(1) 以数字形式输入系统；

(2) 以示教方式供给系统，然后进行坐标变换，即计算各指定转弯点在笛卡儿坐标系中的相应关节坐标$[q_1,\cdots,q_6]$。计算方法与坐标点信号的输入方式有关。

对于数字输入方式，对$\boldsymbol{f}^{-1}[q_1,\cdots,q_6]$进行数字计算；对于示教输入方式，进行模拟计算。其中，$\boldsymbol{f}^{-1}[q_1,\cdots,q_6]$为$\boldsymbol{f}[q_1,\cdots,q_6]$的逆函数，而$\boldsymbol{f}[q_1,\cdots,q_6]$为含有6个坐标数值的矢量函数。最后，对机器人的关节坐标点逐点进行定位控制。假如允许机器人依次只移动一个关节，而把其他关节锁住，那么每个关节控制器都很简单。如果多个关节同时运动，那么各关节间力的互相作用会产生耦合，使控制系统变得复杂。

2. 单关节控制器的传递函数

把机器人看作刚体结构。图5.15给出了单个关节的电动机齿轮-负载联合装置示意图。

图中，

J_a——一个关节的驱动电动机转动惯量；

J_m——机械手一个关节的夹手负载在传动端的转动惯量；

J_l——机械手连杆的转动惯量；

B_m——传动端的阻尼系数；

B_l——负载端阻尼系数；

θ_m——传动端角位移；

θ_s——负载端角位移；

N_m和N_s——传动轴和负载上的齿轮齿数；

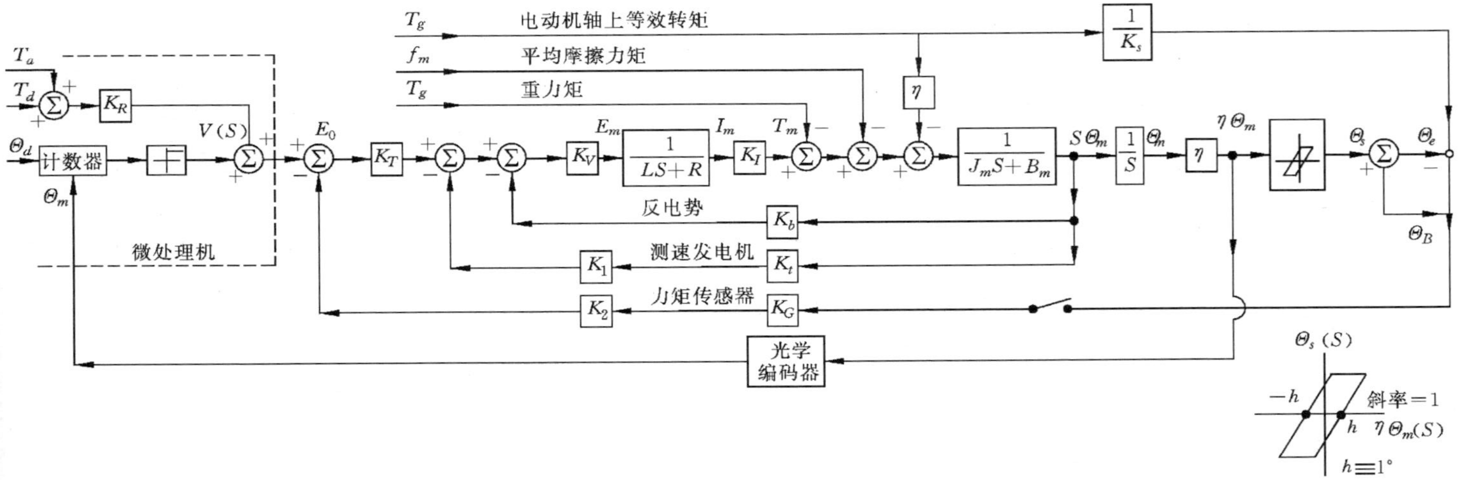

图 5.14 斯坦福机械手的位置控制系统框图

r_m 和 r_s——传动轴和负载轴上的齿轮节距半径；

$\eta = r_m / r_s = N_m / N_s$——减速齿轮传动比。

令 $\boldsymbol{F}$ 为从电动机传至负载的作用在齿轮啮合点上的力，则

$$T'_1 = F r_m$$

为折算到电动机轴上的等效负载力矩，而且

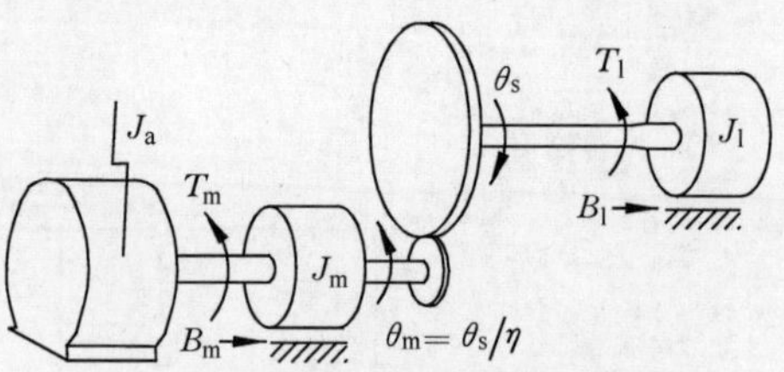

图 5.15　一个关节的电动机-齿轮-负载联合装置示意图

$$T_1 = F r_s \tag{5.44}$$

又因为 $\theta_m = 2\pi / N_m$，$\theta_s = 2\pi / N_s$，所以

$$\theta_s = \theta_m N_m / N_s = \eta \theta_m \tag{5.45}$$

传动侧、负载侧的角速度和角加速度的关系如下：

$$\dot{\theta}_s = \eta \dot{\theta}_m, \quad \ddot{\theta}_s = \eta \ddot{\theta}_m$$

负载力矩 T_1 用于克服连杆惯量的作用 $J_1 \ddot{\theta}_s$ 和阻尼效应 $B_1 \dot{\theta}_s$，即

$$T_1 = J_1 \ddot{\theta}_s + B_1 \dot{\theta}_s$$

或者改写为

$$T_1 - B_1 \dot{\theta}_s = J_1 \ddot{\theta}_s \tag{5.46}$$

在传动轴一侧，同理可得

$$T_m = T'_1 - B_m \dot{\theta}_m = (J_a - J_m) \ddot{\theta}_m \tag{5.47}$$

又下列两式成立：

$$T'_1 = \eta^2 (J_1 \ddot{\theta}_m + B_1 \dot{\theta}_m) \tag{5.48}$$

$$T_m = (J_a + J_m + \eta^2 J_1) \ddot{\theta}_m + (B_m + \eta^2 B_1) \dot{\theta}_m \tag{5.49}$$

或

$$T_m = J \ddot{\theta}_m + B \dot{\theta}_m \tag{5.50}$$

式中，$J = J_{eff} = J_a + J_m + \eta^2 J_1$ 为传动轴上的等效转动惯量；$B = B_{eff} = B_m + \eta^2 B_1$ 为传动轴上的等效阻尼系数。

5.2.1 节曾建立电枢控制直流电动机的传递函数，见式(5.38)和式(5.39)。因此得到与式(5.39)相似的传递函数如下：

$$\frac{\Theta_m(S)}{V_m(S)} = \frac{K_1}{S[L_m J S^2 + (R_m J + L_m B) S + (R_m B + k_e K_1)]} \tag{5.51}$$

式中，K_1 和 B 相当于式(5.39)中的 k'_m 和 F。

因为

$$e(t) = \theta_d(t) - \theta_s(t) \tag{5.52}$$

$$\theta_s(t) = \eta \theta_m(t) \tag{5.53}$$

$$V_m(t) = K_\theta [\theta_d(t) - \theta_s(t)] \tag{5.54}$$

其拉普拉斯变换为

$$E(S)=\Theta_d(S)-\Theta_s(S) \tag{5.55}$$

$$\Theta_s(S)=\eta\Theta_m(S) \tag{5.56}$$

$$V_m(S)=K_\theta[\Theta_d(S)-\Theta_s(S)] \tag{5.57}$$

式中，K_θ 为变换系数。

图 5.16(a)给出这种位置控制器的方框图。从式(5.51)～式(5.57)可得其开环传递函数为

$$\frac{\Theta_s(S)}{E(S)}=\frac{\eta K_\theta K_I}{S[L_m J S^2+(R_m J+L_m B)S+(R_m B+k_e K_I)]} \tag{5.58}$$

实际上 $\omega L_m \ll R_m$，可以忽略式(5.58)中含有 L_m 的项，简化为

$$\frac{\Theta_s(S)}{E(S)}=\frac{\eta K_\theta K_I}{S(R_m J S+R_m B+k_e K_I)} \tag{5.59}$$

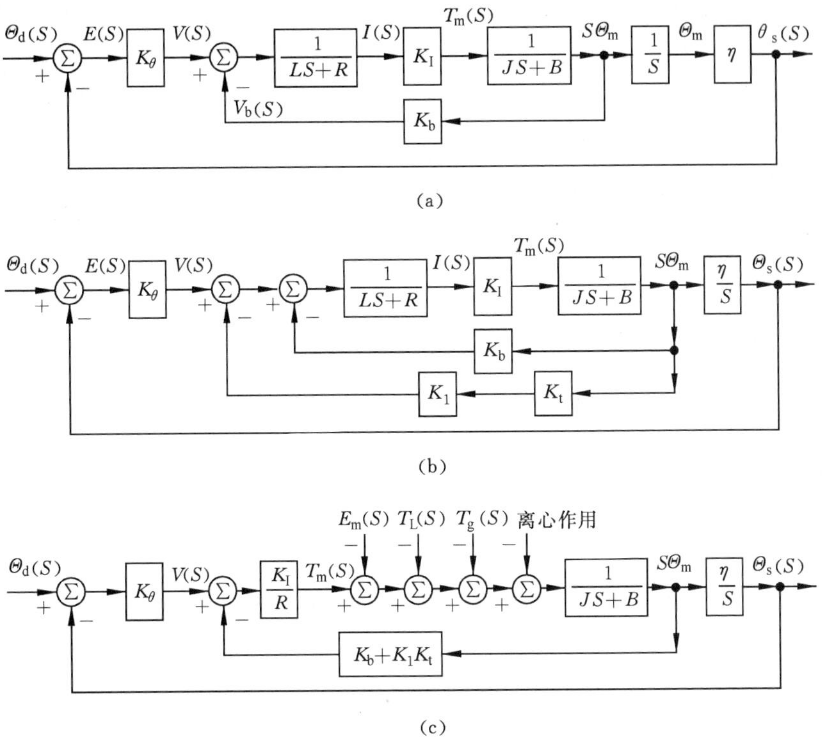

图 5.16　机械手位置控制器结构图

再求闭环传递函数：

$$\frac{\Theta_s(S)}{\Theta_d(S)}=\frac{\Theta_s(S)/E(S)}{1+\Theta_s(S)/E(S)}$$

$$=\frac{\eta K_\theta K_I}{R_m J}\cdot\frac{1}{S^2+(R_m B+K_I k_e)S/(R_m J)+K_\theta K/(R_m J)} \tag{5.60}$$

式(5.60)即二阶系统的闭环传递函数。理论上认为它总是稳定的。要提高响应速度，通常是要提高系统的增益(如增大 K_θ)以及由电动机传动轴速度负反馈把某些阻尼引入系统，以加强反电势

的作用。要做到这一点，可以采用测速发电机，或者计算一定时间间隔内传动轴角位移的差值。图 5.16(b)即具有速度反馈的位置控制系统。图中，K_t 为测速发电机的传递系数；K_1 为速度反馈信号放大器的增益。因为电动机电枢回路的反馈电压已从 $k_e\theta_m(t)$ 变为 $k_e\theta_m(t)+K_1K_t\theta_m(t)=(k_e+K_1K_t)\theta_m(t)$，所以其开环传递函数和闭环传递函数也相应变为

$$\frac{\Theta_s(S)}{E(S)}=\frac{\eta K_\theta}{S}\cdot\frac{S\Theta_m(S)}{K_\theta E(S)}$$

$$=\frac{\eta K_\theta K_I}{R_mJS^2+[R_mB+K_I(k_e+K_1K_t)]S} \tag{5.61}$$

$$\frac{\Theta_s(S)}{\Theta_d(S)}=\frac{\Theta_s(S)/E(S)}{1+\Theta_s(S)/E(S)}$$

$$=\frac{\eta K_\theta K_I}{R_mJS^2+[R_mB+K_I(k_e+K_1K_t)]S+\eta K_\theta K_I} \tag{5.62}$$

对于某台具体的机器人来说，其特征参数 $\eta, K_I, K_t, k_e, R_m, J$ 和 B 等的数值是由部件的制造厂家提供的，或者是通过实验测定的。例如，斯坦福机械手的关节 1 和关节 2 的组合装置，分别包括 U9M4T 和 U12M4T 型直流电动机以及 030/105 型测速发电机，其有关参数如表 5.1 所示。

表 5.1　电动机-测速机机组参数值

参　　数	型　　号	
	U9M4T	U12M4T
K_I/(oz·in/A)	6.1	14.4
J_a/(oz·in·S^2/rad)	0.008	0.033
B_m/(oz·in·S/rad)	0.011 46	0.042 97
k_e/(V·S/rad)	0.042 97	0.101 23
L_m/μH	100.0	100.0
R_m/Ω	1.025	0.91
K_t/(V·S/rad)	0.021 49	0.050 62
f_m/(pz·in)	6.0	6.0
η	0.01	0.01

1oz=28.3495g

1in=25.4mm

斯坦福-JPL 机械手每个关节的有效转动惯量示于表 5.2。

表 5.2　斯坦福-JPL 机械手有效惯量

关节号码	最小值(空载时)/(kg·m^2)	最大值(空载时)/(kg·m^2)	最大值(满载时)/(kg·m^2)
1	1.417	6.176	9.570
2	3.590	6.950	10.300
3	7.257	7.257	9.057
4	0.108	0.123	0.234
5	0.114	0.114	0.225
6	0.040	0.040	0.040

值得注意的是，变换常数 K_θ 和放大器增益 K_1 必须根据相应的机器人结构谐振频率和阻尼系数来确定。

电动机必须克服电动机-测速机组的平均摩擦力矩 f_m、外加负载力矩 T_1、重力矩 T_g 以及离心作用力矩 T_c。这些物理量表示实际附加负载对机器人的作用。把这些作用插到图 5.16(b)位置控制器方框图中电动机产生有关力矩的作用点上，即可得到如图 5.15(c)所示的控制方框图。图中，$F_m(S)$，$T_L(S)$和 $T_g(S)$分别为 f_m，T_L 和 T_g 的拉普拉斯变换变量。

3. 参数确定及稳态误差

(1) K_θ 和 K_1 的确定。据式(5.62)，闭环传递函数可写为

$$\frac{\Theta_s(S)}{\Theta_d(S)}=\frac{\eta K_\theta K_I}{R_m J}\cdot\frac{1}{S^2+[R_m B+K_I(k_e+K_1K_i)S/(R_m J)+\eta K_\theta K_1/(R_m J)]}\tag{5.63}$$

因此，闭环系统的特征方程式为

$$S^2+[R_m B+K_I(k_e+K_1K_t)]S/R_m J+\eta K_\theta K_I/R_m J=0\tag{5.64}$$

一般把式(5.64)表示为

$$S^2+2\xi\omega_n S+\omega_n^2=0\tag{5.65}$$

这时，

$$\omega_n=\sqrt{\eta K_\theta K_I/R_m J}>0\tag{5.66}$$

$$2\xi\omega_n=[R_m B+K_I(k_e+K_1K_t)]/R_m J$$

于是可得：

$$\xi=[R_m B+K_I(k_e+K_1K_t)]/2\sqrt{\eta K_\theta K_I/R_m J}\tag{5.67}$$

令 k_{eff} 为机器人关节的有效刚度，ω_r 为关节结构谐振频率，ω 表示有效惯量为 J_{eff} 的关节测量结构谐振频率，则

$$\omega_r=\sqrt{k_{eff}/J},$$

$$\omega=\sqrt{k_{eff}/J_{eff}},$$

$$\omega_r=\omega\sqrt{J_{eff}/J}\tag{5.68}$$

测量所得斯坦福机械手的 ω 及其对应的 J_{eff} 值示于表 5.3。

表 5.3 斯坦福机械手的测量结构谐振频率

关节号码	J_{eff}	f/Hz	$\omega=2\pi f$/(rad/s)
1	5	4	25.1327
2	5	6	37.6991
3	7	20	125.6636
4	0.1	15	94.2477
5	0.1	15	94.2477
6	0.04	20	125.6636

Paul 曾经建议，对于一个谨慎的安全系数为 200％的设计，必须设定自然振荡角频率

ω_n 不大于结构谐振角频率 ω_r 的一半。据式(5.66)和式(5.68)可得：

$$\sqrt{\eta K_\theta K_I / R_m J} \leqslant \frac{\omega}{2}\sqrt{J_{eff}/J}$$

化简得：

$$K_\theta \leqslant J_{eff}\omega^2 R_m / 4\eta K_I \tag{5.69}$$

式(5.69)确定了 K_θ 的上限。

下面讨论 K_1 的变化范围。实际上，要防止机器人的位置控制器处于低阻尼工作状态，必须要求 $\xi \geqslant 1$。据式(5.67)有

$$R_m B + K_I(k_e + K_1 K_t) \geqslant 2\sqrt{\eta K_\theta K_I R_m J} > 0 \tag{5.70}$$

以式(5.69)代入式(5.70)得

$$K_1 \geqslant R_m(\omega / \sqrt{J_{eff}} - B)/K_I K_t - k_e / K_t \tag{5.71}$$

因为 J 值随负载变化，所以 K_1 的低限也随之变化。为简化控制器设计，必须固定放大器的增益。于是，把最大的 J 值代入式(5.71)，就不会有出现欠阻尼系统的任何可能性。

(2) 关节控制器的稳态误差。在图 5.16(c)中，由于引入了 f_m, T_1, T_g 和 T_c 等实际附加负载，控制器的闭环传递函数发生变化，所以必须推导新的闭环传递函数。由图 5.16(c)可知：

$$(JS + B)S\Theta_m(S) = T_m(S) - F_m(S) - T_g(S) - nT_L(S) \tag{5.72}$$

上式未考虑离心作用。又由图 5.16(c)可知：

$$T_m(S) = K_I[V(S) - S(k_e + K_1 K_t)\Theta_s(S)/n]/R \tag{5.73}$$

$$V(S) = K_\theta[\Theta_d(S) - \Theta_s(S)] \tag{5.74}$$

经代数运算后得

$$\Theta_s(S) = \{nK_\theta K_I \Theta_d(S) - \eta R[F_m(S) + T_g(S) + \eta T_L(S)]\}/\Omega(S) \tag{5.75}$$

式中，

$$\Omega(S) = R_m JS^2 + [R_m B + K_I(k_e + K_1 K_t)]S + \eta K_\theta K_I \tag{5.76}$$

无论什么时候，当 $F_m(S)$，$T_g(S)$和 $T_L(S)$消失时，式(5.75)就简化为式(5.62)。因为

$$e(t) = \theta_d(t) - \theta_s(t)$$

所以据式(5.85)可得：

$$\begin{aligned} E(S) &= \Theta_d(S) - \Theta_s(S) \\ &= (\{R_m JS^2 + [R_m B + K_I(k_e + K_1 K_t)]S\}\Theta_d(S) + \\ &\quad nR[F_m(S) + T_g(S) + \eta T_L(S)])/\Omega(S) \end{aligned} \tag{5.77}$$

当负载为恒值时，$T_L = C_L$，又 $f_m = C_f$ 和 $T_g = C_g$ 也均为恒值，所以 $T_L(S) = C_L/S$，$F_m(S) = C_f/S$，$T_g(S) = C_g/S$，而且式(5.77)变换为

$$\begin{aligned} E(S) &= (\{R_m JS^2 + [R_m B + K_I(k_e + K_1 K_t)]S\}X(S) + \\ &\quad nR(C_f + C_g + \eta C_L)/S)/\Omega(S) \end{aligned} \tag{5.78}$$

式中，$X(S)$取代了 $\Theta_d(S)$，表示广义输入指令。

应用终值定理

$$e_{ss} = \lim_{t\to\infty} e(t) = \lim_{s\to 0} SE(S)$$

能够确定稳态误差。

当输入为一恒定位移 C_θ 时，

$$X(S)=\Theta_{\mathrm{d}}(S)=C_\theta/S \tag{5.79}$$

于是可得稳态位置误差为

$$e_{\mathrm{ssp}}=R_{\mathrm{m}}(C_{\mathrm{f}}+C_{\mathrm{g}}+\eta C_{\mathrm{L}})/K_\theta K_{\mathrm{I}} \tag{5.80}$$

位置控制器的稳态位置误差可由要求的补偿力矩信号来限制在允许范围内。

自动控制的一般原理与方法，还可以应用于分析控制器的稳态速度误差和加速度误差。

5.2.4 多关节位置控制器的耦合与补偿

把机器人的其他各关节锁住而依次移动一个关节，这种工作方法显然是低效率的。这种工作过程使执行规定任务的时间变得过长，是不经济的。不过，如果要让一个以上的关节同时运动，各运动关节间的力和力矩就会产生相互作用，而且不能对每个关节适当地应用前述位置控制器。因此，要克服这种相互作用，就必须附加补偿作用。要确定这种补偿，就需要分析机器人的动态特征。

1. 动态方程的拉格朗日公式

动态方程式表示一个系统的动态特征。我们已在本书第 4 章讨论过动态方程的一般形式和拉格朗日方程式(4.2)和式(4.24)：

$$\boldsymbol{T}_i=\frac{\mathrm{d}}{\mathrm{d}t}\frac{\partial L}{\partial \dot{q}_i}-\frac{\partial L}{\partial q_i},\quad i=1,2,\cdots,n$$

$$\boldsymbol{T}_i=\sum_{i=1}^{6}D_{ij}\ddot{q}_j+J_{ai}\ddot{q}_i+\sum_{j=1}^{6}\sum_{k=1}^{6}D_{ijk}\dot{q}_j\dot{q}_k+D_i$$

式中，取 $n=6$，而且 D_{ij}，D_{ijk} 和 D_i 分别由式(4.25)、式(4.26)和式(4.27)表示。

拉格朗日方程(4.26)和式(4.27)是计算机器人系统动态方程的一个重要方法，可以用于讨论和计算与补偿有关的问题。

2. 各关节间的耦合与补偿

从式(4.24)可见，每个关节所需要的力或力矩 T_i 是由 5 个部分组成的。式中，第一项表示所有关节惯量的作用。在单关节运动情况下，所有其他的关节均被锁住，而且各个关节的惯量被集中在一起。在多关节同时运动的情况下，存在关节间耦合惯量的作用。这些力矩项 $\sum_{j=1}^{6}D_{ij}\ddot{q}_j$ 必须通过前馈输入至关节 i 的控制器输入端，以补偿关节间的互相作用，如图 5.17 所示。式(4.24)中的第二项表示传动轴上的等效转动惯量为 J 的关节 i 的传动装置的惯性力矩，我们已在单关节控制器中进行过讨论。式(4.24)的最后一项是由重力加速度求得的，它也由前馈项 τ_{a} 来补偿。这是个估计的重力矩信号，并由式(5.81)计算：

$$\tau_{\mathrm{a}}=(R_{\mathrm{m}}/KK_{\mathrm{R}})\bar{\tau}_{\mathrm{g}} \tag{5.81}$$

式中，$\bar{\tau}_{\mathrm{g}}$ 为重力矩 τ_{g} 的估计值。采用 D_i 作为关于 i 控制器的最好估计值。据式(4.27)能够设定关节 i 的 $\bar{\tau}_{\mathrm{g}}$ 值。

式(4.24)中的第三项和第四项分别表示向心力和科氏力的作用。这些力矩项也必须前馈输入至关节 i 的控制器，以补偿各关节间的实际互相作用，亦示于图 5.17 上。图 5.17 画

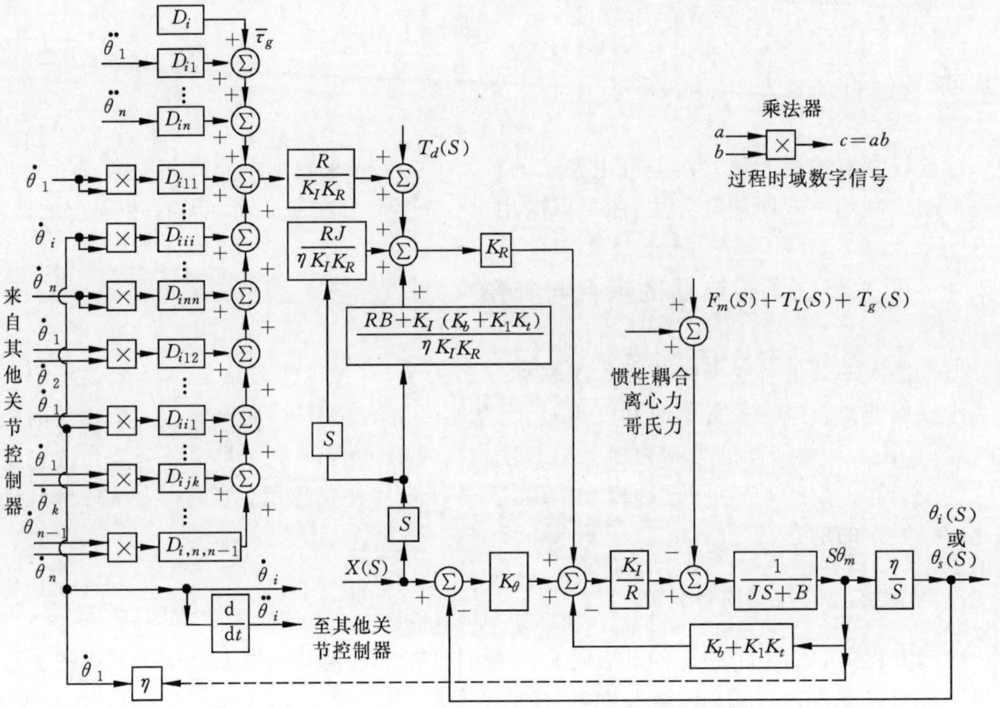

图 5.17　含有 n 个关节的第 i 个关节完全控制器

出了工业机器人的关节 $i(i=1,2,\cdots,n)$ 控制器的完整框图。要实现这 n 个控制器，必须计算具体机器人的各前馈元件的 D_{ij}，D_{ijk} 和 D_i。

3. 耦合惯量补偿的计算

对 D_{ij} 的计算是十分复杂的。为了说明计算的困难，我们把式(4.24)扩展如下：

$$\begin{aligned}T_i = {} & D_{i1}\ddot{q}_1 + D_{i2}\ddot{q}_2 + \cdots + D_{i6}\ddot{q}_6 + J_{ai}\ddot{q}_i + \\ & D_{i11}\dot{q}_1^2 + D_{i22}\dot{q}_2^2 + \cdots \dot{q}_{i66}^2\dot{q}_6^2 + \\ & D_{i12}\dot{q}_1\dot{q}_2 + D_{i13}\dot{q}_1\dot{q}_3 + \cdots D_{i16}\dot{q}_1\dot{q}_6 + \\ & \cdots + \\ & D_{i45}\dot{q}_4\dot{q}_5 + \cdots D_{i56}\dot{q}_5\dot{q}_6 + D_i \end{aligned} \tag{5.82}$$

对于 $i=1$，式(5.82)中的 $D_{i1}=D_{11}$。令 $\theta_i=q_i$，$i=1,2,\cdots,6$，那么 D_{11} 的表达式为

$$\begin{aligned}D_{11} = {} & m_1 k_{122}^2 + \\ & m_2[k_{211}^2 s^2\theta_2 + k_{233}^2 c^2\theta_2 + r_2(2\overline{y}_2 + r_2)] + \\ & m_3[k_{322}^2 s^2\theta_2 + k_{333}^2 c^2\theta_2 + r_3(2\overline{z}_2 + r_3)s^2\theta_2 + r_2^2] + \\ & m_4\Big\{\frac{1}{2}k_{411}^2[s^2\theta_2(2s^2\theta_4 - 1) + s^2\theta_4] + \frac{1}{2}k_{422}^2(1 + c^2\theta_2 + s^2\theta_4) + \\ & \frac{1}{2}k_{433}^2[s^2\theta_2(1 - 2s^2\theta_4) - s^2\theta_4] + r_3^2 s^2\theta_2 + r_2^2 - 2\overline{y}_4 r_3 s^2\theta_2 + \\ & 2\overline{z}_4(r_2 s\theta_4 + r_3 s\theta_2 c\theta_2 c\theta_4)\Big\} + \end{aligned}$$

$$
\begin{aligned}
&m_5\Big\{\frac{1}{2}(-k_{511}^2+k_{533}^2+k_{533}^2)[(s\theta_2 s\theta_5-c\theta_2 s\theta_4 c\theta_5)^2+c^2\theta_4 c^2\theta_5]+\\
&\quad\frac{1}{2}(k_{511}^2-k_{522}^2-k_{533}^2)(s^2\theta_4+c^2\theta_2 c^2\theta_4)+\\
&\quad\frac{1}{2}(k_{511}^2+k_{522}^2-k_{533}^2)[(s\theta_2 c\theta_5+c\theta_2 s\theta_4 s\theta_5)^2+c^2\theta_4 c^2\theta_5]+\\
&\quad r_3^2 s^2\theta_2+r_2^2+\\
&\quad 2\bar{z}_5[r_3(s^2\theta_2 c\theta_5+s\theta_2 s\theta_4 s\theta_5)-r_2 c\theta_4 s\theta_5]\Big\}+\\
&m_6\Big\{\frac{1}{2}(-k_{611}^2+k_{622}^2+k_{633}^2)[(s\theta_2 s\theta_5 c\theta_6-c\theta_2 s\theta_4 c\theta_5 c\theta_6-c\theta_s c\theta_4 s\theta_6)^2+\\
&\quad(c\theta_4 c\theta_5 c\theta_6-s\theta_4 s\theta_6)^2]+\\
&\quad\frac{1}{2}(k_{611}^2-k_{622}^2+k_{633}^2)[(c\theta_2 s\theta_4 c\theta_5 s\theta_6+s\theta_2 s\theta_5 s\theta_6-c\theta_2 c\theta_4 c\theta_6)^2+\\
&\quad(c\theta_4 c\theta_5 s\theta_6+s\theta_4 c\theta_6)^2]+\\
&\quad\frac{1}{2}(k_{611}^2+k_{622}^2-k_{633}^2)[(c\theta_2 s\theta_4 s\theta_5+s\theta_2 c\theta_5)^2+c^2\theta_4 s^2\theta_5]+\\
&\quad[r_6 c\theta_2 s\theta_4 s\theta_5+(r_6 c\theta_5+r_3)s\theta_2]^2+(r_6 c\theta_4 s\theta_5-r_2)^2+\\
&\quad 2z_6[r_6(s^2\theta_2 c^2\theta_5+c^2\theta_4 s^2\theta_5+c^2\theta_2 s^2\theta_5+2s\theta_2 c\theta_2 s\theta_4 s\theta_5 c\theta_5)+\\
&\quad r_3(s\theta_2 c\theta_2 s\theta_4 s\theta_5+s^2\theta_2 c\theta_5)-r_2 c\theta_4 s\theta_5]\Big\}
\end{aligned}
$$

不难看出，对 D_{i1} 的计算并非一项简单的任务。特别是当机器人运动时，如果它的位置和姿态参数发生变化，计算任务就更为艰巨。因此，我们力图寻找简化这种计算的新方法。目前已有的 3 种简化方法即几何/数字法、混合法和微分变换法。

贝杰齐(Bejezy)的几何/数字方法涉及旋转关节和棱柱式关节的特性，它能够对式(4.25)～式(4.27)中与计算 $\frac{\partial T_p}{\partial q_j}$ 和 $\frac{\partial^2 T_p}{\partial q_j \partial q_k}$ 有关的四阶方阵 J_j^k（它能够把任何以第 k 个坐标系表示的矢量变换为以第 j 个坐标系表示的同一矢量）预先进行简化。由于四阶方阵中的许多元素均为 0，所以求得的 D_i，D_{ij} 和 D_{ijk} 表达式就不像原先那样复杂。由陆(Luh)和林(Lin)提出的混合法则首先用计算机比较动态方程中牛顿-欧拉公式的所有项，然后根据各种判定准则，把其中的某些项删略去。最后，把留下的各项重新放入拉格朗日方程。此法所得结果为一个以符号形式表示的简化方程的计算机输出。保罗(Paul)用微分变换对 D_i，D_{ij} 和 D_{ii} 等项进行简化；本书的 4.2 节已对这种微分变换简化方法进行过讨论。

5.3 机器人的力和位置混合控制

对于一些作业，如焊接、搬运和喷涂等类，机器人只需要位置控制就够了。而对于另一些作业，如切削、磨光和装配等，则需要阻抗控制或柔顺控制。

把力偏差信号加至位置伺服环，以实现力的控制的方式就叫作“阻抗控制”(impedance control)。图 5.18 就是阻抗控制系统的一种构成方案。

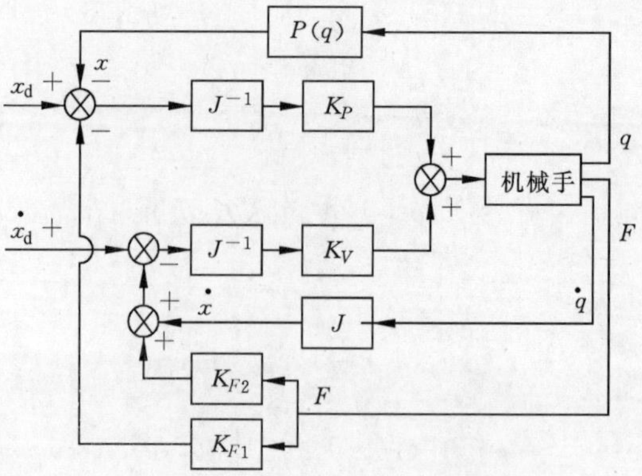

图 5.18　阻抗控制方案结构图

5.3.1　柔顺运动与柔顺控制

1. 被动柔顺和主动柔顺

把弹簧和消震器构成的无源机械装置安装在机械手的末端上，机械手就能够维持适当的方位，从而解决用机械手在黑板上写字之类的问题。通过引用具有低的横向和旋转刚度的抓取机构，也能使插杆入孔的作业易于实现。一个叫作“远距离中心柔顺”(remote center compliance，RCC)的无源机械装置就是以此原理为基础的。通过这种装置使把物体“拉”进孔内比把物体“推”进孔内更容易。用技术语来说，RCC 允许把杆的末端放到柔顺中心上。柔顺中心具有这样的特点：若把力施于该点，则产生纯平移；若把纯力矩放于该点，则产生对该点的纯旋转。当存在或人为创造一个柔顺中心时，此中心就表示出柔顺坐标系原点 O_c 的自然选择。

RCC 这样的被动柔顺(passive compliance)机械装置具有快速响应能力，而且比较便宜。不过，它们只限于一些十分专门的任务。例如，RCC 只能处理一定长度的而且与手具有一定方位的杆件。与此相反，可编程的主动柔顺(active compliance)装置能够对不同类型的零件进行操作，或者能够根据装配作业不同阶段的要求来修改末端装置的弹性性能。

机械手端点的刚度是由伺服关节的刚度、关节的机械柔顺性和连杆的挠性决定的。反过来，也能够由计算机所需要的关节刚度来获得所需端点刚度。这些期望的关节刚度又可以由设计适当的控制器来实现。

在本节讨论中，假设先同时忽略关节机械柔顺性和连杆挠性的影响，然后再考虑如何获得期望的可编程端点刚度。所需弹性性能可由任务空间表示的刚度矩阵 $\boldsymbol{K}_p$ 来描述。于是，在末端装置上从正常指令位置 X_a 产生一个小位移 δx 所需的恢复力 $\boldsymbol{F}$ 可定义为

$$\boldsymbol{F} = -\boldsymbol{K}_p \delta x \tag{5.83}$$

式中，$\boldsymbol{F}$，$\boldsymbol{K}_p$ 和 δx 均以任务空间坐标表示。正定矩阵 $\boldsymbol{K}_p$ 通常选为对角矩阵，而且由任务空间方向(刚度必须沿此方向控制)上需要的低刚度和维持该任务空间方向(位置必须沿该方向控制)的大元素构成。式(5.83)的恢复力实际上可由关节力矩 $\boldsymbol{\tau}$ 达到：

$$\boldsymbol{\tau} = \boldsymbol{J}^{\mathrm{T}} \boldsymbol{F} \tag{5.84}$$

式中,$\boldsymbol{J}$ 为机械手的雅可比矩阵,它也是以任务空间坐标表示的,而且表明实际末端装置位移 δx 与实际关节位移 δq 的关系:

$$\delta x = \boldsymbol{J}\delta q \tag{5.85}$$

据式(5.83)和式(5.85),可把式(5.84)重写为

$$\boldsymbol{\tau} = -(\boldsymbol{J}^{\mathrm{T}}\boldsymbol{K}_p\boldsymbol{J})\delta q \tag{5.86}$$

式中,$\boldsymbol{K}_q = \boldsymbol{J}^{\mathrm{T}}\boldsymbol{K}_p\boldsymbol{J}$ 称为"关节刚度矩阵"或"阻抗矩阵",借助它能够用关节力矩 τ 和关节位移 $\boldsymbol{q}$ 的各项来简单地表示式(5.83)的任务空间刚度,也就是说,任务空间刚度可以用与控制系统最直接的相关变量来表示。关节刚度矩阵不是对角矩阵。任意端点刚度只能由适当的对应于小的端点位移的关节力矩来表示。此外,当机械手处于奇异状态时,K_p 退化。这表明,主动刚性控制不可能以一定方向进行。这是不足为奇的,因为在奇异状态下,机械手不能沿所有方向运动,也不可能沿所有方向施力。

式(5.85)和式(5.86)能够对末端装置的任何一点进行计算。于是,我们不仅能够规定正交(主刚度)方向,沿此方向必须达到给定的刚度,而且能够有效地确定末端装置上任何地方的阻力中心。这种能力对于装配作业特别有用,因为它允许同时任意移动阻力中心(可把它选作阻力坐标系的原点)和规定主刚度方向(可令这些方向与阻力坐标系的轴线重合),并按照装配任务的不同阶段规定相应的期望刚度。

2. 作业约束与力控制

对于许多情况,操作机器人的力或力矩控制与位置控制具有同样重要的意义。当机械手的末端或其末端工具与周围环境产生接触时,只用位置控制往往不能满足要求。例如,令机械手用海绵擦洗窗上的玻璃。由于海绵的柔顺性,有可能通过控制机械手末端与玻璃间的相对位置来调节施于窗的力。如果海绵的柔顺性很好,而且能精确地知道玻璃的位置,那么这一作业任务就应当进行得很成功。

不过,如果末端装置、工具或周围环境的刚性很高,那么机械手要执行与某个表面有接触的操作作业将会变得相当困难。可以想象,如果机械手不是用海绵,而是用一把坚硬的刮刀刮去玻璃表面的油漆。如果玻璃表面位置有任何不定性因素,或者机械手的位置伺服系统存在位置误差,那么这个任务就无法完成。要么玻璃将被打破,要么机械手将带着刮刀不与玻璃接触地在玻璃上方移过。

对于擦洗和刮剥这两种作业,不规定玻璃平面的位置,而规定与该表面保持垂直的力是比较合理的。

对于一些更复杂的作业,如工作环境不确定或装配有变化以及装配精度高的作业,对其公差的要求甚至超过机械手本身所能达到的精度。这时,如果仍然试图通过位置控制来进一步提高精度,不仅代价昂贵,而且可能是徒劳的。采用力控制方案是解决这类问题的方法之一。

对机器人机械手进行力控制,就是对机械手与环境之间的相互作用力进行控制。这种控制能够测量和控制施于手臂的接触力,从而大大提高机械手的有效作业精度。

机械手力控制器的种类很多,但其主要原理是位置和力的混合控制,或速度和力的混合控制,以便适应因作业结构而产生的位置约束。

对一个被约束的机械手进行控制,要比一般机械手的控制更为复杂与困难,这是因为:

(1) 约束使自由度减少,以致再不能规定末端的任意运动;

(2) 约束给手臂施加一个反作用力，必须对这个力进行有效的控制，以免它任意增大，甚至损坏机械手或与其接触的表面；

(3) 需要同时对机械手的位置和所受的约束反力进行控制。

机器人机械手所受到的约束有两种：自然约束(natural constraints)和人为约束(artificial constraints)。自然约束是由物体的几何特性或作业结构特性等引起的对机械手的约束。人为约束是一种人为施加的约束，用来确定作业结构中所期望运动的力或轨迹的形式。

可以把每个机械手的任务分解为许多子任务，这些子任务由机械手末端(或工具)与工作环境间的具体接触情况定义。可把这种子任务与一组自然约束联系起来。这些自然约束是由任务结构的具体机械和几何特性产生的。例如，一个与平台接触的机械手的手部是不能自由通过该平面的刚性表面的。这是一种自然位置约束。如果该平台表面是光滑无摩擦的，那么此机械手也不能自由沿切线方向施加任意大小的力。这是一种自然力约束。

一般来说，对于每个子作业结构，可以在一个具有 N 个自由度的约束空间内定义一个广义平面。这个广义平面由坐标系$\{C\}$来描述，而且具有法线方向的位置约束及切线方向的力约束。这两种约束把机械手末端可能运动的自由度分解为两个正交集合。可据不同准则对这些集合进行控制。

图 5.19 给出了两种有代表性的具有自然约束的作业，图 5.19(a)为以一定的角速度转动曲柄，图 5.19(b)为旋转起子。从图可知，这两种作业结构都不是以关节坐标系或末端坐标系描述的，而是以坐标系$\{C\}$描述的。我们称$\{C\}$为"约束坐标系"(constraint frame)，或"柔顺坐标系"(compliance frame)，或"任务坐标系"(task frame)。坐标系$\{C\}$处于与某个任务有关的位置。在图 5.19(a)中，约束坐标系位于手柄上，而且与曲轴一起沿着 x 轴方向(总是指向曲柄转轴)移动。作用于指尖的摩擦保证对手把的可靠夹持。此手把位于中心轴上，以便相对于曲轴的臂部转动。在图 5.19(b)中，约束坐标系加在起子端部，并且在任务执行过程中产生运动。值得注意的是，y 轴方向的约束力为 0。不然的话，起子将会从螺钉的顶槽滑出去。

图 5.19 中，位置约束由末端执行装置(工具)在坐标系$\{C\}$中的速度分量值指定，而力约束由力矩矢量的分量值指定。当我们说到位置约束时，它意味着位置和(或)方位约束；当谈及力约束时，它表明力和(或)力矩约束。用自然约束来说明那些由具体接触情况而自然产生的约束。

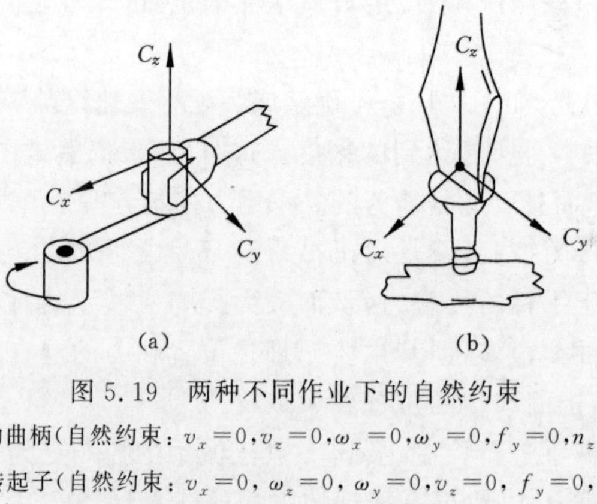

图 5.19　两种不同作业下的自然约束

(a) 转动曲柄(自然约束：$v_x=0, v_z=0, \omega_x=0, \omega_y=0, f_y=0, n_z=0$)；

(b) 旋转起子(自然约束：$v_x=0, \omega_z=0, \omega_y=0, v_z=0, f_y=0, n_z=0$)

人为约束与自然约束一起用来规定所需要的运动或力。使用者每次指定某个需要的位置轨迹或力,就定义了一个人为约束。这些约束出现在广义接触表面的法线和切线方向上。不过,规定人为力约束沿着表面法线方向,而人为位置约束则沿着表面切线方向。

图 5.20 表示出两种作业的自然约束和人为约束。当对坐标系$\{C\}$中某个具体的自由度给定自然位置约束时,也应当指定某个人为力约束,反之亦然。任何时刻都应对约束坐标系中给定的任何自由度进行控制,以适应位置或者力的约束要求。

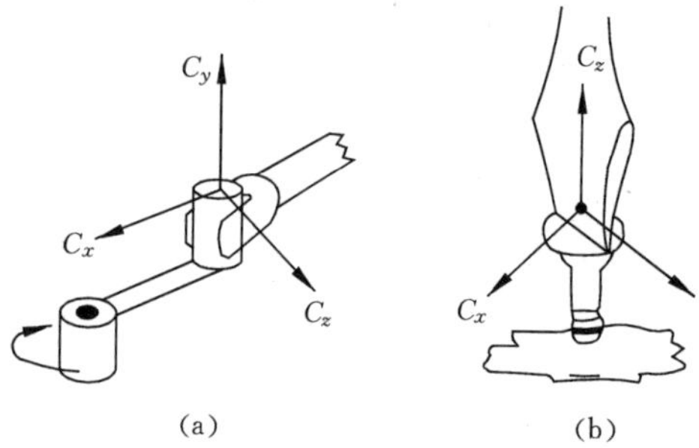

图 5.20　两种作业的自然约束与人为约束

(a) 转动曲柄(自然约束:$v_x=0, v_z=0, \omega_x=0, \omega_y=0, f_y=0, n_z=0$);

(人为约束:$v_y=0, \omega_z=\alpha_1, f_x=0, f_z=0, n_x=0, n_y=0$);

(b) 旋转起子(自然约束:$v_x=0, \omega_x=0, \omega_y=0, v_z=0, f_y=0, n_z=0$);

(人为约束:$v_x=0, \omega_z=\alpha_2, f_x=0, n_x=0, n_y=0, f_z=\alpha_3$)

3. 柔顺控制的种类

有两类实现柔顺控制的主要方法。一为阻抗控制,另一类是力和位置的混合控制。阻抗控制不是直接控制期望的力和位置,而是通过控制力和位置之间的动态关系来实现柔顺功能。这样的动态关系类似于电路中阻抗的概念,因而称为"阻抗控制"。如果只考虑静态,力和位置的关系则可用刚性矩阵来描述。如果考虑力和速度之间的关系,可用黏滞阻尼矩阵来描述。因此,所谓阻抗控制,就是通过适当的控制方法以使机械手末端呈现需要的刚性和阻尼。通常对于需要进行位置控制的自由度,则要求在该方向上有很大的刚性,即表现出很硬的特性;对需要力控制的自由度,则要求在该方向有较小的刚性,即表现出较软的特性。

还有一类柔顺控制方法为动态混合控制,其基本思想是在柔顺坐标空间将任务分解为某些自由度的位置控制和另一些自由度的力控制,并在任务空间分别进行位置控制和力控制的计算,然后将计算结果转换到关节空间合并为统一的关节控制力矩,驱动机械手以实现所需要的柔顺功能。

由此可见,柔顺运动控制包括阻抗控制、力和位置的混合控制和动态混合控制等。本章后续各节将分别讨论这些控制。

5.3.2　主动阻力控制

阻力是研究上述任意大任务空间位移的延伸:

$$\ddot{\boldsymbol{x}} := \boldsymbol{x} - \boldsymbol{x}_{\mathrm{d}} \tag{5.87}$$

把下列控制规律用于任务空间就能根据上式直接控制机械手与其环境间的动态交互作用：

$$\boldsymbol{\tau}=\hat{\boldsymbol{g}}(\boldsymbol{q})-\boldsymbol{J}^{\mathrm{T}}(\boldsymbol{q})[\boldsymbol{K}_p\tilde{\boldsymbol{x}}+\boldsymbol{K}_D\dot{\tilde{\boldsymbol{x}}}] \tag{5.88}$$

式中，$\hat{\boldsymbol{g}}(\boldsymbol{q})$为估计重力矩，$\boldsymbol{J}(\boldsymbol{q})$为机械手的雅可比矩阵，$\tilde{x}$ 为位移矢量。$\tilde{\boldsymbol{x}}$，$\boldsymbol{J}^{\mathrm{T}}$ 和 $\boldsymbol{K}_p$ 通常由任务空间坐标直接表示。从环境来看，可把 $\boldsymbol{K}_p$ 和 $\boldsymbol{K}_D$ 解释为机械手的期望虚拟"刚度"和"阻尼"。运用 $\boldsymbol{J}^{\mathrm{T}}(\boldsymbol{q})$，可把任务空间力 $-[\boldsymbol{K}_p\tilde{\boldsymbol{x}}+\boldsymbol{K}_D\dot{\tilde{\boldsymbol{x}}}]$变换为关节力矩矢量。从式(5.88)可见，阻力控制把柔顺中心配置在参考位置 $\boldsymbol{x}_{\mathrm{d}}$ 处。

由于式(5.88)监控的是机械手的力与位置间的动态关系，而不是直接控制力或位置，所以把这种控制称为"阻力控制"。下面分别讨论两种阻力控制型式。

1. 位置控制型阻力控制

考虑把机械手端点自由移动到固定在笛卡儿空间内某一指定点(位置)$\boldsymbol{x}_{\mathrm{d}}$ 的问题。

定义候选李亚普诺夫函数为

$$\boldsymbol{V}:=\frac{1}{2}[\tilde{\boldsymbol{x}}^{\mathrm{T}}\boldsymbol{X}_p\tilde{\boldsymbol{x}}+\dot{\boldsymbol{q}}^{\mathrm{T}}\boldsymbol{H}\dot{\boldsymbol{q}}] \tag{5.89}$$

可把它解释为闭环系统的总能量。假设重力分量正好被补偿，即 $\hat{\boldsymbol{g}}(\boldsymbol{q})=\boldsymbol{g}(\boldsymbol{q})$。对式(5.89)求导，可得

$$\dot{\boldsymbol{V}}=\dot{\boldsymbol{x}}^{\mathrm{T}}\boldsymbol{K}_p\tilde{\boldsymbol{x}}-\dot{\boldsymbol{q}}^{\mathrm{T}}\boldsymbol{J}^{\mathrm{T}}(\boldsymbol{K}_q\tilde{\boldsymbol{x}}+\boldsymbol{K}_D\dot{\tilde{\boldsymbol{x}}}) \tag{5.90}$$

因为 $\dot{\tilde{\boldsymbol{x}}}=\dot{\boldsymbol{x}}=\boldsymbol{J}\dot{\boldsymbol{q}}$，于是式(5.90)变为

$$\dot{\boldsymbol{V}}=-\dot{\boldsymbol{x}}^{\mathrm{T}}\boldsymbol{K}_D\dot{\boldsymbol{x}}\leqslant 0 \tag{5.91}$$

从而表明如式(5.89)所示的控制能量是稳定的。要确定其是否为渐近稳定，即是否把机械手的端点引导至 $\boldsymbol{x}_{\mathrm{d}}$，必须分析 $\dot{\boldsymbol{V}}=0$ 的情况。从式(5.91)可见，($\dot{\boldsymbol{x}}=0$ 的情况)：

$$\dot{\boldsymbol{x}}=0\Rightarrow\ddot{\boldsymbol{q}}=-\boldsymbol{H}^{-1}\boldsymbol{J}^{\mathrm{T}}\boldsymbol{K}_p\tilde{\boldsymbol{x}}-\boldsymbol{H}^{-1}\boldsymbol{C}\dot{\boldsymbol{q}} \tag{5.92}$$

于是出现了 3 种可能的情况。

(1) 机械手为非冗余的，而且 $\boldsymbol{J}(\boldsymbol{q})$在当前机械手结构 $\boldsymbol{q}$ 下具有全秩(rank)。那么 $\dot{\boldsymbol{x}}=0$ 表明 $\dot{\boldsymbol{q}}=0$，于是由式(5.92)可求得

$$\ddot{\boldsymbol{q}}=-\boldsymbol{H}^{-1}\boldsymbol{J}^{\mathrm{T}}\boldsymbol{K}_p\tilde{\boldsymbol{x}} \tag{5.93}$$

只要 $\tilde{\boldsymbol{x}}\neq 0$，式(5.93)就是非零的，因为 $\boldsymbol{J}$ 和 $\boldsymbol{H}^{-1}\boldsymbol{J}^{\mathrm{T}}\boldsymbol{K}_p$ 均为非奇异的。

(2) 对于当前的 $\boldsymbol{q}$，雅可比矩阵 $\boldsymbol{J}(\boldsymbol{q})$是退化的，即当前的机械手结构是奇异的。因为无法从式(5.92)直接得出有关 $\tilde{\boldsymbol{x}}$ 的结论，所以这种情况是很不清楚的。尤其是存在机械手的全秩运动，以致 $\boldsymbol{J}(\boldsymbol{q})$仍然为奇异。例如，对于图 5.21 所示的二连杆关节式机械手，这种情况对应于绕原点旋转($\dot{q}_1\neq 0$)，而手臂为完全伸直($q_2\equiv 0$)或完全折叠($q_2\equiv\pi$)。不过，问题并非那么难，因为在实际上总是有个小的黏性摩擦 $\boldsymbol{D}\dot{\boldsymbol{q}}$ 加至系统动力学方程式。其中，$\boldsymbol{D}$ 为正定(通常为对角)矩阵。实际上，我们可以有目的地把这样的项加于控制力矩 $\boldsymbol{\tau}$。于是，式(5.91)变为

$$\dot{\boldsymbol{V}}=\dot{\boldsymbol{x}}^{\mathrm{T}}\boldsymbol{K}_D\dot{\boldsymbol{x}}-\dot{\boldsymbol{q}}^{\mathrm{T}}\boldsymbol{D}\dot{\boldsymbol{q}}\leqslant\dot{\boldsymbol{q}}^{\mathrm{T}}\boldsymbol{D}\dot{\boldsymbol{q}}\leqslant 0 \tag{5.94}$$

使 $\dot{\boldsymbol{V}}=0$ 并不意味着 $\dot{\boldsymbol{q}}=0$，因此

$$\ddot{q} = -H^{-1}J^{\mathrm{T}}K_p\tilde{x} \tag{5.95}$$

因为对于当前的 q，$J(q)$ 退化，就存在非零值的 $\tilde{x}$，使 $K_p\tilde{x}$ 属于 J^{T} 的零空间。在这些数值下，式(5.93)的阻力控制规律被破坏。实际上，这种情况对应于要求机械手沿着无法使它运动的方向有效地加上一个力 $K_p\tilde{x}$。对于图 5.21 的二连杆机械手，令 $K_p = I$，并假设任务坐标系与笛卡儿坐标系重合。雅可比矩阵

$$J = \begin{bmatrix} -l_1s_1 - l_2s_{12} & l_1c_1 + l_2c_{12} \\ -l_2s_{12} & l_2c_{12} \end{bmatrix}$$

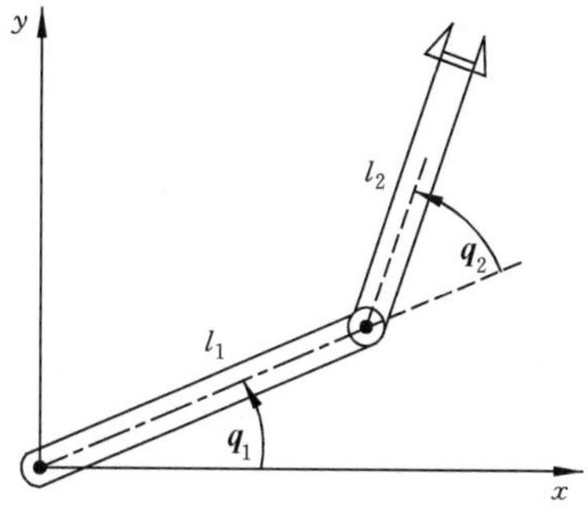

图 5.21　二连杆机械手

当 $q_2=0$(手臂伸直)和 $q_2=\pi$(手臂折叠)时为奇异的。式中，$c_i=\cos(q_i)$，$s_i=\sin(q_i)$，$c_{ij}=\cos(q_i+q_j)$，$s_{ij}=\sin(q_i+q_j)$。对于 $q_2=0$ 的奇异性，可得

$$J^{\mathrm{T}} = \begin{bmatrix} -(l_1+l_2)s_1 & (l_1+l_2)c_1 \\ -l_2s_2 & l_2c_2 \end{bmatrix}$$

于是有，如果 $s_1\tilde{x}_1 = c_1\tilde{x}_2$，即如果 x_{d} 在手臂直线上，那么 $\tau = -J^{\mathrm{T}}K_p\tilde{x} = 0$。更一般地说，对于 $K_p \neq I$，存在一条 x_{d} 的线，使当 $\tilde{x} \neq 0$ 时 $\tau = 0$，如图 5.22 所示。对于 $q_2=\pi$，也能够得到类似的结果。

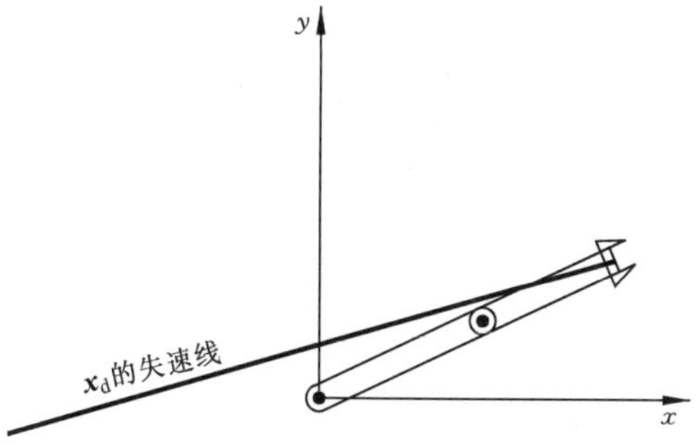

图 5.22　参考位置 x_{d} 的失速值

(3) 机械手是冗余的，但对于当前的 q，$J(q)$ 不具有完全的低秩。包含黏性摩擦的项 $D\dot{q}$ 能够保证机械手不会在当前 q 下产生黏附。

2. 柔顺型阻抗控制

考虑机械手与环境接触的情况，如图 5.23 所示。由接触引起的环境局部变形可用矢量 x_{E} 来表示。当机械手与环境接触时，$\tilde{x}_{\mathrm{E}} = x - x_{\mathrm{E}}$；当机械手与环境不接触时，$\tilde{x}_{\mathrm{E}} = 0$。

环境施于机械手的相关作用力 F_{E} 可作为弹性恢复力来模拟：

$$F_{\mathrm{E}} = -K_{\mathrm{E}}\tilde{x}_{\mathrm{E}} \tag{5.96}$$

式中，正定矩阵 K_{E} 描述环境的刚度。可把矢量 x_{E} 看作这种接触点 x 的位置。当不存在控制力矩和重力时，此接触点将要返回原始位置。要维持静止接触，参考端点位置 x_{d} 必须在环境"内部"(如图 5.23 所示)，因为它表示由矩阵 K_p 和 K_D 定义的弹簧-阻尼器系统的停止位置。值得注意的是，环境刚度矩阵 K_{E} 和变形 $\tilde{x}_{\mathrm{E}}$ 是方便而又理想的表示方法。把

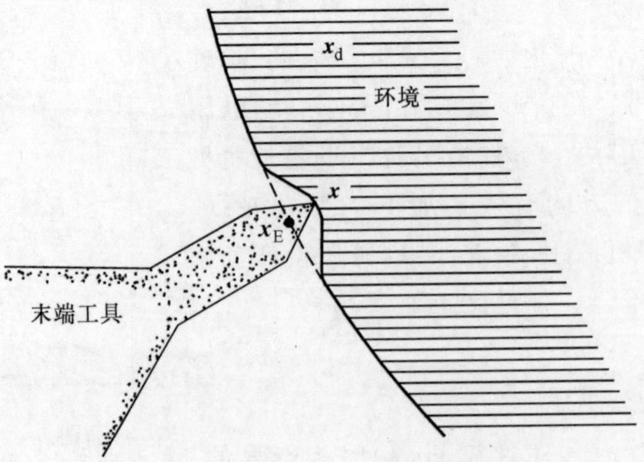

图 5.23　式(5.94)的弹性模型

式(5.96)表示的接触力 $\boldsymbol{F}_E$ 作为环境和机械手集中变形的结果来考虑，是比较准确的。此外，式(5.96)中忽略了摩擦作用。

为检验柔顺控制对某个固定的 $\boldsymbol{x}_d$ 的稳定性，再次选择候选李普雅诺夫函数 V 为系统的总能量：

$$\boldsymbol{V}=\frac{1}{2}[\tilde{\boldsymbol{x}}^T\boldsymbol{K}_p\tilde{\boldsymbol{x}}+\dot{\boldsymbol{q}}^T\boldsymbol{H}\dot{\boldsymbol{q}}+\tilde{\boldsymbol{x}}_E^T\boldsymbol{K}_E\tilde{\boldsymbol{x}}_E] \tag{5.97}$$

与式(5.89)比较，式(5.97)中增加了一项 $\tilde{\boldsymbol{x}}_E{}^T\boldsymbol{K}_E\tilde{\boldsymbol{x}}_E$，此项考虑了由式(5.94)表示的机械手与环境间弹性作用引起的位能。现在，系统的动力学公式为

$$\boldsymbol{H}\ddot{\boldsymbol{q}}+\boldsymbol{C}\dot{\boldsymbol{q}}+\boldsymbol{q}(\boldsymbol{q})=\boldsymbol{\tau}+\boldsymbol{J}^T\boldsymbol{F}_E=\boldsymbol{\tau}-\boldsymbol{J}^T\boldsymbol{K}_E\tilde{\boldsymbol{x}}_E \tag{5.98}$$

注意到能量守恒意味着 $\boldsymbol{F}_E^T\dot{\boldsymbol{x}}_E=0$，所以有

$$\dot{\boldsymbol{V}}\leqslant-\dot{\boldsymbol{q}}^T\boldsymbol{D}\dot{\boldsymbol{q}}\leqslant 0$$

与式(5.94)相似。于是，仅当 $\dot{\boldsymbol{q}}=0$ 时 $\dot{\boldsymbol{V}}=0$，即有

$$\dot{\boldsymbol{q}}=0\Rightarrow\ddot{\boldsymbol{q}}=-\boldsymbol{H}^{-1}\boldsymbol{J}^T(\boldsymbol{K}_p\tilde{\boldsymbol{x}}+\boldsymbol{K}_E\tilde{\boldsymbol{x}}_E)$$

假设机械手处于非奇异状态，那么平衡点 $\boldsymbol{x}$ 对应于

$$\boldsymbol{K}_p\tilde{\boldsymbol{x}}+\boldsymbol{K}_E\tilde{\boldsymbol{x}}=0 \tag{5.99}$$

即由取权平均

$$\boldsymbol{x}=(\boldsymbol{K}_p+\boldsymbol{K}_E)^{-1}(\boldsymbol{K}_p\boldsymbol{x}_d+\boldsymbol{K}_E\boldsymbol{x}_E) \tag{5.100}$$

得出，它反映出环境刚度与所需要的机械手阻力间的组合作用。据式(5.99)，李亚普诺夫函数 V 的对应值为

$$\boldsymbol{V}=(\boldsymbol{x}_E-\boldsymbol{x}_d)^T\boldsymbol{K}_p(\boldsymbol{x}-\boldsymbol{x}_d) \tag{5.101}$$

于是可把式(5.100)写成$(\boldsymbol{x}_E-\boldsymbol{x}_d)$的二次型：

$$\boldsymbol{V}=(\boldsymbol{x}_E-\boldsymbol{x}_d)^T\boldsymbol{K}_p(\boldsymbol{K}_p+\boldsymbol{K}_E)^{-1}\boldsymbol{K}_E(\boldsymbol{x}_E-\boldsymbol{x}_d) \tag{5.102}$$

在奇异状态下，机械手可能再次黏附在与式(5.100)不同的 $\boldsymbol{x}$ 值处，不过现行的$(\boldsymbol{K}_p\tilde{\boldsymbol{x}}+\boldsymbol{K}_E\tilde{\boldsymbol{x}}_E)$属于 $\boldsymbol{J}^T(\boldsymbol{q})$的零空间。通过把一个适当的状态相关非对称矩阵加至 $\boldsymbol{K}_p$，就可能再次得到校正。

5.3.3 力和位置混合控制方案和规律

1. 力和位置混合控制方案

对机械手进行力控制的方案有很多种，下面列举几种典型的方案。

(1) 主动刚性控制

图 5.24 为一个主动刚性控制(active stiffness control)系统框图。图中，$\boldsymbol{J}$ 为机械手末端执行装置的雅可比矩阵；$\boldsymbol{K}_p$ 为定义于末端笛卡儿坐标系的刚性对角矩阵，其元素由人为确定。如果希望在某个方向上遇到实际约束，那么这个方向的刚性应当降低，以保证有较低的结构应力；反之，在某些不希望碰到实际约束的方向上，则应加大刚性，使机械手紧紧跟随期望轨迹。如此就能够通过改变刚性来适应变化的作业要求。

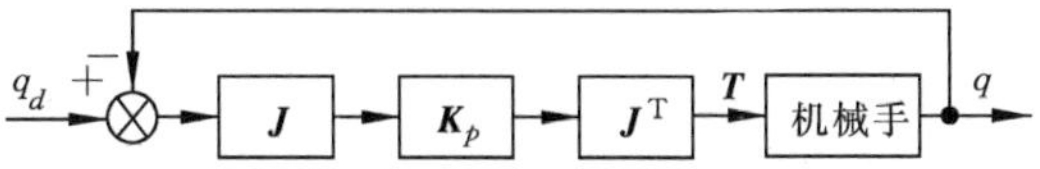

图 5.24 主动刚性控制框图

(2) 雷伯特-克雷格位置/力混合控制器

雷伯特(M. H. Raibert)和克雷格(J. J. Craig)于 1981 年进行了机器人机械手位置和力混合控制的重要实验，并取得了良好结果。后来，这种控制器就被称为"R-C 控制器"。

图 5.25 给出了 R-C 控制器的结构。图中，$\boldsymbol{S}$ 和 $\bar{\boldsymbol{S}}$ 为适从选择矩阵；$\boldsymbol{x}_{\mathrm{d}}$ 和 $\boldsymbol{F}_{\mathrm{d}}$ 为定义于笛卡儿坐标系的期望位置和力的轨迹；$\boldsymbol{P}(\boldsymbol{q})$ 为机械手运动学方程；${}^{C}\boldsymbol{T}$ 为力变换矩阵。

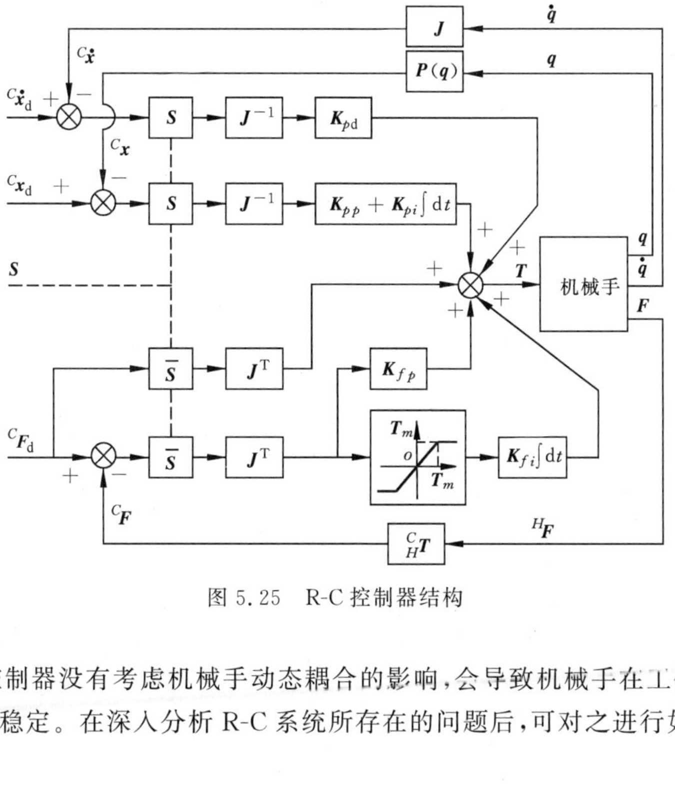

图 5.25 R-C 控制器结构

这种 R-C 控制器没有考虑机械手动态耦合的影响，会导致机械手在工作空间某些非奇异位置上出现不稳定。在深入分析 R-C 系统所存在的问题后，可对之进行如下改进：

① 在混合控制器中考虑机械手的动态影响，并对机械手所受重力及科氏力和向心力进行补偿；

② 考虑力控制系统的欠阻尼特性，在力控制回路中加入阻尼反馈，以削弱振荡因素。

③ 引入加速度前馈，以满足作业任务对加速度的要求，也可使速度平滑过渡。

改进后的 R-C 力/位置混合控制系统结构图如图 5.26 所示。图中，$\hat{\boldsymbol{M}}(\boldsymbol{q})$为机械手的惯量矩阵模型。

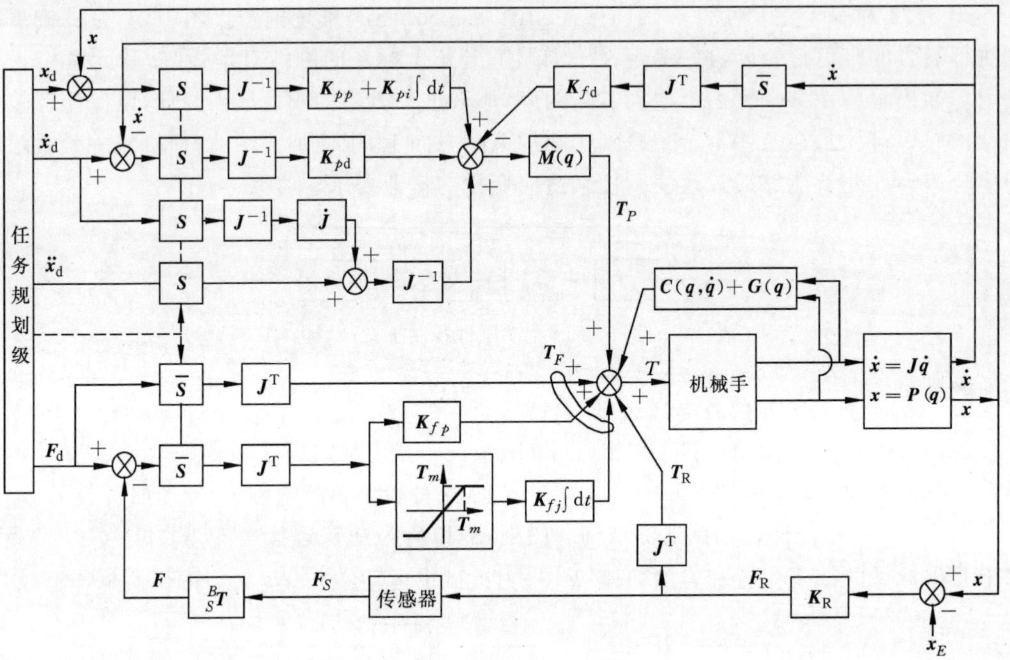

图 5.26　改进后的 R-C 混合控制系统结构

(3) 操作空间力和位置混合控制系统

由于机器人机械手是通过工具进行操作作业的，所以其末端工具的动态性能将直接影响操作质量。但末端的运动是所有关节运动的复杂函数，即使每个关节的动态性能可行，末端的动态性能也未必能满足要求。当动态摩擦和连杆挠性特别显著时，使用传统的伺服控制技术将无法保证作业要求。因此，有必要在坐标系$\{C\}$中直接建立控制算法，以满足作业性能要求。图 5.27 就是哈提卜(O. Khatib)设计的操作空间力和位置混合控制系统的结构图。图中，$\boldsymbol{\Lambda}(x)=\boldsymbol{J}^{-\mathrm{T}}\boldsymbol{M}(\boldsymbol{q})\boldsymbol{J}^{-1}$ 为机械手末端的动能矩阵；$\widetilde{\boldsymbol{C}}(\boldsymbol{q},\dot{\boldsymbol{q}})=\boldsymbol{C}(\boldsymbol{q},\dot{\boldsymbol{q}})-\boldsymbol{J}^{\mathrm{T}}\boldsymbol{\Lambda}(x)\dot{\boldsymbol{J}}\dot{\boldsymbol{q}}$；$\boldsymbol{K}_p$，$\boldsymbol{K}_v$，$\boldsymbol{K}_i$，$\boldsymbol{K}_{vf}$ 和 $\boldsymbol{K}_{ji}$ 为 PID 常增益对角矩阵。

此外，还有阻力控制和速度/力混合控制等。

2. 力和位置混合控制系统控制规律的综合

以 R-C 控制器为例讨论力/位置混合控制系统的控制规律。

(1) 位置控制规律

断开图 5.26 中所有的力前馈和力反馈通道，并令 $\bar{\boldsymbol{S}}$ 为零矩阵，$\boldsymbol{S}$ 为单位矩阵，约束反力

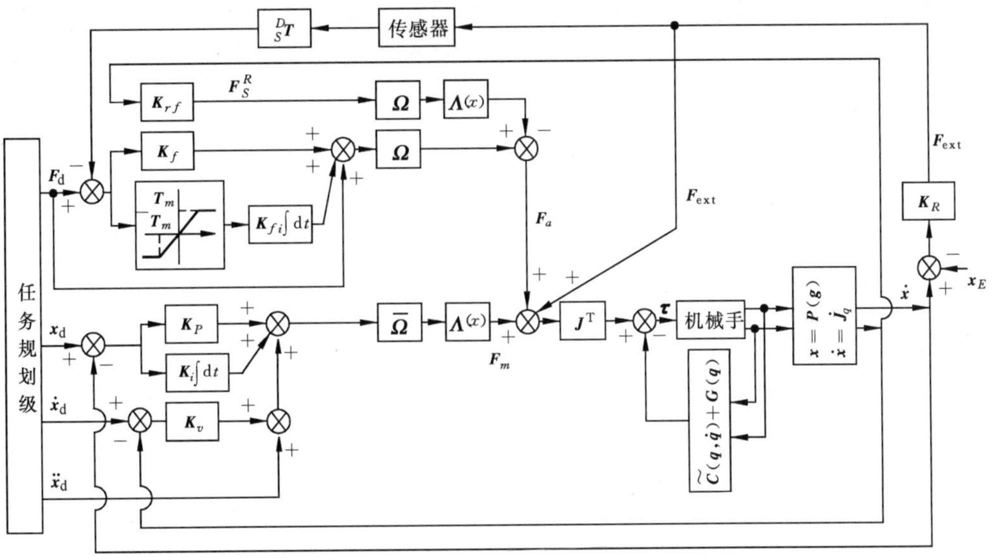

图 5.27　操作空间力/位置混合控制系统框图

为 0,则系统即成为一个具有科氏力、重力和向心力补偿和加速度前馈的标准 PID 位置控制系统。图中的积分环节用于提高系统的稳态精度。当不考虑积分环节的作用时,系统的控制器方程为

$$\boldsymbol{T}=\hat{\boldsymbol{M}}(\boldsymbol{q})[\boldsymbol{J}^{-1}(\ddot{\boldsymbol{x}}_{\mathrm{d}}-\dot{\boldsymbol{J}}\boldsymbol{J}^{-1}\dot{\boldsymbol{x}}_{\mathrm{d}})+\boldsymbol{K}_{p\mathrm{d}}\boldsymbol{J}^{-1}(\dot{\boldsymbol{x}}_{\mathrm{d}}-\dot{\boldsymbol{x}})+\boldsymbol{K}_{pp}\boldsymbol{J}^{-1}(\boldsymbol{x}_{\mathrm{d}}-\boldsymbol{x})]+\boldsymbol{C}(\boldsymbol{q},\dot{\boldsymbol{q}})+\boldsymbol{G}(\boldsymbol{q})$$

或者

$$\boldsymbol{T}=\hat{\boldsymbol{M}}(\boldsymbol{q})[\ddot{\boldsymbol{q}}_{\mathrm{d}}+\boldsymbol{K}_{p\mathrm{d}}(\dot{\boldsymbol{q}}_{\mathrm{d}}-\dot{\boldsymbol{q}})+\boldsymbol{K}_{pp}(\boldsymbol{q}_{\mathrm{d}}-\boldsymbol{q})]+\boldsymbol{C}(\boldsymbol{q},\dot{\boldsymbol{q}})+\boldsymbol{G}(\boldsymbol{q}) \tag{5.103}$$

令

$$\Delta\boldsymbol{q}=\boldsymbol{J}^{-1}(\boldsymbol{x}-\boldsymbol{x}_{\mathrm{d}})=\boldsymbol{J}^{-1}\Delta\boldsymbol{x}=\boldsymbol{q}-\boldsymbol{q}_{\mathrm{d}} \tag{5.104}$$

以式(5.103)代入下列机械手动态方程:

$$\boldsymbol{T}=\boldsymbol{M}(\boldsymbol{q})\ddot{\boldsymbol{q}}+\boldsymbol{C}(\boldsymbol{q},\dot{\boldsymbol{q}})+\boldsymbol{G}(\boldsymbol{q})-\boldsymbol{J}^{\mathrm{T}}\boldsymbol{F}_{\mathrm{ext}} \tag{5.105}$$

式中,取 $\hat{\boldsymbol{M}}(\boldsymbol{q})=\boldsymbol{M}(\boldsymbol{q})$,而 $\boldsymbol{F}_{\mathrm{ext}}$ 为外界施于末端的约束反力矩。于是可得闭环系统的动态方程:

$$\Delta\ddot{\boldsymbol{q}}=\boldsymbol{K}_{p\mathrm{d}}\Delta\dot{\boldsymbol{q}}+\boldsymbol{K}_{pp}\Delta\boldsymbol{q}=0 \tag{5.106}$$

取 $\boldsymbol{K}_{pp}$,$\boldsymbol{K}_{p\mathrm{d}}$ 为对角矩阵,则系统变为解耦的单位质量二阶系统。选择的增益矩阵 $\boldsymbol{K}_{pp}$,$\boldsymbol{K}_{p\mathrm{d}}$,最好能够使机械手各关节的动态响应特性为近似临界阻尼状态,或为稍过阻尼状态,因为机械手的控制是不允许超调的。

取

$$\begin{cases}\boldsymbol{K}_{p\mathrm{d}}=2\xi\omega_{\mathrm{n}}\boldsymbol{I}\\ \boldsymbol{K}_{pp}=\omega_{\mathrm{n}}^{2}\boldsymbol{I}\end{cases} \tag{5.107}$$

式中,$\boldsymbol{I}$ 为单位矩阵,ω_{n} 为系统自然振荡频率,ξ 为系统的阻尼比。一般 $\xi\geqslant1$。若取 $\omega_{\mathrm{n}}=20$,$\xi=1$,则 $\boldsymbol{K}_{p\mathrm{d}}=40\boldsymbol{I}$,$\boldsymbol{K}_{pp}=400\boldsymbol{I}$。

积分增益 $\boldsymbol{K}_{pi}$ 不宜选得过大,否则,当系统初始偏差较大时,会引起不稳定。

(2) 力控制规律

令图 5.26 中的位置适从选择矩阵 $\boldsymbol{S}=0$，控制末端在基坐标系 z_0 方向上受到反作用力。设约束表面为刚体，末端受力如图 5.28 所示，对三连杆机械手进行力控制时的力控制选择矩阵为

$$\bar{\boldsymbol{S}}=\begin{bmatrix}0&0&0\\0&0&0\\0&0&1\end{bmatrix}$$

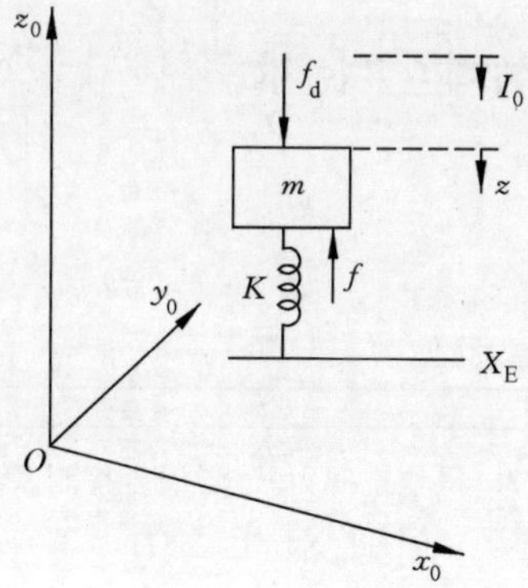

图 5.28　机械手末端受力图

期望力为

$$\boldsymbol{F}_{\mathrm{d}}=\begin{bmatrix}0\\0\\-\boldsymbol{f}_{\mathrm{d}}\end{bmatrix}\tag{5.108}$$

约束反力为

$$\boldsymbol{F}_{\mathrm{R}}=\begin{bmatrix}0\\0\\\boldsymbol{f}\end{bmatrix}\tag{5.109}$$

式中，f 由弹簧长度及末端与约束面接触与否而定。不考虑积分作用时的控制器方程为

$$\boldsymbol{T}=\boldsymbol{J}^{\mathrm{T}}\bar{\boldsymbol{S}}\boldsymbol{F}_{\mathrm{d}}+\boldsymbol{K}_{fp}\boldsymbol{J}^{\mathrm{T}}\bar{\boldsymbol{S}}(\boldsymbol{F}_{\mathrm{d}}+\boldsymbol{F}_{\mathrm{R}})+\boldsymbol{C}(\boldsymbol{q},\dot{\boldsymbol{q}})+\boldsymbol{G}(\boldsymbol{q})-\boldsymbol{M}(\boldsymbol{q})\boldsymbol{K}_{f\mathrm{d}}\boldsymbol{J}^{\mathrm{T}}\bar{\boldsymbol{S}}\boldsymbol{J}\dot{\boldsymbol{q}}\tag{5.110}$$

以式(5.110)代入式(5.85)得

$$\begin{bmatrix}\ddot{q}_1\\\ddot{q}_2\\\ddot{q}_s\end{bmatrix}+\boldsymbol{K}_{f\mathrm{d}}\boldsymbol{J}^{\mathrm{T}}\bar{\boldsymbol{S}}\boldsymbol{J}\begin{bmatrix}\dot{q}_1\\\dot{q}_2\\\dot{q}_3\end{bmatrix}=\boldsymbol{M}^{-1}(\boldsymbol{q})(\boldsymbol{I}+\boldsymbol{K}_{fp})\boldsymbol{J}^{\mathrm{T}}\begin{bmatrix}0\\0\\f-f_{\mathrm{d}}\end{bmatrix}\tag{5.111}$$

式中，

$$\boldsymbol{K}_{f\mathrm{d}}\boldsymbol{J}^{\mathrm{T}}\bar{\boldsymbol{S}}\boldsymbol{J}=\begin{bmatrix}K_{f\mathrm{d}1}&0&0\\0&K_{f\mathrm{d}2}&0\\0&0&K_{f\mathrm{d}3}\end{bmatrix}\begin{bmatrix}J_{11}&J_{21}&J_{31}\\J_{12}&J_{22}&J_{32}\\J_{13}&J_{23}&J_{33}\end{bmatrix}\begin{bmatrix}0&0&0\\0&0&0\\0&0&1\end{bmatrix}\begin{bmatrix}J_{11}&J_{12}&J_{13}\\J_{21}&J_{22}&J_{23}\\J_{31}&J_{32}&J_{33}\end{bmatrix}$$

$$=\begin{bmatrix}0&0&0\\0&K_{f\mathrm{d}2}J_{32}^2&K_{f\mathrm{d}2}J_{32}J_{33}\\0&K_{f\mathrm{d}3}J_{32}J_{33}&K_{f\mathrm{d}3}J_{33}^2\end{bmatrix}$$

令

$$
\boldsymbol{M}^{-1}(\boldsymbol{q})=\begin{bmatrix} a & 0 & 0 \\ 0 & b & c \\ 0 & c & d \end{bmatrix}
$$

$$
\text{式(5.90) 左边}=\begin{bmatrix} 0 \\ [J_{32}b(1+K_{fp2})+J_{33}c(1+K_{fp3})](f-f_{\mathrm{d}}) \\ [J_{32}c(1+K_{fp2})+J_{33}d(1+K_{fp3})](f-f_{\mathrm{d}}) \end{bmatrix}
$$

$$
\stackrel{\text{def}}{=}\begin{bmatrix} 0 \\ H_1(f-f_{\mathrm{d}}) \\ H_2(f-f_{\mathrm{d}}) \end{bmatrix}
$$

$$
\text{式(5.110) 左边}=\begin{bmatrix} \ddot{q}_1 \\ \ddot{q}_2+J_{32}^2K_{f\mathrm{d}2}\dot{q}_2+J_{32}J_{33}K_{f\mathrm{d}2}\dot{q}_3 \\ \ddot{q}_3+J_{33}^2K_{f\mathrm{d}3}\dot{q}_3+J_{32}J_{33}K_{f\mathrm{d}3}\dot{q}_2 \end{bmatrix}
$$

则得闭环系统的动态方程：

$$
\begin{cases} \ddot{q}_1=0 \\ \ddot{q}_2+J_{32}^2K_{fd2}\dot{q}_2+J_{32}J_{33}K_{fd2}\dot{q}_3=H_1(f-f_{\mathrm{d}}) \\ \ddot{q}_3+J_{33}^2K_{fd3}\dot{q}_3+J_{32}J_{33}K_{fd3}\dot{q}_2=H_2(f-f_{\mathrm{d}}) \end{cases} \tag{5.112}
$$

式中，$H_1>0$，$H_2>0$。

方程式(5.112)表明，关节1对力控制不起作用，关节2和关节3对力控制有作用。动态方程开始时或刚发生接触时，如果约束面刚性较大，往往有 $f\gg f_{\mathrm{d}}$；要是反馈比例增益 $\boldsymbol{K}_{fp}$ 选得过大，必然会使关节2和关节3快速加速或减速，那么机械手末端就会不停地与接触面碰撞，甚至引起系统振荡。力反馈阻尼增益 $\boldsymbol{K}_{f\mathrm{d}}$ 越大，系统就越稳定，但快速性变差。$\boldsymbol{K}_{f\mathrm{d}}$ 的选择与多种因素有关。积分增益 $\boldsymbol{K}_{ji}$ 也不宜选得过大，并应在其前面串接一个非线性限幅器。因为末端与约束面发生碰撞时，力偏差信号很大。

(3) 力和位置混合控制规律

设约束坐标系与基坐标系重合。如果要求作业在基坐标系的 z_0 方向进行力控制，在某个与 x_0y_0 平面平行的约束面上进行位置控制，则适从选择矩阵为

$$
\text{位置：}\boldsymbol{S}=\begin{bmatrix} 1 & 0 & 0 \\ 0 & 1 & 0 \\ 0 & 0 & 0 \end{bmatrix},\quad \text{力：}\bar{\boldsymbol{S}}=\begin{bmatrix} 0 & 0 & 0 \\ 0 & 0 & 0 \\ 0 & 0 & 1 \end{bmatrix}
$$

期望末端轨迹：

$$
\begin{aligned} \boldsymbol{x}_{\mathrm{d}}(t) &= [x_{\mathrm{d}} \quad y_{\mathrm{d}} \quad z_{\mathrm{d}}]^{\mathrm{T}} \\ \boldsymbol{F}_{\mathrm{d}}(t) &= [0 \quad 0 \quad -f_{\mathrm{d}}]^{\mathrm{T}} \end{aligned} \tag{5.113}
$$

实际末端轨迹：

$$
\begin{aligned} \boldsymbol{x}(t) &= [x \quad y \quad z]^{\mathrm{T}} \\ \boldsymbol{F}_{\mathrm{ext}}(t) &= [0 \quad 0 \quad f]^{\mathrm{T}} \end{aligned}
$$

于是，对图5.25的系统有

$$
\begin{cases}
\boldsymbol{T}_p = \boldsymbol{M}(\boldsymbol{q})[\boldsymbol{J}^{-1}(\boldsymbol{S}\ddot{\boldsymbol{x}}_{\mathrm{d}} - \dot{\boldsymbol{J}}\boldsymbol{J}^{-1}\boldsymbol{S}\dot{\boldsymbol{x}}_{\mathrm{d}})] + \boldsymbol{K}_{p\mathrm{d}}\boldsymbol{J}^{-1}\boldsymbol{S}(\dot{\boldsymbol{x}}_{\mathrm{d}} - \dot{\boldsymbol{x}}) + \boldsymbol{K}_{pp}\boldsymbol{J}^{-1}\boldsymbol{S}(\boldsymbol{x}_{\mathrm{d}} - \boldsymbol{x}) - \\
\quad \boldsymbol{M}(\boldsymbol{q})\boldsymbol{K}_{p\mathrm{d}}\boldsymbol{J}^{\mathrm{T}}\bar{\boldsymbol{S}}\dot{\boldsymbol{x}} \\
\boldsymbol{T}_{\mathrm{F}} = \boldsymbol{J}^{\mathrm{T}}\bar{\boldsymbol{S}}\boldsymbol{F}_{\mathrm{d}} + \boldsymbol{K}_{fp}\boldsymbol{J}^{-1}\bar{\boldsymbol{S}}(\boldsymbol{F}_{\mathrm{d}} + \boldsymbol{F})
\end{cases}
\tag{5.114}
$$

对机械手的控制输入：

$$
\boldsymbol{T} = \boldsymbol{T}_p + \boldsymbol{T}_F + \boldsymbol{C}(\boldsymbol{q}, \dot{\boldsymbol{q}}) + \boldsymbol{G}(\boldsymbol{q}) \tag{5.115}
$$

以式(5.115)代入式(5.85)可得：

$$
\boldsymbol{M}(\boldsymbol{q})\ddot{\boldsymbol{q}} = \boldsymbol{T}_p + \boldsymbol{T}_F + \boldsymbol{J}^{\mathrm{T}}\boldsymbol{F}_{\mathrm{ext}} \tag{5.116}
$$

或

$$
\boldsymbol{M}(\boldsymbol{q})\boldsymbol{J}^{-1}(\ddot{\boldsymbol{x}} - \dot{\boldsymbol{J}}\boldsymbol{J}^{-1}\dot{\boldsymbol{x}}) = \boldsymbol{T}_p + \boldsymbol{T}_F + \boldsymbol{J}^{\mathrm{T}}\boldsymbol{F}_{\mathrm{ext}} \tag{5.117}
$$

以式(5.114)代入式(5.117)得：

$$
\boldsymbol{J}^{-1}\begin{bmatrix}\Delta\ddot{x}\\ \Delta\ddot{y}\\ 0\end{bmatrix} + (\boldsymbol{K}_{p\mathrm{d}} - \boldsymbol{J}^{-1}\dot{\boldsymbol{J}})\boldsymbol{J}^{-1}\begin{bmatrix}\Delta\dot{x}\\ \Delta\dot{y}\\ 0\end{bmatrix} + \boldsymbol{K}_{pp}\boldsymbol{J}^{-1}\begin{bmatrix}\Delta x\\ \Delta y\\ 0\end{bmatrix} + \boldsymbol{J}^{-1}\begin{bmatrix}0\\ 0\\ \ddot{z}\end{bmatrix} +
$$

$$
(\boldsymbol{K}_{f\mathrm{d}} - \boldsymbol{J}^{-1}\dot{\boldsymbol{J}})\boldsymbol{J}^{-1}\begin{bmatrix}0\\ 0\\ \dot{z}\end{bmatrix} = \begin{bmatrix}0\\ H_1\cdot\Delta f\\ H_2\cdot\Delta f\end{bmatrix} \tag{5.118}
$$

式中，$\Delta x = x - x_{\mathrm{d}}$，$\Delta y = y - y_{\mathrm{d}}$，$\Delta f = f - f_{\mathrm{d}}$，$H_1$ 和 H_2 见式(5.112)。若取

$$
\begin{cases}
\boldsymbol{K}_{p\mathrm{d}} = \boldsymbol{J}^{-1}\boldsymbol{K}'_{p\mathrm{d}}\boldsymbol{J} + \boldsymbol{J}^{-1}\dot{\boldsymbol{J}} \\
\boldsymbol{K}_{pp} = \boldsymbol{J}^{-1}\boldsymbol{K}'_{pp}\boldsymbol{J} \\
\boldsymbol{K}_{f\mathrm{d}} = \boldsymbol{J}^{-1}\boldsymbol{K}'_{f\mathrm{d}}\boldsymbol{J} + \boldsymbol{J}^{-1}\dot{\boldsymbol{J}}
\end{cases}
\tag{5.119}
$$

式中，$\boldsymbol{K}'_{p\mathrm{d}}$，$\boldsymbol{K}'_{pp}$ 和 $\boldsymbol{K}'_{f\mathrm{d}}$ 均为正定对角矩阵。把式(5.119)代入式(5.98)可得

$$
\begin{bmatrix}\Delta\ddot{x} + K'_{p\mathrm{d}1}\Delta\dot{x} + K'_{pp1}\Delta x\\ \Delta\ddot{y} + K'_{p\mathrm{d}2}\Delta\dot{y} + K'_{pp2}\Delta y\\ \ddot{z} + K'_{f\mathrm{d}3}\dot{z}\end{bmatrix} = \boldsymbol{J}\begin{bmatrix}0\\ H_1\cdot\Delta f\\ H_2\cdot\Delta f\end{bmatrix} = \begin{bmatrix}J_{12}H_1 + J_{13}H_2\\ J_{22}H_1 + J_{23}H_2\\ J_{32}H_1 + J_{33}H_2\end{bmatrix}\Delta f \tag{5.120}
$$

因为 $J_{32}H_1 + J_{33}H_2 > 0$，取 $\boldsymbol{K}'_{f\mathrm{d}3} > 0$，则式(5.100)中的第三个方程稳定。

式(5.120)表明，只有当 $\Delta f = 0$ 时，力和位置混合控制系统中的力控制与位置控制才互不影响，仿真实验证实了这一结论。因此，混合控制系统中的力控制子系统的性能对整个系统产生了重要的作用。

5.3.4 柔顺运动位移和力混合控制的计算

三自由度直角坐标型机器人的终端执行器运动示意图见图 5.29。作业要求末端执行器下端 E 沿着刚性自由面 S 上的 R 曲线作有接触恒速 V 运动，并保持在曲面法线方向施加给 S 的接触压力为 Q_n。E 和 S 间的摩擦力略之不计。

选择机器人基准坐标系 Σ——$Oxyz$ 在空间固定。令任一 t 时刻柔顺运动控制坐标系

Σ_c 的原点 O_c 总是位于 E 和 R 的实际接触点上，令 z_c 轴和过 O_c 点的曲面 S 的法线一致且外指，x_c 和轴与 V 方向一致。显然，Σ_c 将沿 R 曲线作变位姿的 V 向恒速运动。

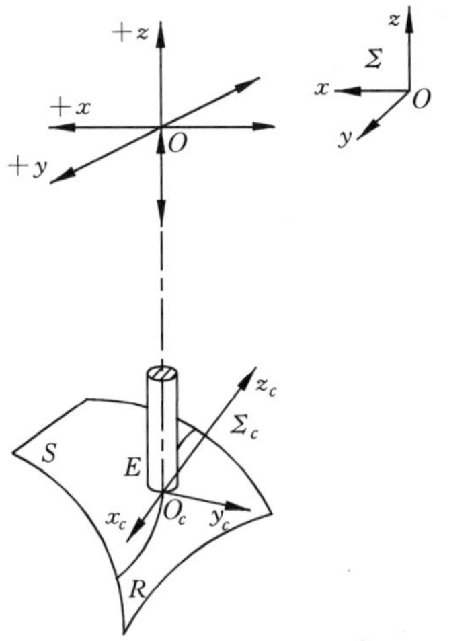

图 5.29　三自由度直角坐标型机器人的末端执行器运动示意图

任一 t 时刻 Σ_c 相对 Σ 的位姿可用齐次方阵 $\boldsymbol{T}^c = \boldsymbol{T}^c(t)$ 描述：

$$\boldsymbol{T}^c(t) = \begin{bmatrix} \boldsymbol{C}_c & \boldsymbol{P}_c \\ \boldsymbol{0} & \boldsymbol{1} \end{bmatrix} \tag{5.121}$$

式中，$\boldsymbol{C}_c$ 是 Σ_c 相对 Σ 的方向余弦方阵

$$\boldsymbol{C}_c = \begin{bmatrix} i \cdot i_c & i \cdot j_c & i \cdot k_c \\ j \cdot i_c & j \cdot j_c & j \cdot k_c \\ k \cdot i_c & k \cdot j_c & k \cdot k_c \end{bmatrix} \tag{5.122}$$

$\boldsymbol{P}_c$ 是 Σ_c 原点 O_c 在 Σ 内的位置矢量

$$\boldsymbol{P}_c = [x_c \quad y_c \quad z_c]^{\mathrm{T}}$$

在同上的 t 时刻，若末端执行器和 S 间的接触压力消失，那么其下端 E 上原来和 R 有压力接触的点将产生偏移，此点偏移后在 Σ_c 内的位置矢量为 $\boldsymbol{E}$：

$$\boldsymbol{E} = [x \quad y \quad z]^{\mathrm{T}}$$

根据作业要求对 Σ_c 的三个自由度上的线位移或接触压力进行控制，即

x_c 轴向位移控制的位移误差为

$$e_x^c = i_c \cdot i_c^{\mathrm{T}}(\boldsymbol{E} - \boldsymbol{P}_c) \tag{5.123}$$

y_c 轴向位移控制的位移误差为

$$e_y^c = j_c \cdot j_c^{\mathrm{T}}(\boldsymbol{E} - \boldsymbol{P}_c) \tag{5.124}$$

z_c 轴向接触压力控制，产生接触压力 Q_n 的位移误差为

$$e_z^c = k_c \cdot k_c^{\mathrm{T}}(\boldsymbol{E} - \boldsymbol{P}_c) - Q_n / K_z^c \tag{5.125}$$

$\boldsymbol{K}_z^c$ 是末端执行器阻抗矩阵 $\boldsymbol{K}^c$ 中的 z_c 方向分量。

不难证明下列等式：

$$\begin{aligned} \boldsymbol{i}_c \cdot \boldsymbol{i}_c^{\mathrm{T}} &= (\boldsymbol{C}_c)\mathrm{diag}(\boldsymbol{\alpha})(\boldsymbol{C}_c)^{\mathrm{T}} \\ \boldsymbol{j}_c \cdot \boldsymbol{j}_c^{\mathrm{T}} &= (\boldsymbol{C}_c)\mathrm{diag}(\boldsymbol{\beta})(\boldsymbol{C}_c)^{\mathrm{T}} \\ \boldsymbol{k}_c \cdot \boldsymbol{k}_c^{\mathrm{T}} &= (\boldsymbol{C}_c)\mathrm{diag}(\boldsymbol{\gamma})(\boldsymbol{C}_c)^{\mathrm{T}} \end{aligned} \tag{5.126}$$

式中，$\boldsymbol{\alpha} = [1 \quad 0 \quad 0]^{\mathrm{T}}$，$\boldsymbol{\beta} = [0 \quad 1 \quad 0]^{\mathrm{T}}$，$\boldsymbol{\gamma} = [0 \quad 0 \quad 1]^{\mathrm{T}}$。

因此，$\boldsymbol{e}_x^c$，$\boldsymbol{e}_y^c$，$\boldsymbol{e}_z^c$ 又可以写为

$$\begin{cases} \boldsymbol{e}_x^c = (\boldsymbol{C}_c)\mathrm{diag}(\boldsymbol{\alpha})(\boldsymbol{C}_c)^{\mathrm{T}}(\boldsymbol{E} - \boldsymbol{P}_c) \\ \boldsymbol{e}_y^c = (\boldsymbol{C}_c)\mathrm{diag}(\boldsymbol{\beta})(\boldsymbol{C}_c)^{\mathrm{T}}(\boldsymbol{E} - \boldsymbol{P}_c) \\ \boldsymbol{e}_z^c = (\boldsymbol{C}_c)\mathrm{diag}(\boldsymbol{\gamma})(\boldsymbol{C}_c)^{\mathrm{T}}(\boldsymbol{E} - \boldsymbol{P}_c) - Q_n / K_z^c \end{cases} \tag{5.127}$$

式(5.127)给出了 t 时刻 Σ_c 内的柔顺控制误差矢量 $\boldsymbol{e}^c$ 的三个分量

$$\boldsymbol{e}^c = [e_x^c \quad e_y^c \quad e_z^c]^{\mathrm{T}}$$

而 e_c 在 Σ 中的等效矢量为

$$\boldsymbol{e} = [e_x \quad e_y \quad e_z]^{\mathrm{T}}$$

且

$$\boldsymbol{e}=\boldsymbol{C}_c\boldsymbol{e}^c \tag{5.128}$$

$\boldsymbol{K}^c$ 一般为对角矩阵，即

$$\boldsymbol{K}^c=\mathrm{diag}\left[K_x^c \quad K_y^c \quad K_z^c\right] \tag{5.129}$$

$\boldsymbol{K}_c$ 在 Σ 中的等效阻抗为 $\boldsymbol{K}$，据式(5.86)和阻抗(刚度)矩阵定义有

$$\boldsymbol{K}=(\boldsymbol{J}^c)^{\mathrm{T}}\boldsymbol{K}^c(\boldsymbol{J}^c) \tag{5.130}$$

$\boldsymbol{J}^c$ 是表达在 Σ_c 中的雅可比矩阵：

$$\boldsymbol{J}^c=\begin{bmatrix}\dfrac{\partial x^c}{\partial x} & \dfrac{\partial x^c}{\partial y} & \dfrac{\partial x^c}{\partial z}\\[2ex] \dfrac{\partial y^c}{\partial x} & \dfrac{\partial y^c}{\partial y} & \dfrac{\partial y^c}{\partial z}\\[2ex] \dfrac{\partial z^c}{\partial x} & \dfrac{\partial z^c}{\partial y} & \dfrac{\partial z^c}{\partial z}\end{bmatrix} \tag{5.131}$$

式(5.128)和式(5.130)给出了 Σ 坐标系内在 3 个线位移自由度 x,y,z 方向上各驱动伺服系统受控误差和受控阻抗的描述式。

将 $\boldsymbol{e}$ 设计为伺服系统控制器的输入，控制器的阻抗刚度将依 $\boldsymbol{K}$ 设计。

5.4 本章小结

本章开始研究机器人的控制问题。5.1 节概述机器人控制与传动的基本原理。在简述机器人控制器的分类之后，着重分析各控制变量之间的关系和主要控制层次。把机器人的控制层次建立在智能机器人控制的基础上，可分为三级，即人工智能级、控制模式级和伺服控制级，并建立起变量矢量之间的 4 种模型。接着，以伺服控制系统为例，介绍了机器人液压伺服、电-液伺服和滑阀控制液压传动系统，并提供一些初级的实例。

由于机器人控制是本书的重点研究问题之一，我们将分两章讨论该问题。5.2 节讨论了机器人的位置控制、位置和力控制、分解运动控制。

位置控制是机器人最基本的控制。主要讨论了机器人位置控制的两种结构，关节空间控制结构和直角坐标空间控制结构，并以 PUMA 机器人为例，介绍了伺服控制结构。在此基础上，分别讨论了单关节位置控制器和多关节位置控制器，涉及这些控制器的结构、数学模型和耦合与补偿。

5.3 节探讨机器人的位置和力控制，阐述了柔顺运动和柔顺控制的基本概念，如被动柔顺、主动柔顺、自然约束、人为约束、阻抗控制和力/位置混合控制等。这一节，着重分析了主动阻力控制和力/位置混合控制的方案与控制规律。主动阻力控制又分为位置控制型和柔顺型两种。我们研究了阻力控制的动力学关系。力/位置混合控制在机器人装配作业上具有特别重要的意义，它的控制方案有主动刚性控制和 R-C 控制两种。本章讨论了这两种控制系统的结构，然后研究了力和位置混合控制系统控制规律的综合问题，涉及位置控制规律、力控制规律以及两者混合控制规律的综合。在 5.3 节的最后，以一个三自由度直角坐标型机器人末端执行器沿某个刚性自由曲面上一自由曲线作柔顺运动为例，分析了该运动的位移和力混合控制的计算。

习 题 5

5.1 图5.30为一工业机器人的双爪夹手方块图。此夹手由电枢控制直流电动机驱动。电动机轴的旋转经一套传动齿轮传到每个手指。每个手指的惯量为 J，线性摩擦系数为 B。已知直流电动机的传递函数(输入电枢电压 V，输出电动机转矩 T_m)为

$$\frac{T_m}{V_m}=\frac{1}{LS+R}$$

式中，L 和 R 分别为电动机电枢电感和电阻。

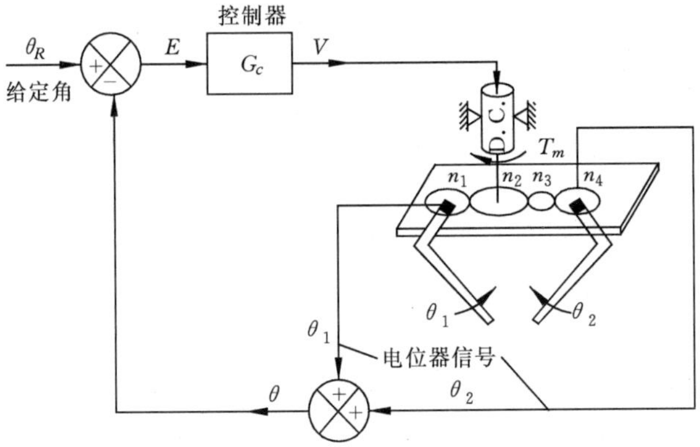

图5.30 双爪夹手控制系统方块图

(1) 从夹手的物理特性出发，证明下列方程式：

$$\frac{\Theta_1}{T_m}=\frac{K_1}{S(JS+B)}$$

$$\frac{\Theta_2}{T_m}=\frac{K_2}{S(JS+B)}$$

并用系统参数表示 K_1 和 K_2。

(2) 利用上述(1)的结果，画出以给定角 θ_R 为输入，以 θ 为输出的系统闭环方框图。

(3) 如果采用比例控制器($G_c=K$)，求出闭环系统的特征方程式。K 是否存在一个极限最大值？为什么？

5.2 求出题5.1(3)中 θ 的稳态值，并解释控制器的选择。如果考虑重力作用，应在方框图中何处把此重力包括进去？这是否会影响控制器的选择？简要说明在这种情况下如何设计控制器。

5.3 试画出表示图4.15二连杆机械手的关节空间控制器的方块图，并使此机械手在全部工作空间内处于临界阻尼状态，说明方块图各方框内的方程式。

5.4 试画出图4.15所示二连杆机械手的笛卡儿空间控制器的方块图，并使此机械手在其全部工作空间内处于临界阻尼状态，说明方块图各方块内的方程式。

5.5 已知系统的动力学方程式为

$$\tau_1=m_1 l_1^2\ddot{\theta}_1+m_1 l_2\dot{\theta}_1\dot{\theta}_2$$

$$\tau_2 = m_2 l_2^2(\ddot{\theta}_1 + \ddot{\theta}_2) + v_2\dot{\theta}_2$$

试设计一个轨迹跟随控制系统。上述动力学方程式是否能够表示一个实时系统？

5.6　为图5.31所示二自由度机械系统设计一个控制器，此控制器能够使 x_1 和 x_2 跟随轨迹，并抑制临界阻尼方式的扰动。

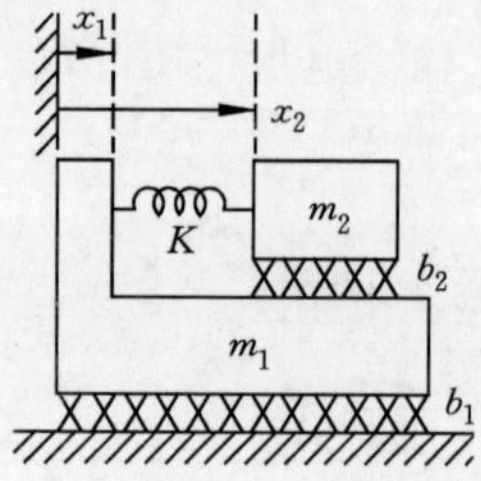

图5.31　具有二个自由度的机械系统

5.7　为系统

$$f = 5x\dot{x} + 2\ddot{x} - 12$$

设计一个控制系统。选择增益使此系统总是以20的闭环稳定度处于临界阻尼状态。

5.8　给出把一个方形截面的销钉滑装进方形孔所具有的自然约束。作图表示对坐标系的规定。

5.9　已知

$$^A\boldsymbol{T}_B = \begin{bmatrix} 0.860 & -0.500 & 0.000 & 10.0 \\ 0.500 & 0.866 & 0.000 & 0.0 \\ 0.000 & 0.000 & 1.000 & 5.0 \\ 0 & 0 & 0 & 1 \end{bmatrix}$$

如果在坐标系$\{A\}$原点的广义力矢量为

$$^A\boldsymbol{F} = [0,2,-3,0,0,4]^{\mathrm{T}}$$

试求相对于坐标系$\{B\}$原点的6×1力-转矩矢量。

5.10　已知

$$^A\boldsymbol{T}_B = \begin{bmatrix} 0.866 & -0.500 & 0.000 & 10.0 \\ 0.500 & 0.866 & 0.000 & 0.0 \\ 0.000 & 0.000 & 1.000 & 5.0 \\ 0 & 0 & 0 & 1 \end{bmatrix}$$

如果在坐标系$\{A\}$原点的力-力矩矢量为

$$^A\boldsymbol{F}_B = [6,6,0,5,0,0]^{\mathrm{T}}$$

试求以坐标系$\{B\}$的原点为参考点的力-转矩矢量。

第 6 章　机器人高级控制

本章将研究一些比较先进的机器人控制问题，包括变结构控制、自适应控制和智能控制等。

6.1　机器人的变结构控制

早在 20 世纪 50 年代就提出了变结构控制的概念。限于当时的技术条件和控制手段，这种理论没有得到迅速发展。随着计算机技术的进步，变结构控制技术已能够很方便地实现，并不断充实和发展，成为非线性控制的一种简单而又有效的方法。

在动态控制过程中，变结构控制系统的结构根据系统当时的状态偏差及其各阶导数的变化，以跃变的方式按设定的规律作相应改变，它是一类特殊的非线性控制系统。滑模变结构控制就是其中一种，该类控制系统预先在状态空间设定一个特殊的超越曲面，借助不连续控制规律，不断变换控制系统结构，使其沿着这个特定的超越曲面向平衡点滑动，最后渐近稳定至平衡点。

6.1.1　变结构控制的特点和原理

变结构控制系统具有如下特点：

(1) 对于系统参数的时变规律、非线性程度和外界干扰等不需要精确的数学模型，只要知道它们的变化范围，变结构控制就能对系统进行精确的轨迹跟踪控制。

(2) 变结构控制系统的控制器设计对系统内部的耦合不必作专门解耦。设计过程本身就是解耦过程，因此在多输入多输出系统中，多个控制器设计可按各自独立系统进行，其参数选择也不是十分严格的。

(3) 变结构控制系统进入滑动状态后，对系统参数和扰动变化反应迟钝，始终沿着设定滑线运动，因而具有很强的鲁棒性。

(4) 滑模变结构控制系统快速性好，无超调，计算量小，实时性强，很适合机器人控制。

变结构系统(variable structure system, VSS)中的“变结构”具有两种含义：①系统各部分间的连接关系发生变化；②系统的参数产生变化。不过，这种变结构系统的控制与一般程序控制和自适应控制是不同的。程序控制在系统运行过程中改变系统结构是预先设定好的，而在变结构控制中，系统结构的改变是根据误差及其导数的变化情况确定的。自适应控制虽然也是根据误差改变系统的参数，但是这种改变是渐变的过程，而变结构控制中参数的改变是突变的过程。若控制对象参数不变，自适应控制会逐渐退化为定常控制，而变结构控制并不会退化为定常控制，始终保持变结构控制。

下面考虑一般非线性动态系统：

$$y^{(n)}(t)=f(\boldsymbol{x})+b(\boldsymbol{x})u(t)+d(t) \tag{6.1}$$

式中，$u(t)$是控制量；$y(t)$是输出量；$\boldsymbol{x}=[y,\dot{y}\cdots,\overset{n-1}{y}]^{\mathrm{T}}$ 是状态向量；$f(\boldsymbol{x})$是状态的非线性函数，即使可能无法准确地知道，但也假设知道它的不确定性范围$|\Delta f(\boldsymbol{x})|$；$b(\boldsymbol{x})$也是状态的非线性函数，我们也假设知道它的符号及不确定性的范围；$d(t)$是不确定的干扰项，也假设知道它的范围。

现在的控制问题是：在系统的模型参数 $f(\boldsymbol{x})$和$b(\boldsymbol{x})$及干扰 $d(t)$均不准确知道的情形下，设计有效的控制 $u(t)$以便使系统的状态 $\boldsymbol{x}$ 跟踪给定状态 $\boldsymbol{x}_{\mathrm{d}}=[y_{\mathrm{d}}\dot{y}_{\mathrm{d}}\cdots\overset{n-1}{y_{\mathrm{d}}}]^{\mathrm{T}}$。

取状态跟踪误差向量为

$$\tilde{\boldsymbol{x}}=\boldsymbol{x}_{\mathrm{d}}-\boldsymbol{x}=[\tilde{y}\dot{\tilde{y}}\cdots\overset{n-1}{\tilde{y}}]^{\mathrm{T}} \tag{6.2}$$

一般情况下可取开关超平面方程为

$$s=\overset{n-1}{\tilde{y}}+c_1\overset{n-2}{\tilde{y}}+\cdots+c_{n-2}\dot{\tilde{y}}+c_{n-1}\tilde{y}=0 \tag{6.3}$$

式中，设计参数 $c_1,c_2,\cdots,c_{n-1}$ 由设计人员选择。为了减少选择参数，通常选择如下的开关面方程：

$$s=\left(\frac{\mathrm{d}}{\mathrm{d}t}+\lambda\right)^{n-1}\tilde{y}=0 \tag{6.4}$$

式中，$\lambda>0$。这里，只有 λ 是要选择的设计参数，可根据对系统的频带要求给定。例如，当 $n=2$ 时，开关面方程为

$$s=\frac{\mathrm{d}\tilde{y}}{\mathrm{d}t}+\lambda\tilde{y}=0$$

当 $n=3$ 时，开关面方程有

$$s=\frac{\mathrm{d}^2\tilde{y}}{\mathrm{d}t^2}+2\lambda\frac{\mathrm{d}\tilde{y}}{\mathrm{d}t}+\lambda^2\tilde{y}=0$$

为了实现滑模变结构控制，并使开关面在整个空间均具有"吸引能力"，要求存在适当地设计控制规律 $u(t)$，使

$$s\dot{s}\leqslant-\eta|s|,\quad \eta>0 \tag{6.5}$$

若式(6.5)得以满足，则不管系统的初态如何(初始相点在何处)，系统的运动相点(phase point)首先被"吸引"到 $s=0$ 的开关面上，然后沿着开关面运动到原点。也就是说，该系统是大范围内渐近稳定的。这可以通过李亚普诺夫稳定性理论得到证实。若设 $V=s^2$ 为系统的李亚普诺夫函数，显然它是正定的，而式(6.5)保证了 $\mathrm{d}V/\mathrm{d}t=\mathrm{d}s^2/\mathrm{d}t=2s\dot{s}<0$，从而说明系统是大范围渐近稳定的。

由以上分析看出，系统的动态过程分为两段：第一段($0\sim t_1$)为运动相点从初态开始运动到开关面上；第二段(t_1 以后)为运动相点沿开关面继续运动到稳态值。下面来具体分析每一段的运动过程。

第一段：设 $t=t_1$ 时运动相点运动到开关面上，即 $s(t_1)=0$。设 $s(0)>0$，即 t 在$(0,t_1)$期间 $s>0$，所以式(6.5)变为 $\dot{s}\leqslant-\eta$。两边积分得 $s(t_1)-s(0)\leqslant-\eta t_1$，即

$$t_1\leqslant\frac{s(0)}{\eta} \tag{6.6}$$

当 $s(0)<0$ 时，t 在$(0,t_1)$期间 $s<0$，式(6.5)变为 $\dot{s}\geqslant\eta$。两边积分得 $s(t_1)-s(0)\geqslant\eta t_1$，即

$$t_1 \leqslant \frac{-s(0)}{\eta} \tag{6.7}$$

联合求解式(6.6)和式(6.7)可得

$$t_1 \leqslant \frac{|s(0)|}{\eta} \tag{6.8}$$

可见,第一段的过渡时间既取决于初态 $s(0)$,也取决于设计参数 η。初态 $|s(0)|$ 越大,t_1 越大;设计参数 η 选得越大,则 t_1 越小。

第二段:运动相点沿开关面运动到原点。

它满足开关面的方程,即

$$\left(\frac{\mathrm{d}}{\mathrm{d}t}+\lambda\right)^{n-1}\tilde{y}=0$$

其特征方程为 $(p+\lambda)^{n-1}=0$,它相当于 $n-1$ 个时间常数相同的惯性环节串联,每个环节的时间常数均为 $1/\lambda$,总的等效时间常数约为 $(n-1)/\lambda$。因而当相点运动到开关面后,系统的状态误差将以指数形式衰减到 0。

6.1.2 机器人的滑模变结构控制

图 6.1 给出了机器人滑模(sliding mode)变结构控制系统的一般结构。

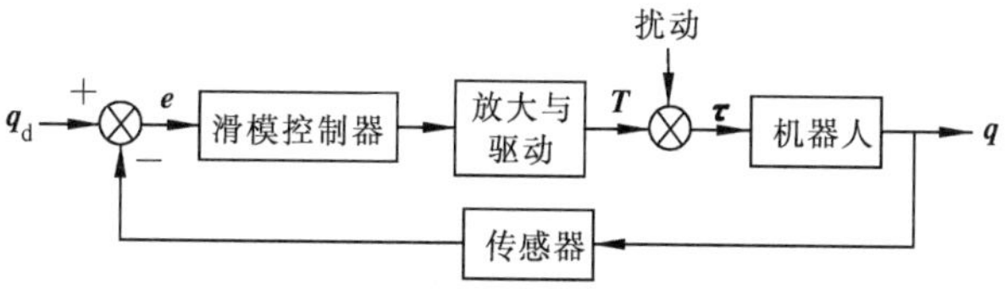

图 6.1 机器人滑模变结构控制系统一般结构

在讨论机器人动力学问题时,已经得到二连杆机械手的动力学方程的矩阵形式,见式(4.8)~式(4.10)。对于具有 n 个连杆的机械手系统动力学方程,则由式(4.24)给出。含有 n 个关节的机械手动力学模型为

$$\boldsymbol{T}=\boldsymbol{D}(\boldsymbol{q})\ddot{\boldsymbol{q}}+\boldsymbol{C}^1(\boldsymbol{q},\dot{\boldsymbol{q}})\dot{\boldsymbol{q}}+\boldsymbol{q}\boldsymbol{G}(\boldsymbol{q})\boldsymbol{q} \tag{6.9}$$

定义 $\boldsymbol{C}^1(\boldsymbol{q},\dot{\boldsymbol{q}})\dot{\boldsymbol{q}}+\boldsymbol{G}^1(\boldsymbol{q})\boldsymbol{q}=\boldsymbol{W}(\boldsymbol{q},\dot{\boldsymbol{q}})$,则

$$\boldsymbol{X}_1=\boldsymbol{q},\quad \boldsymbol{X}_2=\dot{\boldsymbol{q}}$$

可把式(6.9)重写如下:

$$\boldsymbol{T}=\boldsymbol{D}(\boldsymbol{q})\ddot{\boldsymbol{q}}+\boldsymbol{W}(\boldsymbol{q},\ddot{\boldsymbol{q}}) \tag{6.10}$$

即

$$\ddot{\boldsymbol{q}}=-\boldsymbol{D}^{-1}(\boldsymbol{q})\boldsymbol{W}(\boldsymbol{q},\dot{\boldsymbol{q}})+\boldsymbol{D}^{-1}(\boldsymbol{q})\boldsymbol{T} \tag{6.11}$$

把式(6.11)表示成状态方程形式:

$$\dot{\boldsymbol{x}}_s=\boldsymbol{A}_s(x,t)+\boldsymbol{B}_s(x,t)\boldsymbol{T} \tag{6.12}$$

式中,$\dot{\boldsymbol{x}}_s=\dot{\boldsymbol{x}}_2=\ddot{\boldsymbol{q}}$,$\boldsymbol{A}_s(x,t)=-\boldsymbol{D}^{-1}(x_1,\boldsymbol{W}(x))$,$\boldsymbol{B}_s(x,t)=\boldsymbol{D}^{-1}(x_1)$。

为使系统具有期望的动态性能,设整个系统的滑动曲面为

$$\boldsymbol{S}=[S_1,S_2,\cdots,S_n]^{\mathrm{T}}=\dot{\boldsymbol{E}}+\boldsymbol{H}\boldsymbol{E} \tag{6.13}$$

式中 $\boldsymbol{E}=[e_1,e_2,\cdots,e_n]^{\mathrm{T}}$，$\boldsymbol{H}=\mathrm{diag}[h_1,h_2,\cdots,h_n]$。

对给定轨迹 $q_{i\mathrm{d}}$ 的第 i 个关节分量的表示式为

$$S_i=\dot{e}_i+h_ie_i,\quad e_i=x_i-x_{i\mathrm{d}},\quad h_i=\text{常数}>0,\quad i=1,2,\cdots,n$$

假设系统状态被约束在开关函数曲面上，则产生滑动运动的相应控制量 $\boldsymbol{T}$ 可由 $\dot{\boldsymbol{S}}=0$ 求得。

$$\dot{\boldsymbol{S}}=\ddot{\boldsymbol{E}}+\boldsymbol{H}\dot{\boldsymbol{E}} \tag{6.14}$$

因为 $\dot{\boldsymbol{X}}_2=\dot{\boldsymbol{X}}_s$ 及式(6.12)，$\ddot{\boldsymbol{E}}$ 可以表示为

$$\ddot{\boldsymbol{E}}=\boldsymbol{A}_s(x,t)+\boldsymbol{B}_s(x,t)I-\dot{\boldsymbol{x}}_{2\mathrm{d}} \tag{6.15}$$

同理，$\boldsymbol{H}\dot{\boldsymbol{E}}$ 可以表示为

$$\boldsymbol{H}\dot{\boldsymbol{E}}=\boldsymbol{H}(x_2-x_{2\mathrm{d}}) \tag{6.16}$$

把式(6.15)和式(6.16)代入式(6.14)有 $\dot{S}=A_s(x,t)+B_s(x,t)T-\dot{x}_{2\mathrm{d}}+H(x_2-x_{2\mathrm{d}})$

$$\dot{\boldsymbol{S}}=\boldsymbol{A}_s(x,t)+\boldsymbol{B}_s(x,t)\boldsymbol{T}-\dot{\boldsymbol{x}}_{2\mathrm{d}}+\boldsymbol{H}(x_2-x_{2\mathrm{d}}) \tag{6.17}$$

其对应元素可表示为

$$\dot{S}_i=-\sum_{j=1}^{n}b_{ij}w_j+\sum_{j=1}^{n}b_{ij}\tau_j-\dot{x}_{(n+i)\mathrm{d}}+h_i[x_{(n+i)}-x_{(b+i)\mathrm{d}}] \tag{6.18}$$

令 $\dot{S}=0$，即

$$\boldsymbol{T}^*=\boldsymbol{W}\hat{\boldsymbol{A}}(x)+\hat{\boldsymbol{D}}(x_1)[\hat{\boldsymbol{x}}_{2\mathrm{d}}-\boldsymbol{H}(x_2-x_{2\mathrm{d}})] \tag{6.19}$$

其元素表示为

$$\boldsymbol{\tau}^*=\hat{\boldsymbol{W}}(x)+\sum_{j=1}^{n}\hat{m}_{ij}(x_1)[\dot{\boldsymbol{x}}_{(n+j)\mathrm{d}}-h_i(x_{(n+j)}-x_{(n+j)\mathrm{d}})] \tag{6.20}$$

根据变结构控制基本理论，要使系统向滑动面运动，并确保产生滑动运动的条件为

$$\dot{S}_iS_i<0,\quad i=1,2,\cdots,n \tag{6.21}$$

式中，$\hat{\boldsymbol{W}}$，$\hat{\boldsymbol{D}}$ 分别为系统参数 $\boldsymbol{W}$，$\boldsymbol{D}$ 的估计值。

如果无建模误差，即：$\hat{\boldsymbol{W}}=\boldsymbol{W}$，$\hat{\boldsymbol{D}}=\boldsymbol{D}$，这时按等效控制方法，选择控制量为

$$\tau_i=\tau_i^*+\tau_{gi} \tag{6.22}$$

式中，τ_{gi} 为用来修正滑动状态误差的 S_i 项。

将式(6.20)和式(6.22)代入式(6.18)，可得

$$\dot{S}_i=\sum_{j=1}^{n}b_{ij}(x_i)\tau_{gj} \tag{6.23}$$

为保证 $\dot{S}_iS_i<0(i=1,2,\cdots,n)$，选择 τ_{gj} 使其满足

$$\dot{S}_i=\sum_{j=1}^{n}b_{ij}(x_i)\tau_{gj}=-C_i\,\mathrm{sgn}(S_i) \tag{6.24}$$

式中，$i=1,2,\cdots,n$；$S_i\neq 0$；C_i 为常数且大于 0，此时 $\dot{S}_iS_i=-C_i|S_i|<0$，滑动状态误差修正量 τ_{gj} 由式(6.24)可得

$$\tau_{gj} = -\sum_{j=1}^{n}(x_i)m_{ij}(x_1)C_i\,\mathrm{sgn}(S_i) \tag{6.25}$$

从式(6.25)可见，系统接近于滑动线 $S_i=0$ 的速度与 C_i 成正比，由于控制量切换频率是有限的，当 C_i 选得太大时，运动轨迹在滑动面附近以正比于采样周期 T_s 的振幅摆动，且与建模误差有关。

设采样周期为 T_s，则两次采样所得滑动状态误差可由式(6.24)得出：

$$\Delta S_i = S_i(k+1) - S_i(k) \approx -C_i(k)\,\mathrm{sgn}(S_i(k))T_s \tag{6.26}$$

式中，$S_i(k)$ 为第 k 采样时刻得到的第 i 关节的滑动状态误差。

为使 $S_i(k+1)=0$，则 $C_i(k)=|S_i(k)|/T_s$，$(i=1,2,\cdots,n)$，将式(6.20)和式(6.26)代入式(6.22)，可得控制律为

$$\tau_i = \hat{\boldsymbol{W}}_i + \sum_{j=1}^{n}\hat{m}_{ij}\left[\dot{\boldsymbol{X}}_{(n+j)\mathrm{d}} - h_i(X_{(n+j)} - X_{(n+j)\mathrm{d}}) - C_i\,\mathrm{sgn}(S_i)\right] \tag{6.27}$$

滑模变结构控制是一种简单实用的设计方法，可直接根据李亚普诺夫函数确定控制力矩 $\boldsymbol{T}$，使系统状态趋于渐近稳定。参照式(6.9)，准线性化后机器人动力学模型可表示为

$$\begin{cases}\Omega = \dot{\boldsymbol{q}}\\ \dot{\Omega} = -\boldsymbol{D}^{-1}(\boldsymbol{q})\left[\boldsymbol{C}'(\boldsymbol{q},\dot{\boldsymbol{q}})\Omega + \boldsymbol{G}'(\boldsymbol{q})\right] + \boldsymbol{D}^{-1}(\boldsymbol{q})^{\mathrm{T}}\end{cases} \tag{6.28}$$

取滑动曲面为

$$S_i = \dot{e}_i + h_i e_i = (W_i - W_{i\mathrm{d}}) + h_i(q_i - q_{i\mathrm{d}}),\quad i=1,2,\cdots,n \tag{6.29}$$

式中，$h_i=$常数>0，选取李亚普诺夫函数

$$\mathbf{V}(\Omega,t) = \frac{1}{2}(\boldsymbol{S}^{\mathrm{T}}\boldsymbol{D}(\boldsymbol{q})\boldsymbol{S})$$

并由 $S_i=0$ 得到控制力矩 $\boldsymbol{T}$ 为

$$\boldsymbol{T} = \boldsymbol{T}_0 + \boldsymbol{K}\,\mathrm{sgn}(s) \tag{6.30}$$

式中，$T_0=\boldsymbol{G}'(q)$，$\mathrm{sgn}(s)=[\mathrm{sgn}(s_1),\mathrm{sgn}(s_2),\cdots,\mathrm{sgn}(s_n)]^{\mathrm{T}}$

$$K_i = \sum_{j=1}^{n}\left[m_{ij}(\dot{W}_{jd} - h_j\dot{e}_j) + C'_{ij}(W_j - S_j)\right] + \varepsilon \tag{6.31}$$

对于二连杆机械手，关节质量为 m_1 和 m_2，连杆长度为 L_1 和 L_2，关节角为 θ_1 和 θ_2 时的控制量为

$$\begin{bmatrix}\tau_1\\ \tau_2\end{bmatrix} = \boldsymbol{G}' + \begin{bmatrix}k_1\,\mathrm{sgn}(s_1)\\ k_2\,\mathrm{sgn}(s_2)\end{bmatrix} \tag{6.32}$$

式中，$\boldsymbol{G}' = \begin{bmatrix}(m_1+m_2)gL_1\sin(\theta_1) + m_2gL_2\sin(\theta_1+\theta_2)\\ m_2gL_2\sin(\theta_1+\theta_2)\end{bmatrix}$

$$\boldsymbol{C}' = \begin{bmatrix}-m_2L_2L_1\dot{\theta}_2\sin\theta_2 & -m_2L_1L_2(\theta_1+\theta_2)\sin\theta_2\\ m_2L_1L_2\dot{\theta}_1\sin\theta_2 & 0\end{bmatrix}$$

$$\boldsymbol{D} = \begin{bmatrix}(m_1+m_2)L_2^2 + m_2L_2^2 + 2M_2L_1L_2 & M_2L_2^2 + M_2L_1L_2\cos\theta_2\\ m_2L_2^2 + m_2L_1L_2\cos\theta_2 & M_2L_2^2\end{bmatrix}$$

定义：

$$\begin{cases}\bar{m}_{11}=m_1L_1^2+m_2(L_1^2+L_2^2)+2m_2L_2L_2\geqslant|m_{11}|\\ \bar{m}_{12}=m_2L_2^2+m_2L_1L_2\geqslant|m_{12}|\\ \bar{m}_{21}=m_2L_2^2+m_2L_1L_2\geqslant|m_{21}|\\ \bar{m}_{22}=m_2L_2^2\geqslant|m_{22}|\end{cases}$$

$$\begin{cases}\bar{C}_{11}^1=m_1L_1L_2\ |\dot{\theta}_2|\geqslant|C_{11}^1|\\ \bar{C}_{21}^1=m_2L_1L_2\ |\dot{\theta}_1+\dot{\theta}_2|\geqslant|C_{12}^1|\\ \bar{C}_{21}^1=m_2L_1L_2\ |\dot{\theta}_1|\geqslant|C_{21}^1|\\ \bar{C}_{22}^1=0\geqslant|C_{22}^1|\end{cases}$$

则式(6.31)可表示为

$$K_i=\sum_{j=1}^{2}[\bar{m}_{ij}(\dot{\omega}_{j\mathrm{d}}-h_j\dot{e}_j)+\bar{C}_{ij}^1(\omega_j-S_j)]+\varepsilon,\quad i=1,2$$

6.1.3 机器人轨迹跟踪滑模变结构控制

滑模变结构控制方法比较适合机器人控制。首先,变结构控制不需要被控对象的精确数学模型,只要知道模型中参数的变化范围即可;而对于机器人来说,往往难以得到精确的数学模型,但可以大致估计出各参数的变化范围。其次,滑模变结构控制对一类有界干扰和参数变化具有不敏感性,对于机器人控制比较有利,可以削弱由于负载变化或随机干扰对系统控制性能的影响。

作为机器人滑模变结构控制的例子,下面介绍我们提出的一种机器人轨迹跟踪滑模变结构控制方法。对此,我们给出了轨迹跟踪滑模变结构控制系统的设计方法,剖析了控制系统的稳定性和抗干扰性能,并进行了仿真实验研究。仿真结果表明,采用滑模变结构控制的机器人轨迹跟踪控制系统的自适应能力得到了显著的提高。

1. 控制系统设计

对于 n 连杆(n 关节)机器人,其动力学方程式如式(6.9)所示。当存在随机干扰时,式(6.9)变为

$$\boldsymbol{D}(\boldsymbol{q})\ddot{\boldsymbol{q}}+\boldsymbol{H}(\boldsymbol{q},\dot{\boldsymbol{q}})\dot{\boldsymbol{q}}+\boldsymbol{G}(\boldsymbol{q})=\boldsymbol{\tau}+\boldsymbol{\tau}' \tag{6.33}$$

式中,$\boldsymbol{q},\dot{\boldsymbol{q}},\ddot{\boldsymbol{q}}\in\boldsymbol{R}^n$ 分别为机械手的关节角位移矢量、角速度矢量和角加速度矢量;$\boldsymbol{\tau}\in\boldsymbol{R}^n$ 为关节控制力矩输入矢量;$\boldsymbol{D}(\boldsymbol{q})\in\boldsymbol{R}^{n\times n}$ 为对称正定的惯量矩阵;$\boldsymbol{H}(\boldsymbol{q},\dot{\boldsymbol{q}})\in\boldsymbol{R}^{n\times n}$ 代表科氏力与离心力矢量;$\boldsymbol{G}(\boldsymbol{q})\in\boldsymbol{R}^n$ 为重力项矢量;$\boldsymbol{\tau}'$为随机干扰信号,且 $\int_0^\infty\boldsymbol{\tau}'^{\mathrm{T}}\boldsymbol{\tau}'\mathrm{d}t$ 有界,对于式(6.33)所描述的机器人动力学有以下特性:

(1) $\boldsymbol{D}(\boldsymbol{q})$为正定对称矩阵;

(2) 选定一组适当的机器人参数;则式(6.33)所描述系统的左边可以与这组参数表示为线性关系,即

$$\boldsymbol{D}(\boldsymbol{q})\ddot{\boldsymbol{q}}+\boldsymbol{H}(\boldsymbol{q},\dot{\boldsymbol{q}})\dot{\boldsymbol{q}}+\boldsymbol{G}(\boldsymbol{q})=\boldsymbol{Y}_1(\boldsymbol{q},\dot{\boldsymbol{q}},\ddot{\boldsymbol{q}})\boldsymbol{\alpha} \tag{6.34}$$

式中，$\boldsymbol{Y}_1(\boldsymbol{q},\dot{\boldsymbol{q}},\ddot{\boldsymbol{q}})$为结构已知矩阵，且$\boldsymbol{Y}_1(\boldsymbol{q},\dot{\boldsymbol{q}},\ddot{\boldsymbol{q}})\in\boldsymbol{R}^{n\times r}$，$\alpha$ 为选定的一组机器人参数向量；

(3) 定义矩阵

$$\boldsymbol{N}=\frac{1}{2}\dot{\boldsymbol{D}}(\boldsymbol{q})-\boldsymbol{H}(\boldsymbol{q},\dot{\boldsymbol{q}}) \tag{6.35}$$

则 $\boldsymbol{N}$ 为反对称矩阵，即满足

$$N_{ij}=-N_{ji}$$
$$N_{ii}=0$$

式中，N_{ii} 为矩阵的对角线上的元素，则有

$$\boldsymbol{S}^{\mathrm{T}}\boldsymbol{N}\boldsymbol{S}=0$$

式中，$\boldsymbol{S}$ 为向量矩阵。

对应于机器人轨迹跟踪控制系统，当设给定值为 $\boldsymbol{q}_{\mathrm{d}}(t)$和 $\dot{\boldsymbol{q}}_{\mathrm{d}}(t)$时，系统的响应应满足

$$\boldsymbol{q}(t)\rightarrow\boldsymbol{q}_{\mathrm{d}}(t),\quad \dot{\boldsymbol{q}}(t)\rightarrow\dot{\boldsymbol{q}}_{\mathrm{d}}(t)$$

设计变结构控制器如下。定义

$$\boldsymbol{e}_q(t)=\boldsymbol{q}(t)-\boldsymbol{q}_{\mathrm{d}}(t) \tag{6.36}$$

$$\dot{\boldsymbol{q}}_r(t)=\dot{\boldsymbol{q}}_{\mathrm{d}}-\boldsymbol{\eta}\boldsymbol{e}_q(t) \tag{6.37}$$

式中，$\boldsymbol{e}_q(t)$为机器人关节角度的跟踪误差；$\dot{\boldsymbol{q}}_r(t)$为定义的参考变量；$\boldsymbol{\eta}$ 为可调的正定矩阵。

简化起见，在下面的表达式中省略了各参数的自变量，例如 $\boldsymbol{q}(t)$将用 $\boldsymbol{q}$ 表示。

选取切换面为

$$\boldsymbol{S}=\dot{\boldsymbol{q}}-\dot{\boldsymbol{q}}_r=\dot{\boldsymbol{e}}_q+\boldsymbol{\eta}\boldsymbol{e}_q=0 \tag{6.38}$$

设 $\boldsymbol{\alpha}$ 为变化范围已知的参数向量，且 $\boldsymbol{\alpha}\in R^r$。据式(6.38)，则式(6.34)可改写成

$$\boldsymbol{Y}_1(\boldsymbol{q},\dot{\boldsymbol{q}},\dot{\boldsymbol{q}}_r,\ddot{\boldsymbol{q}}_r)\boldsymbol{\alpha}=\boldsymbol{D}\ddot{\boldsymbol{q}}_r+\boldsymbol{D}\dot{\boldsymbol{S}}+\boldsymbol{H}\boldsymbol{S}+\boldsymbol{H}\dot{\boldsymbol{q}}_r+\boldsymbol{G} \tag{6.39}$$

式中，$\boldsymbol{Y}_1(\boldsymbol{q},\dot{\boldsymbol{q}},\dot{\boldsymbol{q}}_r,\ddot{\boldsymbol{q}}_r)$为结构已知矩阵，且 $\boldsymbol{Y}_1\in\boldsymbol{R}^{n\times r}$。

取滑模变结构控制律为

$$\boldsymbol{\tau}=\boldsymbol{Y}_1(\boldsymbol{q},\dot{\boldsymbol{q}},\dot{\boldsymbol{q}}_r,\ddot{\boldsymbol{q}}_r)\boldsymbol{\varphi}-\boldsymbol{D}\dot{\boldsymbol{S}}-\boldsymbol{H}\boldsymbol{S}-\boldsymbol{S} \tag{6.40}$$

式中，$\boldsymbol{\varphi}=[\varphi_1,\varphi_2,\cdots,\varphi_r]^{\mathrm{T}}$ 为切换控制向量，并取为

$$\varphi_i=-\alpha'_i\operatorname{sgn}\Big(\sum_{j=1}^{n}\boldsymbol{S}_j^{\mathrm{T}}Y_{qji}\Big);\quad i=1,2,\cdots,r \tag{6.41}$$

且 $\alpha'_i>|\alpha_i|$，式中，α'_i为切换控制向量的幅值。

2. 控制系统的稳定性分析

取李亚普诺夫函数为

$$\boldsymbol{V}=\frac{1}{2}\boldsymbol{S}^{\mathrm{T}}\boldsymbol{D}\boldsymbol{S}+\frac{1}{4}\int_t^{\infty}\boldsymbol{\tau}'^{\mathrm{T}}\boldsymbol{\tau}'\mathrm{d}t \tag{6.42}$$

对 $\boldsymbol{V}$ 求导可得

$$\begin{aligned}\dot{\boldsymbol{V}}&=\frac{1}{2}(\dot{\boldsymbol{S}}^{\mathrm{T}}\boldsymbol{D}\boldsymbol{S}+\boldsymbol{S}^{\mathrm{T}}\dot{\boldsymbol{D}}\boldsymbol{S}+\boldsymbol{S}^{\mathrm{T}}\boldsymbol{D}\dot{\boldsymbol{S}})-\frac{1}{4}\boldsymbol{\tau}'^{\mathrm{T}}\boldsymbol{\tau}'\\&=\frac{1}{2}(\boldsymbol{S}^{\mathrm{T}}\dot{\boldsymbol{D}}\boldsymbol{S}+\boldsymbol{S}^{\mathrm{T}}\boldsymbol{D}\dot{\boldsymbol{S}})-\frac{1}{4}\boldsymbol{\tau}'^{\mathrm{T}}\boldsymbol{\tau}'\end{aligned} \tag{6.43}$$

其中，

$$\boldsymbol{D}\dot{\boldsymbol{S}}=\boldsymbol{D}(\ddot{\boldsymbol{e}}_q+\boldsymbol{\eta}\dot{\boldsymbol{e}}_q)=\boldsymbol{D}(\ddot{\boldsymbol{q}}-\ddot{\boldsymbol{q}}_{\mathrm{d}}+\boldsymbol{\eta}\dot{\boldsymbol{e}}_q) \tag{6.44}$$

将式(6.33)代入式(6.44)，得

$$\boldsymbol{D}\dot{\boldsymbol{S}}=\boldsymbol{\tau}+\boldsymbol{\tau}'-\boldsymbol{H}\dot{\boldsymbol{q}}-\boldsymbol{G}-\boldsymbol{D}\ddot{\boldsymbol{q}}_{\mathrm{d}}+\boldsymbol{D}\boldsymbol{\eta}\dot{\boldsymbol{e}}_q \tag{6.45}$$

将式(6.40)所取控制律代入式(6.45)，则

$$\boldsymbol{D}\dot{\boldsymbol{S}}=\boldsymbol{Y}_1\boldsymbol{\varphi}-\boldsymbol{D}\dot{\boldsymbol{S}}-\boldsymbol{H}\boldsymbol{S}-\boldsymbol{S}-\boldsymbol{H}\dot{\boldsymbol{q}}-\boldsymbol{G}-\boldsymbol{D}\ddot{\boldsymbol{q}}_{\mathrm{d}}+\boldsymbol{D}\boldsymbol{\eta}\dot{\boldsymbol{e}}_q+\boldsymbol{\tau}' \tag{6.46}$$

利用式(6.37)和式(6.38)得到$\ddot{\boldsymbol{q}}_{\mathrm{d}}$，$\dot{\boldsymbol{q}}$ 与 $\boldsymbol{q}_r$ 的关系，则式(6.46)可改写为

$$\boldsymbol{D}\dot{\boldsymbol{S}}=\boldsymbol{Y}_1\boldsymbol{\varphi}-\boldsymbol{D}\ddot{\boldsymbol{q}}_r-\boldsymbol{D}\dot{\boldsymbol{S}}-\boldsymbol{H}\boldsymbol{S}-\boldsymbol{H}\dot{\boldsymbol{q}}_r-\boldsymbol{G}-\boldsymbol{H}\boldsymbol{S}-\boldsymbol{S}-\boldsymbol{\tau}' \tag{6.47}$$

注意到式(6.39)，则有

$$\boldsymbol{D}\dot{\boldsymbol{S}}=\boldsymbol{Y}_1\boldsymbol{\varphi}-\boldsymbol{Y}_1\boldsymbol{\alpha}-\boldsymbol{H}\boldsymbol{S}-\boldsymbol{S}+\boldsymbol{\tau}' \tag{6.48}$$

将式(6.47)代入式(6.43)，则李亚普诺夫函数 $\boldsymbol{V}$ 的导数为

$$\dot{\boldsymbol{V}}=\frac{1}{2}\boldsymbol{S}^{\mathrm{T}}\dot{\boldsymbol{D}}\boldsymbol{S}+\boldsymbol{S}^{\mathrm{T}}\boldsymbol{Y}_1\boldsymbol{\varphi}-\boldsymbol{S}^{\mathrm{T}}\boldsymbol{Y}_1\boldsymbol{\alpha}-\boldsymbol{S}^{\mathrm{T}}\boldsymbol{H}\boldsymbol{S}-\boldsymbol{S}^{\mathrm{T}}\boldsymbol{S}+\boldsymbol{S}^{\mathrm{T}}\boldsymbol{\tau}'-\frac{1}{4}\boldsymbol{\tau}'^{\mathrm{T}}\boldsymbol{\tau}' \tag{6.49}$$

由特性(3) 可知，$\boldsymbol{N}=\frac{1}{2}\dot{\boldsymbol{D}}-\boldsymbol{H}$ 为反对称矩阵，则

$$\boldsymbol{S}\boldsymbol{N}\boldsymbol{S}=\boldsymbol{S}^{\mathrm{T}}\left(\frac{1}{2}\dot{\boldsymbol{D}}-\boldsymbol{H}\right)\boldsymbol{S}=0$$

则有

$$\dot{\boldsymbol{V}}=\boldsymbol{S}^{\mathrm{T}}\boldsymbol{Y}_1\varphi-\boldsymbol{S}^{\mathrm{T}}\boldsymbol{Y}_1\alpha+\boldsymbol{S}^{\mathrm{T}}\boldsymbol{\tau}'-\boldsymbol{S}^{\mathrm{T}}\boldsymbol{S}-\frac{1}{4}\boldsymbol{\tau}'^{\mathrm{T}}\boldsymbol{\tau}' \tag{6.50}$$

由式(6.41)可知，

$$\boldsymbol{S}^{\mathrm{T}}\boldsymbol{Y}_1\varphi-\boldsymbol{S}^{\mathrm{T}}\boldsymbol{Y}_1\alpha<0$$

则

$$\dot{\boldsymbol{V}}<-\left(\frac{1}{4}\boldsymbol{\tau}'^{\mathrm{T}}\boldsymbol{\tau}'+\boldsymbol{S}^{\mathrm{T}}\boldsymbol{\tau}'+\boldsymbol{S}^{\mathrm{T}}\boldsymbol{S}\right)=-\left(\frac{1}{2}\boldsymbol{\tau}'-\boldsymbol{S}\right)^{\mathrm{T}}\left(\frac{1}{2}\boldsymbol{\tau}'-\boldsymbol{S}\right)<0 \tag{6.51}$$

由式(6.42)和式(6.51)可得，所取李亚普诺夫函数 $\boldsymbol{V}>0$，且 $\dot{\boldsymbol{V}}<0$，则说明 $\|s\|$ 至少以指数规律收敛于0，即当 $t\to\infty$ 时，有

$$\lim_{t\to\infty}\boldsymbol{e}_q=0$$

$$\lim_{t\to\infty}\dot{\boldsymbol{e}}_q=0$$

由以上分析可以判定，控制系统是大范围稳定的，且加入能量为有限值的随机干扰信号不会影响控制系统的稳定性。

3. 仿真研究

以图6.2所示的二关节机器人为例，研究机器人轨迹跟踪的滑模变结构控制。

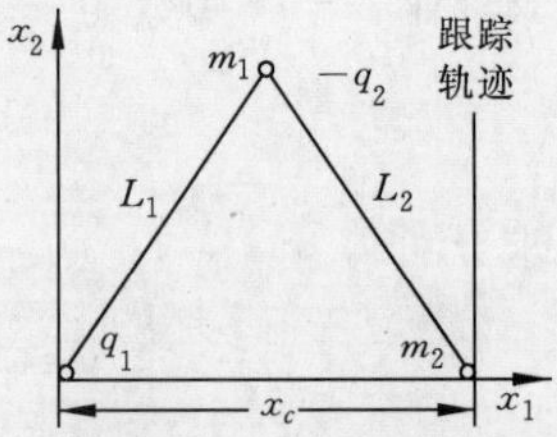

图6.2 二关节机器人模型示意图

假设：

(1) 二关节机器人的两刚性连杆(长度为 L_1，L_2)的质

量(m_1, m_2)集中在杆的终端；

(2) 忽略机器人关节的库仑摩擦与黏性摩擦力。

经推导，二关节机器人的动力学方程可表示为

$$\begin{bmatrix} v+\beta+2\gamma c_2 & \beta+\gamma c_2 \\ \beta+\gamma c_2 & \beta \end{bmatrix}\begin{bmatrix} \ddot{q}_1 \\ \ddot{q}_2 \end{bmatrix}+\begin{bmatrix} -\gamma\dot{q}_2 s_2 & -\gamma(\dot{q}_1+\dot{q}_2)s_2 \\ \gamma\dot{q}_1 s_2 & 0 \end{bmatrix}\begin{bmatrix} \dot{q}_1 \\ \dot{q}_2 \end{bmatrix}+\begin{bmatrix} vg'c_1+\gamma g'c_{12} \\ \gamma g'c_{12} \end{bmatrix}=\begin{bmatrix} \tau_1 \\ \tau_2 \end{bmatrix} \tag{6.52}$$

式中，

$g'=g/L_1$；$v=(m_1+m_2)L_1^2$；$\beta=m_2L_2^2$；$\gamma=m_2L_1L_2$；$c_i=\cos(q_i)$，$i=1,2$；

$s_i=\sin(q_i)$，$i=1,2$；$c_{12}=\cos(q_1+q_2)$。

式(6.38)和式(6.41)中的切换面与变结构控制器参数 η，$\boldsymbol{\alpha}'$分别取为 $\eta=10$，$\boldsymbol{\alpha}'=[10\quad 5\quad 5]^{\mathrm{T}}$，取机器人的实际参数 $\boldsymbol{\alpha}$ 为 $\boldsymbol{\alpha}=[v\quad \beta\quad \gamma]^{\mathrm{T}}=[6\quad 2\quad 2]^{\mathrm{T}}$。在仿真过程中，机器人末端执行器在如图 6.2 所示的 x_1 方向的位置保持不变，而沿 x_2 方向匀速运动。当机器人参数 $\boldsymbol{\alpha}$ 变化或者是对机器人参数估计不准时，机器人的实际参数会由 $\boldsymbol{\alpha}$ 变为 $\boldsymbol{\alpha}_1$，即

$$\boldsymbol{\alpha}_1=[v_1\quad \beta\quad \gamma]^{\mathrm{T}}$$

为了进一步说明滑模变结构控制系统的鲁棒性，给控制系统加入如下有界正态分布随机干扰信号，即 $\tau'=k_1\,\mathrm{rand}\,n(1,2)$。式中 rand $n(1,2)$为产生一行二列的随机矩阵，矩阵元素为随机值，选择均值为 0，方差为 1 的正态分布；k_1 为干扰系数。

下面通过仿真实验说明滑模变结构控制系统对机器人参数变化且加入正态分布有界干扰时的自适应能力。所得仿真实验曲线如图 6.3 所示，图中 x_{e_1} 和 x_{e_2} 分别为对应于 x_1 和 x_2 方向的跟踪误差。从图 6.3 可以看出，当机器人参数 α_1 在$[9\ 3\ 3]^{\mathrm{T}}\sim[3\ 1\ 1]^{\mathrm{T}}$ 之间变化，且当加入能量有限的正态分布干扰时，机器人末端执行器能较好地对给定的跟踪面实行跟踪。

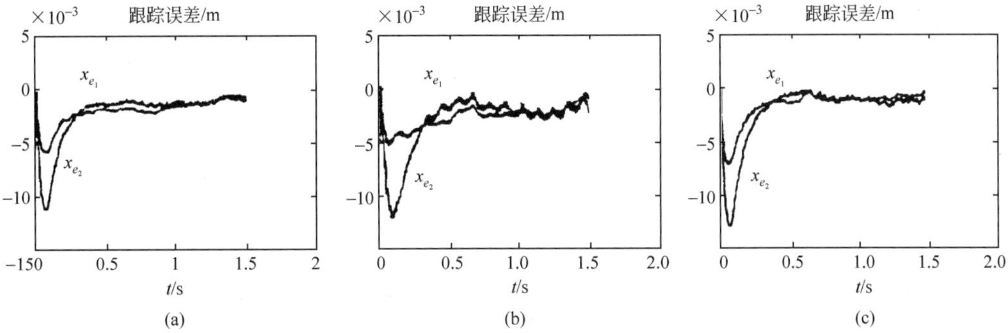

图 6.3 机器人参数变化且加入正态分布有界干扰时的跟踪误差曲线图

6.2 机器人的自适应控制

自适应控制已在机器人上得到不少应用。本节将综述机器人自适应控制的进展，讨论所取得的各种设计成果。本节与 6.1 节一样，具有较高的难度，可供研究生选读，而对于本科高年级学生，则可以略去不用。

按照设计技术的不同可把机器人自适应控制分为三类，即模型参考自适应控制、自校正自适应控制和线性摄动自适应控制。

如前所述，机器人能够模仿和代替人的体力和智力功能。能模仿和再现人手动作的机器人叫作"操作机器人"(manipulation robots)，这是目前应用最为广泛的一种机器人。操作机器人有自动的、生物技术的和交互的三种。其中，自动操作机器人又可分为固定程序(或编程)机器人、自适应机器人和智能机器人三种类型。

编程机器人能够按照预编的固定程序，自动执行各种需要的循环操作。开环控制、一般的伺服控制和最优控制均可用来控制编程机器人。在设计这类控制系统的控制器时，必须事先知道受控对象的性质和特征，以及它们随环境等因素变化的情况。如果不能预先掌握这些信息，就无法设计好这种控制器。

当操作机器人的工作环境及工作目标的性质和特征在工作过程中随时间发生变化时，控制系统的特性具有未知的和不确定的性质。这种未知因素和不确定性，将使控制系统的性能变差，不能满足控制要求。即使采用一般反馈技术或开环补偿方法，也不能很好地解决这个问题。若要解决上述问题，就需控制器能在运行过程中不断地测量受控对象的特性，并根据测得的系统当前的特性信息，使系统自动地按闭环控制方式实施最优控制。自适应机器人和智能机器人均能满足这一控制要求。

自适应机器人(adaptive robots)由自适应控制器控制其操作。自适应控制器具有感觉装置，能够在不完全确定的和局部变化的环境中，保持与环境的自动适应，并以各种搜索与自动导引方式，执行不同的循环操作。智能机器人具有人工智能装置，能够借助人工智能元件和智能系统，在运行中感受和识别环境，建立环境模型，自动做出决策，并执行这些决策。

操作机器人的动力学模型存在有非线性和不确定性因素。这些因素包括未知的系统参数(如摩擦力)、非线性动态特性(如齿轮间隙和增益的非线性)以及环境因素(如负载变动和其他扰动)等。采用自适应控制来自动补偿上述因素，能够显著改善操作机器人的性能。

6.2.1 自适应控制器的状态模型和结构

机器人的自适应控制是与机械手的动力学密切相关的。具有 n 个自由度和 n 个关节单独传动的刚性机械手的动态方程可由下式表示，参见式(4.24)：

$$F_i = \sum_{j=1}^{n} D_{ij}(q)\ddot{q}_j + \sum_{j=1}^{n}\sum_{k=1}^{n} C_{ijk}(q)\dot{q}_j\dot{q}_k + G_i(q) \quad i=1,2,\cdots,n \tag{6.53}$$

此动力学方程的矢量形式为

$$\boldsymbol{F} = \boldsymbol{D}(\boldsymbol{q})\ddot{\boldsymbol{q}} + \boldsymbol{C}(\boldsymbol{q},\dot{\boldsymbol{q}}) + \boldsymbol{G}(\boldsymbol{q}) \tag{6.54}$$

重新定义：

$$\begin{aligned}\boldsymbol{C}(\boldsymbol{q},\dot{\boldsymbol{q}}) &\overset{\text{def}}{=} \boldsymbol{C}^1(\boldsymbol{q},\dot{\boldsymbol{q}})\dot{\boldsymbol{q}} \\ \boldsymbol{G}(\boldsymbol{q}) &\overset{\text{def}}{=} \boldsymbol{G}^1(\boldsymbol{q})\boldsymbol{q}\end{aligned} \tag{6.55}$$

代入式(6.54)可得：

$$\boldsymbol{F} = \boldsymbol{D}(\boldsymbol{q})\ddot{\boldsymbol{q}} + \boldsymbol{C}^1(\boldsymbol{q},\dot{\boldsymbol{q}})\dot{\boldsymbol{q}} + \boldsymbol{G}^1(\boldsymbol{q})\boldsymbol{q} \tag{6.56}$$

这是拟线性(quasi-linear)系统的表达方式。

又定义

$$\boldsymbol{x} = [\boldsymbol{q}, \dot{\boldsymbol{q}}]^{\mathrm{T}} \tag{6.57}$$

为 $2n \times 1$ 状态矢量，则可把式(6.56)表示为下列状态方程：

$$\dot{\boldsymbol{x}} = \boldsymbol{A}_p(\boldsymbol{x}, t)\boldsymbol{x} + \boldsymbol{B}_p(\boldsymbol{x}, t)\boldsymbol{F} \tag{6.58}$$

式中，$\boldsymbol{A}_p(\boldsymbol{x}, t) = \begin{bmatrix} 0 & \boldsymbol{I} \\ -\boldsymbol{D}^{-1}\boldsymbol{G}^1 & -\boldsymbol{D}^{-1}\boldsymbol{C}^1 \end{bmatrix}_{2n\times 2n}$，$\boldsymbol{B}_p(\boldsymbol{x}, t) = \begin{bmatrix} 0 \\ \boldsymbol{D}^{-1} \end{bmatrix}_{2n\times n}$ 为状态矢量 $\boldsymbol{x}$ 的非常复杂的非线性函数。

上述机械手的动力学模型是机器人自适应控制器的调节对象。

实际上，必须把传动装置的动力学包括进控制系统模型。对于具有 n 个驱动关节的机械手，可把其传动装置的动态作用表示为

$$\boldsymbol{M}_a\boldsymbol{u} - \boldsymbol{\tau} = \boldsymbol{J}_a\ddot{\boldsymbol{q}} + \boldsymbol{B}_a\dot{\boldsymbol{q}} \tag{6.59}$$

式中，$\boldsymbol{u}$，$\boldsymbol{q}$ 和 $\boldsymbol{\tau}$ 分别为传动装置的输入电压、位移和扰动力矩的 $n \times 1$ 矢量；$\boldsymbol{M}_a$，$\boldsymbol{J}_a$ 和 $\boldsymbol{B}_a$ 为 $n \times n$ 对角矩阵，并由传动装置参数所决定。$\boldsymbol{\tau}$ 由两部分组成：

$$\boldsymbol{\tau} = \boldsymbol{F}(\boldsymbol{q}, \dot{\boldsymbol{q}}, \ddot{\boldsymbol{q}}) + \boldsymbol{\tau}_{\mathrm{d}} \tag{6.60}$$

式中，$\boldsymbol{F}$ 由式(6.56)确定，它表示与连杆运动有关的力矩；$\boldsymbol{\tau}_{\mathrm{d}}$ 则包括电动机的非线性和摩擦力矩。

联立求解式(6.56)、式(6.59)和式(6.60)，并定义：

$$\begin{cases} \boldsymbol{J}(\boldsymbol{q}) = \boldsymbol{D}(\boldsymbol{q}) + \boldsymbol{J}_a \\ \boldsymbol{E}(\boldsymbol{q}) = \boldsymbol{C}^1(\boldsymbol{q}) + \boldsymbol{B}_a \\ \boldsymbol{H}(\boldsymbol{q})\boldsymbol{q} = \boldsymbol{G}^1(\boldsymbol{q})\boldsymbol{q} + \boldsymbol{\tau}_{\mathrm{d}} \end{cases} \tag{6.61}$$

可求得机器人传动系统的时变非线性状态模型如下：

$$\dot{\boldsymbol{x}} = \boldsymbol{A}_p(\boldsymbol{x}, t)\boldsymbol{x} + \boldsymbol{B}_p(\boldsymbol{x}, t)\boldsymbol{u} \tag{6.62}$$

式中，

$$\begin{cases} \boldsymbol{A}_p(\boldsymbol{x}, t) = \begin{bmatrix} 0 & \boldsymbol{I} \\ -\boldsymbol{J}^{-1}\boldsymbol{H} & -\boldsymbol{J}^{-1}\boldsymbol{E} \end{bmatrix}_{2n\times 2n} \\ \boldsymbol{B}_p(\boldsymbol{x}, t) = \begin{bmatrix} 0 \\ \boldsymbol{J}^{-1}\boldsymbol{M}_a \end{bmatrix}_{2n\times n} \end{cases} \tag{6.63}$$

状态模型(6.58)和式(6.62)具有相同的形式，均可用于自适应控制器的设计。

自适应控制器的主要结构有两种，即模型参考自适应控制器(MRAC)和自校正自适应控制器(STAC)，分别如图 6.4(a)和(b)所示。现有的机器人自适应控制系统，基本上是应用这些设计方法建立的。

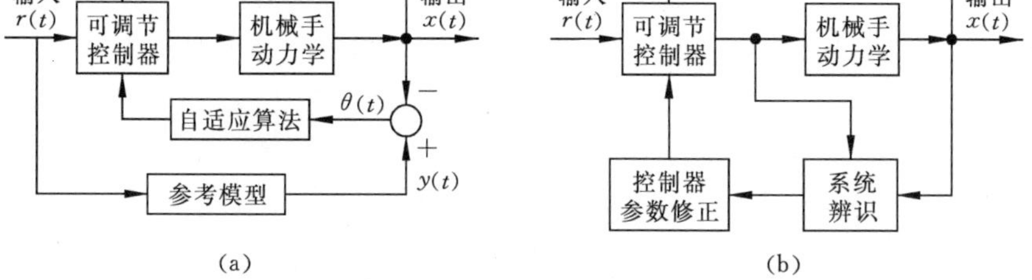

图 6.4　机器人自适应控制器的结构

(a) 模型参考自适应控制器；(b) 自校正自适应控制器

以上述两种基本结构为基础，又提出了许多有关操作机器人自适应控制器的设计方法，并取得了相应的进展。

6.2.2 机器人模型参考自适应控制器

MRAC是最早用于操作机器人控制的自适应控制技术，它的基本设计思想是为机器人机械手的状态方程(6.62)提供一个控制信号 $\boldsymbol{u}$，或为状态方程(6.58)提供一个输入 $\boldsymbol{F}$。这种控制信号将以一定的由参考模型所规定的期望方式，迫使系统具有需要特性。以叙述过的目标和式(6.63)表示的结构为基础，可使选得的参考模型为一稳定的线性定常系统：

$$\dot{\boldsymbol{y}} = \boldsymbol{A}_{\mathrm{M}}\boldsymbol{y} + \boldsymbol{B}_{\mathrm{M}}\boldsymbol{r} \tag{6.64}$$

式中，$\boldsymbol{y}$ 为 $n\times1$ 参考模型状态矢量，$\boldsymbol{r}$ 为 $n\times1$ 参考模型输入矢量，而且

$$\boldsymbol{A}_{\mathrm{M}} = \begin{bmatrix} 0 & \boldsymbol{I} \\ -\boldsymbol{\Lambda}_1 & -\boldsymbol{\Lambda}_2 \end{bmatrix},\quad \boldsymbol{B}_{\mathrm{M}} = \begin{bmatrix} 0 \\ \boldsymbol{\Lambda}_1 \end{bmatrix} \tag{6.65}$$

式中，$\boldsymbol{\Lambda}_1$ 为含有 ω_i 项的 $n\times n$ 对角矩阵，$\boldsymbol{\Lambda}_2$ 为含有 $2\xi_i\omega_i$ 的 $n\times n$ 对角矩阵。

式(6.64)表示 n 个含有指定参数 ξ_i 和 ω_i 的去耦二阶微分方程式：

$$\ddot{y}_i + 2\xi_i\omega_i\dot{y}_i + \omega_i^2 y_i = \omega_i^2 r \tag{6.66}$$

式中，输入变量 r 代表由设计者预先规定的理想的机器人运动轨迹。当输入端引入适当的状态反馈时，通过对反馈增益的调整，使操作机器人的状态方程变为可调节的。把这个系统的状态变量 x 与参考模型状态 y 进行比较，所得状态误差 e 用于驱动自适应算法，见图6.4(a)，以维持状态误差接近于0。

自适应算法是根据MRAC的渐近稳定性要求而设计的。常用的稳定判据有李亚普诺夫(Lyapunov)稳定判据和波波夫(Popov)超稳定性判据两种。

1. 李亚普诺夫MRAC的设计

令控制输入 $\boldsymbol{u}$ 为

$$\boldsymbol{u} = \boldsymbol{K}_x\boldsymbol{x} + \boldsymbol{K}_u\boldsymbol{r} \tag{6.67}$$

式中，$\boldsymbol{K}_x$ 和 $\boldsymbol{K}_u$ 分别为 $n\times n$ 阶的时变可调反馈矩阵和前馈矩阵。

据式(6.67)可得式(6.62)的闭环系统状态模型：

$$\dot{\boldsymbol{x}} = \boldsymbol{A}_{\mathrm{S}}(\boldsymbol{x},t)\boldsymbol{x} + \boldsymbol{B}_{\mathrm{S}}(\boldsymbol{x},t)\boldsymbol{r} \tag{6.68}$$

式中，$\boldsymbol{A}_{\mathrm{S}} = \begin{bmatrix} 0 & I \\ -\boldsymbol{J}^{-1}(\boldsymbol{H}+\boldsymbol{M}_a\boldsymbol{K}_{x_1}) & -\boldsymbol{J}^{-1}(\boldsymbol{E}+\boldsymbol{M}_a\boldsymbol{K}_{x_2}) \end{bmatrix}$，$\boldsymbol{B}_{\mathrm{S}} = \begin{bmatrix} 0 \\ \boldsymbol{J}^{-1}\boldsymbol{M}_a\boldsymbol{K}_u \end{bmatrix}$

适当地设计 $\boldsymbol{K}_{x_i}$ 和 $\boldsymbol{K}_u$，能够使式(6.68)所示系统与式(6.64)所代表的参考模型完全匹配。

定义 $2n\times1$ 状态误差矢量 $\boldsymbol{e}$ 为

$$\boldsymbol{e} = \boldsymbol{y} - \boldsymbol{x} \tag{6.69}$$

则可得：

$$\dot{\boldsymbol{e}} = \boldsymbol{A}_{\mathrm{M}}\boldsymbol{e} + (\boldsymbol{A}_{\mathrm{M}} - \boldsymbol{A}_{\mathrm{S}})\boldsymbol{x} + (\boldsymbol{B}_{\mathrm{M}} - \boldsymbol{B}_{\mathrm{S}})\boldsymbol{r} \tag{6.70}$$

这里的控制目标是要为 $\boldsymbol{K}_x$ 和 $\boldsymbol{K}_u$ 找出一种调整算法，使

$$\lim_{t\to\infty}\boldsymbol{e}(t)=0$$

定义正定李亚普诺夫函数 $\boldsymbol{V}$ 为

$$\boldsymbol{V}=\boldsymbol{e}^{\mathrm{T}}\boldsymbol{P}\boldsymbol{e}+\mathrm{tr}\left[(\boldsymbol{A}_{\mathrm{M}}-\boldsymbol{A}_{\mathrm{S}})^{\mathrm{T}}\boldsymbol{F}_{A}^{-1}(\boldsymbol{A}_{\mathrm{M}}-\boldsymbol{A}_{\mathrm{S}})\right]+\mathrm{tr}\left[(\boldsymbol{B}_{\mathrm{M}}-\boldsymbol{B}_{\mathrm{S}})^{\mathrm{T}}\boldsymbol{F}_{B}^{-1}(\boldsymbol{B}_{\mathrm{M}}-\boldsymbol{B}_{\mathrm{S}})\right] \tag{6.71}$$

于是由式(6.70)和式(6.71)可得

$$\dot{\boldsymbol{V}}=\boldsymbol{e}^{\mathrm{T}}(\boldsymbol{A}_{\mathrm{M}}\boldsymbol{P}+\boldsymbol{P}\boldsymbol{A}_{\mathrm{M}})\boldsymbol{e}+\mathrm{tr}\left[(\boldsymbol{A}_{\mathrm{M}}-\boldsymbol{A}_{\mathrm{S}})^{\mathrm{T}}(\boldsymbol{P}\boldsymbol{e}\boldsymbol{x}^{\mathrm{T}}-\boldsymbol{F}_{A}^{-1}\dot{\boldsymbol{A}}_{\mathrm{S}})\right]+\mathrm{tr}\left[(\boldsymbol{B}_{\mathrm{M}}-\boldsymbol{B}_{\mathrm{S}})^{\mathrm{T}}(\boldsymbol{P}\boldsymbol{e}\boldsymbol{r}^{\mathrm{T}}-\boldsymbol{F}_{B}^{-1}\dot{\boldsymbol{B}}_{\mathrm{S}})\right] \tag{6.72}$$

根据李亚普诺夫稳定性理论，保证满足式(6.64)的充要条件是 $\dot{\boldsymbol{V}}$ 为负定的。由此可求得

$$\boldsymbol{A}_{\mathrm{M}}^{\mathrm{T}}\boldsymbol{P}+\boldsymbol{P}\boldsymbol{A}_{\mathrm{M}}=-\boldsymbol{Q} \tag{6.73}$$

$$\dot{\boldsymbol{A}}_{\mathrm{S}}=\boldsymbol{F}_{A}\boldsymbol{P}\boldsymbol{e}\boldsymbol{x}^{\mathrm{T}}\approx\boldsymbol{B}_{P}\dot{\boldsymbol{K}}_{x},\quad \dot{\boldsymbol{B}}_{\mathrm{S}}=\boldsymbol{F}_{B}\boldsymbol{P}\boldsymbol{e}\boldsymbol{r}^{\mathrm{T}}\approx\boldsymbol{B}_{p}\dot{\boldsymbol{K}}_{u} \tag{6.74}$$

以及

$$\dot{\boldsymbol{K}}_{u}=\boldsymbol{K}_{u}\boldsymbol{B}_{m}^{+}\boldsymbol{F}_{B}\boldsymbol{P}\boldsymbol{e}\boldsymbol{r}^{\mathrm{T}},\quad \dot{\boldsymbol{K}}_{x}=\boldsymbol{K}_{u}\boldsymbol{B}_{m}^{+}\boldsymbol{F}_{A}\boldsymbol{P}\boldsymbol{e}\boldsymbol{x}^{\mathrm{T}} \tag{6.75}$$

其中，$\boldsymbol{P}$ 和 $\boldsymbol{Q}$ 为正定矩阵，且 $\boldsymbol{P}$ 满足式(6.55)，$\boldsymbol{B}_{m}^{+}$ 为 $\boldsymbol{B}_{\mathrm{M}}$ 的穆尔-彭罗斯广义逆矩阵(Moore-Penrose generalized inverse matrix)，$\boldsymbol{F}_{A}$ 和 $\boldsymbol{F}_{B}$ 为正定自适应增益矩阵。

李亚普诺夫设计方法虽然能保证渐近稳定性，但在过渡过程中可能会出现大的状态误差和振荡。当引入适当的附加控制输入时，能够改善系统的收敛率。

2. 波波夫超稳定性 MRAC 的设计

这是用稳定性条件设计自适应控制规律的另一途径。当应用波波夫超稳定性理论时，把机器人方程式(6.72)看作一种非线性时变系统方程。

令控制输入为

$$\boldsymbol{u}=\boldsymbol{\phi}(\boldsymbol{v},\boldsymbol{x},t)\boldsymbol{x}-\boldsymbol{K}_{x}\boldsymbol{x}+\boldsymbol{\varphi}(\boldsymbol{v},\boldsymbol{r},t)r+\boldsymbol{K}_{u}\boldsymbol{r} \tag{6.76}$$

式中，ϕ 和 φ 分别为自适应算法产生的 $n\times2n$ 和 $n\times n$ 矩阵；$\boldsymbol{K}_{x}$ 和 $\boldsymbol{K}_{u}$ 分别为 $n\times2n$ 和 $n\times n$ 常系数反馈增益矩阵和前馈增益矩阵；$\boldsymbol{v}$ 为 $n\times1$ 广义状态误差矢量

$$\boldsymbol{v}=\boldsymbol{D}\boldsymbol{e}=\boldsymbol{D}(\boldsymbol{y}-\boldsymbol{x}) \tag{6.77}$$

式中，$\boldsymbol{D}$ 为 $n\times2n$ 线性补偿器传递矩阵。

据式(6.62)，式(6.64)和式(6.76)，可把 MRAC 方程用状态误差来表示：

$$\begin{cases}\dot{\boldsymbol{e}}=\boldsymbol{A}_{\mathrm{M}}e+\begin{bmatrix}0\\ \boldsymbol{I}\end{bmatrix}\boldsymbol{w}_{1}\\ \boldsymbol{v}=\boldsymbol{D}\boldsymbol{e}\\ \boldsymbol{w}_{1}=-\boldsymbol{w}=\bar{\boldsymbol{B}}_{p}\left[\boldsymbol{B}_{p}^{+}(\boldsymbol{A}_{\mathrm{M}}-\boldsymbol{A}_{p})+\boldsymbol{K}_{x}-\phi\right]\boldsymbol{x}+\bar{\boldsymbol{B}}_{p}\left[\boldsymbol{B}_{p}^{+}\boldsymbol{B}_{\mathrm{M}}-\boldsymbol{K}_{u}-\psi\right]\boldsymbol{r}\end{cases} \tag{6.78}$$

式中，$\bar{\boldsymbol{B}}_{p}$ 定义为 $\boldsymbol{B}_{p}=\begin{bmatrix}0\\ \bar{\boldsymbol{B}}_{p}\end{bmatrix}$，$\boldsymbol{B}_{p}^{+}=(\boldsymbol{B}_{p}^{\mathrm{T}}\boldsymbol{B}_{p})^{-1}\boldsymbol{B}_{p}^{\mathrm{T}}$

据波波夫超稳定性理论，使如式(6.60)所示系统满足 $\lim\limits_{t\to\infty}e(t)=0$ 的控制目标的稳定充要条件为

(1) $n\times n$ 传递矩阵

$$\boldsymbol{G}(s)=\boldsymbol{D}(\boldsymbol{SI}-\boldsymbol{A}_{\mathrm{M}})^{-1}\begin{bmatrix}0\\ \boldsymbol{I}\end{bmatrix} \tag{6.79}$$

为严格正定矩阵；

(2) 积分不等式

$$\int_0^t \boldsymbol{v}^{\mathrm{T}}\boldsymbol{w}\mathrm{d}\tau > -r_0^2 \tag{6.80}$$

对于所有 $t>0$ 均成立。

由上述两条件可求得

$$\phi(\boldsymbol{v},\boldsymbol{x},\boldsymbol{t})=q\frac{\boldsymbol{v}}{\|\boldsymbol{v}\|}(\mathrm{sgn}x)^{\mathrm{T}},\quad \psi(\boldsymbol{v},\boldsymbol{r},t)=p\frac{\boldsymbol{v}}{\|\boldsymbol{v}\|}(\mathrm{sgn}r)^{\mathrm{T}} \tag{6.81}$$

式中

$$q\geqslant\frac{[\lambda_{\max}(\boldsymbol{RR}^{\mathrm{T}})]^{\frac{1}{2}}}{\lambda_{\min}(\bar{\boldsymbol{B}}_p)},\quad p\geqslant\frac{[\lambda_{\max}(\boldsymbol{SS}^{\mathrm{T}})]^{\frac{1}{2}}}{\lambda_{\min}(\bar{\boldsymbol{B}}_p)} \tag{6.82}$$

以及

$$\boldsymbol{R}=\bar{\boldsymbol{B}}_p\boldsymbol{B}_p^{+}(\boldsymbol{A}_{\mathrm{M}}-\boldsymbol{A}_p)+\bar{\boldsymbol{B}}_p\boldsymbol{K}_x,\quad \boldsymbol{S}=\bar{\boldsymbol{B}}_p\boldsymbol{B}_p^{+}\boldsymbol{B}_{\mathrm{M}}-\bar{\boldsymbol{B}}_p\boldsymbol{K}_{\mathrm{d}} \tag{6.83}$$

由于 ϕ 和 φ 的断续特性，MRAC 以两个模型(由 $v\neq0$ 和 $v=0$ 区别)达到渐近稳定性。$\boldsymbol{v}=0$ 的子集定义了一个“滑动集合”(siding set)。控制系统以高操作频率对这个子集进行转换，产生与变结构系统一样的轨迹。误差 e 沿着滑动集合的衰减速度只受式(6.73)中 Q 的影响；因此，收敛速度能够由设计者来控制。

除了上述两种 MRAC 设计方法外，还有其他技术也可用于 MRAC 的设计。这些技术有杜鲍斯基(Dubowsky)等的简化 MRAC 近似设计法，以及霍维茨(Horwitz)等提出的采用非线性补偿和解耦 MRAC 系统等。图 6.5 给出了这一非线性补偿和解耦 MRAC 系统的方框图。

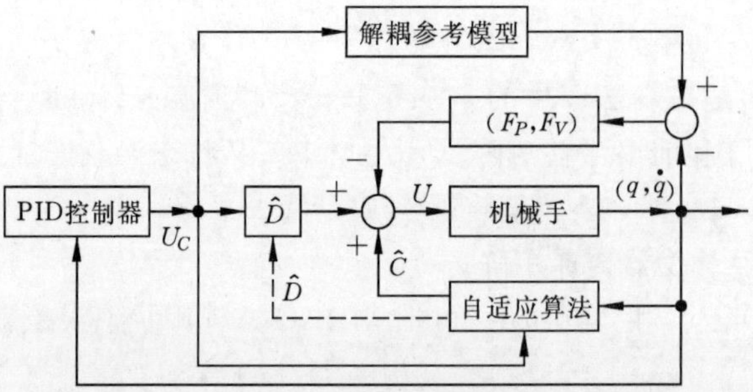

图 6.5　非线性补偿和解耦 MRAC 结构图

另两种机器人自适应控制器，即机器人自校正自适应控制器和机器人线性摄动自适应控制器，因近年来很少应用而不予介绍。

操作机器人的自适应控制器的设计和研究还不够成熟，期望能够开发更多采用自适应控制的机器人。此外，自适应机器人，特别是模型参考自适应控制机器人的研究和应用，也将促进智能机器人的开发。21 世纪的操作机器人，将会出现编程机器人、自适应机器人和智能机器人并存的“三足鼎立”的局面。

6.3 机器人的智能控制

传统的控制技术(如开环控制、PID 反馈控制)和现代控制技术(如柔顺控制、变结构控制、自适应控制)均在机器人系统中得到了不同程度的应用,而且智能控制(如递阶控制、模糊控制、神经控制)也往往在机器人这一优良的“试验床”上最先得到开发。本节将首先阐述智能控制和智能控制系统的基本概念以及智能控制的类型,然后举例介绍几种机器人智能控制系统,包括机器人的模糊控制、神经控制和进化控制等。

6.3.1 智能控制与智能控制系统概述

自动控制科学已对整个科学技术的理论和实践做出了重要贡献,并为人类社会带来了巨大利益。然而,现代科学技术的迅速发展和重大进步,对控制和系统科学提出了更新、更高的要求。机器人系统控制也正面临新的发展机遇和严峻挑战。传统控制理论,包括经典反馈控制和现代控制,在应用中遇到不少难题。长期以来,机器人控制一直在寻找新的出路。现在看来,出路之一就是实现机器人控制系统的智能化,以期解决面临的难题。

自动控制科学面临的困难及其智能化出路说明:自动控制既面临严峻挑战,又存在良好机遇。自动控制正是在这种挑战与机遇并存的情况下不断发展的。

1. 智能控制的发展

传统控制理论在应用中面临的难题包括:①传统控制系统的设计与分析是建立在已知系统精确数学模型的基础上,而实际系统由于存在复杂性、非线性、时变性、不确定性和不完全性等,一般无法获得精确的数学模型;②在研究这类系统时,必须提出并遵循一些比较苛刻的假设,而这些假设在应用中往往与实际不吻合;③对于某些复杂的和包含不确定性的对象,根本无法建模;④为了提高性能,传统控制系统可能变得复杂,从而增加了设备的初始投资和维修费用,降低系统的可靠性。

在自动控制发展的现阶段,自动控制面临严峻挑战。存在这种挑战是基于下列原因的:①科学技术间的相互影响和相互促进,例如,计算机、人工智能和超大规模集成电路等技术;②当前和未来应用的需求,例如,空间技术、海洋工程和机器人技术等应用要求;③基本概念和时代进程的推动,例如,大数据、互联网、离散事件驱动、信息高速公路、非传统模型和人工神经网络的连接机制等。

建立智能化控制系统模型,或者建立传统解析和智能方法的混合(集成)控制模型,而其核心就在于实现控制器的智能化。这是自动控制的一条可行出路。

人工智能的产生和发展为自动控制系统的智能化提供了有力支持。人工智能的发展已促进自动控制向着更高的水平——智能控制(intelligent control)发展。人工智能和计算机科学界已经提出一些方法、示例和技术,用于解决自动控制面临的难题。

自动控制既面临严峻挑战,又存在良好机遇。为了解决面临的难题,一方面要推进控制硬件、软件和智能的结合,实现控制系统的智能化;另一方面要实现自动控制科学与计算机科学、信息科学、系统科学以及人工智能的结合,为自动控制提供新思想,新方法和新技术,创立边缘交叉新学科，推动智能控制的发展。

智能控制代表了自动控制的最新发展阶段，也是应用计算机模拟人类智能，实现人类脑力劳动和体力劳动自动化的一个重要领域。越来越多的自动控制工作者认识到：智能控制象征着自动化的未来，是自动控制科学发展道路上的又一飞跃。

智能控制是人工智能和自动控制的重要部分和研究领域，并被认为是通向自主机器递阶道路上自动控制的顶层。图 6.6 表示自动控制的发展过程和通向智能控制路径上控制复杂性增加的过程。从图 6.6 可知，这条路径的最远点是智能控制，至少在当前是如此。智能控制涉及高级决策并与人工智能密切相关。

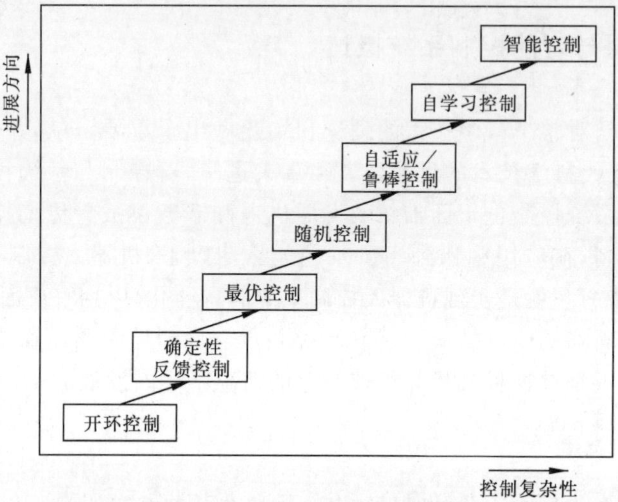

图 6.6　自动控制的发展过程

人工智能的发展促进了自动控制向智能控制发展。智能控制思潮第 1 次出现在 20 世纪 60 年代，几种智能控制的思想和方法被提出和发展。

早在 50 多年前，学习控制的研究就十分活跃，并获得应用。学习机器的要领是在控制论出现的时候提出的。自学习和自适应方法被开发出来用于解决控制系统的随机特性问题。最初，学习系统被用于飞机控制、模式分类与通信等，如核电站的控制。

20 世纪 60 年代中期，自动控制与人工智能开始交接。1965 年，著名的美籍华裔科学家傅京孙(Fu)首先把人工智能的启发式推理规则用于学习控制系统，然后，他又于 1971 年论述了人工智能与自动控制的交接关系。由于傅先生的重要贡献，他已成为国际公认的智能控制的先行者和奠基人。

模糊控制是智能控制的又一活跃研究领域。扎德(Zadeh)于 1965 年发表了他的著名论文《模糊集合》(*Fuzzy Sets*)，开辟了模糊控制的新领域。此后，在模糊控制的理论探索和实际应用两个方面，都进行了大量研究，并取得一批令人感兴趣的成果。

萨里迪斯(Saridis)对智能控制系统的分类做出了贡献。他把智能控制发展道路上的最远点标记为人工智能。他认为，人工智能能够提供最高层的控制结构，进行最高层的决策。萨里迪斯和他的研究小组建立的智能机器理论采用精度随智能降低而提高的原理(IPDI)和三级递阶结构，即组织级、协调级和执行级。奥斯特洛姆(Åström)、迪席尔瓦(de Silva)、周其鉴、蔡自兴、霍门迪梅洛(Homen de Mello)和桑德森(Sanderson)等于 20 世纪 80 年代分别提出和发展了专家控制、基于知识的控制、仿人控制、专家规划和分级规划等理论。

早在 1943 年,麦卡洛克(McCulloch)和皮特茨(Pitts)就提出了脑模型,其最初动机在于模仿生物的神经系统。随着超大规模集成电路(VLSI)、光电子学和计算机技术的发展,人工神经网络(ANN)已引起更为广泛的注意。基于神经元控制的理论和机理已获进一步开发和应用。神经控制器因具有并行处理、执行速度快、鲁棒性好、自适应性强和适于应用等优点,具有广泛的应用前景。

到 20 世纪 80 年代中叶,智能控制新学科形成的条件逐渐成熟。1985 年 8 月,IEEE 在美国纽约 RPI 召开了第一届智能控制学术讨论会。1987 年 1 月,在美国费城由 IEEE 控制系统学会与计算机学会联合召开了智能控制国际会议(International Symposium on Intelligent Control,ISIC)。这是有关智能控制的第 1 次国际会议。这次会议及其后续相关事件表明,智能控制作为一门独立学科已正式在国际上建立起来。

2. 智能控制的定义和特点

智能控制至今尚无一个公认的统一定义。然而,为了规定概念和技术,开发智能控制新的性能和方法,比较不同研究者和不同国家的成果,就要求对智能控制有某些共同的理解。

定义 6.1 智能机器

能够在各种环境中执行各种拟人任务(anthropomorphic tasks)的机器叫作智能机器。或者比较通俗地说,智能机器是那些能够自主地代替人类从事危险、厌烦、远距离或高精度等作业的机器。例如,能够从事这类工作的机器人,就属于智能机器人。

定义 6.2 自动控制

自动控制即能按规定程序对机器或装置进行自动操作或控制的过程。简单地说,不需要人工干预的控制就是自动控制。如果一个装置能够自动接收所测得的过程物理变量,自动进行计算,然后自动对过程进行调节,那么它就是自动控制装置。反馈控制、最优控制、随机控制、自适应控制和自学习控制等均属于自动控制。

定义 6.3 智能控制

智能控制是驱动智能机器自主地实现其目标的过程。或者说,智能控制是一类无需人的干预就能够独立地驱动智能机器实现其目标的自动控制。对自主机器人的控制就是一例。

智能控制的两个主要特点为:

(1) 同时具有以知识表示的非数学广义模型和以数学模型表示的混合控制过程,也往往是那些含有复杂性、不完全性、模糊性或不确定性以及不存在已知算法的非数字过程,并以知识进行推理,以启发来引导求解过程。因此,在研究和设计智能控制系统时,不是把主要注意力放在对数学公式的表达、计算和处理上,而是放在对任务和世界模型(world model)的描述、对符号和环境的识别以及对知识库和推理机的设计开发上。也就是说,智能控制系统的设计重点不在常规控制器上,而在智能机模型上。

(2) 智能控制的核心在高层控制,即组织级控制。高层控制的任务在于对实际环境或过程进行组织,即决策和规划,实现广义问题求解。为了实现这些任务,需要采用符号信息处理、启发式程序设计、知识表示以及自动推理和决策等相关技术。这些问题的求解过程与人脑的思维过程具有一定的相似性，即具有不同程度的“智能”。当然，低层控制级也是智能控制系统必不可少的组成部分，不过，它往往属于常规控制系统，因而不属于本节研究范畴。

图 6.7 为智能控制器的一般结构。

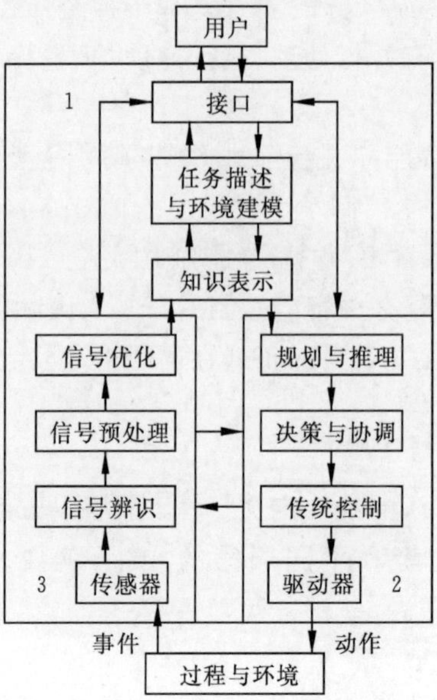

图 6.7　智能控制器的一般结构

1—智能控制系统；2—多层控制器；3—多传感系统

3. 智能控制的结构理论

自从傅京孙 1971 年提出把智能控制作为人工智能和自动控制的交接领域以来，许多研究人员试图建立智能控制这一新学科。他们提出了一些有关智能控制系统结构的思想，有助于对智能控制的进一步认识。

智能控制具有十分明显的跨学科(多元)结构特点。在此，主要讨论智能控制的二元交集结构、三元交集结构和四元交集结构 3 种思想，它们分别由下列各交集(通集)表示：

$$\mathrm{IC} = \mathrm{AI} \cap \mathrm{AC} \tag{6.84}$$

$$\mathrm{IC} = \mathrm{AI} \cap \mathrm{AC} \cap \mathrm{OR} \tag{6.85}$$

$$\mathrm{IC} = \mathrm{AI} \cap \mathrm{AC} \cap \mathrm{IT} \cap \mathrm{OR} \tag{6.86}$$

也可以用离散数学和人工智能中常用的谓词公式之合来表示上述各种结构：

$$\mathrm{IC} = \mathrm{AI} \wedge \mathrm{AC} \tag{6.87}$$

$$\mathrm{IC} = \mathrm{AI} \wedge \mathrm{AC} \wedge \mathrm{OR} \tag{6.88}$$

$$\mathrm{IC} = \mathrm{AI} \wedge \mathrm{AC} \wedge \mathrm{IT} \wedge \mathrm{OR} \tag{6.89}$$

式中，AI 表示人工智能(artificial intelligence)；AC 表示自动控制(automatic control)；OR 表示运筹学(operation research)；IT 表示信息论(information theory 或 informatics)；IC 表示智能控制(intelligent control)；$\cap$ 表示交集；$\wedge$ 表示连词“与”。

(1) 二元结构

傅京孙曾对几个与自学习控制(learning control)有关的领域进行了研究。

为了强调系统的问题求解和决策能力，他用“智能控制系统”包括这些领域。他指出“智能控制系统描述自动控制系统与人工智能的交接作用”。我们可以用式(6.84)和式(6.87)以及图 6.8 来表示这种交接作用，并把它称为智能控制的“二元交集结构”。

(2) 三元结构

萨里迪斯于 1977 年提出了另一种智能控制结构，该结构把傅京孙的智能控制扩展为三元结构，即把智能控制看作为人工智能、自动控制和运筹学的交接，如图 6.9 所示。可以用式(6.85)和式(6.88)来描述这种结构。

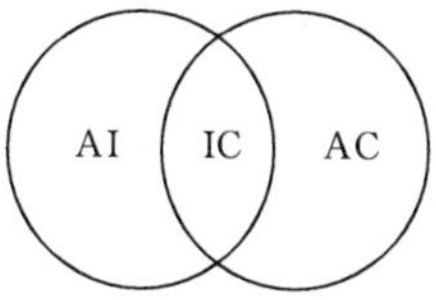

图 6.8　智能控制的二元结构

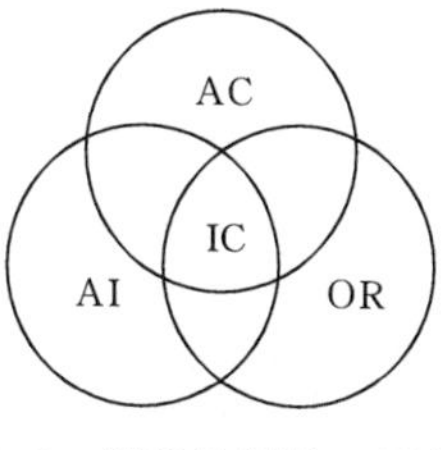

图 6.9　智能控制的三元结构

萨里迪斯认为，构成二元交集结构的二元互相支配，无助于智能控制的有效和成功应用。必须把运筹学的概念引入智能控制，使它成为三元交集中的一个子集。

(3) 四元结构

在研究了前述各种智能控制的结构理论、知识、信息和智能的定义以及各相关学科的内在关系之后，蔡自兴于 1986 年提出了智能控制的四元交集结构，把智能控制看作自动控制、人工智能、信息论和运筹学 4 个学科的交集，如图 6.10(a)所示，其关系如式(6.86)和式(6.89)描述。图 6.10(b)为这种四元结构的简化图。

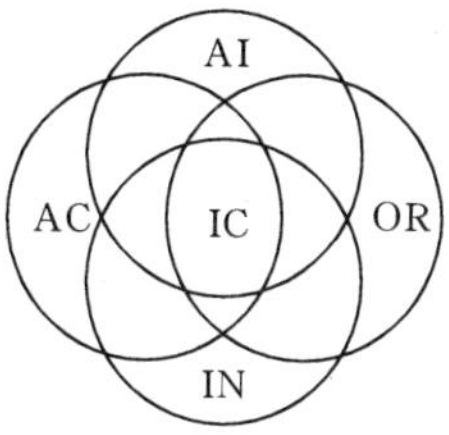

(a)

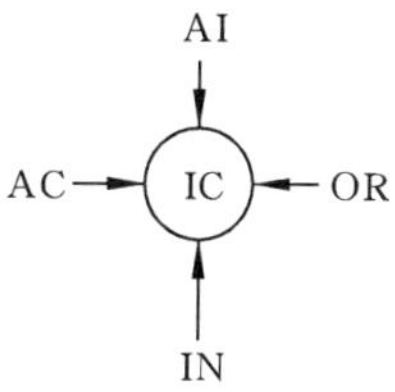

(b)

图 6.10　智能控制的四元结构

(a) 四元智能控制结构；(b) 四元结构的简化图

把信息论作为智能控制结构的一个子集基于下列理由：

(1) 信息论是解释知识和智能的一种手段；

(2) 控制论、系统论、信息论是紧密相互作用的；

(3) 信息论已成为控制智能机器的工具；

(4) 信息熵成为智能控制的测度；

(5) 信息论参与智能控制的全过程，并对执行级起到核心作用。

6.3.2 主要智能控制系统简介

下面介绍各种智能控制系统。所要研究的系统包括递阶控制系统、专家控制系统、模糊控制系统、神经控制系统、学习控制系统和进化控制系统等。实际上,几种方法和机制往往结合在一起,被用于一个实际的智能控制系统或装置,从而建立起混合或集成的智能控制系统。

1. 递阶控制系统

作为一种统一的认知和控制系统方法,由萨里迪斯和梅斯特尔(Mystel)等提出的递阶智能控制是按照精度随智能降低而提高的原理(IPDI)分级分布的,这一原理是递阶管理系统中常用的。

在上文讨论智能控制的三元结构时,其递阶智能控制系统是由三个基本控制级构成的,其级联交互结构如图 6.11 所示。图中的 f_E^C 为自执行级至协调级的在线反馈信号;f_C^O 为自协调级至组织级的离线反馈信号;$C=\{c_1,c_2,\cdots,c_m\}$为输入指令;$U=\{u_1,u_2,\cdots,u_m\}$为分类器的输出信号,即组织器的输入信号。

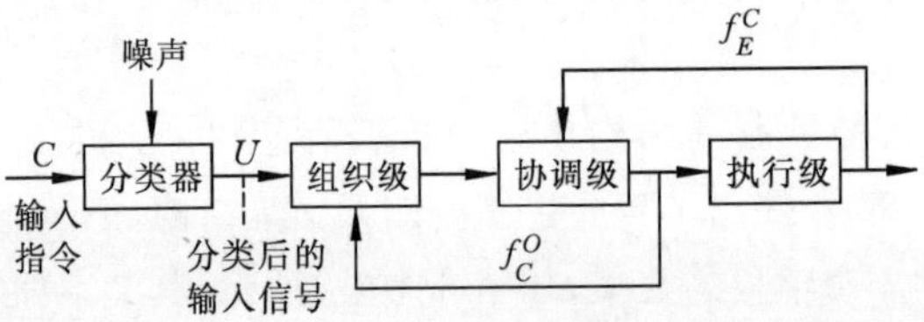

图 6.11 递阶智能机器的级联结构

这一递阶智能控制系统是个整体,它把定性的用户指令变换为一个物理操作序列。系统的输出是通过一组施于驱动器的具体指令实现的。其中,组织级代表控制系统的主导思想,并由人工智能起控制作用。协调级是上(组织)级和下(执行)级间的接口,承上启下,并由人工智能和运筹学共同作用。执行级是递阶控制的底层,要求具有较高的精度和较低的智能,它按控制论进行控制,对相关过程执行适当的控制作用。

2. 专家控制系统

顾名思义,专家控制系统是一个应用专家系统技术的控制系统,也是一个典型的和广泛应用的基于知识的控制系统。

海斯·罗思(Hayes-Roth)等在 1983 年提出专家控制系统。他们指出,专家控制系统的全部行为能被自适应地支配。为此,该控制系统必须能够重复解释当前状况,预测未来认知,诊断出现问题的原因,制订补救(校正)规划,并监控规划的执行,确保成功。关于专家控制系统应用的第 1 次报道是在 1984 年,它是一个用于炼油的分布式实时过程控制系统。奥斯特洛姆等在 1986 年发表了他们的题为《专家控制》(*Expert Control*)的论文。从此以后,更多的专家控制系统获得了开发与应用。专家系统和智能控制是密切相关的,它们至少有一点是共同的,即两者都是以模仿人类智能为基础的,而且都涉及某些不确定性问题。

专家控制系统因应用场合和控制要求的不同，其结构也可能不一样。然而，几乎所有的专家控制系统(控制器)都包含知识库、推理机、控制规则集和/或控制算法等。

图 6.12 为专家控制系统的基本结构。从性能指标的观点看，专家控制系统应当为控制目标提供与专家操作时一样或十分相似的性能指标。

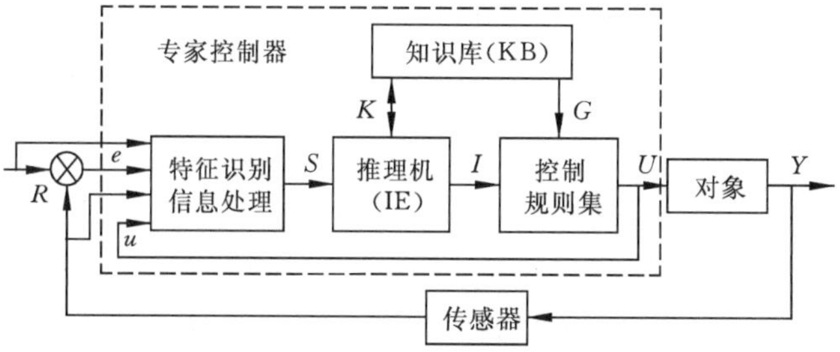

图 6.12　专家控制器的典型结构

本专家控制系统为一工业专家控制器(EC)，它由知识库、推理机、控制规则集和特征识别信息处理等单元组成。知识库用于存放工业过程控制的领域知识。推理机用于记忆所采用的规则和控制策略，使整个系统协调地工作；推理机能够根据知识进行推理，搜索并导出结论。

3. 模糊控制系统

在过去 30 多年中，模糊控制器(fuzzy controllers)和模糊控制系统是智能控制的一个十分活跃的应用研究领域。模糊控制是一类应用模糊集合理论的控制方法。模糊控制的有效性可从两个方面来考虑。一方面，模糊控制提供一种实现基于知识(基于规则)的甚至语言描述的控制规律的新机理。另一方面，模糊控制提供了一种改进非线性控制器的替代方法，这些非线性控制器一般用于控制含有不确定性和难以用传统非线性控制理论处理的装置。

模糊控制系统的基本结构如图 6.13 所示。其中，模糊控制器由模糊化接口、知识库、推理机和模糊判决接口 4 个基本单元组成。

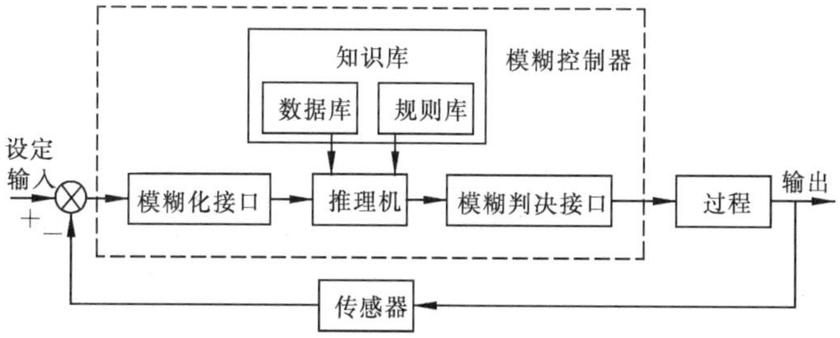

图 6.13　模糊控制系统的基本结构

4. 学习控制系统

学习控制系统是智能控制最早的研究领域之一。在过去 20 多年中，学习控制用于动态系统(如机器人操作控制和飞行器制导等)的研究，已成为日益重要的课题。目前已经研究并提出了许多学习控制方案和方法，并获得了更好的控制效果。这些控制方案包括：

(1) 基于模式识别的学习控制；

(2) 反复学习控制；

(3) 重复学习控制；

(4) 连接主义学习控制,包括再励(强化)学习控制；

(5) 基于规则的学习控制,包括模糊学习控制；

(6) 拟人自学习控制；

(7) 状态学习控制。

学习控制具有 4 个主要功能：搜索、识别、记忆和推理。在学习控制系统的研制初期,对搜索和识别的研究较多,而对记忆和推理的研究比较薄弱。学习控制系统分为两类,即在线学习控制系统和离线学习控制系统,分别如图 6.14(a) 和图 6.14(b)所示。图中,R 代表参考输入;Y 为输出响应;u 为控制作用;s 为转换开关。当开关接通时,该系统处于离线学习状态。

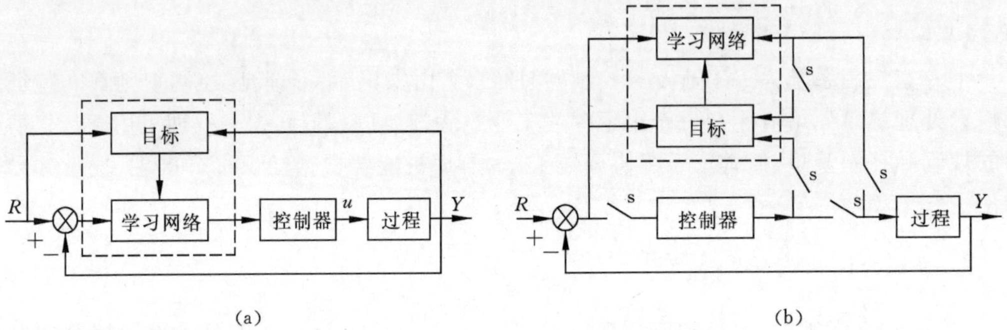

图 6.14　学习控制系统原理图

(a) 在线学习控制；(b) 离线学习控制

5. 神经控制系统

基于人工神经网络的控制(ANN-based control),简称"神经控制"(neurocontrol)或"NN 控制",是智能控制的一个新的研究方向。

自 1960 年威德罗(Widrow)和霍夫(Hoff)率先把神经网络用于自动控制研究以来,对这一课题的研究艰难地取得了一些进展。

由于分类方法的不同,神经控制器的结构很自然地有所不同。已经提出的神经控制的结构方案很多,包括 NN 学习控制、NN 直接逆控制、NN 自适应控制、NN 内模控制、NN 预测控制、NN 最优决策控制、NN 强化控制、CMAC 控制、分级 NN 控制和多层 NN 控制等。

当受控系统的动力学特性是未知的或仅部分已知时,必须设法摸索系统的规律性,以便对系统进行有效的控制。基于规则的专家系统或模糊控制能够实现这种控制。监督(有导师)学习神经网络控制(supervised neural control, SNC)为另一实现途径。

图 6.15 为监督式神经控制器的结构。图中含有一个导师和一个可训练控制器。

6. 进化控制系统

进化控制是一种新的控制方案,它是建立在进化计算(尤其是遗传算法)和反馈机制的基础上的。

进化控制源于生物的进化机制。20 世纪 90 年代末，即在遗传算法等进化计算思想提出 20 年后，在生物医学界和自动控制界出现了研究进化控制的苗头。1998 年，埃瓦尔德(Ewald)、萨斯曼(Sussmam)和维森特(Vicente)等把进化计算原理用于病毒性疾病控制。1997—1998 年，蔡自兴、周翔提出机电系统的进化控制思想，并把它应用于移动机器人的导航控制，取得了初步研究成果，并于 2000 年在国际会议上发表了题为《一种新的控制方法——进化控制》的论文。2001 年，日本学者 Seiji Yasunobu 和 Hiroaki Yamasaki 提出了一种把在线遗传算法的进化建模与预测模糊控制结合起来的进化控制方法，并用于单摆的起摆和稳定控制。2002 年，郑浩然等把基于生命周期的进化控制时序引入进化计算过程，以提高进化算法的性能。2003 年，有媒体报道称，英国国防实验室研制出了一种具有自我修复功能的蛇形军用机器人，该机器人的软件依照遗传算法，能够使机器人在受伤时依然在"数字染色体"的控制下继续蜿蜒前进。2004 年，泰国的 Somyot Kaiwanidvilai 提出了一种把开关控制与基于遗传算法的控制集成起来的混合控制结构。尽管对进化控制的研究尚需深入，但已有一个良好的开端，可望取得更大的进展。

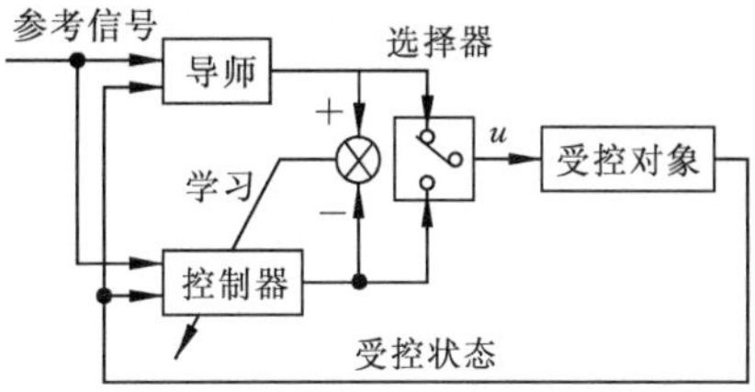

图 6.15　监督式学习 NN 控制器的结构

虽然已经提出多种进化控制系统结构，但至今仍缺乏一般(通用)的和公认的结构模式。结合我们的研究体会，下面给出两种比较典型的进化控制系统结构。

第一种可称为"直接进化控制结构"，它是由遗传算法(GA)直接作用于控制器，构成基于 GA 的进化控制器。进化控制器对受控对象进行控制，再通过反馈形成进化控制系统。图 6.16(a)为这种进化控制系统的结构原理图。

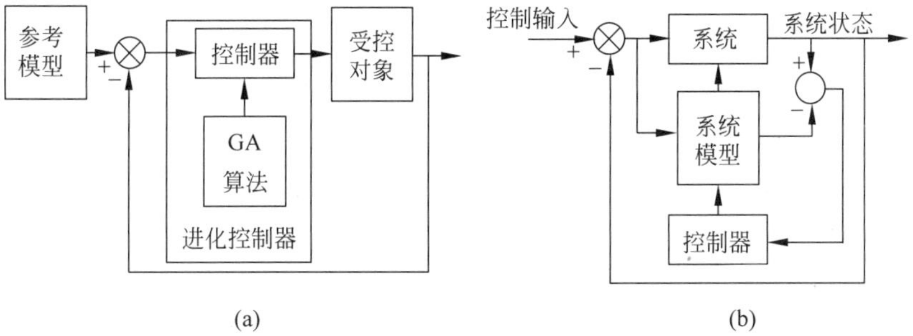

图 6.16　进化控制系统的基本结构

第二种可称为"间接进化控制"，它是由进化机制(进化学习)作用于系统模型，再综合系统状态输出与系统模型输出作用于进化学习控制器，然后，系统由一般闭环反馈控制原理构成进化控制系统，如图 6.16(b)所示。与第一种结构相比，本结构比较复杂，其控制性能优于前者。

6.3.3　机器人自适应模糊控制

下面将举例介绍智能控制在机器人中的应用，即讨论两个机器人智能控制系统，包括机器自适应模糊控制系统和多指灵巧手神经控制系统等。

模糊控制是应用最广的一种智能控制,它具有多种结构形式,如PID模糊控制、自组织模糊控制、自校正模糊控制、自学习模糊控制、专家模糊控制等。其中,自校正模糊控制属于自适应模糊控制。下面提出一种由神经网络训练模糊控制规则的自适应模糊控制器,并把它应用于附加力外环的机器人力/位置混合控制。

随着机器人在工业生产中的广泛应用,对机器人的力/位置控制显得愈加重要,特别是在一些高精度作业的场合更是如此。在以往的机器人力/位置控制方案中,为了加入力控制信号,通常需要对一般工业机器人原有的位置控制器进行改造或重新设计控制器。

下面介绍一种附加力外环的机器人力/位置自适应模糊控制方法,在不改变机器人原有位置控制器的前提下实现力/位置的自适应模糊控制。其主要思想是把力控制器的输出作为位置控制给定的修正值,通过提高位置控制的精度达到控制力的目的,并利用自适应模糊控制的鲁棒性,使控制系统对不同的刚性环境具有自适应能力。在控制过程中,神经网络(NN)不直接进行控制,而仅仅根据输入信号确定相应的模糊规划调整因子。实验结果表明,该方法不仅使模糊控制系统的自适应能力得到提高,而且克服了神经网络在控制中实时性差的缺点,系统的动、静态响应性能、自适应能力和鲁棒性均得到显著改善。

将所提出的附加力外环的机器人力/位置的自适应模糊控制方法,应用在一台带力传感器的Zebra-ZERO(斑马)6关节机器人上,其模型如图6.17所示。机器人的位置控制器为常规PID控制,且人-机接口界面只提供简单的操作指令,如初始化指令、状态输出指令、关节角移动指令等。在实现跟踪控制时,固定j_1,j_4和j_6 3个关节,由j_2和j_3关节在x_2方向实现跟踪,并对x_1方向的接触力进行控制,关节j_5使机器人末端执行器与跟踪面垂直。整个控制系统由一台PC486主机(带机器人控制器)、电源、控制接口板和机器人主体组成,其系统原理框图如图6.18所示。

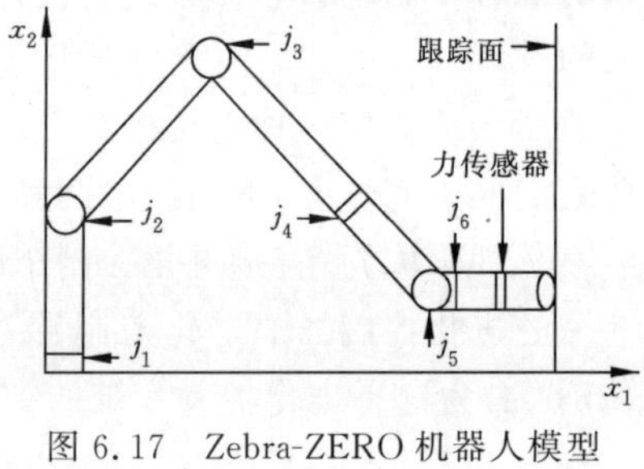

图6.17　Zebra-ZERO机器人模型

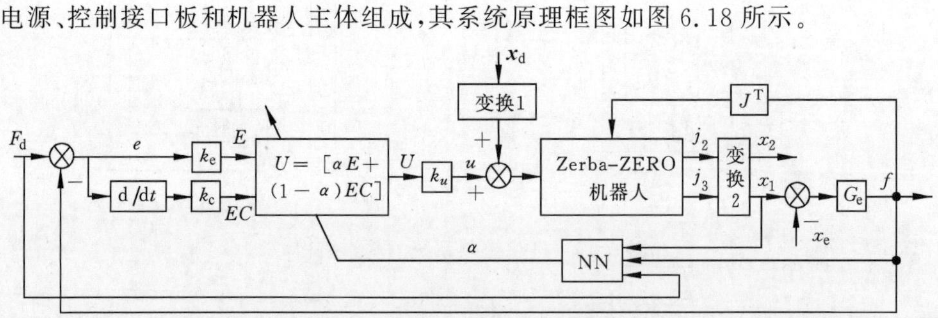

图6.18　附加力外环的机器人力/位置自适应模糊控制系统框图

图6.18中,$\boldsymbol{x}_d$为期望位置矢量;x_1和x_2分别为二维平面的横向和纵向位置;x_e为末端执行器的初始横向位置;G_e为接触刚度;F_d和f分别为给定力和实际接触力,并有

$$f=G_e(x_1-x_e) \tag{6.90}$$

"变换1"把机器人的期望空间运动变换为各关节的角度运动;"变换2"则将各关节的角度运动变换为空间运动。在力外环自适应模糊控制部分,k_e、k_c和k_u分别为模糊控制器的

量化因子和比例因子，模糊控制器的控制规则由可调整因子 α 改变，其解析式为

$$U=[\alpha E+(1-\alpha)\mathrm{EC}] \tag{6.91}$$

式中，U 为模糊控制输出量；E 和 EC 分别为误差和误差变化的模糊量；α 为调整因子，且 $\alpha\in(0,1)$。

控制系统工作过程为：首先，力外环由单纯的模糊控制完成。对于机器人末端执行器所接触的不同刚性环境和给定力 F_{d}，由时间乘误差绝对值积分(ITAE)性能准则进行优化，获取一组使控制系统得到满意性能的模糊控制规则调整因子，并作为神经网络的训练样本，供神经网络进行离线训练。当误差小于预定的界限后，固定网络的权值。然后，将由神经网络训练模糊控制规则的自适应模糊控制器投入实时控制。在实时控制过程中，神经网络根据输入信号 F_{d}，f 和 x_1，确定实时的接触刚度，并计算出相应的模糊控制规则调整因子 α。该控制方案主要考虑对外界工作环境接触刚度变化的自适应性，因此把 x_1，f 和 F_{d} 作为神经网络 NN 的输入，而输出为模糊控制规则的可调整因子 α。神经网络采用 BP 网络，其结构为 3×8×1，目标函数设定为

$$E_p=\frac{1}{2}\sum_{i=1}^{N}(a_{\mathrm{d}i}-a_i)^2 \tag{6.92}$$

式中，$a_{\mathrm{d}i}$ 为外界工作环境接触刚度变化时，为使控制系统具有较好的响应性能，基于 ITAE 准则寻优得到第 i 个可调整因子；a_i 为 NN 实际输出的第 i 个可调整因子。ITAE 性能准则为

$$Q=\int_0^t t\mid e(t)\mid \mathrm{d}t \tag{6.93}$$

6.3.4 多指灵巧手的神经控制

多指灵巧手又称“多指多关节机械手”，是一种关联加串联形式的机器人，一般由手掌和 3～5 个手指组成，每个手指有 3～4 个关节。由于其具有多个关节(≥9)，故可以对几乎任意的物体进行抓取和操作。如果安装有指端力传感器和触觉传感器对抓取力进行控制，就可以实现对易碎物体(如鸡蛋等)进行抓取和操作。多指灵巧手的机械本体一般较小，自由度又较多，故多采用伺服电机通过有套管的钢丝或尼龙绳进行远距离驱动，控制伺服电机进行有序的转动，可使多指灵巧手完成各种抓取和操作。由于绳子的变形及绳子与套管间的摩擦，以及关节之间的耦合，多指灵巧手比一般的机器人具有更强的非线性。目前，对多指灵巧手的智能抓取的研究和位置/力协调控制的研究是机器人学研究的热点之一。

下面介绍用经过训练的多层前馈网络作为控制器，控制多指灵巧手的关节跟踪给定的轨迹，包括网络结构、学习算法、控制系统软硬件组成和实验结果等。

1. 网络结构及学习算法

本系统采用一个 3×20×1 的三层前馈网络来学习原有的控制器的输入输出关系。神经元采用 S 形函数，即 $y=1/(1+\mathrm{e}^{-x})$。学习结束后，用此前馈网络当控制器。该控制器是经过实践验证成功的控制器，当利用其产生的输入输出数据对时，可作为网络学习样板供网络进行学习，训练好的网络可以很好地逼近原控制器的输入输出映射关系。

学习采用BP算法与趋化算法相结合的混合学习算法，即先用BP算法对网络进行训练，然后再用趋化算法训练。实践证明，这种混合学习算法能够避免局部极小值且比单独用两者中任一算法具有更快的收敛速度。BP算法是最常见的学习算法，在此不多述。趋化算法由布雷默曼（Bremermann）和安德森（Anderson）提出，尤其适合处理动态网络的训练问题，这里所用的趋化算法如下：

(1) 把权重 $\boldsymbol{W}$ 设为$[-0.1, 0.1]$上的随机初值，即 $\boldsymbol{W}_0$；

(2) 把样本输入网络并计算网络输出；

(3) 求目标函数 J 的值，并令 $B_1=J$；

(4) 产生与权重 $\boldsymbol{W}$ 维数相同、零均值的$[-1,+1]$上正态分布的随机向量 $\boldsymbol{W}'$；

(5) 令 $\boldsymbol{W}=\boldsymbol{W}_0+a\times\boldsymbol{W}'$，$a<1$，是一实系数；

(6) 求目标函数 J 的值，令 $B_2=J$；

(7) 如果 $E_2<E_1$，则令 $\boldsymbol{W}_0=\boldsymbol{W}$，转到(4)；如果 $E_2\geqslant E_1$，转到(4)。

由此算法学习得到的权重矩阵是 $\boldsymbol{W}_0$，目标函数定义为：$J=\sum_{i=1}^{N}(E_{rr}(i))^2$，$E_{rr}[i]$ 是第 i 个样本的学习误差，N 是样本的数量。

2. 基于神经网络的控制器设计

(1) 控制系统硬件

本系统以北京航空航天大学机器人研究所的三指灵巧手作为实验床、其控制器采用分级结构，上层主机是PC-386，负责进行人机信息交换，任务规划和路径规划。下层是伺服控制器，即对应每个电机有一个基于PC总线的8031单片机的位置伺服控制器。图6.19为控制器的硬件简图。图中的手指关节部位安装有电位计，用作角度传感器，其输出信号作为伺服控制器的反馈信号。

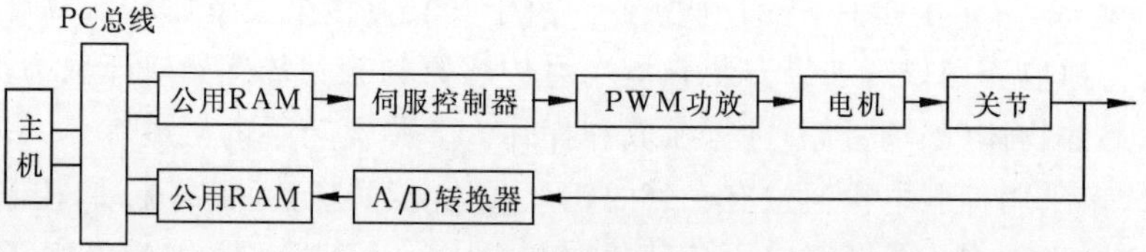

图6.19　控制系统硬件简图

(2) 控制系统软件设计

控制软件分为两部分，上位机软件用C语言编写，伺服控制器的软件用MCS-51单片机汇编语言编写。图6.20是控制器的结构图。上位机软件负责根据误差信号计算网络输出并产生相应的控制信号。伺服控制器从主机得到控制指令，在进行适当的处理后，产生相应的PWM电机控制信号控制电机转动。对神经网络的计算全由上位机完成，这是因为神经网络的计算包括大量的非线性函数，用汇编语言实现十分困难且速度很慢。图6.21是主机软件流程图，其中定时器的作用是保证每40ms进行一次插值，利用上位机的CMOS定时来实现，可以精确到微秒级。

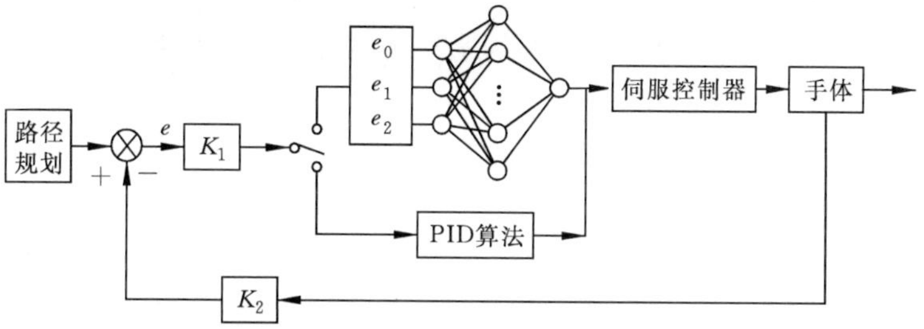

图 6.20　控制器结构图

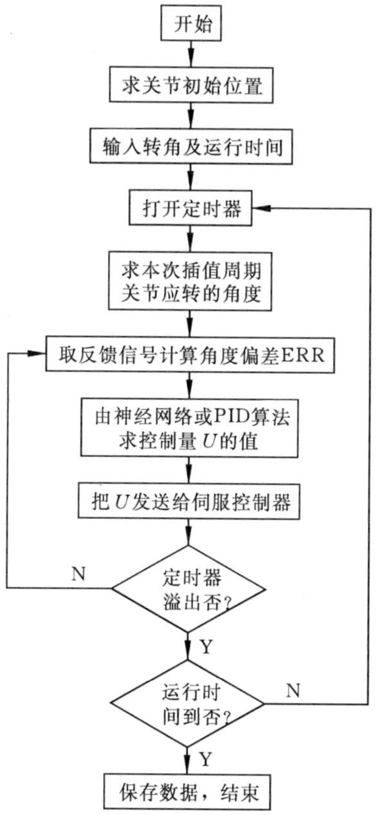

图 6.21　主机软件流程图

(3) 复合控制方法

通过实验发现，单纯用神经网络控制器进行控制，系统的响应在跟踪阶段可以很好地跟踪给定的轨迹，但稳态效果不好，存在较大的稳态误差。这是因为神经网络能够学习原来的控制器的输入输出映射关系，但并不能完全复现这种关系，总有一定的误差，而且误差小到一定的范围后，再想进一步减小就变得十分困难。由于时间限制，网络学习只能得到一个近似的最优解，不可能得到真正的最优解。为了使系统具有良好的稳态响应，采用一个 PID 控制器在稳态时对系统进行控制，利用其积分作用来消除稳态误差，实验结果表明，这种复合控制器能保证系统具有良好的稳态响应。

6.4 基于深度学习的机器人控制

6.4.1 基于深度学习的机器人控制概述

随着机器学习研究的深入发展,越来越多的机器学习算法,特别是深度学习和深度强化学习算法在机器人控制领域获得广泛应用。仅过去 3 年,我国在这方面就有了数十项研究和应用成果。下面分别概述机器人路径和位置控制、机器人轨迹控制、机器人目标跟踪控制、足式机器人步行控制和步态规划以及机器人运动控制等方面的研究和应用实例。

1. 机器人路径和位置控制

杨淑珍等基于深度强化学习策略,研究了机器人手臂的控制问题。结合深度学习与确定性策略梯度强化学习,设计确定性策略梯度(DDPG)深度学习步骤,使机器人手臂经过训练学习后具有较高的环境适应性,可以快速和准确地找到环境中的移动目标点。钱乐旦发明了一种基于深度学习的机器人控制系统,对整个系统进行调配操控,实现对机器人进行速度、角度以及力度的全方位调控,同时能够保证该系统平稳且安全地运行。李子璐等发明了一种基于深度学习算法的无盲区扫地机器人,利用目标检测算法检测盲区和三维成像算法,对清扫区域进行三维重建,得到清扫区域中存在的盲区类型和方位,消除了清扫盲区。宋士吉等提出了一种基于强化学习的水下自主机器人的固定深度控制方法,分别得到了水下自主机器人固定深度控制的状态变量、控制变量、转移模型等;分别建立决策网络和评价网络,得到用于固定深度控制的最终决策网络,在水下自主机器人动力学模型完全未知的情况下实现了对水下自主机器人的固定深度控制。刘辉等提出了一种智能环境下机器人运动路径深度学习控制规划方法,通过分别建立全局静态路径规划模型和局部动态避障规划模型,利用深度学习的非线性拟合特性,快速找到全局最优路径,避免了常见的在路径规划中陷入局部最优的问题。

2. 机器人轨迹控制

马琼雄等提出了利用深度强化学习实现水下机器人最优轨迹控制的方法。首先,建立基于两个深度神经网络(Actor 网络和 Critic 网络)的水下机器人控制模型;其次,构造合适的奖励信号使深度强化学习算法适用于水下机器人的动力学模型;最后,提出了基于奖励信号标准差的网络训练成功评判条件,使水下机器人在确保精度的同时保证稳定性。张浩杰等融合强化学习与深度学习方法,提出一种基于深度 Q 网络学习的机器人端到端控制方法,提高了机器人在没有障碍物地图或者激光雷达数据稀疏的情况下进行无碰撞运动的准确性。由该方法训练生成的模型有效地建立了激光雷达数据与机器人运动速度之间的映射关系,使机器人在每一个控制周期选择 Q 值最大的动作执行,能够平顺地规避障碍物。唐朝阳等发明了一种基于深度学习的机器人避障控制方法和装置,可以准确地预测移动障碍物的位置信息,快速生成控制机器人规避移动障碍物的控制指令,以快速控制机器人完成障碍物的规避,提升避障准确度。马琼雄等发明了一种基于深度强化学习的水下机器人轨迹控制方法和控制系统,可以实现水下机器人运动轨迹的精确控制。

3. 机器人目标跟踪控制

徐继宁等基于不断"试错"机制的强化学习,通过预先训练可实现无地图条件下的路径规划,对当前的多种深度强化学习算法进行研究和分析,利用低维度的雷达数据和少量位置信息,实现在不同智能家居环境下的有效动态目标点跟踪策略和避障功能。游科友等发明了一种基于深度强化学习的飞行器航线跟踪方法。构建飞行器轨迹跟踪控制的马尔可夫决策过程模型,得到飞行器航线跟踪控制的状态变量、控制变量、转移模型、一步损失函数的表达式;建立策略网络和评价网络;通过强化学习,使飞行器在航线跟踪控制训练中得到用于航线跟踪控制的最终策略网络。陈国军等提出了一种基于深度学习和单目视觉的水下机器人目标跟踪方法,对于每一个传入的视频帧和没有先验知识的环境,引入先前训练的卷积神经网络计算传输图,提供了深度相关的估计,使机器人能够找到目标区域,并建立一个跟踪的方向。张云洲等提出了一种基于深度强化学习的移动机器人视觉跟随方法。采用"模拟图像有监督预训练+模型迁移+RL"的架构,使机器人在真实环境中执行跟随任务,结合强化学习机制,使机器人可以在环境交互的过程中一边跟随,一边对方向控制性能进行提升。章韵等公开了一种基于深度学习的智能机器人视觉跟踪方法,结合 TLD 框架和 GOTURN 算法,使整体跟踪情况在光照变化剧烈的条件下能够有较强的适应性。

4. 机器人运动控制

王云凯等发明了一种基于深度强化学习的小型足球机器人主动控制吸球方法,使机器人能够通过与环境交互作用来自主调节,不断提高吸球的效果。本发明可以提高机器人吸球的稳定性与成功率。吴贺俊等提供了一种基于深度强化学习的六足机器人复杂地形自适应运动控制方法,让机器人能够根据环境的复杂变化情况,自适应地调整运动策略,提高了在复杂环境下的"存活率"和适应能力。葛宏伟等针对传统的机械控制方法难以有效地对黄桃挖核机器人进行行为控制的问题,提出了一种基于深度强化学习的方法对具有视觉功能的黄桃挖核机器人进行行为控制。本发明发挥了深度学习的感知能力和强化学习的决策能力,使机器人能够利用深度学习识别桃核状态,通过强化学习方法指导单片机控制电机挖除桃核,以完成挖核任务。张松林认为,以卷积神经网络为代表的技术,可根据不同的控制要求进行相应数据训练,从而提高系统的控制效果,已在机器人控制、目标识别等领域得到广泛应用。随着机器人应用环境的复杂化,基于卷积神经网络机器人的控制算法应能在非结构化环境中实现精准化物体抓取,并建立一个完整的机器人自动抓取规划系统。

5. 足式机器人步行控制和步态规划

宋光明等提出了一种基于深度强化学习的四足机器人跌倒自复位控制方法,利用深度强化学习算法使机器人在跌倒的任意姿态下于平地上实现自主复位,无需预先编程,无需人为干预,提升了机器人的智能性、灵活性和环境适应性。毕盛等发明了一种基于深度增强学习的预观控制仿人机器人步态规划方法,可有效解决仿人机器人在复杂环境下的行走问题。刘惠义等发明了一种基于深度 Q 网络的仿人机器人步态控制方法,包括构建步态模型、基于训练样本对深度 Q 网络进行学习训练、获取仿人机器人在动作环境中的状态参数、利用已构建的步态模型对仿人机器人进行步态控制、通过产生奖励函数更新深度 Q 网络。本发明能够提高仿人机器人的步行速度,实现仿人机器人快速稳定的行走。

6. 机器人导航控制

陈杰等针对移动机器人在未知环境下的无图导航问题,提出了一种基于深度强化学习的端到端的控制方法。机器人需要在没有地图的情况下,仅仅依靠视觉传感器的RGB图像以及与目标之间的相对位置作为输入,来完成导航任务并避开沿途的障碍物。在任意构建的仿真环境中,基于学习策略的机器人可以快速适应陌生场景最终到达目标位置,并且不需要任何人为标记。林俊潼等提出一种基于深度强化学习的端到端分布式多机器人编队导航方法。该方法基于深度强化学习,通过试错的方式得到控制策略,能够将多机器人编队的几何中心点安全、高效地导航至目标点,并且保证多机器人编队在导航的过程中的连通性。通过一种集中式学习分布式执行的机制,该方法能够得到可分布式执行的控制策略,使机器人拥有更高的自主性。

此外,李莹莹等还提出了一种基于深度学习的智能工业机器人语音交互与控制方法等。

6.4.2 基于深度学习的机器人控制示例

吴运雄、曾碧在《基于深度强化学习的移动机器人轨迹跟踪和动态避障》的论文中,针对移动机器人在局部可观测的非线性动态环境下实现轨迹跟踪和动态避障容易出错和不稳定的问题,提出了基于深度强化学习的视觉感知与决策方法。

为了解决移动机器人在非线性动态环境中的多任务决策问题,提出了基于深度强化学习的环境视觉感知和多任务决策方法。该算法采用端对端的学习方式,将深度卷积神经网络的特征提取能力与强化学习的决策能力相结合,通过视觉感知移动机器人周围局部动态环境作为网络输入,网络输出为机器人的动作,实现从环境的视觉感知输入到动作的直接输出的控制,形成系统环境感知与决策的直接闭环控制。

该方法运用深度卷积神经网络对视觉感知图像信息进行特征提取,具有对图像发生位移、缩放、形变时保持特征不变性的特点。第 n 层卷积神经网络的第 i 个特征图的计算定义为

$$x_i^n = f\left(0, \sum_{j\in M_i} x_j^{n-1} k_{ji}^n + b_i^n\right) \tag{6.94}$$

式中,M_i 为特征图的集合;k_{ji}^n 为第 n 层的第 i 个卷积核;b_i^n 为第 n 层第 i 个偏置;$f(\ )$为激活函数,并采用纠正线性单元(rectified linear unit,RLU)作为激活函数。

本系统提出的基于深度强化学习的移动机器人轨迹跟踪和动态避障方法,机器人系统无需了解环境动力学模型如何工作,而仅聚焦于价值函数,先评估每个状态动作的 Q 值,再根据 Q 值求解最优策略,策略函数由价值函数间接求解得到。网络模型训练数据来源于强化学习与环境动力学的模型交互,使机器人态势感知和决策控制之间形成一个闭环。强化学习依据策略在状态 s_t 时,采取动作 a_t 后的状态 s_{t+1} 和及时收益 r_t 只与当前状态和动作有关,而与历史状态无关,观测到的当前状态信息完整地决定了决策需要的特征,是一个部分可观测的马尔可夫决策过程。

该方法称为“基于差异策略时间差分 Q-learning 方法”,产生行动数据的动作策略和需

要评估的策略不同。动作策略使用小概率随机策略和低于阈值时使用随机动作的引导性策略，而要评估和改进的策略每次都选取最大值函数对应动作的贪婪策略。基于深度强化学习的移动机器人轨迹跟踪和动态避障算法系统结构如图 6.22 所示。

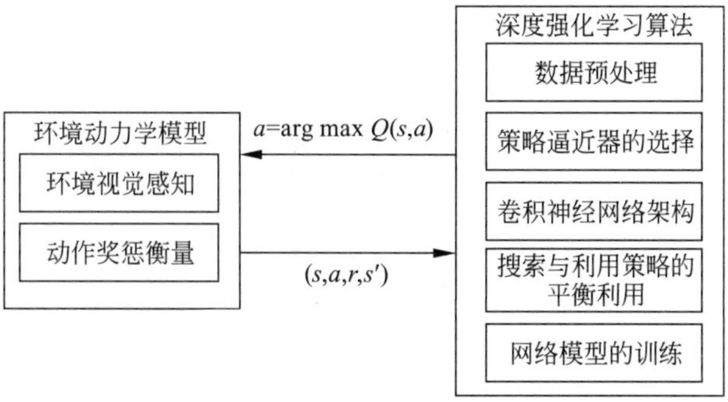

图 6.22　深度强化学习算法框架

移动机器人轨迹跟踪和动态避障算法主要运用深度卷积神经网络对机器人态势感知的图像数据进行特征提取，即使在图像信息发生位移、缩放、形变时，仍能保持机器人对障碍物和轨迹相对位置特征的不变性。网络输入先将 RGB 图像进行灰度化预处理，旨在减少输入数据维数。

深度卷积神经网络直接从输入的图像数据中自动提取特征，端到端地拟合 Q 值，通常可以学到比手工设计特征更好的泛化能力。本算法值函数或策略的逼近器选择采用深度卷积神经网络，其模型的优化目标函数为

$$L(\theta)=E\left[(r+\gamma \max_{a'} Q(s',a' \mid \theta)-Q(s,a \mid \theta))^2\right] \tag{6.95}$$

网络模型采用 3 层卷积层(Conv)，2 层全连接层(FC)，网络输入为状态 State，网络输出为各个动作对应的 Q 值，选择对应最大 Q 值的动作与环境交互，网络计算成本与动作空间成正比，网络模型如图 6.23 所示，网络模型参数设置如表 6.1 所示。

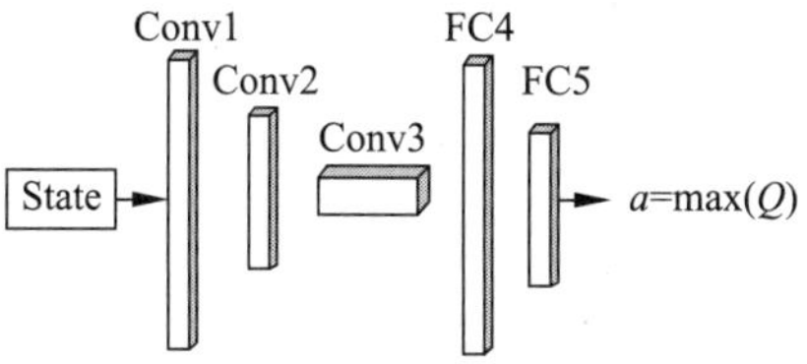

图 6.23　深度强化学习卷积网络模型

表 6.1　深度强化学习卷积神经网络参数

模型各层网络	输入/像素	各层参数设置	输出/像素
Conv1	80×80×4	8×8,4,Relu	19×19×32
Conv2	19×19×32	4×4,2,Relu	9×9×32
Conv3	9×9×64	3×3,1,Relu	7×7×64
FC4	7×7×64	Relu	521×1
FC5	512	Linear	5

在深度卷积神经网络进行训练时，假设训练数据是独立分布的，而从环境中采集到的数据之间存在着关联性，利用这些数据进行顺序训练，算法模型将存在不稳定问题。通过经验回放的方式可以使训练出的模型收敛且稳定。在强化学习与动力学环境交互过程中，同时将一部分状态动作序列数据存储起来，然后利用均匀随机采样的方法从存储数据库中抽取数据，卷积神经网络通过模型优化目标函数进行梯度参数调整训练。训练出的模型行为分布的平均值超过了以前的状态，平滑了学习，避免了参数中的振荡或发散，网络模型训练流程见图6.24。

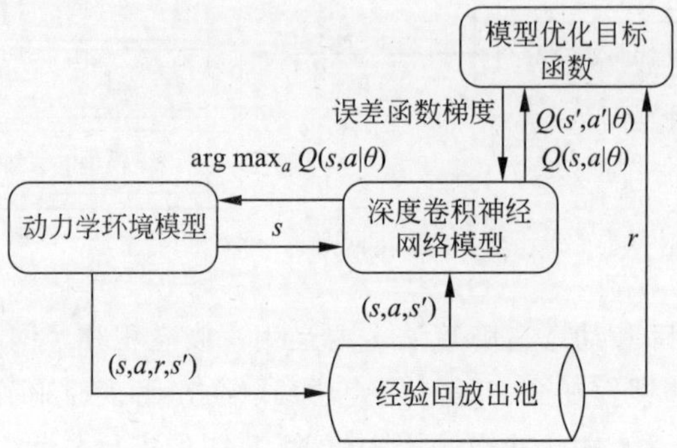

图6.24　深度强化学习算法的训练流程图

在机器人的轨迹跟踪、局部路径规划和实时动态避障的多任务中，设计易于训练且能做出正确决策的奖罚函数是很困难的。想让机器人学习如何进行轨迹跟踪，其最自然的奖罚函数是让机器人系统在达到所需的最终轨迹配置时得到奖励1，得到其他结果的奖励为－1。强化学习无法训练机器人完成以期望速度沿着轨迹前进且进行局部路径规划与动态避障等多任务，不能为这一目标任务获取过多有价值的正向回报。为此，定义环境动力学模型机器人沿着轨迹行走和定义奖惩函数，使移动机器人在进行轨迹跟踪和动态避障的同时能够不断向目标点靠近，在奖惩函数基础上增加靠近目标的激励。

为验证以上方法的有效性，在二维环境下进行了移动机器人轨迹跟踪和动态避障仿真实验。实验结果表明，该方法可以满足多任务智能感知与决策要求，较好地解决了传统算法存在的容易陷入局部最优、在相近的障碍物群中振荡且不能识别路径、在狭窄通道中摆动以及障碍物附近目标不可达等问题，大大提高了机器人轨迹跟踪和动态避障的实时性和适应性。

6.5　本章小结

本章研究了几种比较先进的机器人控制系统。6.1节介绍的变结构控制与传统控制不同，它在运行过程中，根据系统误差信号及其导数的变化，以跳变方式有目的地改变系统的结构或参数，以实现对系统的控制。变结构控制具有较好的鲁棒性，适用于非线性系统控制，因而可作为一种新的机器人控制方法加以应用。变结构控制有两种含义，即系统结构发生变化和系统参数产生变化。从一般非线性动态系统出发，研究系统结构变化过程，包括运动相点从初态开始运动到开关面上和运动相点沿开关面继续运动到稳态值的过程，得到相关表达式，作为设计依据。

滑模变结构控制是变结构控制之一，特别适用于机器人系统。根据含有 n 个关节的机械手动力学模型，在变换为状态方程式后，寻求系统的控制规律及其关节控制量的一般表达式。以一种机器人轨迹跟踪滑模变结构控制系统为例，进一步讨论了滑模变结构控制系统的设计和系统稳定性分析问题。仿真研究结果表明，该变结构控制系统具有良好的自适应性和较强的抗干扰能力。也就是说，该机器人轨迹跟踪滑模变结构控制方法具有较强的鲁棒性。

6.2 节讨论的自适应控制是现代控制的重要方法之一，它能够在不完全确定和局部变化的环境中，保持与环境的自动适应，并能够结合传感器或传感系统，以搜索与导引方式，执行不同的循环操作。根据机械手的动力学方程及其状态方程，求得系统的时变非线性状态模型。机器人自适应控制器有模型参考自适应控制器、自校正自适应控制器和线性摄动自适应控制器等结构方式。本节还着重讨论了模型参考自适应控制器的设计。

智能控制是一种完全新型的控制方法，把它用于机器人系统有待继续研究。6.3 节首先介绍了智能控制与智能控制系统的基本概念，简述自动控制面临的挑战和机遇以及智能控制的发展过程，讨论了智能控制的定义和智能控制的结构理论。在此基础上，简介了主要智能控制系统，包括递阶控制、专家控制、模糊控制、神经控制、学习控制和进化控制等系统，介绍了这些控制系统的典型结构。作为机器人智能控制的应用实例，介绍了机器人自适应模糊控制和多指灵巧手的神经控制。这些例子，分别讨论了机器人自适应模糊控制系统的设计和系统结构、多指灵巧手神经控制系统的网络结构和学习算法和神经控制器的设计等。这些例子还提供了实验研究结果，说明各种相关智能控制方法的有效性和适用性。

6.4 节探讨综述了基于深度学习的机器人控制，首先综述了近 3 年来国内基于深度学习的机器人控制的研究和应用概况，然后以一个“基于深度强化学习的移动机器人轨迹跟踪和动态避障”为例，剖析了该机器人的轨迹跟踪和动态避障原理、算法和深度强化学习卷积网络模型结构等。深度学习已在机器人控制的各个方面得到越来越广泛的应用。

习 题 6

6.1　什么是变结构系统？为什么要采用变结构控制？

6.2　试述机器人滑模变结构控制的基本原理。

6.3　自适应控制器有哪几种结构形式？试简介其工作原理。

6.4　机器人 MRAC 的设计思想为何？

6.5　什么是智能控制？它有什么特点？为什么要采用智能控制？智能控制的现状如何？

6.6　为什么要把信息论引入智能控制结构？

6.7　智能控制有哪几种系统？它们是如何建立起来的？

6.8　试举例分析一个专家控制系统和一个模糊控制系统实例。

6.9　你是如何看待神经控制和进化控制的？

6.10　考虑如图 5.20 所示的二连杆机械手，两个连杆均具有单位长度，即 $l_1=l_2=1$。机械手末端的负载是未知的，其边界值为 1，低频结构谐振模为 10Hz。试通过仿真比较 3 种控制方案，即局部 PID 控制、纯计算力矩控制和滑模控制。比较时参数如下：

(1) $q_1=-\frac{\pi}{3}+\frac{\pi}{3}[1-\cos(\pi t/T)], q_2=\frac{2\pi}{3}-\frac{\pi}{3}[1-\cos(\pi t/T)], 0\leqslant t\leqslant T$ 对于 3 种情况，分别有 $T=1, T=0.5$ 和 $T=2$。要实现滑模控制，所需的最小的滑动速度如何？

(2) 期望轨迹为一从 $(x,y)=(1,0)$ 至 $(x,y)=(0,1.5)$ 的直线，并在 2s 内以恒速进行。机械手在初始位置 $(x,y)=(1,0)$ 时处于静止状态，且为肘向下位姿。

6.11 若模型参考自适应控制的对象模型为 $\dot{\boldsymbol{x}}=\boldsymbol{A}_p\boldsymbol{x}+\boldsymbol{B}_p\boldsymbol{u}$，参考模型为 $\dot{\boldsymbol{x}}_m=\boldsymbol{A}_m\boldsymbol{x}_m+\boldsymbol{B}_m\boldsymbol{r}$，自适应控制规律为 $\boldsymbol{u}=-K_x\boldsymbol{x}+K_r\boldsymbol{r}$。

(1) 试证明在选择参考模型时必须满足

$$(\boldsymbol{I}-\boldsymbol{B}_p\boldsymbol{B}_p^+)\boldsymbol{B}_m=0 \quad 和 \quad (\boldsymbol{I}-\boldsymbol{B}_P\boldsymbol{B}_P^+)(\boldsymbol{A}_m-\boldsymbol{A}_p)=0$$

才能与实际系统匹配。其中，$\boldsymbol{B}_p^+=(\boldsymbol{B}_p^{\mathrm{T}}\boldsymbol{B}_p)^{-1}$，是 $\boldsymbol{B}_p$ 的左伪逆。

(2) 如果

$$\boldsymbol{A}_p=\begin{bmatrix}0 & \boldsymbol{I}\\ \boldsymbol{A}_{p1} & \boldsymbol{A}_{p2}\end{bmatrix},\quad \boldsymbol{B}_p=\begin{bmatrix}0\\ \boldsymbol{B}_{p2}\end{bmatrix}$$

试证明必须取

$$\boldsymbol{A}_m=\begin{bmatrix}0 & \boldsymbol{I}\\ \boldsymbol{A}_{m1} & \boldsymbol{A}_{m2}\end{bmatrix},\quad \boldsymbol{B}_m=\begin{bmatrix}0\\ \boldsymbol{B}_{m2}\end{bmatrix}$$

的结构形式才能满足上述匹配条件。

6.12 试对二阶对象的自适应控制系统

$$y=\frac{2}{p^2+0.1p-4}$$

分别考虑下列两种情况：

(1) 输出 y 及其导数是可测量的；

(2) 只有输出 y 是可测量的。

6.13 试分析国内外基于深度学习的机器人控制概况。

6.14 举例介绍基于深度学习的机器人控制的研究和应用实例。

6.15 试述机器人控制的发展方向。

第7章　机器人传感器

智能机器人的种类繁多，主要有交互机器人、传感机器人和自主机器人3种。其中，传感机器人是一种通过各种传感器或传感系统而具有感知能力的机器人装置，这些传感器有视觉、听觉、触觉、力觉、嗅觉传感器等，犹如人具有眼睛、耳朵、皮肤和鼻子等感官一样。这种智能机器人的智能是由传感器提供的，所以称为“传感机器人”。

机器人的感觉装置以视觉、力觉和触觉最为重要，它们早已进入实用阶段。听觉研究近年来已取得很大进展。对嗅觉，特别是味觉的研究，也已取得一些进展，但还有待更大突破。本章介绍机器人常用的各种传感器，为在智能机器人上应用传感器打下一些基础。

7.1　机器人传感器概述

简单的抓放式机械手之所以无法胜任比较复杂的工作任务，是与其缺乏准确定位能力有关的。应用传感器进行定位和控制，能够克服机械定位的弊端。在机器人上使用传感器不仅是必要的，而且是十分有效的，它对自动加工以至整个智能制造自动化生产具有十分重要的意义。

7.1.1　机器人传感器的特点与分类

机器人的感觉是指把机器人或物体的相关特征转换为执行某一机器人功能所需的信息。这些物体特征主要有几何的、机械的、光学的、声音的、材料的、电气的、磁性的、放射性的和化学的等。这些特征信息形成符号以表示系统，进而构成与给定工作任务有关的世界状态知识。

1. 机器人的感觉顺序与策略

机器人感觉顺序分两步进行(图7.1)：

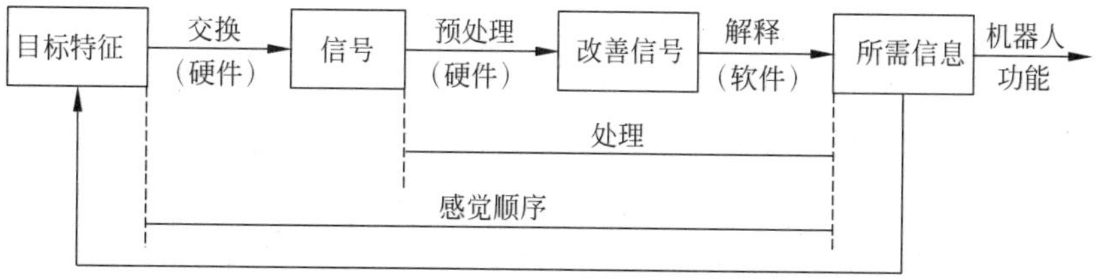

图7.1　机器人感觉顺序与系统结构

(1) 变换——通过硬件把获取的相关目标特性转换为信号，把所获信号变换为规划和执行某个机器人功能所需要的信息。

(2) 处理——处理通常包括预处理和解释两个步骤。在预处理阶段，一般通过硬件改善信号。在解释阶段,一般通过软件对改善了的信号进行分析,并提取所需的信息。

举例来说,一个传感器(如电视摄像机或模数转换器)把物体的表面反射变换为一组数字化电压值的二维数组,这些电压值是与电视摄像机接受到的光强成正比的。预处理器(如滤波器)用来降低信号噪声;解释器(计算机程序)用于分析预处理数据,并确定该物体的同一性、位置和完整性。

图 7.1 中的反馈环节表明,如果获得的信息不适用,那么,这种信息可被重复反馈以修正该感觉顺序,直至得到所需的信息为止。这种交互作用的感觉策略不只限于单个传感器。

2. 机器人传感器的分类

机器人传感器有多种分类方法:接触式传感器或非接触式传感器,内传感器或外传感器,无源传感器或有源传感器,无扰动传感器或扰动传感器等。

非接触式传感器以某种电磁射线(可见光、X-射线、红外线、雷达波、声波、超声波和电磁射线等)的形式测量目标的响应。接触式传感器则以某种实际接触(如触碰、力或力矩、压力、位置、温度、磁量、电量等)形式测量目标的响应。

内传感器以它自己的坐标轴确定其位置,而外传感器则允许机器人相对其环境而定位。我们将以这种传感器的分类方法讨论机器人传感器。

表 7.1 列出了获取各种传感器信号的传感器类型。

表 7.1　列出获取各种传感器信号的传感器类型

信号		传感器
强度	点	光电池、光倍增管、一维阵列、二维阵列
	面	二维阵列或其等效(低维数列扫描)
距离	点	发射器(激光、平面光)/接收器(光倍增管、一维阵列、二维阵列、两个一维或二维阵列、声波扫描)
	面	发射器(激光、平面光)/接收器(光倍增管、二维阵列),二维阵列或其等效
声感	点	声音传感器
	面	声音传感器的二维阵列或等效
力	点	力传感器
触觉	点	微型开关,触觉传感器的二维阵列或其等效
	面	触觉传感器的二维阵列或其等效
温度	点	热电偶,红外线传感器
	面	红外线传感器的二维阵列或等效

制造传感器所用的材料有金属、半导体、绝缘体、磁性材料、强电介质和超导体等。其中,以半导体材料用得最多。这是因为传感器必须敏感地反应外界条件的变化,而半导体材料能够最好地满足这一要求。

7.1.2　应用传感器时应考虑的问题

应用传感器会影响到控制程序的编写方法。信号处理技术能够改善一些传感器的性能,而与传感器的工作原理无关。下面介绍在应用机器人传感器时应考虑的问题。

1. 程序设计与传感器

机器人工作站的任务程序能够应用适当的传感器获取信息，并以这些信息为基础做出决策，选择可取的处理步骤。在机器人正常运行期间，大部分可能获得的传感器读数用于检测各个单一处理步骤(如钻个孔)是否准确无误地完成。

任务程序只是在运行中进行处理之后，才能获得所需信息。然后，程序能够采取某些纠正或保护措施来排除某些误差的影响。程序开发过程通常包括许多假设和冗长的实验，以便确定所进行的检验是否能发现足够多的误差，以及对这些误差的反应是否恰当。工业上在制定机器人加工标准时，由于必须由人做出的选择变少了，产生可靠的任务程序问题反而变得比较简单。

由此可见，不但正常的任务程序需要传感器，而且误差检查与纠正也需要传感器。传感器能够获得决策信息，从而参与对处理步骤的决策。

2. 示教与传感器

除获得决策信息外，机器人工作站内的传感器主要用于间接提供中间计算结果或直接提供任务程序中的任何延期数据值。任务程序中最常见的延时数据很可能是位置信息。视觉信息次之，也是经常碰到的示教型信息。不过，实际上是输入信息的可能性很大。力和力矩信息不可能经常进行示教。

位置信息是很容易示教的，因为机械手实际上就是一台大型坐标测量机器。一个形状像指针一样的末端执行装置使训练人员比较容易规定工作空间位置，其 X-Y-Z 的位置应当被记录下来。根据末端(如工具)的形状与尺寸、臂关节位置以及机械手的集合结构和尺寸，控制机器人的计算机能容易地计算出 X-Y-Z。为保证最大精度，不允许作用在指针上的接触力使指针偏转。过大的接触力还可能导致测量偏差。

3. 抗干扰能力

一个非接触式传感器对能量发射装置所产生的干扰往往是很敏感的。传感器对这些能量——光线、声音和电磁辐射等产生反应。这就提出了把噪音(干涉)从信号中分离出去的问题。有三种原理能够有效地提高这类传感器的灵敏度，降低它们对噪声和干扰的敏感性。这就是滤波、调制和均分(averaging)。这些原理使传感器能应用于能量场(如光波、声波、磁场、静电场和无线电波等)内。

滤波原理的实质在于：以某种特征(如频率特征)为基础，屏蔽大部分噪声，并尽可能多地把信号能集中在滤波器的通带内。

调制原理也是一种滤波原理，不过其滤波信息是由感觉能量场传播或被编制进感觉能量场的。调制能够以不大可能在噪声中出现的方法，改变能量场某些特征，如强度、频率或空间分布等。

均分原理以噪声的随机性为基础而屏蔽某一期间的噪声，该原理要求信号具有某些非随机特性。这样，在某些意义上就不会均分出零值。

适当地选择传感器能够尽可能地提高传感器对信号的灵敏度，并降低其对噪声的敏感性，即提高其抗干扰能力。

7.2 内传感器

机器人内传感器以其自己的坐标系统确定其位置。内传感器一般装在机器人或机械手上，而不是安装在周围环境中。

机器人内传感器包括位移(位置)传感器、速度和加速度传感器、力传感器以及应力传感器等。

7.2.1 位移(位置)传感器

位移传感器种类繁多，这里只介绍一些常用的。图 7.2 列出了现有的各种位移传感器。

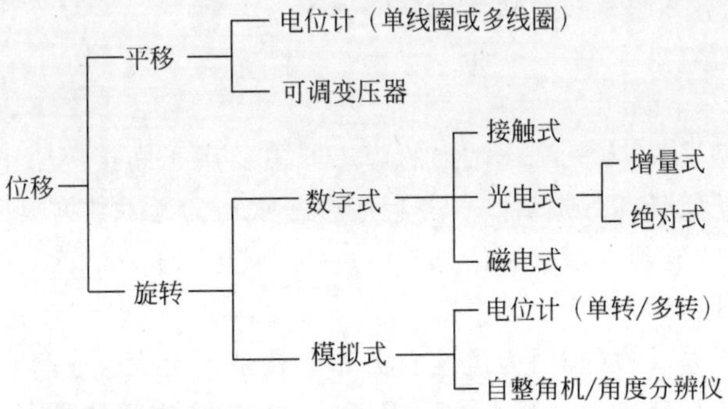

图 7.2 位移传感器的类型

位移传感器要检测的位移可为直线移动，也可为角转动。

1. 直线移动传感器

直线移动传感器有电位计式传感器和可调变压器两种。

(1) 电位计式传感器

最常见的位移传感器是直线式电位计传感器，它有两种不同类型：一为绕线式电位计，另一为塑料膜电位计。

电位计的作用原理十分简单。当负载电阻为无穷大时，电位计的输出电压 U_2 与电位计两段的电阻成比例，即

$$U_2 = \frac{R_2}{R_1 + R_2} U \tag{7.1}$$

式中，U 为电源电压，R_2 为电位计滑块至终点间的电阻值，$R_1 + R_2$ 为电位计总电阻值。

(2) 可调变压器

可调变压器由两个固定线圈和一个活动铁芯组成。该铁芯轴与被测量的移动物体机械地连接，并置于两线圈内。当铁芯随物体移动时，两线圈间的耦合情况发生变化。如果原方线圈由交流电源供电，那么副方线圈两端将检测出同频率的交流电压，其幅值大小由活动铁芯的位置决定。这个过程称为“调制”。应用这种变压器时，必须通过电子装置进行反调制。

该电子装置一般安装在传感器内。

2. 角位移传感器

角位移传感器有电位计式、可调变压器和光电编码器三种。

(1) 电位计式传感器

最常见的角位移传感器是旋转电位计传感器,其作用原理与直线式电位计一样,且具有很高的线性度。

这种电位器具有一定的转数。当对角相对地设置两个滑动接点时,能很好地保持此电位计机械上的连续性。两个滑点间的输出电压为非线性,其数值是已知的,如图 7.3 所示。

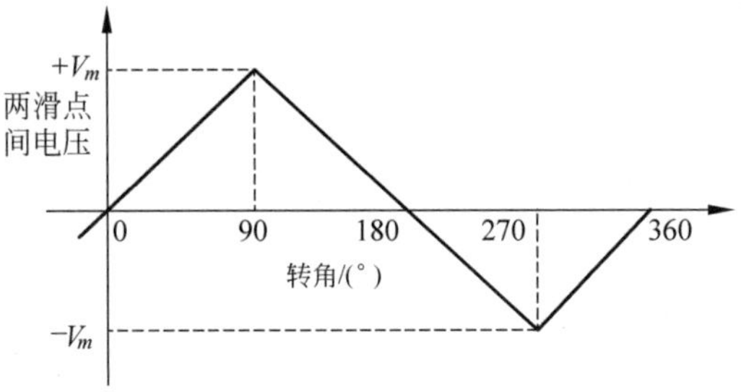

图 7.3 电位计式传感器的非线性输出

这种电位计可分为几层装配,各层的控制轴是同轴心的。这样就能够执行复杂的功能。

(2) 可调变压器

这种旋转式可调变压器的工作原理和技术与平移式可调变压器相似。图 7.4 为这种变压器的两个线圈。其中,大线圈固定不动,小线圈放在大线圈内,并能绕与图面垂直的轴旋转。

如果内线圈的供电电压为 $U_1=U\sin\tilde{\omega}t$,那么大线圈两端将感应出电压 $U_2=kU\cos\theta\sin\theta t$。其中,$\theta$ 为两线圈轴线的交角,如图 7.4 所示。这一特性被用于两种广泛应用的角度传感器——自整角机和角度分解器(resolver)。

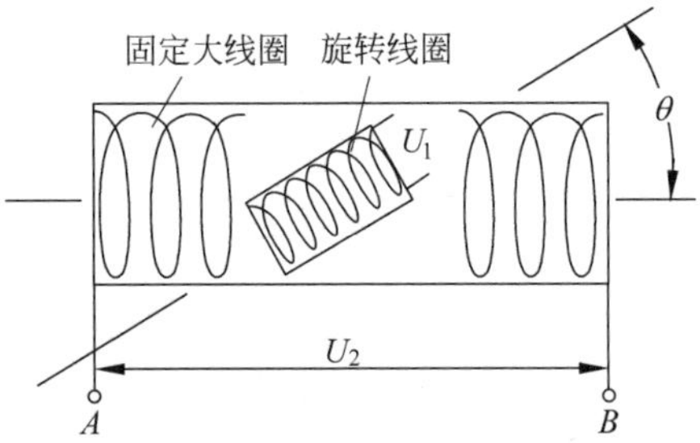

图 7.4 旋转可调变压器作用原理

自整角机的定子具有 3 个线圈,每个线圈之间的空间位置彼此相隔 120°,各线圈两端的电压分别为 $kU\cos\theta\sin\tilde{\omega}t$,$kU\cos\theta\sin(\tilde{\omega}t+2\pi/3)$和 $kU\cos\theta\sin(\tilde{\omega}t+4\pi/3)$。需对这 3 个调制电压的 θ 进行测定。在伺服系统中,常常使用两台相同的子整角机来组成同步检测器,如图 7.5 所示。图中,把发送器一端的转子电压锁定在 U_1,以确定伺服系统的命令;而在接收器一侧,得到锁定电压 U_2。接收器的转轴与由伺服系统控制的物体同轴。

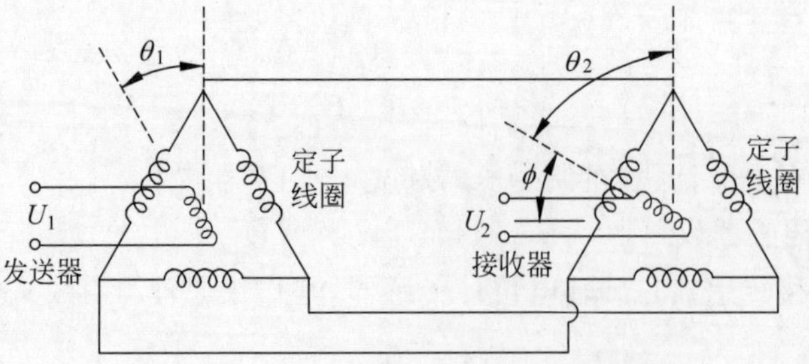

图 7.5　由自整角机组成的同步机原理图

设加在发送器转子的电压为 $U_1=U\sin\tilde{\omega}t$，那么在接收器的转子线圈两端的感应电压为 $U_2=kU\cos(\theta_1-\theta_2)\sin\tilde{\omega}t$。这就形成了误差电压。当接收器旋转使 $\theta_1=\theta_2$ 时，$\cos(\theta_1-\theta_2)=1$。这时，我们称"发送器与接收器实现了同步"。因此，称这个系统为"同步机"。

实际上，锁定输入和输出位置分别对应于两个相差 $\pi/2$ 角度的未锁定的轴，因此，θ_2 和 ϕ 为邻角，且 $\phi+\theta_2=\pi/2$。这样可得：

$$U_2=kU\sin(\theta_1-\phi)\sin\omega t\approx kU(\theta-\phi)\sin\tilde{\omega}t \tag{7.2}$$

角度分辨仪的工作原理与同步机相似，其定子由两个相隔 90°的固定线圈组成。同步机和角度分角器均可用于数字角度编码系统。

交流输出信号易于进行远距离传输，即使在噪声条件下也能被送至远距离控制装置。同步机和角度分解器都是极为可靠的系统。它们的精度可达 7′～20′(比 1°小得多)，使用的激磁频率为 1～2kHz。

(3) 光电编码器

光电编码器是角度传感器，它能够采用 TTL 二进制码来提供轴的角度位置。光电编码器有两种——增量式编码器和绝对式编码器。

各种增量式编码器的工作模式是相同的。用一个光电池或光导元件检测圆盘转动引起的图式变化。在这个圆盘上，以黑色线条表示有规律的间隔。此盘置于光源前，当其转动时，这些交变的光信号就会变换为一系列电脉冲。增量式编码器有两路主要输出，每转各产生一定数量的脉冲，高达 2×10^6。这个脉冲数直接决定该传感器的精度。这两路输出脉冲信号相差 1/4 步。还有第三个输出信号，称为"表示信号"；圆盘每转一圈，就产生一个脉冲，并用它作同步信号。图 7.6 即这种编码器的典型输出波形。旋转方向用软件确定，一般由制造厂家提供。

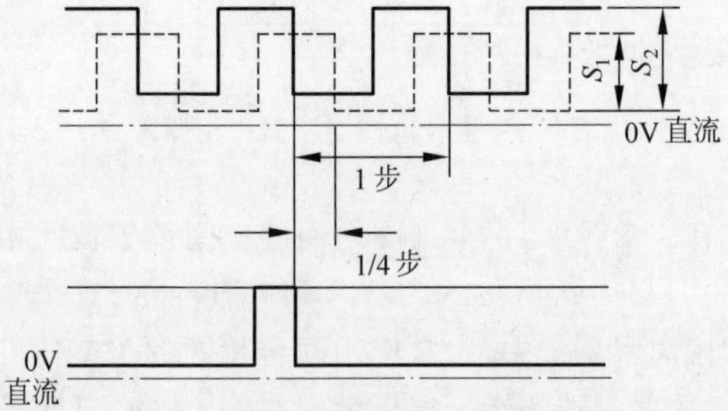

图 7.6　增量式编码器的典型输出波形

增量式编码器一般用于零位不确定的位置伺服控制。它们常常用于脉冲发生器系统进行高速伺服控制。脉冲序列的频率等于每转脉冲数和转速(每秒转数)之乘积。如果能够测定此频率,那么驱动轴的速度也就能计算出来。

绝对式编码器也是圆盘式的,但其线条图形与增量式编码器不同。在绝对式编码器的圆盘面上安排有黑白相间的图形,使任何半径方向上黑白区域的顺序组成驱动轴与已知原点间转角的二进制表示。图 7.7(a)给出了一个采用二进制码的绝对式编码器图形。应用光学读数系统从编码器圆盘上直接读出。盘上线条的道数决定了编码器的分辨率。图 7.7(a)的线条道数为 4。实际线条道数在 10 以上。这样,分辨率可达 2～10,即约为 1/1000r 或 0.36°。在实际应用中,线道的设计采用循环码或二进制补码,即盘面图形以循环码绘制。这样,当从一个数过渡至下一个数时,只需改变数码中的一位。图 7.7(b)就是一例。

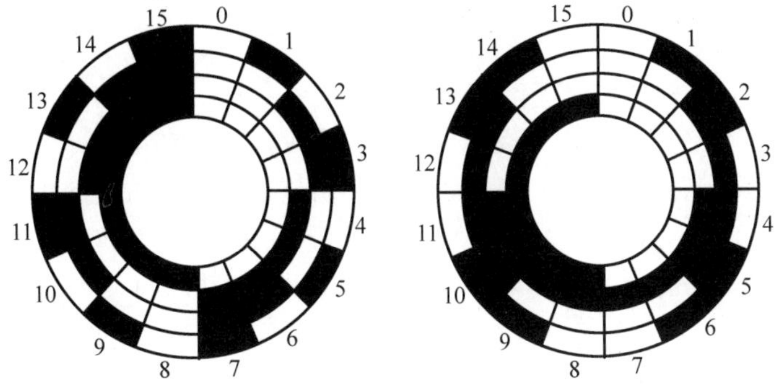

(a)　　　　(b)

图 7.7　绝对式编码器的盘面图形举例

(a) 用二进码表示;(b) 用循环码表示

应用绝对式编码器能够得到对应于编码器初始锁定位置的驱动轴瞬时角度。当设备感受到压力时,这种编码器就特别有用。只要读出每个关节编码器的读数,就能够对伺服控制的给定信号进行调整,以防止机器人启动时产生剧烈的运动。

7.2.2　速度和加速度传感器

1. 速度传感器

速度传感器用于测量平移和旋转运动的速度。在大多数情况下,只限于测量旋转速度,因为测量平移速度需要非常特殊的传感器。

当由电位计测量平移或旋转时,其信号能够由电子线路引出。但是,对于速度传感器来说,这是不行的。位移的导数(速度)能够用计算机计算,即取得很小时间间隔内的位置采样。在给定时间内的脉冲数可以计算出来。不过,这种方法并不总是令人满意,尤其是在速度上下限附近。在低速时,存在不稳定的危险;而在高速时,只能获取较低的测量精度。不过,这种方法有个优点,即测量速度可共用一个传感器(例如,增量式传感器),因而在给定点附近能够提供良好的速度控制。这种情况适用于所有其他产生脉冲的速度传感器。

光电方法让光照射旋转圆盘(画有一定黑白线条),将其反射光的强弱进行脉冲化处理之后，检测出旋转频率和脉冲数目，以求出角位移，即旋转角度。这种旋转圆盘可制成带有缝隙的。通过两个光电二极管就能够辨别出角速度，即转速。这是一种光电脉冲式转速传感器。

最通用的速度传感器无疑是测速发电机，它们有两种主要型式：直流测速发电机和交流测速发电机。

直流测速发电机的应用更为普遍。它传送一个正比于受控速度的直接信号。这种传感器的选择是由其线性度(可达 0.1%)、磁滞程度、最大可用速度(达 3000～8000r/min)以及惯量参数决定的。把测速发电机直接接在主轴上是有益的，因为这样可使它以可能达到的最高转速旋转。

虽然交流测速发电机的应用较少，但它特别适用于遥控系统。此外，当它与可调变压器式位置传感器连用时，只要由相同的频率控制，就能够把两者的输出信号结合起来。

2. 应变仪

在讨论加速度传感器时将用到应变仪的工作原理及相关结论。伸缩测量仪是一种应力传感器，一般用于测量机械结构的变形，进而计算出施于该机械结构的压力。这种仪器常用于航空工业，其在机器人技术上也已得到日益广泛的应用。

材料变形的测量方法是以惠斯通(Wheastone)电桥为基础的，如图 7.8 所示。图中，

$$\frac{R_1}{R_2}=\frac{R_4}{R_3} \tag{7.3}$$

实际上，图 7.8 中的 4 个电阻(R_1～R_4)采用标准电阻。全套设备的优点在于其能以线性进行工作。

在应用惠斯通电桥时必须考虑到：电压 U 的发生器应高度稳定，接线系统应细心设计。如果接线不合理，那么可能出现导线电阻偏差和电阻值随温度变动的情况。由电桥产生的信号很微弱，必须加以放大。一般上，放大包括两级，每级放大器具有高的输入阻抗和低的温度漂移。

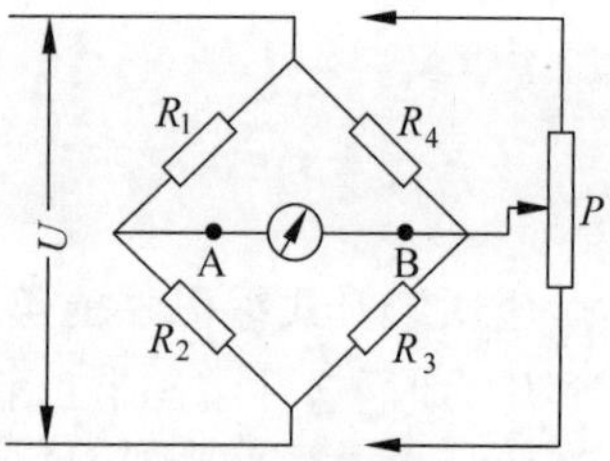

图 7.8　含有平衡电位器的惠斯通电桥

3. 加速度传感器

加速度传感器用于测量工业机器人的动态控制信号，它具有多种不同的测量方法：

(1) 由速度测量进行推演。由于信噪比的下降，这种方法很难获得满意的测量结果。

(2) 已知质量物体加速度所产生的力是可以测量的。这种传感器应用了应变仪。

(3) 与被测加速度有关的力可由一个已知质量产生。这种力可以为电磁力或电动力，可把方程式简化为对电流的测量问题。伺服返回传感器(servo-return sensor)就是以此原理工作的，而且是已有的一种最准确的加速度传感器。

对于安装在振动体(如机器人机械手)上的振子装置，当用弹簧支撑重物时，其振动与速度成比例地衰减。装置的位移 x_0、重物与装置的相对位置 x 二者之间的关系是：

(1) 当外部振动频率比系统固有振动频率高得多的时候，x/x_0 趋于 1。

(2) 当外部振动频率比系统固有振动频率低得多的时候，相对位移 x 为外部振动位移 x_0 的二次微分，即与加速度成正比。

(3) 当外部振动频率与固有振动频率相等时，相对位移 x 与外部振动速度成正比。

因此，只要适当选择固有振动频率，就可以把振子装置作为振动位移传感器、振动速度传感器和振动加速度传感器使用。

图 7.9 给出了两种加速度传感器的结构原理。其中，图 7.9(a)是应用电磁效应原理的加速度传感器。当可动线圈随物体振动而使切割磁通量发生变化时，将在此线圈两端产生电压。把此电压加至一定负载，就能测出与电磁力有关的电流。图 7.9(b)则是应用压电变换原理的加速度传感器。在钛酸钡等压电材料中，将产生与外加应变成正比的电势，因而也可以通过对电势或电流的测量测定加速度。

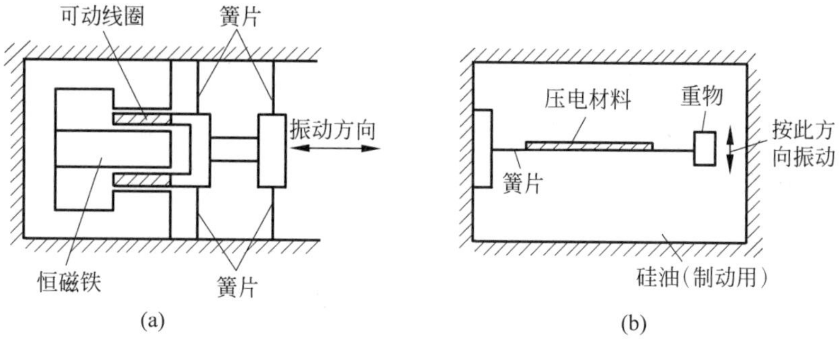

图 7.9 两种振动式加速度传感器

(a) 用二进码表示；(b) 用循环码表示

7.2.3 姿态传感器

姿态传感器是用来检测机器人与环境相对朝向关系的传感器，对大部分固定在工厂地面上的工业机器人而言，无需安装姿态传感器。但对于移动机器人，特别是快速移动的机器人，在移动过程中需要时刻知道自身的姿态动作，安装姿态传感器就非常必要了。

典型的姿态传感器是陀螺仪，陀螺仪是一种即使没有外界参考信号也能探测机器人本体姿态和状态变化的传感器。陀螺仪利用高速旋转物体(转子)经常保持其一定姿态的性质，就可在机器人运动过程中建立不变的基准，从而测量出机器人运动的姿态角和角速度。

根据不同的测量原理，目前陀螺仪主要有速率陀螺仪、微机电陀螺仪、激光陀螺仪、光纤陀螺仪等类型。

1. 速率陀螺仪

速率陀螺仪是用以直接测定物体角速率的二自由度陀螺装置。典型的速率陀螺仪如图 7.10 所示。

把陀螺仪的外环固定在机器人上并令内环轴垂直于要测量角速度的轴，当机器人连同外环以一定角速度绕测量轴旋进时，陀螺力矩将迫使内环连同转子一起相对机器人旋进。陀螺仪中有弹簧限制这个相对旋进，而内环的旋进角正比于弹簧的变形量。由平衡时的内环旋进角即可求得陀螺力矩和物体的角速率。积分陀螺仪与速率陀螺仪的不同处只在于用

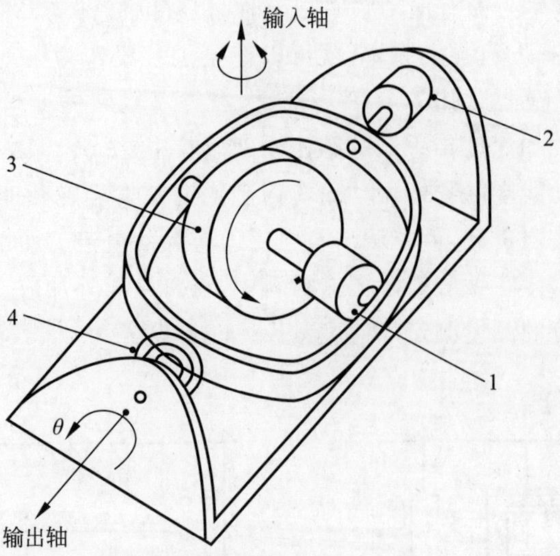

图 7.10 速率陀螺仪原理

1—电动机；2—角度传感器；3—转子；4—弹簧

线性阻尼器代替弹簧约束。当物体作任意变速转动时，积分陀螺仪的输出量是绕测量轴的转角(角速度的积分)。

2. 微机电陀螺仪

微机电陀螺仪是一类技术难度较大的微机电系统(micro-electro-mechanical system, MEMS)，它是在硅微结构的微米/纳米技术基础上发展起来的，由单晶硅片采用光刻和各向异性刻蚀工艺制造而成，具有尺寸小、重量轻、可靠性高、抗振动冲击能力强以及生产批量大等优点，因此成本较低。这类陀螺仪的漂移性能指标目前已经能够达到 10°/h。

微机电陀螺仪由加速度计附加抖动装置组成。抖动装置有角振动和线振动两种，所以，从本质上来说，微机电陀螺仪是一种振动式角速度传感器。框架式微机电陀螺仪的结构如图 7.11 所示。

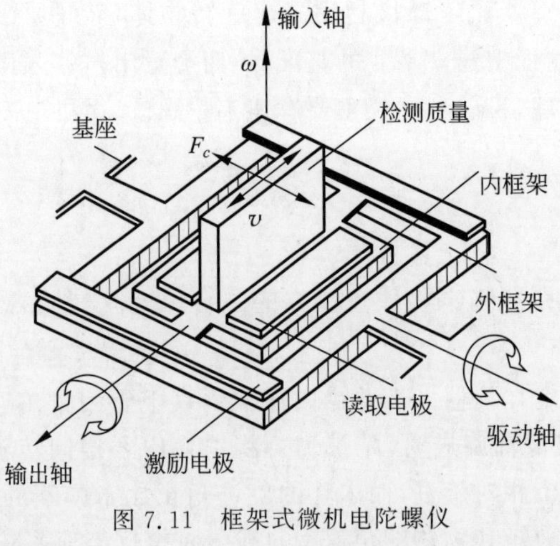

图 7.11 框架式微机电陀螺仪

3. 激光陀螺仪

激光陀螺仪的工作原理基于萨格奈克效应，它是以双向行波激光器为核心的量子光学仪表，依靠环行波激光振荡器对惯性角速度进行测量。萨格奈克效应是指在任意几何形状的闭合光路中，从某一观察点发出的一对光波沿相反方向运行一周后又回到该观察点时，这对光波的相位(或它们经历的光程)将随该闭合环行光路相对于惯性空间的旋转而不同。其相位差(或光程差)的大小与闭合光路的转动速率成正比。

激光陀螺仪的结构如图 7.12 所示。它由低损耗环行激光腔、光探测器和信号处理系统构成。通常，激光腔是用机械加工的方法在整块石英基体上加工成的三角形光腔，在其中填充激光物质并装上多层介质膜的高反射镜和激励电极。

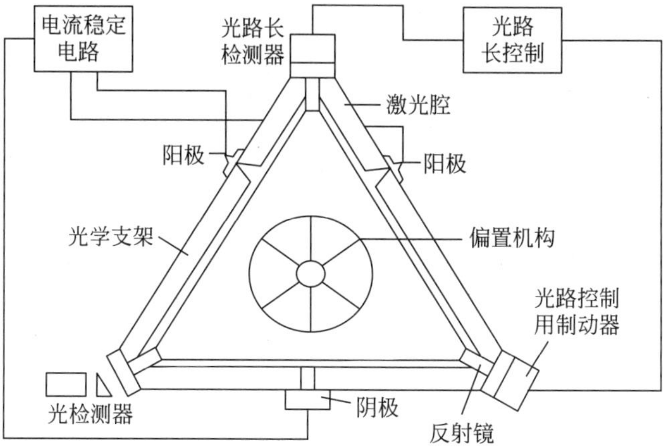

图 7.12　激光陀螺仪原理结构图

4. 光纤陀螺仪

光纤陀螺仪是以光导纤维线圈为基础的敏感元件，由激光二极管发射出的光线朝两个方向沿光导纤维传播。不同的光传播路径决定了不同敏感元件的角位移。

光纤陀螺仪的实现原理主要也是基于萨格奈克效应。在仪器内部设置不同的两条光学环路，当光学环路转动时，在不同的行进方向上，光学环路的光程相对于环路在静止时的光程都会产生变化。利用光程的这种变化，检测出两条光路的相位差或干涉条纹的变化，就可以测出光路旋转角速度。

光纤陀螺仪的工作示意图如图 7.13 所示。

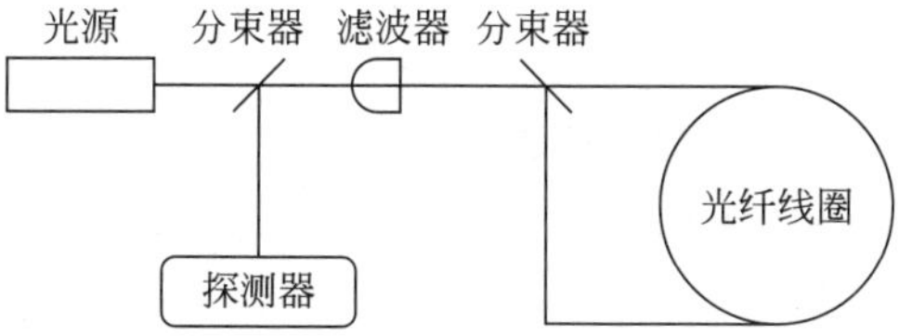

图 7.13　光纤陀螺仪工作示意图

与传统的机械陀螺仪相比，光纤陀螺仪的优点是全固态，没有旋转部件和摩擦部件，寿命长，动态范围大，瞬时启动，结构简单，尺寸小，重量轻。与激光陀螺仪相比，光纤陀螺仪不存在闭锁问题，也不用在石英块上精密加工出光路，成本相对较低。目前，光纤陀螺仪已充分发挥了其质量轻、体积小、成本低、精度高、可靠性高等优势，正逐步替代其他陀螺仪。

7.2.4 力觉传感器

力觉传感器用于测量两物体之间作用力的三个分量和力矩的三个分量。机器人腕力传感器发送其附着部件的偏移(由作用力和力矩产生)，以测量机器人最后一个连杆与执行装置之间的作用力及力矩分量。

现有的力觉传感器采用不同的变送(换能)器，如压电元件或应变仪等。用于机器人的理想变送器是黏接在附着部件上的半导体应力计。

1. 金属电阻型力觉传感器

如果将已知应变系数为 C 的金属导线(电阻丝)固定在物体表面，那么当物体发生形变时，该电阻丝也会相应的产生伸缩现象。因此，测定电阻丝的阻值变化，就可以知道物体的形变量，进而求出外作用力。

目前，我们已经可以将电阻体做成薄膜型，并贴在绝缘膜上使用。这样，可使测量部件小型化，并能大批生产质量相同的产品。这种产品所受的接触力比电阻丝大，因而能测定较大的力或力矩。此外，测量电流所产生的热量比电阻丝方式更易于散发，因此允许较大的测试电流通过。

2. 半导体型力觉传感器

在半导体晶体上施加压力，那么晶体管的对称性将发生变化，即导电机理发生变化，从而使电阻值也发生变化。这种作用称为“压电效应”。半导体的应变系数可达 100～200；如果适当选择半导体材料，则可获得正的或负的应变系数值。此外，还研制了压阻膜片的应变仪，不必将其贴在测定点上即可进行力的测量。

另外，我们也可以采用在玻璃、石英和云母片上蒸发半导体的方法制作压敏电子元件。该方法的缺点是电阻温度系数比金属电阻型大。不过，它的尺寸小，灵敏度高，结构也比较简单，因而可靠性很高。

3. 其他力觉传感器

除了金属电阻型和半导体型力觉传感器外，还有磁性、压电式和利用弦振动原理制作的力觉传感器等。

当铁和镍等强磁体被磁化时，其长度将变化，或产生扭曲现象；反之，当强磁体发生应变时，其磁性也将改变。这两种现象都称为“磁致伸缩效应”。利用后一种现象，可以测量力和力矩。应用这种原理制成的应变计有纵向磁致伸缩管等。它可用于测量力，是一种磁性力觉传感器。

如果将弦的一端固定，而在另一端加上张力，那么在此张力的作用下，弦的振动频率会发生变化。利用这个变化就能够测量力的大小，利用这种弦振动原理也可制成力觉传感器。

4. 转矩传感器

在传动装置驱动轴的转速 n、功率 P 和转矩 T 之间,存在 $T \propto P/n$ 的关系。如果转轴加上负载,就会产生扭力。测量这一扭力,就能测出转矩。

轴的扭转应力以角度为最大 45°的形式在轴表面呈螺旋状分布。如果在其最大方向(45°)安装应变计,那么此应变计就会产生形变。测出该形变即可求得转矩。

图 7.14 表示一个用光电传感器测量转矩的实例。将两个分割成相同扇形隙缝的圆片安装在转矩杆的两端,轴的扭转以两个圆片间的相位差表现出来。测量经隙缝进入光电元件的光通量,即可求出扭转角的大小。采用两个光电元件,有利于提高输出电流,以便直接驱动转矩显示仪表。

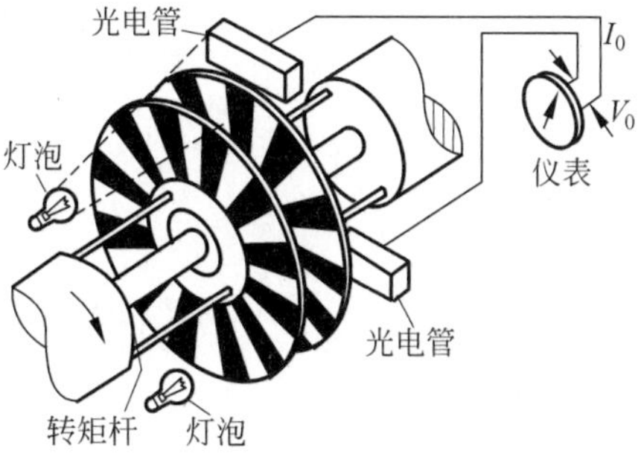

图 7.14 光电式转矩传感器

5. 腕力传感器

作为例子,介绍一个手腕力觉传感器,如图 7.15 所示。它由 6 个小型差动变压器组成,能测量作用于腕部 x,y 和 z 3 个方向的力和各轴的转矩。

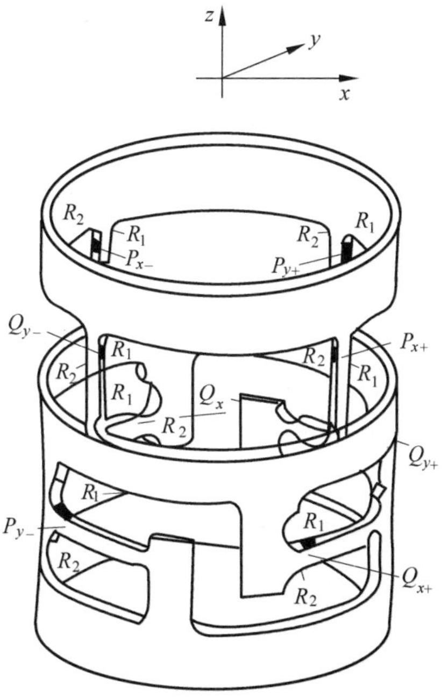

图 7.15 筒式腕力传感器

该力觉传感器装在铝制圆筒形主体上。圆筒外侧由 8 根梁支撑,手指尖与腕部连接。当指尖受到力时,梁受其影响而弯曲。由黏附在梁两侧的 8 组应力计(R_1 与 R_2 为一组)测得的信息,就能够算出加在 x,y 和 z 轴上的分力以及各轴的分转矩。

另一个腕力传感器的例子如图 7.16 所示。这种传感器被做成十字形，它的四个臂上都装有传感器，并与圆柱形外罩装在一起。

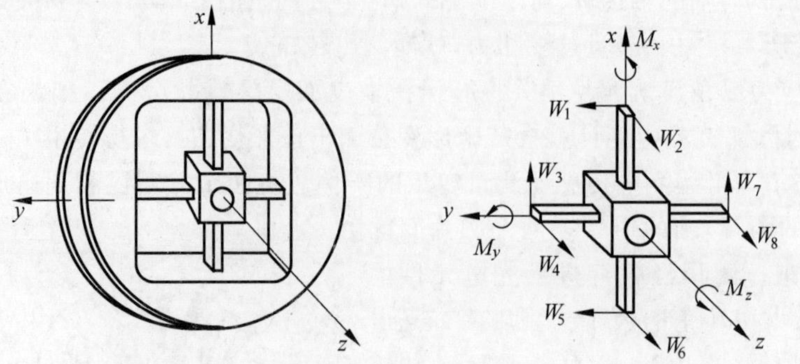

图 7.16　十字形腕力传感

令 $w_1, w_2, \cdots, w_8$ 为所测的不同传感器的信号，那么可求出有关传感器的 3 个参考坐标轴的表达式：

$$\begin{bmatrix} F_x \\ F_y \\ F_z \\ M_x \\ M_y \\ M_z \end{bmatrix} = \begin{bmatrix} 0 & 0 & K_{13} & 0 & 0 & 0 & K_{17} & 0 \\ K_{21} & 0 & 0 & 0 & K_{25} & 0 & 0 & 0 \\ 0 & K_{32} & 0 & K_{34} & 0 & K_{36} & 0 & K_{38} \\ 0 & 0 & 0 & K_{44} & 0 & 0 & 0 & K_{48} \\ 0 & K_{52} & 0 & 0 & 0 & K_{56} & 0 & 0 \\ K_{61} & 0 & K_{63} & 0 & K_{85} & 0 & K_{67} & 0 \end{bmatrix} \begin{bmatrix} w_1 \\ w_2 \\ w_3 \\ w_4 \\ w_5 \\ w_6 \\ w_7 \\ w_8 \end{bmatrix} \tag{7.4}$$

7.3　外传感器

现有的工业机器人大多没有外部感觉能力。但是，对于新一代机器人，特别是各种移动机器人，则要求具有自校正能力和适应反应环境不测变化等能力。已有越来越多的机器人具有各种外部感觉能力。本节讨论几种最主要的外传感器：触觉传感器、应力传感器、接近度传感器和听觉传感器等，视觉传感器将在 7.4 节介绍。

7.3.1　触觉传感器

1. 应用微型限位开关的五指机械手

微型限位开关可能是接触传感器最经济和最常用的型式。微型限位开关的安装位置应保障在工作空间内的物体避免事故性碰撞。当装有灵敏元件时，这类设备还能保护物体免受过大的作用力。

图 7.17 表示一个接到机械手的接触开关系统。这个机械手具有整体式手掌；各个开关

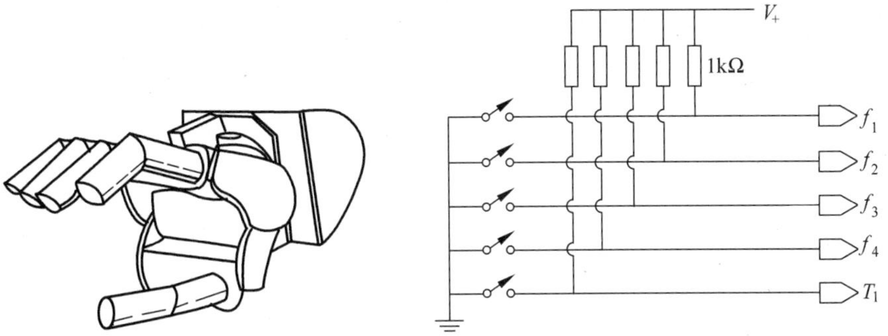

图 7.17　应用微型限位开关的五指机械手及其等效电路

共用一条地线。这时的机械手处于空载状态，5 个微开关均打开，因而放大器的输入端均为高电位，即处于逻辑“1”状态。如果有任一个微开关因手指接触到物体而接通，那么就送一个逻辑“0”至放大器。

2. 隔离式双态接触传感器

隔离式双态接触传感器系统由双稳态开关组成。当把此开关装在机器人手臂上时，能够避免手臂与障碍物碰撞。在大多数情况下，机械手能够在其环境内自由运动而不会碰到障碍物。因此，工业机器人手臂上一般没有装设这种保护装置。如果把开关装在机械手末端(如夹手)上，那么其作用就比较大。图 7.18 为装有这种传感器的夹手示意图。这种传感器的重复度可达 1μm，分辨率为 2μm。

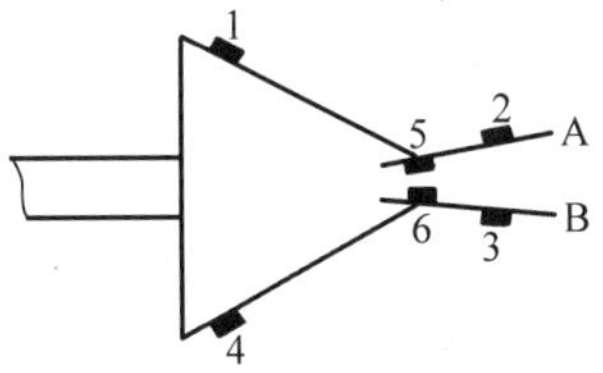

图 7.18　具有隔离式双态接触传感器的夹手

图 7.14 的触觉传感器能够提供更多的信息。如果要这个夹手达到全部可达空间，那么传感器 1～传感器 4 将发出安全接触信号，并对工作策略产生影响。如果传感器 1 被触发，那么机械手的夹手必定向下移动。传感器 5 和传感器 6 具有不同的功能。如果同时触发它们，而且夹手口部距离 AB 为最短，那么就表明夹手没有抓到物体。如果传感器 5 和传感器 6 只有一个被触发，而且 AB 的距离为最大，那么就表明夹手已经移动，而且碰到一个被夹手抓住的物体或障碍。如果传感器 5 和传感器 6 均被激发，而且 AB 小于最大值，就说明夹手抓住了某个物体。

距离 AB 提供了夹手内物体的信息，如维数等。把这种信息加至数据库，就能够保证操作成功。

3. 单模拟量传感器

在原理上，单模拟量传感器是一个输出正比于局部应力的系统，可用来检测静态特性(位置检测)和动态特性(力或应力检测)。根据它在机器人上的安装位置以及它与其他传感器的联系情况，会产生多种作用。下面举两个例子。

(1) 桥式接触探测器

桥式接触探测器由敏感元件组成,能够测量由探测器施于物体的力 $\boldsymbol{F}$ 的三个分力 F_x,F_y 和 F_z,如图 7.19 所示。探测器的探头直径为 3 mm,长度为 12 mm,它与物体接触,并把压力传递到一个柔性的十字形叶片上。叶片上装有 3～4 个测量桥,用于检测压力分量 F_z 以及两个扭矩 M_x 和 M_y(分别对应 Ox 轴和 Oy 轴)。对系统进行控制,使探头压力在任何方向都维持不变。探头可沿 x,y 和 z3 个自由度移动。探头运动控制可由程序自动进行,也可用控制盒手动控制。经过适当的探测,就能够知道机器人环境的概况。

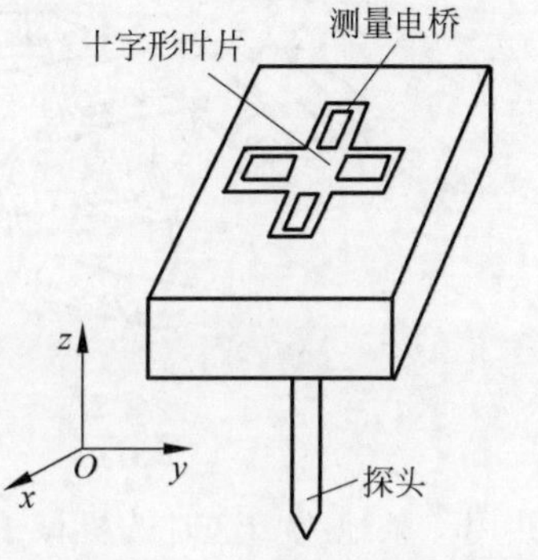

图 7.19 桥式接触探测器

(2) 灵敏指头夹持器

图 7.20 为机器人夹手的两手指中的一个。每个手指装有 7 个灵敏的控制板,用以检测机器人末端装置与环境的接触。每个手指内部装设 18 个单模拟量传感器,其作用原理如下:每个按钮触发一道被遮掩的光束,就像受到应力作用一样。光束从发光二极管发出,并由光晶体管接收。这个系统能够控制机器人夹手夹紧力的测量与调整,并给出被夹持物体的粗略形状。

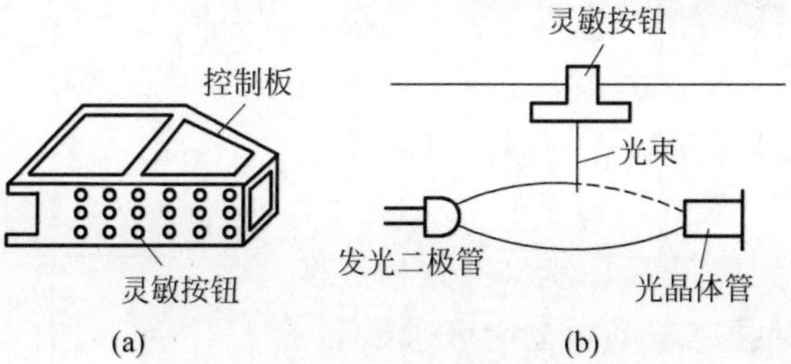

图 7.20 具有灵敏手指的机器人夹手

(a) 灵敏手指; (b) 模拟开关原理

4. 矩阵传感器

矩阵传感器由简单的数字或模拟传感器以矩阵形式组合而成。每个传感器是以其所处位置的行与列的交点来标记的。如果每个单一传感器能够提供力或位置信息,那么把这些简单的信息组合起来,矩阵传感器网络就能够提供物体形状的复杂数据。这种信息分析技术称为"形状识别"。下面介绍几个矩阵传感器的例子。

(1) 采用压电元件的矩阵传感器

这种传感器的压敏元件是埋放在弹性聚合体内的,如图 7.21 所示。测量输出电压 V_t 就能够获得物体作用力形成的映射。

(2) 人工皮肤(artificial skins)

这种人工皮肤的实验是以如图 7.22 所示的原理为基础的。把一个弹性衬(如变电导聚合物)置于两电极之间。如果在两电极间加上电压 V,那么将有一电流 I 通过弹性衬。在没有受力的情况下,弹性衬的电阻为 R。当上电极受压时,弹性衬的电阻变小,因而电流增大。通过电流变化,就能测定所加的压力。对弹性衬的选择是很严格的。

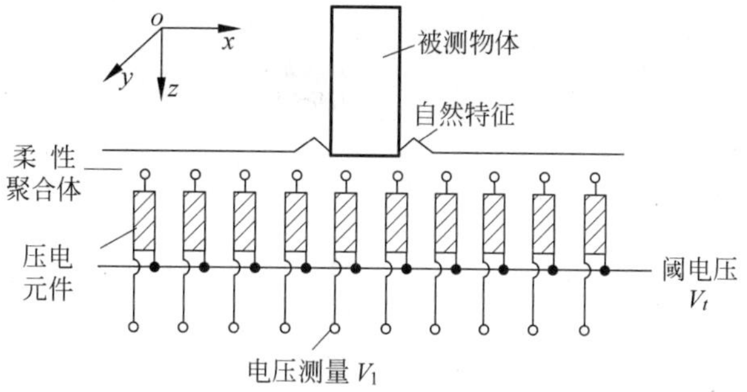

图 7.21　压电元件矩阵传感器

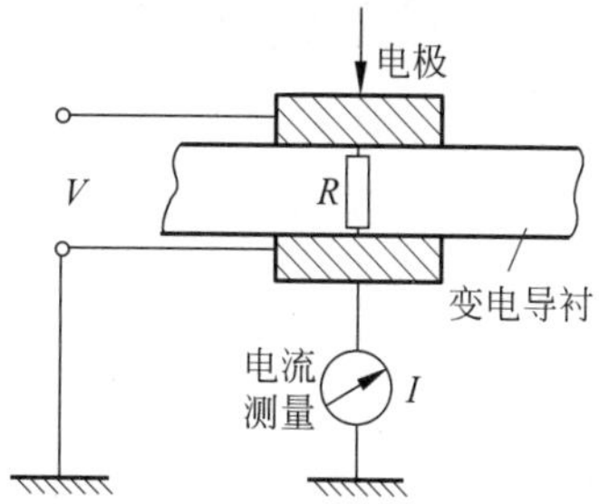

图 7.22　人工皮肤工作原理

5. 光反射触觉传感器

图 7.23 中应用了光感反射法。由光发射二极管发出的光线，被反射至光检波晶体管。这里，光反射点可通过把橡化皮肤材料伸展到传感器上面的方法提供。或者，当物体表面足够接近光源时，光束就被反射，进而触发晶体管。因此，手指上的光晶体管总能提供一个输出信号。图 7.23 中，光晶体管（光检波器）的输出经放大后得到一个变化的电压，后者可变换为数字量。如果把模数转换器接至放大器输出端，就能够得到接触的数字表示。借助压控振荡器把电压转换为频率输出。

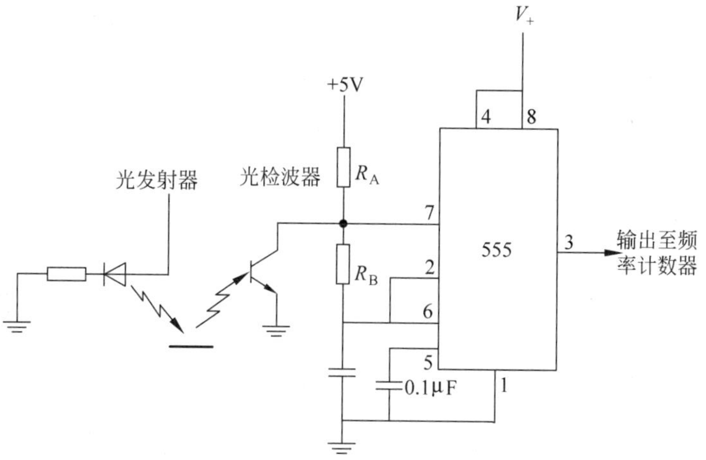

图 7.23　输出量可变的光放射系统

7.3.2　应力传感器

当关节式机器人与固体实际接触时，机器人进行适当动作的必要条件有三个：

(1) 机器人必须能够识别实际存在的接触（检测）；

(2) 机器人必须知道接触点的位置（定位）；

(3) 机器人必须了解接触的特性以估计受到的力（表征）。

满足了这 3 个条件（都与最后任务目标有关）之后，机器人就能够进行计算、或者使用某个特征策略把机器人引向指定目标。

1. 应力检测的基本假设

当两个物体接触时，其接触点绝不是单个点。假设机器人与物体间有一个接触区域，而且把这个区域近似当作一个触点来看待。实际上，一旦存在有几个接触区域，就很难估计每个区域的作用力。因此，人们只能应用总体参数。

要计算出物体各作用力的合力，就必须知道此合力的作用点、大小和方向。对机器人控制的全部计算都涉及一个与机器人有关的坐标系 R_0，如图 7.24 所示。机器人与环境(包括物体 P)间的交互作用由 6 个变量说明，即 $x_0(p)$，$y_0(p)$，$z_0(p)$，F_{x0}，F_{y0} 和 F_{z0}。要估算这 6 个变量，就需要使用传感器来识别 P 在 R_0 内的位置，以及用三维传感器来识别力 $\boldsymbol{F}$ 对坐标系 R_0 的 3 个分量。

2. 应力检测方法

应变仪(计)是应力传感器最敏感的部件。在机器人与环境交互作用时，应变计用来检测、定位和表征作用力，以便把所得的传感信息用于任务执行策略。

在图 7.25 中，T 为工作台面，D 为抓住物体的机器人夹手，P 为力的作用点。求出工作台面与物体间的作用力 $\boldsymbol{F}$。有 3 种求得 $\boldsymbol{F}$ 的方法：

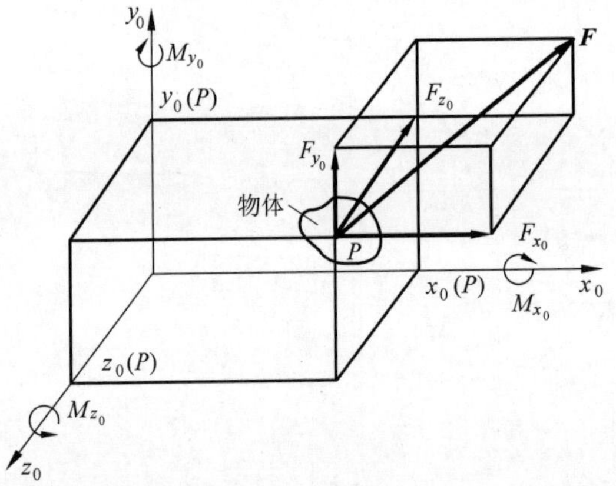

图 7.24　坐标系 R_0 内的力和力矩

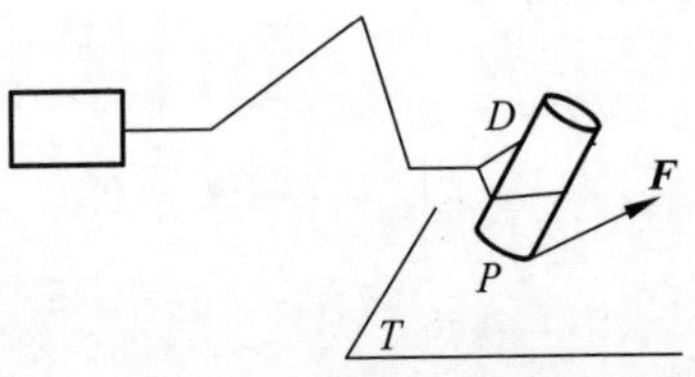

图 7.25　工作台面与物体间的作用力

(1) 对环境装设传感器

物体可能与某个测试平台接触。这些平台是由不同厚度的金属板制成的。在金属板之间装有应变测试桥，用以检测特定方向的力。这样就能够求出接触点的坐标和作用于该点的力。

(2) 对机器人腕部装设测试仪器

它的工作原理与测试平台一样，不过它适用于由机器人末端执行装置(如工具)进行装配的情况。在这种情况下，也能够求出力 $\boldsymbol{F}$ 的沿着相关坐标系 3 个坐标轴的运动和 3 个分力。

(3) 用传动装置作为传感器

如果机器人是可逆的，也就是说，如果机器人夹手受到的力能够由电动机“感觉”到，那么可由电动机转矩的变化求出作用力的特征。

7.3.3 接近度传感器

工业机器人日益提高的运动速度可能引起物体装卸的损坏，而触觉检测系统当需要实地接触时又可能存在风险。为避免这些危险，需要知道物体在机器人工作场地内存在位置的先验信息并进行适当的轨迹规划。应用接近度检测的遥感方法，就能够做到这一点，它能足够早地感知危险，让机器人及早停止运动或改变运动方向，避免造成破坏事故。

如果要获得一定距离外物体的信息，物体就必须发出信号或产生某一作用场。接近度传感器分为无源传感器和有源传感器。当采用自然信号源时，就属于无源接近度传感器。如果信号来自人工信号源，那么就需要人工信号发送器和接收器。当这两种设备装于同一传感器时，就构成有源接近度传感器。

接近度传感器按具体测量方法有超声波接近度传感器和红外线接近度传感器等。

1. 超声波接近度传感器

超声波接近度传感器可用于检测物体的存在和测量距离。这种传感器测量出超声波从物体发射经反射回到该物体（被接收）的时间，其测距范围较大，不能用于测量小于 30cm 的距离。它们一般被用在移动式机器人上，以检验前进道路上的障碍物，避免碰撞。有时，也把它们用于大型机器人的夹手上。

图 7.26 表示一个超声导航系统的方框图。

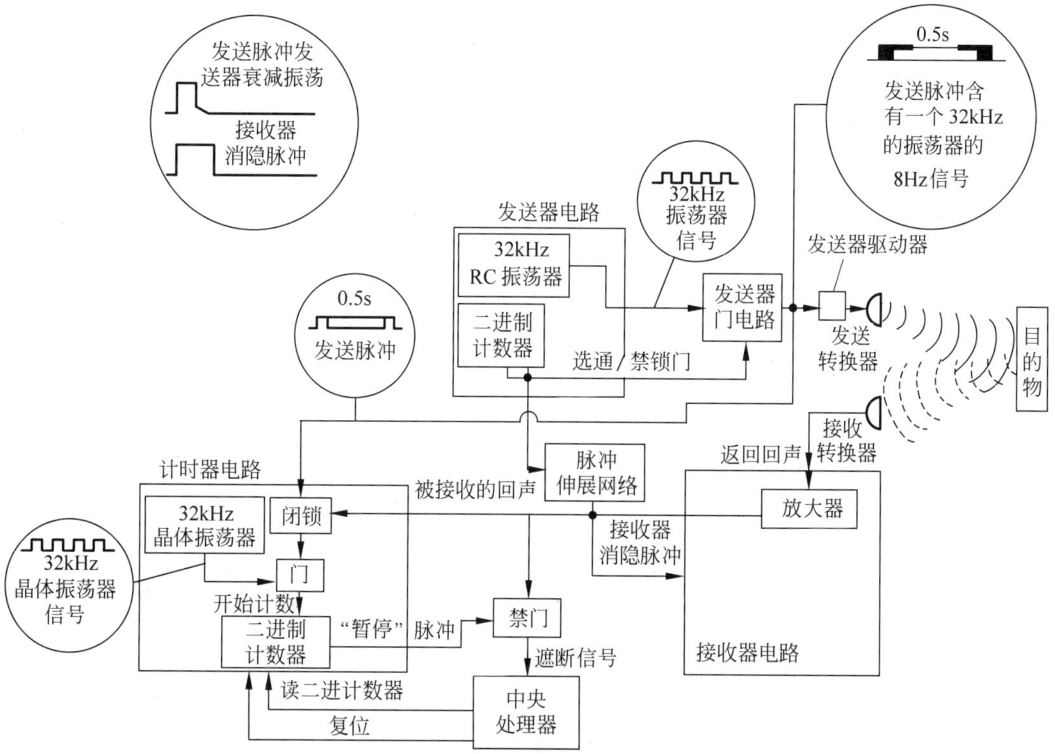

图 7.26 超声测距系统方框图

超声测距系统由一个或多个变换器(用于发送和接收超声波),超声波发生器和检测器(把超声波送至发送变换器,或检测来自接收转换器的超声波)电子电路,以及用于控制系统操作的定时电路组成,即由变换器、发送器、接收器和定时器组成。图中的发送器和接收器是分开的。超声传感器一般装在旋转平台上,提供360°的测量范围。

超声波发送电路在0.5s时间间隔内产生8个周波为32kHz的信号,用于驱动发送变换器。此外,接收器的消隐信号和时标信号也是由此电路产生的。

发送电路含有一个RC振荡器,它会产生大约32kHz的振荡。振荡器的输出送至发送器门电路,后者将引起发送变换器以相应频率输出超声波。

把一个二进制计数电路用于发送器的定时。假设此计数器已运行一段时间,而且其最高位已达高电平,那么这个高电平将使整个计数器置0,同时使发送器门电路选通。当32kHz信号的8个周波通过门电路后,二进制计数器将发送一个使此门电路闭锁的信号。发送器门电路将继续维持封锁状态,直至二进制计数器再次达到最大计数重新开始另一个循环为止。

送至发送器门电路的选通信号也作用于脉冲展宽网络。在这里,信号被展宽而为接收器产生消隐脉冲信号。被展宽的消隐脉冲具有足够的展宽宽度,以保证接收器在系统发送信号过程中被封锁,同时,其也封锁任何对发送脉冲产生干扰的扰动信号。

时标电路测量出发送脉冲前沿与所接收回声脉冲前沿间的时间间隔。这个间隔是对回声物体距离的一种量度。时标电路有一个能提供精确的32kHz时钟脉冲的晶体振荡器。此时钟脉冲通过一个封锁控制门电路送到二进制计数器。当时间上与发送脉冲对应的某个脉冲作用于闭锁电路时,这个门电路将被选通。这样,就允许32kHz的信号作用于二进制计数电路,让它计数,测量时间间隔。

对于行走机器人来说,引起回声物体与机器人的距离一般很短,约为3m。当接收器接收到距机器人3m范围内的物体反射回声时,二进制计数器停止计数,并维持其计数值,被接收的回声也用于对CPU产生一个中断信号。CPU由读二进制计数器提供中断信号。读出二进制计数后,CPU会产生一个复位脉冲,为另一工作周期作好准备。如果距机器人最近的物体在3m之外,那么二进制计数器将暂停计时,并禁止中断信号进入CPU。

2. 红外线接近度传感器

图7.27为红外线接近度传感器的工作原理。发送器(往往为红外二极管)向物体发出一束红外光。此物体反射红外光,并把回波送到接收器(一般为光电三极管)。为消除周围光线的干扰作用,发射光是经过脉冲调制的(调制为几千赫兹),而且在接收时经过滤波。

红外传感器的优点在于其发送器和接收器都很小(只有几立方厘米),因此,能够把它们装在机器人夹手上。

虽然这种传感器能够容易地检测出工作空间内是否存在某个物体,但是用它测量距离是相当复杂的,因为被物体反射的光线和返回接收器的光线是随着物体特征(其吸收光线的程度)和物体表面相对于传感器光轴的方向(与物体表面方向、平整度或曲率有关)的不同而异的。此外,当传感器与某个平面垂直时,反射和回波响应会达到最大值。这表明,对于某个给定的外传感器响应值,可能存在两个物体与传感器间的距离,如图7.27(b)所示。

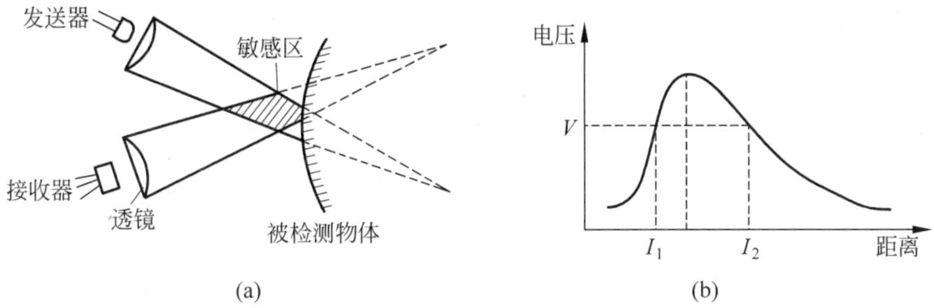

图 7.27　红外接近度传感器

(a) 作用原理；(b) 响应特性

7.3.4　其他外传感器

(1) 声觉传感器用于感受和解释在气体(非接触感受)、液体或固体(接触感受)中的声波。声波传感器的复杂程度可从简单的声波存在检测到复杂的声波频率分析,以及对连续自然语言中单独语音和词汇的辨识。

把人工声音感觉技术用于机器人已有 30 多年了。在工业环境中,机器人感觉某些声音是有用的。有些声音(如爆炸)可能意味着危险,另一些声音(如叫声)可能用作命令。近年来,声音识别系统的研究开发取得了重要突破,并获得越来越多的应用。

(2) 接触式或非接触式温度感觉技术用于机器人也有近 30 年了。当机器人自主运行时,或者不需要人在场时,或者需要知道温度信号时,温度感觉特性是很有用的。有必要提高温度传感器(如用于测量钢水温度)的精度和区域反应能力。通过改进热电电视摄像机的特性,在感觉温度图像方面已取得显著进展。

两种常用的温度传感器为热敏电阻传感器和热电耦传感器。这两种传感器都必须与被测物体保持实际接触。热敏电阻的阻值与温度成正比。热电耦能够产生一个与两温度差成正比的小电压。在使用热电耦时,通常要把它的一部分接至标准温度,于是就能够测得相对于该标准温度的各种温度。

(3) 滑觉传感器用于检测物体的滑动。当要求机器人抓住特性未知的物体时,必须确定最适当的握力值。为此,需要检测出握力不够时所产生的物体滑动信号,然后利用这个信号,在不损坏物体的情况下,以最适当的握力牢牢地抓住该物体。

现在应用的滑觉传感器主要有两种,一种是利用光学系统的滑觉传感器,另一种是利用晶体接收器的滑觉传感器。前者的滑动检测灵敏度等随滑动方向的不同而异,后者的检测灵敏度则与滑动方向无关。

7.4　机器人视觉装置

视觉传感器是最重要和应用最广泛的一种机器人外传感器。

尽管目前的绝大多数机器人还不具备视觉,但已有具有视觉功能的机器人在运行。把机器人的视觉能力作为机器人观察其周围环境的能力来研究,主要是模仿人眼而设计出人造光学眼睛,即光眼。

7.4.1 机器人眼

机器人的眼睛应与机器人的工作环境相适应。对机器人的设计应反映其用途。

1. 测光电路

如果要求机器人具有区别光亮与黑暗的能力，以及鉴别颜色的能力，就需要研究"光眼"而不是"电眼"。"光眼"的基本原理在于光电管。图 7.28 为一个接至测光电路的光电管。参考电压的大小可以根据要求整定在任何电平上。测光电路的输出是这样设计的：当光电管的电阻使加至比较器的比较电压与参考电压相等时，测光电路接通。参考电压的电平是根据被测光的亮度整定的。

当用光电管检测颜色时，实际上只是区别了不同颜色光线的亮度。照射到被测材料的强光有一部分将被反射至光电管，其亮度取决于材料的颜色或色调(shades)。首先，把一块被测材料放在灯光下，并测量其反射光亮度，调整比较器电位计的参考电压，使其对应于所测光的亮度，于是测光电路被触发。根据这个校准好的光的亮度，当某片材料所反射光的亮度与测试样品所反射光的亮度相同时，测光电路的输出端产生作用。

图 7.29 给出了能够检测 4 种色调的测光电路，它相当于 4 个图 7.28 的电路，光电管的输出端并联接至所有比较器，不过每个比较器具有自己不同的参考电压。因此，此线路能够检测 4 种不同颜色的色调。目前已研制出能够识别数十种不同色调的集成电路。

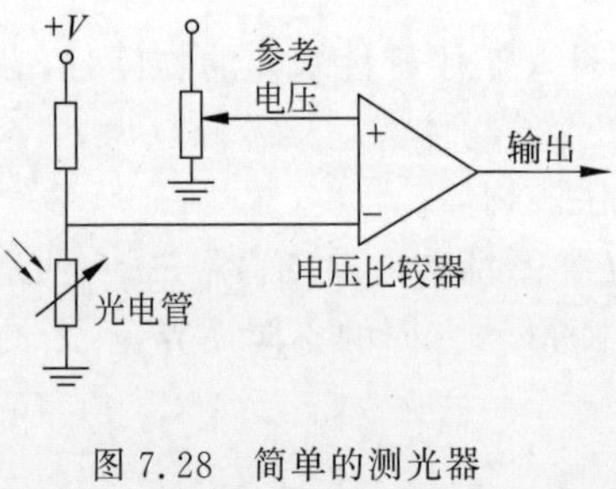

图 7.28 简单的测光器

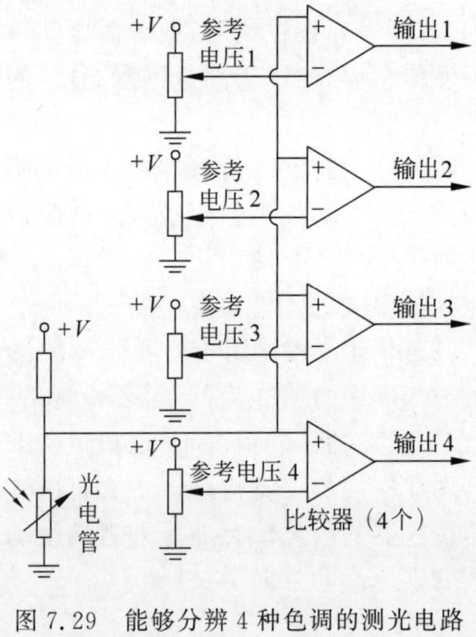

图 7.29 能够分辨 4 种色调的测光电路

2. 隔行扫描

高分辨率的视觉系统主要应用于两种技术：一种为电视摄像机，它与影像数字装置连接一起使用，以获取一幅有价值的视觉信息。另一种为电荷耦合器件(CCD)整体式固态摄像仪，它与电子控制装置连在一起。这两种技术都能提供高质量的分辨率视觉输入信号。

一幅电视图像是由许多细小的光点组成的。这些光点亮度的变化给出了灰度色调的总印象。对于彩色电视，实际上有 3 种光点，而对于一般的视觉（包括机器人视觉）目的，只讨论黑白光点。这些明暗光点通过电磁扫描被置于荧光屏的精确位置上。电磁扫描装置把强度变化的电子束从荧光屏的左侧引导至右侧。光束返回左侧是消隐的。在返回期间，光束垂直向下稍微偏移，以结束对屏幕上行的全部扫描。当光束到达屏幕的右下角时，它返回左侧，并垂直上移至屏幕的左上角位置。

当图像被显示时，该扫描继续不断地进行着。水平扫描的典型频率为 15.75kHz，而垂直扫描频率是每 30Hz 返回一次。视点的一个区域被显示一次，然后显示下一行区域的扫描。这一过程叫作"隔行扫描"(interlacing)。图 7.30(a)总结了上述扫描原理。图 7.30(b)给出了一个典型的视频输入信号波形图。其中，负脉冲是水平和垂直同步信号，而变幅信号为视频亮度信号电平。在垂直同步信号之间有一个数据区。电视机屏幕上的每个视频光点叫作"像素"，它是最小的可确定视频图像单元。像素的亮度是变化的。如果要在计算机上产生或表示每个像素，那么首先必须确定需要多少亮度量级。对于标准的计算机绘图终端，这个量级范围为 4～256 级，即可用 2 位或者 8 位来表示一个像素。然后，通过模数变换器把这些亮度信息变换为加权的二进制位码。

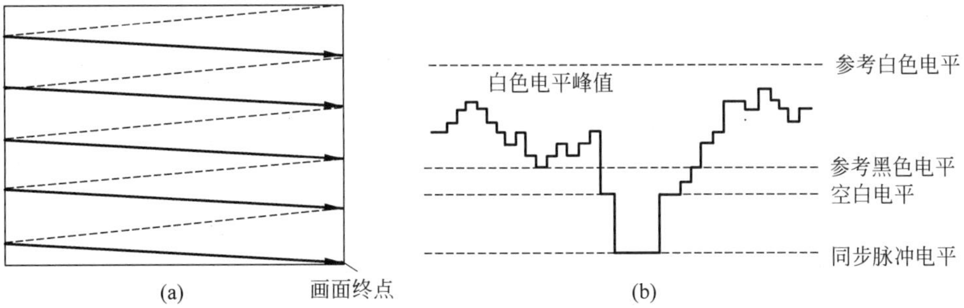

图 7.30　具有典型视频波形的简化电视扫描图
(a) 电视屏扫描；(b) 视频波形

7.4.2　视频信号数字变换器

电视摄像机的输入属于模拟信号，其大小在 0～1V 变化。标准的计算机或机器人控制器的逻辑电路趋向于电平在 0～4V 阶跃变化的数字信号。要把摄像机输出的模拟信号变为计算机能够识别的数字信号，就必须对模拟信号加以数字化。视频信号的数字化过程是非常直接的，有十分严格的时间要求。

1. 简要框图

图 7.31 为典型视频数字变换器(video digitizer)的方框图。数字变换器的第一级电路是同步分离器。在这里，垂直和水平两种同步脉冲均从视频中分离出来。借助这两种脉冲，能够确定像元在图像中所处的位置。如果看到一个水平同步脉冲，就知道这是转移至左侧并移至下一行的时间。垂直同步脉冲则表示扫描区域要么刚刚开始，要么刚刚结束。

垂直同步脉冲要比水平同步脉冲重要，因为前者发出扫描起始和终止的信号，必须确定

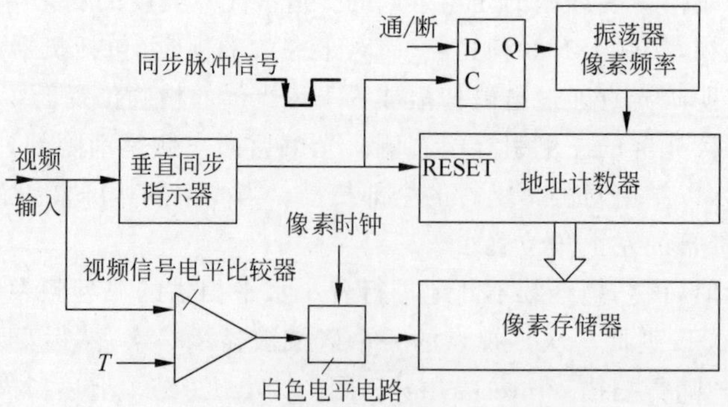

图 7.31　黑白电视数字变换器方框图

需要多少像素来表示图像。如果要分辨率为垂直和水平各 128 位像素，那么就必须把两个垂直同步脉冲间的时间相应地分开。此图像阵列中将有 16 384 个单独的图像单元。因此，在起始和终止两垂直脉冲之间，就必须把全部 16 384 位像素放在图像存储器的适当位置，而且储存器需要用 16 384 个位置来存储(128×128)个黑白图像。

如果要改变黑白亮度，就需要更多的存储器。每个像素必须被编码带有亮度值。因此，一幅(帧)图像就需要(16 384×8)位像素，或者说 131 072 个存储位置！实际上，对于大多数机器人应用，黑白图像就能满足要求。

垂直同步的下一级是使像素计数器时钟起动。当检测到垂直同步脉冲且数字变换器电路被触发时，用于递增存储地址计数器的时钟脉冲数字变换器的启动。如果假设摄像机来的 262 行像素信息每秒钟通过 30 次，即每 33ms 通过一次，那么，在第一个和最后一个垂直同步脉冲之间将通过全部 16 384 个像素信息。用此像素除以 33ms，即可求得像素地址时钟频率为 $33\times10^{-3}/16\,384=2.014\times10^{-6}$ s，即大约 2μs。

2. 实用电路

图 7.32 给出了一个把模拟视频信号变换为逻辑电平信号的实用电路。图中，2167 为一个含有 16K 动态存储器的集成组件。其中，操作电压为 5V。图 7.32 的左下角为比较器，用于使光电管的输出数字化。设定参考电压以鉴别白色电平；当达到白色电平时，触发测光器的输出为逻辑电平 1。借助于单稳态多谐振荡器，像素时钟脉冲在其后沿时刻把此逻辑 1 信号送入存储器。像元时钟脉冲的前沿则用来增加存储地址计数器 CD4024 的地址数，以等待下一个像素信号的到来。

数字视频变换器能够把一幅完整的电视摄像机图像数字化。有 16 000 位以上的数据需要逐一读入。在视频信号数字化之后，需对它进行大量的数据处理工作，并采用复杂的算法来确定所观察的物体。

7.4.3　固态视觉装置

还有一种叫作“电荷耦合元件”(charge-coupled device，CCD)的整体式固态摄像仪。CCD 是一种半导体器件，能够把光学影像转化为数字信号。这种装置主要是一个带有透明

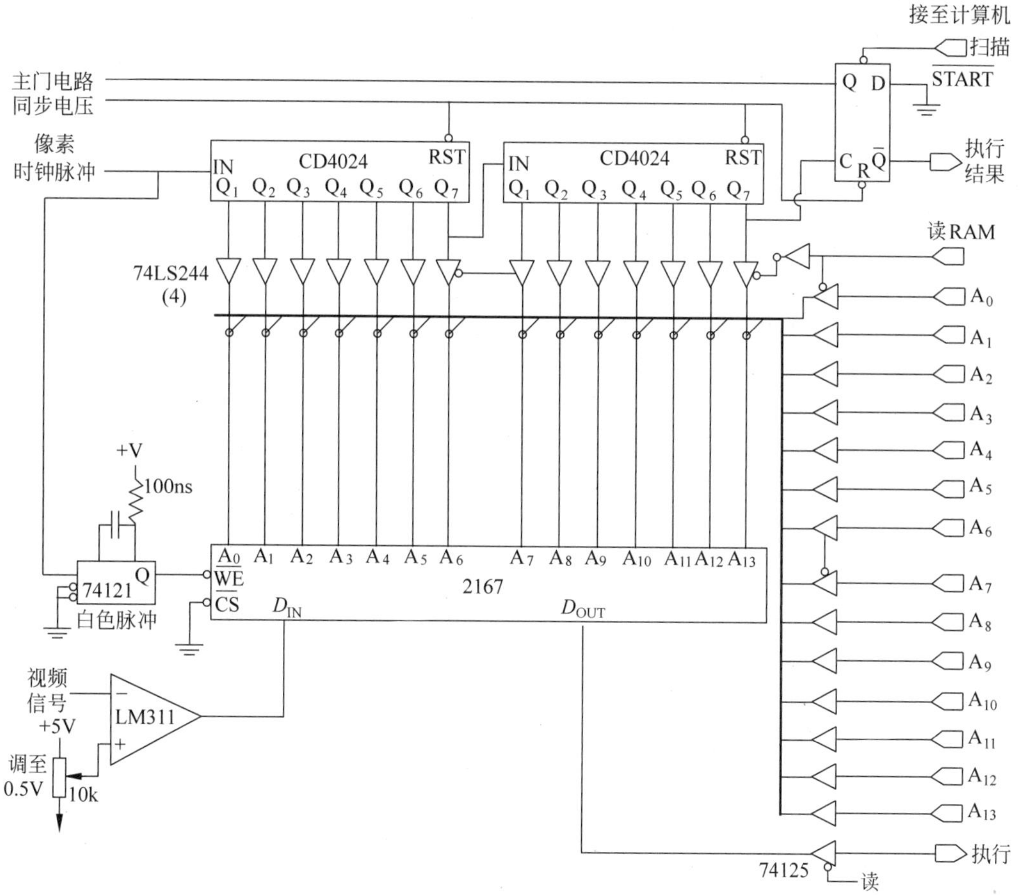

图 7.32 (128×128)位像素视频数字变换器电路图

窗口的集成电路。光线透过该窗口照到集成电路的光感区。CCD 固态摄像仪具有相当复杂的定时电路。这种摄像仪正在被广泛应用的原因在于尺寸小和用电少。目前已能够把它们设计得易于装进机器人的手心。

还有一种性能稍差但十分便宜的固态视觉装置,可用于储存像素信息的动态存储集成片 2617,还能改造为复杂的视频摄像仪。动态存储器的芯片对光敏感,可用于保存图像数据,这种存储器还能检测红外线。下面介绍一种 CCD 固态摄像仪主要部件的工作原理。

1. 动态存储器

动态存储器是将数据是以电荷形式储存在一个小型电容器内。由于电容器的容量极小,只经 2ms 即可把所充电荷放光。可见,这种电荷或信息是动态的,而且至少 2ms 内必须刷新(重新充电)一次。对于 16 384 位存储集成片的所有位置,只要循环通过它们中的 128 位,即能实现刷新操作。因此,在 2ms 内,我们至少需要循环 128 次,这些循环可为读操作。

用具有 16K 内存的标准的 4116 存储器进行实验。图 7.33 为这种动态存储器内部芯片的原理框图。图 7.34 为地址位之间以及 RAS 和 CAS 的定时关系。

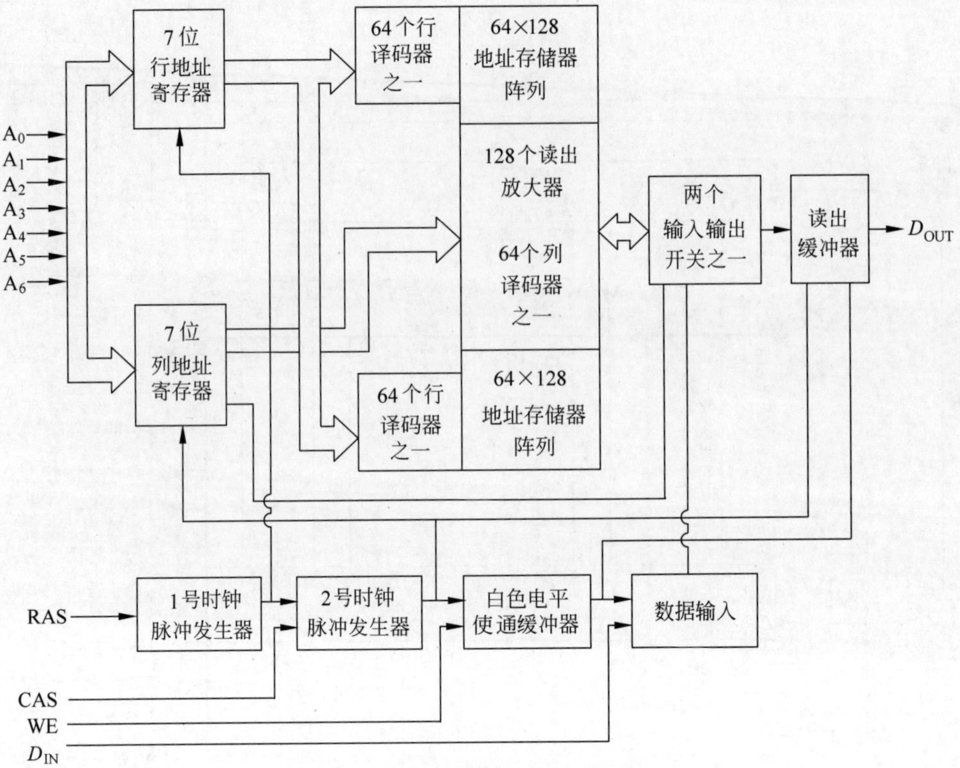

图 7.33　16K 动态存储器结构框图

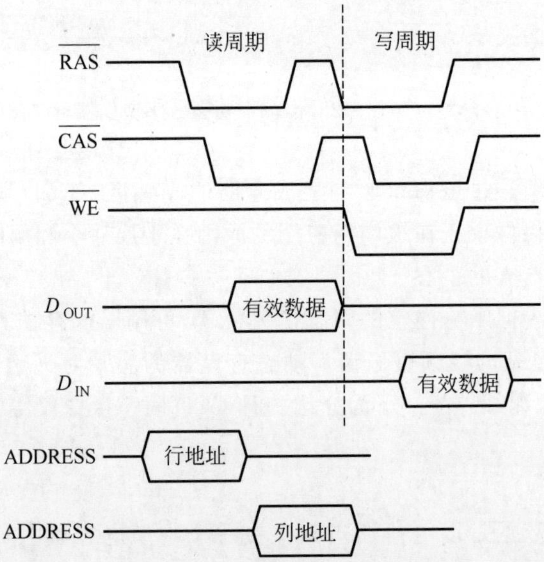

图 7.34　存储器主要定时图

2. 驱动电路

如图 7.35 所示的逻辑电路，能够驱动图像传感器，并读出其内容。

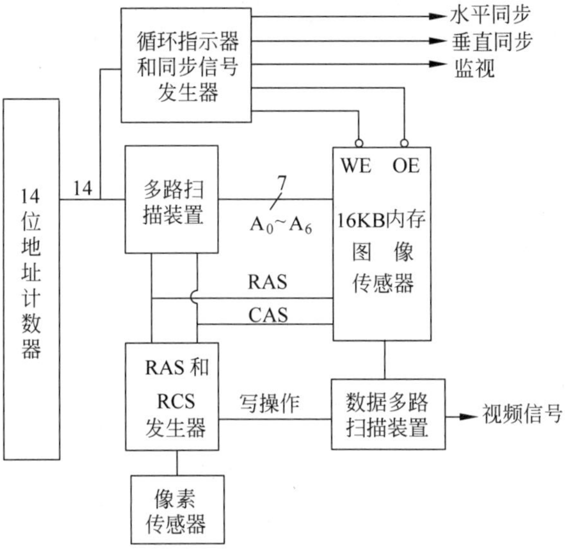

图 7.35 固态图像传感器驱动电路框图

逻辑驱动器是这样工作的：合上电源后，像素时钟脉冲振荡器开始发出脉冲。每个脉冲将递增地址计数器/多路扫描装置，并驱动相应的 RAS 和 CAS 信号。首先，全部 16 384 个位置均以高逻辑电平 1 写入。然后，当振荡器时钟脉冲驱动水平和垂直同步信号时，这些振荡器时钟脉冲也会读出它们的相对位置。如此将这些操作继续不断地进行下去。

任何一种智能移动机器人想要实现在未知环境下的自主导航，都必须有效而可靠地感知外界环境。依赖于一种传感器或多种传感器的组合，并配以合适的传感器信息处理方法，机器人才能得到一些对自身所处环境的估计，进而做出决策。对于移动机器人的导航研究，障碍物检测是其中很重要的一个部分。障碍物是机器人行进过程中随机出现的、形状不可预知的三维物体。从直觉上讲，任何在机器人行进方向上形成一定阻碍作用的物体都可以称作"障碍物"。在许多应用中，机器人在比较平坦的地面上运动，如在室内地板或在室外高速公路上，因此障碍物被定义为高出或低于"地面"的物体。针对障碍物及其距离的检测，目前常用的传感器主要有 CCD 摄像机、超声波传感器、红外传感器、激光测距仪等。每种传感器都有其局限性，如超声波传感器使用方便且价格较低，但探测波束角过大，方向性差，往往只能获得目标的距离信息，不能提供目标的边界信息；而红外传感器探测视角小，方向性强一些，但无法提供距离信息；视觉传感器明显依赖于光条件且图像处理复杂，时间花费较大。其中，超声波传感器由于信息处理简单、实时性强和价格低廉而广泛应用于各种移动机器人。

除了 CCD 摄像仪外，半导体专家又开发出一种更为优良的固态视觉装置，即基于互补金属氧化物半导体(complementary metal oxide semiconductor，CMOS)芯片的新型半导体传感器。

7.4.4 激光雷达

1. 工作原理

工作在红外和可见光波段的雷达称为"激光雷达"。它由激光发射系统、光学接收系统、转台和信息处理系统等组成。发射系统是各种形式的激光器，如二氧化碳激光器、掺钕钇铝石榴石激光器、半导体激光器及波长可调谐的固体激光器，以及光学扩束单元等组成。接收系统采用望远镜和各种形式的光电探测器，如光电倍增管、半导体光电二极管、雪崩光电二极管、红外和可见光多元探测器件等组合。激光雷达采用脉冲或连续波两种工作方式，探测方法按照探测的原理不同可以分为米散射、瑞利散射、拉曼散射、布里渊散射、荧光、多普勒等。

激光器将电脉冲变成光脉冲(激光束)，作为探测信号向目标发射出去，打在物体上并反射回来，光接收机接收从目标反射回来的光脉冲信号(目标回波)与发射信号进行比较，还原成电脉冲，送到显示器。接收器准确地测量光脉冲从发射到被反射回的传播时间。因为光脉冲以光速传播，所以接收器总会在下一个脉冲发出之前收到前一个被反射的脉冲。鉴于光速是已知的，传播时间即可被转换为对距离的测量。然后经过适当处理后，就可获得目标的有关信息，如目标距离、方位、高度、速度、姿态和形状等参数，从而对目标进行探测、跟踪和识别。激光雷达译自“LiDAR”(light detection and ranging)，是激光探测及测距系统的简称，也可称为“Laser radar” 或“LADAR”(laser detection and ranging)。

根据扫描机构的不同，激光测距雷达有二维和三维两种。激光测距方法主要分为两类：一类是脉冲测距法；另一类是连续波测距法。连续波测距法一般针对合作目标，采用性能良好的反射器，激光器连续输出固定频率的光束，通过调频法或相位法进行测距。脉冲测距法也称为“飞行时间”(time of flight，TOF)测距法，应用于反射条件变化很大的非合作目标。

图 7.36 展示了德国 SICK 公司生产的 LMS291 激光雷达测距仪及其飞行时间法的测距原理。激光器发射的激光脉冲经过分光器后分为两路，一路进入接受器，另一路则由反射镜面发射到被测障碍物体表面，反射光也经由反射镜返回接受器。发射光与反射光的频率完全相同，通过测量发射脉冲与反射脉冲之间的时间间隔并与光速的乘积来测定被测障碍物体的距离。LMS291 的反射镜转动速度为 4500r/min，即 75r/s。由于反射镜的转动，激光雷达得以在一个角度范围内获得线扫描的测距数据。

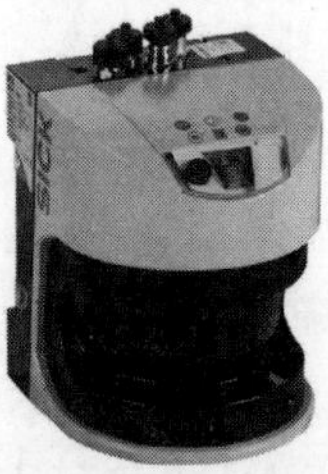

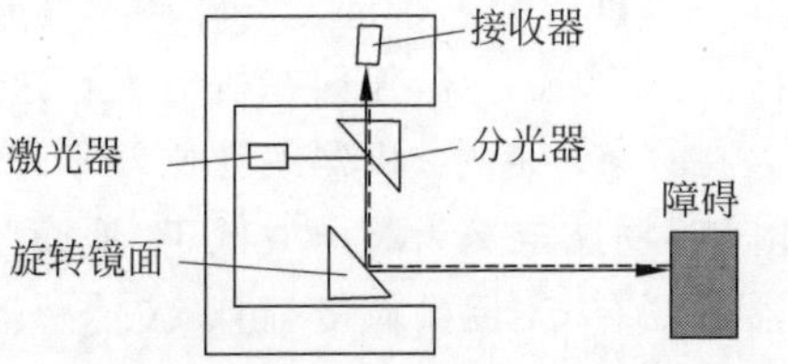

图 7.36　LMS291 激光雷达及其测距原理

2. 主要特点

激光雷达由于使用的是激光束，工作频率高，因此具有很多特点。

(1) 分辨率高

激光雷达可以获得极高的角度、距离和速度分辨率。通常角分辨率不低于 0.1mard(微弧度)，也就是说，可以分辨 3km 距离上相距 0.3m 的两个目标，并可同时跟踪多个目标；距离分辨率可达 0.1m；速度分辨率能达到 10m/s 以内。距离和速度分辨率高，意味着可以利用距离-多普勒成像技术来获得目标的清晰图像。

(2) 隐蔽性好

激光直线传播、方向性好、光束很窄，只有在其传播路径上才能接收到，因此敌方截获非常困难，且激光雷达的发射系统(发射望远镜)口径很小，可接收区域窄，有意发射的激光干扰信号进入接收机的概率极低。此外，自然界中能对激光雷达起干扰作用的信号源不多，因此，激光雷达抗有源干扰的能力很强，适于军事应用环境。

(3) 低空探测性能好

激光雷达只对被照射的目标才会产生反射，完全不存在地物回波的影响，因此可以"零高度"工作，低空探测性能很强。

(4) 体积小、质量轻

与普通微波雷达相比，激光雷达轻便、灵巧，架设、拆收简便，结构相对简单，维修方便，操纵容易，价格也较低。

当然，激光雷达在工作时受天气和大气影响较大。在大雨、浓烟、浓雾等极端天气里，激光光束衰减急剧加大，传播距离大受影响。大气环流还会使激光光束发生畸变、抖动，直接影响激光雷达的测量精度。此外，由于激光雷达的波束极窄，在空间搜索目标非常困难，只能在较小的范围内搜索、捕获目标。

3. 应用领域

激光雷达的作用是能精确测量目标位置、运动状态和形状，以及准确探测、识别、分辨和跟踪目标，具有探测距离远和测量精度高等优点，已被广泛应用于移动机器人定位导航，以及资源勘探、城市规划、农业开发、水利工程、土地利用、环境监测、交通监控、防震减灾等方面。在军事上也已开发出火控激光雷达、侦测激光雷达、导弹制导激光雷达、靶场测量激光雷达、导航激光雷达等可精确获取三维地理信息的设备，为国民经济、国防建设、社会发展和科学研究提供了极为重要的数据信息资源，取得了显著的经济效益，显示出优良的应用前景。

例如，在我们承担的国家自然科学基金重点项目"未知环境中移动机器人导航控制的理论与方法研究"中，研究了利用激光雷达获取环境地形(目标或障碍物)的高度信息的方法，以实现移动机器人导航。在获得激光测距数据后，对所测距数据进行三维变换，即通过两个步骤实现激光雷达测量环境信息的三维坐标变换。

第一步，将测量信息映射到以机器人为参考中心，机器人车体平台为参考面的三维坐标系中。图 7.37 给出了该激光雷达测量系统的坐标变换示意图，其中包括激光雷达扫描圆心

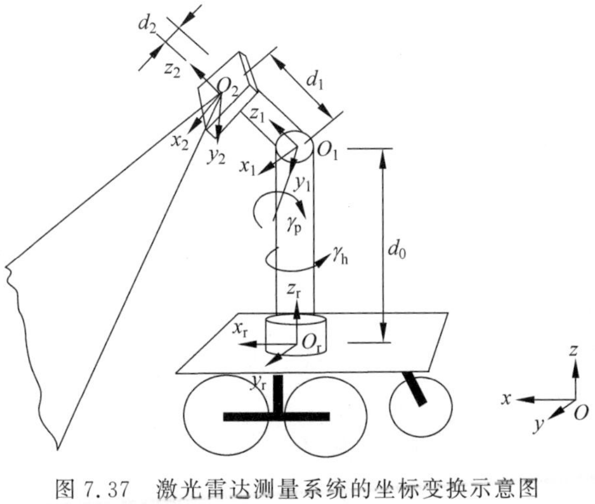

图 7.37 激光雷达测量系统的坐标变换示意图

处的坐标系$\{O_2\}$，云台面绕坐标系$\{O_1\}$和全局坐标系$\{O\}$。

第二步，考虑移动机器人在三维地形曲面上的坐标变化，把测量信息映射到全局坐标系$\{O\}$中。机器人的航向角由光纤陀螺输出，俯仰角与横滚角由机器人平台上的倾角仪输出。经坐标变换以后，用二维数组来记录平面上环境地形的高度信息。该数组的数值就代表了地形曲面与基准面的相对高度。

7.5 本章小结

传感机器人是一种通过各种传感器或传感系统而具有感知能力的机器人装置，这些传感器有视觉、听觉、触觉、力觉、嗅觉传感器等。这种智能机器人的智能是由传感器提供的。本节首先阐述了机器人传感器的特点与分类，涉及机器人的感觉顺序与策略、机器人传感器的分类以及应用传感器时应考虑的问题。接着分别讨论了机器人的内传感器和外传感器。在内传感器部分，研究了位移/位置传感器、速度和加速度传感器、姿态传感器以及力觉传感器等。在外传感器部分，研究了触觉传感器、应力觉传感器、接近度传感器和其他外传感器。最后，举例介绍了一些有代表性的机器人视觉装置，包括机器人眼、视频信号数字变换器、固态视觉装置和激光雷达等。对于各种传感器，着重讨论了它们的工作原理，并说明了应用中应该注意的问题。

习题 7

7.1 机器人传感器的作用和特点为何？

7.2 常用的机器人内传感器和外传感器有哪几种？

7.3 应用机器人传感器时应考虑哪些问题？

7.4 测量机器人的速度和加速度常用哪些传感器？

7.5 有哪几种光电编码器？它们各有什么特点？除了检测位置（角位移）外，光电编码器还有什么用途？试举例说明。

7.6 在全反射码情况下，要获得$1°$的分辨率，需要多少位二进制码？

7.7 有一个旋转电位器，其供电电源电压为10V，总电阻为50kΩ，旋转范围为$300°$。电位器的输出接至输入阻抗为1MΩ的12位A/D变换器。当电位器的滑动接点处于满刻度位置（最大电压输出）时，由电噪声引起的峰电压波动为4mV。在零位，输出电压为1V，而噪声为1mV。

(1) 电噪声或数字变换误差是否限制了角分辨率？试给出整个量程内总分辨率（包括两者影响）的数值。

(2) 当该电位器装在某台机器人上时，其最大转速为$30°/s$。如果这时采用串行输出，相应的A/D变换器的数据输出速度为多少b/s？

7.8 表7.2使用了两种不同的二进制码来表示十进制数0～3。完成表中编码至十进制数31。注意到二进制循环码每步只改变一位状态。试指出其变化规律？

表 7.2　用两种不同的二进制码表示的十进制数 0～3

十进制数	一般二进制码	循环二进制码
0	0 0 0 0 0	0 0 0 0 0
1	0 0 0 0 1	0 0 0 0 1
2	0 0 0 1 0	0 0 0 1 1
3	0 0 0 1 1	0 0 0 1 0
⋮		
31		

7.9　某增量式旋转光学编码器具有如图 7.38 所示的双通输出。每当任一通过的输出过零时，就产生一个脉冲信号。因此，对于每个增量位移，会产生 4 个脉冲信号。如果转盘上有 1024 条暗线(分割为 1024 个空间)，那么此编码器的角分辨率为多少？

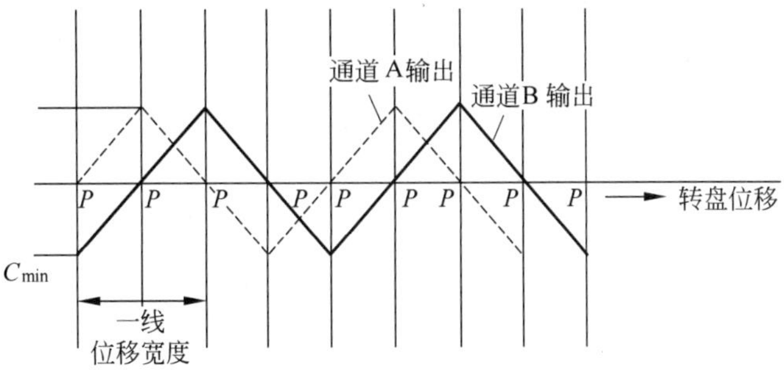

图 7.38　增量式旋转光学编码器双通道输出波形

7.10　姿态传感器的作用是什么？姿态传感器有哪几种？

7.11　试述激光陀螺仪的工作原理，它有何用途？

7.12　力觉传感器有哪几种？试说出它们的作用原理？

7.13　试谈触觉传感器的作用、存在问题和研究方向。

7.14　举出 3 种常用的触觉传感器的例子(包括人工皮肤)，简要说明其工作原理。

7.15　激光雷达是怎样工作的？它有哪些特点？其应用领域和前景如何？

第 8 章 机器人规划

机器人规划可分为高层规划和低层规划，即智能规划和轨迹规划。本章只讨论机器人高层规划，因为机器人轨迹规划属于低层规划，本书暂不介绍。

8.1 机器人规划概述

自动规划从某个特定的问题状态出发，寻求一系列行为动作，并建立一个操作序列，直到求得目标状态为止。与一般问题求解相比，自动规划更注重问题的求解过程，而不是求解结果。此外，规划要解决的问题，如机器人世界问题，往往是真实世界问题，而不是比较抽象的数学模型问题。自动规划系统属于高级求解系统与技术。在研究自动规划时，一般都以机器人规划与问题求解作为典型例子加以讨论。这不仅是因为机器人规划是自动规划最主要的研究对象，更因为机器人规划能够得到形象的和直觉的检验。有鉴于此，往往把自动规划称为"机器人规划"。机器人规划是一种重要的问题求解技术，其原理、方法和技术，可以推广应用至其他规划对象或系统。

8.1.1 规划的概念和作用

机器人规划(robot planning)是机器人学的一个重要研究领域，也是人工智能与机器人学中一个令人感兴趣的结合点。目前已经研究出一些机器人高层规划系统。其中，有的把重点放在消解原理证明机器上，它们应用通用搜索启发技术，以逻辑演算表示期望目标。STRIPS 和 ABSTRIPS 就属于这类系统。这种系统把世界模型表示为一阶谓词演算公式的任意集合，采用消解反演(resolution-refutation)求解具体模型的问题，并采用中间结局分析(means-ends analysis)策略引导求解系统寻求目标。另一种规划系统采用管理式学习(spuervised learning)加速规划过程，改善问题求解能力。进入 20 世纪 80 年代以来，又开发出其他一些规划系统，包括非线性规划系统，应用归纳的规划系统和分层规划系统等。近 20 多年来，专家系统已应用于许多不同层次的机器人规划。近年来，基于机器学习特别是基于深度学习的机器人规划获得广泛应用。此外，对机器人，特别是移动机器人的路径规划和机器人机械手的轨迹规划等研究也取得了许多成果。

自动规划在机器人规划中被称为"高层规划"(high level planning)，它具有与低层规划(low-level planning)不同的规划目标、任务和方法。本节中，我们首先引入规划的概念，然后讨论自动规划系统的任务。

在人们的日常生活中，规划意味着在行动之前决定行动的进程，或者说，规划一词指的是在执行一个问题求解程序中的任何一步之前，计算该程序有几步的过程。一个规划是一个行动过程的描述。它可以是像百货清单一样的没有次序的目标表列；但是一般来说，规划具有某个规划目标的蕴含排序。例如,对于大多数人来说,吃早饭之前要先洗脸和刷牙。又如,一个机器人要搬动某个工件,必须先移动到该工件附近,再抓住该工件,然后带着工件移动。

缺乏规划可能导致问题求解的结果不是最佳;例如有人由于缺乏规划,为了借一本书和还一本书而去了两次图书馆。此外,如果目标不是独立的,那么动作前缺乏规划就可能在实际上排除了该问题的某个解答。例如,建造一个变电所的规划包括砌墙、安装变压器和铺设电缆线等子规划。这些子规划不是相互独立的,首先必须铺设电缆,然后砌墙,最后进行变压器安装。如果缺乏规划,颠倒了次序,就建不成变电所。

规划可用来监控问题求解过程,并能够在造成较大的危害之前发现差错。如果该问题的求解系统不是问题求解环境中唯一的行动者,以及如果此环境可能按照无法预计的方法变化,那么这种监控就显得特别重要。例如,考虑某个在遥远星球上运行的飞行器,它必须能够规划一条航线,然后,当发现环境状态与预期不合时,就要进行重新规划。将有关环境状态的反馈与预期的规划状态进行比较,当两者存在差异时,就对此规划进行修正。规划的好处可归纳为简化搜索、解决目标矛盾以及为差错补偿提供基础。

8.1.2 机器人规划系统的任务与方法

在机器人规划系统中,必须具有执行下列各项任务的方法:

(1) 根据最有效的启发信息,选择应用于下一步的最好规则;

(2) 应用所选取的规则计算由于应用该规则而生成的新状态;

(3) 对所求得的解答进行检验;

(4) 检验空端(无法达到目标的端点),以便舍弃它们,使系统的求解工作向着更有效的方向进行;

(5) 检验殆正确(几乎正确)的解答,并应用具体技术使之完全正确。

8.2 积木世界的机器人规划

机器人问题求解即寻求某个机器人的动作序列,这个序列能够使该机器人达到预期的工作目标,完成规定的工作任务。机器人规划分为高层规划和低层规划。这里所讨论的规划,属于高层规划。

8.2.1 积木世界的机器人问题

许多问题求解系统的概念可以在机器人问题求解上进行试验研究和应用。机器人问题既比较简单,又很直观。在机器人问题的典型表示中,机器人能够执行一套动作。例如,设想有一个积木世界和一个机器人。积木世界中有几个有标记的立方形积木(在这里假设其大小一致),它们或者互相堆叠,或者摆在桌面上;机器人有一个可移动的机械手,可以抓起并移动积木从一处至另一处。在这个例子中,机器人能够执行的动作举例如下。

unstack(a,b)：把堆放在积木 b 上的积木 a 拾起(取下)。在进行这个动作之前，要求机器人的手为空手，而且积木 a 顶部是空的。

stack(a,b)：把积木 a 堆放在积木 b 上。动作之前要求机械手必须已抓住积木 a，而且积木 b 顶部必须是空的。

pickup(a)：从桌面上拾起积木 a，并抓住它不放。在动作之前要求机械手为空手，而且积木 a 顶部没有任何东西。

putdown(a)：把积木 a 放置到桌面上。要求动作之前机械手已抓住积木 a。

机器人规划包括许多功能，例如识别机器人周围的世界，表述动作规划，并监视这些规划的执行。我们所要研究的主要是综合机器人的动作序列问题，即在某个给定初始情况下，经过某个动作序列而达到指定的目标。

采用状态描述作为数据库的产生式系统是一种最简单的问题求解系统。机器人问题的状态描述和目标描述均可用谓词逻辑公式构成。为了指定机器人所执行的操作和执行操作的结果，需要应用下列谓词：

ON(a,b)：积木 a 在积木 b 之上。

ONTABLE(a)：积木 a 在桌面上。

CLEAR(a)：积木 a 顶部没有任何东西。

HOLDING(a)：机械手正抓住积木 a。

HANDEMPTY：机械手为空手。

图 8.1(a)为初始布局的机器人问题。这种布局可由下列谓词公式的合取来表示：

CLEAR(B)：积木 B 顶部为空。

CLEAR(C)：积木 C 顶部为空。

ON(C,A)：积木 C 堆在积木 A 上。

ONTABLE(A)：积木 A 置于桌面上。

ONTABLE(B)：积木 B 置于桌面上。

HANDEMPTY：机械手为空手。

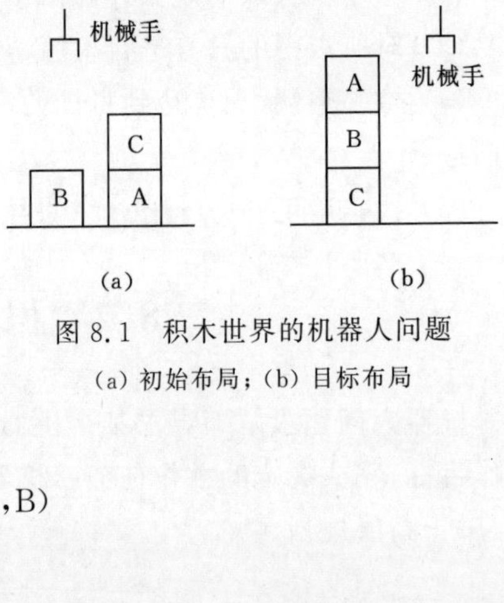

图 8.1　积木世界的机器人问题

(a) 初始布局；(b) 目标布局

如图 8.1(b)所示，目标在于建立一个积木堆，其中，积木 B 堆在积木 C 上，积木 A 又堆在积木 B 上。也可以用谓词逻辑来描述该目标为

$$ON(B,C) \wedge ON(A,B)$$

8.2.2　积木世界机器人规划的求解

将采用一个名为“STRIPS 规划系统”的规则，即“F 规则”来表示机器人的动作，该规则由三部分组成。第一部分是先决条件。为了使 F 规则能够应用到状态描述中去。这个先决条件公式必须是逻辑上遵循状态描述中事实的谓词演算表达式。在应用 F 规则之前，必须确信先决条件是真的。F 规则的第二部分是一个叫作“删除”表的谓词。当一条规则被应用于某个状态描述或数据库时，就从该数据库删去删除表的内容。F 规则的第三部分叫作

"添加表"。当把某条规则应用于某数据库时，就把该添加表的内容添进该数据库。对于积木世界的例子中 move 这个动作可以表示如下：

move(x,y,z)：把物体 x 从物体 y 上移到 z 上。

先决条件：CLEAR(x),CLEAR(z),ON(x, y)

删除表：ON(x, z),CLEAR(z)

添加表：ON(x, z),CLEAR(y)

如果 move 为此机器人仅有的操作符或适用动作，那么，可以生成如图 8.2 所示的搜索图或搜索树。

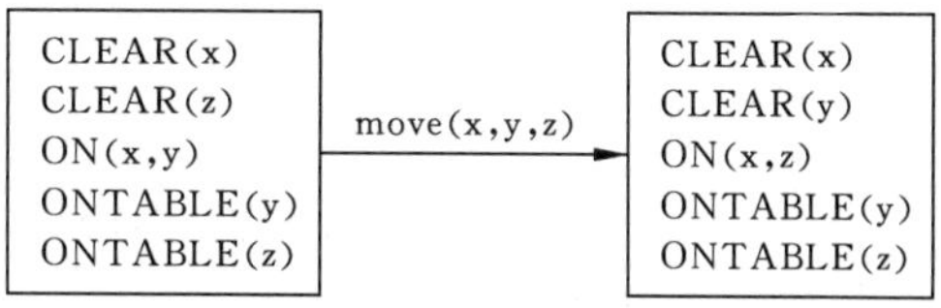

图 8.2　表示 move 动作的搜索树

下面更具体地考虑图 8.1 中所示的例子，机器人的 4 个动作(或操作符)可用 STRIPS 形式表示如下：

(1) stack(x,y)

先决条件和删除表：HOLDING(x) ∧ CLEAR(y)

添加表：HANDEMPTY,ON(x,y)

(2) unstack(x,y)

先决条件：HANDEMPTY ∧ ON(x,y) ∧ CLERA(x)

删除表：ON(x,y),HANDEMPTY

添加表：HOLDING(x),CLEAR(y)

(3) pickup(x)

先决条件：ONTABLE(x) ∧ CLEAR(x) ∧ HANDEMPTY

删除表：ONTABLE(x) ∧ HANDEMPTY

添加表：HOLDING(x)

(4) putdown(x)

先决条件和删除表：HOLDING(x)

添加表：ONTABLE(x),HANDEMPTY

假设目标为图 8.1(b)所示的状态，即 ON(B,C) ∧ ON(A,B)。从图 8.1(a)所示的初始状态描述开始正向操作，只有 unstack(C,A)和 pickup(B)两个动作可以应用 F 规则。图 8.3 给出了这个问题的全部状态空间，并用粗实线指出了从初始状态(用 S0 标记)到目标状态(用 G 标记)的解答路径。与习惯的状态空间图画法不同的是，这个状态空间显示出问题的对称性，而没有把初始节点 S0 放在图的顶点上。另外，要注意到本例中的每条规则都有一条逆规则。

沿着粗实线所示的支路，从初始状态开始，正向地依次读出连接弧线上的 F 规则，就可得到一个能够达到目标状态的动作序列：

{unstack(C,A), putdown(C), pickup(B), stack(B,C), pickup(A), stack(A,B)}

我们把这个动作序列叫作达到这个积木世界机器人问题目标的"规划"。

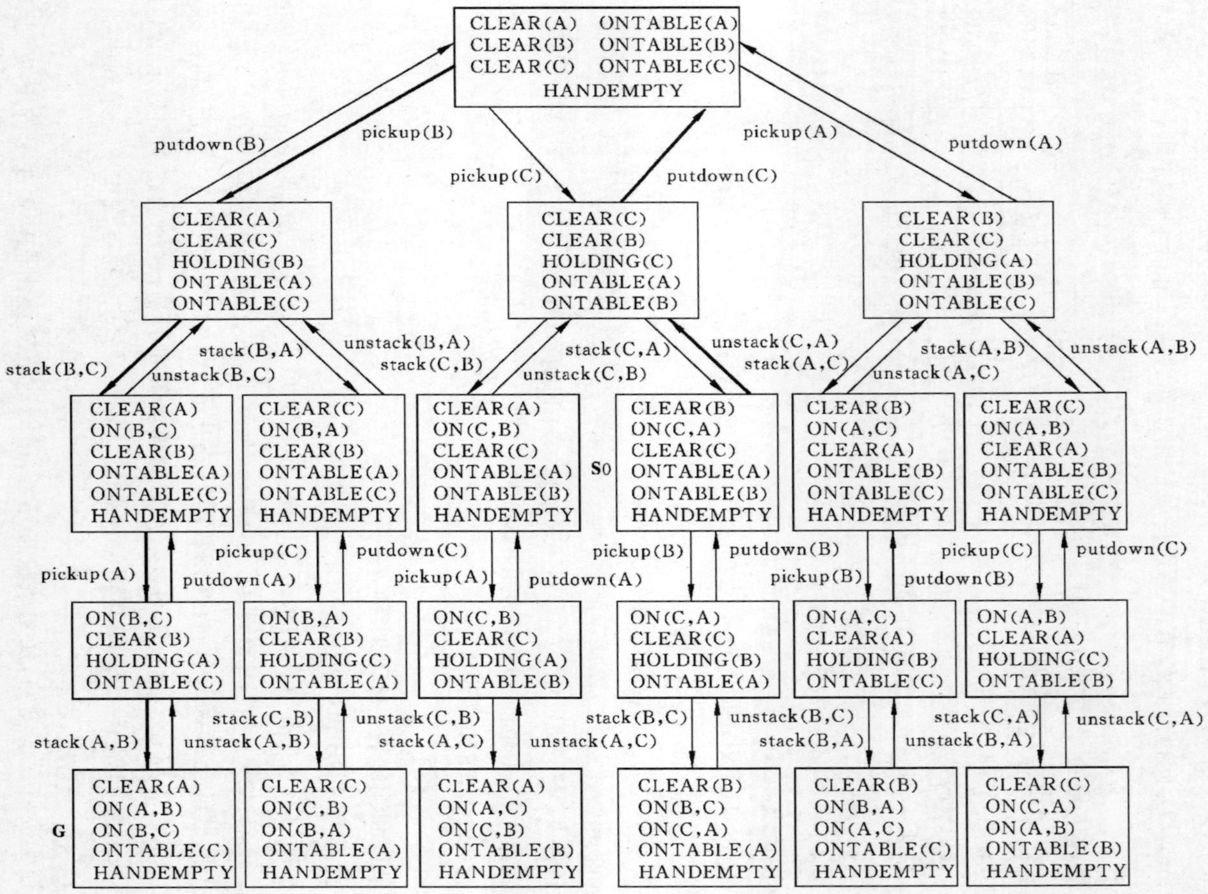

图 8.3　积木世界机器人问题的状态空间

8.3 基于消解原理的机器人规划系统

一个基于消解原理的机器人规划系统 STRIPS(Stanford Research Institute Problem Solver),即斯坦福研究所问题求解系统,是从被求解的问题中引出一般性结论而产生规划的。

8.3.1 STRIPS 的组成

Fikes,Hart 和 Nilsson 三人在 1971 年和 1972 年研究成功的 STRIPS,是夏凯(Shakey)机器人程序控制系统的一个组成部分。这个机器人是一部被设计用于围绕简单的环境移动的自推车,它能够按照简单的英语命令进行动作。夏凯包含下列 4 个主要部分:

(1) 车轮及其推进系统;

(2) 传感系统,由电视摄像机和接触杆组成;

(3) 一台不在车体上的用来执行程序设计的计算机。它能够分析由车上传感器得到的反馈信息和输入指令,并向车轮发出使其推进系统的触发信号;

(4) 无线电通信系统,用于在计算机和车轮间的数据传送。

STRIPS 是决定把哪个指令送至机器人的程序设计。该机器人世界包括一些房间、房间之间的门和可移动的箱子;在比较复杂的情况下还有电灯和窗户等。对于 STRIPS 来说,任何时候存在的实际世界都可由一套谓词演算子句来描述。例如,子句

INROOM(ROBOT,R2)

在数据库中为一断言,表明该时刻机器人在 2 号房间内。当实际情况改变时,数据库必须进行及时修正。总体来说,描述任何时刻世界的数据库就叫作“世界模型”。

控制程序包含许多子程序,当这些子程序被执行时,会使机器人移动通过某个门,推动某个箱子通过一个门,关上某盏电灯或者执行其他实际动作。这些程序本身是很复杂的,但不直接涉及问题求解。对于机器人问题求解来说,这些程序有点像人类问题求解中走动和拾起物体动作一样的关系。

8.2 节中介绍过 STRIPS 系统 F 规则(操作符)的组成。整个 STRIPS 系统的组成如下:

(1) 世界模型:为一阶谓词演算公式;

(2) 操作符(F 规则):包括先决条件、删除表和添加表;

(3) 操作方法:应用状态空间表示和中间-结局分析。例如:

状态:(M,G),包括初始状态、中间状态和目标状态。

初始状态:(M0,(G0))

目标状态:得到一个世界模型,其中不遗留任何未满足的目标。

8.3.2 STRIPS 规划过程

STRIIPS 问题的每个解答为某个实现目标的操作符序列,即达到日标的规则。卜面举例说明 STRIPS 系统规则的求解过程。

例 8.1 考虑 STRIPS 系统一个比较简单的情况，即要求机器人到邻室去取回一个箱子。机器人的初始状态和目标状态的世界模型示于图 8.4。设有两个操作符，即 gothru 和 pushthru(“走过”和“推过”)，分别描述于下：

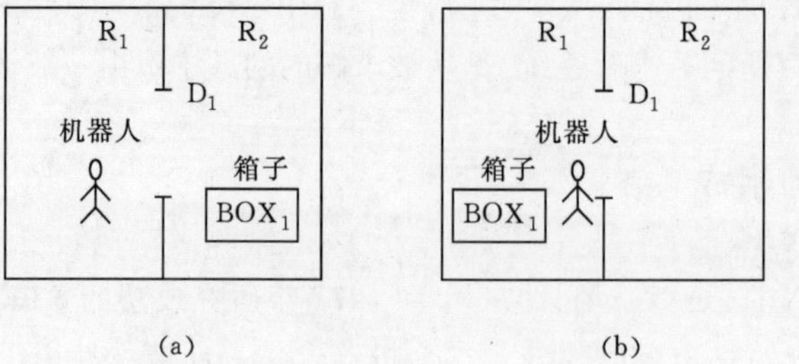

图 8.4 STRIPS 的一个简化模型

(a) 初始世界模型；(b) 目标世界模型

- OP1：gothru(d,r1,r2)；

机器人通过房间 r1 和房间 r2 之间的门 d，即机器人从房间 r1 走过门 d 而进入房间 r2。先决条件：INROOM(ROBOT,r1) ∧ CONNECTS(d, r1, r2)，即机器人在房间 r1 内，而且门 d 连接 r1 和 r2 两个房间。

删除表：INROOM(ROBOT,S)；对于任何 S 值

添加表：INROOM(ROBOT,r2)

- OP2：pushthru(b, d, r1, r2)

机器人把物体 b 从房间 r1 经过门 d 推到房间 r2。

先决条件：INROOM(b, r1) ∧ INROOM(ROBOT,r1) ∧ CONNECTS(d, r1, r2)

删除表：INROOM(ROBOT,S),INROOM(b, S)；对于任何 S

添加表：INROOM(ROBOT,r2),INROOM(b, r2)

这个问题的差别表见表 8.1。

表 8.1 差别表

差　别	操　作　符	
	gothru	pushthru
机器人和物体不在同一房间内	×	
物体不在目标房间内		×
机器人不在目标房间内	×	
机器人和物体不在同一房间内，但不是目标房间		×

假设这个问题的初始状态 M0 和目标 G0 如下：

M0：
INROOM(ROBOT,R1)
INROOM(BOX1,R2)
CONNECTS(D1,R1,R2)

G0：INROOM(ROBOT,R1) ∧ INROOM(BOX1,R1) ∧ CONNECTS(D1,R1,R2)

下面，采用中间-结局分析方法逐步求解这个机器人规划。

(1) do GPS 的主循环迭代，until M0 与 G0 匹配为止。

(2) begin。

(3) G0 不能满足 M0，找出 M0 与 G0 的差别。尽管这个问题不能马上得到解决，但是如果初始数据库含有词句 INROOM(BOX1，R1)，那么这个问题的求解过程就可以延续。GPS 找到它们的差别 d1 为 INROOM(BOX1，R1)，即要把箱子(物体)放到目标房间 R1 内。

(4) 选取操作符：一个与减少差别 d1 有关的操作符。根据差别表，STRIPS 选取操作符为 OP2：pushthru (BOX1，d，r1，R1)

(5) 消去差别 d1，为 OP2 设置先决条件 G1 为

G1：INROOM(BOX1，r1) ∧ INROOM(ROBOT，r1) ∧ CONNECTS(d，r1，R1)

这个先决条件被设定为子目标，而且 STRIPS 试图从 M0 到达 G1。尽管 G1 仍然不能得到满足，也不可能马上找到这个问题的直接解答。不过 STRIP 发现：

如果

$$r1=R2$$

$$d=D1$$

当前数据库含有 INROOM(ROBOT，R1)

那么此过程能够继续进行。现在新的子目标 G1 为

G1：INROOM(BOX1，R2) ∧ INROOM(ROBOT，R2) ∧ CONNECTS(D1，R2，R1)

(6) GPS(p)；重复第 3 步至第 5 步，迭代调用，以求解此问题。

第 3 步：G1 和 M0 的差别 d2 为

INROOM(ROBOT，R2)

即要求机器人移到房间 R2

第 4 步：根据差别表，对应于 d2 的相关操作符为

OP1：gothru(d，r1，R2)

第 5 步：OP1 的先决条件为

G2：INROOM(ROBOT，R1) ∧ CONNECTS(d，r1，R2)

第 6 步：应用置换式 r1=R1 和 d=D1，STRIPS 系统能够达到 G2。

(7) 把操作符 gothru(D1，R1，R2)作用于 M0，求出中间状态 M1。

删除表：INROOM(ROBOT，R1)

添加表：INROOM(ROBOT，R2)

M1：
- INROOM(ROBOT，R2)
- INROOM(BOX1，R2)
- CONNECTS(D1，R1，R2)

把操作符 pushthru 应用于中间状态 M1。

删除表：INROOM(ROBOT，R2)，INROOM(BOX1，R2)

添加表：INROOM(ROBOT，R1)，INROOM(BOX1，R1)

得到另一中间状态 M2 为

M2：
- INROOM(ROBOT，R1)
- INROOM(BOX1，R1)
- CONNECTS(D1，R1，R2)

M2=G0

(8) end。

由于 M2 与 G0 匹配，所以我们通过中间-结局分析求解这个机器人规划问题。在求解过程中，所用到的 STRIPS 规则为操作符 OP1 和 OP2，即

gothru(D1,R1,R2)，pushthru (BOX1,D1,R2,R1)

中间状态模型 M1 和 M2，即子目标 G1 和 G2，如图 8.5 所示。

从图 8.5 可见，M2 与图 8.4 的目标世界模型 G0 相同。

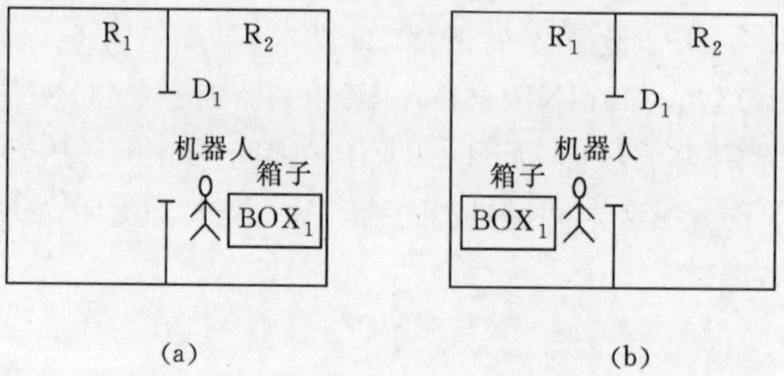

图 8.5 中间目标状态的世界模型

(a) 中间目标状态 M1；(b) 中间目标状态 M2

因此，得到的最后规划为{OP1，OP2}，即

{gothru(D1,R1,R2),pushthru(BOX1,D1,R2,R1)}

这个机器人规划问题的搜索图如图 8.6 所示，与或树如图 8.7 所示。

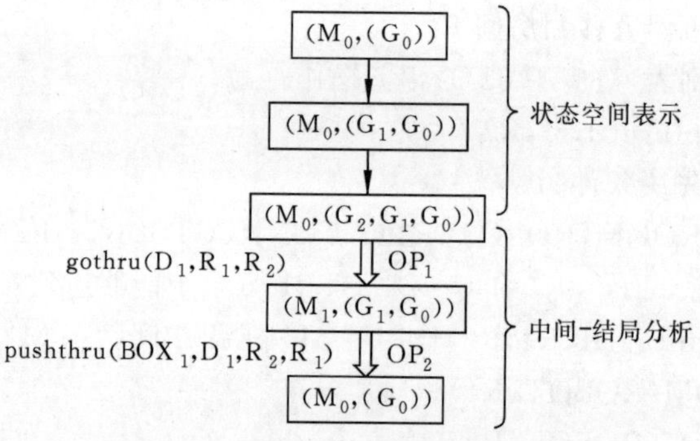

图 8.6 机器人规划例题的搜索图

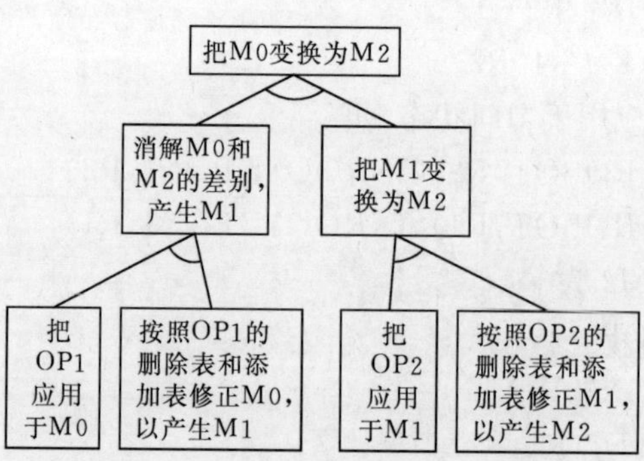

图 8.7 机器人规划例题的与或图

8.4 基于专家系统的机器人规划

自20世纪80年代以来,专家系统技术已被研究和应用,以进行不同层次的机器人规划和程序设计。本节将结合作者对机器人规划专家系统的研究,介绍基于专家系统的机器人规划。

8.4.1 规划系统结构和机理

机器人规划专家系统就是用专家系统的结构和技术建立起来的机器人规划系统。目前大多数专家系统都是以基于规划系统(rule-besed system)的结构来模仿人类的综合机理的。在这里,也采用基于规则的专家系统来建立机器人规划系统。

1. 系统结构和规划机理

机器人规划专家系统由5个部分组成,如图8.8所示。

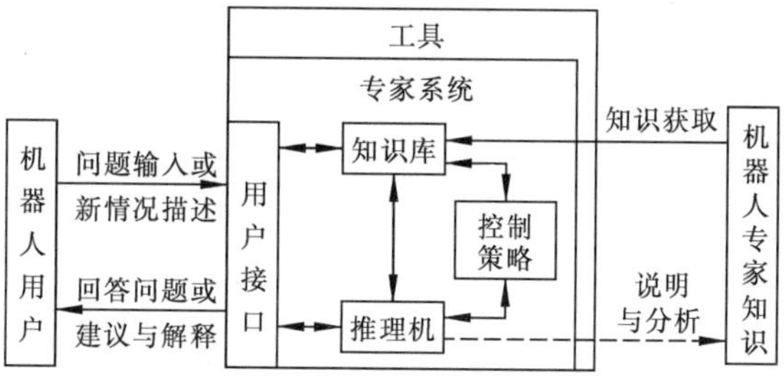

图8.8 机器人规划专家系统的结构

(1) 知识库

知识库用于存储某些特定领域的专家知识和经验,包括机器人工作环境的世界模型、初始状态、物体描述等事实和可行操作或规则等。为了简化结构图,我们把表征系统目前状况的总数据库(或称为"综合数据库"(global database))看作知识库的一部分。一般来说,总数据库(黑板)是专家系统的一个单独组成部分。

(2) 控制策略

控制策略包含综合机理,确定系统应当应用什么规则以及采用什么方式去寻找该规则。当使用PROLOG语言时,其控制策略为搜索、匹配和回溯(searching, matching and backtracking)。

(3) 推理机。用于记忆采用的规则和控制策略及推理策略。根据知识库的信息,推理机能够使整个机器人规划系统以逻辑方式协调地工作,进行推理,作出决策,寻找理想的机器人操作序列。有时,把这一部分也叫作"规则形成器"。

(4) 知识获取。首先获取某特定领域的专家知识。然后用程序设计语言(如PROLOG和LISP等)把这些知识变换为计算机程序。最后把它们存入知识库待用。

(5) 说明与分析。通过用户接口,在专家系统与用户之间进行交互作用(对话),从而使用户能够输入数据、提出问题、知道推理结果并了解推理过程等。

此外,要建立专家系统,还需要一定的工具,包括计算机系统或网络、操作系统和程序设计语言以及其他支援软件和硬件。对于本节所研究的机器人规划系统，我们采用 DUAL-VAX11/780 计算机、VM/UNIX 操作系统和 C-PROLOG 编程语言。

当每条规则被采用或某个操作被执行之后，总数据库就会发生变化。基于规则的专家系统的目标就是通过逐条执行规则及其有关操作逐步地改变总数据库的状况，直到得到一个可接受的数据库(目标数据库)为止。把这些相关操作依次集合起来，就形成了操作序列，它给出机器人运动所必须遵循的操作及操作顺序。例如，对于机器人搬运作业，规则序列给出搬运机器人把某个或某些特定零部件或工件从初始位置搬运至目标位置所需进行的工艺动作。

2. 任务级机器人规划三要素

任务级机器人规划就是寻找简化机器人编程的方法，采用任务编程使机器人易于编程，以开拓机器人的通用性和适应性。

任务规划是机器人高层规划最重要的一个方面，它包含下列 3 个要素：

(1) 建立模型

建立机器人工作环境的世界模型(world model)涉及大量的知识表示，其中主要有任务环境内所有物体及机器人的几何描述(如物体形状尺寸和机器人的机械结构等)，机器人运动特性描述(如关节界限、速度和加速度极限和传感器特性等)以及物体固有特性和机械手连杆描述(如物体的质量、惯量和连杆参数等)。

此外，还必须为每个新任务提供其他物体的几何、运动和物理模型。

(2) 任务说明

由机器人工作环境内各物体的相对位置定义模型状态，并由状态的变换次序规定任务。这些状态有初始状态、各中间状态和目标状态等。为了说明任务，可以采用 CAD 系统以期望的姿态确定物体在模型内的位置；也可以由机器人本身规定机器人的相对位置和物体的特性。不过，这种做法难以解释与修正。比较好的方法是采用一套维持物体相对位置所需的符号空间关系。这样就能够用某个符号操作序列说明与规定任务，使问题简化。

(3) 程序综合

任务级机器人规划的最后一步是综合机械手的程序。例如，对于抓取规划，要设计抓取点的程序，这与机械手的姿态及被抓取物体的描述特性有关。这个抓取点必须是稳定的。又如，对于运动规划，如果属于自由运动，就要综合避开障碍物的程序；如果是制导和依从运动，就要考虑采用传感器的运动方式进行程序综合。

8.4.2 机器人规划专家系统

现在举例说明应用专家系统的机器人规划系统。这不是一个很复杂的例子。我们采用基于规则的系统和 C-PROLOG 程序设计语言来建立这一系统，并称其为“机器人规划专家系统”(RObot Planning Expert Systems，ROPES)。

1. 系统简化框图

ROPES 的简化框图如图 8.9 所示。

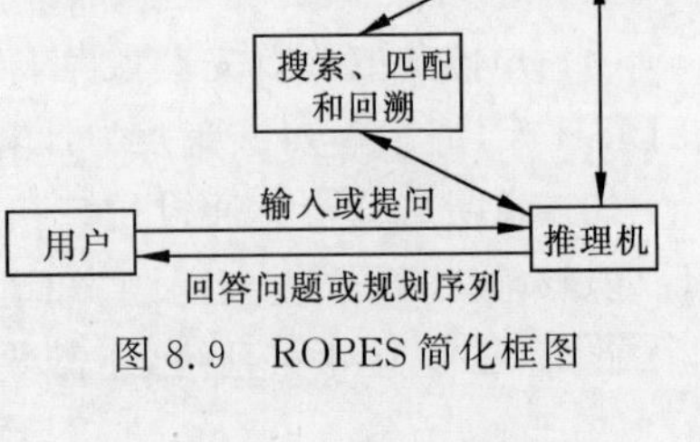

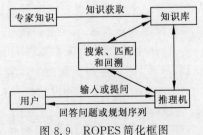

图 8.9 ROPES 简化框图

要建立一个专家系统，首先必须仔细、准确地获取专家知识。本系统的专家知识包括来自专家和个人经验、教科书、手册、论文和其他参考文献的知识。把所获取的专家知识用计算机程序和语句表示后存储在知识库中，把推理规则也放在知识库内。这些程序和规则均用C-PROLOG语言编制。本系统的主要控制策略为搜索、匹配和回溯。

在系统终端的程序操作员(用户)输入初始数据，提出问题，并与推理机对话；然后，从推理机在终端得到答案和推理结果，即规划序列。

2. 世界模型和假设

ROPES含有几个子系统，它们分别用于进行机器人的任务规划、路径规划、搬运作业规划和寻找机器人无碰撞路径。这里仅以搬运作业规划系统为例说明本系统的一些具体问题。

图8.10为机器人装配线的世界模型。由图可见，该装配流水线经过6个工段(工段1～工段6)。有6个门道沟通各有关工段。在装配线旁装设有10台装配机器人(机1～机10)和10个工作台(台1～台10)。在流水线所在车间两侧的料架上，放置着10种待装配零件，它们具有不同的形状、尺寸和质量。此外，还有1台流动搬运机器人和1部搬运小车。这台机器人能够把所需零件从料架送到指定的工作台上，供装配机器人用于装配。当所搬运的零配件的尺寸较大或较重时，搬运机器人需要用小搬运车来运送它们。我们称这种零部件为“重型”的。

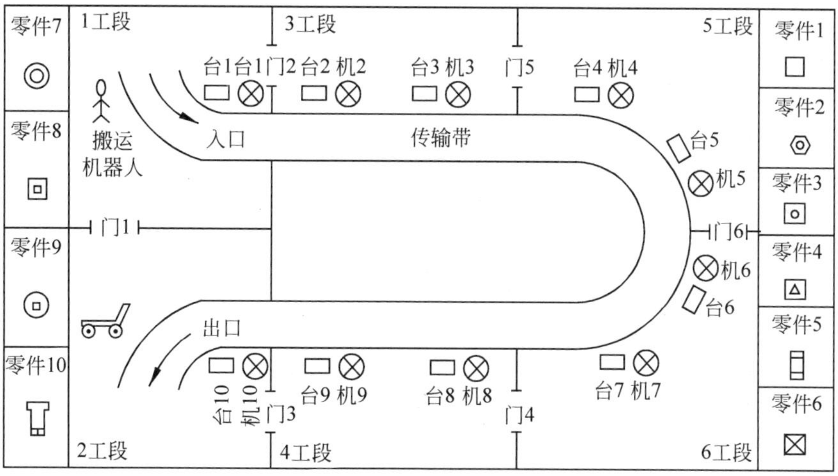

图8.10 机器人装配线环境模型

为便于表示知识、描述规则和理解规则结果，给出本系统的一些定义如下：

go(A,B)：搬运机器人从位置A走到位置B，其中

A=(areaA,Xa,Ya)：工段A内位置(Xa,Ya)，

B=(areaB,Xb,Yb)：工段B内位置(Xb,Yb)，

Xa,Ya：工段A内笛卡儿坐标系的水平和垂直坐标(m)；

Xb,Yb：工段B内的坐标(m)。

gothru(A,B)：搬运机器人从位置A走过某个门而到达位置B。

carry(A,B)：搬运机器人抓住物体从位置A送至位置B。

carrythru(A,B)：搬运机器人抓住物体从位置 A 经过某个门而到达位置 B。

move(A,B)：搬运机器人移动小车从位置 A 至位置 B。

movethru(A,B)：搬运机器人移动小车从位置 B 经过某个门而到达位置 B。

push(A,B)：搬运机器人用小车把重型零件从位置 A 推至位置 B。

pushthru(A,B)：搬运机器人用小车把重型零件从位置 A 经过某门推至位置 B。

loadon(M,N)：搬运机器人把某个重型零件 M 装到小车 N 上。

unload(M,N)：搬运机器人把某个重型零件 M 从小车 N 上卸下。

transfer(M,cartl,G)：搬运机器人把重型零件 M 从小车 cartl 上卸至目标位置 G 上。

3. 规划与执行结果

前已述及，本规划系统是采用基于规则的专家系统和 C-PROLOG 语言来产生规划序列的。本规划系统使用 15 条规则，每条规则包含两个子规则，因此实际上共使用 30 条规则。把这些规则存入系统的知识库内。这些规则与 C-PROLOG 的可估价谓词(evaluated predicates)一起使用，能够很快得到推理结果。

作为例子，我们分析一条规则。

规则 14

规则 14 表示搬运机器人用小车把重型零件(Object)从某工段 area Rb 的位置(Xb, Yb)推移(push)到其目标位置工段 area Rg 的位置(Xg, Yg)所应具备的条件和必须遵循的操作。这个目标位置与物体的当前位置处于“田”字格对角线上。例如，物体现处在第 1 工段某处，而要求把它运送至第 4 工段的第 8 工作台上。执行这条规则应具备的条件如下：

(1) 被移动物体当前在工段 Rb 的位置(Xb, Yb)是已知的，即已知 at(Object,Rb,(Xb,Yb))；

(2) 已知被移动物体的目标工段 Rg 和位置(Xg,Yg)，即 at4(Goal,Rg,(Xg,Yg))；

(3) 物体的当前位置与目标位置处在“田”字格对角线上，两位置具有下列关系：

```
diff(Rb,R4),diff(R4,Rg),diff(Rg,R1),
diff(R1,Rb),diff(Rb,Rg),diff(R4,R1),
(connects(D1,R1,Rb);connects(D1,Rb,R1)),
(connects(D2,Rg,R1);connects(D2,R1,Rg)),
(connects(D3,Rb,R4);connects(D3,R4,Rb)),
(connects(D3,R4,Rg);connects(D3,Rg,R4)),
(neighbors(Rb,R4);neighbors(Rg,R4)).
```

其中，diff 为 difference 的缩写，表示有关工段是不同的；connects 表示两个工段通过某一门道而连通，如 connects(D1,R1,Rb)即表示工段 R1 与 Rb 通过门道 D1 相连通；neighbors 表示两工段是相邻的，如 neighbors(Rb,R4)即表示 Rb 与 R4 是相邻的；逗号“,”表示“与”关系，分号“;”表示“或”关系。

(4) 把物体推至对角工段必须经过的两个门道(设为 D1 和 D2)的位置是已知的，即

```
at6(D1,Rb,(X2,Y2)),at6(D1,R1,(X3,Y3)),
at6(D2,R1,(X4,Y4)),at6(D2,Rg,(X5,Y5)),
```

值得指出的是，上述各种“已知”条件并非直接给出的，而是由专家系统根据用户提出的任务对知识库搜索后得到的。

当满足上述 4 个条件时，本规划系统将输出下列动作序列：

push((Rb,(Xb,Yb)),(Rb,(X2,Y2))),
pushthru(D1,(Rb,(X2,Y2)),(R1,(X3,Y3))),
push((R1,(X3,Y3)),(R1,(X4,Y4))),
pushthru(D2,(R1,(X4,Y4)),(Rg,(X5,Y5))),
push((Rg,(X5,Y5)),(Rg,(Xg,Yg))),
transfer(Object,cart1,Goal).

即搬运机器人 robot 用小车 cart1 把某重型零件 Object 从现有工段和位置(Rb,(Xb,Yb))推至门道 D1 的 Rb 一侧位置(X2,Y2)；接着推过门道 D1 而进入 D1 的 R1(R1 为 Rb 的相邻工段)一侧位置(X3,Y3)处；再把物体在 R1 内从位置(X3,Y3)推至(X4,Y4)，即推至门道 D2 的 R1 侧；然后推过门道 D2 而进入 D2 的 Rg 一侧位置(X5,Y5)；在 Rg 工段内，把物体从位置(X5,Y5)推至目标位置(Xg,Yg)；最后，把物体从小车上搬到目标(某个工作台)上，从而完成了从现行工段的某个位置至另一工段的目标位置的推移(push)和推过(pushthru，即 pupsh through)作业。这是某个搬运作业任务的一个组成部分。由下面即将给出的一个任务执行结果的计算机说明，可以看到整个搬运作业任务的执行情况和完整的规划序列。

综上分析，可得规则 14 于下：

```
RULE 14
push((Rb,(Xb,Yb)),Rb,D1,D2,Rg,(Rg,(Xg,Yg))),
  at(Objcet,Rb,(Xb,Yb),at4(Goal,Rg,(Xg,Yg))),
  diff(Rb,R4),diff(R4,Rg),diff(Rg,R1),
  diff(R1,Rb),diff(Rb,Rg),diff(R4,R1),
  (connects(D1,R1,Rb);connects(D1,Rb,R1)),
  (connects(D2,Rg,R1);connects(D2,R1,Rg)),
  (connects(D3,Rb,R4);connects(D3,R4,Rb)),
  (connects(D3,R4,Rg);connects(D3,Rg,R4)),
  (neighbors(Rb,R4);neighbors(Rg,R4)).
sequence(push(Rb,(Xb,Yb)),(Rb,(X2,Y2))),
  pushthru(D1,(Rb,(X2,Y2)),(R1,(X3,Y3))),
  push((R1,(X3,Y3)),(R1,(X4,Y4))),
  pushthru(D2,(R1,(X4,Y4)),(Rg,(X5,Y5))),
  push((Rg,(X5,Y5)),(Rg,(Xg,Yg))),
  transfer(Object,cartl,Goal)),robot),
  push((Rb,(Xb,Yb)),Rb,D1,R1,D2,Rg,(Rg,(Xg,Yg))),
  at(Object,Rb,(Xb,Yb)),at4(Goal,Rg,(Xg,Yg)),
  at6(D1,Rb,(X2,Y2)),at6(D1,R1,(X3,Y3)),
  at6(D2,R1,(X4,Y4)),at6(D2,Rg,(X5,Y5)).
```

下面给出的计算机说明，表示处在工段 3 的搬运机器人把在工段 2 的重型零件 part10 搬移至工段 5 的工作台 5 上所应遵循的动作序列。

在系统与用户对话中,用户输入下列数据:

¦:[area3,a,b],

¦:[area6,_,_],

¦:[area2,0,2],

¦:[area5,4.5,1],

¦:[part10,table5].

于是,规划系统迅速输出下列规划序列:

```
go((area3,a,b),(area3,6,2)),
gothru(gate5,(area3,6,2),(area5,0,2)),
go((area5,0,2),(area5,5,0)),
gothru(gate6,(area5,5,0),(area6,5,6)),
go((area6,5,6),(area6,3,1)),
move((area6,3,1),(area6,0,2)),
movethru(gate4,(area6,0,2),(area4,6,2)),
move((area4,6,2),(area4,0,2)),
movethru(gate3,(area4,0,2),(area2,6,2)),
move(area2,6,2),(area2,0,2)),
loadon(part10,cart1),
push((area2,0,2),(area2,6,2)),
pushthru(gate3,(area2,6,2),(area4,0,2)),
push((area4,0,2),(area4,6,2))
pushthru(gate4,(area4,6,2),(area6,0,2)),
push((area6,0,2),(area6,5,6))
pushthru(gate6,(area6,5,6),(area5,5,0)),
push((area5,5,0),(area5,4.5,1)),
transfer(part10,cart1,table5).
OR
push((area2,0,2),(area2,2,6)),
pushthru(gate1,(area2,2,6),(area1,2,0)),
push((area1,2,0),(area1,6,5))
pushthru(gate2,(area1,6,5),(area3,0,5)),
push((area3,0,5),(area3,6,2))
pushthru(gate5,(area3,6,2),(area5,0,2)),
push((area5,0,2),(area5,4.5,1)),
transfer(part10,cart1,table5).
CPU time=2.0883(sec).
```

在计算机程序及其执行说明中,"gate"即为门道,"area"为工段区域。其余与此相似。

图 8.11 给出了上述搬运作业任务的图解。从图可见,它有两个解。本规划共有 27 个操作,而 CPU 时间为 2.088 3s。

本系统所执行的任务中最大可能的解为 8 个,即 2×2×2=8,其操作超过 50 个,而 CPU 时间约为 2.2s。图 8.12 表示最大解图的一个例子。原处于工段 1 的搬运机器人,要

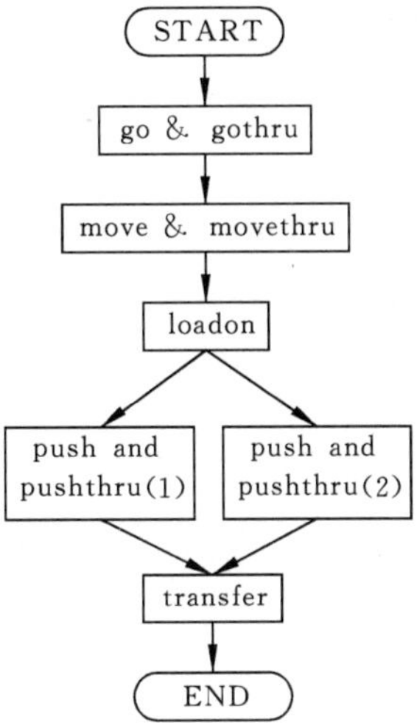

图 8.11 某规划任务解图

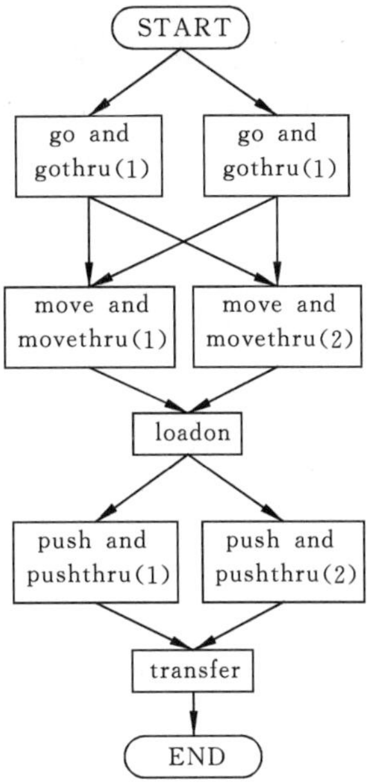

图 8.12 最大解图一例

使用工段 6 的小车把工段 1 内的一个重型零件移送到工段 6 的某个目标上。在此,略去其规划序列的说明。

4. 比较

ROPES 是用 C-PROLOG 语言在美国普度大学普度工程计算机网络(PECN)上的 DUAL-VAX11/780 计算机和 VM/UNIX(4.2BSD)操作系统上实现的。而 PULP-I 系统则是用解释 LISP 在普度大学普度计算机网络(PCN)的 CDC-6500 计算机上执行的。STRIPS 和 AB-STRIPS 各系统是用部分编译 LISP(不包括垃圾收集)在 PDP-10 计算机上进行求解的。据估计,CDE-6500 计算机的实际平均运算速度比 PDP-10 快 8 倍。但是,由于 PDP-10 所具有的部分编译和清除垃圾的能力,其数据处理速度实际只比 CDC-6500 稍为慢一点。DUAL-VAX11/780 和 VM/UNIX 系统的运算速度也比 CDC-6500 慢许多倍。不过,为了便于比较,我们用同样的计算时间单位来处理这 4 个系统,并对它们进行直接比较。

表 8.2 比较了这 4 个系统的复杂性,其中,用 PULP-24 系统代表 ROPES。从表 8.2 可以清楚地看出,ROPES 最为复杂,PULP-I 系统次之,而 STRIPS 和 ABSTRIPS 最简单。

表 8.2 各规划系统世界模型的比较

系统名称	物体数目				
	房间	门	箱子	其他	总计
STRIPS	5	4	3	1	13
ABSTRIPS	7	8	3	0	18
PULP-I	6	6	5	12	27
PULP-24	6	7	5	15	33

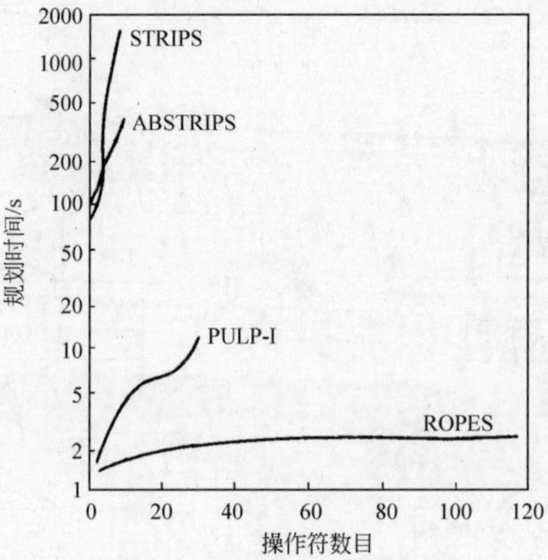

图 8.13　规划速度的比较

这 4 个系统的规划速度用曲线表示在图 8.13 的对数坐标上,从曲线可知,PULP-I 的规划速度比 STRIPS 和 ABSTRIPS 快得多。

表 8.3 仔细地比较了 PULP-I 和 ROPES 的规划速度。从图 8.19 和表 8.3 可见,ROPES(PULP-24)的规划速度比 PULP-I 快得多。

表 8.3　规划时间比较

操作符数目	CPU 规划时间/s		操作符数目	CPU 规划时间/s	
	PULP-I	PULP-24		PULP-I	PULP-24
2	1.582	1.571	49	—	2.767
6	2.615	1.717	53	—	2.950
10	4.093	1.850	62	—	3.217
19	6.511	1.967	75	—	3.233
26	6.266	2.150	96	—	3.483
34	12.225	—	117	—	3.517

注:当操作符大于 34 个时,PULP-I 没有进行实验和相关数据。

5. 结论与讨论

(1) 本规划系统是 ROPES 的一个子系统,是以 C-PROLOG 为核心语言,在美国普度大学的 DUAL-VAX11/780 计算机上实现的,并获得了良好的规划结果。与 STRIPS,ABSTRIPS 以及 PULP-I 比较,本系统具有更好的规划性能和更快的规划速度。

(2) 本系统能够输出某个指定任务的所有可能解答序列,而以前的其他系统只能给出任意一个解。当引入"cut"谓词后,本系统也只输出单一解;它不是"最优"解,而是"满意"解。

(3) 当涉及某些不确定任务时,规划将变得复杂起来。这时,概率、可信度和(或)模糊理论可被用来表示知识和任务,并求解此类问题。

(4) C-PROLOG 语言对许多规划和决策系统是十分合适和有效的;它比 LISP 更加有效而且简单。在微型机上建立高效率的规划系统应当是研究的一个方向。

(5) 当本规划系统的操作符数目增大时,系统的规划时间增加得很少,而 PULP-I 系统的规划时间却几乎是线性增加的。因此，ROPES 系统特别适用于大规模的规划系统，而 PULP-I 只能用于具有较少操作符数目的系统。

8.5 机器人路径规划

移动智能机器人是一类能够通过传感器感知环境和自身状态，实现在有障碍物的环境中面向目标的自主运动，从而完成一定作业功能的机器人系统。

导航技术是移动机器人技术的核心，而路径规划是导航研究的一个重要环节和课题。所谓路径规划是指移动机器人按照某一性能指标（如距离，时间，能量等）搜索一条从起始状态到达目标状态的最优或次优路径。路径规划主要涉及的问题包括：利用获得的移动机器人环境信息建立较为合理的模型，再用某种算法寻找一条从起始状态到达目标状态的最优或近似最优的无碰撞路径；能够处理环境模型中的不确定因素和路径跟踪中出现的误差，使外界物体对机器人的影响降到最小；利用已知的所有信息来引导机器人的动作，从而得到相对更优的行为决策。如何快速有效地完成移动机器人在复杂环境中的导航任务仍将是今后研究的主要方向之一。怎样把各种方法的优点融合到一起以达到更好的效果也是一个有待探讨的问题。本节介绍我们在路径规划方面的一些最新研究成果。

8.5.1 机器人路径规划的主要方法和发展趋势

1. 移动机器人路径规划的主要方法

（1）基于事例学习的规划方法

基于事例学习的规划方法依靠过去的经验进行学习和问题求解，一个新的事例可以通过修改事例库中与当前情况相似的旧的事例获得。对于移动机器人的路径规划可以描述为：首先，利用路径规划所用到的或已产生的信息建立一个事例库，库中的任一事例包含每一次规划时的环境信息和路径信息，这些事例可以通过特定的索引取得。然后，把由当前规划任务和环境信息产生的事例与事例库中的事例进行匹配，以寻找一个最优匹配事例，然后对该事例进行修正，并以此作为最后的结果。移动机器人导航需要良好的自适应性和稳定性，而基于事例的方法能够满足这个需求。

（2）基于环境模型的规划方法

基于环境模型的规划方法首先需要建立一个关于机器人运动的环境模型。在很多情况下，移动机器人的工作环境所具有的不确定性（包括非结构性、动态性等），会使移动机器人无法建立全局环境模型，而只能根据传感信息实时地建立局部环境模型。因此，局部模型的实时性、可靠性成为影响移动机器人是否可以安全、连续和平稳运动的关键。环境建模的方法基本上可以分为两类，即网络/图建模方法和基于网格的建模方法。前者主要包括自由空间法，顶点图像法，广义锥法等，它们可得到比较精确的解，但所耗费的计算量相当大，不适合实际的应用。而后者在实现上简单许多，所以应用比较广泛，其典型代表就是四叉树建模法及其扩展算法等。

基于环境模型的规划方法根据掌握环境信息的完整程度可以细分为环境信息完全已知

的全局路径规划和环境信息完全未知或部分未知的局部路径规划。由于环境模型是已知的，全局路径规划的设计标准是尽量使规划的效果达到最优。在此领域已经有了许多成熟的方法，包括可视图法，切线图法，Voronoi 图法，拓扑法，惩罚函数法，栅格法等。

作为当前规划研究的热点问题，局部路径规划得到了深入细致的研究。对环境信息完全未知的情况，机器人没有任何先验信息，因此规划以提高机器人的避障能力为主，而效果作为其次。已经提出和应用的方法有增量式的 D* Lite 算法和基于滚动窗口的规划方法等。环境部分未知时的规划方法主要有人工势场法、模糊逻辑算法、遗传算法、人工神经网络算法、模拟退火算法、蚁群优化算法、粒子群算法和启发式搜索方法等。启发式方法有 A* 算法、增量式图搜索算法（又称作"Dynamic A* 算法"）、: D* 和 Focussed D* 等。美国 1996 年 12 月发射的"火星探路者"探测器，其"索杰纳"火星车所采用的路径规划方法就是 D* 算法，能自主判断前进道路上的障碍物，并通过实时重规划来作出后面行动的决策。

(3) 基于行为的路径规划方法

基于行为的方法由 Brooks 在他著名的包容式结构中建立，它是受生物系统启发而产生的自主机器人设计技术，采用类似动物进化的自底向上的原理体系，尝试从简单的智能体来建立一个复杂的系统。将其用于解决移动机器人路径规划问题是一种新的发展趋势。它把导航问题分解为许多相对独立的行为单元，比如跟踪、避碰、目标制导等。这些行为单元是一些由传感器和执行器组成的完整的运动控制单元，具有相应的导航功能，各行为单元采用的行为方式各不相同，这些单元通过相互协调工作完成导航任务。

基于行为的方法大体可分为反射式行为、反应式行为和慎思式行为 3 种类型。反射式行为类似于青蛙的膝跳反射，是一种瞬间的应激性本能反应，它可以对突发性情况作出迅速反应，如移动机器人在运动中紧急停止等。该方法不具备智能性，一般与其他方法结合使用。慎思行为利用已知的全局环境模型为智能体系统到达某个特定目标提供最优动作序列，适合复杂静态环境下的规划，移动机器人在运动中的实时重规划就是一种慎思行为，机器人可能出现倒退的动作以走出危险区域，但由于慎思式规划需要一定的时间去执行，所以它对于环境中不可预知的改变反应较慢。反应式行为和慎思式行为可以通过传感器数据、全局知识、反应速度、推理论证能力和计算的复杂性这几方面来加以区分。近来，在慎思式行为的发展中出现了一种类似于人的大脑记忆的陈述性认知行为，应用此种规划不仅仅依靠传感器和已有的先验信息，还取决于所要到达的目标。比如对于距离较远且暂时不可见的目标，有可能存在一个行为分叉点，即有几种行为可供采用，机器人要择优选择，这种决策性行为就是陈述性认知行为。将它用于路径规划能使移动机器人具有更高的智能，但由于决策的复杂性，该方法难以用于实际，这方面工作有待进一步研究。

2. 路径规划的发展趋势

随着移动机器人应用范围的扩大，移动机器人路径规划对规划技术的要求也越来越高，单个规划方法有时不能很好地解决某些规划问题，所以新的发展趋向于将多种规划方法相结合。

(1) 基于反应式行为规划与基于慎思式行为规划的结合

基于反应式行为的规划方法在能建立静态环境模型的前提下可取得不错的规划效果，但它不适于环境中存在一些非模型障碍物（如桌子，人等）的情况。为此，一些学者提出了混合控制的结构，即将慎思式行为与反应式行为相结合，可以较好地解决这种类型的问题。

(2) 全局路径规划与局部路径规划的结合

全局规划一般是建立在已知环境信息的基础上，适应范围相对有限；局部规划能适用于环境未知的情况，但有时反应速度不快，对规划系统品质的要求较高。因此，如果把两者结合就可以达到更好的规划效果。

(3) 传统规划方法与新的智能方法的结合

一些新的智能技术近年来已被引入路径规划，也促进了各种方法的融合发展，例如人工势场与神经网络、模糊控制的结合等。

8.5.2 基于近似 VORONOI 图的机器人路径规划

移动机器人在未知环境中运行，首先需要感知环境。基于空间知识的分层表示思想，在感知层以占据栅格的度量表示方法进行传感信息融合，并为实时导航中的动态慎思式规划提供支持，而环境拓扑建模则侧重于从区域信息中提取拓扑特征。

下面给出一种栅格空间中的近似 Voronoi 边界网络(approximate Voronoi boundary network，AVBN)建模方法，该方法实现了从传感器感知信息到环境拓扑网络模型的自动提取。针对网络路径的规划问题，提出了一种基于 Elitist 竞争机制的 GAs 算法，该算法采取了自然界小生境下生物群落中的最优选择方法，只有性能最优者才具有交叉遗传的权力，简化了种群的管理，加快了可行解的搜索过程。

1. 移动机器人运行环境的空间表示方法

未知环境中的移动机器人只具有较少的先验知识，因此对环境的特征提取是实现环境建模、定位、规划等自主导航控制的重要智能行为。认知心理学家把大量的认知过程看作“知觉的”，知觉过程是接纳感觉输入并将之转换为较抽象的代码的过程。

环境的建模问题本质上是感知知识的组织与利用。一个合理的环境模型，能够有效地帮助移动机器人实现导航控制。环境的建模属于环境特征提取与知识表示方法，决定了系统如何存储、利用和获取知识，是未知环境下导航需要解决的一个关键问题。

(1) 人与动物的空间认知

随着生物界与自然界的进化，一方面是高级生物的感知能力提高，同时也由于动植物的繁衍与相互作用，自然环境日益复杂。动物生存于环境中，需要相应的空间知识表示作为导航的认知基础。

环境的未知程度具有相对性，移动机器人在未知环境中运行，可以通过不断感知环境，提取环境知识，逐步从盲目行为转化为有目的的行为。环境建模是从环境信息的积累中提取反映环境特征的认知地图，减少在导航过程中的盲目徘徊。如果一个智能系统具备了自主的环境信息加工能力，能够独立地通过传感器信息获得环境特征，建立环境模型，就能够实现在未知环境中进行有目的运动的要求。

认知地图是有关大规模环境信息的知识表示，建立在较长时间的观察与环境信息积累基础上，应用于寻找路径并确定自身与目标的相对位置。

(2) 空间知识的表示方法

经过长期的研究，针对移动机器人环境知识的表示，研究人员已经提出了空间知识表示的度量表示方法、拓扑结构表示方法以及结合两者特点的混合表示方法。

度量表示(metric representation)采用世界坐标系中的坐标信息描述环境的特征，它包含了空间分解方法和几何表示方法。

拓扑表示(topological representation)用节点表示某个特定的位置，用边表示这些位置的联系，可以用 $G=(V,E)$ 描述自由空间的特征。其中，V 表示顶点集合(vertices set)，E 表示连接顶点的边集合(edge set)。通常采用 Voronoi 图表示环境可行区域的骨架。这种方法的基本思想是由环境模型产生 Voronoi 边界，它到各个障碍间的最短距离相等，在边的交界处形成图的顶点。拓扑表示方法路径规划的效率很高(路径也可能是次优的)，需要的存储空间小，适合大规模环境下的应用。

混合表示(hybrid representation)是一种从全局度量地图中提取拓扑特征的方法，在机器人导航过程中，采用声呐传感器的距离信息提取特征。当声呐的距离信息发生明显有别于已知节点的特征时，就产生一个新的节点。当特征信息与已知节点的特征相近时，就采用部分可观测马尔可夫决策方法进行概率定位，将定位与环境拓扑图的生成同时进行(SLAM 方法)。另一种方法是从局部度量地图中提取全局拓扑结构图。局部地图采用栅格表示，采用类似拓扑结构的边集连接已经存在的多个局部地图。由于局部的度量地图维持在一个较小的范围，误差可以被忽略。在路径规划中采用局部的与全局的两个层次规划，即基于占据栅格的区域规划与全局的基于拓扑连接关系的规划。混合表示方法包含了度量表示与拓扑表示的特点，从而能够将拓扑结构路径规划的效率与度量空间较高的导航精度结合起来，实现多层次的规划。

(3) 移动机器人的分层空间知识表示

移动机器人在环境中运行，离不开对环境知识的积累。未知环境下对空间知识表示方法的要求体现在自主性、可扩展、可维护、经济性和高效率等方面。

综合环境知识表示的特点，把环境的知识表示分为感知层次与特征层次两个层次，并分别采用不同的环境表示方法。在感知层次，采用栅格空间的度量表示方法。在特征层次，通过构建环境拓扑地图建立环境模型。由于环境模型建立在区域信息积累的基础上，与实际的导航行动相比，具有一定的滞后。环境模型服务于导航中“准实时”的全局规划与决策；与之相应，感知层次的信息融合与动态慎思式规划提供实时的导航支持。

慎思式规划是介于反应式行为与全局规划行为间的区域规划行为，它依赖的仍然是直观的感知层次信息，没有建立环境模型的过程。慎思式规划行为(如：D^* 算法等)在高分辨率的栅格地图环境中进行大范围的规划行为是困难的。虽然规划算法从理论上来说可以计算无穷步序列的规划任务，但在大规模栅格环境中计算路径的复杂度往往大于建模的复杂度。

在未知环境下的环境建模，要求机器人能够根据环境的累积信息自主地提取环境模型。拓扑表示方法能够有效地降低度量空间的维数，Voronoi 图能够将二维的度量感知信息转换为可行进区域的网络模型，使规划成为一维的最优节点序列问题，是一种有效的拓扑表示方法，具有存储空间与规划计算代价小等特点。Voronoi 图表示了环境中以障碍为中心的邻近区域分割状态，因此，可以通过分区域的建模实现增量式的拓扑环境建模。

2. 近似 VORONOI 边界网络(AVBN)建模方法

俄国数学家 G. Voronoi 在 1908 年提出的 Voronoi 图，最初应用于平面点的邻近问题研究。所谓邻近问题,就是指给定平面中的 n 个点,把平面划分为以这些点为中心的区域,区域中任何位置到中心点的距离比到其他中心点的距离更近,如图 8.14 所示。广义 Voronoi 图则推广到多维空间中的实体对象,并在地理信息系统、模式识别、机械加工路径规划、移动机器人规划等领域获得广泛应用。

在一些文献中把二维平面上的广义 Voronoi 图(generalized Voronoi graph,GVG)又称为"广义 Voronoi 图表"(generalized Voronoi diagram,GVD)。由于在移动机器人的规划中,通常只考虑平面上的情况,因此在本节中,GVG 与 GVD 为同一概念。

在移动机器人的规划中,以障碍物为实体对象的 GVG 用来描述可行区域的网络化结构。Voronoi 图不仅是求解某些基本邻近问题的通用工具,而且其本身也是计算几何中的一个研究领域。在众多的构造 Voronoi 图算法中,分治算法应用比较多。分治算法首先构造单个对象的影响区,以某个对象的影响区为基础,加入其他对象,并对两个对象的影响区进行缝合,得到共同的 Voronoi 图。然后以这个图为基区,加入新的对象并缝合,直到所有对象都纳入 Voronoi 图。

针对障碍环境中实体对象的 GVG 构造,经常采用离散空间下的草地火分解法(brushfire decomposition),如图 8.15 所示。利用草地火分解法的困难在于对非凸集障碍的分解,由于非凸集障碍生成的骨架图难以保证网络的连通性,需要获得障碍顶点信息来把非凸集障碍分解为凸集的组合。

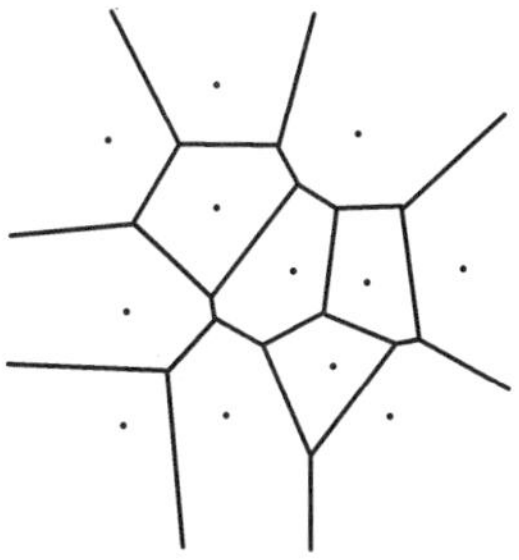

图 8.14 点集的 Voronoi 图

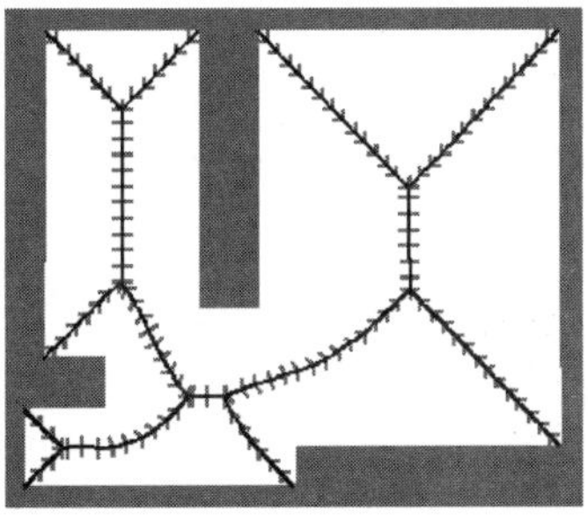

图 8.15 采用草地火分解法产生 GVG 图

Howie Choset 提出了利用传感器测距信息,根据 Voronoi 邻近边的特性实现机器人的定位与 GVG 模型的构造。但该方法易受环境动态障碍和传感器噪声的干扰,生成环境模型的网络节点数量大。同时,实时构造 GVG 要求移动机器人具有 360°全方位的障碍测距能力,在某些非结构化环境的应用中,获得全方位的障碍距离信息是很困难的。

关于近似 Voronoi 边界网络(AVBN)建模的具体方法,限于本书篇幅未能在此介绍,有兴趣的读者可参阅相关文献。

8.5.3 基于免疫进化和示例学习的机器人路径规划

下面介绍一种快速而有效地实现导航的路径规划算法——基于免疫进化和示例学习的路径规划。

进化计算的收敛速度较慢,经常要耗费大量的机器时间,达不到在线规划和实时导航的要求。如果仅有选择、交叉和变异的标准进化计算用于路径规划,理论上说使用最优保存策略时能以概率1进化出最佳路径，但进化代数将是一个巨大的数字。通常，基于进化的路径规划和导航都考虑了机器人的导航特点，设计了新的进化算子。针对这种环境前后有一些相似性的情况，将过去进化过程中的经验(性能好的个体)通过示例表达并存入示例库，然后在新的进化过程中选取部分示例加入种群，同时将生命科学中的免疫原理和进化算法相结合，构造一类进化算法，满足在线规划下的实时性要求。算法中免疫算子是通过接种疫苗和免疫选择两个步骤完成的，并使用了按模拟退火原理的免疫选择算子。

1. 个体的编码方法

一条路径是由从起点到终点、若干线段组成的折线，线段的端点为节点(用平面坐标(x,y)表示)，绕过了障碍物的路径为可行路径。一条路径对应进化种群中的一个个体，一个基因用其节点坐标(x,y)和状态量b组成的表来表示，b刻画节点是否在障碍物内、本节点与下一节点组成的线段是否与障碍物相交，以及记录使用绕过障碍物的免疫操作状态(后面详细说明)。个体X可表示如下：

$$X=\{(x_1,y_1,b_1),(x_2,y_2,b_2),\cdots,(x_n,y_n,b_n)\}$$

式中，(x_1,y_1)，(x_n,y_n)是固定的，分别表示起、止节点。

群体的大小是预先给定的常数N，按随机方式产生$n-2$个坐标点$(x_2,y_2),\cdots,(x_{n-1},y_{n-1})$。

2. 适应度函数

所讨论的问题是求一条最短路径，要求路径与障碍物不相交，并保证机器人能安全行驶。据此，适应度函数可取为

$$\text{Fit}(X)=\text{dist}(X)+r\varphi(X)+c\phi(X) \tag{8.1}$$

其中，r和c为正常数。$\text{dist}(X)$，$\varphi(X)$和$\varphi(X)$的定义如下：

$\text{dist}(X)=\sum_{i=1}^{n-1}d(m_i,m_{i+1})$为路径总长，$d(m_i,m_{i+1})$为两相邻节点$m_i$和$m_{i+1}$之间的距离，$\varphi(X)$为路径与障碍物相交的线段个数，$\phi(X)=\max_{i=2}^{n-1}C_i$为节点的安全度，其中

$$C_i=\begin{cases}g_i-\tau, & g_i\geqslant\tau\\ e^{\tau-g_i}-1, & \text{否则}\end{cases}$$

g_i为线段$\overline{m_im_{i+1}}$至所有检测到的障碍物的距离，τ为预先定义的安全距离参数。

3. 免疫和进化算子

交叉算子：由选择方式选择两个个体，以两者中较短的一个的节点数为取值上限，以1为下限，产生一个服从均匀分布的随机数，以此数为交叉点，对两个个体进行交叉操作。记交叉操作的概率为p_c。

Ⅰ型变异算子：在路径上随机选一个节点(非起点和终点)，将此节点的x坐标和y坐标分别用全问题空间内随机产生的值取代。

Ⅱ型变异算子：在路径上随机选一个节点(x,y)(非起点和终点)，将此节点的x坐标和y坐标用原来坐标附近的一个随机值取代。

免疫算子(immune operator)是关键的进化算子，如何对其进行设计呢？首先对问题进

行分析，路径规划的关键目标是避障，因此绕过障碍物所需的信息就是重要的特征信息。设计绕过障碍物的免疫算子(或免疫操作)，如图 8.16 所示，试图绕过挡住道路的障碍物。

从机器人运动角度分析，直线运行是最理想的，随着环境的复杂化，运行的路线随之复杂化，特别是转角大的点，运动控制难度变大、前进速度变小。为了提高路径光滑度，转角大的点(用曲率来度量)要裁角。绕过障碍物的免疫操作产生的路径上的节点有时前后顺序错位，需要交换某些节点的前后顺序；有时有多余的节点，需要删除。为此使用了裁角算子、交换算子和删除算子。

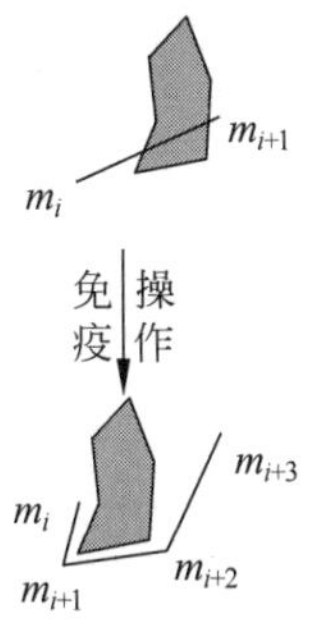

图 8.16　免疫算子

4. 算法描述与免疫、进化算子分析

构造的算法如下：

```
开始
{
初始化群体；
评价群体的适应度；
若不满足停机条件则循环执行：
   {
   从示例库中取出若干个体替换最差个体；
   交叉操作；
   Ⅰ型变异操作；
   Ⅱ型变异操作；
   删除操作；
   交换操作；
   裁角；
   免疫操作接种疫苗；
   免疫选择；
   评价群体的适应度；
   淘汰部分个体，保持种群规模；
   }
}
```

在进行免疫操作的接种疫苗后进行免疫选择，就是将免疫操作产生的个体 X' 与其父本 X 进行比较，如果适应度值改进了，则替代其父本，否则按概率 $P(X)=\exp((\mathrm{fit}(X)-\mathrm{fit}(X'))/T_k)$ 替代其父本。

如果没有相似环境的示例库，也就是说，是一个全新的环境，需要通过离线的免疫进化规划，这时是在算法中删除“从示例库中取出若干个体替换最差个体”。当满足停机条件时，将种群中的个体加入示例库存储。当环境发生变化时，就按上述算法进行，要不断地从示例库中取出示例加入当前进化种群，将过去进化过程中取得的经验发挥出来，加快进化速度。

如果环境多次发生变化，每变化一次，示例库中的示例数量就会增加，对此可以考虑按“先进先出”的方式对示例库存储，将部分最早存入的示例删除，因为环境经过多次变化，最早的经验也许已经过时了。

如何在学习经验的同时适应环境的新变化，就是进化算子的任务了，特别是免疫算子。

下面分析免疫算子等的作用，从整个免疫进化算法的算子构造来看，免疫算子的主要作用是局部性的，进化算法是起全局作用的，因此构造的算法是全局收敛性能较好地进化算法和局部优化能力较强的免疫算子的结合；从抗体适应度提高能力来分析，结合式(8.1)，绕过障碍物的免疫算子能将不可行路径变换为可行路径，裁角算子能使运动路径变得更光滑，但对不可行路径进行光滑化的免疫操作，其意义小于可行路径进行光滑化，这从公式(8.1)的系数的确定上可以体现出来。在这种情况下，不可行路径进行光滑化的免疫操作概率应当小于绕过障碍物的免疫操作概率。如果都是可行路径，进行光滑化的免疫操作的概率将适当增大。

状态量 b 中保存了绕过障碍物的免疫操作的记录，指明了光滑化和删除节点操作的使用频率，绕过障碍物的免疫操作产生的几个节点，在其后的几代进化中，应当使用较大的概率进行删除操作和光滑化操作。

状态量 b 由如下几个部分组成：本节点到下一节点组成的线段是否与障碍物相交；绕过障碍物的免疫操作记录，若此节点在当代使用绕过障碍物的免疫或Ⅰ型变异操作，则置此处为某个整数 k(后面的仿真实验中 $k=6$)，若是Ⅱ型变异操作，则置此处为 $k/2$，如果使用了光滑化和删除节点操作，则此值减 1；当此值为 0 时，进行光滑化和删除节点操作的概率为 p_{d0}(仿真实验取 0.2)，否则为 p_{d1}(仿真实验取 0.8)。

8.5.4 基于蚁群算法的机器人路径规划

很多路径规划方法，如基于进化算法的路径规划、基于遗传算法的路径规划等，存在计算代价过大、可行解构造困难等问题，在复杂环境中很难设计进化算子和遗传算子。可引入蚁群优化算法来克服这些缺点，但用蚁群算法解决复杂环境中的路径规划问题也存在一些困难。本节首先介绍蚁群优化(ACO)算法，然后介绍一种基于蚁群算法的移动机器人路径规划方法。

1. 蚁群优化算法的简介

生物学家们发现自然界中的蚂蚁群体在觅食过程中具有一些显著的自组织行为的特征，例如：①蚂蚁在移动过程中会释放一种被称为"信息素"的物质；②释放的信息素会随着时间的推移而逐步减少；③蚂蚁能在一个特定的范围内觉察是否有同类的信息素轨迹存在；④蚂蚁会沿着信息素轨迹多的路径移动等。正是基于这些基本特征，蚂蚁能找到一条从蚁巢到食物源的最短路径。此外，蚁群还有极强的适应环境的能力，如图 8.17 所示，在蚁群经过的路线上突然出现障碍物时，蚁群能够很快重新找到新的最优路径。

这种蚁群的觅食行为激发了科学工作者的灵感，从而产生了蚁群优化算法(ACO)。蚁群算法是对真实蚁群协作过程的模拟。每只蚂蚁在候选解的空间中独立地对解进行搜索，并在所寻得的解上留下一定的信息量。解的性能越好，蚂蚁留在其上的信息量越大，而信息量越大的解被再次选择的可能性也越大。在算法的初级阶段所有解上的信息量是相同的，随着算法的推进，较优解上的信息量逐渐增加，算法最终收敛到最优解或近似最优解。以求解平面上 n 个城市的 TSP 问题为例说明蚁群系统的基本模型。n 个城市的 TSP 问题就是寻找通过 n 个城市各一次且最后回到出发点的最短路径。设 m 是蚁群中蚂蚁的数量，

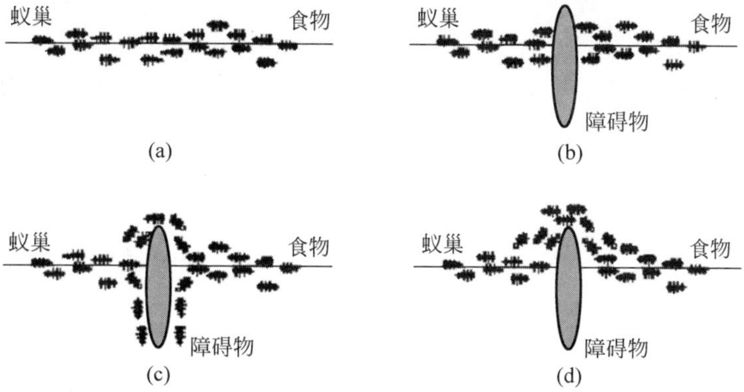

图 8.17　蚁群的自适应行为

(a) 蚁群在蚁巢和食物源之间的路径上移动；(b) 路径上出现障碍物，蚁群以同样的概率向左、右方向行进；(c) 较短路径上的信息素以更快的速度增加；(d) 所有的蚂蚁都选择较短的路径

$d_{ij}(i,j=1,2,\cdots,n)$表示城市 i 和城市 j 之间的距离，$\tau_{ij}(t)$表示 t 时刻在 ij 连线上残留的信息量。任一蚂蚁 $k(k=1,2,\cdots,m)$在运动过程中，按下式的概率转移规则决定转移方向。

$$p_{ij}^{k}=\begin{cases}\dfrac{\tau_{ij}^{n}(t)\eta_{ij}^{n}(t)}{\sum\limits_{s\in \text{allowed}_k}\tau_{ij}^{n}(t)\eta_{ij}^{n}(t)}, & j\in \text{allowed}_k\\ 0, & \text{否则}\end{cases}$$

其中，p_{ij}^{k} 表示在 t 时刻蚂蚁 k 由位置 i 转移到位置 j 的概率；η_{ij} 表示由城市 i 转移到城市 j 的期望程度，一般取 $\eta_{ij}=1/d_{ij}$；$\text{allowed}_k=\{0,1,\cdots,n-1\}-\text{tabu}_k$（$\text{tabu}_k$ 表示蚂蚁 k 以前走过的城市合集）为蚂蚁 k 下一步允许选择的城市。随着时间的推移，以前留下的信息将逐渐消逝，用参数$(1-\rho)$表示信息挥发程度，经过 n 个时刻，各只蚂蚁完成一次循环，各路径上信息量应根据下式调整

$$\begin{cases}\tau_{ij}(t+n)=\rho(t)\tau_{ij}(t)+\Delta\tau_{ij}, & \rho\in(0,1)\\ \Delta\tau_{ij}=\sum\limits_{k=1}^{m}\Delta\tau_{ij}^{k}\end{cases}$$

其中，$\Delta\tau_{ij}^{k}$ 表示第 k 只蚂蚁在本次循环中留在路径 ij 上的信息量，$\Delta\tau_{ij}$ 表示本次循环中路径 ij 上信息量的增量。

$$\Delta\tau_{ij}^{k}=\begin{cases}\dfrac{Q}{L_k}, & \text{若第 } k \text{ 只蚂蚁在本次循环中经过 } ij\\ 0, & \text{否则}\end{cases}$$

其中，Q 为常数，L_k 表示第 k 只蚂蚁在本次循环中所走路径的长度；在初始时刻，$\tau_{ij}(0)=C$，$\Delta\tau_{ij}=0(i,j=0,1,\cdots,n-1)$。蚁群系统基本模型中的参数 Q,C,α,β,ρ 的选择一般由实验方法确定，算法的停止条件可取固定进化代数或为当进化趋势不明显时便停止计算。

2. 基于蚁群算法的路径规划

机器人的路径规划问题非常类似于蚂蚁的觅食行为，机器人的路径规划问题可以看成从蚂蚁巢穴出发绕过一些障碍物寻找食物的过程，只要在巢穴有足够多的蚂蚁，这些蚂蚁一

定能避开障碍物找到一条从巢穴到达食物的最短路径，图 8.17 就是蚁群绕过障碍物找到一条从巢穴到食物的路径的例子。大多数国外文献的研究集中在多机器人系统中模拟蚁群通信与协作方式。一些学者研究了基于 ACO 的机器人路径规划问题。为了使蚂蚁能找到食物(目标点)，在食物附近建立一个气味区，蚂蚁只要进入气味区，就会沿着气味的方向找到食物。在障碍区，障碍物能阻隔食物的气味，使蚂蚁闻不到，只能根据启发式信息素或随机选择行走路径。规划出的完整机器人行走路径由三部分组成：机器人的起始位置到蚂蚁初始位置的路径、蚂蚁初始位置到蚂蚁进入气味区位置的路径和蚂蚁进入气味区位置到终点位置的路径。

(1) 环境建模

设机器人在二维平面上的有限运动区域(环境地图)上行走，其内部分布着有限多个凸型静态障碍物。为简单起见将机器人模型化为点状机器人，同时行走区域中的静态障碍物根据机器人的实际尺寸及其安全性要求进行了膨化处理，并使膨化后的障碍物边界为安全区域，且各障碍物之间及障碍物与区域边界不相交。

环境信息的描述要考虑三个重要因素：①如何将环境信息存入计算机；②便于使用；③问题求解的效率较高。采用二维笛卡儿矩形栅格表示环境，每个矩形栅格有一个概率，概率为 1 时表示存在障碍物，为 0 时表示不存在障碍物，机器人能自由通过。栅格大小的选取直接影响算法的性能，栅格选得小，环境分辨率高，但抗干扰能力弱，环境信息存储量大，决策速度慢；栅格选得大，抗干扰能力强，环境信息存储量小，决策速度快，但分辨率下降，在密集障碍物环境中发现路径的能力减弱。

(2) 邻近区的建立

一般来说，蚂蚁在巢穴附近活动，在巢穴附近没有任何障碍物，蚂蚁可以在这片区域自由行走。这样在巢穴建立一个邻近区，蚂蚁随机进入该区域后，自由地穿过障碍区向着食物方向觅食。邻近区可以是一个扇区或三角区，如图 8.18(a)和(b)所示的阴影区。邻近区的建立方法是：找到从起点朝终点方向到障碍物的最近垂直距离 d，如图 8.18(c)所示，以此距离为半径或三角形的高建立扇区或三角区。

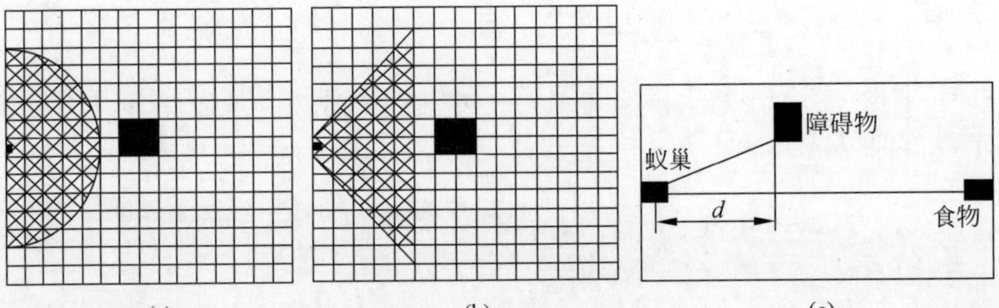

图 8.18　邻近区

(a)和(b) 邻近区；(c) 建立方法

(3) 气味区的建立

任何一种食物都有气味，这种气味吸引蚂蚁朝其爬行。因此，建立一个如图 8.19 所示的食物气味区。只要蚂蚁进入气味区，就会闻到气味，朝着食物地点爬行。在非气味区，由于障碍物阻隔，蚂蚁闻不到气味，只能按后面介绍的方法(6)选择可行路径。当蚂蚁进入气味区时，它就会朝着食物方向前进最终找到食物。气味区的建立方法是：从食物朝着起始位置方向直线扫描，没有遇到障碍物之前的区域为气味区。

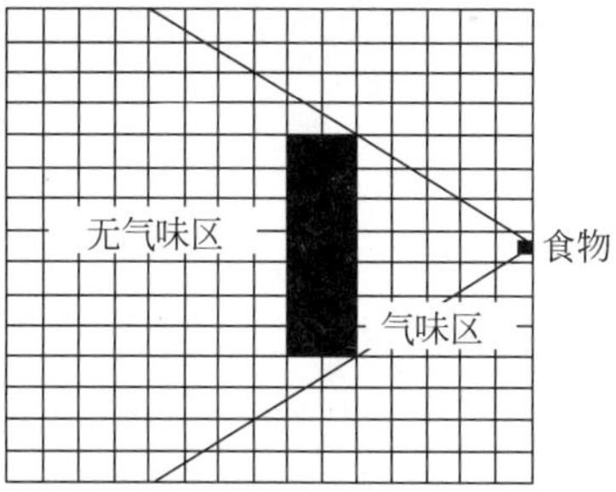

图 8.19　食物气味区

(4) 路径的构成

路径由三部分构成：机器人的起始位置到蚂蚁初始位置的路径、蚂蚁初始位置到蚂蚁进入气味区位置的路径和蚂蚁进入气味区位置到终点位置的路径，如图 8.20 所示，分别设为 path0，path1 和 path2，所以总的路径长度 $L_{path}=L_{path0}+L_{path1}+L_{path2}$。

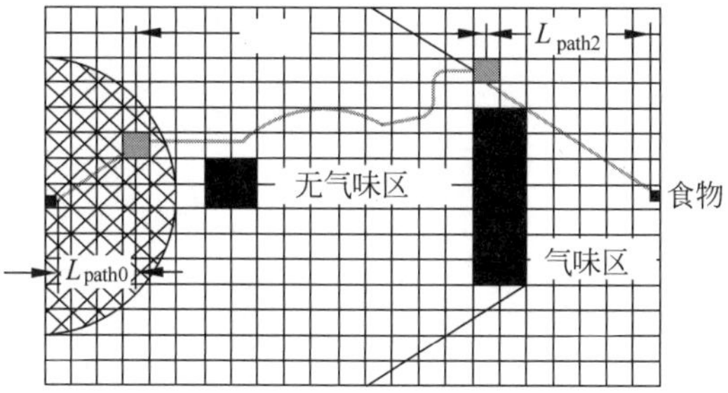

图 8.20　路径构成

(5) 路径的调整

蚂蚁走过的路径是弯弯曲曲的，必须调整为光滑路径。调整方法如图 8.21 所示：从开始点 S 出发不断寻找直到找到点 Q，使 Q 的下一个点与 S 的连线穿过障碍物，而 Q 以前的点(包括 Q 点)与 S 的连线没有穿越障碍物，连接 Q 与 S，这时 $\overline{SQ}$ 上离障碍物最近的一点为 D，则 SD 就是要找的路径。下一步设 D 为 S，再在 S 与 G 之间寻找 D，直到 S 点与 G 重合。所得到的连线即为调整后的路径。显然 $\overline{SD}$ 为 S 到 D 的最短距离，而 $\overline{DG}<\overline{DQ}+\overline{QG}$，所以线段 $\overline{SDG}$ 是沿着曲线 $\overline{SG}$ 绕过障碍物的最短路径。设总的栅格数为 N，从起点到终点的直线距离的栅格数为 M，则其最坏时间复杂度为 $O(N^2)$，最好时间复杂度为 $O(M^2)$。

(6) 路径方向的选择

蚂蚁沿食物方向可选择三个行走栅格，如图 8.22 所示，分别编号 0，1，2。每只蚂蚁根据三个方向的概率选择一个行走方向，移至下一个栅格。

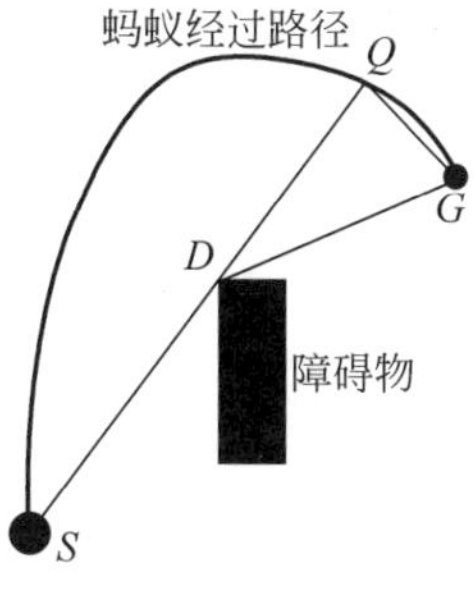

图 8.21　路径调整方法

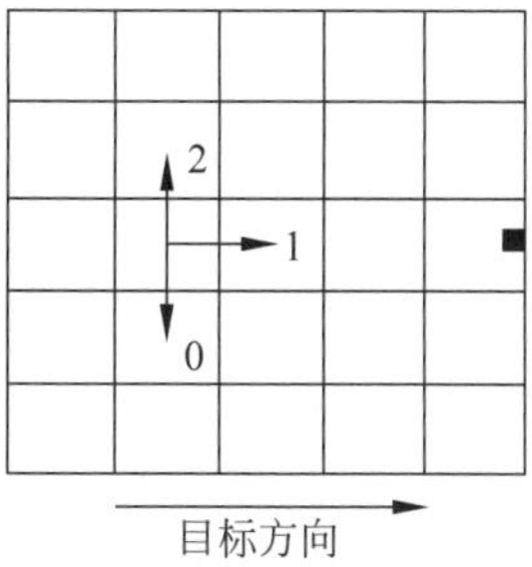

图 8.22　路径方向选择

在时刻 t，蚂蚁 k 从栅格 i 沿 j ($j\in\{0,1,2\}$)方向转移到下一栅格的概率 $p_{ij}^k(t)$ 为

$$p_{ij}^k(t)=\begin{cases}\dfrac{[\tau_{ij}(t)]^\alpha[\eta_{ij}(t)]^\beta}{\sum\limits_{S\in J_k(i)}[\tau_{ij}(t)]^\alpha[\eta_{ij}(t)]^\beta}, & j\in J_k(i)\\ 0, & \text{否则}\end{cases} \tag{8.2}$$

其中，$J_k(i)=\{0,1,2\}-\mathrm{tabu}_k$ 表示蚂蚁 k 下一步允许选择的栅格集合。列表 tabu_k 记录了蚂蚁 k 刚刚走过栅格。α 和 β 分别表示信息素和启发式因子的相对重要程度。式(8.2)中的 η_{ij} 是一个启发式因子，表示蚂蚁从栅格 i 沿 j ($j\in\{0,1,2\}$)方向转移到下一个栅格的期望程度。在蚂蚁系统(AS)中，η_{ij} 通常取城市 i 与城市 j 之间距离的倒数。由于栅格之间的距离相等，不妨取 1，于是式(8.2)变成：

$$p_{ij}^k(t)=\begin{cases}\dfrac{[\tau_{ij}(t)]^\alpha}{\sum\limits_{S\in J_k(i)}[\tau_{ij}(t)]^\alpha}, & j\in J_k(i)\\ 0, & \text{否则}\end{cases} \tag{8.3}$$

蚂蚁选择方向的方法：如果每一个可选择的方向的转移概率相等，则随机选择一个方向，否则根据式(8.3)选择概率最大的方向，作为蚂蚁下一步的行走方向。

(7) 信息素的更新

一只蚂蚁在栅格上沿三个方向中的一个方向到下一个栅格，故在每个栅格设三个信息素，每个信息素根据下式更新：

$$\tau_{ij}(t+n)=\rho\tau_{ij}(t)+\Delta\tau_{ij} \tag{8.4}$$

$$\Delta\tau_{ij}=\sum_{k=1}^{m}\Delta\tau_{ij}^k \tag{8.5}$$

$\Delta\tau_{ij}$ 表示本次迭代栅格 i 沿 j($j\in\{0,1,2\}$)方向信息素的增量。$\Delta\tau_{ij}^k$ 表示第 k 只蚂蚁在本次迭代中栅格 i 沿 j($j\in\{0,1,2\}$)方向的信息素量，用 ρ 表示在某条路径上信息素轨迹挥发后的剩余度，ρ 可取 0.9。如果蚂蚁 k 没有经过栅格 i 沿 j 方向到达下一个栅格，则 $\Delta\tau_{ij}^k$ 的值为 0，$\Delta\tau_{ij}^k$ 表示为

$$\Delta\tau_{ij}^k=\begin{cases}\dfrac{Q}{L_k}, & \text{蚂蚁 } k \text{ 经 } i \text{ 栅格沿 } j \text{ 方向}\\ 0, & \text{否则}\end{cases} \tag{8.6}$$

其中，Q 为正常数，L_k 表示第 k 只蚂蚁在本次周游中所走过路径调整以后的长度。

(8)算法描述

基于蚁群算法的路径规划(PPACO)步骤如下：

步骤 1　环境建模；

步骤 2　建立巢穴邻近区和食物产生的气味区；

步骤 3　在邻近区放置足够多的蚂蚁；

步骤 4　每只蚂蚁根据方法(6)选择下一个行走的栅格；

步骤 5　如果有蚂蚁产生了无效路径，则将该蚂蚁删除，否则直到该蚂蚁到达气味区并沿气味方向找到食物为止；

步骤 6　调整蚂蚁走过的有效路径并保存调整后路径中的最优路径；

步骤 7　按方法(7)更改有效路径的信息素；

重复步骤 3 至步骤 7 直到达到某个迭代次数或运行时间超过最大限度为止，结束整个算法。

8.6　基于机器学习的机器人规划

近年来，机器学习已在自动规划中得到越来越多的应用。本节综述基于机器学习的智能规划研究进展和应用概况。

1. 基于机器学习的智能规划应用概述

机器学习已在模式识别、语音识别、专家系统和自动规划等领域获得成功应用。深度强化学习(deep reinforcement learning，DRL)可以有效地解决连续状态空间和动作空间的路径规划问题，能够直接将原始数据作为输入，并以输出结果作为执行作用，实现端到端的学习模式，大大提高了算法的效率和收敛性。最近几年，DRL 已十分广泛地应用于机器人控制、智能驾驶和交通控制的规划、控制和导航等领域。首先，机器学习已在各种机器人和智能移动体规划中广泛应用；例如，基于 HPSO 与强化学习的巡查机器人路径规划，基于深度强化学习的未知环境下机器人路径规划，基于云的 3D 网络和相关奖励的多臂机器人健壮抓取规划，基于深度学习的雾机器人方法用于机器人表面去毛刺的物体识别和抓取规划，从虚拟到现实的深度强化学习用于无地图导航的移动机器人的连续控制，基于学习的新颖行星漫游车全局路径规划，基于深度强化学习的无人舰船自主路径规划，考虑航行经验规则的无人船舶智能避碰导航，基于深度强化学习的智能体避障与路径规划等。

其次，强度深度学习也较多地应用于移动体(机器人)的底层规划和控制；例如，智能车辆深度强化学习的模型迁移轨迹规划，基于深度强化学习的四旋翼飞机底层控制等。此外，机器学习还应用于非机器人规划；例如，具有深度强化学习的社交意识运动规划，基于机器学习的人工智能辅助规划以及基于意图网的整合规划与深度学习的目标导向自主导航等。

强化学习近年来引起了广泛的关注，能够实现学习从环境到行为的映射，并通过下述“最大化价值功能”和“连续动作空间”方式寻求最准确或最佳的行动决策。

最大化价值功能　Mnih 等提出了一种深度 Q 网络(DQN)算法，开启了 DRL 的广泛应用。DQN 算法利用深度神经网络强大的拟合能力，避免了 Q 表的巨大存储空间，并使用了经验重播记忆(experience replay memory)和目标网络来增强训练过程的稳定性。同时，DQN 实现了端到端的学习方法，仅以原始数据作为输入，以输出结果作为每个动作的 Q 值。DQN 算法在离散作用动作中取得了很大成功，但是很难实现高维连续动作。如果将连续变化的动作无限地拆分，则动作的数量会随着自由度的增加而呈指数增加，这将导致维度灾难性问题，并可能导致极大的训练难度。此外，仅将动作离散化即可删除有关动作域结构的重要信息。Actor-Critic(AC)算法具有处理连续动作问题的能力，广泛用于连续动作空间。AC 算法的网络结构包括 Actor 网络和 Critic 网络。Actor 网络负责输出动作的概率值，Critic 网络评估输出动作。这样，可以不断优化网络参数，并获得最优的动作策略；但是 AC 算法的随机策略使网络难以收敛。Lillicrap 等提供了深度确定性策略梯度(deep deterministic policy gradient, DDPG)算法，用于解决连续状态下的深度强化学习(DRL)问题。

连续动作空间　DDPG 算法是一种无模型算法，将 DQN 算法的优势与经验重播内存和目标网络结合在一起。同时，基于确定性策略梯度(DPG)的 AC 算法用于使网络输出结果具有一定的动作值，从而确保将 DDPG 应用于连续动作空间领域。DDPG 易应用于复杂问题和较大的网络结构。朱敏等提出了一种基于 DDPG 的类似人的自主汽车跟随计划的框架。在这种框架下，无人驾驶汽车通过反复试验从环境中学习，获得无人驾驶汽车的路径规划模型，具有良好的实验效果。这项研究表明，DDPG 可以深入了解驾驶人的行为，并有助于开发类似人类的自动驾驶算法和交通流模型。

2. 基于深度学习的无人驾驶舰船自主航路规划研究进展

提高舰船的自主驾驶水平已成为增强船舶航行安全性和适应性的重要保障。无人舰船能够更适应海上复杂多变的恶劣环境。这就要求无人舰船具有自主的路径规划和避障能力，从而有效完成任务，增强舰船综合能力。

无人舰船的研究方向涉及自主路径规划、导航控制、自主防撞和半自主任务执行等。自主路径规划作为自主导航的基础和前提，在舰船自动化和智能化中起着关键作用。在实际导航过程中，舰船经常会与其他舰船相遇，这需要合理的方法来指导舰船避开其他船舶，并按目标航行。无人驾驶舰船路径规划方法可以指导舰船采取最佳行动路径，避免与其他舰船和障碍物发生碰撞。传统的路径规划方法通常需要相对完整的环境信息作为先验知识，但在未知的和危险的海洋环境中获取周围环境信息非常困难。此外，传统算法运算量大，难以实现舰船的实时行为决策和准确路径规划。

目前，国内外已经进行了无人驾驶舰船自主路径规划的研究。这些方法包括传统算法，例如 APF、速度障碍方法、A * 算法；还包括一些智能算法，例如蚁群优化算法，遗传算法，神经网络算法和其他 DRL 相关算法。

在智能船领域，DRL 在无人船控制中的应用已逐渐成为一个新的研究领域。例如，基于 Q 学习的无人货船的路径规划和操纵方法，基于相对值迭代梯度(RVIG)算法的无人驾驶船舶自主导航控制，基于 Dueling DQN 算法自动避免多艘船舶的碰撞提出了一种基于行为的 USV 局部路径规划和避障方法等。DRL 克服了通常的智能算法的缺点，该算法需要一定数量的样本，并具有更少的错误和响应时间。

在无人船领域中已经提出了许多关键的自主路径规划方法。然而，这些方法主要集中在中小型 USV 的研究上，对无人船的研究则相对较少。选择 DDPG 进行无人船道规划是因为它具有强大的深度神经网络功能拟合能力和较好的广义学习能力。

Chen 提出的自主路径规划基于 DRL 的模型，以实现未知环境下无人舰船的智能路径规划。该模型通过与环境的持续交互以及使用历史经验数据，利用 DDPG 算法，可以在模拟环境中学习最佳行动策略。导航规则和船舶遇到的情况被转换成航行约束区域，以实现规划路径的安全性，确保模型的有效性和准确性。舰船自动识别系统(automatic identification system, AIS)提供的数据用于训练此路径规划模型。然后，通过将 DDPG 与人工势场相结合来获得改进的 DRL。最后，将路径规划模型集成到电子海图平台上进行实验。比较实验结果可知,改进后的模型可以实现收敛速度快和稳定性好的自主路径规划。

8.7 本章小结

本章在说明机器人规划的作用和任务之后,从积木世界的机器人规划入手,逐步深入地开展对机器人规划的讨论。我们已讨论的机器人高层规划包括下列几种方法:

(1) 规则演绎法,用 F 规则求解规划序列。

(2) 逻辑演算和通用搜索法。STRIPS 和 ABSTRIPS 系统即属此法。

(3) 基于专家系统的规则。如 ROPES 规划系统,它具有更快的规划速度、更强的规划能力和更大的适应性。

(4) 基于近似 Voronoi 图的路径规划。

(5) 基于模拟退火的局部路径规划。

(6) 基于免疫进化和示例学习的移动机器人路径规划。

(7) 基于蚁群算法的移动机器人路径规划等。

(8) 基于机器学习的机器人规划,特别是基于深度学习和深度强化学习的机器人规划。

还有其他一些机器人规则系统,如三角表规划法(具有最初步的学习能力)、应用目标集的非线性规划以及应用最小约束策略的非线性规划等。限于篇幅,不再一一介绍。

最后值得指出:第一,机器人规划已发展为综合应用多种方法的规划。第二,机器人规划方法和技术已应用到图像处理、计算机视觉、生产过程规划与监控以及机器人学各个领域。第三,机器人规划尚有待进一步研究的问题,如多机器人协调规划和实时规划等。今后,一定会有更先进的机器人规划系统和技术问世。

习 题 8

8.1 有哪几种重要的机器人高层规划系统?它们各有什么特点?你认为哪种规划方法有较大的发展前景?

8.2 让 right(x),left(x),up(x)和 down(x)分别表示 8 数码难题中单元 x 左边、右边、上面和下面的单元(如果这样的单元存在的话)。试写出 STIPS 规划来模拟向上移动 B(空格)、向下移动 B 和向右移动 B 等动作。

8.3 考虑设计一个清扫厨房规划问题。

(1) 写出一套可能要用的 STRIPS 操作符。当描述这些操作时,要考虑下列情况:

- 清扫烘箱或电冰箱会弄脏地板。
- 要清扫烘箱,必须应用烘箱清洗器,然后搬走此清洗器。
- 在清扫地板之前,必须先行打扫。
- 在清扫地板之前,必须先把垃圾筒拿出去。
- 清扫电冰箱会产生垃圾,并把工作台弄脏。
- 清洗工作台或地板会弄脏洗涤盘。

(2) 写出一个被清扫厨房的可能的初始状态描述,并写出一个可描述的(但很可能难以得到的)目标描述。

(3) 说明如何用 STRIPS 规划技术求解这个问题。(提示：你可能想修正添加条件的定义，以便当某个条件添加至数据库时，如果出现它的否定，就能自动删去此否定)。

8.4 曲颈瓶 F_1 和 F_2 的容积分别为 C_1 和 C_2。公式 CONT(X,Y)表示瓶子 X 含有 Y 容量单位的液体。试写出 STRIPS 规划来模拟下列动作：

(1) 把 F_1 内的全部液体倒进 F_2。

(2) 用 F_1 的部分液体把 F_2 装满。

8.5 小机器人 Rover 正在房外想进入房内，但不能开门让自己进去，而只能叫喊，通过叫声使门被打开。另一机器人 Max 在房间内，它能够开门并喜欢平静。Max 通常可以把门打开来使 Rover 停止叫喊。假设 Max 和 Rover 各有一个 STRIPS 规划生成系统和规划执行系统。试说明 Max 和 Rover 的 STRIPS 规划和动作，并描述导致平衡状态的规划序列和执行步骤。

8.6 用本章讨论的任何规划生成系统，解决如图 8.23 所示的机械手堆积木问题。

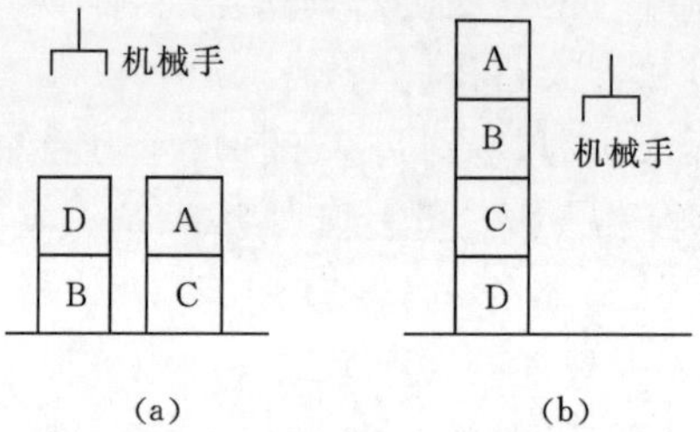

图 8.23 机械手堆积木规划问题

(a) 初始布局；(b) 目标布局

8.7 考虑如图 8.24 所示的寻找路径问题。

(1) 对所示物体和障碍物(阴影部分)建立一个结构空间。其中，物体的初始位置有两种情况，一种如图 8.24 所示，另一种情况是把物体旋转 90°。

(2) 应用结构空间，描述一个寻求上述无碰撞路径的过程(程序)，把问题限于无旋转的二维问题。

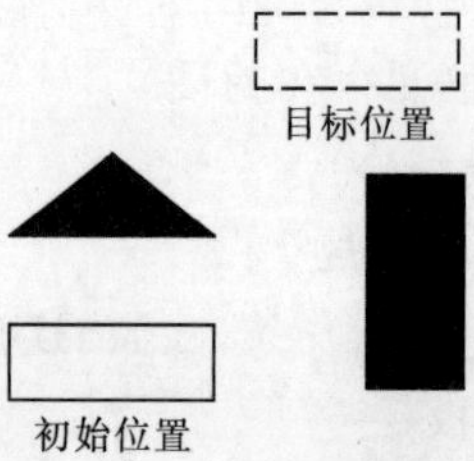

图 8.24 一个寻找路径问题

8.8 指出你的过程结构空间求得的图 8.24 问题的路径，并叙述如何把你在题 8.7 中所得的结论推广至包括旋转的情况。

8.9 图 8.25 表示机器人工作的世界模型。要求机器人 Robot 把三个箱子 BOX_1，BOX_2，和 BOX_3 移到如图 8.25(b)所示的目标位置，试用专家系统方法建立本规划，并给出规划序列。

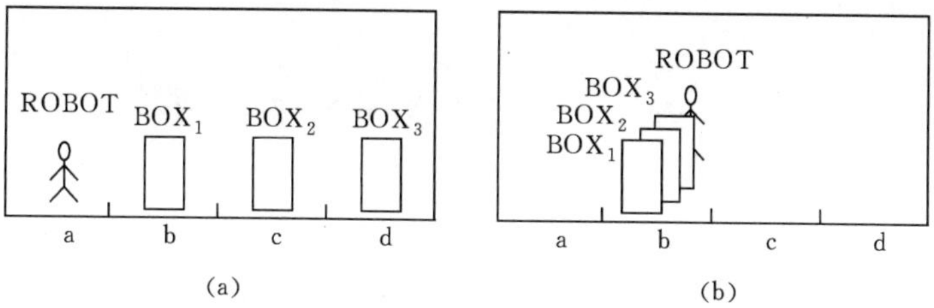

图 8.25 移动箱子于一处的机器人规划

(a) 初始世界模型 M_0；(b) 目标世界模型 G_0

8.10 图 8.26 为机器人工作的世界模型。要求机器人把箱子从初始位置房间 R_2 移至目标位置房间 R_1。试建立本机器人规划专家系统，并给出规划结果。

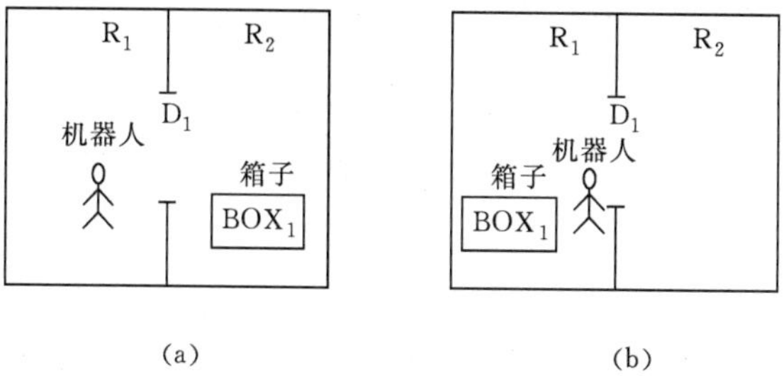

图 8.26 从一房间移至另一房间的机器人规划

(a) 初始世界模型 M_0；(b) 目标世界模型 G_0

第 9 章　机器人程序设计

机器人的程序编制是机器人运动和控制的结合点，是实现人与机器人通信的主要方法，也是研究机器人系统的最困难和最关键的问题之一。编程系统的核心问题是操作运动控制问题。

一台机器人能够编程到什么程度，决定了此机器人的适应性。例如，机器人能否执行复杂顺序的任务，能否快速地从一种操作方式转换到另一种操作方式，能否在特定环境中做出决策？所有这些问题，在很大程度上都是程序设计所考虑的问题，而且与机器人的控制问题密切相关。

机器人系统的编程能力极大地决定了具体机器人实用功能的灵活性和智能程度。机器人的工作能力基本上是由其软件系统决定的。智能机器人的研究与开发，就是机器人硬件、软件和智能三者的有机结合。

9.1　机器人编程要求与语言类型

机器人的机构和运动均与一般机械不同，因而其程序设计也具有特色，进而可以对机器人程序的设计提出特殊要求。在讨论对机器人编程的要求之前，我们先举例说明机器人控制器的工作顺序。

图 9.1 为一个制造过程中用于进行装配的自动工作站，它由传送带、摄像机、工业机器人、送料器、压床和货盘等组成。传送带的运动由计算机控制，用于传送工件。摄像机连接至视觉系统，用于确定传送带上工件的位置。工业机器人具有力感手腕，用于抓取和装卸工件、零件和装配件。送料器装在工作台表面，能为机械手提供下一个装配用零件。压床也是由计算机控制的，它的装卸操作可由机器人进行。货盘则用于存放装配好的部件。

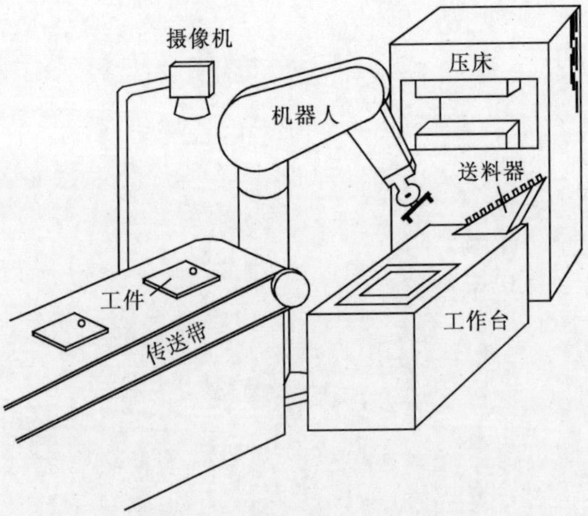

图 9.1　机器人自动装配工作站

整个装配过程由机械手控制器按顺序进行控制：

(1) 发出传送带起动信号，当视觉系统已检测到传送带上的托架工件时，传送带停止运动。

(2) 视觉系统检测传送带上托架的位置和方向，并检查托架的缺陷，如所钻孔数是否无误。

(3) 根据视觉系统的输出，机械手以规定的力抓取托架。对夹手指尖间的距离进行检验，以确保托架被正确抓取。

(4) 把托架装到工作台上的安装夹具内。这时，可命令传送带再次起动，以便传送下一个托架。

(5) 机械手从送料器捡起一个销钉，并把它部分地插入托架的一个锥形孔内。需要采用力控制执行插入任务，并检查是否已经插好。

(6) 机械手抓起托架-销钉装配件，并放到压床上。

(7) 命令压床起动，把销钉外露部分压入托架孔。当压床发出完成压入任务的信号后，机械手把托架装配件送回安装夹具上，以便作最后检验。

(8) 用力感装置检查装配件，看看销钉是否已正确插入托架孔。当机械手压着销钉露出部分的侧面时，它能感受到反作用力，并能检查与确定销钉伸出托架的长度。

(9) 如果判定装配件是好的，那么机械手就把它送到下一个适当的安装夹具上，以便进行下一道装配工序。如果下一个安装夹具已装有工件，那么操作人员会得到相应信号。要是装配件不好，就把它丢进废料箱。

(10) 等待第(2)步的完成，然后转第(3)步。

这是工业机器人执行作业任务的一个例子。显然，若用示教编程技术，这个任务将无法完成。这类应用需要一种能处理上述过程描述的机器人编程语言。

9.1.1 对机器人编程的要求

1. 能够建立世界模型(world model)

在进行机器人编程时，需要一种能够描述物体在三维空间内运动的方法。存在具体的几何型式是机器人编程语言最普通的组成部分。物体的所有运动都以相对于基坐标系的工具坐标描述。机器人语言应当具有对世界(环境)的建模功能。

如果给出一个提供几何型式的机器人编程环境，那么机器人和其他机器、零件以及夹具等均能由规定各相关几何体的名义变量来建模。图 9.2 为图 9.1 的一部分，图中标出了与任务位置有关的坐标系。每一个坐标系都要用机器人程序内的一个“框架”变量来表示。

对于许多机器人编程语言，定义各种几何型式的名义变量并在程序中涉及它们的能力，是构成世界模型的基础。物体形状、表面、体积、质量或其他一些特性，并不是这种世界模型的组成部分。世界内的哪些物体需要被建模是设计机器人编程系统的基本决策之一。

一个世界模型系统应当尽可能多地包括关于机械手所处理物体及机械手本身的信息。这样，就可能实现任务级编程系统的许多特性，如自动碰撞检测特性，包括计算无碰撞路径的自动路径规划问题。

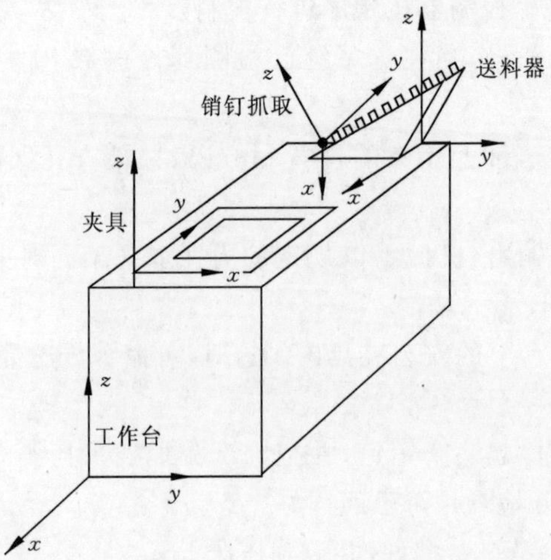

图 9.2　用一组附于相关物体的坐标系来建模

2. 能够描述机器人的作业

机器人作业的描述与其环境模型密切相关，描述水平决定了编程语言水平。其中以自然语言输入为最高水平。现有的机器人语言需要给出作业顺序，由语法和词法定义输入语言，并由它描述整个作业。例如，装配作业可被描述为世界模型的一系列状态，这些状态可用工作空间内所有物体的形态给定。这些形态可利用物体间的空间关系说明。对于如图 9.3 所示的积木世界，若定义空间关系 AGAINST 表示两表面彼此接触，则可以用表 9.1 所列语句描述如图 9.3 所示的两种情况。若假设状态 A 是初始状态，状态 B 是目标状态，就可以用它们表示抓起第三块积木并把它放在第二块积木顶部的作业。如果状态 A 是目标状态，而状态 B 是初始状态，那么它们表示的作业是从叠在一起的积木块上挪走第三块积木并把它放在桌子上。这类方法容易理解，且易于说明和修改，但没有提供操作所需的全部信息。

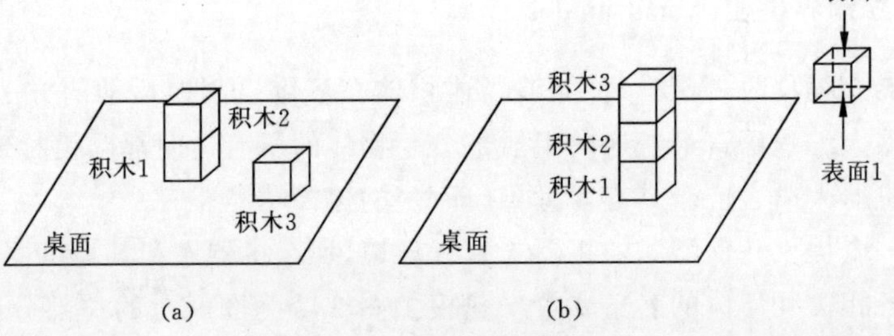

图 9.3　积木世界示例

表 9.1　积木世界的状态描述

状态 A	状态 B
(Block1-face1 AGAINST Table)	(Block1-face1 AGAINST Table)
(Block1-face3 AGAINST Block2-face1)	(Block1-face3 AGAINST Block2-face1)
(Block3-face1 AGAINST Table)	(Block2-face3 AGAINST Block3-face1)

3. 能够描述机器人的运动

描述机器人需要进行的运动是机器人编程语言的基本功能之一。用户能够运用语言中的运动语句，与路径规划器和发生器连接，允许用户规定路径上的点和目标点，决定是否采用点插补运动或笛卡儿直线运动。用户还可以控制运动速度或运动持续时间。

为阐明运动基元的各种语法，考虑下列机械手运动的例子：

(1) 移至位置"goal1"；

(2) 再以直线移至位置"goal2"；

(3) 然后，不停顿地移动经过"via1"，到达停止位置"goal3"。

假设路径上所有这些点都已经示教或者在文本上被叙述过，那么可用不同语言写出这段程序如下：

用 VAL-II 语言

```
move goal1
move goal2
move via1
move goal3
```

用 AL 语言(控制机械手"garm")

```
move garm to goal1;
move garm to goal2;
move garm to goal3 via via1.
```

对于这种简单的运动语句，大多数编程语言都具有相似的语法。不同语言间在主要运动基元上的差别是比较小的。

4. 允许用户规定执行流程

同一般的计算机编程语言一样，机器人编程系统允许用户规定执行流程，包括试验、转移、循环、调用子程序以至中断等。

对于许多计算机应用，并行处理对于自动工作站是十分重要的。首先，一个工作站常常运用两台或多台机器人同时工作以减少过程周期。即使对于如图 9.1 所示的单台机器人的情况，工作站的其他设备也需要机器人控制器以并行方式控制。因此，在机器人编程语言中常常含有信号和等待等基本语句或指令，而且往往提供比较复杂的并行执行结构。

5. 有良好的编程环境

同任何计算机一样，一个好的编程环境有助于提高程序员的工作效率。机械手的程序编制是困难的，其编程趋向于试探对话式。如果用户忙于应付连续重复的编译语言的编辑-编译-执行循环，那么其工作效率必然是较低的。因此，现在大多数的机器人编程语言都含有中断功能，以便能在程序开发和调试过程中每次只执行一条单独语句。典型的编程支撑(如文本编辑调试程序)和文件系统也是需要的。根据机器人编程的特点，其支撑软件应具有下列功能：

(1) 在线修改和立即重新启动

机器人作业需要复杂的动作和较长的执行时间，在失败后从头开始运行程序并不总是可行的。因此，支撑软件必须具有在线修改程序和随时重新启动的能力。

(2) 传感器的输出和程序追踪

机器人和环境之间的实时相互作用常常不能重复，因此支撑软件应能随着程序追踪记录传感器输出之值。

(3) 仿真

即在没有设置机器人和工作环境的情况下测试程序，因此可有效地进行不同程序的模拟调试。

6. 需要人机接口和综合传感信号

在编程和作业过程中，人与机器人之间进行信息交换应较为简便，确保在运动出现故障时能及时处理，保证安全。而且，随着作业环境和作业内容复杂程度的增加，功能强大的人机接口也更加被需要。

机器人语言的一个极其重要的部分是与传感器的相互作用。语言系统应能提供一般的决策结构，如"if…then…else"，"case…"，"do…until…"和"while…do…"等，以便根据传感器的信息来控制程序的流程。

在机器人编程中，传感器的类型一般分为三类：

(1) 位置检测：测量机器人的当前位置，一般由编码器实现。

(2) 力觉和触觉：检测工作空间中物体的存在。力觉为力控制提供反馈信息，触觉用于检测抓取物体时的滑移。

(3) 视觉：用于识别物体，确定它们的方位。

如何对传感器的信息进行综合，各种机器人语言都有自己的句法。

一般传感器信息的主要用途是启动或结束一个动作。例如，在传送带上到达的零件可以切断光电传感器，启动机器人拾取这个零件，如果出现异常情况，就结束动作。目前的大多数语言不能直接支持视觉，用户必须有处理视觉信息的模块。

9.1.2 机器人编程语言的类型

尽管机器人的编程语言有很多分类方法，但根据作业描述水平的高低，通常可分为三级：①动作级；②对象级；③任务级。

1. 动作级编程语言

动作级编程语言是以机器人的运动作为描述中心，通常由使夹手从一个位置到另一个位置的一系列命令组成。动作级语言的每一个命令(指令)对应于一个动作。如可以定义机器人的运动序列(MOVE)，基本语句形式为

```
MOVE TO(destination)
```

动作级语言的代表是VAL语言，它的语句比较简单，易于编程。动作级语言的缺点是不能进行复杂的数学运算，不能接受复杂的传感器信息，仅能接受传感器的开关信号，并且和其他计算机的通信能力很差。VAL语言不提供浮点数或字符串，而且子程序不含自变量。

动作级编程又可分为关节级编程和终端执行器编程两种。

(1) 关节级编程

关节级编程程序给出了机器人各关节位移的时间序列。这种程序可以用汇编语言、简单的编程指令实现，也可通过示教盒示教或键入示教实现。

关节级编程是一种在关节坐标系中工作的初级编程方法，用于直角坐标型机器人和圆柱坐标型机器人，编程较为简便。但用于关节型机器人时，即使完成简单的作业，也首先要进行运动方程求解才能编程，整个编程过程很不方便。

关节级编程得到的程序没有通用性，即为一台机器人编制的程序一般难以用到另一台机器人上。这样得到的程序也不能模块化，扩展也十分困难。

(2) 终端执行器级编程

终端执行器级编程是一种在作业空间内直角坐标系里工作的编程方法。

终端执行器级编程的程序给出机器人终端执行器的位姿和附加功能的时间序列，包括力觉、触觉、视觉等功能以及作业用量、作业工具的选定等。这种语言的指令由系统软件解释执行。可提供简单的条件分支，可应用子程序，并提供较强的感受处理功能和工具使用功能，这类语言有的还具有并行功能。

这种语言的基本特点是：

(1) 各关节的求逆变换由系统软件支持进行；

(2) 数据实时处理后用于执行阶段；

(3) 使用方便，占内存较少；

(4) 指令语句有运动指令语言、运算指令语句、输入输出和管理语句等。

2. 对象级编程语言

对象级语言解决了动作级语言的不足，它是通过描述操作物体间的关系使机器人做动作的语言，即它是以描述操作物体之间的关系为中心的语言，这类语言有 AML，AUTOPASS 等，具有以下特点：

(1) 运动控制：具有与动作级语言类似的功能。

(2) 处理传感器信息：可以接受比开关信号复杂的传感器信号，并可利用传感器信号进行控制、监督以及修改和更新环境模型。

(3) 通信和数字运算：能方便地和计算机的数据文件进行通信，数字计算功能强，可以进行浮点计算。

(4) 具有很好的扩展性，用户可以根据实际需要，扩展语言的功能，如增加指令等。

作业对象级编程语言以近似自然语言的方式描述作业对象的状态变化，指令语句是复合语句结构，用表达式记述作业对象的位姿时序数据及作业用量、作业对象承受的力和力矩等时序数据。

将这种语言编制的程序输入编译系统后，编译系统将利用有关环境、机器人几何尺寸、终端执行器、作业对象、工具等的知识库和数据库对操作过程进行仿真，并解决以下几方面问题：

(1) 根据作业对象几何形状确定抓取位姿；

(2) 各种感受信息的获取及综合应用；

(3) 作业空间内各种事物状态的实时感受及其处理；

(4) 障碍回避；

(5) 和其他机器人及附属设备之间的通信与协调。

这种语言的代表是 IBM 公司在 20 世纪 70 年代后期针对装配机器人开发出的 ATUOPASS 语言。

AUTOPASS 是一种在计算机控制下进行机械零件装配的自动编程系统，这一编程系统面对作业对象和装配操作而不是直接面对装配机器人的运动。

AUTOPASS 自动编程系统的工作过程大致如下：

(1) 用户提出装配任务，做出给定任务的装配工艺规程；

(2) 编写 AUTOPASS 源程序；

(3) 确定初始环境模型；

(4) AUTOPASS 的编译系统逐句处理 AUTOPASS 源程序，并和环境模型及用户实时交联；

(5) 产生装配作业方法和终端效应器状态指令码；

(6) AUTOPASS 为用户提供 PL/1 的控制和数据系统能力。

3. 任务级编程语言

任务级语言是比较高级的机器人语言，这类语言允许使用者对工作任务要求达到的目标直接下命令，不需要规定机器人所做的每一个动作的细节。只要按某种原则给出最初的环境模型和最终的工作状态，机器人便可自动进行推理、计算，最后自动生成机器人的动作。任务级语言的概念类似于人工智能中程序自动生成的概念。任务级机器人编程系统能够自动执行许多规划任务。例如，当发出“抓起螺杆”的命令时，该系统必须规划出一条避免与周围障碍物发生碰撞的机械手运动路径，自动选择一个好的螺杆抓取位置，并把螺杆抓起。与此相反，对于显式机器人编程语言，所有这些选择都需要由程序员进行；因此，在实际调整中，必须把指定的工作任务翻译为执行该任务的机器人程序。为了完成这一困难任务，需要对程序员进行专门训练。美国普度(Purdue)大学开发的机器人控制 C 程序库 RCCL 就是一种任务级编程语言，它使用 C 语言和一组 C 函数来控制机械手的运动，把工作任务与程序直接联系起来。

各种机器人编程语言具有不同的设计特点，它们是由许多因素决定的。这些因素包括：

(1) 语言模式，如文本、清单等。

(2) 语言型式，如子程序、新语言等。

(3) 几何学数据形式，如坐标系、关节转角、矢量变换、旋转和路径等。

(4) 旋转矩阵的规定与表示，如旋转矩阵、矢量角、四元数组、欧拉角和滚动-偏航-俯仰角等。

(5) 控制多个机械手的能力。

(6) 控制结构，如状态标记、if-then，if-then-else，while-do，do-until，case，for，begin-end，cobegin-coend，procedure/function/subroutine 等。

(7) 控制模式，如位置、偏移力、柔顺运动、视觉伺服、传送带跟踪和物体跟踪等。

(8) 运动形式,如两点间的坐标关系、两点间的直线、连接几个点、连续路径和隐式几何图形(如圆周)等。

(9) 信号线,如二进制输入输出,模拟输入输出等。

(10) 传感器接口,如视觉、力/力矩、接近度传感器和限位开关等。

(11) 支援模块,如文件编辑程序、文件系统、解释程序、编译程序、模拟程序、宏程序、指令文件、分段联机、差错联机、HELP功能和指导诊断程序等。

(12) 调试性能,如信号分级变化、中断点和自动记录等。

9.2 机器人语言系统结构和基本功能

9.2.1 机器人语言系统的结构

机器人语言实际上是一个语言系统,机器人语言系统既包含语言本身——给出作业指示和动作指示,也包含处理系统——根据上述指示来控制机器人系统。机器人语言系统如图9.4所示,它能够支持机器人编程、控制,以及与外围设备、传感器和机器人接口;同时还能支持和计算机系统的通信。

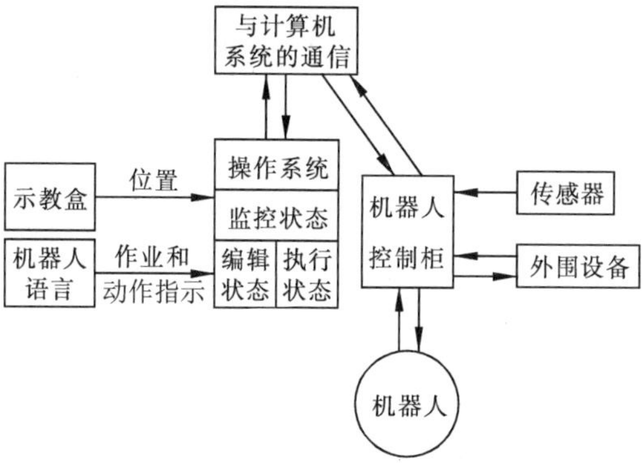

图9.4 机器人语言系统

机器人语言操作系统包括三个基本的操作状态:①监控状态;②编辑状态;③执行状态。

监控状态用来进行整个系统的监督控制。在监控状态,操作者可以用示教盒定义机器人在空间的位置,设置机器人的运动速度,存储和调出程序等。

编辑状态提供操作者编制程序或编辑程序。尽管不同语言的编辑操作不同,但一般均包括写入指令、修改或删去指令以及插入指令等。

执行状态用来执行机器人程序。在执行状态,机器人执行程序的每一条指令,操作者可通过调试程序修改错误。例如,在程序执行过程中,某一位置关节角超过限制,因此机器人不能执行,在显像管上显示错误信息,并停止运行。操作者可返回到编辑状态修改程序。大多数机器人语言允许在程序执行过程中,直接返回监控或编辑状态。

和计算机编程语言类似,机器人语言程序可以编译,即把机器人源程序转换成机器码,以便机器人控制柜能直接读取和执行;编译后的程序,运行速度将大大加快。

9.2.2 机器人编程语言的基本功能

任务程序员能够指挥机器人系统去完成的分立单一动作就是基本程序功能。例如，把工具移动至某一指定位置，操作末端执行装置，或者从传感器或手调输入装置读取数据等。机器人工作站的系统程序员的责任是选用一套对作业程序员工作最有用的基本功能。这些基本功能包括运算、决策、通信、机械手运动、工具指令以及传感器数据处理等。许多正在运行的机器人系统，只提供机械手运动和工具指令以及某些简单的传感数据处理功能。

1. 运算

在作业过程中执行的规定运算能力是机器人控制系统最重要的能力之一。如果没有这种能力，作业程序员就要求系统程序员对工厂实际操作具有足够的远见和详细了解，以便能提供处理各种可能情况的最好软件。

装有传感器的机器人所进行的一些最有用的运算是解析几何计算。这些运算结果能使机器人自行做出决定，确认在下一步把工具或夹手置于何处。对于某个指定的工作任务，由于所需要的精确运算是十分明确的，因此，要求系统程序员提供包罗万象和千篇一律的程序是不现实的。系统程序员能做的最好工作是为作业程序提供一整套包括例外情况的计算工具。

一套有用的但既非必不可少又不是包含一切的用于解析几何运算的计算工具可能包括下列内容：

(1) 机械手的解答和逆解答。

(2) 坐标运算和位置表示，例如，相对位置的构成和坐标的变化等。

(3) 矢量运算，例如，点积、交积、长度、单位矢量、比例尺和矢量的线性组合等。

2. 决策

机器人系统能够根据传感器的输入信息做出决策，而不必执行任何运算。按照未处理的传感器数据计算得到的结果，是做出“下一步该做什么”这类决策的基础。这种决策能力使机器人控制系统的功能更有力。一条简单的条件转移指令(例如检验零值)就足以执行任何决策算法；只要作业程序员多加尝试，计算结果就总是能够具有这种简单形式。如果作业程序员具有多种不同的条件转移指令形式可供选择，他的工作就容易得多。一些可供采用的形式包括符号检验(正、负或零)、关系检验(大于、不等于等)、布尔检验(开或关、真或假)、逻辑检验(对一个计算字进行位组检验)以及集合检验(一个集合的数、空集等)等。

3. 通信

机器人系统与操作人员之间的通信能力允许机器人要求操作人员提供信息、告诉操作者下一步该做什么，以及让操作者知道机器人打算做什么。人和机器能够通过许多不同方式进行通信。有些方法是十分简单的过程，只需要简单的设备；另一些方法则非常复杂，而且需要昂贵的电子通信装置。机器人向人提供信息的某些可能的输出设备，按其复杂程度排列如下：

(1) 信号灯，通过接通电灯，机器人能够给出显示信号。

(2) 字符打印机、显示屏、任何采用发光二极管、等离子电池、场致发光板、发光导线或液晶的字符显示设备。

(3) 绘图仪或图形显示屏。

(4) 语言合成器或其他音响设备(铃、扬声器等)。

人对机器人"说话"的某些设备包括:

(1) 按钮、乒乓开关、旋扭和指压开关。

(2) 数字或字母数字键盘。

(3) 光笔、光标指示器和数字变换板等。

(4) 远距离操纵主控装置,如教练枪和悬挂式操纵台等。

(5) 光学字符阅读机。

设备越简单,对操作人员技术水平的要求就越低。语音输入输出装置肯定是不简单的,这种装置的能力比较有限。研究者力图开发出一种优良的语音输入输出装置,使其能广泛适用于工作现场,而且对工作人员的技术水平要求也较低。

4. 机械手运动

机械手的运动可由不同方法来描述。在采用计算机之后,极大地提高了机械手的工作能力,包括:

(1) 使复杂得多的运动顺序成为可能;

(2) 使运用传感器控制机械手运动成为可能;

(3) 能够独立存储工具位置,而与机械手的设计和刻度系数无关。

可用许多不同方法规定机械手的运动。最简单的方法是向各关节的伺服装置提供一组关节位置,然后等待伺服装置到达这些规定位置。比较复杂的方法是在机械手的工作空间内插入一些中间位置。这种程序使所有关节同时开始和同时停止运动。用与机械手的形状无关的坐标表示工具位置是更先进的方法,而且(除 X-Y-Z 机械手外)需要用一台计算机对解答进行计算。在笛卡儿空间内插入工具位置能使工具端点沿着路径跟随轨迹平滑运动。引入一个参考坐标系,以描述工具位置,然后让该坐标系运动。这对许多情况来说是很方便的。

还可以把运动描述为绝对运动和相对运动。绝对运动每次都把工具带到工作空间的同一位置,而与工具的原来位置无关。相对运动带动工具从初始位置开始进行规定的运动,工具到达的位置取决于它的初始位置。一个只采用相对运动的运动子程序能够使我们从最后一个相对运动出发,把工具带回它的起始位置。

5. 工具指令

一个工具控制指令通常是由闭合某个开关或继电器开始触发的,而继电器又可能把电源接通或断开,以直接控制工具运动,或者送出一个小功率信号给电子控制器,让后者去控制工具。直接控制是最简单的方法,而且对控制系统的要求也较少。可以用传感器来感受工具运动及其功能的执行情况。

当采用工具功能控制器(tool function controller)时,对机器人主控制器来说就可能对机器人进行比较复杂的控制。在这种控制系统中,机器人控制器对机械手进行定位,并与工具功能控制器实行通信。当工具功能由传感器触发时,控制信号被送至某个内部子程序或外部控制器。然后,这一工具功能就由其功能控制系统来执行。当这一工具功能完成时,控制返回至机器人控制器。如果各个操作之间不发生冲突,而且控制交互冲突又被补偿,那么,采用单独控制系统能够使工具功能控制与机器人控制协调一致地工作。

6. 传感数据处理

用于机械手控制的通用计算机只有与传感器连接起来，才能发挥其全部效用。传感器具有多种形式，第7章已按照功能对传感器进行了系统介绍。

传感数据处理是许多机器人程序编制的重要而又复杂的组成部分。当采用触觉、听觉或视觉传感器时更是如此。例如，当使应用视觉传感器获取视觉特征数据、辨识物体和进行机器人定位时，要处理的数据往往是极其大量的，对视觉数据的处理也是极其费时的。

9.3 机器人操作系统 ROS

机器人操作系统(robot operating system，ROS)是一种用于编写机器人软件程序的具有高度灵活性的软件架构，是一个适用于机器人的开源元操作系统。它提供了操作系统应有的服务，包括硬件抽象、底层设备控制、常用函数实现、进程消息传递以及包管理等，并提供了用于获取、编译、编写、跨计算机运行代码所需的工具和库函数。ROS 的首要设计目标是在机器人研发领域提高代码复用率，缩短机器人的研发周期。因此，ROS 被设计成一种分布式处理框架，这些进程被封装在易于分享和发布的程序包和功能包中。ROS 也支持一种类似于代码储存库的联合系统，这个系统可以实现工程的协作和发布；这一设计使一个工程的开发和实现可以从文件系统到用户接口完全独立，同时，所有的工程都可以被 ROS 的基础工具整合在一起。

ROS 系统起源于 2007 年斯坦福大学人工智能实验室(Standford AI Robot，STAIR)与机器人技术公司 Willow Garage 的"个人机器人"(personal robots，PR)项目之间的合作。2008 年之后就由 Willow Garage 公司进行推动。2010 年，该公司发布了开源机器人操作系统 ROS，一经发布就很快在机器人研究领域引发了学习和使用的热潮。

1. ROS 的开发环境

ROS 目前主要支持在 Linux 系统上安装部署，它的首选开发平台是 Ubuntu。时至今日，ROS 已经相继更新了多种版本，供不同版本的 Ubuntu 开发者使用。为了提供最稳定的开发环境，ROS 的每个版本都有一个推荐运行的 Ubuntu 版本。与此同时，微软公司在其 Windows 10 IoT Enterprise 与 ROS 生态系统进行集成，微软的介入预示着 ROS 生态系统的大变动，Windows 系统对 ROS 的兼容也已成为现实。

2. ROS 的主要特点

经过十余年的发展，ROS 因其众多优点获得用户的广泛支持和大力推广，如今已成为一种流行的通用机器人系统仿真和软件开发平台。ROS 的主要特点如下：

(1) 点对点设计

一个使用 ROS 的系统包括一系列进程，这些进程存在于多个不同的主机并且在运行过程中通过端对端的拓扑结构联系。ROS 的点对点设计以及服务和节点管理器等机制可以分担机器人实时计算的压力，适应多机器人遇到的挑战。

(2) 支持多种语言

ROS 节点间的通信采用 XML/RPC 协议，支持多种开发语言，为熟悉不同语言的开发者提供了便利,例如 C++、Python 等,也包含其他语言的多种接口实现。

(3) 精简与集成

ROS 建立的系统具有模块化的特点,各模块中的代码可以单独编译,而且编译使用的 CMake 工具使其很容易地实现精简的理念。ROS 不修改用户的 main()函数,所以代码可以被其他的机器人软件使用,很容易和其他机器人软件平台集成。ROS 集成了众多的开源机器人开发包,如针对机器人运动规划、操纵和导航的 MoveIt,图像处理和视觉方面的 OpenCV 和 PCL 开源库等。

(4) 工具包丰富

ROS 利用了大量的小工具编译和运行多种多样的 ROS 组件,设计成内核,而不是构建一个庞大的开发和运行环境。这些工具担任各种各样的任务,例如,组织源代码的结构,获取和设置配置参数,形象化端对端的拓扑连接,生动的描绘信息数据,自动生成文档等。

(5) 免费且开源

ROS 遵从 BSD 协议,整个系统完全免费且所有的源代码都是公开发布的,允许进行各种商业和非商业的工程开发。

3. ROS 的总体框架

ROS 系统的总体框架分三级:文件系统级、计算图级和社区级。

(1) 文件系统级

ROS 文件系统级指的是在硬盘上查看的 ROS 源代码的组织形式。ROS 中有无数的节点、消息、服务、工具和库文件,需要有效的结构去管理这些代码。在 ROS 的文件系统级,有以下几个重要概念:

① 软件包

ROS 的软件以包的方式组织起来。软件包包含节点、ROS 依赖库、数据套、配置文件、第三方软件、或者任何其他逻辑构成。软件包能够提供一种易于使用的结构以便软件的重复使用。

② 堆栈

ROS 中的软件包被组织成 ROS 堆栈,堆栈是软件包的集合,它提供一个完整的功能。堆栈是 ROS 中分发软件的主要机制,每个堆栈都有一个关联的版本,并且可以声明对其他堆栈的依赖关系。这些依赖项还声明了版本号,从而提供了更高的开发稳定性。

③ 软件包清单

软件包清单提供有关软件包的元数据,包括其名称、版本、描述、许可证信息、依赖关系以及其他元信息。

(2) 计算图级

ROS 最核心的计算图级包括节点、节点管理器、参数服务器、消息、服务、主题等,如图 9.5 所示。

在运行程序时,所有进程及它们进行的数据处理就会通过节点、节点管理器、消息、服务、主题等表现出来。这一级包括 ROS 的几个核心概念:

① 节点(node):ROS 的分布式处理框架下实现功能的单元,是执行具体任务的进程和独立运行的可执行文件。

② 节点管理器(ROS master):节点的控制中心。由于系统中的节点必须有唯一的命

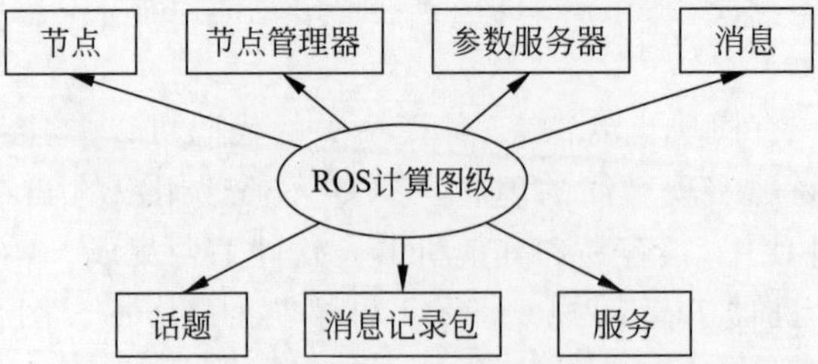

图 9.5　ROS 计算图级的组成

名，节点管理器为节点提供命名和注册服务，节点管理器还能跟踪和记录节点间的通信，辅助节点间的互相查找和连接的建立，并且提供了节点存储和检索运行时的参数服务器。

③ 话题(topic)：ROS 节点之间的一种异步通信机制。话题通信由发布者(publisher)和订阅者(subscriber)组成，话题通信的数据称为"消息"，如图 9.6 所示。

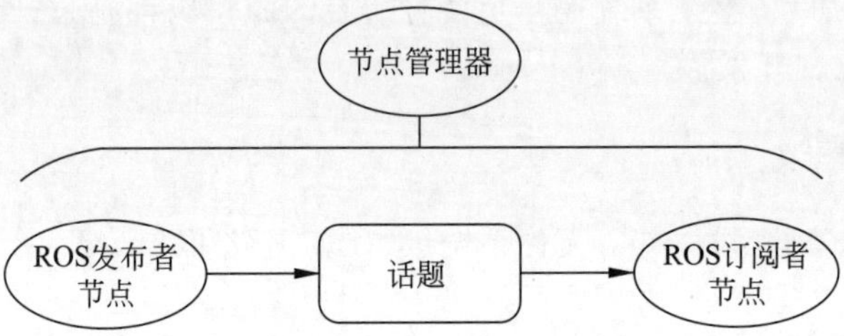

图 9.6　ROS 的话题通信

节点间进行话题通信时，发布者节点向节点管理器注册发布者的信息，包含所要发布消息的话题名和消息类型，随后节点管理器会将该节点的注册信息放入注册列表中储存起来，以等待接受此话题的订阅者。与此同时，订阅者向节点管理器注册订阅者的信息，包括所需订阅的话题名。节点管理器根据订阅者所需的订阅话题在注册列表寻找与之匹配的话题，如果没有找到匹配的发布者，则等待发布者的加入，如果找到可以与之匹配的发布者信息，经过确认后发布者就和订阅者建立了通信联系，发布者开始向订阅者传送消息。

④ 服务(service)：有时单向话题通信满足不了开发者的通信要求。例如，当一些节点只是临时而非周期性地需要某些数据，如果用话题通信方式就会消耗大量不必要的系统资源，造成系统的低效率高功耗。为了解决以上问题，服务通信在通信模型上与话题做了区别，如图 9.7 所示。

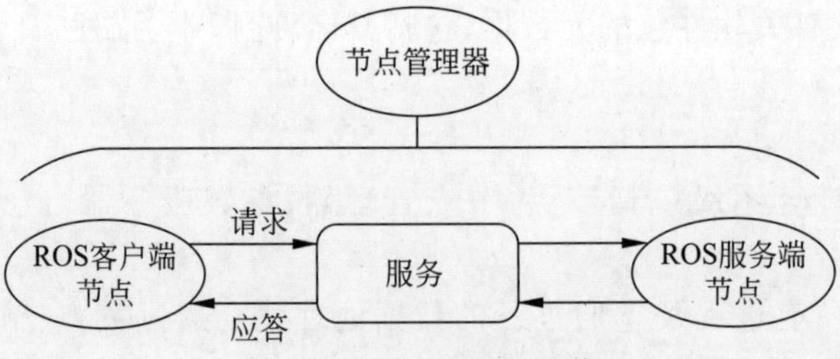

图 9.7　ROS 的服务通信

服务通信是一种双向的同步通信机制，它不仅可以发送消息，还会有反馈。服务通信包括两部分：一部分是客户端(Client)，另一部分是服务器端(Server)。通信时客户端会发送请求(request),等待服务器端处理,反馈一个应答(response),这样通过类似“请求-应答”的机制完成整个服务通信。

(3) 社区级

ROS的社区级使单独社区能够交换软件和知识的ROS资源,包括发行版、存储库、ROS Wiki等。

9.4 常用的工业机器人编程语言

主要机器人语言列表示于表9.2。

表9.2 主要的机器人语言

序号	语言名称	国家	研究单位	简要说明
1	AL	美	Stanford AI Lab.	机器人动作及对象物描述
2	AUTOPASS	美	IBM Watson Research Lab.	组装机器人用语言
3	LAMA-S	美	MIT	高级机器人语言
4	VAL	美	Unimation公司	PUMA机器人(采用MC6800和LSI11两级微型机)语言
5	ARIL	美	AUTOMATIC公司	用视觉传感器检查零件用的机器人语言
6	WAVE	美	Stanford AI Lab.	操作器控制符号语言
7	DIAL	美	Charles Stark Draper Lab.	具有RCC柔顺性手腕控制的特殊指令
8	RPL	美	Stanford RI Int.	可与Unimation机器人操作程序结合预先定义程序库
9	TEACH	美	Bendix Corporation	适于两臂协调动作,和VAL同样是使用范围广的语言
10	MCL	美	Mc Donnell Douglas Corporation	编程机器人、NC机床传感器、摄像机及其控制的计算机综合制造用语言
11	INDA	美英	SIR International and Philips	相当于RTL/2编程语言的子集,处理系统使用方便
12	RAPT	英	University of Edinburgh	类似NC语言APT(用DEC20. LSI11/2微型机)
13	LM	法	AI Group of IMAG	类似PASCAL,数据定义类似AL。用于装配机器人(用LS11/3微型机)
14	ROBEX	德国	Machine Tool Lab. TH Archen	具有与高级NC语言EXAPT相似结构的编程语言
15	SIGLA	意	Olivetti	SIGMA机器人语言
16	MAL	意	Milan Polytechnic	两臂机器人装配语言,其特征是方便,易于编程
17	SERF	日	三协精机	SKILAM装配机器人(用Z-80微型机)
18	PLAW	日	小松制作所	RW系列弧焊机器人
19	IML	日	九州大学	动作级机器人语言
20	Python	荷		跨平台的解释型脚本语言

9.4.1 VAL 语言

下面首先介绍机器人专用编程语言 VAL。

1979 年美国 Unimation 公司推出了 VAL 语言，其在初期适用于 LSI-11/03 小型计算机，后来改进为 VAL-Ⅱ，可在 LSI-11/23 上运行。

VAL 语言是在 BASIC 语言的基础上扩展的机器人语言，它具有 BASIC 式的结构，在此基础上添加了一批机器人编程指令和 VAL 监控操作系统。此操作系统包括用户交联、编辑和磁盘管理等部分。VAL 语言可连续实时运算，迅速实现复杂的运动控制。

VAL 语言适用于机器人两级控制系统，上位机是 LSI-11/23，机器人各关节可由 6503 微处理器控制。上位机还可以和用户终端、软盘、示教盒、I/O 模块和机器视觉模块等交联。

调试过程中的 VAL 语言可以和 BASIC 语言和 6503 汇编语言联合使用。

VAL 语言主要用在各种类型的 PUMA 机器人以及 UNIMATE 2000 和 UNIMATE 4000 系列机器人。

VAL 语言的主要特点是：

(1) 编程方法和全部指令可用于多种计算机控制的机器人。

(2) 指令简明，指令语句由指令字和数据组成，实时和离线编程均可应用。

(3) 指令和功能均可扩展，可用于装配线和制造过程控制。

(4) 可调用子程序组成复杂操作控制。

(5) 可连续实时计算，迅速实现复杂运动控制；能连续产生机器人控制指令，同时实现人机交联。

在 VAL 语言中，机器人终端位置和姿势用齐次变换表征。当精度要求较高时，可用精确点位的数据表征终端位置和姿势。

VAL 语言包括监控指令和程序指令两部分。

1. 监控指令

监控指令共有 6 种：

(1) 定义位置、姿势

POINT　终端位置、姿势的齐次变换或以关节位置表征的精确点位赋值。

DPOINT　取消位置、姿势齐次变换或精确点位的已赋值。

HERE　定义位置、姿势的现值。

WHERE　显示机器人在直角坐标系中的位置、姿势，关节位置和手张开量。

BASE　机器人基准坐标系置位。

TOOL　工具终端相对工具支承端面的位置、姿势赋值。

(2) 程序编程

EDIT 指令进入编辑状态后可使用 C，D，E，I，L，P，R，S，T 等编辑指令字。

(3) 列表指令

DIRECTORY　显示存储器中的全部用户程序名。

LISTL　显示任意个位置变量值。

LISTP　显示任意个用户的全部程序。

(4) 存储指令

FORMAT　磁盘格式化

STOREP　在指定磁盘文件内,存储指定程序。

STOREL　存储用户程序中注明的全部位置变量的名字和值。

LISTF　显示软盘中当前输入的文件目录。

LOADP　将文件中的程序送入内存。

LOADL　把所有文件中指定的位置变量送入系统内存。

DELETE　撤销磁盘中指定的文件。

COMPRESS　压缩磁盘空间。

ERASE　擦除软盘内容并初始化。

(5) 控制程序执行指令

ABORT　紧急停止(紧停)。

DO　执行单指令。

EXECUTE　按给定次数执行用户程序。

NEXT　控制程序单步执行。

PROCEED　在某步暂停、紧停、或运行错误后,自下一步起继续执行程序。

RETRY　在某步出现运行错误后,仍自某步重新运行程序。

SPEED　运动速度选择。

(6) 系统状态控制

CALIB　关节位置传感器校准。

STATUS　用户程序状态显示。

FREE　显示当前未使用的存储容量。

ENABLE　用于开关系统硬件。

ZERO　清除全部用户程序和定义的位置、重新初始化。

DONE　停止监控程序,进入硬件调试状态。

2. 程序指令

程序指令也有6种:

(1) 运动指令

GO, MOVE, MOVEI, MOVES, DRAW, APPRO, APPROS, DEPART, DRIVE, READY,OPEN,OPENI,RELAX,GRASP,DELAY。

(2) 机器人位姿控制指令

RIGHTY,LEFTY,ABOVE,BELOW,FLIP,NOFLIP。

(3) 赋值指令

SETI,TYPEI,HERE,SET,SHIFT,TOOL,INVERSE,FRAME。

(4) 控制指令

GOTO, GOSUB, RETURN, IF, IFSIG, REACT, REACTI, IGNORE, SIGNAL, WAIT,PAUSE,STOP。

(5) 开关量赋值指令

SPEED,COARSE,FINE,NONULL,NULL,INTOFF,INTON。

(6) 其他

REMARK,TYPE。

下面是一个程序名为DEMO的VAL程序。其功能是将物体从位置1(PICK位置)搬运至位置2(PLACE位置)。

· EDIT DEMO	启动编辑状态
· PROGRAM DEMO	VAL响应
1. OPEN	下一步手张开
2. APPRO PICK 50	运动至距PICK位置50mm处
3. SPEED 30	下一步降至30%满速
4. MOVE PICK	运动至PICK位置
5. CLOSEI	闭合手
6. DEPART 70	沿手矢量方向后退70mm
7. APPROS PLACE 75	沿直线运动至距离PLACE位置75mm处
8. SPEED 20	下一步降至20%满速
9. MOVES PLACE	沿直线运动至PLACE位置
10. OPENI	在下一步之前手张开
11. DEPART 50	自PLACE位置后退50mm
12. E	退出编译状态返回监控状态

9.4.2 SIGLA语言

SIGLA是意大利Olivetti公司研制的一种简单的非文本型类语言。用于对直角坐标式的SIGMA型装配机器人作数字控制。

SIGLA可以在RAM大于8KB的微型计算机上执行,不需要后台计算机支持,在执行中解释程序和操作系统可由磁带输入,约占4KB RAM,也可事先固化在PROM中。

SIGLA类语言有多个指令字,它的主要特点是为用户提供了定义机器人任务的能力。在SIGMA型机器人上,装配任务常由若干子任务组成:

(1) 取螺钉旋具;

(2) 在螺钉上料器上取螺钉A;

(3) 搬运螺钉A;

(4) 螺钉A定位;

(5) 螺钉A旋入;

(6) 紧固螺钉A。

为了完成对子任务的描述及将子任务进行相应的组合,SIGLA设计了32个指令定义字。要求这些指令定义字能够:

(1) 描述各种子任务;

(2) 将各子任务组合起来成为可执行的任务。

这些指令字共分6类：

(1) 输入输出指令；

(2) 逻辑指令：完成比较、逻辑判断、控制指令执行顺序；

(3) 几何指令：定义子坐标系；

(4) 调子程序指令；

(5) 逻辑连锁指令：协调两个手臂的镜面对称操作；

(6) 编辑指令。

9.4.3 IML

IML(interactive manipulator language)是日本九州大学开发的一种对话性好、简单易学、面向应用的机器人语言。它和VAL等语言一样，是一种着眼于末端执行器动作编程的动作级语言。

IML使用的数据类型有标量(整数或实数)、由6个标量组成的矢量、逻辑型数据(如果为真，则取值为−1；如果为假，则取值为0)。用直角坐标系(O-XYZ)来描述机器人和目标物体的位姿，使人容易理解，而且坐标系与机器人的结构无关。物体在三维空间的位姿由六维向量$[x,y,z,\phi,\theta,\varphi]^{\mathrm{T}}$来描述，其中$x,y,z$表示位姿；$\phi$(roll)、$\theta$(pitch)、$\varphi$(yaw)表示姿态。直角坐标系又分为固定在机器人上的机座坐标系和固定在操作空间的工作坐标系。IML的命令以指令形式给出，由解释程序来解释。指令又可以分为由系统提供的基本指令和由使用者用基本指令定义的用户指令。

用户可以使用IML给出机器人的工作点、操作路线，或给出目标物体的位置、姿态，直接操纵机器人。除此之外，IML还有如下一些特征：

(1) 描述往返运作可以不用循环语句；

(2) 可以直接在工作坐标系内使用；

(3) 能把要示教的轨迹(末端执行器位姿向量的变化)定义成指令，加入到语言中。所示教的数据还可以用力控制方式再现出来。

9.4.4 AL

AL(assembly language)是由美国斯坦福大学人工智能实验室开发的，基于ALGOL且可与PASCAL共用。AL原被设计用于有传感反馈的多个机械手并行或协同控制的编程。完整的AL系统硬件应包括后台计算机、控制计算机和多台在线微型计算机。例如以PDP10作为后台计算机，完成程序的编辑和装配，在PDP11上运行程序，对机器人进行控制。

AL的基本功能语句如下：

- 标量(SCALAR)：这是AL的基本数据形式，可进行加、减、乘、除、指数5种运算，并可进行三角函数及自然对数、指数的变换。AL中的标量可为时间(TIME)、距离(DISTANCE)、角度(ANGLE)，力(FORCE)及其组合。

- 向量(VECTOR):用来描述位置,可进行加减、内积、外积及与标量相乘、相除等运算。
- 旋转(ROT):用来描述某轴的旋转或绕某轴旋转,其数据形式是向量。
- 坐标系(FRAME):用来描述操作空间中物体的位置和姿势。
- 变换(TRANS):用来进行坐标变换,包括向量和旋转两个因素。
- 块结构形式:用 BEGIN 和 END 作一串语句的首尾,组成程序块,描述作业情况。
- 运动语句(MOVE),描述手的运动,如从一个位置移动到另一个位置。
- 手的开合运动(OPEN,CLOSE)。
- 两物体结合的操作(AFFIX,UNFIX)。
- 力觉的处理功能。
- 力的稳定性控制。主要用于装配作业,如对销钉插入销孔这种典型操作应控制销钉与孔的接触力。
- 同时控制多台机械手的运动语句为 COBEGIN,COEND。此时,多台机械手同时执行上述语句所包括的程序。
- 可使用子程序及数组(PROCEDURE,ARRAY)。
- 可与 VAL 语言进行信息交流。

近年来又推出了小型的 AL 系统,它可以在 PDP11/45 小型计算机上运行。语句基本用 PASCAL 语言写成,可供工业应用。

9.5 解释型脚本语言 Python

荷兰人吉多·范罗苏姆(Guido van Rossum)于 1989 年开始开发了一个新的脚本解释程序,作为 ABC 语言的一种继承,并以 Python(大蟒蛇)作为该编程语言的名称。Python 自诞生之日起就是一种天生开放的语言。

2000 年 10 月,Python 2.0 发布。自 2004 年开始,Python 语言逐渐引起广泛关注,使用用户率呈线性增长。2008 年 12 月 Python 3.0 发布。此后,Python 语言成为最受欢迎的程序设计语言之一。

Python 是一种跨平台的解释型脚本语言,具有解释性、编译性、互动性和面向对象等特点。Python 语言因其简洁性、易读性和可扩展性,深受广大用户的青睐,已在科学计算、人工智能、软件开发、后端开发、网络爬虫等方面得到广泛应用。

虽然 Python 语言容易上手,但它跟传统的高级程序设计语言(如 C/C++语言、Java、C#等)存在较大差别,比较直观的差别是它跟其他语言的编程风格不一样。Python 语言主要是用缩进和左对齐的方式来表示语句的逻辑关系,而其他高级语言则通常用大括号“{}”来表示。本节主要介绍 Python 语言的基本语法,以为人工智能编程提供支撑。

9.5.1 Python 语言的基本数据结构

Python 语言常用的数据结构包括列表(list)、数组(array)、元组(tuple)、集合(set)以及字典(dict)等,下面分别介绍。

1. 列表(list)

列表是 Python 语言中的一种序列结构,使用非常频繁,其作用类似于 C/C++语言的数组,其中元素都是有序的。不同的是,列表这种数组中可以存放不同类型的元素,甚至列表可以嵌套列表,而且其长度可动态扩展。

例如,下面是一些定义列表的语句:

```
a = [1,2,3,4]
print('c = ',a)
b = a.copy()
c = a
c[1] = 'aa'
print('a = ',a); print('b = ',b); print('c = ',c)
```

执行上述代码后,会产生下列的结果:

```
c = [1,2,3,4]
a = [1,'aa',3,4]
b = [1,2,3,4]
c = [1,'aa',3,4]
```

2. 元组(tuple)

元组也是 Python 语言中的一种序列结构。与列表不同的是,元组是一种固定的序列结构,而且一旦定义,其中的元素是不可更改和删除的。如果要修改,只能将整个元组进行删除,然后再重建。

下面是定义元组的几个例子:

```
t1 = ()                              # 定义一个空元组,等价于 t1 = tuple()
print('t1 的类型是:',type(t1))
t2 = (3,)                            # 定义元组(3),注意,后面的逗号“,”不能省略,否则变成整数 3
print('t2 的类型是:',type(t2))
t3 = (3)                             # t3 是整数 3,而不是元组(3)
print('t3 的类型是:',type(t3))
t4 = ('a',1,2)                       # 当有多个元素时,最后一个逗号可要也可不要,
                                     # 因此也可以写为 t4 = ('a',1,2,)
print('t4 = ',t4)
print('t4 的第二个元素是:',t4[1])      # 可以利用索引来访问列表中的元素,
                                     # 但不能修改或删除其中的元素
```

3. 字典(dict)

字典也是一种序列结构,与列表不同的是,字典中的元素是“键-值对”,而且其中的元素是无序的,“键”在字典中不能重复(“值”可以重复)。

列表是用中括号“[]”定义的,而字典是用大括号“{}”定义的。例如,下面是定义字典的几个例子:

```
d1 = {}                    # 注意,这是字典的定义,而非集合的定义
```

```
d2 = dict()                     #d1 和 d2 都是定义空字典
print(type(d1), type(d2))       #输出 d1 和 d2 的类型
d3 = {'a':1,'b':2,'c':3}        # 'a','b','c'是键名,1,2,3 分别是键'a','b','c'的值
print(d3)
#print(d3[1])                   #该语句错误,因为字典中元素是无序的,
                                #因而元素就没有索引号,不能用索引来访问元素
```

字典元素的访问方法有多种,常用的方法是用键名来访问或修改键值。例如:

```
d = {'a':1,'b':2,'c':3}
print(d['c'])                   #读取字典的键值 3(利用键名'c'来实现)
d['c'] = 300                    #修改字典的键值(键名'c'对应的键值)
print(d)
d['d'] = 400                    #增加一个键-值对 —— 'd':400
```

比较推荐的字典元素访问方法是字典对象的 get()函数。该函数的调用格式是:

字典名.get(键名, value)

其中,参数 value 是预先指定的。该函数的作用是,如果字典中存在该键名,则该函数返回该键名对应的键值,否则返回 value 的值。例如,下列语句用于统计字符串 s 中各种字符出现的频率:

```
s = 'AAAbbbDDDd888D**^^'
d = {}
for v in s:
    d[v] = d.get(v,0) + 1
print(d)
```

执行上述代码,结果如下:

```
{'A':3,'b':3,'D':4,'d':1,'8':3,'*':2,'^':2}
```

4. 集合(set)

集合是一种无序且可变长度的序列结构。由于是无序的,所以不能使用索引访问集合中的元素;由于是可变长度的,所以可以动态添加和删除集合中的元素。此外,集合这种数据结构还拥有数学上集合的运算特征,如集合的并、交、差等。

下面是定义集合的例子:

```
a = set()                       #定义一个空的集合 a,注意:不能写成 a = {}
b = {1,'a',3}                   #定义集合 b
c = ['a',1,2,'b']               #定义列表 c
d = set(c)                      #将列表 c 转化为集合 d
```

集合的操作主要包括集合的并集、交集、差集、对称差等。以下是相关的例子:

```
a = {2,1,3};
b = {2,3,4,5}
c1 = a|b                        #并集
c2 = a.union(b)                 #并集
```

```
d1 = a&b                                # 交集
d2 = a.intersection(b)                  # 交集
e1 = a - b                              # 差集
e2 = a.difference(b)                    # 差集
f1 = a^b                                # 对称差
f2 = a.symmetric_difference(b)          # 对称差
print(a.issubset(b))                    # 判断 a 是否为 b 的一个子集
```

9.5.2 选择结构和循环结构

和其他高级程序设计语言一样，Python 语言也有自己的选择结构和循环结构，对应的语句分别是 if 语句、for 语句和 while 语句。这三种语句都要用到条件表达式，这里先简要介绍。

在 Python 中，任何合理的表达式都可以作为条件表达式。只要条件表达式的值不是 False、0、空值(None)、空列表、空元组、空集合、空字符串、空 range 对象或其他空迭代对象，解释器就均认为与 True 等价。其用到的关系运算符跟 C 语言相似，如<，>，= =，<=，>=，! =等，逻辑运算符包括 and，or，not，测试运算符包括 in，not in，is，is not 等。

1. if 语句

if 语句的语法结构如下：

```
if 条件表达式 1：
    语句块 1
elif 条件表达式 2：
    语句块 2
    …
elif 条件表达式 n－1：
    语句块 n－1
else 条件表达式 n：
    语句块 n
```

2. for 语句

在 Python 语言中，for 语句非常灵活，一般结合列表、字典、集合等基本数据结构一起使用，这跟 C/C++、Java、C# 等高级程序设计语言有很大的差别。for 语句一般用于循环次数可以事先确定的情况，其语法格式如下：

```
for 变量 in 序列或迭代对象：
    循环体
```

下面语句是相应的例子：

```
a = [1,2,'b',{100,200}]
print('列表 a 中的元素：')
for v in a:                 # 打印列表 a 中的元素
    print(v)
```

3. while 语句

while 语句一般用于循环次数难以确定的情况,其语法格式如下：

```
while 条件表达式：
    循环体
```

例如,下列代码用于计算 100 以内的质数：

```
n = 100; i = 2; r = []
while i< = n:
    j = 2
    while j<i:
        if i % j = = 0:
            break
        j + = 1
    if j> = i:
        r.append(i)
    i + = 1
print('100 以内的质数包括：',r)
```

9.5.3 函数

跟 C 语言等其他高级程序设计语言一样,Python 语言也提供函数定义功能,以方便程序的模块化设计。

1. 函数的定义

在 Python 语言中,定义函数的语法格式如下：

```
def 函数名([参数列表]):
    ['''注释''']
    函数体
```

其中,def 是定义函数的关键字,其后面是函数名,接着是参数(0 个或多个),参数不需要申明类型。紧跟括号后面是半角冒号":",这个冒号是不能省略的。第二行可以加注释,也可以不加。接着是函数体,函数体最后一条语句可以是 return 语句,也可以不是,根据需要而定。函数体相对于关键字 def 必须缩进至少一个字符,一般是缩进四个字符。

2. 函数的调用

当形参下列以这种形式定义时,表示可以接受任意多个实参数,调用时将它们"组装"到一个元组中。例如,先定义这种函数：

```
def f( * p):
    print(type(p))
    print(p)
```

然后调用上面的函数：

```
a = [1,2,3,4,5]
b = {6,9}
c = {'a': 20}
f(a,b,c)
f(1,2,3,4)
```

结果输出如下：

```
<class 'tuple'>
([1,2,3,4,5],{9,6},{'a':20})
<class 'tuple'>
(1,2,3,4)
```

可以看到，实参确实被“组装”到一个元组当中去了。

通过引入一些计算模块，Python 语言可以实现强大的向量计算和数据处理，完成复杂的机器学习任务。

9.6 基于 MATLAB 的机器人学仿真

MATLAB 是由美国 Mathworks 公司发布的主要面对科学计算、可视化以及交互式程序设计的计算环境。它将数值分析、矩阵计算、科学数据可视化以及非线性动态系统的建模和仿真等诸多强大功能集成在一个易于使用的视窗环境中，为科学研究、工程设计以及必须进行有效数值计算的众多科学领域提供了一种全面的解决方案。MATLAB 的核心功能可通过大量的应用领域相关的工具箱进行扩充。

MATLAB Robotics Toolbox 是由澳大利亚科学家 Peter Corke 开发和维护的一套基于 MATLAB 的机器人学工具箱，当前的最新版本为第 9 版，可在该工具箱的主页上免费下载(http://www.petercorke.com/robot/)。MATLAB Robotics Toolbox 提供了机器人学研究中的许多重要功能函数，包括机器人运动学、动力学、轨迹规划等。该工具箱可以对机器人进行图形仿真，并能分析真实机器人控制时的实验数据结果，因此非常适宜机器人学的教学和研究。

本节简要介绍 MATLAB Robotics Toolbox 在机器人学仿真教学中的一些应用，具体内容包括齐次坐标变换、机器人对象构建、机器人运动学求解以及轨迹规划等。

1. 坐标变换

机器人学中关于运动学和动力学最常用的描述方法是矩阵法，这种数学描述是以四阶方阵变换三维空间点的齐次坐标为基础的。如已知直角坐标系$\{A\}$中的某点坐标，那么该点在另一直角坐标系$\{B\}$中的坐标可通过齐次坐标变换求得。一般而言，齐次变换矩阵${}^A_B\boldsymbol{T}$是 4×4 的方阵，具有如下形式：

$$
{}^A_B\boldsymbol{T} = \begin{bmatrix} {}^A_B\boldsymbol{R} & {}^A\boldsymbol{p}_{Bo} \\ 000 & 1 \end{bmatrix}
$$

其中，${}^A_B\boldsymbol{R}$ 和${}^A\boldsymbol{p}_{Bo}$ 分别表示$\{A\}\{B\}$两坐标系之间的旋转变换和平移变换。

矩阵法、齐次变换等概念是机器人学研究中最为重要的数学基础。由于旋转变换通常会带来大量的正余弦计算，复合变换带来的多个矩阵相乘就更加难以手工计算，因此建议在仿真教学中通过计算机进行相应的坐标变换计算。利用 MATLAB Robotics Toolbox 工具箱中的 transl，rotx，roty 和 rotz 函数可以非常容易地实现用齐次变换矩阵表示平移变换和旋转变换。例如机器人在 X 轴方向平移了 0.5m 的齐次坐标变换可以表示为

```
≫ T = transl(0.5, 0.0, 0.0)
T =
        1.0000          0          0     0.5000
             0     1.0000          0          0
             0          0     1.0000          0
             0          0          0     1.0000
```

而绕 Y 轴旋转 90°可以表示为

```
≫ T = roty(pi/2)
T =
        0.0000          0     1.0000          0
             0     1.0000          0          0
       -1.0000          0     0.0000          0
             0          0          0     1.0000
```

复合变换可以由若干个简单变换直接相乘得到，例如让物体绕 Z 轴旋转 90°，接着绕 Y 轴旋转 −90°，再沿 X 轴方向平移 4 个单位，则对应的齐次变换可以表示为

```
≫ T = transl(4,0,0) * roty( - pi/2) * rotz(pi/2)
T =
        0.0000    -0.0000    -1.0000     4.0000
        1.0000     0.0000          0          0
        0.0000    -1.0000     0.0000          0
             0          0          0     1.0000
```

2. 构建机器人对象

要用计算机对机器人运动进行仿真，首先需要构建相应的机器人对象。在机器人学的教学中通常把机械手看作由一系列关节连接起来的连杆构成。为描述相邻杆件间平移和转动的关系，Denavit 和 Hartenberg 提出了一种为关节链中的每一杆件建立附属坐标系的矩阵方法，通常称为“D-H 参数法”。D-H 参数法为每个连杆坐标系建立 4×4 的齐次变换矩阵，表示它与前一杆件坐标系的关系。

在 MATLAB Robotics Toolbox 中，构建机器人对象主要在于构建各个关节，而在构建关节时，会用到 LINK 函数，其一般形式为

L=LINK([alpha A theta D sigma], CONVENTION)

参数 CONVENTION 可以取 standard 和 modified，其中 standard 代表采用标准的 D-H 参数，modified 代表采用改进的 D-H 参数。参数 alpha 代表扭角，参数 A 代表连杆长度，参数

theta 代表关节转角，参数 D 代表连杆偏距，参数 sigma 代表关节类型：0 代表旋转关节，非 0 代表平动关节。

例如，通过如下的语句即可构建一个简单的二连杆旋转机器人，命名为 2R：

```
>> L1 = link([0 1 0 0 0],'standard');
>>L2 = link([0 1 0 0 0],'standard');
>>r = robot({L1 L2},'2R');
```

这样，只需指定相应的 D-H 参数，便可以对任意种类的机械手进行建模。通过 MATLAB Robotics Toolbox 扩展了的 plot 函数还可将创建好的机器人在三维空间中显示出来，见图 9.8：

```
>> plot(r,[0 0])
```

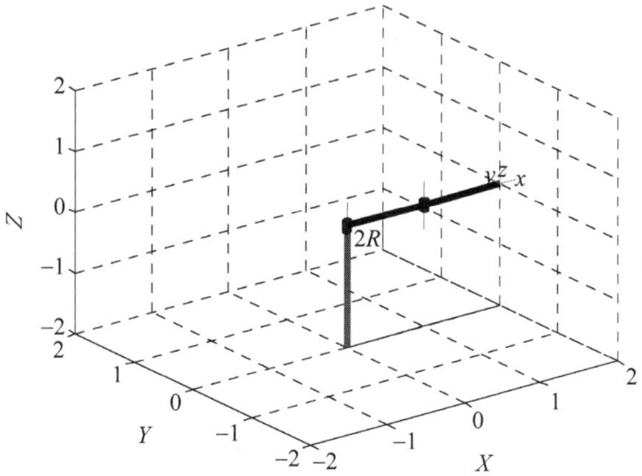

图 9.8　二连杆机械手的三维模型(后附彩图)

除了用户自己构建机器人连杆外，MATLAB Robotics Toolbox 也自带了一些常见的机器人对象，如教学中最为常见的 PUMA 560，Standford 等。通过如下语句即可调用工具箱已构建好的 PUMA 560 机器人，并显示在三维空间中：

```
>> puma560;
>> plot(p560,qz)
```

注意到机械手的末端附有一个小的右手坐标系，分别用红、绿、蓝色箭头代表机械手腕关节处的 X，Y，Z 轴方向。并且在 XY 平面用黑色直线表示整个机械手的垂直投影，如图 9.9 所示。

更进一步，可以通过 drivebot 函数来驱使机器人运动，就像实际在操作机器人一样。具体的驱动方式是为机器人每个自由度生成一个变化范围的滑动条，以手动的方式驱动机器人的各个关节，以达到驱动机器人末端执行器的目的。这种方式对于实际的多连杆机械手的运动演示非常有益，能够使读者对机械手的关节、变量等概念有更深入的理解。

3. 机器人运动学求解

与之前介绍的坐标变换的情况类似，手工进行机器人运动学的求解非常烦琐甚至无法

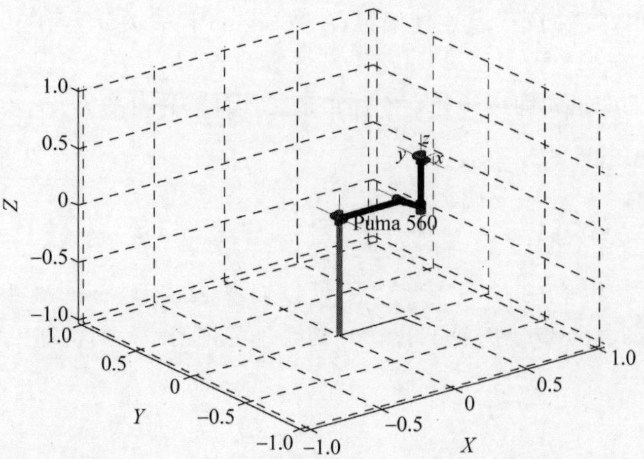

图 9.9 PUMA 560 型机械手的三维模型(后附彩图)

得到最终的数值结果,这对于实际机器人的设计非常不利。因此在仿真实验教学中,希望能通过计算机编程的形式来进行机器人运动学的求解,把学生从烦琐的数值计算中解脱出来。下面以教学中最常用的 PUMA 560 型机器人为例,演示如何运用 MATLAB Robotics Toolbox 进行正运动学与逆运动学的求解。首先定义 PUMA 560 型机器人,注意系统同时还定义了 PUMA 560 型机器人两个特殊的位姿配置:所有关节变量为 0 的 qz 状态,以及表示“READY”状态的 qr 状态。如要求解所有关节变量为 0 时的末端机械手状态,则相应的正运动学可由下述语句求解:

```
≫ puma560;
≫ fkine(p560,qz)
ans =
        1.0000          0          0     0.4521
             0     1.0000          0    -0.1500
             0          0     1.0000     0.4318
             0          0          0     1.0000
```

得到的即末端机械手位姿所对应的齐次变换矩阵。

逆运动学问题则是通过一个给定的齐次变换矩阵,求解对应的关节变量。例如,假设机械手需运动到[0,−pi/4,−pi/4,0,pi/8,0]姿态,则此时末端机械手位姿所对应的齐次变换矩阵为

```
≫ q = [0 - pi/4 - pi/4 0 pi/8 0]
q =
             0    -0.7854    -0.7854          0     0.3927          0
≫ T = fkine(p560,q)
T =
        0.3827     0.0000     0.9239     0.7371
       -0.0000     1.0000    -0.0000    -0.1501
       -0.9239    -0.0000     0.3827    -0.3256
             0          0          0     1.0000
```

现在假设已知上述的齐次变换矩阵 $\boldsymbol{T}$,则可以通过 ikine 函数求解对应的关节转角:

```
>> qi = ikine(p560,T)
qi =
     - 0.0000     - 0.7854     - 0.7854      - 0.0000     0.3927     0.0000
```

发现与原始的关节转角数值相同。值得指出的是,这样的逆运动学求解在手工计算中几乎是无法完成的。

4. 轨迹规划

机器人轨迹规划的任务就是根据机器人手臂要完成的一定任务,例如要求机械手从一点运动到另一点或沿一条连续轨迹运动,来设计机器人各关节的运动函数。目前进行轨迹规划的方案主要有两种:基于关节空间的方案和基于直角坐标的方案。出于实际运用考虑,在教学中以讲解关节空间求解为主,本节也只演示关节空间的求解方案。

假设 PUMA 560 型机器人要在 2s 内从初始状态 qz(所有关节转角为 0)平稳地运动到朝上的"READY"状态 qr,则在关节空间进行轨迹规划的过程如下:

首先创建一个运动时间向量,假设采样时间为 56ms,则有

```
>> t = [0:.056:2]';
```

在关节空间中插值可以得到

```
>> [q, qd,qdd] = jtraj(qz,qr,t);
```

$\boldsymbol{q}$ 是一个矩阵,其中每行代表一个时间采样点上各关节的转动角度,qd 和 qdd 分别是对应的关节速度向量和关节加速度向量。jtraj 函数采用的是 7 次多项式插值,默认的初始和终止速度为 0。对于上面的运动轨迹,主要的运动发生在第 2 个和第 3 个关节,通过 MATLAB 标准的绘图函数可以清楚地看到这两个关节随时间的变化过程(如图 9.10 所示)。还可以通过 MATLAB Robotics Toolbox 扩展的 plot 函数以三维动画的形式演示整个运动过程(书中无法演示),其调用语句为

```
>> plot(p560,q);
```

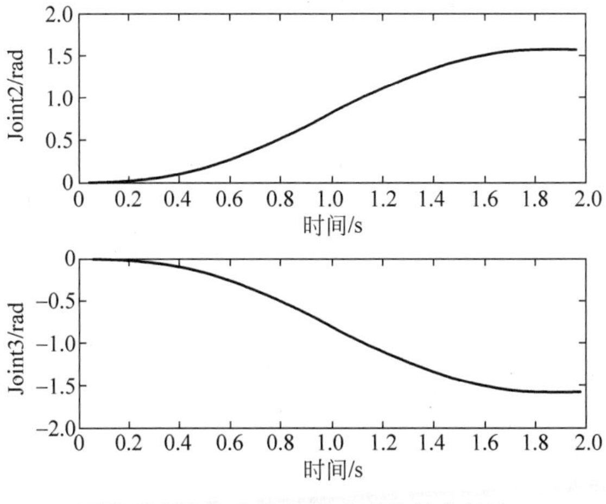

图 9.10　由 jtraj 函数生成的关节轨迹

9.7 机器人的离线编程

机器人编程技术正在迅速发展,已成为机器人技术向智能化发展的关键技术之一。尤其令人瞩目的是机器人离线编程(off-line programming)系统。本节将首先阐明机器人离线编程系统的特点和要求,然后讨论离线编程系统的结构,最后介绍一个机器人离线仿真系统的例子。

9.7.1 机器人离线编程的特点和主要内容

早期的机器人主要应用于大批量生产,如自动线上的点焊、喷涂等,因而编程所花费的时间相对较少,示教编程可以满足这些机器人作业的要求。随着机器人应用范围的扩大和所完成任务复杂程度的提高,在中小批量生产中,用示教方式编程就很难满足要求。在CAD/CAM/机器人一体化系统中,由于机器人工作环境的复杂性,对机器人及其工作环境乃至生产过程的计算机仿真是必不可少的。机器人仿真系统的任务就是在不接触实际机器人及其工作环境的情况下,通过图形技术,提供一个和机器人进行交互作用的虚拟环境。

机器人离线编程系统是机器人编程语言的拓展,它利用计算机图形学的成果,建立起机器人及其工作环境的模型,再利用一些规划算法,通过对图形的控制和操作,在离线的情况下进行轨迹规划。机器人离线编程系统已被证明是一个有力的工具,用以增加安全性,减小机器人非工作时间和降低成本等。表 9.3 给出了示教编程和离线编程两种方式的比较。

表 9.3 两种机器人编程的比较

示教编程	离线编程
需要实际机器人系统和工作环境	需要机器人系统和工作环境的图形模型
编程时机器人停止工作	编程不影响机器人工作
在实际系统上试验程序	通过仿真试验程序
编程的质量取决于编程者的经验	可用 CAD 方法,进行最佳轨迹规划
很难实现复杂的机器人运动轨迹	可实现复杂运动轨迹的编程

1. 离线编程的优点

与在线示教编程相比,离线编程系统具有如下优点:

(1) 可减少机器人非工作时间,当对下一个任务进行编程时,机器人仍可在生产线上工作。

(2) 使编程者远离危险的工作环境。

(3) 使用范围广,可以对各种机器人进行编程。

(4) 便于和 CAD/CAM 系统结合,做到 CAD/CAM/机器人一体化。

(5) 可使用高级计算机编程语言对复杂任务进行编程。

(6) 便于修改机器人程序。

机器人语言系统在数据结构的支持下,可以用符号描述机器人的动作,一些机器人语言也具有简单的环境构型功能。但由于目前的机器人语言都是动作级和对象级语言，所以编程工作是相当冗长繁重的。作为高水平的任务级语言系统目前还在研制之中。任务级语言系统除了要求更加复杂的机器人环境模型支持外，还需要利用人工智能技术，以自动生成控制决策和产生运动轨迹。因此，可把离线编程系统看作动作级和对象级语言图形方式的延伸，是把动作级和对象级语言发展到任务级语言所必须经过的阶段。从这点来看，离线编程系统是研制任务级编程系统的一个很重要的基础。

2. 离线编程系统的主要内容

离线编程系统不仅是机器人实际应用的一个必要手段，也是开发和研究任务规划的有力工具。通过离线编程可建立起机器人与 CAD/CAM 之间的联系。设计离线编程系统应考虑以下几方面的内容：

(1) 机器人工作过程的知识。

(2) 机器人和工作环境三维实体模型。

(3) 机器人几何学、运动学和动力学知识。

(4) 基于图形显示和进行机器人运动图形仿真的关于上述(1)，(2)，(3)的软件系统。

(5) 轨迹规划和检查算法，如检查机器人关节超限，检测碰撞，规划机器人在工作空间的运动轨迹等。

(6) 传感器的接口和仿真，以利用传感器的信息进行决策和规划。

(7) 通信功能，进行从离线编程系统所生成的运动代码到各种机器人控制柜的通信。

(8) 用户接口，提供有效的人机界面，便于人工干预和进行系统的操作。

此外，由于离线编程系统的编程是采用机器人系统的图形模型来模拟机器人在实际环境中的工作进行的，为了使编程结果能很好地与实际情况符合，系统应能计算仿真模型和实际模型间的误差，并尽量减少这一差别。

9.7.2 机器人离线编程系统的结构

离线编程系统框图如图 9.11 所示，它主要由用户接口、机器人系统构型、运动学计算、轨迹规划、动力学仿真、并行操作、传感器仿真、通信接口和误差校正 9 部分组成。

1. 用户接口

工业机器人一般提供两个用户接口：一个用于示教编程，另一个用于语言编程。示教编程可以用示教盒直接编制机器人程序。语言编程则是用机器人语言编制程序，使机器人完成给定的任务。

作为机器人语言的发展，离线编程系统应把机器人语言作为用户接口的一部分，用机器人语言对机器人运动程序进行修改和编辑。另外，用户接口的一个重要部分，是对机器人系统进行图形编辑。为便于操作，用户接口一般设计成交互式。

2. 机器人系统的三维构型

目前用于机器人系统的构型主要有以下 3 种方式：①结构立体几何表示；②扫描变换

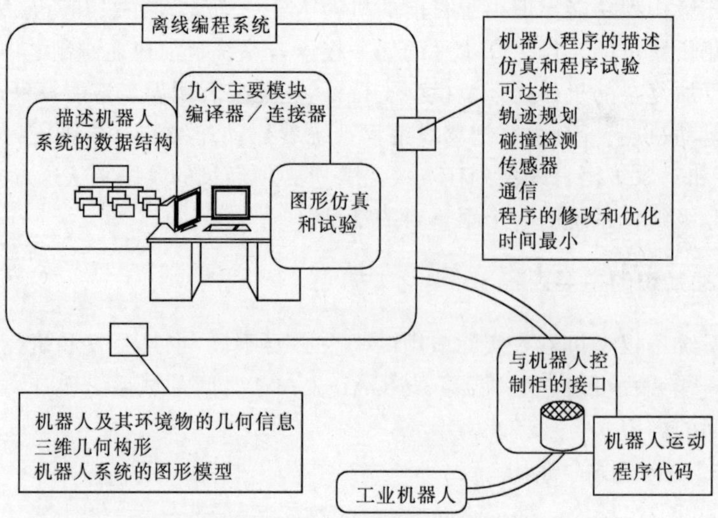

图 9.11　离线编程系统框图

表示；③边界表示。其中，最便于形体在计算机内表示、运算、修改和显示的构型方法是边界表示；而结构立体几何表示所覆盖的形体种类较多；扫描变换表示则便于生成轴对称的形体。机器人系统的几何构型大多采用这三种形式的组合。

3. 运动学计算

分为运动学正解和运动学反解两部分。正解是给出机器人运动参数和关节变量，计算机器人末端位姿；反解则是由给定的末端位姿计算相应的关节变量值。在离线编程系统中，应具有自动生成运动学正解和反解的功能。

就运动学反解而言，离线编程系统与机器人控制柜的联系有两种选择：一是用离线编程系统代替机器人控制柜的逆运动学，将机器人关节坐标值通信给控制柜；二是将笛卡儿坐标值输送给控制柜，由控制柜提供的逆运动学方程求解机器人的形态。

4. 轨迹规划

离线编程系统除了对机器人静态位置进行运动学计算外，还应该对机器人在工作空间的运动轨迹进行仿真。由于不同的机器人厂家所采用的轨迹规划算法差别很大，离线编程系统应对机器人控制柜中所采用的算法进行仿真。

机器人的运动轨迹分为两种类型：自由移动（仅由初始状态和目标状态定义）和依赖于轨迹的约束运动。约束运动受到路径约束，受到运动学和动力学约束，而自由移动没有约束条件。

5. 动力学仿真

当机器人跟踪期望的运动轨迹时，如果所产生的误差在允许范围内，则离线编程系统可以只从运动学的角度进行轨迹规划，而不考虑机器人的动力学特性。但是，如果机器人工作在高速和重负载的情况下，则必须考虑动力学特性，以防止产生较大的误差。

快速有效地建立动力学模型是机器人实时控制及仿真的主要任务之一，从计算机软件设计的观点看，动力学模型的建立可分为三类：数字法、符号法和解析(数字-符号)法。

6. 并行操作

并行操作是在同一时刻对多个装置工作进行仿真的技术。进行并行操作以提供对不同装置工作过程进行仿真的环境。在执行过程中，首先对每一装置分配并联和串联存储器。如果可以分配几个不同处理器共一个并联存储器，则可使用并行处理，否则应该在各存储器中交换执行情况，并控制各工作装置的运动程序的执行时间。

7. 传感器的仿真

在离线编程系统中，对传感器进行构型以及能对装有传感器的机器人的误差校正进行仿真是很重要的。传感器功能可以通过几何图形仿真获取信息。如触觉，为了获取有关接触的信息，可以将触觉阵列的几何模型分解成一些小的几何块阵列，然后通过对每一几何块和物体间干涉的检查，将所有和物体发生干涉的几何块用颜色编码，通过图形显示可以得到接触的信息。

传感器的仿真主要涉及几何模型间的干涉(相交)检验问题。

8. 通信接口

在离线编程系统中，通信接口起着联结软件系统和机器人控制柜的桥梁作用。利用通信接口，可以把仿真系统生成的机器人运动程序转换成机器人控制柜可以接受的代码。

离线编程系统实用化的一个主要问题是缺乏标准的通信接口。将离线编程的结果转换成机器人可接受的代码，这种方法需要一种翻译系统，以快速生成机器人运动程序代码。

9. 误差校正

离线编程系统中的仿真模型(理想模型)和实际机器人模型存在误差，产生误差的因素主要有以下方面。

(1) 机器人

机器人连杆制造的误差、关节偏置的变化、机器人结构的刚度不足引起弹性变形等产生的较大误差，以及控制器的数字精度对计算效率的影响等。

(2) 工作空间

在工作空间内，很难准确地确定物体(机器人、工件等)相对于基准点的方位，加之外界工作环境(例如温度)的变化等因素，都会对机器人的性能产生不利的影响。

(3) 离线编程系统

离线编程系统的数字精度和实际世界模型数据的质量产生的误差。

上述因素都会使离线编程系统在工作时产生很大的误差。

9.7.3 机器人离线编程仿真系统 HOLPSS

下面举例介绍机器人离线编程仿真系统 HOLPSS。

1. HOLPSS 系统的结构

HOLPSS 包括机器人语言处理模块、运动学及规划模块、机器人及环境的三维构型模块、机器人运动仿真模块、通信模块、主控模块和传感器仿真模块等。软件用 C++语言编写,其总体结构如图 9.12 所示。HOLPSS 系统采用的机器人语言类似于 VAL-Ⅱ。

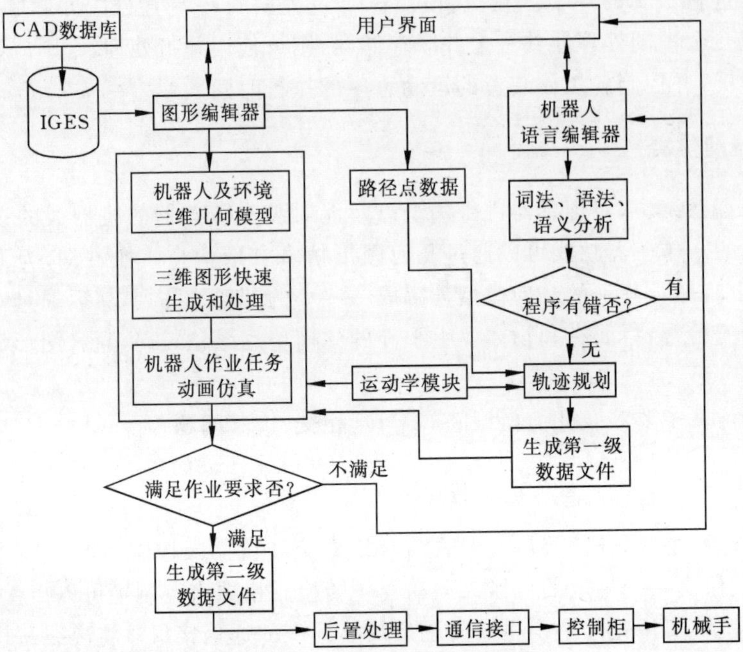

图 9.12　HOLPSS 总体结构框图

HOLPSS 系统的工作过程为:首先用系统提供的机器人语言,根据作业任务对机器人进行编程,所得程序由机器人语言处理模块进行处理,形成仿真所需的第一级数据。然后对编程结果进行三维图形动态仿真,进行碰撞检测和可行性检测。最后生成通信所需的代码,经过一定的后置处理后,将代码传到机器人控制柜,使机器人完成给定的任务。

2. HOLPSS 系统的功能

HOLPSS 系统的主要功能包括三维几何构型、运动动态仿真和动画、通信和后处理等。还可集成某些更先进的功能,如机器人布局、自动规划、自动调度和作业仿真等。

(1) 三维几何构型

在机器人离线编程系统中,机器人及其环境的构型主要是为了对机器人运动进行图形仿真,增强直观性,以检验机器人运动轨迹的可行性和合理性。因此在构型时可将机器人和环境物的外形进行适当的简化。在三维构型模块中,主要采用多面体来逼近真实的形体。几何造型方法以体元堆砌为主,尽量避免拼合运算,在必要时才进行布尔操作。因为堆砌操作不需修改数据结构,简单快速,很适于机器人和环境物的造型。

根据机器人结构分级的特点,对机器人总体的构型采用体素构造和分级装配的方法,即用基本体元经过一定的操作后生成机器人各部件,然后将部件装配成整体。

(2) 运动的动态仿真和动画技术

用机器人语言编程，并进行轨迹规划，形成各关节的关节角序列$\{\theta_i\}$，经运动学正解得到一机器人位姿序列。将每一位姿用三维图形连续显示出来，就实现了机器人的运动仿真。HOLPSS 采用微机视频技术来制作动画，以完成仿真功能。针对微机的视频特性，采用了两种动画技术："画面存储、重放"和"换页面"。

(3) 通信及后置处理

离线编程的结果必须经过通信接口传到机器人控制柜，驱动机器人完成指定的任务后，才算达到了离线编程的目的。由于机器人控制柜的多样性，要设计通用的通信模块比较困难。因此一般采用后置处理将离线编程的最终结果翻译成机器人控制柜可以接受的代码形式。

针对目前机器人控制柜的情况，通信有两种方式：一是当控制柜配有机器人语言时，把离线编程语言翻译成控制柜所配的语言形式，直接驱动机器人。二是当控制柜未配有机器人语言时，将生成一些与驱动机器人有关的数据，并把数据传送到控制柜，用以驱动机器人。数据和程序的传送方式有两种：一是经过接口总线；二是以磁盘为介质进行。可根据实际情况选用。

(4) 机器人作业总体布局

离线编程系统的基本任务之一是确定作业单元的总体布局，并使机器人到达全部工作点，其中包含选用适当的机器人、工件和夹具的布置。这一工作在仿真环境下反复试验完成，比在真实环境下更加有效和省力；并且预先可以自动搜索机器人和工件位姿的可行解，从而减少用户的工作量和费用。

自动布局可采用直接搜索或启发式搜索技术。因为大部分机器人都安装在地面或车间顶面，并且第一个关节是绕垂直轴回转的，因而机器人基座的三维布局一般可简化为平面问题。这一类搜索可按某种准则进行优化，或者找到机器人和工件的第一个可行位姿布局即可。

(5) 避碰和路径优化

无碰撞路径规划和时间最优路径规划是离线编程最为重要的部分。与之相关的问题有：利用 6 个自由度的机器人进行仅有 5 个自由度几何规定的弧焊作业；冗余度机器人进行避免碰撞和回避奇异性的自动规划等。

(6) 协调运动的自动规划

许多弧焊作业要求工件与重力矢量在焊接过程中保持一定的关系，因而把工件安装在 2 个或 3 个自由度的定向系统上，并与机器人同时协调运动。这种作业系统可能具有 9 个或更多的自由度协调动作，当前的大多数作业采用示教盒编程。对于这种作业的协调运动进行自动综合的规划系统具有重要的实际意义。

(7) 力控制系统的仿真

可以建立对于各种机器人力控制策略进行仿真的仿真环境。这个问题的难点在于某些表面性质的建模，以及各种接触情况所引起的约束状态的动态仿真。在局部约束环境下，可用离线编程系统评估各种力控制装配操作的可行性。

(8) 自动调度

机器人编程中存在许多几何问题，同时还经常碰到更为麻烦的调度和通信问题。特别是将单作业单元扩展到多作业单元，进行仿真时更是如此。规划相互作用过程的调度问题是十分困难的，仍在研究中。离线编程将成为这一领域研究的理想检验手段。

(9) 误差和公差的自动评估

离线编程系统可对定位误差源进行建模，可对带缺陷传感器的数据影响进行建模，因而使环境模型包含各种误差界限和公差信息。用该系统可以评估不同的定位和装配任务的成功或然率，同时可以提示采用何种传感器，如何布置有关传感器，以纠正可能出现的各种问题。

9.8 本章小结

本章讨论的机器人程序设计问题是机器人运动和控制的结合点，也是机器人系统的灵魂。首先，研究了对机器人编程的要求。这些要求包括能够建立世界模型、能够描述机器人的作业和运动、允许用户规定执行流程、要有良好的编程环境以及需要功能强大的人机接口，并能综合传感信号等。

接着讨论了机器人编程语言的分类问题。按照机器人作业水平的高低，把机器人编程语言分为三级，即动作级、对象级和任务级。这些层级的编程语言各有特点，并适于不同的应用。本章所讨论的机器人编程问题，实际上为专用机器人语言编程。限于篇幅，本章没有介绍用通用计算机语言进行机器人编程。

9.2 节涉及机器人语言系统的结构和基本功能。一个机器人语言系统应包括机器人语言本身、操作系统和处理系统等，它能够支持机器人编程、控制、各种接口以及与计算机系统通信。机器人编程语言具有运算、决策、通信、描述机械手运动、描述工具指令和处理传感数据等功能。

9.3 节介绍了机器人操作系统 ROS 的开发环境主要特点和总体框架。

9.4 节介绍了常用的工业机器人语言，并举例介绍了 VAL，SIGLA，IML 和 AL，讨论了它们的特点、功能、指令或语句以及适应性等。

9.5 节叙述解释型脚本语言 Python，它是一种跨平台的解释型脚本语言，具有解释性、编译性、互动性和面向对象等特点。本节首先介绍了 Python 的基本数据结构，包括列表、数组、元组、集合和字典等。然后论述 Python 语言的选择结构和循环结构，对应的语句分别是 if 语句、for 语句和 while 语句。最后简介 Python 语言提供的函数定义功能，以方便程序的模块化设计。

9.6 节介绍了 MATLAB Robotics Toolbox 在机器人学实验教学中的应用。该工具箱提供了机器人学中关于建模与仿真的许多重要函数，能够用一种规范的形式(标准的或改进的 DH 参数法)对任意的连杆机器人进行描述，并提供了三维图像/动画演示及手动关节变量调节等功能。基于 MATLAB Robotics Toolbox 的仿真实验教学，把学生从烦琐的数值计算中解脱出来，能够专注于机器人学本身的重要概念的理解与应用，获得了良好的教学效果。鉴于学生的接受能力，在给本科生授课时主要练习了坐标变换、机器人对象构建、正运动学、逆运动学求解和轨迹规划等方面的内容。更多的关于 Robotics Toolbox 的使用说明可以参见工具箱文件夹中的用户说明文档(robot.pdf)。

9.7 节讨论了机器人的离线编程，包括机器人离线编程系统的特点和要求、机器人离线编程系统的结构，以及一个机器人离线仿真系统 HOLPSS 等内容。机器人离线编程是机器人编程语言的拓展，它比传统的示教编程具有更多优点。离线编程系统不仅是机器人实际应用的必要手段，也是开发任务规划的有力工具，并可以建立 CAD/CAM 与机器人间的联系。

习　题　9

9.1　试谈机器人编程语言的层级、要求和研究方向。

9.2　机器人系统一般有哪些程序功能？

9.3　用任一机器人语言编写一个机器人程序，把一块积木从 A 处拾起放到 B 处。

9.4　设计一个新的机器人编程语言语法，包括绘出运动轨迹持续时间或速度的方法，对外围设备的输入/输出语句，控制夹手的命令以及力感(即防护性运动)命令等。

9.5　用市场上供应的机器人编程语言编写一个程序，以执行题 9.3 的任务。做出任何涉及输入/输出连接和其他细节的合理假设。

9.6　用任何机器人语言编写一个用于卸下小车上任意尺寸零件的通用程序。此程序应当跟踪小车的位置，而且当小车上没有零件时，应向操作人员发出信号。假设小车上的零件被卸至某条传送带上。

9.7　用任一种机器人语言编写一个用于从任意尺寸的源集装箱上卸下负载，并把它们装上任意尺寸的目标集装箱上的程序。此程序应当跟踪集装箱的位置，而且当源集装箱卸空时或目标集装箱装满时，应向操作人员发出信号。

9.8　用 AL 编写一个程序，该程序可运用力控制来装香烟盒，每盒装 20 支。假设机械手的精度约为 0.64cm。应当把力控制用于许多操作。在传送带上的香烟通过视觉系统来呈现它们的坐标位置。

9.9　用任何机器人语言编写一个装配标准电话机手持部分的程序。有 6 个组成部件(手把、麦克风、喇叭、两个插座以及导线)放在一个料架上(料架上持有每种部件各一)。假设有一个能够握持手把的夹具，还可以做出任何其他合乎情理的需要假设。

9.10　编写一个使用两台机械手的 AL 程序。一台机械手叫作 GARM，具有专用的末端执行器，用于拿住酒瓶。另一台机械手 BARM 用于持住酒杯，并装有力感手腕，以便当酒杯将要装满酒时向 GARM 发出停止倒酒的信号。

9.11　图 9.13 表示一台机械手即将执行的把螺钉 *BO* 插入部件 B 上 4 个孔的作业任务。其中：

$$
{}^{O}\boldsymbol{Z}=\begin{bmatrix}1&0&0&20\\0&1&0&0\\0&0&1&20\\0&0&0&1\end{bmatrix}\qquad
{}^{O}\boldsymbol{B}=\begin{bmatrix}0&-1&0&20\\1&0&0&20\\0&0&1&0\\0&0&0&1\end{bmatrix}
$$

$$
{}^{O}\boldsymbol{BO}=\begin{bmatrix}1&0&0&20\\0&1&0&40\\0&0&1&5\\0&0&0&1\end{bmatrix}\qquad
{}^{BO}\boldsymbol{BG}=\begin{bmatrix}-1&0&0&0\\0&1&0&0\\0&0&-1&0.5\\0&0&0&1\end{bmatrix}
$$

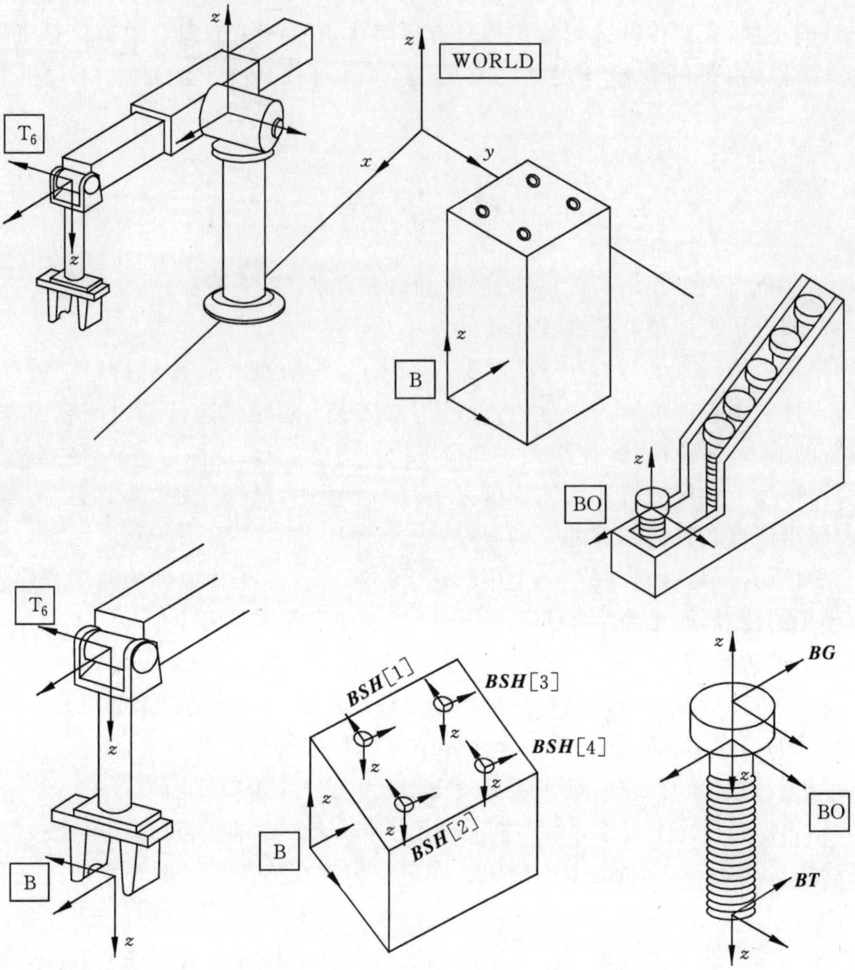

图 9.13 用于插钉入孔作业的机械手

$$
{}^{BO}\boldsymbol{BT}=\begin{bmatrix}-1 & 0 & 0 & 0\\ 0 & 1 & 0 & 0\\ 0 & 0 & -1 & -4\\ 0 & 0 & 0 & 1\end{bmatrix}\quad {}^{B}\boldsymbol{BSH}[1]=\begin{bmatrix}0 & -1 & 0 & 3\\ 1 & 0 & 0 & 2\\ 0 & 0 & -1 & 20\\ 0 & 0 & 0 & 1\end{bmatrix}
$$

$$
{}^{B}\boldsymbol{BSH}[2]=\begin{bmatrix}0 & -1 & 0 & 13\\ 1 & 0 & 0 & 2\\ 0 & 0 & -1 & 20\\ 0 & 0 & 0 & 1\end{bmatrix}\quad {}^{B}\boldsymbol{BSH}[3]=\begin{bmatrix}0 & -1 & 0 & 3\\ 0 & 0 & 0 & 12\\ 0 & 0 & -1 & 20\\ 0 & 0 & 0 & 1\end{bmatrix}
$$

$$
{}^{B}\boldsymbol{BSH}[4]=\begin{bmatrix}0 & -1 & 0 & 13\\ 1 & 0 & 0 & 12\\ 0 & 0 & -1 & 20\\ 0 & 0 & 0 & 1\end{bmatrix}\quad {}^{T_6}\boldsymbol{E}=\begin{bmatrix}1 & 0 & 0 & 0\\ 0 & 1 & 0 & 0\\ 0 & 0 & 1 & 10\\ 0 & 0 & 0 & 1\end{bmatrix}
$$

试编写一个把此螺钉插入部件 B 上 4 个孔的程序。

9.12　进行下列 MATLAB 程序设计：

(1) 使用 Z-Y-X (α-β-γ)欧拉角表示法，编写一个 MATLAB 程序，当用户输入欧拉角时，计算旋转矩阵${}_B^A\boldsymbol{R}$。通过以下两组实例进行验证：

① $\alpha=10°,\beta=20°,\gamma=30°$

② $\alpha=30°,\beta=90°,\gamma=-55°$

(2) 编写一个 MATLAB 程序，当用户输入旋转矩阵${}_B^A\boldsymbol{R}$ 时，计算对应的欧拉角 α-β-γ。注意求取所有可能的解。

(3) 坐标系$\{B\}$相对于坐标系$\{A\}$绕 Y 轴旋转 β。当 $\beta=20°$时，有${}^B\boldsymbol{P}=\{1\ 0\ 1\}^{\mathrm{T}}$，编写一个 MATLAB 程序求解${}^A\boldsymbol{P}$。

(4) 使用 MATLAB 机器人工具箱中的函数对上述问题进行验证。试用以下函数 rpy2tr()，tr2rpy()，rotx()，roty()，以及 rotz()。

9.13　进行下列 MATLAB 程序设计：

(1) 当用户输入 Z-Y-X 欧拉角(α-β-γ)以及位置向量${}^A\boldsymbol{P}_B$ 时，编写一个 MATLAB 程序计算对应的齐次变换矩阵${}_B^A\boldsymbol{T}$。通过以下两组实例进行验证：

① $\alpha=10°,\beta=20°,\gamma=30°,{}^A\boldsymbol{P}_B=\{1\ 2\ 3\}^{\mathrm{T}}$

② For $\beta=20°(\alpha=\gamma=0°),{}^A\boldsymbol{P}_B=\{3\ 0\ 1\}^{\mathrm{T}}$

(1) 当 $\beta=20°(\alpha=\gamma=0°)$时，如有${}^A\boldsymbol{P}_B=\{3\ 0\ 1\}^{\mathrm{T}}$，以及${}^B\boldsymbol{P}=\{1\ 0\ 1\}^{\mathrm{T}}$，编写一个 MATLAB 程序来计算${}^A\boldsymbol{P}$。

(2) 通过符号计算，编写一个 MATLAB 程序计算齐次变换逆矩阵，即${}_B^A\boldsymbol{T}^{-1}={}_A^B\boldsymbol{T}$。对于(1)和(2)的实例，将你的结果与 MATLAB 数值函数(如 inv 函数)的结果进行比较，说明两种方法均能得到正确的结果(例如${}_B^A\boldsymbol{T}{}_B^A\boldsymbol{T}^{-1}={}_B^A\boldsymbol{T}^{-1}{}_B^A\boldsymbol{T}=I_4$)。

(3) 使用 MATLAB 机器人工具箱中的函数对上述问题进行验证。试用以下函数 rpy2tr() 和 transl()。

9.14　对于图 3.7 所示的平面三连杆机器人，给定如下的连杆参数：$L_1=4\mathrm{m}$，$L_2=3\mathrm{m}$，以及 $L_3=2\mathrm{m}$。

(1) 求取该机器人的 D-H 参数。将你的答案与表 3.1 的结果进行对比。

(2) 求取相邻二连杆坐标系之间的齐次变换矩阵${}_i^{i-1}\boldsymbol{T}$，$i=1,2,3$。这些矩阵都是关节角变量 θ_i，$i=1,2,3$ 的函数。

(3) 采用 MATLAB 符号计算，求取该机器人的正向运动学的求解${}_3^0\boldsymbol{T}$(作为关节角变量 θ_i 的函数)。当输入下面三组数据时，输出该机器人末端机械手的位姿(正向运动学的解)：

① $\Theta=\{\theta_1\ \theta_2\ \theta_3\}^{\mathrm{T}}=\{0\ 0\ 0\}^{\mathrm{T}}$

② $\Theta=\{10°\ 20°\ 30°\}^{\mathrm{T}}$

③ $\Theta=\{90°\ 90° 90°\}^{\mathrm{T}}$

(4) 使用 MATLAB 机器人工具箱中的函数对上述问题进行验证。试用以下函数 link()，robot()，以及 fkine()。

9.15　对于如图 3.7 所示的平面三连杆机器人，其 D-H 参数如表 3.1 所示，给定如下的连杆参数：$L_1=4\mathrm{m}$，$L_2=3\mathrm{m}$，以及 $L_3=2\mathrm{m}$。

(1) 根据第 3 章介绍的方法，手工计算该机器人的逆运动学位姿，即给定${}_H^0\boldsymbol{T}$(假设手部坐标系$\{H\}$与坐标系 3 重合)，求取所有可能的关节角组合$\{\theta_1\ \theta_2\ \theta_3\}$。

(2) 编写一个 MATLAB 程序以完整地求解该机器人的逆运动学问题(需给出所有可能的关节角求解)。通过以下 4 组实例验证编写的逆运动学程序的正确性。

① $${}^0_H\boldsymbol{T}=\begin{bmatrix}1 & 0 & 0 & 9\\0 & 1 & 0 & 0\\0 & 0 & 1 & 0\\0 & 0 & 0 & 1\end{bmatrix}$$

② $${}^0_H\boldsymbol{T}=\begin{bmatrix}0.5 & -0.866 & 0 & 7.5373\\0.866 & 0.6 & 0 & 3.9266\\0 & 0 & 1 & 0\\0 & 0 & 0 & 1\end{bmatrix}$$

③ $${}^0_H\boldsymbol{T}=\begin{bmatrix}0 & 1 & 0 & -3\\-1 & 0 & 0 & 2\\0 & 0 & 1 & 0\\0 & 0 & 0 & 1\end{bmatrix}$$

④ $${}^0_H\boldsymbol{T}=\begin{bmatrix}0.866 & 0.5 & 0 & -3.1245\\-0.5 & 0.866 & 0 & 9.1674\\0 & 0 & 1 & 0\\0 & 0 & 0 & 1\end{bmatrix}$$

将所有求出的解带回到题 9.14 中得到的正向运动学程序中去，看是否能够得到与原本相同的齐次变换矩阵。

(3) 使用 MATLAB 机器人工具箱中的函数，对上述问题进行验证。试用以下函数 ikine()。

9.16 试述机器人操作系统 ROS 的主要特点和总体框架。

9.17 简要说明 Python 语言的基本数据结构、选择结构和循环结构，以及 Python 语言提供的函数定义功能。

第 10 章　机器人学展望

70 年来，机器人学已取得了迅速发展和可喜成就。越来越多的机器人在各行各业和千家万户得到应用；越来越多的机器人学科技工作者从不同方向从事机器人学的研究开发和应用工作；越来越多的自然人对机器人有了比较正确和全面的理解。机器人已为 20 世纪的人类文明做出重要贡献也正在为 21 世纪的人类文明做出新的更大贡献。

宋健主席在世纪交替的 1999 年曾经指出：“机器人学的进步和应用是 20 世纪自动控制最有说服力的成就，是当代最高意义上的自动化。”的确，机器人学具有诱人的发展前景。本章试图分析机器人技术的发展现状，展望机器人技术的发展趋势，讨论机器人引起的社会问题等。

10.1　机器人技术与市场的现状和预测

10.1.1　世界机器人发展现状和发展预测

1. 从机器人市场规模看

据国际机器人联合会(IFR)统计，2019 年全球机器人市场规模预计达到 294.1 亿美元(图 10.1)，其中，工业机器人 159.2 亿美元，服务机器人 94.6 亿美元，特种机器人 40.3 亿美元。2014—2019 年的平均增长率约为 12.3%。

现在全世界运行的工业机器人总数在 200 万台以上。

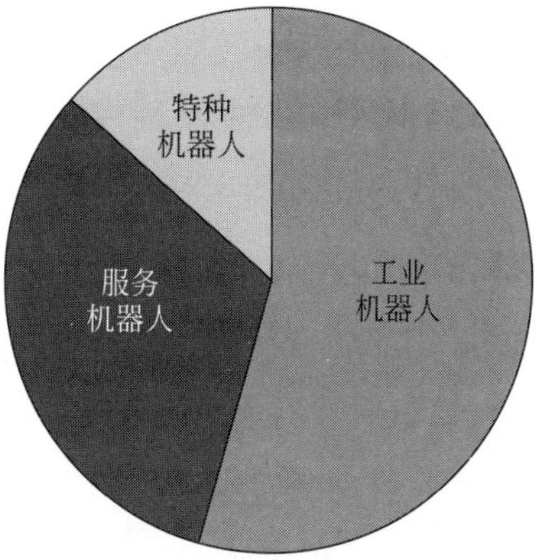

图 10.1　2019 年全球机器人市场规模

(1) 工业机器人

目前，工业机器人在汽车、电子、金属制品、塑料及化工产品等行业继续得到了广泛的应用。2014 年以来，工业机器人的市场规模正以年均 8.3%的速度持续增长(图 10.2)。IFR 报告显示，2018 年中国、日本、美国、韩国和德国等主要国家销售额总计超过全球销量的 3/4，这些国家对工业自动化改造的需求激活了工业机器人市场，也使全球工业机器人的使用密度大幅提升，目前在全球制造业领域，工业机器人使用密度已经达到 85 台/万人。2018 年全球工业机器人销售额达到 154.8 亿美元，其中，亚洲销售额 104.8 亿美元，欧洲销售额 28.6 亿美元，北美地区销售额达到 19.8 亿美元。2019 年，随着工业机器人进一步普及，销售额将有望接近 160 亿美元，其中亚洲仍将是最大的销售市场。

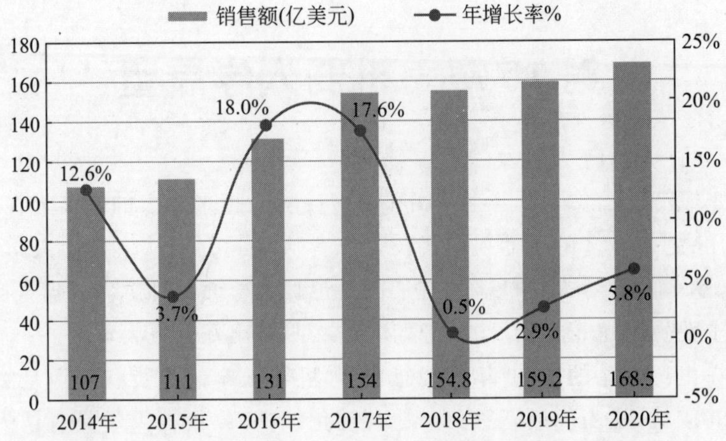

图 10.2　2014—2020 年全球工业机器人销售额和增长率统计预测

(2) 服务机器人

随着信息技术的快速发展和互联网的快速普及，以 2006 年深度学习模型的提出为标志，人工智能迎来第 3 次高速发展。与此同时，依托人工智能技术，智能公共服务机器人应用场景和服务模式正不断拓展，带动服务机器人市场规模高速增长。2014 年以来，全球服务机器人市场规模年均增速达 21.9%(图 10.3)，2019 年全球服务机器人市场规模预计达到 94.6 亿美元，2021 年将快速增长突破 130 亿美元。2019 年，全球家用服务机器人、医疗服务机器人和公共服务机器人市场规模预计分别为 42 亿美元、25.8 亿美元和 26.8 亿美元，其中家用服务机器人市场规模占比最高达 44%。

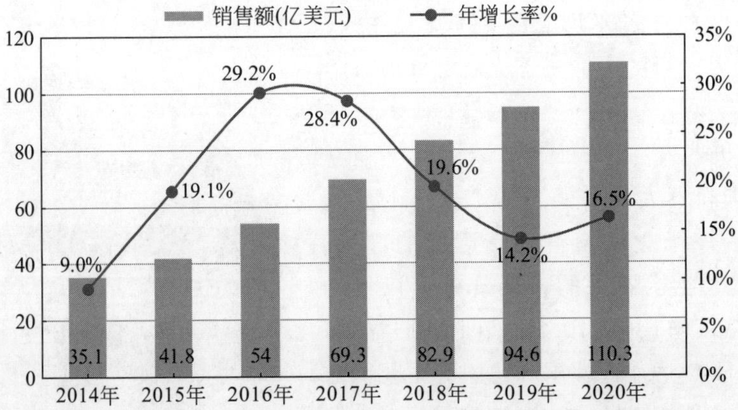

图 10.3　2014—2020 年全球服务机器人销售额和增长率统计预测

(3) 特种机器人

全球特种机器人整机性能近年来持续提升，不断催生新兴市场。2014 年以来全球特种机器人产业规模年均增速达 12.3%，2019 年全球特种机器人市场规模将达到 40.3 亿美元；至 2021 年，预计全球特种机器人市场规模将超过 50 亿美元。其中，美国、日本和欧盟在特种机器人创新和市场推广方面全球领先。

2. 从机器人年安装量看

全球工业机器人的安装量在 2018 年突破 40 万台，达 422 271 台，比 2017 年增加约 6%，累计安装量为 2 439 543 台，比 2017 年增加约 15%。其中，汽车行业仍然是工业机器人的主要购买者，占全球工业机器人总安装量的 30%，电气/电子行业占 25%，金属和机械行业占 10%，塑料和化工行业占 5%，食品和饮料行业占 3%。

随着自动化技术的发展以及工业机器人技术的不断创新，2010 年以来，全球对工业机器人的需求已明显加快。2013—2018 年，全球机器人销量年均复合增长率约为 19%。2005—2008 年，全球机器人年平均销量约为 11.5 万台，然而 2009 年因为金融危机导致机器人销量大幅下滑。2010 年，机器人销量为 12 万台。直到 2015 年，全球工业机器人的安装量翻了一倍多，近 25.4 万台。2016 年，工业机器人的安装量突破 30 万台；2017 年，机器人的安装量猛增至近 40 万台；2018 年超过 42 万台(图 10.4)。

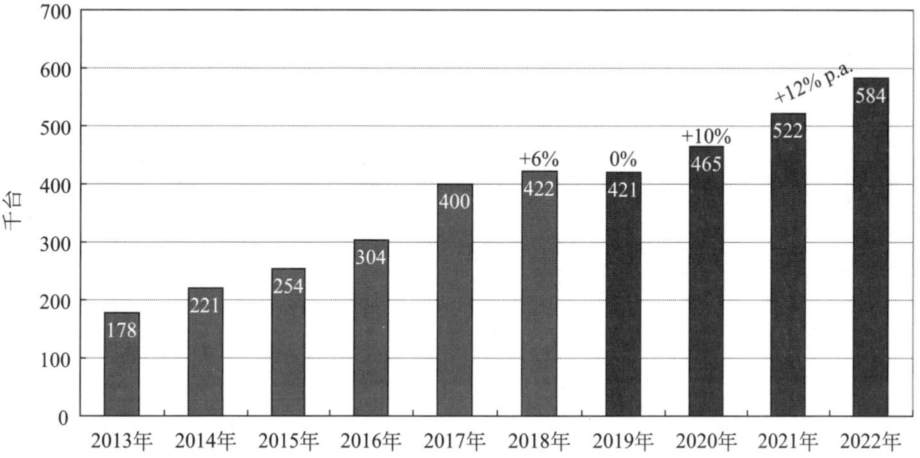

图 10.4　2013—2018 年(统计)和 2019—2022 年(预测)全球工业机器人年安装量

2018 年，全球 5 大主要市场——中国、日本、美国、韩国和德国占据机器人销量的 74%。亚洲(包括澳大利亚和新西兰)仍然是目前机器人销量最高的地区，2018 年的机器人安装量为 283 080 台(图 10.5)，比 2017 年仅增加约 1%，创历史新高，约占全球机器人总安装量的 2/3。2013—2018 年，全球机器人安装量年平均增长率约为 23%。根据 IFR 统计，2013—2018 年，中国、日本、韩国、美国、德国的安装量在全球总安装量中的占比均超 70%。

日本已从第一大机器人市场变为第二，其机器人销量增加约 21%，为 55 240 台，创历史新高。2013—2018 年，日本机器人销量年平均增长率为 17%。

韩国机器人的安装量减少了 5%，为 37 807 台，成为第四大机器人市场。主要原因在于电气/电子行业在机器人上的投资减少了，使 2018 年机器人销量减少。2013—2018 年，韩国机器人销量的年均增长率约为 12%。

欧洲成为机器人销量第二大地区。其工业机器人销量增加约 14%，为 75 560 台，连续 6 年创新高。2013—2018 年，欧洲机器人销量年平均增长率约为 12%。

在欧洲的德国成为全球第五大机器人市场，其机器人销量比 2017 年增加约 26%，为 26 723 台，创历史新高。汽车行业的需求是其增长的主要动力。

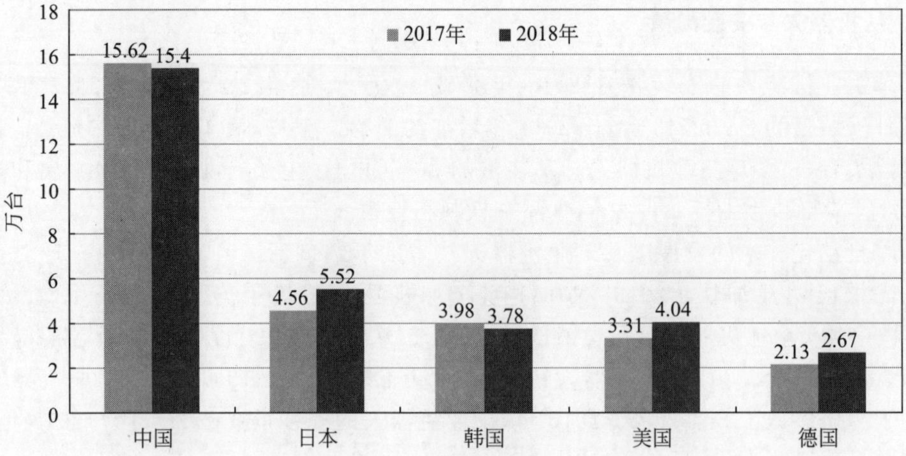

图 10.5 2017—2018 年全球前五位国家工业机器人销售量

与 2017 年相比，2018 年美洲工业机器人安装量增加超过 20%，达到新峰值，为 55 212 台。2013—2018 年，美洲机器人销量年平均增长率约为 13%。其中，美国已成为第三大机器人市场，其工业机器人安装量增加约 22%，为 40 373 台，连续 8 年创历史新高以增强其工业在全球市场的地位。

10.1.2 中国工业机器人市场统计数据分析

据国际机器人联合会统计，2017 年，中国工业机器人的安装量为 137 920 台，比 2016 年增加约 59%，继续成为全球最大的机器人市场。其中，从用途看，搬运机器人约占 45%，焊接机器人约占 26%，装配机器人约占 20%。从应用行业看，电气/电子行业约占 35%，汽车行业约占 31%。2012—2017 年，中国工业机器人安装量的年均复合增长率(CAGR)约为 43%，销售额的年平均增长率约为 33%，2017 年中国工业机器人的销售额约为 49 亿美元。

统计数据显示，2017 年，中国依然是全球最大的机器人市场，也是全球机器人市场增长最快的国家。自 2016 年开始，中国工业机器人累计安装量位列世界第一，发展速度史无前例。在中国的工业机器人销量从 2014 年的峰值 57 100 台增加至 2017 年的 137 920 台。越来越多的国际机器人制造商在中国建设工厂，持续扩大产能。虽然目前中国市场上大部分的机器人是日本、韩国、欧洲和北美的供应商直接进口或在中国生产的，但是越来越多的中国机器人供应商也开始拓展自己的市场。

首先，从行业销售上看，自 2010 年以来，汽车行业的大量投资一直在催涨机器人的安装量。中国是全球最大的汽车市场，同时也是生产电子器件、电池、半导体和芯片等产品的主要市场，且作为最大的汽车生产基地仍有很大的发展潜力。中国的消费市场增长迅速，自 2016 年开始，电气/电子行业取代汽车行业，成为工业机器人最重要的购买者和增长的主要推动力。同时，消费市场的迅速增长，使几乎全部行业都从增长的需求(包括各种消费品)中受益。

其次，中国工业机器人密度(制造业中每 1 万名工人占有工业机器人的数量)的快速增长也是工业机器人安装量持续增长的重要体现，2015—2017 年，中国工业机器人密度从 51 台增加至 97 台，翻了近 1 倍。

在 2017 年的 137 920 台年销量中，中国本土的机器人供应商安装了 34 671 台，比 2016 年增加约 29%，但是所占市场份额从 2016 年的 31%减少至 25%；国外机器人供应商安装约 10.32 万台，比 2016 年增加约 72%，这一数据包括国外机器人供应商在中国生产的机器人数量，这是国外供应商机器人安装量的增长首次比中国本土机器人供应商快。

至 2017 年底，中国工业机器人的累计安装量达 473 429 台，比 2016 年增加约 39%。2012—2017 年，中国工业机器人的累计安装量年平均增长 37%。不过实际的累计安装量可能更高，如果包括富士康机器人的数量，2017 年中国工业机器人的累计安装量至少约为 48.5 万台。这一较高的增长速度表明中国工业机器人的发展速度越来越快。

10.2 机器人技术的发展趋势

进入 20 世纪 90 年代，具有一般功能的传统工业机器人的应用趋向饱和，而许多高级生产和特种应用需要各种智能机器人的参与，促使智能机器人获得较为迅速的发展。无论是从国际还是从国内的角度来看，复苏和继续发展机器人产业的一条重要途径就是开发各种智能机器人，以求提高机器人的性能，扩大其功能和应用领域。这正是从事智能机器人研究和应用的广大科技工作者施展才干的大好时机。

回顾近 20 多年来国内外机器人技术的发展历程，可以归纳出下列一些特点和发展趋势。

1. 传感型智能机器人发展较快

作为传感型机器人基础的机器人传感技术有了新的发展，各种新型传感器不断出现。多传感器集成与融合技术在智能机器人上获得应用。在多传感集成和融合技术研究方面，人工神经网络的应用特别引人瞩目，成为一个研究热点。

2. 开发新型智能技术

智能机器人领域有许多诱人的新课题，对新型智能技术的概念和应用研究正酝酿着新的突破。临场感技术能够测量和估计人对预测目标的拟人运动和生物学状态，显示现场信息，用于设计和控制拟人机构的运动。虚拟现实（virtual reality，VR）技术是新近研究的智能技术，它是一种对事件的现实性从时间和空间上进行分解后重新组合的技术。形状记忆合金（SMA）被誉为“智能材料”，可用来执行驱动动作，完成传感和驱动功能。可逆形状记忆合金（RSMA）也在微型机器上得到应用。

多智能机器人系统（MARS）是近年来开始探索的又一项智能技术，它是在单体智能机器发展到需要协调作业的条件下产生的。多个机器人主体具有共同的目标，完成相互关联的动作或作业。

在诸多新型智能技术中，基于人工神经网络的识别、检测、控制和规划方法的开发和应用占有重要的地位。基于专家系统的机器人规划获得新的发展，除了用于任务规划、装配规划、搬运规划和路径规划外，又被用于自动抓取规划。

随着机器学习研究的深入发展，越来越多的机器学习算法，特别是深度学习和深度强化学习算法在机器人控制领域，如机器人路径和位置控制、机器人轨迹控制、机器人目标跟踪控制、足式机器人步行控制和步态规划以及机器人运动控制等方面获得广泛应用。基于机器学习的机器人规划，特别是基于深度学习和深度强化学习的机器人规划，涉及智能驾驶、交通的规划和导航等领域。

3. 采用模块化设计技术

智能机器人和高级工业机器人的结构力求简单紧凑，其高性能部件乃至全部机构的设计已向模块化方向发展；其驱动采用交流伺服电机，向小型和高输出方向发展；其控制装置向小型化和智能化发展，采用高速 CPU 和 32 位芯片、多处理器和多功能操作系统，可提高机器人的实时和快速响应能力。机器人软件的模块化则简化了编程，发展了离线编程技术，提高了机器人控制系统的适应性。

4. 机器人工程系统的网络化与智能化呈上升趋势

在生产工程系统中应用机器人，使自动化发展为综合柔性自动化，实现生产过程的智能化和机器人化。近年来，许多产业和企业的机器人生产工程系统获得不断发展。汽车工业、工程机械、建筑、电子和电机工业以及家电行业在开发新产品时，引入高级机器人技术，采用柔性自动化和智能化设备，改造原有生产手段，使机器人及其生产系统的发展呈上升趋势。

当前，机器人领域领军企业加大研发力度，聚焦工业互联网应用和智能工厂解决方案，重视无人车、仿人机器人、灾后救援机器人、深海采矿机器人等产品研发，不断创新产品形态，优化产品性能，抢占机器人智能应用发展先机。在工业机器人方面，工业互联网成布局重点，智能工厂解决方案加速落地；在服务机器人方面，无人车获科技龙头高度关注，仿人机器人研发再度迎来突破；在特种机器人方面，灾后救援机器人研制成热点，采矿机器人开始向深海空间拓展。

5. 微型化、轻型化、柔性化的机器人研究有所突破

有人称微型机器和微型机器人为 21 世纪的尖端技术之一。已经开发出手指大小的微型移动机器人，可用于进入小型管道进行检查作业。可让它们直接进入人体器官，进行各种疾病的诊断和治疗，而不损害人的健康。

在工业机器人方面，轻型化、柔性化发展提速，人机协作不断走向深入；在大中型机器人与微型机器人系列之间，还有小型机器人。小型化也是机器人发展的一个趋势。小型机器人移动灵活方便，速度快，精度高，适于进入大、中型工件直接作业。比微型机器人还要小的超微型机器人，应用纳米技术，将用于医疗和军事侦察目的。在服务机器人方面，认知智能已取得一定进展，产业化进程持续加速。在特种机器人方面，结合感知技术与仿生新型材料，智能性和适应性不断增强。

6. 研发重型机器人

为适应大型和重型装备智能化和无人化的需要，研发重型机器人应为机器人技术研发的一个新方向。

7. 应用领域向非制造业和服务业扩展

为了开拓机器人新市场，除了提高机器人的性能和功能，以及研制智能机器人外，向非制造业扩展也是一个重要方向。开发适于非结构环境下工作的机器人将是机器人发展的一个长远方向。这些非制造业包括航天、海洋、军事、建筑、医疗护理、服务、农林、采矿、电力、煤气、供水、下水道工程、建筑物维护、社会福利、家庭自动化、办公自动化和灾害救护等。服务机器人将在医疗、教育、娱乐等领域率先开拓和应用，造福于人类，其发展逐渐呈现智能化、网络化、人性化、多元化等特点。

8. 行走机器人研究引起重视

近年来，对移动机器人的研究受到重视，移动机器人能够移动到固定式机器人无法到达的预定目标，完成设定的操作任务。

行走机器人是移动机器人的一种，包括步行机器人（二足、四足、六足和八足）和爬行机器人等。自主式移动机器人和移动平台是研究最多的一种。移动机器人在工业和国防具有广泛的应用前景，如清洗机器人、服务机器人、巡逻机器人、防化侦察机器人、水下自主作业机器人、飞行机器人等。我国在移动机器人研究方面已取得一大批成果。

9. 开发敏捷制造生产系统

工业机器人必须改变过去那种"部件发展方式"，而优先考虑"系统发展方式"。随着工业机器人应用范围的不断扩大，机器人早已从当初的柔性上下料装置发展为可编程的高度柔性加工单元。随着高刚性及微驱动问题的解决，机器人作为高精度、高柔性的敏捷性加工设备的时代，迟早将会到来。不论机器人在生产线中起什么样的作用，它总是作为系统中的一员而存在。应该从组成敏捷生产系统的观点出发，考虑工业机器人的发展。

从系统观点出发，首先要考虑如何能和其他设备方便地实现连接及通信。机器人和本地数据库之间的通信从发展方向看是场地总线，而分布式数据库之间则采用以太网。从系统观点来看，设计和开发机器人必须考虑和其他设备互联和协调工作的能力。

10. 军用机器人将装备部队

这里仅讨论陆军机器人的发展趋势。微小型机器人体积小，生存能力特别强，具有广泛的应用前景。未来，半自主机器人的联网是一个重要的应用。将游动的传感器组合起来可提供战场空间的总体图像。例如，可利用数十个小型廉价的系统来搜集地面上的子母弹的子弹，并将它们堆积起来。对网络机器人的研究，已成为一个热点。已经提出一种被称为"机器人附属部队"的概念，这种部队的核心是有人系统，而它的周围是各种装有武器和传感器的无人系统。

人性化、重型化、微型化、网络化、柔性化、智能化已经成为机器人产业的主要发展趋势。

10.3 各国雄心勃勃的机器人发展计划

近 10 年来，许多先进工业国家竞相制订"机器人路线图"，计划在更高的层面、更多的领域和更大的规模上开展智能机器人研究，以更好地发展经济，造福各国人民。

美国2011年开始推行“先进制造业伙伴计划”，其中明确要求通过发展工业机器人重振美国制造业，并凭借信息网络技术的优势，投资28亿美元开发基于移动互联技术的新一代智能机器人。2012年，发布了《先进制造业国家战略计划》，将促进先进制造业发展提高到了国家战略层面，明确提出了实施美国先进制造业战略目标，规定了衡量每个目标的近期和远期指标，展现了美国政府振兴制造业的决心和愿景。

该计划客观描述了全球先进制造业的发展趋势及美国制造业面临的挑战，明确提出了实施美国先进制造业战略目标或任务。

《先进制造业国家战略计划》明确了三大原则：一是完善先进制造业创新政策；二是加强“产业公地”建设；三是优化政府投资。同时提出了五大目标：一是加快中小企业投资；二是提高劳动力技能；三是建立健全伙伴关系；四是调整优化政府投资；五是加大研发投资力度。

同年，美国总统奥巴马提出创建“国家制造业创新网络(NNMI)”，以重振美国制造业的竞争力。

2012年美国国家科学基金会、国家卫生研究院、国家航空航天局和农业部已联合设立了美国国家机器人技术研究计划，投入5000万美元征集机器人研究项目。此次新投入1亿美元，将推动美国机器人技术在各领域的广泛应用，并有助于加强美国在机器人技术方面的领先地位。

2013年3月20日美国发布的从互联网到机器人学的《美国机器人学路线图》(*A Roadmap for U.S. Robotics, From Internet to Robotics*)。该路线图的研究方向涉及机器人作为经济引擎、制造业、医疗健康、服务业、空间应用和国防应用6个方面，强调了机器人技术在美国制造业和卫生保健领域的重要作用，同时也描绘了机器人技术在创造新市场、新就业岗位和改善人们生活方面的潜力。

欧盟官方网站2014年6月3日发布，欧盟委员会和欧洲机器人协会(euRobotics)下属180个公司和研发机构共同启动全球最大的民用机器人研发计划“火花”(SPARC)。根据该计划，到2020年该计划将投资28亿欧元(其中，欧委会投资7亿欧元，euRobotics投资21亿欧元)，用于推动机器人研发。研发内容包括机器人在制造业、农业、健康、交通、安全和家庭等各领域的应用。欧委会预计，该计划将在欧洲创造24万就业岗位，使欧洲机器人行业年产值增长至600亿欧元，占全球市场份额提高至42%。发展机器人行业可拉动就业，提高了人类的生活质量和生产安全。正在研发的机器人都是高级机器人，集现代科学技术于一身，在大数据、云计算、移动互联网为代表的新一代信息技术的支持下，高级机器人具有更强的自主学习能力和自主解决问题能力。其中，2012年，德国推行以“智能工厂”为重心的“工业4.0”计划，其总体目标是实现“绿色的”智能化生产。“工业4.0”涵盖了制造业、服务业和工业设计等多方面内容，旨在开发全新的商业模式，挖掘工业生产和物流模式的巨大潜力。

日本机器人工业会早在2001年就发表了《机器人技术长期发展战略》，制定了机器人技术长期发展战略，强调机器人作为一种高技术产业的重要性，提出要大力发展制造业和生物产业等领域使用的机器人。该计划将机器人产业作为“新产业发展战略”中7大重点扶持的产业之一，仅在类人机器人领域，就计划10年内共投资3.5亿美元。

2015年1月，日本国家机器人革命推进小组发布了《机器人新战略》，拟通过实施五年行动计划和六大重要举措达成三大战略目标，使日本实现机器人革命，以应对日益突出的老龄化、劳动人口减少、自然灾害频发等问题，提升日本制造业的国际竞争力，获取大数据时代的全球化竞争优势。

韩国政府曾在 2008 年 3 月制订了《智能机器人促进法》，2009 年 4 月公布了《智能机器人基本计划》。该计划认为，通过一系列积极的培养政策和技术研发努力，使韩国国内机器人产业竞争力得到逐步提升

2009 年，韩国发布了《服务机器人产业发展战略》，提出了让韩国成为世界三大机器人强国之一的发展目标。2010 年 12 月，韩国又发布了让韩国实现成为世界三大机器人强国目标的方案——《服务型机器人产业发展战略》，希望通过积极培育服务型机器人产业，开创新市场来缩小与发达国家的差距，加强机器人产业全球竞争力。2012 年 10 月又发布了“机器人未来战略展望 2022”，将政策焦点放在了扩大韩国机器人产业并支持国内机器人企业进军海外市场等方面。2015 年，陆续出台了一系列扶持机器人产业发展的政策措施，中长期战略是《机器人未来战略 2022》，希望能够实现“机器人遍及社会各角落”的愿景。

中国科技部 2012 年 4 月发布《智能制造科技发展“十二五”专项规划》和《服务机器人科技发展“十二五”专项规划》。在“十二五”期间，我国将攻克一批智能化高端装备，发展和培育一批高技术产值超过 100 亿元的核心企业；同时，将重点培育发展服务机器人新兴产业，重点发展公共安全机器人、医疗康复机器人、仿生机器人平台和模块化核心部件四大任务。《智能制造科技发展“十二五”专项规划》提出，要在基础技术与部件方面重点突破设计过程智能化、制造过程智能化和制造装备智能化中的基础理论与共性关键技术；突破一批智能制造基础技术与部件，研发一批与国家安全与产业安全密切相关的共性基础技术，重点突破一批智能制造的核心基础部件，奠定“十三五”制造过程智能化装备和制造过程智能化的技术基础。主要是在制造业信息化、基础部件、传感器、自动化仪器仪表、安全控制系统以及嵌入式工业控制芯片方面。

我国国务院于 2015 年 5 月 8 日印发的《中国制造 2025》，明确提出实现中国制造强国的路线图，旨在打造具有国际竞争力的中国制造业，是提升中国综合国力、保障国家安全、建设世界强国的必由之路。该路线图提出的大力推动重点领域突出了机器人制造，要围绕汽车、机械、电子、危险品制造、国防军工、化工、轻工等工业机器人、特种机器人，以及医疗健康、家庭服务、教育娱乐等服务机器人应用需求，积极研发新产品，促进机器人标准化、模块化发展，扩大市场应用。突破机器人本体、减速器、伺服电机、控制器、传感器与驱动器等关键零部件及系统集成设计制造等技术瓶颈。把工业机器人列为国家发展的重点领域，上升为国家发展战略和国家意志，这是中国历史上的第一次。可以期待中国机器人技术和产业将会有更大更强的发展，为经济发展、社会进步和民生福祉做出新的贡献。2016 年 4 月，工业和信息化部、国家发展改革委、财政部三部委联合印发了《机器人产业发展规划(2016—2020 年)》，为“十三五”期间我国机器人产业发展描绘了清晰的蓝图。该发展规划提出的大部分任务，如智能生产、智能物流、智能工业机器人、人机协作机器人、消防救援机器人、手术机器人、智能型公共服务机器人、智能护理机器人等，都需要采用各种人工智能技术。

从上面介绍的各国大力开发与应用智能机器人的情况可以看出，进入 21 世纪以来，特别是近 10 年来，世界主要机器人大国正在雄心勃勃和争先恐后地发展智能机器人技术，这必将促使国际机器人研究与应用进入一个新的时期，推动机器人技术达到一个新的水平。

10.4 应用机器人引起的社会问题

历史上许多重大发明创造和重要技术，在给人类带来福祉之后，也出现了某些负面作用。例如，化学和生化科技为人类创造各种化工和生化制品，满足人民生活需求，提高了生活质量，同时也被用于制造化学和生化武器，给人类带来了重大威胁和伤害。又如，核能技术能够为世界提供清洁能源和治疗疾病，但原子弹和氢弹的制造与服役，使人类面临灭顶之灾的威胁。这些例子说明，任何高新技术都存在两面性，都是一把双面刃。

机器人技术也是一把双面刃，在为人类带来巨大利益的同时也存在一些负面问题，特别是安全问题。综合起来，机器人技术的安全问题涉及心理问题、社会问题、伦理道德问题、法律问题、军事问题等方面。

1. 机器人引起社会结构变化

在过去几十年中，人类社会结构正在静悄悄地变化。以前，人们与机器直接打交道，而现在则要借助智能机器与传统机器打交道。这就是说，原来那种"人-机器"的传统社会结构，已逐渐为"人-机器人-机器"的新型社会结构所取代。人们已经感受到并将更多地看到，医生、秘书、记者、编辑和护士、服务员、交通警察、保安、操作工、清洁工和保姆等，将均由智能系统或智能机器人担任。这样一来，人类就必须学会与人工智能和智能机器人和谐共处，以适应这种新型社会结构。早在 2007 年，比尔・盖茨就曾经预言"未来每个家庭都会拥有机器人"，他的预言已开始实现。由于与机器人打交道毕竟不同于与人打交道，所以人们必须改变自己的传统观念和思维方式。

2. 机器人给人类带来心理威胁

机器人的智能将要超过人类，从而反宾为主，要人类听从它的调遣。这种担心，随着科幻小说和电影、电视、网络的传播，已经十分普遍了。造成这种担心有两方面的原因：一是由于人类对未来机器人还不够了解，因而产生"不信任感"；二是由于现代社会矛盾在人们心理上的反应，比如，西方社会在使用机器人后，给工人带来了失业恐惧。在讨论机器人的智能时，有人担心机器人智能会超过人类智能，担忧有一天机器人会反宾为主，统治人类。这种对人工智能的恐惧心理如果不加以疏导，就可能发展为一种精神恐慌。此外，人工智能和机器人的普遍使用，使人们有较多机会和时间与智能机器共事或相伴，这会增加相关人员的孤独感，感到寂寞、孤立和不安。

首先，长期以来，人们认为机器人的发展与人类的进化，在本质上是完全不同的，至少在可见的未来是不同的。机器人要由人设计制造，它们既不是生物，也不是生物机构，不是由生命物质造成的，而仅仅是一种电子机械装置。即使是有智能的机器人，它们的智能也不同于人类智能，不是生命现象，而是非生命的机械模仿。

未来的高智能机器人的某些功能，很可能会超过人，但从总体上看，机器人智能不可能超过人类智能。至少，现在看来是如此。

3. 劳务就业问题

机器人能够代替人类进行各种体力劳动和脑力劳动，被称为"钢领"工人。例如，用工业机器人代替工人从事焊接、喷漆、搬运、装配和加工作业,用服务机器人从事医护、保姆、娱乐、文秘、清扫和消防等工作,用探索机器人替代宇航员和潜水员进行太空和深海勘探和救援。因此,将有一部分人员可能把自己的工作让位给机器人,造成他们的二次就业,甚至失业。英国牛津大学 2013 年的一项研究报告指出:将会有 700 多种职业被智能机器替代,其中首当其冲的是销售、行政和服务。

有人提出一个人工智能将超过人类的任务与时间表:

翻译语言:2024 年

写作随笔:2026 年

驾驶卡车:2027 年

零售工作:2031 年

写畅销书:2049 年

自主手术:2053 年

要解决这个问题,一方面要扩大新的行业(如第三产业)和服务项目,向生产和服务的广度和深度进军;另一方面,要加强对工人和技术人员的继续职业教育与培训,使他们适应新的社会结构,能够在新的行业继续为社会做出贡献。

图 10.6 为 1990—2007 年美国机器人平均价格指数和劳务报酬指数曲线,其中以 1990 年的指数为 100。由图可见,17 年间机器人的平均价格下降了 2 倍,而劳务报酬却上升了 2 倍;也就是说,劳务报酬指数与机器人价格指数的比值提高了 4 倍,或者说,机器人价格指数与劳务报酬指数的比值为 0.25 左右,下降了 4 倍。因此,机器人的装机台数一直呈现上升势头。近 10 年来,我国也出现了与图 10.6 类似的情况,用工呈现供不应求的现象,特别是劳务报酬增长较快;预计,今后 10 年我国的劳务平均工资将增加 5～6 倍。

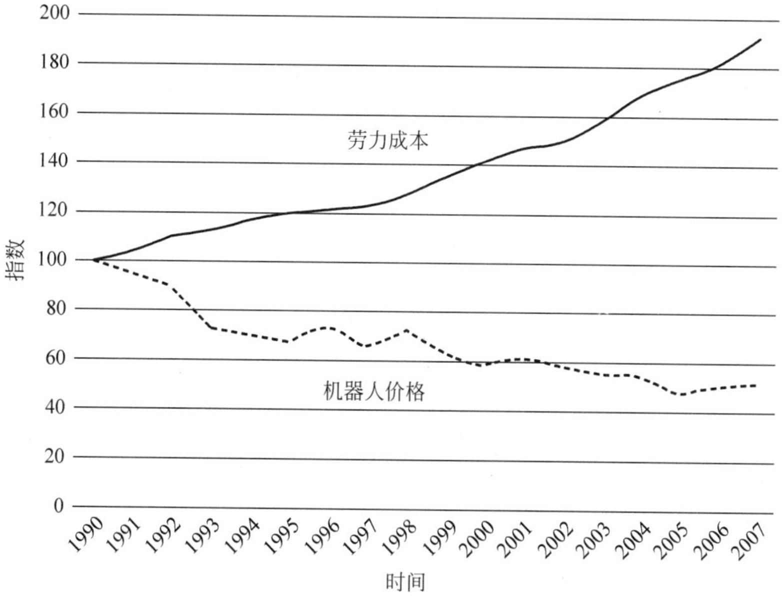

图 10.6 美国机器人平均价格指数和劳力报酬指数

(资料来源:IFR World Robotics 2008)

按照工业机器人的投资与回报周期，即偿还期理论，如果现在装备工业机器人，那么投资者能够在1～3年内收回投资成本；如果2022年投资工业机器人，那么投资者能够在3～6个月内收回投资成本。随着工业机器人价格的明显下降和劳力报酬的较快提升以及“用工荒”的出现，世界各国（包括中国）必将更多地应用各种机器人（含工业机器人和服务机器人等）替代人工劳动，这已成为21世纪的一个必然趋势。这也是一个值得包括社会学家、经济学家、政府决策官员以至计生专家在内的学者和领导人高度关注和深入研究的紧迫社会问题。

4. 伦理道德问题

智能机器人的伦理问题已经引起全社会的关注，智能机器人技术的进步可能给人类社会带来重大风险。例如，在服务机器人领域，人们所担忧的风险与伦理问题主要涉及小孩和老人的看护以及自主机器人武器的研发两个方面。陪伴机器人能够为孩子提供愉悦的感受，激发他们的好奇心。但是，孩子必须要有大人照料，陪伴机器人没有资格成为孩子的监护人。孩子与陪伴机器人相处过长时间，会使孩子缺失社交能力，造成孩子不同程度上的社会孤立。

应用军用机器人也会产生一些道德问题。例如，在作战中由地面武装机器人开枪开炮或由无人机无人车发射导弹炮弹，造成对方士兵甚至无辜群众伤亡。武器一般都是在人的控制下进行致命打击的；但是，军事机器人却能够自动锁定攻击目标并消灭生命。

伦理为人类社会提供一种必要的共同活动框架并以某个可接受的共同规则实现共处。许多专家主张建立关于智能机器人技术开发的伦理指南。智能机器和人工智能系统研发人员需要在建立的道德准则指导下将道德编制为相应算法以指导智能机器的行为，寻求解决问题的方法，以确保智能机器对人类的绝对友善与安全。人类还无法让智能机器具有责任心、羞耻感、负罪感和判断是非的能力。除非能够通过编程规范机器人道德，否则，高级智能机器人就可能具有反人类和反社会的倾向。人类在赋予智能机器人某些权利时，也应该对智能机器人的权利进行严格限制。

5. 法律问题

智能机器人技术的发展与应用带来了许多前所未有的法律问题，使传统法律面临严峻挑战。

这些技术到底引起了哪些法律新问题呢？请看下面的例子。

智能驾驶汽车发生伤人事故，该由谁承担法律负责？交通法规或将根本改写。又如，用于战场的机器人开枪打死人是否违反了国际公约？随着智能机器思维能力的提高，它们可能对社会和生活提出看法，甚至是政治主张。这些问题可能给人类社会带来危险，引起不安。

“机器人法官”能够通过对已有数据的分析而自动生成最优判决结果。与法官一样面临失业威胁的还有教师、律师和艺术家等行业。如今，许多作品可由智能机器创作，连新闻稿也可以由记者机器人撰写。智能软件系统还能够谱曲与绘画。现有的与知识产权保护相关的法律或将被颠覆。在人工智能时代，法律也将重塑对职业的要求，法律观念将被重新构建。不久之后，“不得伤害人类”将可能与“不得虐待机器人”同时写进劳动保护法。

此外，在医疗领域，使用医疗机器人而产生的医疗事故的责任问题以及在执法领域机器人警察执行警察职能都存在安全问题；这些问题应当如何考虑与处理？因此需要解决许多相关的法律问题。人工智能产品在法律领域的许多责任问题和安全问题需要引起世界各国和智能机器研发者的高度关注。

对于上述这类涉及应用智能机器人引发的法律安全问题，应该予以高度关注。智能机器人安全立法问题已经提上议事日程。相关法律应能规范智能机器的发展，建立智能机器的身份识别和跟踪系统，确保人类对智能机器的有效控制和安全使用。机器人开发者必须对他们的智能产品承担相关法律责任。

制订智能机器相关法律的目的在于：通过立法充分利用智能机器的能力，引导智能机器进入正确的轨道，防范它们可能出现的负面影响，确保人工智能和智能机器为人类社会做出积极贡献，实现智能机器和人类社会的长治久安。

6. 军事问题

随着人工智能和智能机器的不断发展，一些国家的研究机构和军事组织试图把智能机器人技术（无人系统）用于军事目的，研发与使用智能化武器，给人类社会和世界和平造成极其重大的安全威胁。

10.5 克隆技术对智能机器人的挑战

对“机器人智能能否超过人类智能”的争论并未结束。随着生物遗传工程的进展以及无性繁殖动物（如克隆羊和克隆牛等）的培育成功，人们又担心克隆人的出现。

如果有朝一日出现了人造的真人，即克隆人，而不管是否符合情理与法律（现在还没有这样的法律），那么，机器人的许多概念将产生动摇，甚至发生根本性变化。这些概念涉及机器人定义、机器人进化、机器人结构、机器人智能以及机器人与人类关系等重要问题。我们有必要对这些问题重新认识，加以探讨，以期通过讨论甚至辩论和争论，集思广益，取长补短，取得共识，使机器人技术继续沿着健康的方向发展。

随着机器人的进化和机器人智能的发展，我们可能会对机器人的定义进行必要的修改，甚至需要对机器人重新定义。机器人的范畴不但要包括“由人类制造出的像人一样的机器”，还应包括“由人类制造的生物”，甚至包括“人造人”。看来，本来就没有统一定义的机器人，今后将更难为它下个确切的和公认合适的定义了！

1. 机器人的进化

从科学幻想、工艺精品到工业机器人，从程控机器人、传感机器人、交互机器人、半自立机器人到自立机器人，从操作机器人、生物机器人、仿生机器人到拟人机器人和机脏人，机器人已走过漫长的“进化”过程。

长期以来，人们对机器人的进化持有比较乐观的认识。他们认为，机器人的进化与人类的进化在本质上是完全不同的。机器人需要由人设计和制造，不可能自行繁殖；它们既不是生物，也不是生物机械，更不是由细胞等生命物质造成的，而仅仅是一种机械电子装置。即使是智能机器人，它们的智能也不同于人类智能，是非生命的机械模仿，而不是生命现象。

然而，这种观点正面临新的挑战。随着科学技术和生物工程研究的迅速发展，已经能够制造人造器官，如人造心脏、人造肾脏、人造肝、人造胰和人造脑，甚至还有人造视觉、人造听觉、人造血液等。有些人造器官已植入人体，成为人体的一部分。有的人称这种植有人造器官的人为"机脏人"。这种机脏人已成为"半机器人"了。例如，植入人工心脏的人或通过人体发出的生物电脉冲信号控制人工臂运动的残疾人，就属于机脏人之列。

机器人技术伴随整个现代科学技术的进步而迅速发展，机器人的能力越来越强，一步步接近人类的能力。随着机器人的每一步进化，机器人与人之间的差异逐步减小。那么，这种差异将会减少到什么程度呢？

过去，我们将"机器人会像人类一样思考，一样有情感"的观点视为一种天方夜谭。然而，克隆生物的诞生迫使我们不得不重新思考这些问题。这些克隆牛、克隆羊和克隆鼠不就是更高级的机器牛、机器羊和机器鼠吗？如果机器人的定义包括了人造的机器和生物，那么，机器人与人之间在能力(包括体力和智力)上的差异就可能不复存在了；至少可以说，这些差异变得极小了。因此，关于机器人智能问题的争论，也将同机器人的定义以及机器人的进化问题同时开展，得出相应的结论。

认为机器人智能会超过人类，从而反宾为主，要人类听从它的调遣，这种担心似乎尚不必要。现在还没有制造"超人"的技术，而且也不允许使用这种技术。不过，机器人智能是否会与人类智能相似，甚至在某些方面超过人类智能呢？实践将对此做出权威的回答。

2. 机器人学的结构

机器人学是一门研究机器人原理、技术及其应用的学科，也是一门高度交叉的前沿学科。在诸多相关学科(科学)中，我们认为，关系最为密切的是机械学、人类学和生物学。图10.7表示出它们之间的学科内在关系，即学科结构图；我们称之为机器人学的"三元交集结构图"。

大部分工业机器人和行走机器人，是模仿人类上肢和下肢功能的机器人或机械人，是机械人工程学的研究领域。应用生物工程(包括遗传工程或基因工程)技术研究人类生命和生殖问题，是人工生命工程学的研究范畴；如果把生物视为一种内含DNA(脱氧核糖核酸)链的特种机械装置，那么人工生命工程学是研究有生命的机器人问题。生物学与机械学的交集，产生了生物机械工程学，研究仿生机械和机器人。

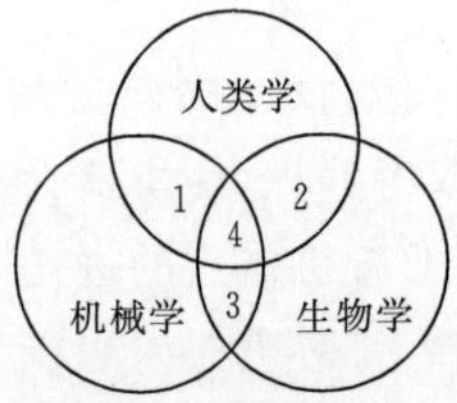

图10.7　机器人学的三元交集结构图

1—机器人工程学；
2—人工生命工程学；
3—生物机械工程学；
4—无性系生物机器人

人类学、生物学和机械学三者之交集部分，研究用生物工程方法和技术制造拟人机器人，即无性系生物机器人或无性系人，也可称为"克隆人"(human cloning)。这应是研究的一个禁区，也是目前人们极为关注和激烈争议的一个研究领域。

3. 机器人与人类的关系

早在机器人躁动于人类经济社会的母胎，人类在期望它诞生时就含有几分不安。人们希望机器人能够代替人类从事劳动，为人类服务，但又担心机器人的发展将引起新的社会问题，甚至威胁到人类的生存。

自第一台机器人问世以来，60年过去了。截至1999年底，全世界有近100万台工业机器人在各行各业运行。到2020年，工业机器人的装机总台数已超过200万台，还有数以千万的服务机器人在运行。机器人登上社会舞台和经济舞台，使社会结构悄然发生变化，人-机器的社会结构，逐渐向人-机器人-机器的三极社会结构变化。人们将不得不学会与机器人相处，并适应这种共处，甚至必须改变自己的传统观念和思维方式。不过，这种共处是十分友好的，机器人已成为人类的助手与朋友。虽然在一些国家，机器人的发展曾造成部分工人的失业或转行，但这并未造成严重问题。机器人智能也远未达到与人类抗衡或威胁人类的水平。

20世纪末，无性繁殖哺乳动物的培育成功，曾在全世界掀起一场轩然大波。人们担心这种无性繁殖技术（克隆技术）被不负责的狂人滥用于人类自身的繁殖上。如果有一天，这一担心成为现实，那么不但将出现许多有关社会伦理道德和法律的新问题，而且将改变现有的人类与机器人之间的关系。阿西莫夫制订的机器人三守则将更难得到监督和执行。一种现在还难以想象的人-机器人关系可能会出现。

4. 控制克隆技术

"克隆"一词是英语clone的音译，意为无性或无性细胞系。作为基因工程的一个重要组成部分，克隆技术已获得成功应用。在医学和生物学研究中，无性繁殖早已广泛应用，包括农业上采用的扦插、压条、嫁接和单细胞繁殖等。应用克隆技术培育哺乳动物获得成功的事件，使人们自然地联想到，是否将有人甚至已经有人应用克隆技术复制人呢？

从理论上看，利用这一技术复制人是有可能的；从技术上讲，制造克隆人与制造克隆羊、克隆牛没有本质上的差别，已是可行的了。克隆技术是人工生命科学的一个最新研究进展，如果应用得当，将使人类受益匪浅。例如，可以采用克隆技术改良制造新的动植物品种，为人类造福。

任何新技术的出现都可能出现负面作用；如果掌握不当或不负责任地加以滥用，将带来危险。新技术的最大危险莫过于人类对它失去了控制，或者是它落入了那些企图利用新技术反对人类的狂人手中。现在人们担心克隆技术会被用于复制人类，威胁人类安全和人类社会的安定与发展。

我们不能因为克隆技术会带来危险而禁止对它进行研究与应用。据国外一项民意调查显示，支持为医学研究而应用克隆技术培育动物的人占一半以上。但是，如果应用克隆技术培育人类，估计会受到绝大多数人的反对，这是为什么呢？

首先，如果允许复制人（人工人），那么将给人类社会带来伦理危机、道德陷落以及婚姻与家庭概念的动摇。这会对社会产生怎样的影响和后果呢？

其次，滥用克隆技术将影响自然生态环境，破坏生态平衡。即使对于畜牧业，大量推广应用无性系繁殖技术也可能破坏生态平衡，导致一些疾病的大规模传播。若用于哺乳动物和人类自身繁殖，也有类似的问题。

再次，警惕"害群之马"的出现。众所周知，基因工程可对基因进行繁殖（再生或复制，reproduction），也可对不同细胞的基因进行交叉（crossover）与变异（mutation）处理。一旦实施交叉或变异操作，将产生新的生物物种，形成新的种群。这对改良牲畜、果树和农作物品种具有一定的积极意义。但若应用不当或技术失误，就可能制造出怪物来。这种怪物无论是植物或动物，都可能对人类产生不良影响。如果这种怪物是人工人，那就更可怕了。

值得指出的是，制造人工人的危险还与制造武器不同，武器是要试验和使用的，难以绝对保密；而制造人工人，只要与现代人没有明显差别，复制了也不一定会有人知道。只要制造者不吭声，谁也不知道哪个是克隆人。

5. 结语

人类从幻想能够制造出像人一样的机器，到拥有百万机器人的“机器人王国”或“机器人家族”的现实，经历了三千多年。从第一台工业机器人的诞生到克隆哺乳动物的出现，只经历了短短的 30 多年，这足以说明现代科学技术的飞跃发展。面对可能制造出真正的“人工人”(artificial man)或克隆人的现实，我们不得不对机器人学的一些根本问题进行重新审议与研究。到底什么是机器人？机器猫和克隆羊是否都属于机器人的范畴？机器人的进化与人类的进化是否还有本质的差别？机器人智能与人类智能是否能相提并论？机器人与人类的关系会不会发生根本性变化？机器人学这门学科是研究什么的？其学科结构又该如何？所有这些问题都值得展开讨论与研究，并得出结论或取得共识。

10.6 本章小结

在这本书的最后一章中，我们首先介绍与分析了国内外机器人技术和市场的现状。自第一台工业机器人投入应用以来，虽然机器人年产量和年装机台数有升有降，但总的来说是不断发展的，而且发展速度还是很高的。机器人的价格呈下降趋势、技术性能不断提高、对机器人领域的投资也有所增加。

现在全世界已有 200 多万多台工业机器人在运行，其中主要分布在中国、日本、韩国、美国、德国等国家。自 2014 年以来，全球服务机器人市场规模年均增速达 21.9%，2019 年全球服务机器人市场规模预计达到 94.6 亿美元，2021 年将快速增长突破 130 亿美元。2019 年，全球家用服务机器人、医疗服务机器人和公共服务机器人市场规模预计分别为 42 亿美元、25.8 亿美元和 26.8 亿美元，其中家用服务机器人市场规模占比最高达 44%。

国内机器人学的研究和应用起步较晚。在国家相关计划的支持下，我国已在工业机器人、特种机器人和智能机器人等方面取得喜人成绩，掌握跟踪了国际机器人基本技术，具备了生产各种工业机器人和特种机器人的能力。经过 30 年的努力，已在机器人型号和应用工程、基础技术开发、实用技术开发和机器人技术成果推广 4 个层面上取得很大进展，实现了预定战略目标，为我国机器人学在 21 世纪的继续发展和创新打下相当扎实的基础，做出积极贡献。据统计数据显示，截至 2017 年，中国依然是全球最大的机器人市场，也是全球机器人市场规模增长最快的国家。自 2015 年，中国工业机器人累计安装量已位列世界第一。

21 世纪的机器人技术正明显地向着智能化(intellectualization)方向发展，包括机器人本身向智能机器人进化和实现机器人化(robotization)生产系统。具体地说，传感型智能机器人发展较快，新型智能技术(如临场感、虚拟现实、记忆材料、多智能体系统以及人工神经网络、深度机器学习和专家系统等)在机器上得到开发与应用，采用模块化、网络化与智能化设计技术，进一步推动机器人工程，注意开发微型和小型化、轻型化、柔性化机器人，重视研制行走机器人，研制应用于非结构环境下工作的非制造业机器人和服务机器人，开发敏捷制造系统，将机器人用于装备部队等。总的来说，虽然存在不少难关，甚至受到某些影响（如国际金融危机的影响），但机器人学的发展前景是十分光明和充满希望的。

机器人的出现和大量应用，促进了科技和生产的发展，丰富了人类的文明生活，同时也引起了一系列社会问题。机器人使人-机器社会结构静悄悄地向人-机器人-机器的社会结构变化；人们必须改变自己的观念和思维方式，学会与机器人打交道，并和谐共处。机器人给部分人类带来心理上的威胁，担心机器人的智能将会超过人类智能，因而有朝一日，它们将会反宾为主，统治人类；成千上万的“钢领”工人代替人类从事各种体力劳动和脑力劳动，使部分工人和技术人员下岗和失业；应用智能机器人引起的伦理、道德和法律问题等。

面对可能制造出真正的“人工人”(artificial man)或克隆人的现实，机器人学面临严峻挑战，人们不得不对机器人学的一些根本问题进行重新审议与研究。通过认真甚至激烈的讨论，才能得出结论，取得共识，保证机器人学在21世纪向着健康的方向继续发展，让机器人进一步为人类造福，成为人类永恒的助手和朋友。

习 题 10

10.1 国际机器人的发展现状和前景如何？

10.2 试述我国机器人的发展现状，并与国际现状进行比较。

10.3 21世纪给机器人学带来新希望。试分析21世纪机器人学的发展趋势。

10.4 我国已成为最大的工业机器人国际市场，你是如何看待这个现状的？

10.5 要成为一个机器人强国，我国应做什么、不应做什么？

10.6 机器人的发展和应用，对社会产生何种正面和负面作用？试从社会、经济和人民生活等方面加以阐述。

10.7 机器人智能是否会超过人类智能？为什么？

10.8 人类是否面临机器人的挑战？为什么？如何迎接这一挑战？

10.9 机器人学与哪些学科有密切关系？试加以分析与说明。

10.10 在机器人价格下降和劳务工资提高的情况下，工业机器人和服务机器人面临什么机遇与挑战？

10.11 进入21世纪以来，世界主要机器人大国正在发展智能机器人技术方面展开激烈竞争？你是怎样看待这个问题的？

10.12 智能机器人的广泛应用引起了哪些问题？

参考文献

[1] 2019年全球机器人产业细分市场现状及未来发展趋势预测[EB/OL].[2019-09-02].中商情报网，https://baijiahao.baidu.com/s? id=1643534568013791442&wfr=spider&for=pc.

[2] 2019全球工业机器人市场报告解读[EB/OL].[2019-09-19].燚智能物联网，http://www.openpcba.com/web/contents/get? id=3887&tid=15.

[3] 中商产业研究院.2020年全球工业机器人现状分析：通用工业逐步成为新增市场主力[EB/OL].[2020-06-22]. https://www.askci.com/news/chanye/20200622/1602311162338.shtml.

[4] AARON M R. ROS：Concepts[EB/OL].[2014-06-21]. http://wiki.ros.org/ROS/Concepts.

[5] ADAMS R J，HANNAFORD B. Interaction with Stable Tactility of Virtual Environment[J]. IEEE Trans on Robotics and Automation，1999，15(3)：465-474.

[6] AHMAD M，KUMAR N，KUMARI R. A hybrid genetic algorithm approach to solve inverse kinematics of a mechanical manipulator[J]. International Journal of Scientific and Technology Research，2019，1777-1782.

[7] AJAY K T，NITESH M，JOHN K. A fog robotics approach to deep robot learning：application to object recognition and grasp planning in surface decluttering[Z]. arXiv：1903.09589v1 [cs.RO].

[8] AMANDA D. ROS：Introduction[EB/OL].[2018-08-08]. http://wiki.ros.org/ROS/Introduction.

[9] ANGELES J. Fundamentals of Robotic Mechanical Systems：Theory，Methods，and Algorithms[M]. 2nd ed. New York：Springer，2003.

[10] Robotics. Appin Knowledge Solutions[M]. Sudbury：Jones & Bartlett Publishers，2007.

[11] ARISTIDOU A，LASENBY J. FABRIK：A fast，iterative solver for the inverse kinematics problem [J]. Graphical Models，2011，243-260.

[12] ARKIN R C. Behavior-based Robotics[M]. London：The MIT Press，1998.

[13] BACK S，PARK D S，CHO J. A track system of robot eeffector based on feedforward NN[J]. Robotics and Autonomous Systems，1999，28(1)：43-52.

[14] BAHDANAU D，BRAKEL P，XU K，et al. Actor-Critic Algorithm for Sequence Prediction [Z]. arXiv 2016，arXiv：1607.07086.

[15] BAJD T，MIHELJ M，LENARCIC J，et al. Robotics：Intelligent Systems，Control and Automation：Science and Engineering[M]. New York：Springer，2010.

[16] BALLUCHI A，BICCHI A，SOUERES P. Path-following with a bounded-curvature vehicle：A hybrid control approach[J]. International Journal of Control，2005，78(15)：1228-1247.

[17] BELHOCINE M，HAWERLAIN M，MERAOUBI F. Variable structure control for a wheeled mobile robot[J]. Advanced Robotics，2003，17(9)：909-924.

[18] BOUGUET J Y. Camera cabibration toolbox for MATLAB[EB/OL].[2015-10-14] http://www.vision.caltech.edu/bouguetj/calib_doc.

[19] CAI Z X，HE H G，CHEN H. Key Techniques of Navigation Control for Mobile Robots under Unknown Environment[M]. Beijing：The Science Publishing Company，2016.

[20] CAI Z X，FU K S. Expert planning expert system[C]//Proceedings of IEEE International lst Conference on Robotics and Automation，Vol. 3. San Francisco：IEEE Computer Society Press，1986：1973-1978.

[21] CAI Z X，FU K S. Expert system based robot planning[J]. Control Theory and Applications，1988，

5(2): 30-37.

[22] CAI Z X, GONG T. Natural computation architecture of immune control based on normal model [C]// Proceedings of the 2006 IEEE International Symposium on Intelligent Control. Piscataway: IEEE Press, 2006: 1231-1236.

[23] CAI Z X, GU M Q, CHEN B F. Traffic sign recognition algorithm based on multi-modal representation and multi-object tracking [C]//The 17th International Conference on Image Processing, Computer Vision, & Pattern Recognition. [S. l. : s. n.], 2013: 1-7.

[24] CAI Z X, GU M Q, YI L. Real-time arrow traffic light recognition system for Intelligent Vehicle [C]//The 16th International Conference on Image Processing, Computer Vision, & Pattern Recognition. [S. l. : s. n.], 2012: 848-854.

[25] CAI Z X, HE H G, TIMEOFEEV A V. Navigation control of mobile robots in unknown environment: A survey[C]//Proceedings of 10th Saint Petersburg Int. Conf on Integrated Navigation Systems. [S. l. : s. n.], 2003: 156-163.

[26] CAI Z X, JIANG Z. A multirobotic pathfinding based on expert system[C]//Preprints of IFAC/IFIP/IMACS Int'l Symposium on Robot Control. Oxford: Pergamon Press, 1991: 539-543.

[27] CAI Z X, PENG Z H. Cooperative coevolutionary adaptive genetic algorithm in path planning of cooperative multi-mobile robot system[J]. Journal of Intelligent & Robotic Systems: Theory and Applications, 2002, 33(1): 61-71.

[28] CAI Z X, TANG S X. A multi-robotic planning based on expert system[J]. High Technology Letters, 1995, 1(1): 76-81.

[29] CAI Z X, WANG Y. A multiobjective optimization based evolutionary algorithm for constrained optimization[J]. IEEE Transactions on Evolutionary Computation, 2006, 10(6): 658-675.

[30] CAI Z X, WEN Z Q, ZOU X B, et al. A mobile robot path-planning approach under unknown environments[C]//17th IFAC World Congress. [S. l. : s. n.], 2008: 5389-5392.

[31] CAI Z X, ZOU X B, WANG L, et al. A research on mobile robot navigation control in unknown environment: Objectives, design and experiment [C]//2004 Korea-Sino Symposium on Intelligent Systems. [S. l. : s. n.], 2004, 10: 57-63.

[32] CAI Z X. A knowledge-based flexible assembly planner[C]//IFIP Transactions, B-1: Applications in Technology. [S. l. : s. n.], 1992: 365-372.

[33] CAI Z X. An assembly sequence planner based on expert system [C]//IASTED International Conference on Expert System and Neural Network. [S. l. : s. n.], 1990.

[34] CAI Z X. An expert system for robot transfer planning [J]. Journal of Computer Science and Technology, 1988, 3(2): 153-160.

[35] CAI Z X. High level robot planning based on expert system[C]//Proceedings of Asian Conference On Robotics and Application. [S. l. : s. n.], 1991: 311-318.

[36] CAI Z X. Research on navigation control and cooperation of mobile robots (Plenary Lecture 1)[C]// 2010 Chinese Control and Decision Conference. [S. l. : s. n.], 2010.

[37] CAI Z X. Robot path-finding with collision-avoidance [J]. Journal of Computer Science and Technology, 1989, 4(3): 229-235.

[38] CAI Z X, YU L L, XIAO C, et al. Path planning for mobile robots in irregular environment using immune evolutionary algorithm[C]//The 17th IFAC World Congress. [S. l. : s. n.], 2008.

[39] CAI Z X. Intelligent control: Principles, techniques and applications[M]. Singapore: World Scientific Publishers, 1997.

[40] CAI Z X, LIU L J, CHEN B F, et al. Artificial intelligence: From beginning to date[M]. Singapore: World Scientific Publishers, 2021.

[41] CARACCIOLO L, DE L A, IANNITTI S. Trajectory tracking control of a four-wheel differentially driven mobile robot[C]//Proceedings of the IEEE International Conference on Robotics and Automation (ICRA99). [S. l. : s. n.], 1999: 2632-2638.

[42] CHAPELLE F, BIDAUD P. A closed form for inverse kinematics approximation of general 6R manipulators using genetic programming[C]//Proceedings of the IEEE International Conference on Robotics and Automation. [S. l. : s. n.], 2001: 3364-3369.

[43] CHEN C, CHEN X Q, MA F, et al. A knowledge-free path planning approach for smart ships based on reinforcement learning[J]. Ocean Engineering, 2019, 189: 106299.

[44] CHEN H, SCHERER C W. Moving horizon H∞ control with performance adaptation for constrained linear systems[J]. Automatica, 2006, 42(6): 1033-1040.

[45] CHEN Y F, MICHAEL E, MIAO L, et al. Socially Aware Motion Planning with Deep Reinforcement Learning[Z]. arXiv: 1703. 08862.

[46] CHOOMUANG R, AFZULPURKAR N. Hybrid Kalman filter/Fuzzy logic based position control of autonomous mobile robot[J]. International Journal of Advanced Robotic Systems, 2005, 2(3): 197-208.

[47] CHOSET H, BURDICK J. Sensor based motion planning: incremental construction of the hierarchical generalized voronoi graph[J]. Journal of Robotics Research, 2000, 19(2): 126-148.

[48] CHWA D. Sliding-mode tracking control of nonholonomic wheeled mobile robots in polar coordinates [J]. IEEE Transactions on Control Systems Technology, 2004, 12(4): 637-644.

[49] CORKE P I, SPENDLER F, CHAUMETTE F. Combining Cartesian and polar coordinates[C]// Proceedings of International Conference on Intelligent Robots and Systems (IROS) [S. l. : s. n.], 2009: 5962-5967.

[50] CORKE P I. Robotics, vision and control: Fundamental algorithms in MATLAB[M]. Berlin: Springer, 2011.

[51] CORKE P I. MATLAB toolboxes: Robotics and vision for students and teachers[J]. IEEE Robotics and Automation Magazine, 2007, 14(4): 16-17.

[52] CORRADINI M L, LEO T, ORLANDO G. Experimental testing of a discrete-time sliding mode controller for trajectory tracking of a wheeled mobile robot in the presence of skidding effects[J]. Journal of Robotic Systems, 2002, 19(4): 177-188.

[53] CRAIG J J. Introduction to robotics: Mechanics and control[M]. 3rd ed. New York: Pearson Education Inc. 2005.

[54] DAS T, KAR I N. Design and implementation of an adaptive fuzzy logic-based controller for wheeled mobile robots[J]. IEEE Transactions on Control Systems Technology, 2006, 14(3): 501-510.

[55] DERELI S, KOKER R. A Meta-heuristic proposal for inverse kinematics solution of 7-DOF serial robotic manipulator: Quantum behaved particle swarm algorithm[J]. Artificial Intelligence Review, 2019: 949-964.

[56] DERELI S, KOKER R. IW-PSO approach to the inverse kinematics problem solution of a 7-DOF serial robot manipulator[J]. Sigma, 2018, 77-85.

[57] WANG D, DENG H B, PAN Z H. MRCDRL: Multi-robot coordination with deep reinforcement learning[J]. Neurocomputing, 2020, 406: 68-76.

[58] WU D, ZHANG W T, QIN M. Interval search genetic algorithm based on trajectory to solve inverse kinematics of redundant manipulators and its application[C]//Proceedings of the IEEE International Conference on Robotics and Automation, [S. l. : s. n.], 2020: 7088-7094.

[59] DIEGUEZ A R, SANZ R, LOPEZ J. Deliberative on-line local path planning for autonomous mobile robots[J]. Journal of Intelligent and Robotic Systems, 2003, 37(1): 1219.

[60] DIXON W E,DE Q M,DAWSON D M. et al. Adaptive tracking and regulation of a wheeled mobile robot with controller/update law modularity[J]. IEEE Transactions on Control Systems Technology, 2004,12(1): 138-147.

[61] DONG W,HUO W,TSO S K,et al. Tracking control of uncertain dynamic nonholonomic system and its application to wheeled mobile robots[J]. IEEE Transactions on Robotics and Automation,2000, 16(6): 870-874.

[62] DONG W,KUHNERT K. Robust adaptive control of nonholonomic mobile robot with parameter and nonparameter uncertainties[J]. IEEE Transactions on Robotics,2005,21(2): 261-266.

[63] DONG W. On trajectory and force tracking control of constrained mobile manipulators with parameter uncertainty[J]. Automatica,2002,38(9): 1475-1484.

[64] DORIGO M,et al,Ant algorithms for discrete optimization[J]. Artificial Life,1999,5(3): 137-172.

[65] DUAN Z H,CAI Z X,YU J X. Robust position tracking for mobile robots with adaptive evolutionary particle filter[C]//Third international conference on natural computation. Piscataway: IEEE Press, 2007,4: 563-567.

[66] DUAN Z H,CAI Z X,YU J X. Anadaptive particle filter for soft fault compensation of mobile robots [J]. Science in China series F: Information Sciences,2008,51(12): 2033-2046.

[67] DUDEK G,JENKIN M. Computational Principles of Mobile Robotics[M]. Cambridge: Cambridge University Press,2010.

[68] EGERSTEDT M,HU X,STOTSKY A. Control of mobile platform using a virtual vehicle approach [J]. IEEE Transactions on Automatic Control,2001,46(11): 1777-1782.

[69] FENG Y,YU X H,MAN Z H. Non-singular terminal sliding mode control of rigid manipulators[J]. Automatica,2002,38: 2159-2167.

[70] FLOQUET T,BARBOT J P,PERRUQUETTI W. Higher-order sliding mode stabilization for a class of nonholonomic perturbed systems[J]. Automatica,2003,39(6): 1077-1083.

[71] FRED G M. Robotic explorations: A hands-on introduction to engineering[M]. New York: Pearson Education Inc. ,2001.

[72] FU K S,GONZALEZ R C,LEE C S G. Robotics: Control,sensing,vision,and intelligence[M]. New York: Wiley & Sons. ,1987.

[73] FUKAO T, NAKAGAWA H, ADACHI N. Adaptive tracking control of a nonholonomic mobile robot[J]. IEEE Transactions on Robotics and Automation,2000,16(5): 609-615.

[74] FUKAO T. Inverse optimal tracking control of a nonholonomic mobile robot[C]//Proceedings of the 2004 IEEE/RSJ International Conference on Intelligent Robots and Systems (IROS). Piscataway: IEEE Press,2004,1475-1480.

[75] FULLER J L. Robotics: Introduction,programming,and projects[M]. 2nd ed. Upper Saddle River: Prentice Hall,1998.

[76] GAO J B,HARRIS C J. Some remarks on Kalman filters for the multisensor fusion[J]. Information Fusion,2002,3: 192-201.

[77] GAO W, DAVID H W, SUN L. Intention-net: integrating planning and deep learning for goal-directed autonomous navigation[Z]. arXiv: 1710. 05627.

[78] GE S S,CUI Y J. Dynamic motion planning for mobile robots using potential field method[J]. Autonomous Robots,2002,13(3): 207-222.

[79] GHALLAB M, NAU D, TRAVERSO P. The actor's view of automated planning and acting: A position paper[J]. Artificial Intelligence,2014,208: 1-17.

[80] GHARAGOZLOO F,NAJA F. Robotic surgery[M]. New York: McGraw-Hill Professional,2008.

[81] GUO S Y,ZHANG X G,ZHENG Y S,et al. An autonomous path planning model for unmanned

ships based on deep reinforcement learning[J]. Sensors,2020,20(2): 426.

[82] GUO Y,HU W. Iterative learning control of wheeled robot trajectory tracking[C]//Proceedings of the 8th International Conference on Control,Automation,Robotics and Vision (ICARCV 2004). [S. l.: s. n.],2004: 1684-1689.

[83] HANHEIDE M,GÖBELBECKER M,HORN G S,et al. Robot task planning and explanation in open and uncertain worlds[J]. Artificial Intelligence,2017,247: 119-150.

[84] HANSEN P,CORKE PI,BOLES W. Wide-angle visual feature matching for outdoor localization[J]. International Journal of Robotics Research,2010,29(1-2): 267-297.

[85] HONIG W,PREISS J A,KUMAR T K S,et al. Trajectory planning for quadrotor swarms[J]. IEEE Transactions on Robotics,2018,34(4): 856-869.

[86] HOPGOOD A A. Intelligent Systems for Engineers and Scientists[M]. 3rd ed. Los Angeles: CRC Press,2011.

[87] HU Y M,GE S S,SU C Y. Stabilization of uncertain nonholonomic systems via time-varying sliding mode control[J]. IEEE Transactions on Automatic Control,2004,49(5): 757-763.

[88] HUANG L. Speed control of differentially driven wheeled mobile robots-Model-based adaptive approach[J]. Journal of Robotic Systems,2005,22(6): 323-332.

[89] IFR. Executive Summary: World Robotics 2013 Industrial Robots[EB/OL]. [2013-09-18]. http://www.ifr.org/index.php? id=59&df=Executive_Summary_WR_2013.pdf.

[90] IFR. The continuing success story of industrial robots[EB/OL]. [2012-11-11]. http://www.msnbc.msn.com/id/23438322/ns/technology_and_science-innovation/t/japan-looks-robot-future/.

[91] IFR. The robotics industry is looking into a bright future 2013-2016: High demand for industrial robots is continuing[EB/OL]. [2013-09-18]. http://www.ifr.org/news/ifr-press-release/the-robotics-industry-is-looking-into-a-bright-future-551/.

[92] JEFFREY M,FLORIAN T P,BRIAN H,et al. A cloud-based network of 3D objects for robust grasp planning using a multi-armed bandit model with correlated rewards[C]//IEEE International Conference on Robotics and Automation,2016.

[93] JI J,KHAJEPOUR A,MELEK W,et al. Path planning and tracking for vehicle collision avoidance based on model predictive control with multiconstraints,IEEE Trans actions Vehicle Technology,2017,66(2): 952-964.

[94] JIANG Z P, LEFEBER E, NIJMEIJER H. Saturated stabilization and tracking of a nonholonomic mobile robot[J]. Systems & Control Letters,2001,42(5): 327-332.

[95] JOHN J C. 机器人学导论[M]. 贠超,译. 北京: 机械工业出版社,2018.

[96] JORDANIDES T,TORBY B. Expert Systems and Robotics[M]. Berlin: Springer,2011.

[97] KATIC D, VUKOBRATOVIC M. Intelligent Control of Robotic Systems[M]. Berlin: Springer,2010.

[98] KIGUCHI K,FUKUDA T. NN-based controller for robot manipulator[J]. Advanced Robotics,1998,12(3): 191-208.

[99] KIM Y H,LEWIS F L. A NN-based output feedback control of robot manipulator[J]. IEEE Trans on Robotics and Automation,1999,17(2): 301-309.

[100] KOSECKA J, LI F. Vision based topological markov localization[C]//Proceedings of the IEEE International Conference on Robotics and Automation. Piscataway: IEEE Press,2004.

[101] KRUUSMAA M,WILLEMSON J. Covering the path space: A case-base analysis for mobile robot path planning[J]. Knowledge-Based Systems,2003,16(526): 235-242.

[102] KYUN Y,OH S Y. Hybrid control for autonomous mobile robot navigation using neural network based behavior modules and environment classification[J]. Autonomous Robots, 2003, 15(2):

193-206.

[103] LAI X Z, SHE J H, CAI Z X. A fuzzy control strategy for acrobots combining model-free and model-based control[J]. IEE Control Theory and Applications, 1999, 146(6): 505-510.

[104] LAMBERT N O, REWE D S, YACONELLI J, et al. Low-level control of a quadrotor with deep model-based reinforcement learning[J]. IEEE Robotics and Automation Letters, 2019, 4(4): 4224-4230.

[105] LANSLEY A, VAMPLEW P, SMITH P, et al. Caliko: An inverse kinematics software library implementation of the FABRIK algorithm[J]. Journal of Open Research Software, 2016, 4: e36.

[106] LASSE R. Artificial intelligence: 101 things you must know today about our future[M]. [S. l.: s. n.], 2019.

[107] LASSE R. The future of higher education: How emerging technologies will change education forever[M]. [S. l.]: CreateSpace Independent Publishing Platform, 2016.

[108] LATOMBE C. Robot motion planning[M]. Boston: Kluwer Academic Publishers, 1991.

[109] LAUBACH S L, BURDICK J, MATTHIES L. Autonomous path planner implemented on the rocky 7 prototype microrover[C]//ICRA1998. [S. l.: s. n.], 1998, 1: 292-297.

[110] LEE T C. Exponential stabilization for nonlinear systems with applications to nonholonomic systems [J]. Automatica, 2003, 39(6): 1045-1051.

[111] LEI T, GIUSEPPE P, MING L. Virtual-to-real deep reinforcement learning: Continuous control of mobile robots for mapless navigation[Z]. arXiv: 1703.00420v4 [cs. RO], 2017.

[112] LI S, MA G, HU W. Stabilization and optimal control of nonholonomic mobile robot[C]// Proceedings of the 8th International Conference on Control, Automation, Robotics and Vision (ICARCV 2004). [S. l.: s. n.], 2004, 1427-1430.

[113] LILLICRAP T P, HUNT J J, PRITZEL A, et al. Continuous control with deep reinforcement learning[J]. Computer Science, 2015, 8: A187.

[114] LIU G Q, LI T J, PENG Y Q, et al, The ant algorithm for solving robot path planning problem [C]//Third International Conference on Information Technology and Applications, (ICITA2005). [S. l.: s. n.], 2005, 2(4-7): 25-27.

[115] LIU Z, ZHANG Y, YU X, et al. Unmanned surface vehicles: An overview of developments and challenges[J]. Annual Reviews in Control, 2016, 41, 71-93.

[116] LOW K H, LEOW W K, ANG Jr M H. A hybrid mobile robot architecture with integrated planning and control[C]//Proceedings of the International Conference on Autonomous Agents. [S. l.: s. n.], 2002: 219-226.

[117] LYNCH K M, PARK F C. Modern robotics: Mechanics, planning, and control[M]. Cambridge: Cambridge University Press, 2017.

[118] MAALOUF E, SAAD M, SALIAH H. A higher level path tracking controller for a four-wheel differentially steered mobile robot[J]. Robotics and Autonomous Systems, 2006, 54(1): 23-33.

[119] MAC T T, COPOT C, TRAN D T, et al. Heuristic approaches in robot path planning: A survey [J]. Robotics and Autonomous Systems, 2016, 86: 13-28.

[120] MBEDE J B, HUANG X H, WANG M. Fuzzy motion planning among dynamic obstacles using artificial potential fields for robot manipulators[J]. Robotics and Autonomous Systems, 2000, 32(1): 61-72.

[121] MICHAEL J, GREGORY D. Computational principles of mobile robotics[M]. Cambridge: Cambridge University Press, 2010.

[122] MIHELJ M, BAJD T, UDE A, et al. Trajectory planning[J]. Robotics, 2019: 123-132.

[123] MIURA J, SHIRAI Y. Vision and motion planning for a mobile robot under uncertainty[J].

International Journal of Robotics Research, 1997, 16(6): 806-825.

[124] MNIH V, KAVUKCUOGLU K, SILVER D, et al. Playing atari with deep reinforcement learning [Z]. arXiv 2013, arXiv: 1312.5602.

[125] MOMANI S, ABO-HAMMOUR Z S, ALSMADI O M. Solution of inverse kinematics problem using genetic algorithms[J]. Applied Mathematics and Information Sciences, 2015, 10(1): 1-9.

[126] MORAVEC H. Mind children: The future of robot and human intelligence[M]. Cambridge: Harvard University Press, 1988.

[127] MORRI A S, KHEMAISSIA S. A rapid algorithm for robotic NN-controller based on inverse QR decomposition[J]. International J of Robotics Research, 2000, 19(1): 32-41.

[128] MURPHY R R. 人工智能机器人学导论[M]. 杜军平，吴立成，胡金春，等译. 北京：电子工业出版社，2004.

[129] NA Y K, SE Y O. Hybrid control for autonomous mobile robot navigation using neural network based behavior modules and environment classification[J]. Autonomous Robots, 2003, 15(2): 193-206.

[130] NAU D, GHALLAB M, TRAVERSO P. Automated Planning and Acting[M]. Cambridge: Cambridge University Press, 2016.

[131] NIKO N. Could artificial intelligence lead to world peace? [EB/OL]. [2017-05-30]. http://www.aljazeera.com/indepth/features/2017/05/scientist-race-build-peace-machine-170509112307430.html.

[132] NIKU S B. Introduction to robotics: Analysis, control, applications[M]. New York: Wiley & Sons., 2010.

[133] OH J S, PARK J B, CHOI Y H. Stable path tracking control of a mobile robot using a wavelet based fuzzy neural network[J]. International Journal of Control, Automation and Systems, 2005, 3(4): 552-563.

[134] OROZCO-ROSAS U, MONTIEL O, Sepúlveda R. Mobile robot path planning using membrane evolutionary artificial potential field[J]. Applied Soft Computing, 2019, 77: 236-251.

[135] OU Y, XU Y. Tracking control of a gyroscopically stabilized robot[J]. International Journal of Robotics and Automation, 2004, 19(3): 125-133.

[136] PAUL R P. Robot manipulators: Mathematics, programming and control[M]. Cambridge: MIT Press, 1981.

[137] PREDKO M. 123 Robotics experiments for the evil genius (TAB Robotics)[M]. New York: McGraw-Hill/TAB Electronics, 2004.

[138] REZA N J. Theory of applied robotics: Kinematics, dynamics, and control[M]. 2nd ed. Berlin: Springer, 2010.

[139] ROKBANI N, CASALS A, ALIMI A M. IK-FA, a new heuristic inverse kinematics solver using firefly algorithm[M]. Cham: Springer International Publishing, 2015.

[140] ROSENCRANTZ M, GORDON G, THRUN S. Decentralized sensor fusion with distributed particle filters[C]//Proceedings of the Conference on Uncertainty in AI (UAI). [S. l.: s. n.], 2003.

[141] NIAN R, LIU J F, HUANG B. A review on reinforcement learning: Introduction and applications in industrial process control[J]. Computers and Chemical Engineering, 2020, 139: 106886.

[142] SAEED B N. Introduction to robotics: Analysis, control, applications[M]. New York: Wiley & Sons., 2010.

[143] SCHALKOFF R J. Intelligent systems: Principles, paradigms and pragmatics[M]. Bur lington: Jones and Bartlett Publishers, 2011.

[144] SERKAN D, RAIT K. Calculation of the inverse kinematics solution of the 7-DOF redundant robot manipulator by the firefly algorithm and statistical analysis of the results in terms of speed and

accuracy[J]. Inverse Problems in Science and Engineering,2020.
[145] SERRANO W. Deep Reinforcement Learning Algorithms in Intelligent Infrastructure [J]. Infrastructures,2019,4: 52.
[146] SHEN H Q, HASHIMOTO H, MATSUDA A, et al. Automatic collision avoidance of multiple ships based on deep Q-learning[J]. Applied Ocean Reasearch,2019,86: 268-288.
[147] SICILIANO B,KHATIB O. 机器人手册[M]. 机器人手册翻译委员会，译. 北京：机械工业出版社,2013.
[148] SICILIANO B, SCIAVICCO L, VILLANI L, et al. Robotics: Modeling, planning and control (Advanced textbooks in control and signal processing)[M]. Berlin: Springer,2011.
[149] SIEGWART R, NOURBAKHSH I R, SCARAMUZZA D. Introduction to Autonomous Mobile Robots (Intelligent Robotics and Autonomous Agents Series) [M]. Cambridge: The MIT Press,2011.
[150] SOWERES P, BALLUCHI A, BICCHI A. Optimal feedback control for route tracking with a bounded-curvature vehicle[J]. International Journal of Control,2001,74(10): 1009-1019.
[151] STARKE S,HENDRICH N,ZHANG J. Memetic evolution for generic full-body inverse kinematics in robotics and animation[J]. IEEE Transactions on Evolutionary Computation, 2019, 23 (3): 406-420.
[152] SUN D,DONG H N,TSO S K. Tracking stabilization of differential mobile robots using adaptive synchronized control[C]//Proceedings of the 2002 IEEE International Conference on Robotics and Automation (ICRA02). [S. l. : s. n.],2002,2638-2643.
[153] SZELISKI R. Computer vision: Algorithms and applications[M]. Berlin: Springer-Verlag,2011.
[154] TANG Y. Terminal sliding mode control for rigid robots[J]. Automatica,1998,34(1): 51-56.
[155] TANGWONGSAN S,FU K S. Application of learning to robotic planning. International[J]. Journal of Computer and Information Science,1979,8(4): 303-333.
[156] TAO S,YANG Y. Collision-free motion planning of a virtual arm based on the FABRIK algorithm [J]. Robotica,2017,35(6): 1431-1450.
[157] TIAN Y P,LI S H. Exponential stabilization of nonholonomic dynamic systems by smooth time-varying control[J]. Automatica,2002,38(7): 1139-1146.
[158] TIMOTHÉE L, VINCENZO L, ANDREI S, et al. Continual learning for robotics: Definition, framework, learning strategies, opportunities and challenges [J]. Information Fusion, 2020, 58: 52-68.
[159] UTKIN V I. Sliding Modes in Control Optimization[M]. Berlin: Springer,1992.
[160] WAGNER G,CHOSET H. Subdimensional expansion for multirobot path planning[J]. Artificial Intelligence,2015,219: 1-24.
[161] WANG D,XU G. Full-state tracking and internal dynamics of nonholonomic wheeled mobile robots [J]. IEEE/ASME Transactions on Mechatronics,2003,8(2): 203-214.
[162] WANG L C T,CHEN C C . A combined optimization method for solving the inverse kinematics problems of mechanical manipulators[J]. IEEE Transactions on Robotics & Automation, 1991, 7(4): 489-499.
[163] WANG L F,TAN K C,CHEW C M. Evolutionary robotics: From algorithms to implementations [M]. Singapore: World Scientific,2006.
[164] WANG Y, CAI Z X. Multiobjective optimization and hybrid evolutionary algorithm to solve constrained optimization problems[J]. IEEE Transactions on Systems, Man and Cybernetics, Part B: Cybernetics. 2007,37(3): 560 575.
[165] WANG Y, CAI Z, ZHOU Y, et al. An adaptive tradeoff model for constrained evolutionary

optimization[J]. IEEE Transaction on Evolutionary Computation,2008,12(1)：80-92.

[166] WEN Z,CAI Z. Global path planning approach based on ant colony optimization algorithm[J]. Journal of Central South University of Technology,2006,13(6)：707-712.

[167] WU Y Q,YU X H,MAN Z H. Terminal sliding mode control design for uncertain dynamic systems [J]. Systems and Control Letters,1998,34：281-288.

[168] WU Y,WU M,HU D,et al. Strapdown inertial navigation system using dual quaternions：Error analysis[J]. IEEE Transactions on Aerospace and Electronic Systems,2006：259-266.

[169] YAHJA A,SINGH S,STENTZ A. An efficient on-line path planner for outdoor mobile robots[J]. Robotics and Autonomous Systems,2000,32(2)：129-143.

[170] YANG J,LIU L,ZHANG Q,et al. Research on autonomous navigation control of unmanned ship based on Unity3D[C]//In Proceedings of the 2019 IEEE International Conference on Control, Automation and Robotics (ICCAR). [S. l.：s. n.],2251-2446.

[171] YU L L,CAI Z X,JIANG Z Y. An advanced fuzzy immune PID-type tracking controller of a nonholonomic mobile robot[C]//Proceedings of the IEEE International Conference on Automation and Logistics (IEEE ICAL). [S. l.：s. n.],2007：66-71.

[172] ZHANG Y,SREEDHARAN S,KULKARNI A,et al. Plan explicability and predictability for robot task planning[Z]. arXiv：1511. 08158 [cs. AI],November 2015.

[173] ZHANG J,XIA Y Q,ShEN G H. A novel learning-based global path planning algorithm for planetary rovers[J]. Neurocomputing,2019,361：69-76.

[174] ZHANG R B,TANG P,SU Y,et al. An adaptive obstacle avoidance algorithm for unmanned surface vehicle in complicated marine environments[J]. IEEE CAA Journal of Automatica Sinica,2014,1：385-396.

[175] ZHU M, WANG X, WANG Y. Human-like autonomous car-following model with deep reinforcement learning[J]. Transportation Research Part C：Emerging,2018,97,348-368.

[176] ZOU X B,CAI Z X,SUN G R. Non-smooth environment modeling and global path planning for mobile robot[J]. Journal of Central South University of Technology,2003,10(3)：248-254.

[177] ZOU X B,CAI Z X,SUN G R. Non-smooth environment modeling and global path planning for mobile robots[J]. Journal of Central South University of Technology,2003,10(3)：248-254.

[178] ZOU X B,CAI Z X. Evolutionary path-planning method for mobile robot based on approximate voronoi boundary network[C]//ICCA2002. [S. l.：s. n.],2002：496-500.

[179] 北京物联网智能技术应用协会. 人工智能如何促使传统企业转型升级？[EB/OL]. [2018-03-12]. https://www. sohu. com/a/225339445_487612.

[180] 比尔·盖茨. 比尔·盖茨预言：未来家家都有机器人[EB/OL]. 郭凯声，译. [2007-02-01]. http://people. techweb. com. cn/2007-02-01/149230. shtml.

[181] 毕盛,刘云达,董敏,等. 基于深度增强学习的预观控制仿人机器人步态规划方法：201810465382. 3 [P]. 2018-09-18.

[182] 毕树生,宗光华. 微操作机器人系统的研究开发[J]. 中国机械工程,1999,10(9)：1024-1027.

[183] 卜祥津. 基于深度强化学习的未知环境下机器人路径规划的研究[D]. 哈尔滨：哈尔滨工业大学,2018.

[184] 蔡自兴. 中国人工智能 40 年[J]. 科技导报,2016,34(15)：12-32.

[185] 蔡自兴. 中国机器人学 40 年[J]. 科技导报,2015,33(21)：13-22.

[186] 蔡自兴,刘丽珏,蔡竞峰,等. 人工智能及其应用[M]. 6 版. 北京：清华大学出版社,2020.

[187] 蔡自兴,徐光祐. 人工智能及其应用[M]. 研究生用书. 北京：清华大学出版社,2004.

[188] 蔡自兴,郑敏捷,邹小兵. 基于激光雷达的移动机器人实时避障策略[J]. 中南大学学报(自然科学版),2006,37(2)：324-329.

[189] 蔡自兴,周翔,李枚毅,等.基于功能/行为集成的自主式移动机器人进化控制体系结构[J].机器人,2000,22(3):169-175.
[190] 蔡自兴,邹小兵.移动机器人环境认知理论与技术的研究[J].机器人,2004,26(1):87-91.
[191] 蔡自兴,JOHN D,龚涛.高级专家系统:原理、设计及应用[M].2版.北京:科学出版社,2014.
[192] 蔡自兴,陈爱斌.人工智能辞典[M].北京:化学工业出版社,2008.
[193] 蔡自兴,陈白帆,刘丽珏,等.多移动机器人协同原理与技术[M].北京:国防工业出版社,2011.
[194] 蔡自兴,段琢华,于金霞.智能控制及移动机器人研究进展[J].中南大学学报(自然科学版):2005,36(5):721-726.
[195] 蔡自兴,郭璠.中国工业机器人发展的若干问题[J].机器人技术与应用,2013,3:9-12.
[196] 蔡自兴,贺汉根,陈虹.未知环境中移动机器人导航控制理论与方法[M].北京:科学出版社,2009.
[197] 蔡自兴,贺汉根,陈虹.未知环境中移动机器人导航控制研究的若干问题[J].控制与决策,2002,17(4):385-390.
[198] 蔡自兴,贺汉根.智能科学发展的若干问题[J].自动化学报,2002,28(S):142-150.
[199] 蔡自兴,刘娟.进化机器人研究的若干问题[J].计算机科学,2001,28(9S):1-7.
[200] 蔡自兴,翁环.探秘机器人王国[M].北京:清华大学出版社,2018.
[201] 蔡自兴,谢光汉,伍朝晖,等.直接在位置控制机器人实现力/位置自适应模糊控制[J].机器人,1998,20(4):297-302.
[202] 蔡自兴,张钟俊.机器人技术的发展[J].机器人,1987,3:58-62.
[203] 蔡自兴,张钟俊.试论机器人开发与应用问题[J].机器人,1988,10(3):61-63.
[204] 蔡自兴,郑敏捷,邹小兵.基于激光雷达的移动机器人实时避障策略[J].中南大学学报(自然科学版),2006,37(2):324-329.
[205] 蔡自兴,周翔,李枚毅,等.基于功能/行为集成的自主式移动机器人进化控制体系结构[J].机器人,2000,22(3):169-175.
[206] 蔡自兴,徐光祐.人工智能及其应用[M].4版.北京:清华大学出版社,2020.
[207] 蔡自兴.共创中国机器人学的合作发展新路[J].机器人技术与应用,2012,(1):8-10.
[208] 蔡自兴.机器人学[M].3版.北京:清华大学出版社,2015.
[209] 蔡自兴.机器人学的发展趋势与发展战略[J].高技术通讯,2001,11(6):107-110.
[210] 蔡自兴.机器人学基础[M].2版:北京:机械工业出版社,2015.
[211] 蔡自兴.机器人原理及其应用[M].长沙:中南工业大学出版社,1988.
[212] 蔡自兴.抗核辐射机器人的开发应用与警示[J].机器人技术与应用,2011(3):24-26.
[213] 蔡自兴.人工智能的社会问题[J].团结,2017,6:20-27.
[214] 蔡自兴.人工智能对人类的深远影响[J].高技术通讯,1995,5(6):55-57.
[215] 蔡自兴.智能控制导论[M].3版.北京:中国水利水电出版社,2019.
[216] 蔡自兴.关于机器人的定义[J].电气自动化,1986,5:22.
[217] 蔡自兴.克隆技术挑战智能机器人技术[J].高技术通讯,1997,7(11):60-62.
[218] 蔡自兴.我国智能机器人的若干研究课题[J].计算机科学,2002,29(10):1-3.
[219] 蔡自兴.智能机器人技术的进展:趋势与对策[J].机器人,1996,18(4):248-253.
[220] 蔡自兴,李仪,陈虹,等.自主车辆感知、建图和目标跟踪技术[M].北京:科学出版社,2020.
[221] 蔡自兴,等.智能控制原理与应用[M].3版.北京:清华大学出版社,2019.
[222] 蔡自兴.中国2000年机器人学大会论文集[C].长沙:中南大学,2000.
[223] 蔡自兴.中国第五届智能机器人学术研讨会论文集[C].[S.l.:s.n.],2002.
[224] 蔡自兴.中国智能机器人1998研讨会论文集[C].[S.l.:s.n.],1998.
[225] 曹祥康,谢存禧.我国机器人发展历程[J].机器人技术与应用,2008,5:44-46.
[226] 曾庆军,宋爱国,黄惟一.基于遗传算法的力觉临场感系统环境阻抗参数估计研究[J].模式识别与人工智能,1999,12(2):217-222.

[227] 曾温特,苏剑波.一个基于分布式智能的网络机器人系统[J].机器人,2009,31(1):1-7.
[228] 曾艳涛.美国未来15年制造业机器人研究路线[J].机器人技术与应用,2013,3:1-5.
[229] 晁红敏,胡跃明,吴忻生.高阶滑模控制在非完整移动机器人鲁棒输出跟踪中的应用[J].控制理论与应用,2002,18(2):253-257.
[230] 晁红敏.非线性不确定系统的鲁棒自适应控制及其在移动机器人中的应用[D].广州:华南理工大学,2002.
[231] 陈兵,骆敏丹,冯宝林,等.类人机器人的研究现状及展望[J].机器人技术与应用,2013,4:25-30.
[232] 陈国栋,常文森,张彭,等.双手对称协调的力/位置混合控制算法[J].自动化学报,1996,22(4):418-427.
[233] 陈国军,陈巍.一种基于深度学习和单目视觉的水下机器人目标跟踪方法:201910474803.3[P].2019-09-17.
[234] 陈杰,程胜,石林.基于深度强化学习的移动机器人导航控制[J].电子设计工程,2019,27(15):61-65.
[235] 陈恳,杨向东,刘莉,等.机器人技术与应用[M].北京:清华大学出版社,2006.
[236] 陈世明,方华京.动态未知环境中的优化路径规划算法[J].华中科技大学学报,2003,31(12):29-31.
[237] 陈宗海.月球探测器路径规划的基于案例的学习算法研究[J].航空计算技术,2000,30(2):1-4.
[238] 丛明,金立刚,房波.智能割草机器人的研究综述[J].机器人,2007,29(4):407-416.
[239] 崔鲲,吴林,陈善本.遗传算法在冗余度弧焊机器人路径规划中的应用[J].机器人,1998,20(5):362-367.
[240] 戴博,肖晓明,蔡自兴.移动机器人路径规划技术的研究现状与展望[J].控制工程,2005,(3):198-202.
[241] 邓悟.基于深度强化学习的智能体避障与路径规划研究与应用[D].成都:电子科技大学,2019.
[242] 丁希仑,石旭尧,Robetta,等.月球探测机器人技术的发展与展望[J].机器人技术与应用,2008,3:5-13.
[243] 丁学恭.机器人控制研究[M].杭州:浙江大学出版社,2006.
[244] 段琢华,蔡自兴,于金霞.移动机器人软故障检测与补偿的自适应粒子滤波算法[J].中国科学E辑:信息科学,2008,38(4):565-578.
[245] 范红.一种基于APF的点式移动机器人全局路径规划方法[J].科技通报,2003,19(4):285-287.
[246] 方利伟,张剑平.基于实时专家系统的智能机器人的设计与实现[J].中国教育信息化,2007,69-70.
[247] 封锡盛,刘永宽.自治水下机器人研究开发的现状与趋势[J].高技术通讯,1999,9(9):55-59.
[248] 冯申,朱世强,龚华锋,等.智能吸尘机器人控制系统的设计[J].机电工程,2004,21(4):427.
[249] 符亚波,边美华,许先果.弧焊机器人的应用与发展[J].机器人技术与应用,2006,3:38-41.
[250] 付庄,王树国,王剑英.多连通域Voronoi图生成算法的研究[J].系统工程与电子技术,2000,22(11):88-90.
[251] 高音.光纤陀螺罗经及其发展和应用[J].大连水产学院学报,2010,25(2):167-171.
[252] 高钟毓.微机械陀螺原理与关键技术[J].仪器仪表学报,1996(S1):40-44.
[253] 葛宏伟,林娇娇,孙亮,等.一种基于深度强化学习的黄桃挖核机器人行为控制方法:201711102908.3[P].2018-04-20.
[254] 龚涛,蔡自兴,江中央,等.免疫机器人的仿生计算与控制[J].智能系统学报,2007,2(5):7-11.
[255] 谷军,蔺晓利,何南,等.光纤陀螺仪的应用及发展[C]//中国航海科技优秀论文集.北京:人民交通出版社,2010,101-109.
[256] 国际机器人联合会(IFR)2012年全球工业机器人统计数据[EB/OL].[2014-02-18].http://wenku.baidu.com/link?url=ZVNynuFZU2w7M_4f_4Nfbta0Vg6vFaum5DI2JsAkMCbYfa9Yk463Hjh-B9-pm2zKSbsZ9B7x1guP1Rwnl5iI_AW_KN5vqUFy6OZw-6uLjxK.

[257] 黄鼎曦.基于机器学习的人工智能辅助规划前景展望[J].城市发展研究,2017,24(5):50-55.
[258] 黄明登,肖晓明,蔡自兴,等,环境特征提取在移动机器人导航中的应用[J].控制工程,2007,14(3):332-335.
[259] 霍伟.机器人动力学与控制[M].北京:高等教育出版社,2005.
[260] 蒋新松.机器人学导论[M].沈阳:辽宁科学出版社,1994.
[261] “蛟龙”号 7000 米级海试达到国际什么水平[EB/OL].[2012-06-21].http://zhidao.baidu.com/link?url=DFRUNiq4IjZM9un8FlfbvhQMynN26O8ZaomujMU2qVAlu3EHHR9vDu97nYRIUHUSUB1fqDAhJkfn22bpxK3CHK.
[262] 焦李成,赵进,杨淑媛,等.深度学习、优化与识别[M].北京:清华大学出版社,2017.
[263] 雷建平.人机大战结束:AlphaGo 4:1 击败李世石[EB/OL].[2016-03-15].http://tech.qq.com/a/20160315/049899.htm.
[264] 李开生,张慧慧,费仁元,等.机器人控制体系结构研究的现状和发展[J].机器人,2000,22(3):235-240.
[265] 李磊,叶涛,谭民,等.移动机器人技术研究现状与未来[J].机器人,2002,24(5):4752480.
[266] 李磊.移动机器人系统设计与视觉导航控制研究[D].北京:中国科学院,2003.
[267] 李枚毅,蔡自兴.操作概率自适应进化算法及其在移动机器人导航中的应用[J].控制理论与应用,2004,21(3):339-344.
[268] 李枚毅,蔡自兴.基于粒群行为与克隆的移动机器人进化路径规划[J].中南大学学报(自然科学版),2005,36(5):739-744
[269] 李枚毅,蔡自兴.结合示例学习的移动机器人免疫进化规划研究[J].计算机工程与应用,2005,41(19):18-21.
[270] 李枚毅,蔡自兴.改进的进化编程及其在机器人路径规划中的应用[J].机器人,2000,22(6):490-494.
[271] 李一平,封锡盛.“CR-01”6000 m 自治水下机器人在太平洋锰结核调查中的应用[J].高技术通讯,2001,1(1):85-87.
[272] 李莹莹,肖南峰.一种基于深度学习的智能工业机器人语音交互与控制方法:201710027763[P].2017-06-27.
[273] 李子璐,陈浚彬.一种基于深度学习算法的无盲区扫地机器人及其清扫控制方法[P].2018-11-23.
[274] 梁阁亭,惠俊军,李玉平.陀螺仪的发展及应用[J].飞航导弹,2006(4):38-40.
[275] 梁文莉.快速增长的中国机器人市场[J].机器人技术与应用,2014,3:2-7.
[276] 梁文莉.中国工业机器人市场统计数据分析[J].机器人技术与应用,2019,3:47-48.
[277] 林俊潼,成慧,杨旭韵,等.一种基于深度强化学习的端到端分布式多机器人编队导航方法:201910394893.5[P].2019-08-20.
[278] 刘辉,李燕飞,黄家豪,等.一种智能环境下机器人运动路径深度学习控制规划方法:201710640558.X[P].2017-11-21.
[279] 刘惠义,袁雯,陶莹,等.基于深度 Q 网络的仿人机器人步态优化控制方法:201911094657.8[P].2020-02-07.
[280] 刘吉颖,刘华.人工智能崛起时代所面临的法律问题[EB/OL].[2019-10-07].法考路上不孤单,https://mp.weixin.qq.com/s?src=11&timestamp=1573111511&ver=1959&signature=z9T9dUK4nzSEic*x8bBHBN*X-esXHTReKRQttiK64t1wSwc2xQwPRO3JvpMpqP8WCgswuq1X40iiin9VVwW9iOsV409dZrVCGu-9w2RGx094zYmukyNjBEnh6P0fM0-o&new=1.
[281] 刘极峰,易际明.机器人技术基础[M].北京:高等教育出版社,2006.
[282] 刘娟.基于时空信息与认知模型的移动机器人导航机制研究[D].长沙:中南大学,2003.
[283] 柳洪义,宋伟刚.机器人技术基础[M].北京:冶金工业出版社,2002.

[284] 鲁棒. 全球机器人市场统计数据分析[J]. 机器人技术与应用,2013,1：28-33.
[285] 骆德汉,邹宇华,庄家俊. 基于修正蚁群算法的多机器人气味源定位策略研究[J]. 机器人,2008,30(6)：536-341.
[286] 马建光,贾云得. 一种基于全向摄像机的移动机器人定位方法[J]. 北京理工大学学报,2003,23(3)：317-321.
[287] 马琼雄,余润笙,石振宇,等. 基于深度强化学习的水下机器人轨迹控制方法及控制系统：201710479333.0[P]. 2017-08-29.
[288] 马琼雄,余润笙,石振宇,等. 基于深度强化学习的水下机器人最优轨迹控制[J]. 华南师范大学学报(自然科学版),2018,50(1)：118-123.
[289] 孟庆鑫,王晓东. 机器人技术基础[M]. 哈尔滨：哈尔滨工业大学出版社,2006.
[290] 彭刚,黄心汉. 基于 Agent 的遥操作机器人控制器研究[J]. 控制与决策,2003,18(1)：40-44.
[291] 彭学伦. 水下机器人的研究现状与发展趋势[J]. 机器人技术与应用,2004,(4)：43-47.
[292] 奇正. 美国 2020 年的陆军机器人[J]. 机器人技术与应用,1998,2：17.
[293] 钱乐旦. 一种基于深度学习的机器人控制系统：201910076580.5[P]. 2019-05-17.
[294] 钱学森,宋健. 工程控制论(修订版)[M]. 北京：科学出版社,1980.
[295] 全球机器人市场统计数据分析[EB/OL]. [2012-06-29]. http://www.robot-china.com/news/201206/29/1790.html.
[296] 全球机器人市场最新统计数据分析[EB/OL]. [2020-02-24]. https://www.sohu.com/a/375391513_320333.
[297] 人工智能对比软硬件安全问题[EB/OL]. [2019-09-12]. http://www.elecfans.com/d/1070447.html.
[298] 人工智能,天使还是魔鬼？——谭铁牛院士谈人工智能的发展与展望[J]. 中国信息安全,2015,9：50-53.
[299] 芮延年. 机器人技术及其应用[M]. 北京：化学工业出版社,2008.
[300] 尚游,徐玉如,庞永杰. 自主式水下机器人全局路径规划的基于案例的学习算法研究[J]. 机器人,1998,2(6)：4272432.
[301] 史蒂芬·霍金. 人工智能可能使人类灭绝[J]. 走向世界,2013(1)：13.
[302] 沈海青,郭晨,李铁山,等. 考虑航行经验规则的无人船舶智能避碰导航方法[J]. 哈尔滨工程大学学报,2018,39(6)：998-1005.
[303] 世界各国机器人发展战略(2017)[EB/OL]. [2017-03-10]. 搜狐,https://www.sohu.com/a/128431918_411922.
[304] 世界各国机器人发展战略(2019)[EB/OL]. [2019-10-17]. 文秘网,https://www.wenmi.com/article/pzhj7s03vm24.html.
[305] 宋光明,何淼,韦中,等. 一种基于深度强化学习的四足机器人跌倒自复位控制方法[P]. [2020-03-06].
[306] 宋健. 智能控制——超越世纪的目标[J]. 中国工程科学,1999,1(1)：1-5.
[307] 宋士吉,武辉,游科友. 一种基于强化学习的水下自主机器人固定深度控制方法：201710850098.3[P]. 2018-03-02.
[308] 宋雨. 基于 HPSO 与强化学习的巡查机器人路径规划研究[D]. 广州：广东工业大学,2019.
[309] 苏虹,蔡自兴. 未知环境下移动机器人运动目标跟踪技术研究进展[J]. 华中科技大学学报,2004,32(s)：24-27.
[310] 周亮. 目前各国机器人产业的发展现状分析[EB/OL]. [2019-07-13]. http://www.elecfans.com/jiqiren/992424.html.
[311] 苏丽颖,曹志强,王硕,等. 多机器人对未知环境进行实时在线探测的一种方法[J]. 高技术通讯,2003,13(11)：56-60.

[312] 孙迪生，王炎. 机器人控制技术[M]. 北京：机械工业出版社，1997.
[313] 孙富春，陆文娟，朱云岳. 基于理想轨迹学习的机械手神经自适应控制[J]. 清华大学学报(自然科学版)，1999，39(11)：123-126.
[314] 孙立宁，汤涛，许群. 具有力感知功能的微小操作手的研究[J]. 机器人，1998，20(S1)：570-574.
[315] 孙振平. 自主驾驶汽车智能控制系统[D]. 长沙：国防科学技术大学，2004.
[316] 邰宜斌，席裕庚，李秀明. 一种机器人路径规划的新方法[J]. 上海交通大学学报，1996，30(4)：94-100.
[317] 唐朝阳，陈宇，段鑫，等. 一种基于深度学习的机器人避障控制方法及装置：201911284682.2[P]. 2020-04-17.
[318] 王德生. 世界工业机器人产业发展前景看好，中国增长潜力最大[EB/OL]. [2013-10-31]. http://www.hyqb.sh.cn/publish/portal0/tab1023/info10466.htm.
[319] 王栋耀，马旭东，戴先中. 非时间参考的移动机器人路径跟踪控制[J]. 机器人，2004，26(3)：198-203.
[320] 王国庆. MEMS陀螺仪误差机理分析及测试方法研究[D]. 哈尔滨：哈尔滨工业大学，2019.
[321] 王洪光，赵明扬，房立金，等. 一种 Stewart 结构六维力/力矩传感器参数辨识研究[J]. 机器人，2008，30(6)：548-353.
[322] 王立强，吴健荣，刘于珑，等. 核电站蒸汽发生器检修机器人设计及运动学分析[J]. 机器人，2009，31(1)：61-66.
[323] 王璐. 未知环境中移动机器人视觉环境建模与定位研究[D]. 长沙：中南大学，2007.
[324] 王璐，蔡自兴. 未知环境中基于视觉的增量式拓扑建模及导航[J]. 高技术通讯，2007，17(3)：255-261.
[325] 王天然，曲道奎. 工业机器人控制系统的开放体系结构[J]. 机器人，2002，24(3)：257-261.
[326] 王田苗，宋光华，张启先. 新应用领域的机器人——医疗外科机器人[J]. 机器人技术与应用，1997，2：7-9.
[327] 王田苗，张韬懿，梁建宏，等. 踏上南极的机器人[J]. 机器人技术与应用，2013，4：1-8.
[328] 王田苗. 走向产业化的先进机器人技术[J]. 中国制造业信息化，2005，(10)：24-25.
[329] 王伟. 2006年机器人市场统计数据[J]. 机器人技术与应用，2008，1：18-22.
[330] 王学宁，贺汉根，徐昕. 求解部分可观测马氏决策过程的强化学习算法[J]. 控制与决策，2004，19(11)：1263-1266.
[331] 王友金. 中国机器人产业化发展的问题探讨[J]. 机器人技术与应用，2003，6：2-4.
[332] 王云凯，陈泽希，黄哲远，等. 基于深度强化学习的小型足球机器人主动控制吸球方法：201910589424.9[P]. 2019-10-25.
[333] 未来智库. 人工智能莫名恐惧[EB/OL]. [2018-07-05]. https://www.7428.cn/vipzj21113/.
[334] 佚名. 中国工业机器人市场统计数据[J]. 机器人技术与应用，2013，2：8-12.
[335] 温欣. 2007年服务机器人市场统计数据[J]. 机器人技术与应用，2008，5：39-40.
[336] 吴贺俊，林小强. 一种基于深度强化学习的六足机器人复杂地形自适应运动控制方法：201810226656.3[P]. 2018-09-14.
[337] 吴庆祥，DAVID B. 可移动机器人的马尔科夫自定位算法研究[J]. 自动化学报，2003，29(1)：154-160.
[338] 吴向阳，戴先中，孟正大. 分布式机器人控制器体系结构的研究[J]. 东南大学学报(自然科学版)，2003，33(s)：200-204.
[339] 吴运雄，曾碧. 基于深度强化学习的移动机器人轨迹跟踪和动态避障[J]. 广东工业大学学报，2019，36(1)：42-50.
[340] 佚名. 世界各国机器人的发展格局和趋势分析[EB/OL]. [2020-03-19]. http://www.elecfans.com/jiqiren/1185798.html.

[341] 谢斌，蔡自兴. 基于 MATLAB Robotics Toolbox 的机器人学仿真实验教学[J]. 计算机教育，2010，19：140-143.

[342] 谢存禧，张贴. 机器人技术及其应用[M]. 北京：机械工业出版社，2005.

[343] 谢光汉，任朝晖，符曦，等. 附加力外环的机器人力/位置自适应模糊控制[J]. 控制与决策，1999，14(2)：161-164.

[344] 熊有伦，李文龙，陈文斌，等. 机器人学建模、控制与视觉[M]. 武汉：华中科技大学出版社，2017.

[345] 徐华，贾培发，赵雁南. 开放式机器人控制器软件体系结构研究进展[J]. 高技术通讯，2003，13(1)：100-105.

[346] 徐继宁，曾杰. 基于深度强化算法的机器人动态目标点跟随研究[J]. 计算机科学，2019，46(z2)：94-97.

[347] 颜观潮. 中国成为全球第一大工业机器人市场[EB/OL]. [2014-06-17]. http://gb.cri.cn/42071/2014/06/17/6891s4580547.htm.

[348] 艳涛. 2006 年我国工业机器人市场统计分析[J]. 机器人技术与应用，2007，5：8-9.

[349] 杨淑珍，韩建宇，梁盼，等. 基于深度强化学习的机器人手臂控制[J]. 福建电脑，2019，35(1)：28-29.

[350] 游科友，董斐，宋士吉. 一种基于深度强化学习的飞行器航线跟踪方法：201911101117.8[P]. 2020-02-18.

[351] 余伶俐，邵玄雅，龙子威，等. 智能车辆深度强化学习的模型迁移轨迹规划方法[J]. 控制理论与应用，2019，36(9)：1409-1422.

[352] 玉兔探月[EB/OL]. [2013-11-27]. http://news.163.com/13/1127/02/9ELDPSLQ00014AED.html.

[353] 约翰·J. 克雷格. 机器人学导论[M]. 4 版. 机员超，王伟，译. 北京：机械工业出版社，2019.

[354] 岳明桥，王天泉. 激光陀螺仪的分析及发展方向[J]. 飞航导弹，2005(12)：46-48.

[355] 张纯刚，席裕庚. 动态未知环境中移动机器人的滚动路径规划及安全性分析[J]. 控制理论与应用，2003，20(1)：37-44.

[356] 张纯刚，席裕庚. 全局环境未知时基于滚动窗口的机器人路径规划[J]. 中国科学(E 辑)，2001，31(1)：51-58.

[357] 张航，易晟，罗熊，等. 复杂环境下基于蚁群优化算法的机器人路径规划[J]. 控制与决策，2004，19(2)：166-170.

[358] 张浩杰，苏治宝，苏波. 基于深度 Q 网络学习的机器人端到端控制方法[J]. 仪器仪表学报，2018，39(10)：6-43.

[359] 张建伟，张立伟，胡颖，等. 开源机器人操作系统：ROS[M]. 北京：科学出版社，2012.

[360] 张立勋，王克义，徐生林. 绳索牵引康复机器人控制及仿真研究[J]. 智能系统学报，2008，3(1)：51-56.

[361] 张奇志，周亚丽. 机器人简明教程[M]. 西安：西安电子科技大学出版社，2013.

[362] 张松林. 基于卷积神经网络算法的机器人系统控制[J]. 长春大学学报(自然科学版)，2019，29(2)：14-17.

[363] 张炜. 环境智能化与机器人技术的发展[J]. 机器人技术与应用，2008，(2)：13-16.

[364] 张云洲，王帅，庞琳卓，等. 一种基于深度强化学习的移动机器人视觉跟随方法：201910361528[P]. 2019-08-02.

[365] 张钟俊，蔡自兴. 机器人化——自动化的新趋势[J]. 自动化，1986，6：2-3.

[366] 章韵，余静，李超，等. 基于深度学习的智能机器人视觉跟踪方法[P]. 2018-11-06.

[367] 赵慧，蔡自兴，邹小兵. 基于模糊 ART 和 Q 学习的路径规划[G]//中国人工智能学会第十届学术年会论文集，2003：834-838.

[368] 郑敏捷，蔡自兴，于金霞. 一种动态环境下移动机器人的避障策略[J]. 高技术通讯，2006，16(8)：

813-819.
[369] 郑敏捷,蔡自兴,邹小兵.一种混合结构的移动机器人导航控制策略[J].机器人,2006,28(2):164-169.
[370] 中国成最大工业机器人市场[EB/OL].[2014-06-18].http://tech.sina.com.cn/it/2014-06-18/10439443835.shtml.
[371] 中国引领全球机器人市场[EB/OL].[2014-07-04].http://www.ciqol.com/news/economy/809405.html.
[372] 周亮.目前各国机器人产业的发展现状分析[EB/OL].[2019-07-13].http://www.elecfans.com/jiqiren/992424.html.
[373] 周翔,蔡自兴,雷鸣.基于模糊逻辑的移动机器人行为设计[J].机器人,2000,22(4).
[374] 周志华.机器学习[M].北京:清华大学出版社,2016.
[375] 朱清峰,黄惟一.力觉临场感系统中环境模型的研究[J].机器人,1998,20(4):287-291.
[376] 朱庆保.动态复杂环境下的机器人路径规划蚂蚁预测算法[J].计算机学报,2005,28(11):1898-1906.
[377] 朱庆保,张玉兰.基于栅格法的机器人路径规划蚁群算法[J].机器人,2005,27(2):132-136.
[378] 朱世强,王宣银.机器人技术及其应用[M].2版.杭州:浙江大学出版社,2019.
[379] 庄严,徐晓东,王伟.移动机器人几何-拓扑混合地图的构建及自定位研究[J].控制与决策,2005,20(7):815-822.
[380] 邹小兵,蔡自兴,刘娟,等.一种移动机器人的局部路径规划方法[C]//中国人工智能学会第九届学术年会论文集.北京:[出版者不详],2001:947-950.
[381] 邹小兵,蔡自兴,孙国荣.基于变结构的移动机器人侧向控制器的设计[J].中南工业大学学报(自然科学版),2004,35(2):262-267.
[382] 邹小兵,蔡自兴,于金霞,等.基于激光测距的移动机器人3-D环境感知系统设计[J].高技术通讯,2005,15(9):38-43.
[383] 邹小兵,蔡自兴.非完整移动机器人道路跟踪控制器设计及应用[J].控制与决策.2004,19(3):319-322.
[384] 邹小兵,蔡自兴.基于传感器信息的环境非光滑建模与路径规划[J].自然科学进展,2002,12(11):1188-1192.
[385] 邹小兵.移动机器人原型的控制系统设计与环境建模研究[D].长沙:中南大学,2005.

英汉术语对照表

A

acceleration　加速度
accuracy　精度,准确性
acoustic sensor　听觉传感器
action　动作,作用
active compliance　主动柔顺,有源柔顺
active impedance control　主动阻力控制,有源阻力控制
active transducers　有源变换器
actuator　驱动器,传动装置
adaptability　适应性,自适应性
adaptive algorithm　自适应算法
adaptive control　自适应控制
adaptive fuzzy control　自适应模糊控制
adaptive robot　自适应机器人
advanced control　高级控制,先进控制
advanced robot　先进机器人,高级机器人
assembly language,AL　一种机器人控制语言
algorithm　算法
alignment pose　调准姿态
A-matrix　A 矩阵
ambiguity　模糊,多义性
analog servo system　模拟伺服系统
analysis　分析
analytical programming　解释编程
android　类人机器人
angle　角
ant colony optimization,ACO　蚁群优化算法
anthropomorphic hands　拟人手臂,假肢
anthropomorphic manipulator　拟人操作手
anthropomorphic robots　类人机器人
approach vector　接近矢量
approximate Voronoi boundary network,AVBN　近似 Voronoi 边界网络
architecture　结构
arc welding　弧焊
arc welding robot　弧焊机器人
arm　手臂,机械臂
arm commander　手臂指挥器
articulated arm　关节型手臂
articulated joint　关节
articulated mechanical system,AMS　关节式机械系统
articulated robot　关节型机器人
articulated variables　关节变量
artificial constraints　人为约束
artificial intelligence,AI　人工智能
artificial skin　人造皮肤,人工皮肤
Asimov's Laws　阿西莫夫(机器人)三守则
assembly　装配
assembly language　汇编语言
assembly line　装配线
assembly robot　装配机器人
attitude　姿态
automated factory　自动工厂
automated guided vehicle,AGV　自动制导车
automatic path planning　自动路径规划
automatic programming　自动程序设计
automation　自动化
autonomous robot　自主机器人
autonomous vehicle　自主车
autonomy　自主
axis　轴
axis of rotation　转轴

B

bang-bang control　开关式控制,起停控制
bang-bang robot　开关型机器人
base　机座,底座
base coordinate system, base frame　基座坐标系,基坐标系
batch manufacturing　批量生产
belt conveyor　传送带
belt drive　带式传动
bin　料架
bin of parts　零件料架
block diagram　框图,方块图

block world　积木世界
boom　悬臂

C

cable drive　缆式传动
camera　摄像机，照相机
capital investment　投资
Cartesian configuration　笛卡儿结构
Cartesian coordinate　笛卡儿坐标
Cartesian coordinate robot　笛卡儿坐标型机器人，直角坐标机器人
Cartesian coordinate system　笛卡儿坐标系
Cartesian manipulator　笛卡儿坐标型机械手
Cartesian motion　笛卡儿运动
cell　单元；电池
center of gravity　重心
centralized control　集中控制
central processing unit，CPU　中央处理单元，中央处理器
central processing unit (CPU) time　中央处理时间
centrifugal force　离心力
chain drive　链式传动
characteristic equation　特征方程
check robot　检查机器人
classification　分类
close-loop control　闭环控制
coding　编码
communication　通讯，对话
compensation　补偿
compiler　编译程序
compliance　柔顺性
compliance control　柔顺控制
compliance motion　柔顺运动
components　组成部分，分量，部件
computer-aided design，CAD　计算机辅助设计
computer-aided engineering，CAE　计算机辅助工程
computer-aided manufacturing，CAM　计算机辅助制造
computer-assisted instruction，CAI　计算机辅助教学
computer control　计算机控制
computer-integrated manufacture，CIM　计算机综合制造
computer numerical control，CNC　计算机数字控制
computer　计算机
computer vision　计算机视觉
computing　计算，运算
configuration　配置，位形，结构
configuration space　结构(配置)空间
contact sensor　接触传感器
continuity　连续性
continuous path control　连续路径(轨迹)控制
continuous path robot　连续路径型机器人
continuous transfer　连续移动
contouring　仿形
control　控制
control algorithm　控制算法
control hierarchy　控制层级
control law　控制规律
controller　控制器
control system　控制系统
control variable　控制变量
control vector　控制矢量
coordinate frames　坐标系
coordinate systems　坐标系
coordinate transformation　坐标变换
Coriolis force　科里奥利力，科氏力
cost effectiveness analysis　成本效果分析，工程经济分析
cost justification　代价合理性，经济论证
cost　代价，成本，费用
counter　计数器
coupling　耦合
coupling inertia　耦合惯量
critical damping　临界阻尼
cybernetics　控制论
cycle time　循环时间，工作周期
cylindrical coordinate robot　圆柱坐标型机器人
cylindrical coordinate system　圆柱坐标系

D

damping　衰减，阻尼
damping factor　衰减系数，阻尼系数
data　数据
database　数据库
data processing　数据处理
data structure　数据结构

D. C. control 直流控制
D. C. motor 直流马达，直流电动机
debugging 调试
decoupling 解耦
degeneracy 退化，简并
degree of freedom，DOF 自由度
degree of mobility 机动度
derivative control 微分控制
diagnostic routine 诊断程序
differential change graph 微分变化图
differential coordinate transformation 微分坐标变换
differential motion 微分运动
digital control 数字控制
digital image analysis 数字图像分析
digital servo system 数字伺服系统
digital-to-analog（D/A） converter 数模转换器
direct control 直接控制
direct digital control，DDC 直接数字控制
direct-drive robot 直接驱动型机器人
direct numerical control，DNC 直接数字控制
directed transformation graph 有向变换图
displacement 位置，位移
displacement control 位置控制
distance 距离
distributed control 分布式控制
domestic robot 家用机器人
double gripper 双夹手
drive function 驱动函数
drive system，driving system 传动系统
duty cycle 工作周期
dynamic accuracy 动态精度
dynamic control 动态控制
dynamic equation 动态方程
dynamic model 动态模型
dynamic performance 动态性能
dynamic properties 动态特性
dynamics 动力学
dynamics equation 动力学方程

E

economic analysis 经济分析
edit 编辑
editor 编辑程序
educational robot 教学机器人
effector 执行器，执行装置
electrical actuator 电动驱动器
electrical robot 电动型机器人
elevation 仰角
encode 编码
encoder 编码器
end effecter 末端执行器，末端装置
end-point control 终端控制
environment 环境
equation 方程，方程式
equivalent angle of rotation 等效转角
error control 误差控制
error signal 误差信号
Eulerian angles 欧拉角
Eulerian solution 欧拉解
Eulerian transformation 欧拉变换
execution 执行
executive control program 执行控制程序
executor 执行器
expert system 专家系统
explicit language 显式语言
extension 延伸，伸出
external sensor 内传感器

F

factory control 工厂控制
fail-safe design 可靠性设计
farm robot 农用机器人
feedback 反馈
feedback control 反馈控制
feedforward 前馈
feedforward control 前馈控制
file maintenance 文件维护
final state 最后状态
finger 手指
firmware 固件
first-generation robot 第一代机器人
fixed automation 固定式自动化
fixed coordinate system 固定坐标系
fixed sequence robot 固定顺序机器人
fixture 夹具
flexibility 灵活性，适应性
flexible assembly system 柔性装配系统
flexible automated factory 柔性自动工厂
flexible integrated robotic manufacturing system

柔性集成机器人制造系统
flexible manufacturing system, FMS　柔性加工(制造)系统
flow chart　流程图
force　力
force control　力控制
force sensors　力传感器
forward kinematics　正向运动学
frame　坐标系,框架,画面
frequency response　频率响应
friction　摩擦

G

gap　间隙
gear　齿轮
general jigs　通用夹具
general purpose robot　通用机器人
general rotation transformation　通用旋转变换
generalized link　广义连杆
generalized transformation matrix　广义变换矩阵
geometric structure　几何结构
global database　总数据库,综合数据库
General Motor Company, GM　通用汽车公司
goal　目标
goal directed programming　面向目标编程
goal state　目标状态
gravity　重力
gray level　灰度等级
gripper　抓手,夹手,抓取器
group control system　群控系统

H

hand　手
hard automation　固定自动化,硬性自动化
hardware　硬件
heuristics　试探法,启发式
hexapod　六腿机器人,六足机器人
hierarchical control　分级控制,递阶控制
hierarchy　层级
high-level language　高级语言
high-level robot planning　高层机器人规划
homogeneous transformation　齐次变换
household robots　家用机器人
hybrid control　混合控制
hybrid position/force control　位置/力混合控制
hybrid robot　混合式机器人
hydraulic actuator　液压驱动器
hydraulic cylinder　液压缸
hydraulic drive　液压传动
hydraulic motor　液压马达
hydraulic piston　液压活塞
hydraulic ram　液压油缸
hydraulic robot　液压型机器人

I

identity transformation　等效变换
IFR　国际机器人联合会
image　图像
image analysis　图像分析
image enhancement　图像增强
image preprocessing　图像预处理
image processor　图像处理器
image segmentation　图像分割
image understanding　图像理解
impedance control　阻力控制
incremental transducer　增量式变换器(传感器)
individual axis velocity　单轴速度
induction motor　感应电动机
industrial robot　工业机器人
inertia　惯量
inertial coupling　惯量耦合
inference engine　推理机
information transfer　信息传输
initialization　初始化
initial condition　初始条件
initial state　初始状态
inner sensor　内传感器
input　输入
input-output, I/O　输入/输出
inspection　检验
instruction set　指令集合
integral control　积分控制
integrated circuit, IC　集成电路
integrated flexible automation　综合柔性自动化
intellectualization　智能化
intelligent computer　智能计算机
intelligent control　智能控制
intelligent control system　智能控制系统
intelligent robot　智能机器人
interactive control system　交互式(对话式)控制系统

interactive robot　交互式机器人
interface　接口,界面
internal feedback　内反馈
internal sensor　内传感器
interpolation　插补,插值,插入
interpreter　翻译程序,翻译器
interrupt　中断
interrupt handling routine　中断处理程序
inverse dynamics　逆动力学
inverse kinematics　逆运动学
inverse Jacobian　逆雅可比式
inverse transformation　逆变换

J

Jacobi's formula　雅可比公式
Jacobian matrix　雅可比矩阵
jamming　锁定,封锁
jigs　夹具,夹紧装置
joint　关节,连接
joint actuator　关节驱动器
joint arm　关节臂
jointed-arm robot　关节臂式机器人
joint interpolated motion　关节插补运动
joint motion　关节运动
joint torque　关节转矩
joint variable　关节变量
joint vector　关节矢量
joystick　控制杆

K

kinetic chain　运动链
kinetic equation　运动方程
kinetic pose　运动姿态
kinematics　运动学,机构学
kinetic energy　动能
knowledge base　知识库
knowledge based system　基于知识的系统
knowledge economy　知识经济
knowledge engineer　知识工程师
knowledge engineering　知识工程

L

labeling　标示,标志
labor　劳力
Lagrangian equation　拉格朗日方程
Lagrangian function　拉格朗日函数
language　语言
Laplace transformation　拉氏变换
laser range finder　激光测距仪
learning capability　学习能力
level　等级,级别,水平
limited sequence robot　有限顺序机器人
limiting load　极限负载
limit switch　限位开关
limited-sequence robot　限制顺序型机器人
linear interpolation　线性插补
linearity　线性
linearlization　线性化
linear perturbation adaptive controller　线性摄动自适应控制器
link　连杆,杆件
link length　连杆长度
link parameters　连杆参数
list　表,清单
load　负载,负荷,寄存
load capacity　负载能力
load handling capacity　负载装卸能力
load quantity　负载质量
location　位置,定位
logic　逻辑
loop　循环
low level planning　低层规划

M

machine　机器
machine language　机器语言
machine loading and unloading　机器装卸,机器存取
machining　机械加工
machining cell　机械加工工段,机械加工中心
macro instruction　宏指令
manipulation　操作
manipulation robot　操作机器人
manipulator　机械手,操作手
manipulator-oriented language　面向操纵器的语言
man-machine communication　人机通信
manual control　手动控制
mapping　映射,变换

mass production　大量生产
master-slave manipulator　主从机械手
material handling　材料搬运，材料装卸
materials-handling robot　材料搬运机器人
materials processing　材料处理
mathematical model　数学模型
matrix　矩阵
Matrix A　A 矩阵
Matrix T　T 矩阵
matrix transformation　矩阵变换
maximum speed　最大速度
maximum thrust　最大推力
maximum torque　最大转矩
mechanical interface coordinate system　机械接口坐标系
mechanical origin　机械原点
mechanics　力学，机械学，机构
mechanism　机构，机理
mechatronics　机械电子学
medical robot　医用机器人
memory　存储器
menu　清单，目录，菜单
microcomputer　微型计算机
microprocessor　微处理机
microprocessor-controlled robot　微机控制机器人
micro robot，mobilebot　微型制机器人
minicomputer　小型计算机
mining robot　矿用机器人
mobile robot　移动式机器人
mobility　机动性
mode　模式
model　模型
model reference adaptive controller　模型参考自适应控制器
modern control theory　近代(现代)控制理论
moments　转矩，力矩
monitor　显示器，监控器
motion　运动，直线运动
motion equation　运动方程
motor　马达，电动机，发动机
movable tooling　移动式加工工具
movement　运动，移动，位移
movement sensor　位移传感器
move process　运动过程
multi-agent　多智能体
multiple-fingered robot hand　多手指机器人
multiple joints　多关节
multiplexer　多路转换器
multi-point control　多点控制
multiprocessor control　多处理机控制
multiprocessor system　多处理机系统
multisensor system　多传感器系统

N

natural constraints　自然约束
natural language understanding　自然语言理解
net load capacity　净负载
network　网络
neural control　神经控制
Newton-Euler equation　牛顿-欧拉方程
noise　噪声
noneconomic factors　非经济因素
nonlinear compensation　非线性补偿
nonlinear equation　非线性方程
nonlinear feedback　非线性反馈
nonlinear planning　非线性规划
non-servo control　非伺服控制
non-servo robot　非伺服机器人
normal　法线
normal vector　法向矢量
numerical control，NC　数字控制
N. C. machine tool　数控机床

O

objects　物体，目标，对象
objective function　目标函数
objective-level language　目标级语言
object location　物体位置
off-line　离线
off-line control　离线控制
off-line programming　离线编程
off-line processing　离线处理
on-line processing　在线处理
open-loop control　开环控制
open-loop robot　开环型机器人
operating angle　动作角度，运转角度
operating distance　动作距离，操作距离
operating system　操作系统
operation　操作，运算
operational amplifier　运算放大器

operational space　操作空间
optical sensor　光传感器
optical shaft encoders　光轴编码器
optimal control　最优控制,最佳控制
organization　组织
orientation　方位,姿态
orientation vector　方向(姿态)矢量
oriented angle　方向角
out-in of the arm　手臂伸缩
output　输出
overrun　越位
overshoot　超调

P

painting　涂漆
painting robot　喷漆机器人
parallel axes　平行轴
parallel communication　并行通信
parallel operation　并行操作
parallel processing　并行处理
part classification　零件分类
part feeding　零件进给
particle　质点
particle velocity　质点速度
part loading　零件装放
part recognition　零件识别
passive compliance　被动柔顺,无源柔顺
path　路径,轨道
path acceleration　轨迹加速度
path accuracy　轨迹精度
path computation　路径计算,轨迹计算
path control　路径控制
path generator　路径(轨迹)产生器
path planning　路径规划
path velocity　轨迹速度
pattern recognition　模式识别
payback period　偿还期
payload　有效负载
performance　性能
peripheral (equipment)　外围(设备)
perception　感觉,感知
perspective transformation　投影变换
performance　性能
photoelectric coded disk　光电编码盘
photoelectric sensors　光电传感器
photo resistor　光敏电阻,光敏电阻器
photo sensor　光传感器,光敏元件
pick-and-place robot　抓放式机器人
pitch　俯仰
pixel, picture element　像素,像元
plane　平面
planning　规划
planning process　规划过程
planning sequence　规划序列
playback　再现,重演,复演
playback robot　示教再现型机器人
pneumatic robot　气动机器人
pneumatic actuator　气体驱动器,气动装置
pneumatic drive　气体传动
point　点,点位
point-to-point control　点位控制
point-to-point programming　点到点程序设计
point-to-point robot　点位式机器人
point vectors　点矢量
polar coordinate　极坐标
polar coordinate robot　极坐标型机器人
polar coordinate system　极坐标系统
poles　极点
population of robot　机器人总(台)数
pose　位姿,姿态
pose accuracy　位姿态精度
pose repeatability　位姿态重复精度
position　位置
positional accuracy　位置精度
position control　位置控制
position controller　位置控制器
position error　位置误差
position sensor　位置传感器
positioning　定位
positioning resolution　定位分辨度,位置分辨度
positioning time　定位时间
position measurement　位置测量
position precision　位置精度
position sensor　位置传感器
position vector　位置矢量
postmultiply　右乘
potential energy　位能,势能
potentiometer　电位器
power drive　电力传动,电气传动
precision　精度

premultiply 左乘
preprogrammed robot 预编程机器人,程序预定机器人
presence sensing device 存在感觉装置
pressure sensitive element 压敏元件
prismatic joint 棱柱型关节,平移关节
problem solving 问题求解
process 过程
process control 过程控制
production line 生产线
productivity 生产率,生产力,产量
program 程序,计划
programmable assembly system 可编程装配系统
programmable controller 可编程控制器
programmable manipulator 可编程机械手(操作手)
programming language 编程语言
proportional control 比例控制
proportional-integral-derivative(PID) control 比例-积分-微分控制,PID 控制
proximity detectors 接近度检测器
proximity sense 接近感
proximity sensor 接近度传感器
pseudo inverse matrix 伪逆矩阵
pseudo-parallel processing 伪并行处理
PUMA, precise universal machine for assembly PUMA 机器人,一种精密装配通用机器人

Q

quality control,QC 质量控制
quasi-stability 准稳定性,拟稳定

R

RAM 随机存取存储器
range sensor 距离传感器
rated acceleration 额定加速度
rated load 额定负载
rated velocity 额定速度
reachable space 可达空间
read 读
realtime 实时
real-time control 实时控制
real-time interrupt 实时中断
record-playback robot 记录再现式机器人
recognition 识别
rectangular coordinate system 直角坐标系
redundancy 冗余,多余信息
redundant 冗余的,重复的
reference frame 参考坐标系
relative coordinate system 相对坐标系
relative transformation 相对变换
reliability 可靠性
relief system 安全系统
remote center compliance,RCC 远距离中心柔顺装置
repeatability 重复性
representation 表示,表达
resolution 分辨率(度),消解
resolution-refutation principle 消解反演原理
resolver 解算装置,分析仪,分解器
response 响应,应答
resolved motion 分解运动
resolved motion acceleration 分解运动加速度
resolved motion control 分解运动控制
resolved motion force 分解运动力
resolved motion velocity 分解运动速度
resultant velocity 合成速度
revolute joint 旋转关节
revolution 旋转
right-left turning 左右摆动
rigid body 刚体
robomation 机器人自动化
robot 机器人
robot planning 机器人规划
robotics 机器人学
robotic control 机器人控制
robotic sensors 机器人传感器
robotic work cell 机器人工段,机器人工作中心
robotization 机器人化
robot language 机器人语言
robot problem-solving 机器人问题求解
robot programming language 机器人程序设计语言
robot vision 机器人视觉
robustness 鲁棒性
roll 横滚,滚动
Rossum's Universal Robots 《罗萨姆的万能机器人》(一个幻想情节剧)
rotation 旋转,转动
rotation matrix 旋转矩阵

rotation transformation 旋转变换
RPY transformation 滚、仰、偏变换解
rule-based system 基于规则的系统
rules of thumb 经验法则
run-time 运行时间
R. U. R 科幻情节剧《罗萨姆的万能机器人》

S

safety 安全
sampling rate 采样速率
scaling transformation 比例变换
Scara-type robot 斯坎拉机器人
seam tracking 焊缝跟踪
second-generation robot 第二代机器人
segmentation 分割，分段
self-correction control 自校正控制
self detective ability 自诊断能力
self-tuning adaptive controller 自校正自适应控制器
sense of contact force 压感
sensitivity 敏感性，灵敏度
sensors 传感器
sensor-based control 基于传感器的控制
sensor-guided arc welding 传感器导引弧焊
sensory control 传感器控制
sensory controlled robot 传感控制型机器人
sequence robot 顺序机器人
serial communication 串行通信
serial operation 串行操作
servo control 伺服控制
servo-controlled robots 伺服控制型机器人
servo-controlled valve 伺服控制开关
servo control system 伺服控制系统
servomechanism 伺服机构，伺服机械
shaft encoder 轴编码器
Shakey 夏凯机器人
shape analysis and recognition 形状分析与识别
shoulder 肩膀，肩
signal processing 信号处理
similarity transform 相似变换
simulated annealing, SA 模拟退火算法
simulation 模拟，仿真
simulator 模拟装置，仿真器
single joint 单关节
singular configuration 级点配置
sliding joint 滑动关节
sliding mode 滑模
sliding mode control 滑模控制
slide sense 滑觉
socioeconomic impact 社会经济竞争
software 软体，软件
Sojourner “索杰纳号”火星车
solid body 刚体
solid-state camera 固态摄像机
solution 解，解答，解法
solution graph 解图
source program 源程序
space description 空间描述
space robot 空间机器人
spatial constraints 空间约束
spatial resolution 空间分辨度(率)
specification 技术规格，说明书
special-purpose robot 专用机器人
specific sensor 专用传感器
speed control 速度控制
spherical coordinate 球面坐标
spherical coordinate robot 球面坐标型机器人
spherical coordinate system 球面坐标系
spherical coordinate transformation 球面坐标变换
spot welding 点焊
spray painting 喷漆
stability 稳定性
standardization 标准化
state 状态
statement 语句，陈述
state model 状态模型
state-of-the-art 最新技术
state space 状态空间
state space equation 状态空间方程
static accuracy 静态精度
static characteristics 静态特性
static compliance 静态柔顺
static deflection 静态偏差
static force 静力
static friction 静态摩擦
statics 静力学
stepping motor 步进马达，步进电动机
stiffness 刚性，刚度，抗挠性
strain gages 应变仪

stress sensor　应力传感器
STRIPS　STRIPS机器人问题求解系统
structure　结构
subgoal　子目标
subproblem　子问题
subroutine　子程序
supervisory control　管理式控制，监控
supervisory-controlled robot　监控型机器人
swing　摆动
switch control　开关控制
symbol table　符号表
synchronization　同步
syntax　语(句)法
system　系统
synthesis　综合，设计

T

table　表，工作台
tachmeter　测速发电机
tactile sense　触觉
tactile sensor　触觉传感器
task　任务，作业
task decomposition　任务分解
task description　任务描述
task planning　任务规划
taught point　示教点
teach　教，示教
teaching and playback robot　示教再现型机器人
teaching-by-showing　示教
teaching interface　示教接口，示教界面
teaching robot　教学机器人
teach pendant　示教盒
teleexistance　临场感
teleoperation　远距离操作，遥控
teleoperator　遥控操作机
telepresence　临场感
temperature sensor　温度传感器
template matching　样板匹配
testing　试验，测试
thermal sensor　热传感器，温度传感器
third-generation robot　第三代机器人
three-dimension(3D) object　三维物体
three-dimension(3D) vision　三维视觉
three link　三连杆
time-variable function　时变函数
T-matrix　T矩阵
tool　工具
tool center point　工具中心点
tool frame　工具坐标系
tooling　工具装置
topological representation　拓扑表示
torque　力矩，转矩
touch sense　触觉
touch sensor　接触传感器
tracking　跟踪
training　训练
trajectory　轨迹
trajectory control　轨迹控制
trajectory planning　轨迹规划
trajectory tracking　轨迹跟踪
transducer　变换器，传感器
transfer　移动，平移
transfer function　传递函数
transfer line　输送线
transformation　变换
transformation equation　变换方程
transient　过渡过程
translate　平移、移动
translation transformation　平移变换
transmission system　变速系统(器)
travelling mechanism　行走机构
TV camera　电视摄像机
twist　扭转
two-link　二连杆

U

underdamping　欠阻尼
undersea teleoperator　海底(水下)遥控操作机
underwater robot　水下机器人
UNECE　联合国欧洲经济委员会
universal gripper　通用型夹手
universal robot　通用型机器人
unmanned factory　无人工厂
up-down of the arm　手臂升降
up-down turning　俯仰

V

vacuum gripper　真空型夹手
variable　变量
variable structure　变结构

variable structure control　变结构控制
variable sequence robot　可变顺序机器人
vector transformation　矢量变换
vectors　矢量,向量
versatility　多用性,通用性
video camera　电视摄像机
video digitizer　视频数字变换器
vehicle　车、船、运载器
velocity　速度
velocity accuracy　速度精度
velocity control　速度控制
velocity error　速度误差
velocity repeatability　速度重复精度
velocity sensor　速度传感器
velocity vector　速度矢量
via points　中间点
viscous friction　粘滞摩擦
vision　视觉
vision sensor　视觉传感器
vision system　视觉系统
visual sensor　视觉传感器
virtual reality,VR　虚拟现实,灵境

W

walking robot　行走机器人,步行机器人
welding　焊接
welding robot　焊接机器人
world coordinate system　世界坐标系,惯性坐标系
world model　世界模型
word　字
work cell　工作单元,工作站
work coordinates　工作坐标
working envelope　工作包迹,工作空间
working range　工作范围
working space　工作空间
work origin　工作原点
workplace　工作场所,工作面
work station　工作站,工作台
world coordinate system　世界坐标系
world model　世界模型
wrist　手腕
wrist sensor　手腕传感器
write　写

X

X-Y table　水平工作台

Y

yaw　偏转,偏航,侧摆

Z

zero point　零点
zero position　零位

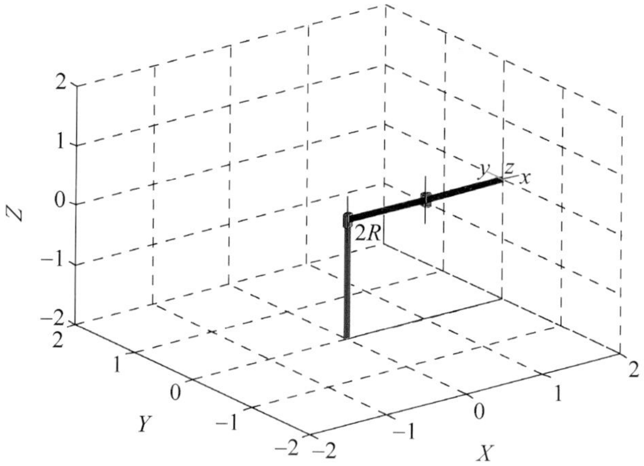

图 9.8　二连杆机械手的三维模型

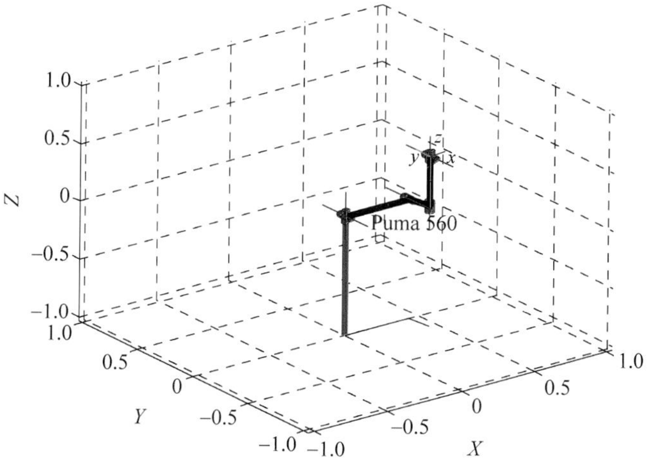

图 9.9　PUMA 560 型机械手的三维模型